미분적분학

충북대학교 수학교재편찬위원회

KyoWooSa 敎友社

머리말

이 책은 대학의 자연계열 1학년 학생이 한 학기 동안 이수하도록 만든 미분학과 적분학에 관한 교과서이다. 미분학의 역사는 뉴턴과 라이프니츠 시대부터 시작되었으며, 적분학의 역사는 이보다 먼저 아르키메데스 당시에 시작되었다. 최근의 연구에 의하면, 아르키메데스는 미분과 적분의 개념을 사용하여 여러 결과를 얻은 것으로 알려지고 있다. 이러한 미분과 적분법에 관한 학문, 즉 미적분학은 이제 대학의 필수적인 교양과목으로 자리 잡고 있다.

고등학교에서 수학 II 및 미분과 적분 교과목을 이수한 학생을 대상으로 미분적부학의 기초적인 내용부터 다변수함수의 편미분, 다중적분에 이르기까지 대학 1학년에서 배우는 미적분학 전체의 내용을 다루었고, 여기에 벡터장의 적분론을 첨가하였다. 따라서 수강 학생은 초월함수(삼각함수, 지수함수, 로그함수 등)의 의미나 이들의 미분, 적분에 익숙하여야 학습하기가 쉽다.

이 책의 전반부는 고등학교 자연계 수학과 교육과정의 내용과 중복되는 부분이 많이 있다. 그러나 수열의 극한이나 함수의 극한의 정의는 고등학교에서의 직관적인 도입방법과 달리 엄밀한 이론을 전개한 부분이 있다.

이 책은 미분과 적분법의 다양한 내용으로 구성되어 있고 한 학기 동안 이수하도록 만들었기 때문에 학과의 성격에 따라 필요한 내용을 선택하여 학습할 수 있다. 다음 그림은 각 장 사이의 연계관계를 나타낸 것으로 학과의 성격에 따라 필요한 내용을 적절히 선택하고 재구성하여, 강사들은 과감히 부수적인 내용을 생략하고 중요하고 핵심적인 내용을 바로 이끌어 설명하여야만 학생들이 효율적으로 학습할 수 있다.

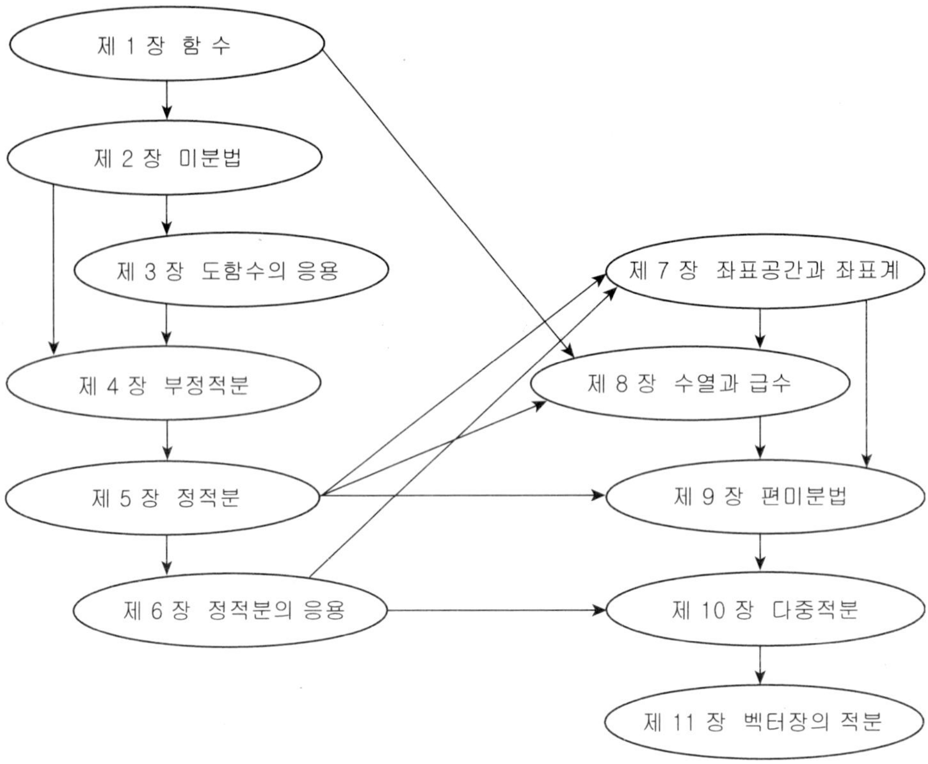

이 책은 학생들의 이해를 돕기 위하여 많은 예제와 연습문제를 수록하였으며, 연습문제의 해답을 첨부하여 학습에 도움을 주도록 하였다. 실제로 학생들이 이 책의 내용을 얼마나 잘 이해하였는가는 연습문제를 통하여 알 수 있으며, 학생 스스로 부단히 노력하여 연습문제를 꾸준히 풀어나가기 바란다. 이 책을 통하여 자연과학 및 이공학 분야의 학생들이 자기 전공 학문에 입문하기 위하여 필요한 미적분학의 기본 지식과 응용방법을 효율적으로 습득하기를 진심으로 바란다. 이 책의 모든 편집은 LaTeX 2_ε 으로 이루어졌다.

끝으로 이 책이 나오기까지 수고한 여러분께 깊은 감사를 드리며, 특히 원고의 TeX작업과 수정작업을 담당한 김상욱 박사에게 고마움을 전한다.

2009년 2월

지은이 일동

차 례

제 1 장

함 수

1.1 함 수

함수의 개념은 수학의 각 분야에서 가장 기초적인 내용 중의 하나이다. 고등학교에서 『두 집합 X, Y에 대하여 X의 각 원소에 Y의 원소가 하나씩 대응할 때, 이러한 대응 f를 X에서 Y로의 함수』라고 정의하였다. 그러나 이 책에서는 하나씩 대응한다는 규칙을 보다 명확히 하기 위해 정의 1.1.1 에서 정의되는 곱집합의 부분집합으로 함수를 정의한다.

정의 1.1.1 두 집합 X, Y에 대하여, 집합 $X \times Y$를

$$X \times Y = \{(x, y) \mid (x \in X) \wedge (y \in Y)\} \tag{1.1}$$

와 같이 정의하고, 이를 가리켜 집합 X와 Y의 **곱집합**(product set)이라 하고, 곱집합 $X \times Y$의 원소 (x, y)를 일컬어 x와 y의 **순서쌍**(ordered pair)이라고 한다. 또한 순서쌍의 상등관계는 『$(x, y) = (a, b) \iff (x = a) \wedge (y = b)$』으로 정의한다.

정의 1.1.2 두 집합 X, Y에 대하여 다음과 같은 성질을 만족하는 $X \times Y$의 부분집합 f를 X에서 Y로의 **함수**(function)라고 한다.

(i) 모든 $x \in X$에 대하여 $(x, y) \in f$인 $y \in Y$가 존재한다.

(ii) (x, y), $(x, z) \in f$이면 $y = z$이다.

정의 1.1.2에서 정의된 집합 X에서 Y로의 함수 f를

$$f : X \to Y, \ x \longmapsto f(x) \quad \text{또는} \quad f : X \to Y, \ y = f(x) \tag{1.2}$$

등으로 나타내며, 이때 y를 f에 의한 **상**(image), x를 f에 의한 y의 **원상**(preimage)이라 하고, 집합 X를 f의 **정의역**(domain), 집합 Y를 f의 **공역**(codomain)이라고 한다. 또한 f에 의한 상 전체의 집합 $\{f(x) \mid x \in X\}$를 함수 f의 **치역**(range)이라 하고, $f(X)$ 또는 $\operatorname{Im} f$와 같이 나타낸다.

정의 1.1.3 함수 $f : X \to Y$, $x \mapsto f(x)$에 대하여, 집합

$$\{(x, y) \in X \times Y \mid y = f(x)\}$$

를 일컬어 함수 f의 **그래프**(graph)라 하고 G_f와 같이 나타낸다. 즉,

$$G_f = \{(x, y) \in X \times Y \mid y = f(x)\} \tag{1.3}$$

이다.

정의 1.1.4 [함수의 상등] 두 함수 $f : X \to Y$, $g : A \to B$에 대하여 $X = A$, $Y = B$이고, 모든 $x \in X$에 대하여 $f(x) = g(x)$이면, 두 함수 f와 g는 같다고 하고

$$f = g \tag{1.4}$$

와 같이 나타낸다.

예제 1.1.1 (1) 집합 X에 대하여 $i_X : X \to X,\ x \mapsto x$는 함수이고, 이를 X의 **항등함수**(identity function)라고 한다.

(2) 집합 X의 부분집합인 A에 대하여 $j_A : A \to X,\ x \mapsto x$는 함수이고, 이를 A에 관한 X로의 **포함함수**(inclusion function)라고 한다. 따라서 $j_X = i_X$이 성립하고, 또한 공집합 $\varnothing$에 대하여 $j_\varnothing : \varnothing \to X$의 경우도 함수이다. 실제로 $\varnothing \times X = \varnothing$이고, $\varnothing$의 부분집합은 $\varnothing$밖에 없으므로 $j_\varnothing = \varnothing$이다. 이러한 함수 $j_\varnothing$를 **공함수**(empty function)라고 한다.

(3) $f : X \to \varnothing$가 함수이기 위해서는 $X = \varnothing$일 수밖에 없고, 이때 $f = i_\varnothing$이 성립한다.

(4) $A \subset X$에 대하여, 함수 $\chi_A : X \to \{0, 1\}$을 다음과 같이 정의한다.

$$\chi_A(x) = \begin{cases} 1, & (x \in A) \\ 0, & (x \notin A) \end{cases}$$

이때 $\chi_A : X \to \{0, 1\}$을 A의 **특성함수**(characteristic function)라고 한다.

(5) 집합 X, Y와 $y_0 \in Y$에 대하여 $f : X \to Y,\ x \mapsto y_0$가 함수일 때, 이 함수를 y_0를 함숫값으로 갖는 **상수함수**(constant function)라고 한다

(6) 집합 X, Y에 대하여 각각

$$\pi_1 : X \times Y \to X,\ \ (x, y) \mapsto x$$
$$\pi_2 : X \times Y \to Y,\ \ (x, y) \mapsto y$$

와 같이 정의되는 π_1, π_2는 모두 함수이다. 이때 π_1을 **제1정사영**(first projection) 함수라고 하고, π_2를 **제2정사영**(second projection) 함수라고 한다.

정의 1.1.5 두 함수 $f : X \to Y,\ g : Y \to Z$에 의한 새로운 함수

$$g \circ f : X \to Z,\ \ x \mapsto g(f(x)) \tag{1.5}$$

를 f와 g의 **합성함수**(composite function)라고 한다.

예제 1.1.2 두 함수

$$f : \mathbb{R} \to \mathbb{R},\ x \mapsto x^2, \qquad g : \mathbb{R} \to \mathbb{R},\ x \mapsto x+1$$

에 대하여 합성함수 $g \circ f$와 $f \circ g$를 각각 구하고, 또한 $g \circ f \neq f \circ g$임을 확인하여라.

【풀이】 합성함수 $g \circ f$와 $f \circ g$는 각각

$$g \circ f : \mathbb{R} \to \mathbb{R},\ x \mapsto x^2+1, \qquad f \circ g : \mathbb{R} \to \mathbb{R},\ x \mapsto (x+1)^2$$

이고, 또한 $(g \circ f)(1) = 2 \neq 4 = (f \circ g)(1)$ 이므로 $g \circ f \neq f \circ g$ 임을 알 수 있다. □

정리 1.1.1 함수 $f : X \to Y$, $g : Y \to Z$, $h : Z \to W$에 대하여 다음이 성립한다.

(1) $f \circ i_X = f = i_Y \circ f$ (항등법칙)

(2) $h \circ (g \circ f) = (h \circ g) \circ f$ (결합법칙)

정리 1.1.1 의 (2) 에서 $h \circ (g \circ f) = (h \circ g) \circ f$ 이 성립하므로 괄호를 생략하여 간단히 $h \circ g \circ f$와 같이 나타내기도 한다.

예제 1.1.3 함수 $f : \mathbb{R} \to \mathbb{R},\ x \mapsto \sin^3(x^2+1)$ 에 대하여, 세 개의 함수 g, h, k를 각각

$g : \mathbb{R} \to \mathbb{R},\ x \mapsto x^2+1,$

$h : \mathbb{R} \to \mathbb{R},\ x \mapsto \sin x,$

$k : \mathbb{R} \to \mathbb{R},\ x \mapsto x^3$

으로 정의하면 $f = k \circ h \circ g$ 이다. 즉, 함수 f와 $k \circ h \circ g$의 정의역과 공역은 모두 $\mathbb{R}$ 이고, 임의의 실수 x에 대하여

$$(k \circ h \circ g)(x) = (k \circ h)(g(x)) = (k \circ h)(x^2+1) = k(h(x^2+1)) = k(\sin(x^2+1)) = \sin^3(x^2+1) = f(x)$$

이 성립한다.

예제 1.1.3 에서와 같이 다소 복잡한 형태의 함수를 간단한 함수들의 합성함수로 고쳐서 생각하는 것은 대단히 중요하다. 이를 **함수의 분해**(factorization of functions)라고 한다. 예제 1.1.3 은 f 의 g, h, k 로의 분해이다.

정 의 1.1.6 함수 $f : X \to Y$ 에 대하여

(1) $f(X) = Y$ 일 때, f 를 **전사함수**(surjective function)라고 한다.

(2) 임의의 원소 $x_1, x_2 \in X$ 에 대하여

$$x_1 \neq x_2 \quad \Longrightarrow \quad f(x_1) \neq f(x_2) \tag{1.6}$$

일 때, f 를 **난사함수**(injective function) 또는 **일대일함수**라고 한다.

(3) f 가 전사함수인 동시에 단사함수일 때, f 를 **전단사함수**(bijective function) 또는 **일대일대응함수**라고 한다.

정 리 1.1.2 함수 $f : X \to Y$ 에 대하여 다음이 성립한다.

(1) f 가 전사함수일 필요충분조건은 $f \circ g = i_Y$ 를 만족하는 함수 $g : Y \to X$ 가 존재하는 것이다.

(2) f 가 단사함수일 필요충분조건은 $g \circ f = i_X$ 를 만족하는 함수 $g : Y \to X$ 가 존재하는 것이다.

(3) f 가 전단사함수일 필요충분조건은 $g \circ f = i_X$, $f \circ g = i_Y$ 를 만족하는 함수 $g : Y \to X$ 가 존재하는 것이다. 이러한 함수 $g : Y \to X$ 는 유일하게 존재한다.

【증명】 (1) ($\Rightarrow$) $f : X \to Y$ 가 전사함수이므로 각각의 $y \in Y$ 에 대하여 $f(x_y) = y$ 를 만족시키는 $x_y \in X$ 가 존재한다. 따라서 함수 g 를

$$g : Y \to X, \;\; g(y) = x_y$$

와 같이 정의하면, 임의의 $y \in Y$ 에 대하여

$$(f \circ g)(y) = f(g(y)) = f(x_y) = y$$

이므로 $f \circ g = i_Y$ 이다.

($\Leftarrow$) 임의의 $y \in Y$ 에 대하여

$$y = i_Y(y) = (f \circ g)(y) = f(g(y))$$

이므로 $y \in f(X)$ 이다. 따라서 $Y = f(X)$ 이므로 f 는 전사함수이다.

(2) ($\Rightarrow$) f 가 단사함수이므로, 임의의 $y \in Y$ 에 대하여 $y \in f(X)$ 이면 $y = f(x)$ 인 $x \in X$ 가 유일하게 존재하고, $y \notin f(X)$ 이면 그러한 x 는 존재하지 않는다. 적당한 $x_0 \in X$ 를 선택하고, 함수 $g : Y \to X$ 를 다음과 같이 정의하자. 임의의 $y \in Y$ 에 대하여, $y \in f(X)$ 인 경우에는 $y = f(x)$ 를 만족하는 x 를 $g(y)$ 로 정의하고 $y \notin f(X)$ 인 경우에는 $g(y) = x_0$ 로 정의하자. 그러면 임의의 $x \in X$ 에 대하여 $g(f(x)) = x$ 이 된다. 따라서 $g \circ f = i_X$ 가 성립한다.

($\Leftarrow$) 임의의 $x_1, x_2 \in X$ 에 대하여 $f(x_1) = f(x_2)$ 라고 가정하면

$$x_1 = i_X(x_1) = (g \circ f)(x_1) = g(f(x_1)) = g(f(x_2)) = (g \circ f)(x_2) = i_X(x_2) = x_2$$

이다. 따라서 f 는 단사함수이다.

(3) ($\Rightarrow$) (1) 의 증명에서 정의된 함수 $g : Y \to X$ 에 대하여 $g \circ f = i_X$ 이 성립함을 보이면 충분하다. 임의의 $y \in Y$ 에 대하여 $y = f(x)$ 를 만족하는 x 는 유일하게 존재한다. 따라서 임의의 $x \in X$ 에 대하여 $g(f(x)) = x_{f(x)} = x$ 이 성립한다.

($\Leftarrow$) (1) 과 (2) 에 의하여 f 는 전단사함수가 된다.

(유일성)

함수 $h : Y \to X$ 가 $f \circ h = i_Y$, $h \circ f = i_X$ 를 만족한다고 하자. 그러면 임의의 $y \in Y$ 에 대하여

$$h(y) = (h \circ i_Y)(y) = (h \circ (f \circ g))(y) = ((h \circ f) \circ g)(y) = (i_X \circ g)(y) = g(y)$$

이다. 따라서 $h = g$ 이다. 따라서 (3) 을 만족하는 함수 $g : Y \to X$ 는 유일하다. □

정 의 1.1.7 함수 $f : X \to Y$ 가 전단사함수일 때, $g \circ f = i_X$, $f \circ g = i_Y$ 를 만족하는 유일한 함수 $g : Y \to X$ 를 f 의 **역함수**(inverse function)라고 하고, 이를 $f^{-1} : Y \to X$ 와 같이 나타낸다.

역함수의 정의 1.1.7 로부터 함수 $f : X \to Y$ $(X, Y \subset \mathbb{R})$ 가 전단사함수인 경우에, 함수 f 와 f^{-1} 의 그래프는 $y = x$ 에 관하여 대칭인 관계에 있음을 알 수 있다.

> **정리 1.1.3** (1) 함수 $f : X \to Y$ 가 역함수를 가질 필요충분조건은 함수 $f : X \to Y$ 가 전단사함수인 것이다.
>
> (2) $f : X \to Y$ 가 전단사함수일 때 다음이 성립한다.
>
> $$y - f(x) \iff x = f^{-1}(y)$$

【증명】 (1) 정의 1.1.7 에 의해 자명하다.

(2) $(\Rightarrow)$ $\quad y = f(x) \;\Rightarrow\; f^{-1}(y) = f^{-1}(f(x)) = (f^{-1} \circ f)(x) = i_X(x) = x$

$(\Leftarrow)$ $\quad x = f^{-1}(y) \;\Rightarrow\; f(x) = f(f^{-1}(y)) = (f \circ f^{-1})(y) = i_Y(y) = y$ □

> **정리 1.1.4** (1) 집합 X 에 대하여 $i_X : X \to X$ 는 전단사함수이고 $i_X^{-1} = i_X$ 이다.
>
> (2) 함수 $f : X \to Y$ 가 전단사함수이면 $f^{-1} : Y \to X$ 또한 전단사함수이고, 이때 $(f^{-1})^{-1} = f$ 이 성립한다.
>
> (3) 함수 $f : X \to Y$ 와 $g : Y \to Z$ 가 전단사함수이면 $g \circ f : X \to Z$ 도 전단사함수이고, 이때 $(g \circ f)^{-1} = f^{-1} \circ g^{-1}$ 이 성립한다.

【증명】 (1) $i_X \circ i_X = i_X$ 이므로 i_X 는 전단사함수이고 $i_X^{-1} = i_X$ 이다.

(2) $f^{-1} \circ f = i_X$ 이고 $f \circ f^{-1} = i_Y$ 이므로 $f^{-1} : Y \to X$ 또한 전단사함수이고, $(f^{-1})^{-1} = f$ 이 성립한다.

(3) 주어진 함수 $f : X \to Y$ 와 $g : Y \to Z$ 에 대하여

$$(f^{-1} \circ g^{-1}) \circ (g \circ f) = f^{-1} \circ (g^{-1} \circ g) \circ f = f^{-1} \circ i_Y \circ f = f^{-1} \circ f = i_X,$$

$$(g \circ f) \circ (f^{-1} \circ g^{-1}) = g \circ (f \circ f^{-1}) \circ g^{-1} = g \circ i_Y \circ g^{-1} = g \circ g^{-1} = i_Z$$

이므로 $g \circ f$ 도 전단사함수이고, $(g \circ f)^{-1} = f^{-1} \circ g^{-1}$ 이 성립한다. □

정의 1.1.8 함수 $f : X \to Y$ $(X, Y \subset \mathbb{R})$가 정의역에 있는 임의의 원소 x_1, x_2에 대하여

$$x_1 < x_2 \quad \Longrightarrow \quad f(x_1) \leq f(x_2)$$

을 만족시키면 **단조증가함수**(monotone increasing function)[1]라고 한다. 반면에

$$x_1 < x_2 \quad \Longrightarrow \quad f(x_1) \geq f(x_2)$$

을 만족시키면 **단조감소함수**(monotone decreasing function)[2]라고 한다. 단조증가함수와 단조감소함수를 통칭하여 **단조함수**(monotone function)라고 한다.
특히 정의역에 있는 임의의 원소 x_1, x_2에 대하여

$$x_1 < x_2 \quad \Longrightarrow \quad f(x_1) < f(x_2)$$

을 만족시키면 **순단조증가함수**(strictly monotone increasing function)[3]라 한다. 반면에

$$x_1 < x_2 \quad \Longrightarrow \quad f(x_1) > f(x_2)$$

을 만족시키면 **순단조감소함수**(strictly monotone decreasing function)[4]라고 한다. 순증가함수와 순감소함수를 통칭하여 **순단조함수**(strictly monotone function)라고 한다.

정의 1.1.8로부터 함수 f가 순단조함수이면 f는 단조함수임을 알 수 있다.

정리 1.1.5 전사함수 $f : X \to Y$ $(X, Y \subset \mathbb{R})$가 순단조함수이면 f의 역함수가 존재한다.

【증명】 함수 f가 순증가함수인 경우에 $f : X \to Y$가 단사함수임을 보이자. 정의역 X의 임의의 원소 x_1, x_2에 대하여 $x_1 \neq x_2$이면 $x_1 < x_2$ 또는 $x_2 < x_1$이다. 그런데 가정에서

1) 단조증가함수를 간단히 **증가함수**(increasing function)라고도 한다.
2) 단조감소함수를 간단히 **감소함수**(decreasing function)라고도 한다.
3) 순단조증가함수를 간단히 **순증가함수**(strictly increasing function)라고도 한다.
4) 순단조감소함수를 간단히 **순감소함수**(strictly decreasing function)라고도 한다.

f가 순증가함수이므로 $x_1 < x_2$ 이면 $f(x_1) < f(x_2)$ 이고, $x_2 < x_1$ 이면 $f(x_2) < f(x_1)$ 이다. 결국 $x_1 \neq x_2$ 이면 $f(x_1) \neq f(x_2)$ 이므로 f는 단사함수이다. 또한 가정에서 f는 전사함수이므로 f는 전단사함수이다. 따라서 정리 1.1.3의 (1)에 의해 f의 역함수가 존재한다. 위에서와 같은 방법으로 f가 순감소함수인 경우에도 증명할 수 있다. □

연습문제(1.1)

1. 다음 함수들의 짝 중에서 함수가 같은 것을 말하여라.

(1) $f(x) = \dfrac{x^2+1}{x^2+1}$, $g(x) = 1$ (2) $f(x) = \dfrac{x^2+x}{x+1}$, $g(x) = x$

2. 함수 $f : X \to Y$와 $g : Y \to Z$에 대하여 다음을 증명하여라.

(1) f와 g가 단사함수이면, $g \circ f : X \to Z$도 단사함수이다.

(2) f와 g가 전사함수이면, $g \circ f : X \to Z$도 전사함수이다.

3. 다음 함수의 정의역과 치역을 구하여라.

(1) $f(x) = \sqrt{9-x^2}$ (2) $f(x) = \dfrac{1}{x-2}$

4. 집합 A, B, C에 대하여 다음이 성립함을 보여라.

(1) $A \times (B \cap C) = (A \times B) \cap (A \times C)$ (2) $A \times (B \cup C) = (A \times B) \cup (A \times C)$

(3) $A \times (B - C) = (A \times B) - (A \times C)$ (4) $A \times \varnothing = \varnothing \times A = \varnothing$

5. 두 수 P_1, P_2의 최댓값과 최솟값을 각각

$$\max\{P_1, P_2\}, \quad \min\{P_1, P_2\}$$

로 나타내기로 한다. 다음 함수의 그래프를 그려라.

(1) $y = \max\{x, -x\}$ (2) $y = \min\{1-x, 1+x\}$

6. 모든 실수에 대하여 정의된 함수 f가 $f(-x) = f(x)$를 만족할 때, f를 **우함수**(even function)라고 하고, $f(-x) = -f(x)$를 만족할 때 f를 **기함수**(odd function)라고 한다. 다음 물음에 답하여라.

(1) 다음 주어진 함수들 중에서 우함수인 것과 기함수인 것을 각각 구분하여라.

$$f(x) = 1, \quad f(x) = x^2, \quad f(x) = \frac{1}{x}, \quad f(x) = x^n$$

(2) 함수 f에 대하여 $g(x) = f(x) + f(-x)$로 정의된 함수 g는 우함수임을 보여라.

(3) 모든 실수에 대하여 정의된 임의의 함수는 우함수와 기함수의 합으로 나타낼 수 있음을 보여라.

7. 다음 주어진 함수에 대하여 합성함수 $g \circ f$와 $f \circ g$를 구하고, 또한 이들 합성함수의 정의역을 각각 구하여라.

$$f(x) = \sqrt{x-1}, \quad g(x) = \frac{1}{x}$$

8. 다음 함수들이 전단사함수임을 증명하여라.

(1) $f(x) = x$　　(2) $f(x) = x^3$

9. 다음 함수들이 전단사함수가 아님을 설명하여라.

(1) $f(x) = x^2$　　(2) $f(x) = \sin x$

10. 다음에 언급된 내용들에 대하여 사실여부를 확인하여라.

(1) 전사함수가 순감소함수일 때 역함수가 존재하는가?

(2) 전사함수가 아닌 순증가함수는 역함수가 존재하는가?

11. 곱집합에 관한 교환법칙은 성립하지 않는다. 예를 들어 설명하여라.

12. 전단사함수 $f : X \to Y$에 대하여 $S, T \subset Y$일 때 다음을 증명하여라.

(1) $S \subset T \implies f^{-1}(S) \subset f^{-1}(T)$　　(2) $f^{-1}(S \cup T) = f^{-1}(S) \cup f^{-1}(T)$

(3) $f^{-1}(S \cap T) = f^{-1}(S) \cap f^{-1}(T)$　　(4) $f^{-1}(S - T) = f^{-1}(S) - f^{-1}(T)$

1.2 역삼각함수와 역쌍곡선함수

이 절에서는 우리가 이미 알고 있는 삼각함수에 관하여 간단히 언급한 후에 이와 관련한 역삼각함수를 정의한다. 그 후에 쌍곡선함수와 역쌍곡선함수를 정의하고 이들이 갖는 성질들에 관하여 살펴본다.

정의 1.2.1 직각삼각형에서 서로 다른 두 변을 취하여 얻어지는 변의 길이의 비를 **삼각비**(trigonometric ratio)라고 한다. 특히 $\angle C$가 직각인 직각삼각형 ABC에서 $\angle A = \theta$, $\overline{BC} = a$, $\overline{CA} = b$, $\overline{AB} = c$일 때, θ에 대한 각각의 삼각비를 다음과 같이 정의한다.

(1) $\sin\theta = \dfrac{a}{c}$ (2) $\cos\theta = \dfrac{b}{c}$ (3) $\tan\theta = \dfrac{a}{b}$

(4) $\csc\theta = \dfrac{1}{\sin\theta} = \dfrac{c}{a}$ (5) $\sec\theta = \dfrac{1}{\cos\theta} = \dfrac{c}{b}$ (6) $\cot\theta = \dfrac{1}{\tan\theta} = \dfrac{b}{a}$

정의 1.2.1에서 $\angle A = \theta$의 크기가 일정하면, 도형의 닮음의 성질에 의해 각각의 삼각비의 값은 삼각형의 크기에 관계없이 항상 일정하다. 그러나 $\angle A = \theta$의 크기가 변하면 이들 삼각비의 값도 따라서 변한다.

정의 1.2.2 평면의 직교좌표계에서 원점 O를 시점으로 하고 반경이 $r > 0$인 원주상의 한 점 $P(x, y)$를 종점으로 하는 동경 $\overline{OP}$가 x축의 양의 방향과 이루는 일반각을 θ라 할 때, θ에 대한 **삼각함수**(trigonometric function)를 다음과 같이 정의한다(그림 1.1 참조).

(1) $\sin\theta = \dfrac{y}{r}$ (2) $\cos\theta = \dfrac{x}{r}$ (3) $\tan\theta = \dfrac{y}{x}$

(4) $\csc\theta = \dfrac{1}{\sin\theta} = \dfrac{r}{y}$ (5) $\sec\theta = \dfrac{1}{\cos\theta} = \dfrac{r}{x}$ (6) $\cot\theta = \dfrac{1}{\tan\theta} = \dfrac{x}{y}$

정의 1.2.1에서 정의한 삼각비는 θ가 예각$(0 < \theta < \pi/2)$인 경우로서, 이들 각각의 삼각비는 정의 1.2.2에서 정의한 삼각함수의 특별한 경우이다. 즉, θ가 예각일 때의 삼각함수의 값은 삼각비의 값과 일치한다. 이러한 측면에서 삼각함수는 θ가 예각인 경우에 정의된 삼각비를 일반각으로 일반화시킨 형태라 할 수 있다.

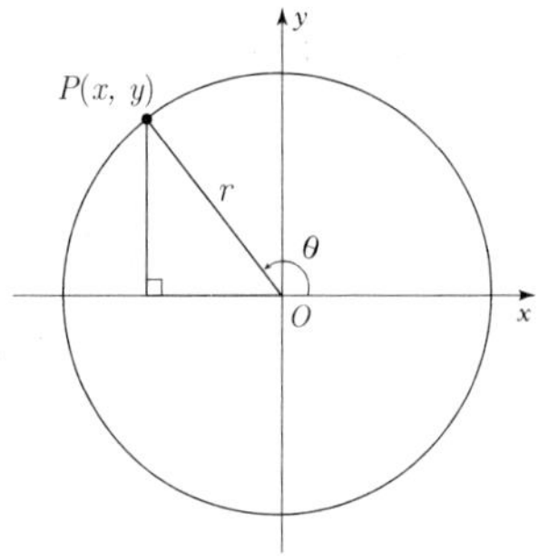

[그림 1.1] 삼각함수

정 의 1.2.3 함수 f 가 정의역의 모든 x 에 대하여

$$f(x+p) = f(x) \tag{1.7}$$

를 만족시키는 양수 p 가 존재할 때, f 를 **주기함수**(periodic function)라 하고, 이때 존재하는 최소의 양수 p 를 **기본주기**(fundamental period) 또는 간단히 **주기**(period)라고 한다.

정의 1.2.2 에서 정의한 모든 삼각함수는 일정한 주기를 갖는 대표적인 주기함수들이다. 예를 들어 사인함수 $f(x) = \sin x$ 는 임의의 정수 n 에 대하여

$$f(x+2n\pi) = \sin(x+2n\pi) = \sin x = f(x)$$

와 같은 성질을 갖는 주기함수로서 기본주기, 즉 주기가 2π 임을 알 수 있다.

모든 주기함수는 단사함수가 아니므로 전단사함수가 아니다. 따라서 주기함수의 경우에는 그의 역함수가 존재하지 않음을 쉽게 알 수 있다.

위에서 밝힌 바와 같이 함수

$$f : \mathbb{R} \to \mathbb{R}, \quad f(x) = \sin x \tag{1.8}$$

는 주기함수로서 전단사함수가 아니므로 역함수가 존재하지 않는다. 그러나 이 함수의 정의역과 공역을 각각 $[-\pi/2, \pi/2]$ 와 $[-1, 1]$ 로 제한하면 전단사함수가 되어 역함수를 정

의할 수 있다. 이렇게 정의된 함수, 즉

$$f : [-\pi/2, \pi/2] \to [-1, 1], \quad f(x) = \sin x \tag{1.9}$$

의 역함수를 『$\sin^{-1}$ 또는 arcsin』과 같이 나타내고, 이를 『역 sin 함수 또는 arcsin 함수』라고 한다.[5] 다른 삼각함수들의 역함수도 이와 같은 방법으로 기존의 삼각함수의 정의역과 공역을 적절히 제한하여 전단사함수를 만들어 역함수를 정의한다. 이러한 방법에 의해 정의된 역삼각함수들은 다음과 같다.

정의 1.2.4 [역삼각함수[6]]

(1) $y = \sin x \quad x \in [-\pi/2, \pi/2]$ $\qquad y^{-1} = \sin^{-1} x \quad x \in [-1, 1]$

(2) $y = \cos x \quad x \in [0, \pi]$ $\qquad y^{-1} = \cos^{-1} x \quad x \in [-1, 1]$

(3) $y = \tan x \quad x \in (-\pi/2, \pi/2)$ $\qquad y^{-1} = \tan^{-1} x \quad x \in \mathbb{R}$

(4) $y = \cot x \quad x \in (0, \pi)$ $\qquad y^{-1} = \cot^{-1} x \quad x \in \mathbb{R}$

(5) $y = \sec x \quad x \in [0, \pi/2) \cup [\pi, 3\pi/2)$ $\qquad y^{-1} = \sec^{-1} x \quad |x| \geq 1$

(6) $y = \csc x \quad x \in (0, \pi/2] \cup (\pi, 3\pi/2]$ $\qquad y^{-1} = \csc^{-1} x \quad |x| \geq 1$

역함수가 정의되는 각각의 삼각함수에 대응하는 역삼각함수의 그래프는 $y = x$에 관하여 대칭이다. 따라서 이들의 그래프는 그림 1.2와 같다.

예제 1.2.1 역삼각함수와 관련한 다음의 성질들이 성립함을 보여라.

(1) $\sin^{-1}(\sin x) = x, \quad x \in [-\pi/2, \pi/2]$

(2) $\sin(\sin^{-1} x) = x, \quad x \in [-1, 1]$

---

5) 식 (1.8)에서 정의된 사인함수와 식 (1.9)에서 정의된 역함수가 정의되는 사인함수를 구별하기 위하여 식 (1.9)에서 정의된 사인함수를 Sin과 같이 나타내기도 한다.

6) 정의 1.2.4에서 (5)와 (6)의 경우에는 학자들에 따라서 이들을 각각

(5)′ $y = \sec x \quad (0 \leq x \leq \pi, \ x \neq \pi/2)$ $\qquad y^{-1} = \sec^{-1} x \quad (|x| \geq 1)$

(6)′ $y = \csc x \quad (-\pi/2 \leq x \leq \pi/2, \ x \neq 0)$ $\qquad y^{-1} = \csc^{-1} x \quad (|x| \geq 1)$

와 같이 정의하는 경우도 있다. 그러나 이렇게 정의한 경우에는 2.3절에서 다루게 될 $\sec^{-1} x$와 $\csc^{-1} x$의 도함수가 정의 1.2.4에서와 같이 정의한 것보다 복잡한 형태로 얻어진다. 따라서 우리는 이들을 정의 1.2.4에서와 같이 정의한 것으로 한다.

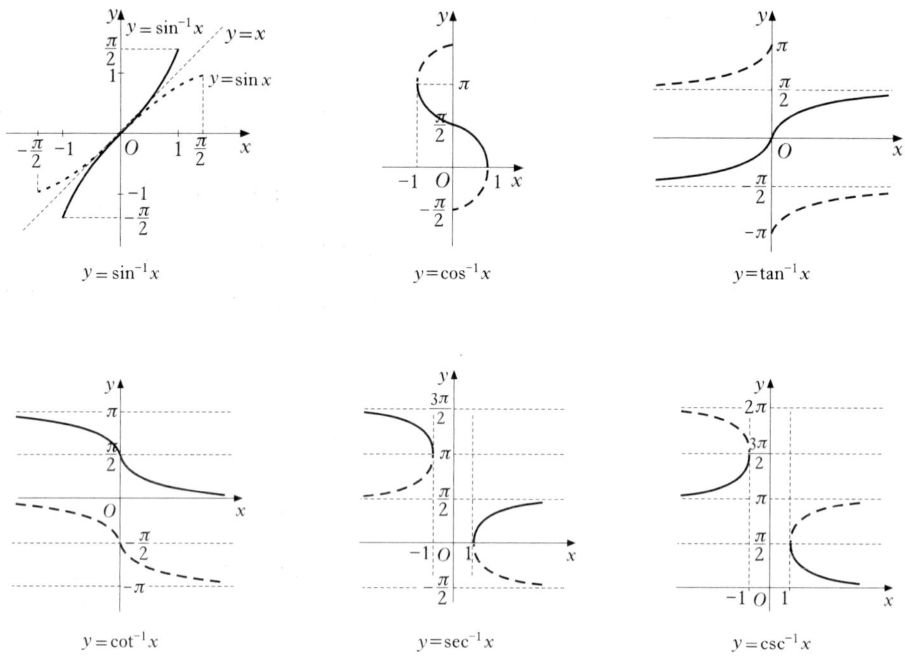

[그림 1.2] 역삼각함수의 그래프

(3) $\sin(\cos^{-1} x) = \sqrt{1 - x^2}$.

【풀이】 (1) $x \in [-\pi/2, \pi/2]$ 일 때 정리 1.1.3 에 의해

$$\sin^{-1}(\sin x) = (\sin^{-1} \circ \sin)(x) = x$$

이 성립한다.

(2) $x \in [-1, 1]$ 일 때 정리 1.1.3 에 의해

$$\sin(\sin^{-1} x) = (\sin \circ \sin^{-1})(x) = x$$

이 성립한다.

(3) $\cos^{-1} x = \theta$라고 놓으면 $\cos\theta = x$ $(0 \le \theta \le \pi)$이다. 그런데 $0 \le \theta \le \pi$에 대하여 $\sin\theta \ge 0$ 이므로 $\sin\theta = \sqrt{1 - \cos^2\theta}$ 이다. 따라서 다음이 성립한다.

$$\sin(\cos^{-1} x) = \sin\theta = \sqrt{1 - x^2}$$

□

예제 1.2.2 다음 역삼각함수의 함숫값을 구하여라.

(1) $\sin^{-1}(1/2)$ (2) $\cos^{-1}(1/2)$ (3) $\tan^{-1}(-1)$ (4) $\tan^{-1}(1/2)+\tan^{-1}(-1/3)$

【풀이】 (1) $\sin^{-1}(1/2)=x$ 라고 놓으면 $\sin x=1/2$ $(-\pi/2\le x\le\pi/2)$ 이므로 $x=\pi/6$ 이다.

(2) $\cos^{-1}(1/2)=x$ 라고 놓으면 $\cos x=1/2$ $(0\le x\le\pi)$ 이므로 $x=\pi/3$ 이다.

(3) $\tan^{-1}(-1)=x$ 라고 놓으면 $\tan x=-1$ $(-\pi/2<x<\pi/2)$ 이므로 $x=-\pi/4$ 이다.

(4) $\tan^{-1}(1/2)=\alpha$, $\tan^{-1}(-1/3)=\beta$ 라고 놓으면 $\tan\alpha=1/2$ 이고 $\tan\beta=-1/3$ 이므로

$$\tan(\alpha+\beta)=\frac{\tan\alpha+\tan\beta}{1-\tan\alpha\cdot\tan\beta}=\frac{\frac{1}{2}-\frac{1}{3}}{1+\frac{1}{2}\cdot\frac{1}{3}}=\frac{1}{7}$$

이다. 따라서 $\tan^{-1}(1/2)+\tan^{-1}(-1/3)=\alpha+\beta=\tan^{-1}(1/7)$ 이다. □

t 에 관한 함수 $x=\cos t$, $y=\sin t$ 에 대하여 $x^2+y^2=1$ 이므로 사인함수와 코사인함수는 원의 그래프와 밀접한 관계가 있다. 따라서 가끔은 삼각함수를 **원함수**(circular function)라고 부르기도 한다.

이제 앞서 정의한 삼각함수와 흡사한 성질을 갖는 **쌍곡선함수**(hyperbolic function)를 정의하고 그 특징들에 관하여 살펴보자.

t 에 관한 함수

$$x=\frac{e^t+e^{-t}}{2},\qquad y=\frac{e^t-e^{-t}}{2}$$

에 대하여 $x^2-y^2=1$ 이므로 쌍곡선함수라고 한다. 쌍곡선함수는 정의 1.2.5 에서와 같이 정의한다. 쌍곡선함수들의 그래프는 그림 1.3 과 같다.

정의 1.2.5 [쌍곡선함수]

(1) $\sinh x=\dfrac{e^x-e^{-x}}{2}$ (2) $\cosh x=\dfrac{e^x+e^{-x}}{2}$

(3) $\tanh x=\dfrac{\sinh x}{\cosh x}=\dfrac{e^x-e^{-x}}{e^x+e^{-x}}$ (4) $\coth x=\dfrac{\cosh x}{\sinh x}=\dfrac{e^x+e^{-x}}{e^x-e^{-x}}$

(5) $\operatorname{csch} x=\dfrac{1}{\sinh x}=\dfrac{2}{e^x-e^{-x}}$ (6) $\operatorname{sech} x=\dfrac{1}{\cosh x}=\dfrac{2}{e^x+e^{-x}}$

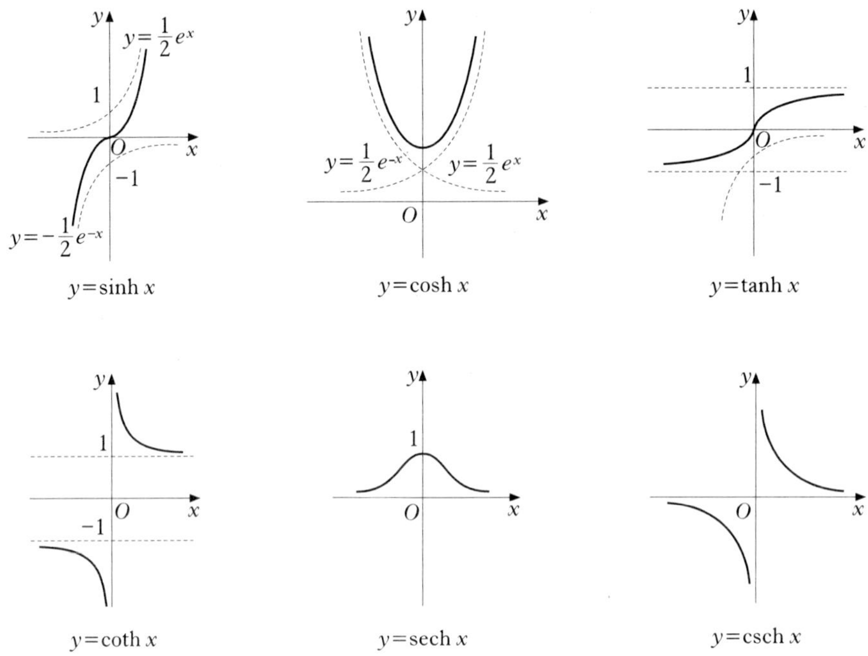

[그림 1.3] 쌍곡선함수의 그래프

삼각함수와 관련하여 $\cos^2 x + \sin^2 x = 1$, $\sin(x+y) = \sin x \cos y + \cos x \sin y$ 가 성립하듯이 쌍곡선함수와 관련하여

$$\cosh^2 x - \sinh^2 x = 1, \qquad \sinh(x+y) = \sinh x \cosh y + \cosh x \sinh y$$

이 성립함을 쉽게 확인할 수 있다. 이와 같이 삼각함수와 쌍곡선함수가 갖는 성질들 중에는 그 형태가 서로 정확히 일치하거나 또는 아주 유사한 형태들이 많이 있다. 이 절의 연습문제에서 쌍곡선함수가 갖는 보다 많은 유용한 성질들을 확인할 수 있다.

이제 앞서 정의한 쌍곡선함수의 역함수, 즉 **역쌍곡선함수**(inverse hyperbolic function)에 대하여 알아보자. $\sinh x$ 는 실수 전체 구간에서 전단사함수이므로 역함수를 갖는다. 그 역함수를 $\sinh^{-1} x$ 로 나타낸다. $\cosh x$ 의 경우에는 그림 1.3 에서 보듯이 실수 전체를 정의역으로 했을 때 전단사함수가 아니므로 정의역을 $\{x \mid x \geq 0\}$ 으로, 공역을 $\{y \mid y \geq 1\}$ 로 제한하여 전단사함수가 되게 하면 역함수가 존재한다. 마찬가지로 다른 쌍곡선함수의 경우에도 필요한 경우에 본래의 정의역과 공역을 적절히 제한하여 역쌍곡선함수를 정의한다. 이렇게 정의된 역쌍곡선함수들의 그래프는 그림 1.4 에서 확인할 수 있다.

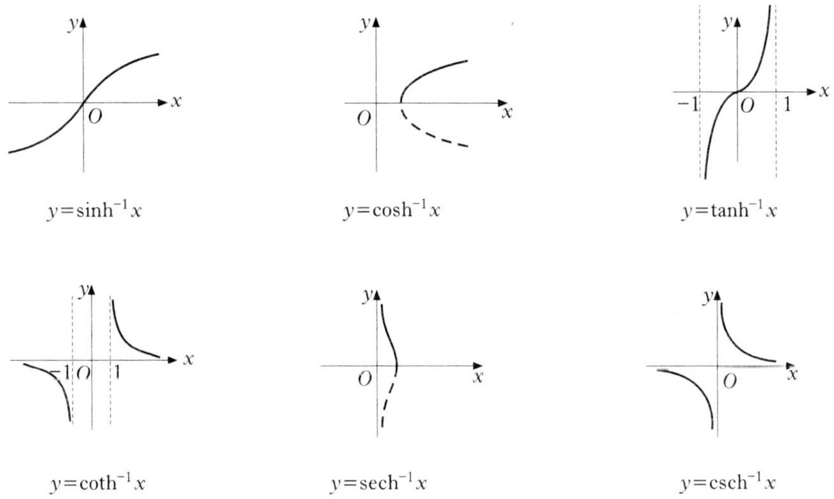

[그림 1.4] 역쌍곡선함수의 그래프

함수를 표현하는 방법에 따라서 $y = f(x)$의 형태로 정의된 함수를 **양함수**(explicit function)라고 하고, $F(x, y) = 0$의 형태로 정의된 함수를 **음함수**(implicit function)라고 한다.

정리 1.2.1은 앞에서 정의한 역쌍곡선함수를 양함수의 형태로 나타낸 것이다.

정리 1.2.1 [역쌍곡선함수]

(1) $\sinh^{-1} x = \ln\left(x + \sqrt{x^2 + 1}\right) \qquad (x \in \mathbb{R})$

(2) $\cosh^{-1} x = \ln\left(x + \sqrt{x^2 - 1}\right) \qquad (x \geq 1)$

(3) $\tanh^{-1} x = \dfrac{1}{2} \ln \dfrac{1 + x}{1 - x} \qquad (|x| < 1)$

(4) $\coth^{-1} x = \dfrac{1}{2} \ln \dfrac{x + 1}{x - 1} \qquad (|x| > 1)$

(5) $\operatorname{csch}^{-1} x = \ln\left(\dfrac{1}{x} + \dfrac{\sqrt{1 + x^2}}{|x|}\right) \qquad (x \in \mathbb{R},\ x \neq 0)$

(6) $\operatorname{sech}^{-1} x = \ln\left(\dfrac{1}{x} + \dfrac{\sqrt{1 - x^2}}{x}\right) \qquad (0 < x \leq 1)$

【증명】 (1) $y = \sinh^{-1} x$ 라고 놓으면, $x = \sinh y = \dfrac{e^y - e^{-y}}{2}$ 이므로

$$e^y - 2x - e^{-y} = 0, \qquad (e^y)^2 - 2xe^y - 1 = 0 \tag{1.10}$$

이다. 따라서

$$e^y = x \pm \sqrt{x^2 + 1}$$

이다. 그런데 $e^y > 0$ 이므로 $e^y = x + \sqrt{x^2 + 1}$ 이고, 이 식의 양변에 자연로그를 취하면

$$y = \ln\left(x + \sqrt{x^2 + 1}\right) \quad (x \in \mathbb{R}) \tag{1.11}$$

을 얻는다.

(2) $y = \cosh^{-1} x$ 라고 놓으면, $x = \cosh y = \dfrac{e^y + e^{-y}}{2}$ 이므로

$$e^y - 2x + e^{-y} = 0, \qquad (e^y)^2 - 2xe^y + 1 = 0 \tag{1.12}$$

이다. 따라서

$$e^y = x \pm \sqrt{x^2 - 1}$$

이다. 그런데 $e^y \geq 1$ 이므로 $e^y = x + \sqrt{x^2 - 1}$ 이고, 이 식의 양변에 자연로그를 취하면

$$y = \ln\left(x + \sqrt{x^2 - 1}\right) \quad (1 \geq x) \tag{1.13}$$

을 얻는다.

(3) $y = \tanh^{-1} x$ 라고 놓으면, $x = \tanh y = \dfrac{e^y - e^{-y}}{e^y + e^{-y}}$ 이므로

$$(1 - x)e^{2y} = 1 + x \tag{1.14}$$

이고, $|x| < 1$ 이므로 $1 - x \neq 0$ 이다. 따라서 식 (1.14) 로부터

$$e^{2y} = \frac{1 + x}{1 - x} \tag{1.15}$$

을 얻는다. 따라서 식 (1.15)의 양변에 자연로그를 취해 간단히 하면

$$y = \frac{1}{2}\ln\frac{1+x}{1-x} \quad (-1 < x < 1) \tag{1.16}$$

을 얻는다.

(4) $y = \coth^{-1} x$ 라고 놓으면, $y = \coth^{-1} x = \tanh^{-1}\frac{1}{x}$ 이므로 식 (3)의 결과로부터

$$y = \tanh^{-1}\frac{1}{x} = \frac{1}{2}\ln\frac{1+\frac{1}{x}}{1-\frac{1}{x}} = \frac{1}{2}\ln\frac{x+1}{x-1} \quad (|x| > 1) \tag{1.17}$$

을 얻는다.

(5) $y = \operatorname{csch}^{-1} x$ 라고 놓으면, $y = \operatorname{csch}^{-1} x = \sinh^{-1}\frac{1}{x}$ 이므로 식 (1)의 결과로부터

$$y = \sinh^{-1}\frac{1}{x} = \ln\left(\frac{1}{x} + \sqrt{\left(\frac{1}{x}\right)^2 + 1}\right) = \ln\left(\frac{1}{x} + \sqrt{\frac{1}{x^2} + 1}\right) \quad (x \neq 0) \tag{1.18}$$

을 얻는다. 그런데 $x \neq 0$ 이므로 식 (1.18)로부터

$$y = \ln\left(\frac{1}{x} + \sqrt{\frac{1}{x^2} + 1}\right) = \ln\left(\frac{1}{x} + \frac{\sqrt{1+x^2}}{|x|}\right) \quad (x \neq 0) \tag{1.19}$$

이다.

(6) $y = \operatorname{sech}^{-1} x$ 라고 놓으면, $y = \operatorname{sech}^{-1} x = \cosh^{-1}\frac{1}{x}$ 이므로 식 (2)의 결과로부터

$$y = \cosh^{-1}\frac{1}{x} = \ln\left(\frac{1}{x} + \sqrt{\left(\frac{1}{x}\right)^2 - 1}\right) = \ln\left(\frac{1}{x} + \frac{1}{|x|}\sqrt{1-x^2}\right) \quad (0 < x \leq 1) \tag{1.20}$$

을 얻는다. 그런데 $0 < x \leq 1$ 이므로 $|x| = x$ 이다. 따라서 식 (1.20)으로부터

$$y = \ln\left(\frac{1}{x} + \frac{1}{|x|}\sqrt{1-x^2}\right) = \ln\left(\frac{1}{x} + \frac{\sqrt{1-x^2}}{x}\right) \quad (0 < x \leq 1) \tag{1.21}$$

이다. □

연습문제(1.2)

1. 쌍곡선함수가 갖는 다음 성질들을 증명하여라.

(1) $\cosh^2 x - \sinh^2 x = 1$

(2) $\cosh^2 x + \sinh^2 x = \cosh 2x$

(3) $\cosh(-x) = \cosh x$

(4) $\sinh(-x) = -\sinh x$

(5) $\cosh(x \pm y) = \cosh x \cosh y \pm \sinh x \sinh y$ (복호동순)

(6) $\sinh(x \pm y) = \sinh x \cosh y \pm \cosh x \sinh y$ (복호동순)

(7) $\tanh(x \pm y) = \dfrac{\tanh x \pm \tanh y}{1 \pm \tanh x \tanh y}$ (복호동순)

(8) $\cosh 2x = 1 + 2\sinh^2 x = 2\cosh^2 x - 1$

(9) $\sinh 2x = 2\sinh x \cosh x$

(10) $\cosh^2 \dfrac{x}{2} = \dfrac{\cosh x + 1}{2}$

(11) $\sinh^2 \dfrac{x}{2} = \dfrac{\cosh x - 1}{2}$

(12) $e^x = \cosh x + \sinh x$

(13) $e^{-x} = \cosh x - \sinh x$

(14) $(\cosh x + \sinh x)^n = \cosh nx + \sinh nx$

(15) $1 - \tanh^2 x = \operatorname{sech}^2 x$

(16) $\coth^2 x - 1 = \operatorname{csch}^2 x$

1.3 함수의 극한

함수

$$f(x) = \frac{x^3 - x}{x - 1} = x^2 + x \quad (x \neq 1) \tag{1.22}$$

는 $x = 1$에서 정의될 수 없지만, $x = 1$의 **근방**(neighborhood)에서는 정의된다. 따라서 $x = 1 + h$ $(h \neq 0)$일 때

$$f(x) = f(1 + h) = \frac{(1 + h)^3 - (1 + h)}{h} = h^2 + 3h + 2 \tag{1.23}$$

이므로 $|h|$를 충분히 작은 값으로 택하면, $f(x)$는 2에 아주 가까워지게 된다. 실제로 $|f(x) - 2|$를 0.1보다 작게 하고 싶으면 $|h| = |x - 1|$을 0.01보다 작게 하면 된다.

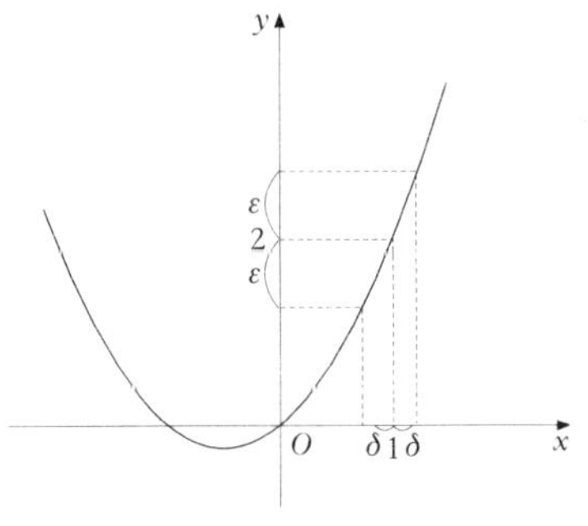

[그림 1.5] 함수의 극한

또한 $|f(x) - 2|$를 0.001보다 작게 하고 싶으면 $|h| = |x - 1|$을 0.0001보다 작게 하면 된다. 이는 그림 1.5를 참고로 할 때 y축에서 $y = 2$와의 거리가 ε보다 작게 되는 범위를 잡으면 그 ε에 대응하는 양수 δ가 정해져서, x축의 $x = 1$과의 거리가 δ보다 작은 범위 안의 $x \neq 1$인 모든 x에 대한 함숫값 $f(x)$가 $(2 - \varepsilon, 2 + \varepsilon)$ 안에 있다는 것을 의미한다. 이것을 기호화하여 나타내면

$$\forall \varepsilon > 0, \ \exists \delta > 0 \quad \text{s.t.} \quad \Big(0 < |x - 1| < \delta \quad \Longrightarrow \quad |f(x) - 2| < \varepsilon\Big) \tag{1.24}$$

와 같다.

정의 1.3.1 함수 $f : D \to \mathbb{R}$ $(D \subset \mathbb{R})$에 대하여, 임의의 양수 ε에 관한 양수 δ가 존재해서

$$0 < |x - a| < \delta \tag{1.25}$$

인 모든 x에 대한 함숫값 $f(x)$가

$$|f(x) - L| < \varepsilon \tag{1.26}$$

일 때

$$\lim_{x \to a} f(x) = L \quad \text{또는} \quad 『x \to a \text{ 일 때 } f(x) \to L』 \tag{1.27}$$

로 나타내고, 『x가 a로 가까이 갈 때 $f(x)$는 L에 **수렴한다**(converge)』고 한다. 이때 L을 x가 a로 가까이 갈 때 $f(x)$의 **극한**(limit)이라고 한다.

앞으로는 정의 1.3.1을 수학적 기호를 사용하여 다음과 같이 간단히 나타내기로 한다.

$$\forall \varepsilon > 0, \ \exists \delta > 0 \quad \text{s.t.} \quad \big(0 < |x - a| < \delta \quad \Longrightarrow \quad |f(x) - L| < \varepsilon\big) \tag{1.28}$$

예제 1.3.1 극한

$$\lim_{x \to 4}(3x - 7) = 5$$

임을 증명하여라.

【풀이】 주어진 $\varepsilon > 0$에 대하여

$$0 < |x - 4| < \delta \quad \Longrightarrow \quad |(3x - 7) - 5| < \varepsilon$$

인 $\delta > 0$를 찾자. 그런데

$$|(3x - 7) - 5| = |3x - 12| = 3\,|x - 4|$$

이므로 $\delta = \varepsilon/3$으로 택하면

$$\forall \varepsilon > 0, \ \exists \delta = \frac{\varepsilon}{3} > 0 \quad \text{s.t.} \quad \Big(0 < |x - 4| < \delta \quad \Longrightarrow \quad |(3x - 7) - 5| < 3 \cdot \frac{\varepsilon}{3} = \varepsilon\Big)$$

을 만족시킨다. 따라서 $\lim_{x \to 4}(3x - 7) = 5$ 임이 증명되었다. □

예제 1.3.2 함수

$$f(x) = \begin{cases} 0, & (x < 0) \\ 1, & (x \geq 0) \end{cases}$$

에 대하여 극한 $\lim_{x \to 0} f(x)$ 가 존재하지 않음을 보여라.

【풀이】 임의의 실수 L에 대하여 $\lim_{x \to 0} f(x) \neq L$ 임을 보이면 된다. $\varepsilon = 1/2$ 이라고 하고 δ를 임의로 주어진 양수라고 하자.

(i) $L \leq 1/2$ 일 때

$0 < |x - 0| < \delta$ 가 되는 x의 값으로 $x = \delta/2$ 를 취하면

$$\left| f\left(\frac{\delta}{2}\right) - L \right| = |1 - L| = 1 - L \geq 1 - \frac{1}{2} = \frac{1}{2} = \varepsilon$$

이다.

(ii) $L > 1/2$ 일 때

$0 < |x - 0| < \delta$ 가 되는 x의 값으로 $x = -\delta/2$ 를 취하면

$$\left| f\left(-\frac{\delta}{2}\right) - L \right| = |0 - L| = L > \frac{1}{2} = \varepsilon$$

이다.

따라서 (i), (ii) 에 의해 임의의 $\delta > 0$ 에 대하여

$$0 < |x - 0| < \delta \text{ 이고 } |f(x) - L| \geq \varepsilon$$

이 되는 x가 존재한다. 따라서 $\lim_{x \to 0} f(x) \neq L$ 이다. □

> **정리 1.3.1** [극한의 유일성] $\lim_{x \to a} f(x) = L$ 이고 $\lim_{x \to a} f(x) = M$ 이면 $L = M$ 이다.

【증명】 $L \neq M$ 이라고 가정하자. 이러한 가정으로부터 모순을 얻고자 한다. 주어진 가정에서 $\lim_{x\to a} f(x) = L$ 이고 $\lim_{x\to a} f(x) = M$ 이므로, 극한의 정의 1.3.1 로부터 $|L-M|/2 > 0$ 에 대하여 각각

$$0 < |x-a| < \delta_1 \implies |f(x)-L| < |L-M|/2,$$
$$0 < |x-a| < \delta_2 \implies |f(x)-M| < |L-M|/2$$

을 만족하는 $\delta_1, \delta_2 > 0$ 가 존재한다. 그런데 $\delta = \min\{\delta_1, \delta_2\}$ 라고 놓으면, $0 < |x-a| < \delta$ 에 대하여

$$|L-M| = \big|(L-f(x)) + (f(x)-M)\big| \le |L-f(x)| + |f(x)-M| = |f(x)-L| + |f(x)-M| < |L-M|$$

이므로 $|L-M| < |L-M|$ 이다. 이것은 모순이다. 따라서 $L = M$ 이다. □

정의 1.3.2 (1) 함수 $f(x)$ 에 대하여

$$\forall \varepsilon > 0,\ \exists \delta > 0 \quad \text{s.t.} \quad \big(0 < x-a < \delta \implies |f(x)-L| < \varepsilon\big) \tag{1.29}$$

일 때, L 을 일컬어 $x \to a^+$ 일 때의 $f(x)$ 의 **우극한**(right-hand limit)이라 하고,

$$\lim_{x\to a^+} f(x) = L \tag{1.30}$$

로 나타낸다.

(2) 함수 $f(x)$ 에 대하여

$$\forall \varepsilon > 0,\ \exists \delta > 0 \quad \text{s.t.} \quad \big(-\delta < x-a < 0 \implies |f(x)-L| < \varepsilon\big) \tag{1.31}$$

일 때, L 을 일컬어 $x \to a^-$ 일 때의 $f(x)$ 의 **좌극한**(left-hand limit)이라 하고,

$$\lim_{x\to a^-} f(x) = L \tag{1.32}$$

로 나타낸다.

예제 1.3.3 극한

$$\lim_{x\to 0^+} \sqrt{x} = 0$$

임을 보여라.

【풀이】 임의의 양수 ε에 대하여

$$|\sqrt{x} - 0| < \varepsilon \quad \Longleftrightarrow \quad x < \varepsilon^2$$

이므로 $\delta = \varepsilon^2$ 을 택하면

$$0 < x - 0 < \delta \quad \Longrightarrow \quad |\sqrt{x} - 0| < \varepsilon$$

이 성립한다. 따라서 정의 1.3.2 에 의해 $\lim_{x\to 0^+} \sqrt{x} = 0$ 이다. □

정리 1.3.2 극한 $\lim_{x\to a} f(x)$ 가 존재하기 위한 필요충분조건은

$$\lim_{x\to a^+} f(x) = \lim_{x\to a^-} f(x) \tag{1.33}$$

이다. 이때

$$\lim_{x\to a} f(x) = \lim_{x\to a^+} f(x) = \lim_{x\to a^-} f(x) \tag{1.34}$$

를 만족한다.

【증명】 ($\Rightarrow$) $\lim_{x\to a} f(x) = L$ 이면 극한의 정의 1.3.1 에 의하여

$$\lim_{x\to a^+} f(x) = L = \lim_{x\to a^-} f(x)$$

이다.

($\Leftarrow$) $\lim_{x\to a^+} f(x) = \lim_{x\to a^-} f(x) = L$ 임을 가정하자. 그러면 우극한과 좌극한의 정의 1.3.2 로부터, 주어진 $\varepsilon > 0$ 에 대하여

$$\exists \delta_1 > 0 \quad \text{s.t.} \quad \left(0 < x - a < \delta_1 \quad \Longrightarrow \quad |f(x) - L| < \varepsilon\right)$$

$$\exists \delta_2 > 0 \quad \text{s.t.} \quad \Big(-\delta_2 < x - a < 0 \quad \Longrightarrow \quad |f(x) - L| < \varepsilon \Big)$$

이 각각 성립한다. 그런데 $\delta = \min\{\delta_1, \delta_2\}$ 로 놓으면

$$0 < |x - a| < \delta \quad \Longrightarrow \quad |f(x) - L| < \varepsilon$$

이다. 따라서 극한의 정의 1.3.1 에 의해 $\lim_{x\to a} f(x) = L$ 이다. □

정리 1.3.3 $x \to a$ 일 때 함수 $f(x)$, $g(x)$ 가 각각 수렴하면 다음 등식이 성립한다.

(1) $\lim_{x\to a} (f(x) \pm g(x)) = \lim_{x\to a} f(x) \pm \lim_{x\to a} g(x)$ (복호동순)

(2) $\lim_{x\to a} (f(x)g(x)) = \left(\lim_{x\to a} f(x)\right)\left(\lim_{x\to a} g(x)\right)$

(3) $\lim_{x\to a} \dfrac{f(x)}{g(x)} = \dfrac{\lim_{x\to a} f(x)}{\lim_{x\to a} g(x)}$ (단, $\lim_{x\to a} g(x) \neq 0$)

【증명】 $\lim_{x\to a} f(x) = \alpha$, $\lim_{x\to a} g(x) = \beta$ 라고 하고, $\varepsilon > 0$ 을 주어진 수라고 하자.

(1) $\lim_{x\to a} f(x) = \alpha$ 이고 $\lim_{x\to a} g(x) = \beta$ 이므로, 극한의 정의 1.3.1 에 의해

$$\exists \delta_1 > 0 \quad \text{s.t.} \quad \Big(0 < |x - a| < \delta_1 \quad \Longrightarrow \quad |f(x) - \alpha| < \frac{\varepsilon}{2}\Big)$$
$$\exists \delta_2 > 0 \quad \text{s.t.} \quad \Big(0 < |x - a| < \delta_2 \quad \Longrightarrow \quad |g(x) - \beta| < \frac{\varepsilon}{2}\Big)$$

이 각각 성립한다. 그런데 $\delta = \min\{\delta_1, \delta_2\}$ 라고 놓으면, $0 < |x - a| < \delta$ 에 대하여

$$\Big|(f(x) + g(x)) - (\alpha - \beta)\Big| = \Big|(f(x) - \alpha) + (g(x) - \beta)\Big| \le |f(x) - \alpha| + |g(x) - \beta| < \frac{\varepsilon}{2} + \frac{\varepsilon}{2} = \varepsilon$$

이다. 따라서 $\lim_{x\to a} f(x) = \alpha$ 이고 $\lim_{x\to a} g(x) = \beta$ 이면

$$\lim_{x\to a} (f(x) + g(x)) = \alpha + \beta = \lim_{x\to a} f(x) + \lim_{x\to a} g(x)$$

이 성립한다. 또한 유사한 방법으로 $\lim_{x\to a} (f(x) - g(x)) = \lim_{x\to a} f(x) - \lim_{x\to a} g(x)$ 이 성립함을 보일 수 있다.

(2) $\lim_{x\to a} f(x) = \alpha$ 이고 $\lim_{x\to a} g(x) = \beta$ 이므로, 극한의 정의 1.3.1 에 의해

$$\exists\delta_1 > 0 \quad \text{s.t.} \quad \left(0 < |x-a| < \delta_1 \quad \Longrightarrow \quad |f(x)-\alpha| < \min\left\{1, \frac{\varepsilon}{2(1+|\beta|)}\right\}\right)$$

$$\exists\delta_2 > 0 \quad \text{s.t.} \quad \left(0 < |x-a| < \delta_2 \quad \Longrightarrow \quad |g(x)-\beta| < \frac{\varepsilon}{2(1+|\alpha|)}\right)$$

이 각각 성립한다. 그런데 $\delta = \min\{\delta_1, \delta_2\}$ 라고 놓으면, $0 < |x-a| < \delta$ 에 대하여

$$\begin{aligned}|f(x)g(x) - \alpha\beta| &= \big|f(x)(g(x)-\beta) + \beta(f(x)-\alpha)\big| \le |f(x)|\,|g(x)-\beta| + |\beta|\,|f(x)-\alpha| \\ &< (1+|\alpha|)\frac{\varepsilon}{2(1+|\alpha|)} + (1+|\beta|)\frac{\varepsilon}{2(1+|\beta|)} \\ &= \frac{\varepsilon}{2} + \frac{\varepsilon}{2} \\ &= \varepsilon\end{aligned}$$

이다. 따라서 $\lim_{x\to a} f(x) = \alpha$ 이고 $\lim_{x\to a} g(x) = \beta$ 이면

$$\lim_{x\to a}(f(x)g(x)) = \alpha\beta = \left(\lim_{x\to a} f(x)\right)\left(\lim_{x\to a} g(x)\right)$$

이 성립한다.

(3) $\lim_{x\to a} g(x) = \beta$ $(\beta \ne 0)$일 때, 극한

$$\lim_{x\to a}\frac{1}{g(x)} = \frac{1}{\beta} \tag{1.35}$$

이 성립한다면 (2) 가 성립한다는 사실로부터 (3) 이 성립함을 알 수 있다. 따라서 (3) 이 성립함을 보이기 위해서는 식 (1.35) 가 성립함을 보이면 충분하다. 이를 위해 먼저 $\lim_{x\to a} g(x) = \beta$ $(\beta \ne 0)$라는 가정으로부터

$$\exists\delta > 0 \quad \text{s.t.} \quad \left(0 < |x-a| < \delta \quad \Longrightarrow \quad |g(x)-\beta| < \min\left\{\frac{|\beta|}{2}, \frac{|\beta|^2}{2}\varepsilon\right\}\right) \tag{1.36}$$

이 성립한다. 그런데 식 (1.36) 에서 $|g(x)-\beta| < \dfrac{|\beta|}{2}$ 이므로

$$|\beta| - |g(x)| < |g(x)-\beta| < \frac{|\beta|}{2} \tag{1.37}$$

이다. 따라서 식 (1.37) 로부터

$$|g(x)| > \frac{|\beta|}{2} \tag{1.38}$$

이므로

$$\frac{1}{|g(x)|} < \frac{2}{|\beta|} \tag{1.39}$$

이 성립한다. 따라서 식 (1.36) 과 (1.39) 로부터, $0 < |x-a| < \delta$ 에 대하여

$$\left|\frac{1}{g(x)} - \frac{1}{\beta}\right| = \left|\frac{\beta - g(x)}{\beta g(x)}\right| = \frac{|\beta - g(x)|}{|\beta|\,|g(x)|} = \frac{1}{|\beta|} \cdot \frac{1}{|g(x)|} \cdot |g(x) - \beta| < \frac{1}{|\beta|} \cdot \frac{2}{|\beta|} \cdot \frac{|\beta|^2}{2}\varepsilon = \varepsilon$$

이다. 따라서 식 (1.35), 즉

$$\lim_{x\to a} \frac{1}{g(x)} = \frac{1}{\beta}$$

이 성립한다. □

정의 1.3.3 $x \to a$ 일 때 함수 f 가 수렴하지 않으면 『f 는 $x \to a$ 일 때 **발산한다**(diverge)』라고 하며, 기호로는

(1) $\forall M > 0, \ \exists \delta > 0 \quad \text{s.t.} \quad \left(0 < |x-a| < \delta \quad \Longrightarrow \quad f(x) > M\right)$

(2) $\forall M < 0, \ \exists \delta > 0 \quad \text{s.t.} \quad \left(0 < |x-a| < \delta \quad \Longrightarrow \quad f(x) < M\right)$

과 같이 나타낸다. 이때 (1) 의 경우를

$$\lim_{x\to a} f(x) = \infty \tag{1.40}$$

와 같이 나타내며, (2) 의 경우를

$$\lim_{x\to a} f(x) = -\infty \tag{1.41}$$

와 같이 나타낸다.

예 제 1.3.4 극한

$$\lim_{x\to 1} \frac{1}{(x-1)^2} = \infty$$

임을 보여라.

【풀이】 $M > 0$ 에 대하여

$$\frac{1}{(x-1)^2} > M \quad \Longleftrightarrow \quad |x-1| < \frac{1}{\sqrt{M}}$$

이 성립한다. 따라서 $\delta = \dfrac{1}{\sqrt{M}}$ 로 택하면

$$0 < |x-1| < \delta = \frac{1}{\sqrt{M}} \quad \Longrightarrow \quad \frac{1}{(x-1)^2} > M$$

이 성립한다. 따라서 정의 1.3.3 에 의해 $\displaystyle\lim_{x\to 1} \frac{1}{(x-1)^2} = \infty$ 이다. □

정의 1.3.4 (1) 함수 $f(x)$ 에 대하여

$$\forall\, \varepsilon > 0,\ \exists\, M > 0 \quad \text{s.t.} \quad \left(x > M \quad \Longrightarrow \quad |f(x) - L| < \varepsilon \right)$$

일 때

$$\lim_{x\to\infty} f(x) = L \tag{1.42}$$

로 나타내고, 『$x \to \infty$ 일 때 $f(x)$ 는 L 에 수렴한다』고 한다.

(2) 함수 $f(x)$ 에 대하여

$$\forall\, \varepsilon > 0,\ \exists\, M < 0 \quad \text{s.t.} \quad \left(x < M \quad \Longrightarrow \quad |f(x) - L| < \varepsilon \right)$$

일 때

$$\lim_{x\to -\infty} f(x) = L \tag{1.43}$$

로 나타내고, 『$x \to -\infty$ 일 때 $f(x)$ 는 L 에 수렴한다』고 한다.

예제 1.3.5 극한

$$\lim_{x\to\infty} \frac{1}{x} = 0$$

임을 보여라.

【풀이】 임의의 양수 ε에 대하여

$$\left|\frac{1}{x}-0\right| = \left|\frac{1}{x}\right| < \varepsilon \quad \Longleftrightarrow \quad |x| > \frac{1}{\varepsilon}$$

이 성립한다. 따라서 $M = \dfrac{1}{\varepsilon}$로 택하면

$$x > M = \frac{1}{\varepsilon} \quad \Longrightarrow \quad \left|\frac{1}{x}-0\right| = \left|\frac{1}{x}\right| < \varepsilon$$

이 성립한다. 따라서 정의 1.3.4에 의해 $\lim\limits_{x\to\infty} \dfrac{1}{x} = 0$이다. □

정리 1.3.4 [함수에 관한 **조임정리**(squeeze theorem)[7)]] $\delta > 0$일 때 $0 < |x-a| < \delta$인 모든 x에 대하여

$$f(x) \le g(x) \le h(x)$$

이고 $\lim\limits_{x\to a} f(x) = \lim\limits_{x\to a} h(x) = L$이면 $\lim\limits_{x\to a} g(x) = L$이다.

예제 1.3.6 조임정리 1.3.4를 이용하여 극한

$$\lim_{x\to 0} x \sin\frac{1}{x}$$

을 구하여라.

【풀이】 함수 g를 $g(x) = x\sin(1/x)$이라고 놓으면

$$|g(x)| = \left|x\sin\frac{1}{x}\right| = |x|\left|\sin\frac{1}{x}\right| \le |x|$$

이므로 $-|x| \le g(x) \le |x|$이 성립한다. 따라서 함수 f, g를 각각 $f(x) = -|x|$, $h(x) = |x|$라고 놓으면, $f(x) \le g(x) \le h(x)$이고 $\lim\limits_{x\to 0} f(x) = \lim\limits_{x\to 0} h(x) = 0$이다. 따라서 조임정리 1.3.4로부터 $\lim\limits_{x\to 0} g(x) = 0$임을 알 수 있다. □

7) 조임정리를 **샌드위치 정리**(sandwich theorem) 또는 **압축정리**라고도 한다.

연습문제(1.3)

1. 정리 1.3.3 을 이용하여 다음 극한을 구하여라.

(1) $\lim_{x \to a} x^n$ (2) $\lim_{x \to a} \dfrac{x^3 + 7x^2}{x^2 + 1}$ (3) $\lim_{x \to 1} \dfrac{x^2 - 1}{x - 1}$

2. $\varepsilon - \delta$ 방법을 이용하여 다음을 증명하여라.

(1) $\lim_{x \to a} x = a$ (2) $f(x) = c$ 일 때 $\lim_{x \to a} f(x) = c$ (3) $\lim_{x \to a} \sqrt{x} = \sqrt{a}$ (단, $a > 0$)

3. 함수 $f(x)$ 가

$$f(x) = \begin{cases} 2x + 1, & (x < 2) \\ x + 3, & (x > 2) \end{cases}$$

일 때 다음 극한을 구하여라.

(1) $\lim_{x \to 2^-} f(x)$ (2) $\lim_{x \to 2^+} f(x)$ (3) $\lim_{x \to 2} f(x)$

1.4 함수의 연속

함수의 연속성은 수학을 실생활에 응용함에 있어서 매우 큰 의미를 갖는다. 수학의 목적 중의 하나가 과거와 현재의 어떠한 사실로부터 미래를 추측하는데 있다는 점에서 미지수의 근삿값을 찾는 일은 수학에서 빈번히 행해지고 있다. 근삿값과 참값 사이의 오차를 최소화하는 일이 큰 과제이고, 실제로 수치해석분야에서는 컴퓨터를 이용하여 오차를 줄이는 실험들을 행하고 있다. 실험에 의하여 관측된 자료가 연속함수로 나타나는 경우에, 우리는 원하는 오차의 범위 내에서 근삿값을 구할 수 있지만, 불연속적으로 나타나는 경우에는 최적의 근삿값을 구하기가 매우 힘들다. 이와 같은 측면에서도 함수의 연속성이 갖는 의미는 매우 크다고 할 수 있다.

정의 1.4.1 함수 f 에 대하여 극한 $\lim_{x\to a} f(x)$ 가 존재하고, $x = a$ 에서의 함숫값 $f(a)$ 가 존재해서

$$\lim_{x\to a} f(x) = f(a) \tag{1.44}$$

일 때 f 는 $x = a$ 에서 **연속**(continuous)이라고 한다. 즉, $\varepsilon - \delta$ 논법을 사용하면,

$$\forall \varepsilon > 0,\ \exists \delta > 0 \quad \text{s.t.} \quad \Big(|x-a| < \delta \quad \Longrightarrow \quad |f(x) - f(a)| < \varepsilon \Big) \tag{1.45}$$

일 때 f 는 $x = a$ 에서 연속이라고 한다. 반면에 함수 f 가 $x = a$ 에서 연속이 아닐 때 f 는 $x = a$ 에서 **불연속**(discontinuous)이라고 한다. 또한 함수 f 의 정의역 안의 임의의 점에서 f 가 연속이면, f 를 **연속함수**(continuous function)라고 한다.

함수 f 가 $x = a$ 에서 연속이면

$$\lim_{x\to a} f(x) = f(a) = f\Big(\lim_{x\to a} x\Big) \quad \Longleftrightarrow \quad \lim_{h\to 0} f(a+h) = f(a) = f\Big(\lim_{h\to 0}(a+h)\Big)$$

이 성립한다.

예 제 1.4.1 함수

$$f(x) = x^2 + \frac{x^2}{1+x^2} + \frac{x^2}{(1+x^2)^2} + \frac{x^2}{(1+x^2)^3} + \cdots$$

가 $x = 0$ 에서 불연속임을 보여라.

【풀이】 함수 f는 $x \neq 0$일 때 $1 + x^2 > 1$이므로

$$f(x) = \begin{cases} 1 + x^2, & (x \neq 0) \\ 0, & (x = 0) \end{cases}$$

이다. 따라서

$$\lim_{x \to 0} f(x) = \lim_{x \to 0}(1 + x^2) = 1 \neq 0 = f(0)$$

이므로, 정의 1.4.1에 의해 함수 f는 $x = 0$에서 불연속이다. □

한쪽 방향으로의 극한과 마찬가지로 한쪽 방향으로의 연속성을 다음과 같이 정의한다.

정의 1.4.2 극한 $\lim_{x \to a^-} f(x)$가 존재하고, $x = a$에서의 함숫값 $f(a)$가 존재해서

$$\lim_{x \to a^-} f(x) = f(a) \tag{1.46}$$

일 때, 함수 f는 $x = a$에서 **왼쪽으로부터 연속**(continuous from the left)이라고 한다. 반면에 극한 $\lim_{x \to a^+} f(x)$가 존재하고, $x = a$에서의 함숫값 $f(a)$가 존재해서

$$\lim_{x \to a^+} f(x) = f(a) \tag{1.47}$$

일 때, 함수 f는 $x = a$에서 **오른쪽으로부터 연속**(continuous from the right)이라고 한다. 왼쪽으로부터 연속과 오른쪽으로부터 연속을 통틀어 **한쪽 방향으로의 연속**이라고 한다.

함수 f가 폐구간 $[a, b]$에서 연속이라 함은 개구간 (a, b)에서 연속이고, $x = a$에서 오른쪽으로부터 연속이며, $x = b$에서 왼쪽으로부터 연속임을 의미하는 것으로 정의한다.

정리 1.4.1 함수 $f(x)$, $g(x)$가 각각 $x = a$에서 연속이면, 이들에 의해 새롭게 정의되는 다음 각 함수 또한 $x = a$에서 연속이다.

(1) $f(x) \pm g(x)$ (2) $\alpha f(x)$ (단, α : 상수)

(3) $f(x)g(x)$ (4) $f(x)/g(x)$ (단, $g(a) \neq 0$)

【증명】 (1) 가정에서 함수 $f(x)$와 $g(x)$가 각각 $x = a$에서 연속이므로, 연속함수의 정의 1.4.1 로부터

$$\lim_{x \to a} f(x) = f(a), \qquad \lim_{x \to a} g(x) = g(a)$$

이 성립한다. 따라서 정리 1.3.3 의 (1) 에 의해

$$\lim_{x \to a} (f(x) \pm g(x)) = \lim_{x \to a} f(x) \pm \lim_{x \to a} g(x) = f(a) \pm g(a)$$

이 성립한다. 따라서 $f(x) \pm g(x)$는 $x = a$에서 연속이다.

(2), (3), (4) 의 경우도 유사한 방법으로 증명할 수 있다. □

정 리 1.4.2 (1) 실수 전체의 집합을 정의역으로 하는 x에 관한 n차 다항식 $p(x)$, 즉

$$p(x) = \alpha_n x^n + \alpha_{n-1} x^{n-1} + \cdots + \alpha_1 x + \alpha_0 \quad (\text{단, } \alpha_k \ (k = 0, 1, 2, \ldots, n) : \text{상수}) \tag{1.48}$$

는 정의역의 모든 점에서 연속이다.

(2) x에 관한 유리함수 $f(x)$, 즉

$$f(x) = \frac{p(x)}{q(x)} \quad (\text{단, } p(x),\ q(x) \text{는 } x \text{에 관한 다항식}) \tag{1.49}$$

의 정의역을

$$D = \{x \in \mathbb{R} \mid q(x) \neq 0\}$$

라고 하자. 그러면 $f(x)$는 정의역의 모든 점에서 연속이다.

【증명】 (1) 식 (1.48) 에서 정의된 x에 관한 n차 다항식 $p(x)$와 관련해서 정의역의 임의의 점 $x = a$에 대하여

$$\lim_{x \to a} x = a, \qquad \lim_{x \to a} \alpha_k = \alpha_k \quad (\text{단, } \alpha_k \ (k = 0, 1, 2, \ldots, n) : \text{상수})$$

이 성립하고, 또한 정리 1.4.1 로부터

$$\lim_{x \to a} x^k = a^k, \qquad \lim_{x \to a} \alpha_k x^k = \alpha_k a^k \quad (\text{단, } \alpha_k \ (k = 0, 1, 2, \ldots, n) : \text{상수})$$

이 성립한다. 그러므로 정리 1.4.1 로부터

$$\begin{aligned}\lim_{x\to a} p(x) &= \lim_{x\to a}\left(\alpha_n x^n + \alpha_{n-1}x^{n-1} + \cdots + \alpha_1 x + \alpha_0\right)\\ &= \lim_{x\to a}\alpha_n x^n + \lim_{x\to a}\alpha_{n-1}x^{n-1} + \cdots + \lim_{x\to a}\alpha_1 x + \lim_{x\to a}\alpha_0\\ &= \alpha_n a^n + \alpha_{n-1}a^{n-1} + \cdots + \alpha_1 a + \alpha_0\\ &= p(a)\end{aligned}$$

이다. 따라서 연속함수의 정의 1.4.1 로부터 x 에 관한 n 차 다항식 $p(x)$ 는 정의역의 모든 점에서 연속이다.

(2) (1) 의 증명에서 보인 바와 같이 다항식 $p(x)$, $q(x)$ 는 정의역의 모든 점에서 연속이다. 따라서 정리 1.4.1 의 (4) 로부터 유리함수 $f(x)$ 는 정의역의 모든 점에서 연속이다. □

정리 1.4.3 함수 g 가 a 에서 연속이고, 함수 f 가 $g(a)$ 에서 연속이면, 이들에 의한 합성함수 $f\circ g$ 는 a 에서 연속이다. 즉,

$$\lim_{x\to a} g(x) = g(a) \quad \text{이고} \quad \lim_{x\to g(a)} f(x) = f(g(a))$$

이면

$$\lim_{x\to a}(f\circ g)(x) = \lim_{x\to a}(f(g(x)) = f\left(\lim_{x\to a} g(x)\right) = f(g(a)) = (f\circ g)(a) \tag{1.50}$$

이 성립한다.

【증명】 $\varepsilon > 0$ 을 주어진 수라고 하자. 함수 $f(u)$ 는 $u = g(a)$ 에서 연속이므로, 정의 1.4.1 의 식 (1.45) 로부터

$$\exists\delta' > 0 \quad \text{s.t.} \quad \Big(\, |u - g(a)| < \delta' \quad \Longrightarrow \quad |f(u) - f(g(a))| < \varepsilon \Big) \tag{1.51}$$

이다. 또한 함수 $g(x)$ 는 $x = a$ 에서 연속이므로, 정의 1.4.1 의 식 (1.45) 로부터 식 (1.51) 에 있는 δ' 에 대하여

$$\exists\delta > 0 \quad \text{s.t.} \quad \Big(\, |x - a| < \delta \quad \Longrightarrow \quad |g(x) - g(a)| < \delta' \Big) \tag{1.52}$$

이다. 따라서 연속함수의 정의 1.4.1 의 식 (1.45) 로부터

$$\forall \varepsilon > 0,\ \exists \delta > 0 \quad \text{s.t.} \quad \Big(|x - a| < \delta \quad \Longrightarrow \quad |f(g(x)) - f(g(a))| < \varepsilon \Big) \tag{1.53}$$

이다. □

예 제 1.4.2 정리 1.4.3 을 이용하여 함수 $h(x) = a^x$ $(a > 0)$ 가 연속함수임을 보여라.

【풀이】 함수 g 와 f 를 각각 $g(x) = x \ln a$, $f(x) = e^x$ 라고 하자. 그러면 $h(x) = (f \circ g)(x)$ 이다. 그런데 함수 g 와 f 는 정의역의 모든 점에서 연속이므로, 정리 1.4.3 에 의해 $h(x) = a^x$ $(a > 0)$ 은 연속함수이다. □

폐구간에서 연속인 함수는 매우 중요한 두 가지 성질을 가지는데, 그 중의 하나는 중간값의 정리이고, 또 하나는 최대최소정리이다. 이들 정리의 증명을 위해서는 이 책의 범위를 벗어나는 보다 많은 수학적 지식을 필요로 하므로 여기서는 그 내용만을 소개하기로 한다.

정 리 1.4.4 [**중간값의 정리**(intermediate value theorem)] 함수 f 가 $[a, b]$ 에서 연속이고, $f(a) < f(b)$ (또는 $f(b) < f(a)$) 이라고 가정하자. 그러면 $f(a) < k < f(b)$ (또는 $f(b) < k < f(a)$) 인 수 k 에 대하여 $f(c) = k$ 를 만족하는 $c \in (a, b)$ 가 존재한다.

정 리 1.4.5 [함수에 관한 **최대최소정리**(maximum-minimum theorem)] 함수 f 가 $[a, b]$ 에서 연속이면, 임의의 $x \in [a, b]$ 에 대하여

$$f(c) \le f(x) \le f(d) \tag{1.54}$$

을 만족하는 $c, d \in [a, b]$ 가 존재한다. 이때 $f(c)$ 와 $f(d)$ 를 각각 구간 $[a, b]$ 에서의 f 의 **최댓값**(maximum value)과 **최솟값**(minimum value)이라고 한다.

위의 두 개의 정리에서 공통된 두 가지 중요한 가정은 폐구간과 함수의 연속성이다. 이들 중 어느 하나라도 가정으로부터 제외된다면 이들 두 정리의 내용은 모두 성립하지 않는다. 이러한 함수의 예는 쉽게 찾을 수 있으므로 각자 시도해 보기 바란다.

연습문제(1.4)

1. (1) 함수

$$f(x) = \begin{cases} x \sin \dfrac{1}{x}, & (x \neq 0) \\ a, & (x = 0) \end{cases}$$

의 연속성을 조사하여라.

(2) $f(x) = \sin x$ 로 주어진 함수가 모든 점에서 연속임을 증명하여라.

2. 다음에 주어진 함수가 연속함수임을 설명하여라.

(1) $f(x) = \sin^2 x$ (2) $f(x) = -\dfrac{1}{\sqrt{1 - x^2}}$ $(|x| < 1)$ (3) $f(x) = \cosh x = \dfrac{e^x + e^{-x}}{2}$

제 2 장

미분법

2.1 미분계수와 도함수

함수 $y = f(x)$의 그래프 위의 한 점 $(a, f(a))$에서의 접선을 정의하자(그림 2.1 참조).

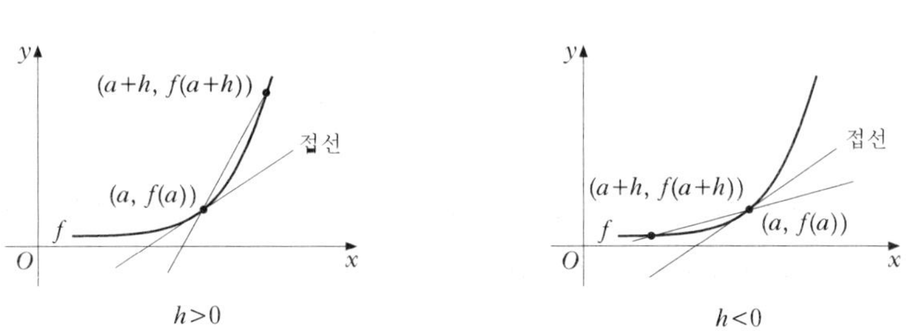

[그림 2.1] 기울기와 접선

0이 아닌 h에 대하여 점 $(a, f(a))$와 $(a+h, f(a+h))$를 연결하는 직선의 **기울기**(slope)는

$$\frac{f(a+h) - f(a)}{h} \tag{2.1}$$

이다. 여기서 h의 크기를 충분히 작게 택하면, 점 $(a, f(a))$와 $(a+h, f(a+h))$를 연결하는 직선의 기울기는 점 $(a, f(a))$에서 곡선 $y = f(x)$에 접하는 접선의 기울기에 가까워진다.

정의 2.1.1 함수 $y = f(x)$에 대하여, 극한

$$\lim_{h \to 0} \frac{f(a+h) - f(a)}{h} \tag{2.2}$$

이 존재할 때, 이 극한값을 $x = a$에서 $f(x)$의 **미분계수**(differential coefficient)라 하고

$$f'(a) = \lim_{h \to 0} \frac{f(a+h) - f(a)}{h} \tag{2.3}$$

와 같이 나타낸다. $x = a$에서의 미분계수 $f'(a)$가 존재할 때, 함수 $f(x)$는 $x = a$에서 **미분가능**(differentiable)하다고 한다. 반면에 미분계수 $f'(a)$가 존재하지 않을 때, 함수 $f(x)$는 $x = a$에서 **미분불가능**(non-differentiable)하다고 한다. 특히, 어떤 함수 $f(x)$가 개구간 (a, b)의 모든 점에서 미분가능하면, 그 함수 $f(x)$는 구간 (a, b)에서 미분가능하다고 하고, 또한 함수 $f(x)$의 정의역에 있는 모든 점에서 미분가능할 때, 그 함수 $f(x)$를 일컬어 **미분가능한 함수**(differentiable function)라고 한다.

정의 2.1.1에 의하면 $x = a$에서의 미분계수 $f'(a)$는 점 $(a, f(a))$에서 곡선 $y = f(x)$에 접하는 접선의 기울기를 의미한다. 따라서 점 $(a, f(a))$를 지나면서 기울기가 $f'(a)$인 직선, 즉 **접선의 방정식**(equation of the tangent line)은

$$y - f(a) = f'(a)(x - a) \tag{2.4}$$

이다. 또한 $f'(a) \neq 0$일 때 점 $(a, f(a))$에서 곡선 $y = f(x)$에 접하는 접선에 수직인 직선, 즉 **법선의 방정식**(equation of normal line)은 다음과 같다.

$$y - f(a) = \frac{1}{f'(a)}(x - a) \tag{2.5}$$

정의 2.1.1의 식 (2.3)에서 $x = a + h$로 놓으면, $h = x - a$이고 $h \to 0$일 때 $x \to a$이다. 따라서 식 (2.3)의 미분계수 $f'(a)$는

$$f'(a) = \lim_{x \to a} \frac{f(x) - f(a)}{x - a} \tag{2.6}$$

와 같이 나타낼 수도 있다.

정의 2.1.1 의 식 (2.3) 에서 보는 바와 같이 미분계수는 함수의 극한을 통하여 정의된다. 따라서 식 (2.3) 에서 양수인 h 로 제한한 경우에 우극한

$$\lim_{h\to 0^+} \frac{f(a+h)-f(a)}{h} \tag{2.7}$$

이 존재하면, 이때 이 극한값을 $x = a$ 에서 함수 $f(x)$ 의 **우미분계수**(right differential coefficient)라 하고 $f'_+(a)$ 와 같이 나타낸다. 즉,

$$f'_+(a) = \lim_{h\to 0^+} \frac{f(a+h)-f(a)}{h} \tag{2.8}$$

이다. 반면에 식 (2.3) 에서 음수인 h 로 제한한 경우에 좌극한

$$\lim_{h\to 0^-} \frac{f(a+h)-f(a)}{h} \tag{2.9}$$

이 존재하면, 이때 이 극한값을 $x = a$ 에서 함수 $f(x)$ 의 **좌미분계수**(left differential coefficient)라 하고 $f'_-(a)$ 와 같이 나타낸다. 즉,

$$f'_-(a) = \lim_{h\to 0^-} \frac{f(a+h)-f(a)}{h} \tag{2.10}$$

이다.

식 (2.3), (2.8), (2.10) 으로부터 a 를 포함한 개구간 위에서 정의된 함수 $f(x)$ 가 $x = a$ 에서 미분가능할 필요충분조건은 $f'_+(a) = f'_-(a)$ 임을 알 수 있다.

함수 f 가 폐구간 $[a, b]$ 에서 미분가능이라 함은 개구간 (a, b) 에서 미분가능하고, 동시에 $x = a$ 에서의 우미분계수 $f'_+(a)$ 와 $x = b$ 에서의 좌미분계수 $f'_-(b)$ 가 존재함을 의미하는 것으로 정의한다.

예제 2.1.1 함수

$$f(x) = \begin{cases} x\sin\dfrac{1}{x}, & (x \neq 0) \\ 0, & (x = 0) \end{cases}$$

가 $x = 0$ 에서 미분불가능함을 보여라.

【풀이】 미분계수의 정의에 의해

$$f'(0) = \lim_{h\to 0}\frac{f(0+h)-f(0)}{h} = \lim_{h\to 0}\frac{h\sin\frac{1}{h}-0}{h} = \lim_{h\to 0}\sin\frac{1}{h}$$

이다. 그런데 극한

$$\lim_{h\to 0}\sin\frac{1}{h}$$

은 존재하지 않으므로 $f(x)$는 $x=0$에서 미분불가능하다. □

어떤 함수 $f(x)$가 주어졌을 때, 그의 정의역 내에서 함수 $f(x)$는 미분가능한 점과 미분불가능한 점이 있을 수 있지만, 미분가능한 점에서의 미분계수는 유일하게 결정된다. 그 이유는 미분계수의 정의 자체가 함수의 극한을 통하여 정의되기 때문이다. 이때 함수 $f(x)$의 정의역 내에 있는 미분가능한 각 점 x에 대하여 그 점에서의 미분계수 $f'(x)$를 대응시키는 함수가 만들어지는데 이 함수를 $f(x)$의 **도함수**(derivative)라고 하고, 기호로는

$$f'(x),\qquad y',\qquad \frac{dy}{dx},\qquad \frac{df}{dx},\qquad \frac{d}{dx}f(x),\qquad Df(x),\qquad D_xf(x) \tag{2.11}$$

등으로 나타낸다. 또한 함수 $f(x)$로부터 그의 도함수 $f'(x)$를 구하는 것을 『함수 $f(x)$를 **미분한다**(differentiate)』라고 하고, 그 연산 방법을 **미분법**(differentiation)이라고 한다.

> **정리 2.1.1**　함수 $f(x)$가 $x=a$에서 미분가능하면 $f(x)$는 $x=a$에서 연속이다.

【증명】 함수 $f(x)$가 $x=a$에서 연속임을 보이기 위해서는 $\lim_{x\to a}f(x)=f(a)$임을 보이면 된다.[1] 이를 위해 $x\neq a$에 대하여

$$f(x)-f(a)=\frac{f(x)-f(a)}{x-a}(x-a)$$

와 같이 놓고, 양변에 $x\to a$인 극한을 취하면

$$\lim_{x\to a}(f(x)-f(a)) = \lim_{x\to a}\frac{f(x)-f(a)}{x-a}(x-a) = \left(\lim_{x\to a}\frac{f(x)-f(a)}{x-a}\right)\left(\lim_{x\to a}(x-a)\right) = f'(a)\cdot 0 = 0$$

1) 연속함수의 정의(32쪽, 정의 1.4.1 참조)

을 얻는다. 그러므로

$$\lim_{x\to a} f(x) = \lim_{x\to a}\big(f(a) + (f(x) - f(a))\big) = \lim_{x\to a} f(a) + \lim_{x\to a}(f(x) - f(a)) = f(a) + 0 = f(a)$$

이 성립한다. 즉,

$$\lim_{x\to a} f(x) = f(a)$$

이다. 따라서 함수 $f(x)$ 는 $x = a$ 에서 연속이다. □

정리 2.1.1 의 역은 성립하지 않는다. 즉, 함수 $f(x)$ 가 $x = a$ 에서 연속일지라도 $f(x)$ 가 $x = a$ 에서 미분가능하지 않을 수 있다. 다음의 예제 2.1.2 는 정리 2.1.1 의 역이 성립하지 않음을 보여주는 하나의 예이다.

예제 2.1.2 함수

$$f : \mathbb{R} \to \mathbb{R}, \quad f(x) = |x|$$

는 $x = 0$ 에서 연속이다. 그러나 $f(x)$ 는 $x = 0$ 에서 미분불가능함을 보여라.

【풀이】 주어진 함수 f 는 정의역의 모든 점에서 연속이고

$$f(x) = \begin{cases} x, & (x \geq 0) \\ -x, & (x < 0) \end{cases}$$

와 같이 나타낼 수 있다. 그런데 $x = 0$ 에서의 $f(x)$ 의 우미분계수와 좌미분계수는 각각

$$f'_+(0) = \lim_{x\to 0^+} \frac{x - 0}{x} = 1, \qquad f'_-(0) = \lim_{x\to 0^-} \frac{-x - 0}{x} = -1$$

이므로

$$f'_+(0) = 1 \neq -1 = f'_-(0)$$

이다. 따라서 정의 2.1.1 에 의해 $f(x)$ 는 $x = 0$ 에서 미분불가능하다. □

연습문제(2.1)

1. 함수 $f(x)$ 가

$$f(x) = \begin{cases} \dfrac{x}{1+e^{\frac{1}{x}}}, & (x \neq 0) \\ 0, & (x = 0) \end{cases}$$

일 때 $x = 0$ 에서의 좌미분계수 $f'_-(0)$ 와 우미분계수 $f'_+(0)$ 을 각각 구하여라.

2. $x \in (0, \infty)$ 일 때 극한 $\lim_{x \to 0^+} \sin(1/x)$ 이 존재하지 않음을 보여라.

3. 함수 $f(x)$ 가

$$f(x) = \begin{cases} x^2 \sin \dfrac{1}{x}, & (x \neq 0) \\ 0, & (x = 0) \end{cases}$$

일 때 $f(x)$ 는 $x = 0$ 에서 미분가능함을 보여라.

4. 다음 각각의 함수 $y = f(x)$ 에 대하여 $x = 0$ 에서의 미분계수가 존재하면 구하고, 존재하지 않는다면 그 이유를 적어라.

(1) $y = \sqrt{x^2 + x^4}$ (2) $y = x^{\frac{2}{3}}$

5. 함수 $f(x)$ 가

$$f(x) = \begin{cases} \sin \dfrac{1}{x}, & (x \neq 0) \\ 0, & (x = 0) \end{cases}$$

일 때, $f(x)$ 가 미분가능하지 않은 점들을 모두 구하여라.

2.2 미분법

2.1절에서 이미 언급한 바와 같이 주어진 함수 $f(x)$로부터 그의 도함수 $f'(x)$를 구하는 연산 방법을 미분법[2)]이라고 한다. 도함수의 정의에 의해 매번 함수의 극한을 통하여 주어진 함수의 도함수를 얻는 것은 다소 복잡하므로 자주 쓰이는 함수의 형태에 대해서는 그들을 위한 정형화된 도함수 공식을 얻어 놓고, 이들을 필요로 하는 경우에 이를 이용하여 도함수를 찾는다면 보다 수월하게 주어진 함수의 도함수를 얻을 수 있을 것이다. 이를 위해 먼저 이 절에서는 미분법과 관련한 도함수의 여러 성질들을 소개한다.

2.2.1 기초 미분법

다음 정리 2.2.1 에서는 도함수를 얻는데 있어서 기본이 되는 도함수와 관련한 기본 성질들을 소개하고, 이들이 도함수의 정의로부터 어떻게 얻어졌는지를 자세히 살펴본다.

정리 2.2.1 함수 $f(x)$와 $g(x)$의 도함수를 각각 $f'(x)$, $g'(x)$라 하고, c는 상수라 하자. 그러면 다음이 성립한다.

(1) $f(x) = c$ 이면 $f'(x) = 0$ 이다.

(2) $f(x) = x^n$ (n : 양의 정수)이면 $f'(x) = nx^{n-1}$ 이다.

(3) $(f(x) \pm g(x))' = f'(x) \pm g'(x)$ (복호동순)

(4) $(cf(x))' = cf'(x)$

(5) $(f(x)g(x))' = f'(x)g(x) + f(x)g'(x)$

(6) $\left(\dfrac{f(x)}{g(x)}\right)' = \dfrac{f'(x)g(x) - f(x)g'(x)}{(g(x))^2}$ (단, $g(x) \neq 0$)

---

2) 미분법의 정의(42쪽 참조)

【증명】 (1) $f(x) = c$ (c는 상수)일 때, 도함수의 정의로부터 다음이 성립한다.

$$f'(x) = \lim_{h\to0}\frac{f(x+h)-f(x)}{h} = \lim_{h\to0}\frac{c-c}{h} = 0$$

(2) $f(x) = x^n$ (n : 양의 정수)일 때, 도함수의 정의와 이항정리[3])로부터

$$\begin{aligned}
f'(x) &= \lim_{h\to0}\frac{f(x+h)-f(x)}{h} = \lim_{h\to0}\frac{(x+h)^n - x^n}{h} \\
&= \lim_{h\to0}\frac{\left(x^n + nx^{n-1}h + \frac{n(n-1)}{2!}x^{n-2}h^2 + \cdots + nxh^{n-1} + h^n\right) - x^n}{h} \\
&= \lim_{h\to0}\left(nx^{n-1} + \frac{n(n-1)}{2!}x^{n-2}h + \cdots + nxh^{n-2} + h^{n-1}\right) \\
&= nx^{n-1}
\end{aligned}$$

이 성립한다.

(3) 도함수의 정의로부터 다음이 성립한다.

$$\begin{aligned}
(f(x) \pm g(x))' &= \lim_{h\to0}\frac{(f(x+h) \pm g(x+h)) - (f(x) \pm g(x))}{h} \\
&= \lim_{h\to0}\left(\frac{f(x+h)-f(x)}{h} \pm \frac{g(x+h)-g(x)}{h}\right) \\
&= \lim_{h\to0}\frac{f(x+h)-f(x)}{h} \pm \lim_{h\to0}\frac{g(x+h)-g(x)}{h} \\
&= f'(x) \pm g'(x)
\end{aligned}$$

---

3) 양의 정수 n에 대하여 $(a+b)^n$을 전개하여 간단히 하면

$$(a+b)^n = {}_nC_0a^n + {}_nC_1a^{n-1}b + {}_nC_2a^{n-2}b^2 + \cdots + {}_nC_ra^{n-r}b^r + \cdots + {}_nC_nb^n \tag{2.12}$$

과 같이 나타낼 수 있다. 이때 식 (2.12)를 일컬어 **이항정리**(binomial theorem)라 하고, 식 (2.12)를 간단히 나타내면

$$(a+b)^n = \sum_{r=0}^{n} {}_nC_ra^{n-r}b^r \qquad \text{또는} \qquad (a+b)^n = \sum_{r=0}^{n} {}_nC_ra^rb^{n-r}$$

과 같다. 여기서 ${}_nC_r$ $(n \ge r)$은 **조합**(combination)의 수로서

$${}_nC_r = \frac{n!}{r!(n-r)!}, \qquad {}_nC_r = {}_nC_{n-r}, \qquad {}_nC_0 = 1 \quad (n \ge r)$$

을 의미한다.

(4) 도함수의 정의로부터 다음이 성립한다.

$$(cf(x))' = \lim_{h\to 0}\frac{cf(x+h)-cf(x)}{h} = \lim_{h\to 0} c\frac{f(x+h)-f(x)}{h} = c\lim_{h\to 0}\frac{f(x+h)-f(x)}{h} = cf'(x)$$

(5) 도함수의 정의로부터 다음이 성립한다.

$$\begin{aligned}
(f(x)g(x))' &= \lim_{h\to 0}\frac{f(x+h)g(x+h)-f(x)g(x)}{h}\\
&= \lim_{h\to 0}\frac{f(x+h)g(x+h)-f(x+h)g(x)+f(x+h)g(x)-f(x)g(x)}{h}\\
&= \lim_{h\to 0}\frac{f(x+h)(g(x+h)-g(x))+g(x)(f(x+h)-f(x))}{h}\\
&= \lim_{h\to 0}\left(f(x+h)\frac{g(x+h)-g(x)}{h}+g(x)\frac{f(x+h)-f(x)}{h}\right)\\
&= \lim_{h\to 0} f(x+h)\cdot\lim_{h\to 0}\frac{g(x+h)-g(x)}{h}+\lim_{h\to 0} g(x)\cdot\lim_{h\to 0}\frac{f(x+h)-f(x)}{h}\\
&= f(x)g'(x)+g(x)f'(x)
\end{aligned}$$

(6) 도함수의 정의로부터

$$\begin{aligned}
\left(\frac{f(x)}{g(x)}\right)' &= \lim_{h\to 0}\frac{\dfrac{f(x+h)}{g(x+h)}-\dfrac{f(x)}{g(x)}}{h} = \lim_{h\to 0}\frac{f(x+h)g(x)-f(x)g(x+h)}{hg(x+h)g(x)}\\
&= \lim_{h\to 0}\frac{f(x+h)g(x)-f(x)g(x)+f(x)g(x)-f(x)g(x+h)}{hg(x+h)g(x)}\\
&= \lim_{h\to 0}\frac{g(x)\dfrac{f(x+h)-f(x)}{h}-f(x)\dfrac{g(x+h)-g(x)}{h}}{g(x+h)g(x)}\\
&= \frac{\lim_{h\to 0} g(x)\cdot\lim_{h\to 0}\dfrac{f(x+h)-f(x)}{h}-\lim_{h\to 0} f(x)\cdot\lim_{h\to 0}\dfrac{g(x+h)-g(x)}{h}}{\lim_{h\to 0} g(x+h)\cdot\lim_{h\to 0} g(x)}\\
&= \frac{g(x)f'(x)-f(x)g'(x)}{(g(x))^2}
\end{aligned}$$

이 성립한다. □

정리 2.2.1 의 (2), 즉 『$f(x) = x^n$ (n : 양의 정수)이면 $f'(x) = nx^{n-1}$ 이다』에서 n은 양의 정수로 제한하고 있지만, 이 후에 이를 확장시켜 n이 음의 정수인 경우, 유리수인 경우, 결국에는 임의의 실수인 경우에도 여전히 성립함을 보일 것이다.[4)]

예제 2.2.1 다음 함수의 도함수를 구하여라.

(1) $f(x) = 5x^3 + 4x^2 - 3x + 2$ (2) $f(x) = (2x+1)(x^2 - 2x + 3)$

(3) $f(x) = \dfrac{x^2+1}{x^4+3x}$ (4) $y = x^n$ (n : 음의 정수)

【풀이】 (1) 정리 2.2.1 의 미분공식을 적용하면 $f'(x) = 15x^2 + 8x - 3$ 을 얻는다.

(2) 정리 2.2.1 의 미분공식을 적용하면

$$f'(x) = 2(x^2 - 2x + 3) + (2x+1)(2x-2) = 6x^2 - 4x + 4$$

을 얻는다.

(3) 정리 2.2.1 의 미분공식을 적용하면

$$\begin{aligned} f'(x) &= \frac{(x^4+3x)(x^2+1)' - (x^2+1)(x^4+3x)'}{(x^4+3x)^2} \\ &= \frac{(x^4+3x)(2x) - (x^2+1)(4x^3+3)}{(x^4+3x)^2} \\ &= \frac{-2x^5 - 4x^3 + 3x^2 - 3}{(x^4+3x)^2} \end{aligned}$$

을 얻는다.

(4) $n = -m$ (m : 양의 정수)라고 놓으면, $f(x) = x^n = x^{-m} = 1/x^m$ 이므로

$$f'(x) = \frac{(1)'x^m - 1 \cdot (x^m)'}{(x^m)^2} = \frac{-mx^{m-1}}{x^{2m}} = -mx^{-m-1} = nx^{n-1}$$

이다. □

4) n이 음의 정수인 경우(48쪽, 예제 2.2.1), 유리수인 경우(50쪽, 예제 2.2.3), 임의의 실수인 경우(71쪽, 예제 2.4.4) 참조.

2.2.2 합성함수의 미분법

두 함수 $y = g(u)$, $u = f(x)$ 가 각각 미분가능하고, 이들에 의한 합성함수 $y = (g \circ f)(x)$ 가 정의될 때, 이 합성함수의 도함수를 구하여 보자.

정리 2.2.2 [**연쇄법칙**(chain rule)] 함수 $y = f(x)$ 가 $x = a$ 에서 미분가능하고, 함수 $g(f(x))$ 가 $f(a)$ 에서 미분가능하면, 합성함수 $(g \circ f)(x)$ 도 $x = a$ 에서 미분가능하고,

$$(g \circ f)'(a) = g'(f(a))f'(a) \tag{2.13}$$

가 성립한다.

【증명】 극한과 관련한 정리 1.3.3 의 (2) 와 주어진 조건으로부터

$$\begin{aligned}(g \circ f)'(a) &= \lim_{x \to a} \frac{(g \circ f)(x) - (g \circ f)(a)}{x - a} = \lim_{x \to a} \left(\frac{(g \circ f)(x) - (g \circ f)(a)}{f(x) - f(a)} \cdot \frac{f(x) - f(a)}{x - a} \right) \\ &= \left(\lim_{x \to a} \frac{(g \circ f)(x) - (g \circ f)(a)}{f(x) - f(a)} \right) \left(\lim_{x \to a} \frac{f(x) - f(a)}{x - a} \right) \\ &= \left(\lim_{y \to f(a)} \frac{g(y) - g(f(a))}{y - f(a)} \right) \left(\lim_{x \to a} \frac{f(x) - f(a)}{x - a} \right) \\ &= g'(f(a))f'(a)\end{aligned}$$

을 얻는다. 즉, $(g \circ f)'(a) = g'(f(a))f'(a)$ 이다. □

정리 2.2.2 의 연쇄법칙에 대응하는 도함수 공식은

$$(g \circ f)'(x) = g'(f(x))f'(x) \tag{2.14}$$

와 같이 나타낼 수 있다. 특히 $y = g(u)$, $u = f(x)$ 인 경우에 라이프니츠[5] 기호를 사용하여 나타내면 다음과 같다.

$$\frac{dy}{dx} = \frac{dy}{du}\frac{du}{dx} \tag{2.15}$$

---

5) 라이프니츠(Leibniz, 1646 ~ 1716) : 독일의 철학자·수학자

예 제 2.2.2 다음 함수의 도함수를 구하여라.

(1) $y = (x^3 - x + 1)^4$ (2) $y = \sqrt{x^2 + 1}$ (3) $y = \left(\dfrac{1}{x+1}\right)^2$

【풀이】 (1) $u = x^3 - x + 1$ 이라고 놓으면 $y = u^4$ 이다. 따라서 정리 2.2.2 의 연쇄법칙을 적용하면

$$\frac{dy}{dx} = \frac{dy}{du}\frac{du}{dx} = 4u^3(3x^2 - 1) = 4(x^3 - x + 1)^3(3x^2 - 1)$$

이다.

(2) $u = x^2 + 1$ 이라고 놓으면 $y = \sqrt{u}$ 이다. 따라서 정리 2.2.2 의 연쇄법칙을 적용하면

$$\frac{dy}{dx} = \frac{dy}{du}\frac{du}{dx} = \frac{1}{2\sqrt{u}} \cdot 2x = \frac{x}{\sqrt{x^2 + 1}}$$

이다.

(3) $u = 1/(x + 1)$ 이라고 놓으면 $y = u^2$ 이다. 따라서 정리 2.2.2 의 연쇄법칙을 적용하면

$$\frac{dy}{dx} = \frac{dy}{du}\frac{du}{dx} = 2u \cdot \frac{-1}{(x+1)^2} = -\frac{2}{(x+1)^3}$$

이다. □

예 제 2.2.3 $f(x) = x^n$ (n : 유리수)일 때 $f'(x) = nx^{n-1}$ 임을 증명하여라.

【풀이】 $y = x^n$ 이라 놓자. n 이 유리수이므로 $n = p/q$ (p, q 는 정수, $q \neq 0$)로 쓸 수 있다. 그러면

$$\frac{dy}{dx} = \frac{dx^n}{dx} = \frac{d}{dx}(x^{p/q})$$

와 같이 나타낼 수 있고, 여기서

$$\frac{d}{dx}(x^{1/q})^q = \frac{d}{dx}(x^{q/q}) = \frac{dx}{dx} = 1 \tag{2.16}$$

이다. 그런데 정리 2.2.2 의 연쇄법칙을 적용하면

$$\frac{d}{dx}(x^{1/q})^q = q(x^{1/q})^{q-1}\frac{d}{dx}x^{1/q} \tag{2.17}$$

이다. 따라서 식 (2.16) 의 결과를 식 (2.17) 의 좌변에 대입하면

$$q(x^{1/q})^{q-1}\frac{d}{dx}x^{1/q} = 1 \tag{2.18}$$

을 얻는다. 그러므로 식 (2.18) 로부터

$$\frac{d}{dx}x^{1/q} = \frac{1}{q(x^{1/q})^{q-1}} = \frac{1}{q}(x^{1/q})^{1-q} = \frac{1}{q}x^{(1-q)/q} = \frac{1}{q}x^{(1/q)-1} \tag{2.19}$$

을 얻는다. 따라서 식 (2.19) 를 이용하면

$$\begin{aligned}\frac{d}{dx}x^{p/q} &= \frac{d}{dx}(x^{1/q})^p = p(x^{1/q})^{p-1}\frac{d}{dx}x^{1/q} = p(x^{(p-1)/q})\frac{1}{q}x^{(1/q)-1} \\ &= px^{(p/q)-(1/q)}\frac{1}{q}x^{(1/q)-1} = \frac{p}{q}x^{(p/q)-(1/q)+(1/q)-1} = \frac{p}{q}x^{(p/q)-1} = nx^{n-1}\end{aligned}$$

이다. 따라서 $f'(x) = nx^{n-1}$ 이다. □

합성함수의 도함수를 얻기 위해서는 연쇄법칙을 마치 고리모양으로 연속적으로 적용하게 되는데, 이와 같은 이유로 이 법칙을 연쇄법칙이라고 한다. 이를테면 미분가능한 함수 f, g, h 에 대하여 $y = f(u)$, $u = g(v)$, $v = h(x)$ 라고 하자. 이때 y 의 도함수를 얻기 위해 연쇄법칙을 거듭 적용하면

$$\frac{dy}{dx} = \frac{dy}{du}\frac{du}{dx} = \frac{dy}{du}\frac{du}{dv}\frac{dv}{dx} \tag{2.20}$$

을 얻는다.

예제 2.2.4 $y = \sqrt{(1+x^2)^3}$ 의 도함수를 구하여라.

【풀이】 주어진 함수를

$$y = \sqrt{u}, \qquad u = v^3, \qquad v = 1 + x^2$$

와 같이 분해한 후에 정리 2.2.2 의 연쇄법칙을 반복 적용하면

$$\frac{dy}{dx} = \frac{dy}{du}\frac{du}{dv}\frac{dv}{dx} = \frac{d}{du}\left(\sqrt{u}\right)\cdot\frac{d}{dv}\left(v^3\right)\cdot\frac{d}{dx}\left(1+x^2\right) = \frac{1}{2\sqrt{u}}\cdot 3v^2\cdot 2x = 3x(1+x^2)^{5/3}$$

을 얻는다. □

2.2.3 역함수의 미분법

정리 2.2.3 [역함수의 미분법] 점 a의 근방 I에서 정의된 연속함수 f가 $J = f(I)$에서 정의되는 연속인 역함수 f^{-1}를 갖는다고 하자. 이때 f가 a에서 미분가능하고 $f'(a) \neq 0$, $f(a) = c$이면

$$(f^{-1})'(c) = \frac{1}{f'(a)} = \frac{1}{f'(f^{-1}(c))} \tag{2.21}$$

이다.

【증명】 $f^{-1}(c) = a$이므로, 미분계수의 정의로부터

$$(f^{-1})'(c) = \lim_{y \to c} \frac{f^{-1}(y) - f^{-1}(c)}{y - c} = \lim_{y \to c} \frac{f^{-1}(y) - a}{f(f^{-1}(y)) - f(a)}$$

이다. 그런데 $f^{-1}(y)$가 $y = c$에서 연속이므로

$$\lim_{y \to c} f^{-1}(y) = f^{-1}(c) = a$$

이다. 즉, $x = f^{-1}(y)$라고 놓으면, $y \to c$일 때 $x \to a$이다. 따라서

$$\begin{aligned}(f^{-1})'(c) &= \lim_{y \to c} \frac{f^{-1}(y) - a}{f(f^{-1}(y)) - f(a)} = \lim_{x \to a} \frac{x - a}{f(x) - f(a)} \\ &= \lim_{x \to a} \frac{1}{\dfrac{f(x) - f(a)}{x - a}} = \frac{1}{\displaystyle\lim_{x \to a} \frac{f(x) - f(a)}{x - a}} = \frac{1}{f'(a)}\end{aligned}$$

이다. 즉,

$$(f^{-1})'(c) = \frac{1}{f'(a)} = \frac{1}{f'(f^{-1}(c))}$$

이 성립한다. □

예제 2.2.5 함수 $f(x) = x^7 + 8x^3 + 4x - 2$에 대하여 $(f^{-1})'(-2)$를 구하여라.

【풀이】 주어진 함수 $f(x)$는 정리 2.2.3의 가정을 모두 만족한다. 따라서 정리 2.2.3을 이용하기 위해 먼저

$$f(a) = -2$$

을 만족시키는 a의 값을 구하면 $a = 0$이고, 또한 $f'(x) = 7x^6 + 24x^2 + 4$로부터 $f'(0) = 4$를 얻는다. 이제 정리 2.2.3의 식 (2.21)을 적용하여 $(f^{-1})'(-2)$를 구하면 다음과 같다.

$$(f^{-1})'(-2) = \frac{1}{f'(f^{-1}(-2))} = \frac{1}{f'(0)} = \frac{1}{4} \qquad \square$$

2.2.4 음함수의 미분법

음함수[6] $F(x, y) = 0$으로부터 도함수 y'를 구하기 위해서는, y를 x에 관한 함수로 생각하고, $F(x, y) = 0$의 양변을 x에 관해서 미분한 후 y'에 관해서 정의하면 되는데, 이와 같은 미분법을 **음함수의 미분법**(implicit differentiation)이라고 한다. 예를 들어 음함수

$$x^3 + y^3 = 2xy$$

를 양함수[7]의 형태로 나타내는 것은 간단하지 않다. 따라서 이와 같은 경우에는 y의 도함수를 구하기 위해 음함수의 미분법을 적용하는 것이 효과적이다.

예제 2.2.6 음함수

$$x^3 + y^3 = 2xy$$

에 대하여 y의 도함수 $\frac{dy}{dx}$를 구하여라.

【풀이】 주어진 음함수의 양변을 x에 관하여 미분하면

$$3x^2 + 3y^2\frac{dy}{dx} = 2y + 2x\frac{dy}{dx},$$

$$(3x^2 - 2x)\frac{dy}{dx} = 2y - 3x^2,$$

$$\frac{dy}{dx} = \frac{2y - 3x^2}{3x^2 - 2x} \quad (3x^2 - 2x \neq 0)$$

이다. □

6) 음함수의 정의(17쪽 참조)

7) 양함수의 정의(17쪽 참조)

예제 2.2.7 방정식 $4x^2y-3y=x^3-1$ 에 대하여 y 의 도함수 $\frac{dy}{dx}$ 를 구하여라.

【풀이】 [방법 1] 주어진 음함수의 형태로부터 양함수의 형태를 얻은 후에 구하면

$$y(4x^2-3)=x^2-1,$$

$$y=\frac{x^2-1}{4x^2-3}\quad(4x^2-3\neq 0),$$

$$\frac{dy}{dx}=\frac{4x^4-9x^2+8x}{(4x^2-3)^2}\quad(4x^2-3\neq 0)$$

이다.

[방법 2] (음함수의 미분법) 주어진 음함수의 양변을 x 에 관하여 미분하면

$$4x^2\frac{dy}{dx}+8xy-3\frac{dy}{dx}=3x^2,$$

$$(4x^2-3)\frac{dy}{dx}=3x^2-8xy,$$

$$\frac{dy}{dx}=\frac{3x^2-8xy}{4x^2-3}\quad(4x^2-3\neq 0)$$

이다. 따라서 위의 결과에 $y=\frac{x^3-1}{4x^2-3}$ 을 대입한 후에 정리하면

$$\frac{dy}{dx}=\frac{4x^4-9x^2+8x}{(4x^2-3)^2}\quad(4x^2-3\neq 0)$$

을 얻는다. □

예제 2.2.8 $x^2+y^2=100$ 에 대하여 x, y 는 둘 다 t 에 관하여 미분가능한 함수일 때 $\frac{dy}{dt}$ 를 구하여라.

【풀이】 주어진 음함수의 양변을 t 에 관하여 음함수의 미분법을 적용하면

$$2x\frac{dx}{dt}+2y\frac{dy}{dt}=0$$

이다. 따라서 $\frac{dy}{dt}=-\frac{x}{y}\frac{dx}{dt}$ $(y\neq 0)$ 이다. □

연습문제(2.2)

1. 다음 함수의 도함수를 구하여라.

(1) $y = -2x^3 + 8x + 5$ (2) $y = \dfrac{x^3}{3} + \dfrac{3}{x^3}$

2. 다음 함수에 주어지는 곡선 위의 지정된 점에서의 접선의 기울기를 구하여라.

(1) $y = x^2 + 2x - 6$, $(2, 2)$ (2) $y = \sqrt{x}$, $(9, 3)$

(3) $xy = 16$, $(4, 4)$ (4) $y = x^3 - 4x$, $(1, -3)$

3. $f'(3) = -1$, $g(3) = 3$, $g'(3) = -4$ 일 때 $(f \circ g)'(3)$ 의 값을 구하여라.

4. 다음 식에서 $(f^{-1})'(c)$ 의 값을 구하여라.

(1) $f(x) = \sqrt{3x+1}$, $c = 1$ (2) $f(x) = x^3 + 5$, $c = -3$

(3) $f(x) = 3x^5 + 2x^3$, $c = 5$ (4) $f(x) = 2x^2 + 8x + 7$, $x \le -2$, $c = 1$

5. 함수 f 가 역함수를 갖는다고 하자. 만일 $f'(a) = 0$ 이라면 f^{-1} 는 $f(a)$ 에서 미분가능하지 않음을 보여라 (힌트: $(f^{-1} \circ f)(x) = x$).

6. 음함수의 미분법을 적용하여 dy/dx 를 구하여라.

(1) $x^2 + y^2 = 16$ (2) $\sqrt[3]{x} + \sqrt[3]{xy} = 4y^2$ (3) $\sqrt{xy} + 2x = \sqrt{y}$

(4) $\dfrac{y}{\sqrt{x} - y} = 2 + x^2$ (5) $x^3 + y^3 = 8xy$ (6) $\dfrac{1}{x} + \dfrac{1}{y} = 1$

7. 다음 곡선의 주어진 점에서의 기울기를 구하여라(단, a, b 는 상수).

(1) $x^2 + xy + 2y^2 = 28$, $(2, 3)$ (2) $\dfrac{x - y}{x - 2y} = 2$, $(3, 1)$

(3) $b^2x^2 + a^2y^2 = a^2b^2$, (x_0, y_0) (4) $|x^3 - 3xy^2| + y^3 = 1$, $(2, 1)$

8. 곡선 $16x^4 + y^4 = 32$ 상의 점 $(1, 2)$ 에서의 접선의 방정식을 구하여라.

9. 곡선 $x^my^n = a^{m+n}$ 상의 점 (x_0, y_0) 에서의 접선의 방정식을 구하여라.

10. 곡선 $x^2 + xy + y^2 - 3y = 10$ 상의 점 $(2, 3)$ 에서의 법선의 방정식을 구하여라.

11. 다음과 같이 주어진 점 P 에서의 곡선의 접선과 법선의 방정식을 구하여라.

(1) $x^2 + xy + y^2 = 7,\ P(1, 2)$

(2) $y^2 - 6x^2 + 4y + 19 = 0,\ P(2, 1)$

(3) $x^2y^2 = 9,\ P(-1, 3)$

(4) $(y - x)^2 = 2x + 4,\ P(6, 2)$

12. $x = -1/8$ 인 점에서 $x^{2/3} + y^{2/3} = 1$ 의 법선의 방정식을 구하여라.

13. 곡선 $x^3 + y^3 = 3xy$ 상의 점 $(3/2, 3/2)$ 에서의 법선의 방정식을 구하여라.

2.3 삼각함수와 역삼각함수의 도함수

함수 $\sin x$는 호도법에 의한 라디안[8]으로 주어지는 각 x에 대한 sin을 나타내는 것으로 한다. 그리고 이 절에서 취급하는 다른 삼각함수들의 주어진 각도 특별한 설명이 없는 한 라디안으로 간주한다.

정리 2.3.1 $\lim_{x \to 0} \frac{\sin x}{x} = 1$

【증명】 (i) $0 < x < \pi/2$ 일 때:

원점 $O(0, 0)$를 중심으로 반지름이 1인 원에서 점 $A(1, 0)$로부터 중심각이 x라디안에 대응하는 원주상의 점을 B라 하고, 점 A에서 원에 접하는 접선이 점 O와 B를 지나는 직선과 만나는 교점을 C라 하자(그림 2.2 참조).

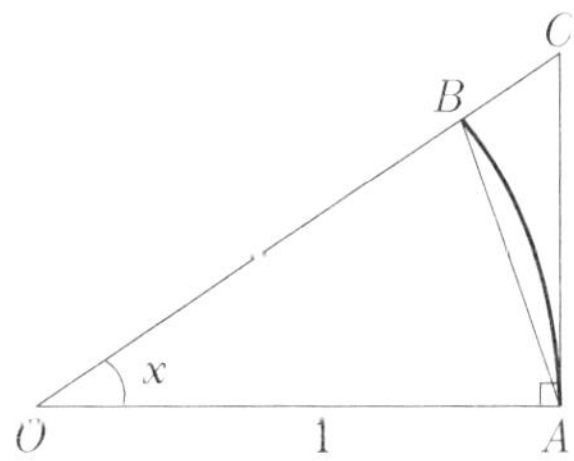

[그림 2.2]

그러면 그림 2.2에서 보는 바와 같이 도형의 면적들 사이에는

$$(\text{삼각형 } OAB\text{의 면적}) < (\text{부채꼴 } OAB\text{의 면적}) < (\text{삼각형 } OAC\text{의 면적}) \quad (2.22)$$

과 같은 부등호 관계를 만족한다. 그런데 각 도형의 면적을 x로 나타내면

$$(\text{삼각형 } OAB\text{의 면적}) = \frac{1}{2}\sin x,$$

8) 반지름이 r인 원에서 호의 길이가 r인 호의 중심각의 크기를 1 **라디안**(radian) 또는 1 **호도**라 하고, 1 rad와 같이 나타내며, 호도를 단위로 사용하는 각의 측정법을 **호도법**(circular measure)이라고 한다. 일반적으로 호도법에서는 단위 rad를 생략하여 나타내지 않는다.

$$(\text{부채꼴 } OAB\text{의 면적}) = \frac{x}{2\pi}\cdot(\text{원의 면적}) = \frac{x}{2\pi}\cdot\pi = \frac{x}{2},$$

$$(\text{삼각형 } OAC\text{ 의 면적}) = \frac{1}{2}\cdot\tan x = \frac{\sin x}{2\cos x}$$

이다. 따라서 이들을 식 (2.22) 에 대입하면

$$\frac{\sin x}{2} < \frac{x}{2} < \frac{\sin x}{2\cos x} \quad (0 < x < \pi/2) \tag{2.23}$$

이다. 식 (2.23) 을 간단히 하면

$$\cos x < \frac{\sin x}{x} < 1 \quad (0 < x < \pi/2) \tag{2.24}$$

를 얻는다. 그런데

$$\lim_{x\to 0^+}\cos x = 1, \qquad \lim_{x\to 0^+}(1) = 1$$

이므로, 식 (2.24) 에 조임정리 1.3.4 를 적용하면

$$\lim_{x\to 0^+}\frac{\sin x}{x} = 1 \tag{2.25}$$

임을 알 수 있다.

(ii) $-\pi/2 < x < 0$ 일 때:

$\theta = -x$ 라 놓고 (i) 의 결과인 식 (2.25) 를 적용하면

$$\lim_{x\to 0^-}\frac{\sin x}{x} = \lim_{\theta\to 0^+}\frac{\sin(-\theta)}{-\theta} = \lim_{\theta\to 0^+}\frac{-\sin\theta}{-\theta} = \lim_{\theta\to 0^+}\frac{\sin\theta}{\theta} = 1 \tag{2.26}$$

이다.

따라서 (i) 과 (ii) 에 의하여 $\lim_{x\to 0}\frac{\sin x}{x} = 1$ 이다. □

정 리 2.3.2 $\lim_{x\to 0}\frac{\cos x - 1}{x} = 0$

【증명】 정리 2.3.1 을 이용하면

$$\lim_{x\to 0}\frac{\cos x-1}{x}=\lim_{x\to 0}\left(\frac{\cos x-1}{x}\cdot\frac{\cos x+1}{\cos x+1}\right)=\lim_{x\to 0}\frac{\cos^2 x-1}{x(\cos x+1)}=\lim_{x\to 0}\frac{-\sin^2 x}{x(\cos x+1)}$$

$$=-\lim_{x\to 0}\left(\frac{\sin x}{x}\cdot\frac{\sin x}{\cos x+1}\right)=-\left(\lim_{x\to 0}\frac{\sin x}{x}\right)\left(\lim_{x\to 0}\frac{\sin x}{\cos x+1}\right)=-1\cdot\frac{0}{1+1}=0$$

이다. □

예제 2.3.1 극한

$$\lim_{x\to 0}\frac{2\tan^2 x}{x^2}$$

을 구하여라.

【풀이】 정리 2.3.1 을 이용하면

$$\lim_{x\to 0}\frac{2\tan^2 x}{x^2}=2\lim_{x\to 0}\frac{2\sin^2 x}{x^2\cos^2 x}=2\lim_{x\to 0}\left(\frac{\sin x}{x}\cdot\frac{\sin x}{x}\cdot\frac{1}{\cos^2 x}\right)$$

$$=2\left(\lim_{x\to 0}\frac{\sin x}{x}\right)\left(\lim_{x\to 0}\frac{\sin x}{x}\right)\left(\lim_{x\to 0}\frac{1}{\cos^2 x}\right)=2\cdot 1\cdot 1\cdot 1=2$$

이다. □

정리 2.3.3 [삼각함수의 도함수]

(1) $\dfrac{d}{dx}(\sin x)=\cos x$ (2) $\dfrac{d}{dx}(\cos x)=-\sin x$

(3) $\dfrac{d}{dx}(\tan x)=\sec^2 x$ (4) $\dfrac{d}{dx}(\cot x)=-\csc^2 x$

(5) $\dfrac{d}{dx}(\sec x)=\sec x\tan x$ (6) $\dfrac{d}{dx}(\csc x)=-\csc x\cot x$

【증명】 (1) 정리 2.3.1 과 2.3.2 를 이용하면, 도함수의 정의로부터

$$\frac{d}{dx}(\sin x)=\lim_{h\to 0}\frac{\sin(x+h)-\sin x}{h}=\lim_{h\to 0}\frac{(\sin x\cos h+\cos x\sin h)-\sin x}{h}$$

$$=\lim_{h\to 0}\frac{\sin x(\cos h-1)+\cos x\sin h}{h}=\lim_{h\to 0}\left(\sin x\frac{\cos h-1}{h}+\cos x\frac{\sin h}{h}\right)$$

$$= \lim_{h\to 0}\left(\sin x\frac{\cos h - 1}{h}\right) + \lim_{h\to 0}\left(\cos x\frac{\sin h}{h}\right) = \sin x\lim_{h\to 0}\frac{\cos h - 1}{h} + \cos x\lim_{h\to 0}\frac{\sin h}{h}$$

$$= (\sin x)\cdot 0 + (\cos x)\cdot 1 = \cos x$$

이다.

(2) 정리 2.3.1 과 2.3.2 를 이용하면, 도함수의 정의로부터

$$\frac{d}{dx}(\cos x) = \lim_{h\to 0}\frac{\cos(x+h) - \cos x}{h} = \lim_{h\to 0}\frac{(\cos x\cos h - \sin x\sin h) - \cos x}{h}$$

$$= \lim_{h\to 0}\frac{\cos x(\cos h - 1) - \sin x\sin h}{h} = \lim_{h\to 0}\left(\cos x\frac{\cos h - 1}{h} - \sin x\frac{\sin h}{h}\right)$$

$$= \lim_{h\to 0}\left(\cos x\frac{\cos h - 1}{h}\right) - \lim_{h\to 0}\left(\sin x\frac{\sin h}{h}\right)$$

$$= \cos x\lim_{h\to 0}\frac{\cos h - 1}{h} - \sin x\lim_{h\to 0}\frac{\sin h}{h}$$

$$= (\cos x)\cdot 0 - (\sin x)\cdot 1$$

$$= -\sin x$$

이다.

(3) (1), (2) 의 결과와 정리 2.2.1 의 (6) 을 이용하면

$$\frac{d}{dx}(\tan x) = \frac{d}{dx}\left(\frac{\sin x}{\cos x}\right) = \frac{(\sin x)'\cos x - \sin x(\cos x)'}{\cos^2 x}$$

$$= \frac{\cos x\cos x - \sin x(-\sin x)}{\cos^2 x} = \frac{\cos^2 x + \sin^2 x}{\cos^2 x} = \frac{1}{\cos^2 x} = \sec^2 x$$

이다.

(4), (5), (6) 의 경우도 위와 유사한 방법으로 증명할 수 있다. □

예제 2.3.2 함수

$$f(x) = \frac{\sec x}{1 + \tan x}$$

의 도함수를 구하여라.

【풀이】 삼각공식 $1+\tan^2 x = \sec^2 x$ 와 정리 2.3.3 을 이용하면

$$f'(x) = \left(\frac{\sec x}{1+\tan x}\right)' = \frac{(\sec x)'(1+\tan x)-(1+\tan x)'\sec x}{(1+\tan x)^2}$$
$$= \frac{(\sec x\tan x)(1+\tan x)-\sec^2 x\sec x}{(1+\tan x)^2}$$
$$= \frac{\sec x(\tan x+\tan^2 x-\sec^2 x)}{(1+\tan x)^2} = \frac{\sec x(\tan x-1)}{(1+\tan x)^2}$$

을 얻는다. □

예제 2.3.3 $y = \sec^4 2x^2$ 의 도함수를 구하여라.

【풀이】 정리 2.2.2 의 연쇄법칙을 적용하면

$$y' = \frac{d}{dx}(\sec^4 2x^2) = 4\sec^3 2x^2\frac{d}{dx}(\sec 2x^2) = 4\sec^3 2x^2(\sec 2x^2\tan 2x^2)\frac{d}{dx}(2x^2)$$
$$= 4\sec^3 2x^2(\sec 2x^2\tan 2x^2)(4x) = 16x\sec^4 2x^2\tan 2x^2$$

이다. □

예제 2.3.4 함수 $y = \sin^8 x$ 일 때 $\dfrac{dy}{dx}$ 를 구하여라.

【풀이】 $u = \sin x$ 라고 놓으면, $y = u^8$ 이다. 따라서 정리 2.2.2 의 연쇄법칙을 적용하면

$$\frac{dy}{dx} = \frac{dy}{du}\frac{du}{dx} = (8u^7)(\cos x) = 8\sin^7 x\cos x$$

이다. □

예제 2.3.5 함수 $y = \sin x^8$ 일 때 $\dfrac{dy}{dx}$ 를 구하여라.

【풀이】 $u = x^8$ 라고 놓으면, $y = \sin u$ 이다. 따라서 정리 2.2.2 의 연쇄법칙을 적용하면

$$\frac{dy}{dx} = \frac{dy}{du}\frac{du}{dx} = (\cos u)(8x^7) = 8x^7\cos x^8$$

이다. □

예제 2.3.6 함수 $y = \sin\left(\cos(\tan^5 x)\right)$ 일 때 $\dfrac{dy}{dx}$ 를 구하여라.

【풀이】 연쇄법칙을 거듭 적용하면

$$\frac{dy}{dx} = \frac{d}{dx}\left(\sin\left(\cos(\tan^5 x)\right)\right) = \left(\cos\left(\cos(\tan^5 x)\right)\right)\cdot\left(-\sin(\tan^5 x)\right)\cdot(5\tan^4 x)\cdot\sec^2 x$$

을 얻는다. □

우리는 이미 1.2절에서 역삼각함수를 정의한 바 있다. 다음의 정리 2.3.4 에서는 앞서 정의한 역삼각함수의 도함수를 준다. 역삼각함수의 도함수는 역삼각함수가 정의되는 정의역과 공역의 범위에서만 취급한다.

정리 2.3.4 [역삼각함수의 도함수[9)]]

(1) $\dfrac{d}{dx}(\sin^{-1} x) = \dfrac{1}{\sqrt{1-x^2}}$ $\left(x \in (-1, 1),\ \sin^{-1} x \in (-\pi/2, \pi/2)\right)$

(2) $\dfrac{d}{dx}(\cos^{-1} x) = -\dfrac{1}{\sqrt{1-x^2}}$ $\left(x \in (-1, 1),\ \cos^{-1} x \in (0, \pi)\right)$

(3) $\dfrac{d}{dx}(\tan^{-1} x) = \dfrac{1}{1+x^2}$ $\left(x \in \mathbb{R},\ \tan^{-1} x \in (-\pi/2, \pi/2)\right)$

(4) $\dfrac{d}{dx}(\cot^{-1} x) = -\dfrac{1}{1+x^2}$ $\left(x \in \mathbb{R},\ \cot^{-1} x \in (0, \pi)\right)$

(5) $\dfrac{d}{dx}(\sec^{-1} x) = \dfrac{1}{x\sqrt{x^2-1}}$ $\left(|x| > 1,\ \sec^{-1} x \in (0, \pi/2) \cup (\pi, 3\pi/2)\right)$

(6) $\dfrac{d}{dx}(\csc^{-1} x) = -\dfrac{1}{x\sqrt{x^2-1}}$ $\left(|x| > 1,\ \csc^{-1} x \in (0, \pi/2) \cup (\pi, 3\pi/2)\right)$

【증명】 (1) $y = \sin^{-1} x$ 의 양변에 역함수를 갖는 sin 함수를 취하면

$$\sin y = \sin(\sin^{-1} x)$$

9) 정의 1.2.4 에서 $\sec^{-1} x$ 와 $\csc^{-1} x$ 를 (5)′, (6)′ 과 같이 정의한 경우에, 이들의 도함수는

(5)′ $\dfrac{d}{dx}(\sec^{-1} x) = \dfrac{1}{|x|\sqrt{x^2-1}}$, $\left(|x| > 1,\ \sec^{-1} x \in (0, \pi) - \{\pi/2\}\right)$

(6)′ $\dfrac{d}{dx}(\csc^{-1} x) = -\dfrac{1}{|x|\sqrt{x^2-1}}$, $\left(|x| > 1,\ \csc^{-1} x \in (-\pi/2, \pi/2) - \{0\}\right)$

와 같다. 그러나 우리는 정의 1.2.4 의 (5), (6) 에서 정의한 $\sec^{-1} x$ 와 $\csc^{-1} x$ 에 대응하는 도함수로서 정리 2.3.4 의 (5), (6) 과 같이 정의한 것으로 한다.

이다. 따라서 이를 간단히 하면

$$x = \sin y \quad (-\pi/2 \le y \le \pi/2)$$

이다. 여기에 음함수의 미분법을 적용하면

$$1 = (\cos y)y' \quad (-\pi/2 \le y \le \pi/2) \qquad \Longrightarrow \qquad y' = \frac{1}{\cos y} \quad (-\pi/2 < y < \pi/2) \tag{2.27}$$

이다. 그런데 삼각공식 $\sin^2 y + \cos^2 y = 1$ 로부터 임의의 실수 y에 대해서는

$$\cos y = \pm\sqrt{1 - \sin^2 y} = \pm\sqrt{1 - x^2}$$

이지만, 특히 $-\pi/2 < y < \pi/2$ 에서는 $\cos y > 0$ 이므로 $\cos y = \sqrt{1 - x^2}$ 이다. 따라서 이러한 사실을 식 (2.27) 의 결과에 대입하면

$$y' = \frac{1}{\cos y} = \frac{1}{\sqrt{1 - x^2}} \quad (-1 < x < 1)$$

이다.

(2) 먼저 $y = \cos^{-1} x$ 의 양변에 역함수를 갖는 cos 함수를 취하면 $\cos y = \cos(\cos^{-1} x)$ 이다. 따라서 이를 간단히 하면

$$x = \cos y \quad (0 \le y \le \pi)$$

이다. 여기에 음함수의 미분법을 적용하면

$$1 = (-\sin y)y' \quad (0 \le y \le \pi) \qquad \Longrightarrow \qquad y' = -\frac{1}{\sin y} \quad (0 < y < \pi) \tag{2.28}$$

이다. 그런데 삼각공식 $\sin^2 y + \cos^2 y = 1$ 로부터 임의의 실수 y에 대해서는

$$\sin y = \pm\sqrt{1 - \cos^2 y} = \pm\sqrt{1 - x^2}$$

이지만, 특히 $0 < y < \pi$ 에서는 $\sin y > 0$ 이므로 $\sin y = \sqrt{1 - x^2}$ 이다. 따라서 이러한 사실을 식 (2.28) 의 결과에 대입하면 다음을 얻는다.

$$y' = -\frac{1}{\sin y} = -\frac{1}{\sqrt{1 - x^2}} \quad (-1 < x < 1)$$

(3) 먼저 $y = \tan^{-1} x$ 의 양변에 역함수를 갖는 tan 함수를 취하면 $\tan y = \tan(\tan^{-1} x)$ 이다. 따라서 이를 간단히 하면

$$x = \tan y \quad (-\pi/2 < y < \pi/2)$$

이다. 여기에 음함수의 미분법을 적용하면

$$1 = (\sec^2 y)y' \quad (-\pi/2 < y < \pi/2) \quad \Longleftrightarrow \quad y' = \frac{1}{\sec^2 y} \quad (-\pi/2 < y < \pi/2) \tag{2.29}$$

이다. 그런데 삼각공식 $1 + \tan^2 y = \sec^2 y$ 로부터 $\sec^2 y = 1 + \tan^2 y = 1 + x^2$ 이다. 따라서 이러한 사실을 식 (2.29) 의 결과에 대입하면

$$y' = \frac{1}{\sec^2 y} = \frac{1}{1 + x^2} \quad (-\infty < x < \infty)$$

이다.

(4), (5), (6) 의 경우도 위와 유사한 방법으로 증명할 수 있다. □

예제 2.3.7 $y = \sin^{-1} \dfrac{x}{a}$ 의 도함수를 구하여라(단, $a > 0$).

【풀이】 정리 2.3.4 의 (1) 을 이용하면

$$y' = \frac{1}{\sqrt{1 - \frac{x^2}{a^2}}} \left(\frac{x}{a}\right)' = \frac{1}{\sqrt{1 - \frac{x^2}{a^2}}} \cdot \frac{1}{a} = \frac{1}{\sqrt{a^2 - x^2}}$$

을 얻는다. □

예제 2.3.8 $y = \tan^{-1} \dfrac{2x}{1 - x^2}$ 의 도함수를 구하여라.

【풀이】 정리 2.3.4 의 (3) 을 이용하면

$$y' = \frac{1}{1 + \left(\frac{2x}{1-x^2}\right)^2} \left(\frac{2x}{1 - x^2}\right)' = \frac{1}{1 + \left(\frac{2x}{1-x^2}\right)^2} \cdot \frac{(2x)'(1 - x^2) - (2x)(1 - x^2)'}{(1 - x^2)^2} = \frac{2}{1 + x^2}$$

을 얻는다. □

예제 2.3.9 $\sin x + \sin y = xy$ 에서 도함수 $\dfrac{dy}{dx}$ 를 구하여라.

【풀이】 음함수의 미분법을 적용하면

$$\cos x + \cos y \frac{dy}{dx} = y + x\frac{dy}{dx}, \qquad (x - \cos y)\frac{dy}{dx} = \cos x - y$$

이므로

$$\frac{dy}{dx} = \frac{\cos x - y}{x - \cos y} \quad (x - \cos y \neq 0)$$

이다. □

연습문제(2.3)

1. 다음 주어진 함수들에 대하여 dy/dx를 구하여라(단, a는 상수).

(1) $y = x^2 \cos x - 2x \sin x - 2\cos x$　　(2) $y = 4\cos(\sin 3x)$

(3) $y = 3\sec x \tan x$　　(4) $y = \sec^2 x \tan^2 x$

(5) $y = \dfrac{1 + \sin x}{1 - \sin x}$　　(6) $y = \sqrt{a^2 - x^2} - a\cos^{-1}\dfrac{x}{a}$

2. 다음 주어진 함수들에 대하여 dy/dx를 구하여라.

(1) $y = \sec^2 x \tan^2 x$　　(2) $y = \cot^4 x - \csc^4 x$

(3) $y = \dfrac{3\sin x}{\cos^2 2x + 1}$　　(4) $y = 4\cos(\sin 3x)$

3. 합성함수의 도함수 공식을 사용하여 $D_x w$를 구하여라.

(1) $w = \sin^4(x^2 + 3x)$　　(2) $w = \sin^3(\cos x)$

(3) $w = \cos^4(\sin x^2)$　　(4) $w = \sin(\cos(\sin 2x))$

4. 다음 식에서 $(f^{-1})'(c)$의 값을 구하여라.

(1) $f(x) = \dfrac{\cos^2 x}{2},\ 0 \le x \le \pi/2,\ c = 1/4$　　(2) $f(x) = 2\cot x,\ 0 < x < \pi,\ c = 2$

5. 다음에서 dy/dx 를 구하여라.

(1) $\sin(x+y) + \sin(x-y) = 1$

(2) $\sqrt{x^2 - y^2} + \sin^{-1}\dfrac{y}{x} = 0$

6. 다음 주어진 각 문제의 (a), (b) 두 함수의 도함수가 서로 같음을 보여라.

(1) (a) $y = \cos^2 x - \sin^2 x$ (b) $y = \cos 2x$

(2) (a) $y = 2\sin x \cos x$ (b) $y = \sin 2x$

7. 함수 $f(x) = 2x + \cos x$ 에 대하여 $(f^{-1})'(1)$ 을 구하여라.

8. 다음 주어진 함수들의 도함수를 구하여라(단, a 는 상수).

(1) $f(x) = \tan(\sec^{-1} x)$

(2) $f(x) = \cot^{-1}\sqrt{x-1}$

(3) $f(x) = \tan^{-1}(\ln x)$

(4) $f(x) = \sin^{-1}(\cos x)$

(5) $f(x) = \sin^{-1}\sqrt{\sin x}$

(6) $f(x) = \sqrt{a^2 - x^2} + a\sin^{-1}\dfrac{x}{a}$

9. 다음 등식을 증명하여라.

(1) $\sin(\cos^{-1} x) = \sqrt{1 - x^2}$

(2) $\sec^2(\tan^{-1} x) = 1 + x^2$

(3) $\tan^{-1} x = \sin^{-1}\dfrac{x}{\sqrt{1 + x^2}}$

(4) $\tan\left(\dfrac{1}{2}\cos^{-1} x\right) = \dfrac{\sqrt{1 - x}}{\sqrt{1 + x}}$

2.4 지수함수와 로그함수의 도함수

a를 밑으로 하는 지수함수

$$y = a^x \quad (a > 0,\ a \neq 1) \tag{2.30}$$

과, a를 밑으로 하는 로그함수

$$y = \log_a x \quad (a > 0,\ a \neq 1,\ x > 0) \tag{2.31}$$

는 서로 역함수 관계에 있음을 알 수 있다.

밑을 10으로 하는 로그를 **상용로그**(common logarithm)라 하고, 이 경우에 일반적으로 밑을 생략하여 $y = \log x$와 같이 나타낸다. 또한 밑을 e로 하는 로그를 **자연로그**(natural logarithm)라 하고, 이 경우에도 밑을 생략하여 $y = \log x$와 같이 나타낸다. 특히, 자연로그의 경우에는 이를 보다 명확히 하기 위하여 $y = \log x$ 대신에 $y = \ln x$와 같이 나타내는 것이 보편적이다.

지수함수와 로그함수의 도함수를 언급하기 전에, 먼저 이들의 도함수를 얻는데 사용되는 극한과 관련한 유용한 정리가 있어 소개한다.

정리 2.4.1 $\lim\limits_{x \to \pm\infty} \left(1 + \dfrac{1}{x}\right)^x = e$

【증명】 3단계로 나누어 증명하자.

(i) 8장의 예제 8.1.6에서

$$\lim_{n \to \infty} \left(1 + \frac{1}{n}\right)^n = e \quad (e \approx 2.7182818284 \cdots)^{10)} \tag{2.32}$$

임을 보일 것이다. 따라서 여기서는 식 (2.32)에 관한 증명은 생략한다.

(ii) $n \leq x < n + 1$을 만족시키는 자연수 n을 취하면

$$1 + \frac{1}{n+1} < 1 + \frac{1}{x} \leq 1 + \frac{1}{n}$$

10) 식 (2.32)에서 정의된 수 e를 오일러(L. Euler, 1707 ~ 1783, 스위스의 수학자)의 수라고 한다. **오일러의 수** e는 식 (2.32)에서와 같이 극한으로 정의되는 무리수로서 오일러의 이름 첫 문자를 기호화시켰다.

이 성립한다. 따라서

$$\left(1+\frac{1}{n+1}\right)^n < \left(1+\frac{1}{x}\right)^x \le \left(1+\frac{1}{n}\right)^{n+1}$$

이다. 여기서 $n \to \infty$ 이면 $x \to \infty$ 이고, 또한

$$\lim_{n\to\infty}\left(1+\frac{1}{n}\right)^n = e, \qquad \lim_{(n+1)\to\infty}\left(1+\frac{1}{n+1}\right)^{n+1} = e,$$

$$\lim_{n\to\infty}\left(1+\frac{1}{n}\right) = 1, \qquad \lim_{(n+1)\to\infty}\left(1+\frac{1}{n+1}\right)^{-1} = 1$$

이 성립한다. 따라서 조임정리 1.3.4 에 의하면

$$\lim_{x\to\infty}\left(1+\frac{1}{x}\right)^x = e$$

이 성립한다.

(iii) 이제 $x \to -\infty$ 인 경우를 생각하자. 이를 위해 $x = -z$ 로 놓으면

$$\left(1+\frac{1}{x}\right)^x = \left(1-\frac{1}{z}\right)^{-z} = \left(\frac{z}{z-1}\right)^z = \left(1+\frac{1}{z-1}\right)^{z-1}\left(1+\frac{1}{z-1}\right)$$

을 얻는다. 따라서

$$\lim_{x\to-\infty}\left(1+\frac{1}{x}\right)^x = \lim_{z\to\infty}\left(1+\frac{1}{z-1}\right)^{z-1}\lim_{z\to\infty}\left(1+\frac{1}{z-1}\right) = e$$

이다.

따라서 (i), (ii), (iii) 의 모든 경우를 종합하면

$$\lim_{x\to\pm\infty}\left(1+\frac{1}{x}\right)^x = e$$

임을 알 수 있다. □

따름정리 2.4.2 (1) $\lim_{x\to 0}(1+x)^{\frac{1}{x}} = e$ (2) $\lim_{x\to 0}\frac{\log_a(1+x)}{x} = \log_a e$

【증명】 (1) 정리 2.4.1 에 의하면

$$\lim_{y\to\pm\infty}\left(1+\frac{1}{y}\right)^{y}=e$$

이다. 여기서 $x = 1/y$ 라고 놓으면, $y \to \infty$ 일 때 $x \to 0$ 이다. 따라서

$$\lim_{x\to 0}(1+x)^{\frac{1}{x}}=e$$

이다.

(2) (1) 의 결과를 이용하면

$$\lim_{x\to 0}\frac{\log_a(1+x)}{x}=\lim_{x\to 0}\log_a(1+x)^{\frac{1}{x}}=\log_a e$$

이 성립한다. □

따름정리 2.4.3 (1) $\displaystyle\lim_{x\to 0}\frac{a^x-1}{x}=\ln a$ (2) $\displaystyle\lim_{x\to 0}\frac{e^x-1}{x}=1$

【증명】 (1) $t = a^x - 1$ 라고 놓으면 $a^x = 1 + t$ 이므로 $x = \log_a(1+t)$ 이다. 따라서 $x \to 0$ 이면 $t \to 0$ 이므로

$$\lim_{x\to 0}\frac{a^x-1}{x}=\lim_{t\to 0}\frac{1}{\frac{\log_a(1+t)}{t}}=\lim_{t\to 0}\frac{1}{\log_a(1+t)^{\frac{1}{t}}}=\frac{1}{\log_a e}=\ln a$$

이다.

(2) (1) 의 결과를 이용하면, $a = e$ 일 때

$$\lim_{x\to 0}\frac{e^x-1}{x}=1$$

이 성립한다. □

정리 2.4.4 [지수함수의 도함수]

(1) $\displaystyle\frac{d}{dx}(a^x)=a^x\ln a \quad (a\neq 1,\ a>0)$ (2) $\displaystyle\frac{d}{dx}(e^x)=e^x$

【증명】 (1) 도함수의 정의와 따름정리 2.4.3 에 의해

$$\frac{d}{dx}(a^x) = \lim_{h\to 0}\frac{a^{x+h} - a^x}{h} = a^x \lim_{h\to 0}\frac{a^h - 1}{h} = a^x \ln a$$

이 성립한다.

(2) (1) 에서 $a = e$ 인 경우이다. □

예제 2.4.1 함수 $y = 3^{\sqrt{x}}$ 의 도함수를 구하여라.

【풀이】 정리 2.4.4 로부터

$$\frac{dy}{dx} = 3^{\sqrt{x}}\ln 3\frac{d}{dx}\sqrt{x} = 3^{\sqrt{x}}\ln 3\cdot\frac{1}{2\sqrt{x}} = \frac{3^{\sqrt{x}}\ln 3}{2\sqrt{x}}$$

이다. □

예제 2.4.2 함수 $y = e^{-x^2}$ 의 도함수를 구하여라.

【풀이】 정리 2.4.4 로부터

$$\frac{dy}{dx} = e^{-x^2}\frac{d}{dx}(-x^2) = e^{-x^2}(-2x) = -2xe^{-x^2}$$

이다. □

정리 2.4.5 [로그함수의 도함수]

(1) $\dfrac{d}{dx}(\log_a x) = \dfrac{1}{x\ln a}$ $(a \neq 1,\ a > 0,\ x > 0)$ (2) $\dfrac{d}{dx}(\ln x) = \dfrac{1}{x}$ $(x > 0)$

【증명】 (1) 도함수의 정의로부터

$$\begin{aligned}\frac{d}{dx}(\log_a x) &= \lim_{h\to 0}\frac{\log_a(x+h) - \log_a x}{h} = \lim_{h\to 0}\frac{\log_a\left(1+\frac{h}{x}\right)}{h}\\ &= \lim_{h\to 0}\frac{1}{x}\frac{x}{h}\log_a\left(1+\frac{h}{x}\right) = \frac{1}{x}\lim_{h\to 0}\log_a\left(1+\frac{h}{x}\right)^{\frac{x}{h}}\end{aligned}$$

이다. 여기서 $t = h/x$ 라고 놓으면 따름정리 2.4.2 에 의해

$$\lim_{h\to 0}\log_a\left(1+\frac{h}{x}\right)^{\frac{x}{h}} = \lim_{t\to 0}\log_a(1+t)^{\frac{1}{t}} = \log_a e = \frac{\ln e}{\ln a} = \frac{1}{\ln a}$$

이므로

$$\frac{d}{dx}(\log_a x) = \frac{1}{x}\log_a e = \frac{1}{x\ln a}$$

이다.

(2) (1) 에서 $a = e$ 인 경우이다. □

예 제 2.4.3 함수 $y = \log_{10}(x^4+3)$ 의 도함수를 구하여라.

【풀이】 $u = x^4 + 3$ 으로 놓고, 정리 2.4.5 와 연쇄법칙을 적용하면 다음을 얻는다.

$$\frac{dy}{dx} = \frac{1}{(x^4+3)\ln 10}\cdot 4x^3 = \frac{4x^3}{(x^4+3)\ln 10}$$ □

먼저 주어진 함수의 양변에 자연로그를 취하고, 여기에 음함수의 미분법을 적용하여 주어진 함수의 도함수를 구하는 미분 방법을 **로그미분법**(logarithmic differentiation)이라고 한다. 로그미분법은 도함수를 구하려는 함수가 여러 개의 인수들의 곱으로 되어 있거나, 또는

$$y = (f(x))^{g(x)}$$

와 같은 형태의 함수일 때 적용하면 효과적이다.

예 제 2.4.4 $f(x) = x^n$ (n : 임의의 실수)일 때

$$f'(x) = nx^{n-1}$$

임을 증명하여라.

【풀이】 로그미분법을 적용하여 증명하도록 하자. 이를 위해 먼저 $y = x^n$ 이라 놓고, 양변에 자연로그를 취하면 $\ln y = n\ln x$ 이다. 따라서 이 식의 양변을 x 로 미분하여 정리하면

$$\frac{1}{y}\frac{dy}{dx} = n\frac{1}{x}, \qquad \frac{dy}{dx} = y\left(n\frac{1}{x}\right) = nyx^{-1} = nx^n x^{-1} = nx^{n-1}$$

을 얻는다. □

예제 2.4.5 함수

$$y = \frac{x^{\frac{3}{4}}\sqrt{x^2+1}}{(3x+2)^5}$$

의 도함수를 구하여라.

【풀이】 주어진 함수의 양변에 자연로그를 취하면

$$\ln y = \frac{3}{4}\ln x + \frac{1}{2}\ln(x^2+1) - 5\ln(3x+2)$$

이다. 이제 이 식의 양변을 x에 관하여 미분하면

$$\frac{1}{y}\frac{dy}{dx} = \frac{3}{4}\frac{1}{x} + \frac{1}{2}\frac{2x}{x^2+1} - 5\frac{3}{3x+2}$$

이다. 따라서 구하는 도함수는 다음과 같다.

$$\frac{dy}{dx} = y\left(\frac{3}{4}\frac{1}{x} + \frac{1}{2}\frac{2x}{x^2+1} - 5\frac{3}{3x+2}\right) = \frac{x^{\frac{3}{4}}\sqrt{x^2+1}}{(3x+2)^5}\left(\frac{3}{4}\frac{1}{x} + \frac{1}{2}\frac{2x}{x^2+1} - 5\frac{3}{3x+2}\right)$$ □

예제 2.4.6 함수

$$y = x^{\sqrt{x}} \quad (x > 0)$$

의 도함수를 구하여라.

【풀이】 주어진 함수의 양변에 자연로그를 취하면

$$\ln y = \sqrt{x}\ln x$$

이다. 이제 양변을 x에 관하여 미분하면

$$\frac{1}{y}\frac{dy}{dx} = \frac{1}{2\sqrt{x}}\ln x + \sqrt{x}\cdot\frac{1}{\ln x}$$

이다. 따라서 구하는 도함수는

$$\frac{dy}{dx} = y\left(\frac{1}{2\sqrt{x}}\ln x + \sqrt{x}\cdot\frac{1}{\ln x}\right) = x^{\sqrt{x}}\left(\frac{1}{2\sqrt{x}}\ln x + \sqrt{x}\cdot\frac{1}{\ln x}\right) = x^{\sqrt{x}}\left(\frac{\ln x + 2}{2\sqrt{x}}\right)$$

이다. □

연습문제(2.4)

1. 다음 함수의 도함수를 구하여라(단, a, b는 상수).

(1) $y = 5^x$ (2) $y = 3^{5x-7}$ (3) $y = a^x \sin bx$ (4) $y = (\cos x)^{\cos x}$

2. 다음 함수의 도함수를 구하여라(단, a는 상수).

(1) $y = 5\ln x^3$ (2) $y = x^2 \ln x$ (3) $y = \ln(\csc^2 x)$

(4) $y = (\ln x)^3$ (5) $y = \log_2(x^2+6)$ (6) $y = \log_3(x + \sqrt{x^2+a^2})$

3. 로그미분법을 적용하여 주어진 함수의 도함수를 구하여라.

(1) $y = x^x$ (2) $y = x^{\frac{2}{x}}$ (3) $y = (2x)^{\sqrt{2}}$ (4) $y = 2^x + 3^x$

4. 함수 $f(x) = x^{\sin x}$에 대하여 $f'(1)$을 구하여라.

5. 함수 $f(x) = (2x)^{\sin x}$의 도함수를 구하여라.

6. 등식 $e^x + e^y = e^{x+y}$로부터

$$\frac{dy}{dx} = -e^{y-x}$$

임을 증명하여라.

2.5 쌍곡선함수와 역쌍곡선함수의 도함수

우리는 이미 1.2절에서 쌍곡선함수와 역쌍곡선함수를 정의했다. 이 절에서는 이들 함수의 도함수에 관하여 알아본다.

우선 정리 2.5.1 을 통해 쌍곡선함수의 도함수에 관하여 살펴보자. 쌍곡선함수의 도함수는 지수함수의 미분법에 의해 간단히 구할 수 있다.

정리 2.5.1 [쌍곡선함수의 도함수]

(1) $\dfrac{d}{dx}(\sinh x) = \cosh x$ (2) $\dfrac{d}{dx}(\cosh x) = \sinh x$

(3) $\dfrac{d}{dx}(\tanh x) = \operatorname{sech}^2 x$ (4) $\dfrac{d}{dx}(\coth x) = -\operatorname{csch}^2 x \quad (x \neq 0)$

(5) $\dfrac{d}{dx}(\operatorname{sech} x) = -\operatorname{sech} x \tanh x$ (6) $\dfrac{d}{dx}(\operatorname{csch} x) = -\operatorname{csch} x \coth x \quad (x \neq 0)$

【증명】 (1) 쌍곡선함수의 정의 1.2.5 에 의해

$$\sinh x = \frac{e^x - e^{-x}}{2}$$

임을 알고 있다. 그런데 지수함수 e^x 와 e^{-x} 은 모든 점에서 미분가능하므로 $\sinh x$ 또한 모든 점에서 미분가능하고, 그 도함수는

$$\frac{d}{dx}(\sinh x) = \frac{d}{dx}\left(\frac{1}{2}(e^x - e^{-x})\right) = \frac{1}{2}(e^x + e^{-x}) = \cosh x$$

이다.

(2) 쌍곡선함수의 정의 1.2.5 에 의해

$$\cosh x = \frac{e^x + e^{-x}}{2}$$

임을 알고 있다. 그런데 지수함수 e^x 와 e^{-x} 은 모든 점에서 미분가능하므로 $\cosh x$ 또한 모든 점에서 미분가능하고, 그 도함수는 다음과 같다.

$$\frac{d}{dx}(\cosh x) = \frac{d}{dx}\left(\frac{1}{2}(e^x + e^{-x})\right) = \frac{1}{2}(e^x - e^{-x}) = \sinh x$$

(3) 쌍곡선함수의 정의 1.2.5 에 의해

$$\tanh x = \frac{\sinh x}{\cosh x} = \frac{e^x - e^{-x}}{e^x + e^{-x}}$$

임을 알고 있다. 그런데 지수함수 e^x 와 e^{-x} 은 모든 점에서 미분가능하고, $e^x + e^{-x} > 0$ 이므로 $\tanh x$ 는 모든 점에서 미분가능하고, 그 도함수는

$$\begin{aligned}\frac{d}{dx}(\tanh x) &= \frac{d}{dx}\left(\frac{\sinh x}{\cosh x}\right) = \frac{(\sinh x)' \cosh x - \sinh x(\cosh x)'}{\cosh^2 x} \\ &= \frac{\cosh^2 x - \sinh^2 x}{\cosh^2 x} = \frac{1}{\cosh^2 x} = \operatorname{sech}^2 x\end{aligned}$$

이다.

(4) 쌍곡선함수의 정의 1.2.5 에 의해

$$\coth x = \frac{\cosh x}{\sinh x} = \frac{e^x + e^{-x}}{e^x - e^{-x}} \quad (x \neq 0)$$

임을 알고 있다. 그런데 지수함수 e^x 와 e^{-x} 은 모든 점에서 미분가능하고, $e^x + e^{-x} > 0$ 이며 $x \neq 0$ 이면 $e^x - e^{-x} \neq 0$ 인 점을 이용하면 $\coth x$ 는 $x \neq 0$ 인 모든 점에서 미분가능하고, 그 도함수는

$$\begin{aligned}\frac{d}{dx}(\coth x) &= \frac{d}{dx}\left(\frac{\cosh x}{\sinh x}\right) = \frac{(\cosh x)' \sinh x - \cosh x(\sinh x)'}{\sinh^2 x} \\ &= \frac{\sinh^2 x - \cosh^2 x}{\sinh^2 x} = \frac{-1}{\sinh^2 x} = -\operatorname{csch}^2 x\end{aligned}$$

이다.

(5), (6) 의 경우도 유사한 방법으로 증명할 수 있다. □

예제 2.5.1 $y = \ln(\sinh x)$ 의 도함수를 구하여라.

【풀이】 합성함수의 미분법을 적용하면

$$\frac{dy}{dx} = \frac{1}{\sinh x}\frac{d}{dx}(\sinh x) = \frac{\sinh x}{\cosh x} = \coth x$$

이다. □

예제 2.5.2 $y = \sinh^2 \sqrt{1-x^2}$ 의 도함수를 구하여라.

【풀이】 합성함수의 미분법을 적용하면

$$\begin{aligned}\frac{dy}{dx} &= 2\sinh\sqrt{1-x^2}\frac{d}{dx}\left(\sinh\sqrt{1-x^2}\right)\\ &= 2\sinh\sqrt{1-x^2}\cdot\cosh\sqrt{1-x^2}\frac{d}{dx}\left(\sqrt{1-x^2}\right)\\ &= -\frac{2x}{\sqrt{1-x^2}}\left(\sinh\sqrt{1-x^2}\right)\left(\cosh\sqrt{1-x^2}\right)\end{aligned}$$

이다. □

예제 2.5.3 $y = \tanh(\sin x)$ 의 도함수를 구하여라.

【풀이】 합성함수의 미분법을 적용하면

$$y' = \operatorname{sech}^2(\sin x)(\sin x)' = \cos x\,\operatorname{sech}^2(\sin x)$$

이다. □

예제 2.5.4 $y = \cosh^2(3x-1)$ 의 도함수를 구하여라.

【풀이】 합성함수의 미분법을 적용하면

$$y' = 2\cosh(3x-1)\frac{d}{dx}(\cosh(3x-1)) = 6\cosh(3x-1)\sinh(3x-1)$$

이다. □

예제 2.5.5 $y = \operatorname{sech}(\ln 3x)$ 의 도함수를 구하여라.

【풀이】 합성함수의 미분법을 적용하면

$$y' = -\operatorname{sech}(\ln 3x)\tanh(\ln 3x)\frac{d}{dx}(\ln 3x) = -\frac{1}{x}\operatorname{sech}(\ln 3x)\tanh(\ln 3x)$$

이다. □

이제 정리 2.5.2 를 통해 역쌍곡선함수의 도함수에 관하여 알아보자. 역쌍곡선함수의 도함수는 음함수의 미분법을 적용하여 쉽게 구할 수 있다.

정리 2.5.2 [역쌍곡선함수의 도함수]

(1) $\dfrac{d}{dx}(\sinh^{-1} x) = \dfrac{1}{\sqrt{1+x^2}}$ $(x \in \mathbb{R})$ (2) $\dfrac{d}{dx}(\cosh^{-1} x) = \dfrac{1}{\sqrt{x^2-1}}$ $(x > 1)$

(3) $\dfrac{d}{dx}(\tanh^{-1} x) = \dfrac{1}{1-x^2}$ $(|x| < 1)$ (4) $\dfrac{d}{dx}(\coth^{-1} x) = \dfrac{1}{1-x^2}$ $(|x| > 1)$

(5) $\dfrac{d}{dx}(\text{sech}^{-1} x) = -\dfrac{1}{x\sqrt{1-x^2}}$ $(x \in (0, 1))$ (6) $\dfrac{d}{dx}(\text{csch}^{-1} x) = -\dfrac{1}{|x|\sqrt{1+x^2}}$ $(x \neq 0)$

【증명】 (1) $y = \sinh^{-1} x$ $(x \in \mathbb{R})$ 라고 하자. 그러면 $x = \sinh y$ $(x \in \mathbb{R})$ 이다. 따라서 여기에 역함수의 미분법을 적용하면

$$\frac{dy}{dx} = \frac{1}{\dfrac{dx}{dy}} = \frac{1}{\cosh y}$$

을 얻는다. 또한 쌍곡선함수의 성질 $\cosh^2 y - \sinh^2 y = 1$ 로부터

$$\cosh y = \pm\sqrt{1 + \sinh^2 y}$$

를 얻는다. 그런데 $\cosh y > 0$ 이므로

$$\cosh y = \sqrt{1 + \sinh^2 y}$$

이다. 따라서

$$\frac{dy}{dx} = \frac{1}{\cosh y} = \frac{1}{\sqrt{1+x^2}},$$

즉

$$\frac{d}{dx}(\sinh^{-1} x) = \frac{1}{\sqrt{1+x^2}}$$

이다.

(2) $y = \cosh^{-1} x$ $(x > 1)$ 이라 하자. 그러면 $x = \cosh y$ $(y > 0)$ 이다. 따라서 역함수의 미분법에 의해

$$\frac{dy}{dx} = \frac{1}{\dfrac{dx}{dy}} = \frac{1}{\sinh y}$$

이다. 그런데 $\cosh^2 y - \sinh^2 y = 1$ 로부터 $\sinh y = \pm\sqrt{1 + \cosh^2 y}$ 이고 $\sinh y > 0$ 이므로

$$\sinh y = \sqrt{1 + \cosh^2 y} = \sqrt{x^2 - 1}$$

이다. 따라서

$$\frac{d}{dx}(\cosh^{-1} x) = \frac{1}{\sqrt{x^2 - 1}}$$

이다.

(3), (4), (5), (6) 의 경우도 유사한 방법으로 증명할 수 있다. □

예제 2.5.6 $y = \sinh^{-1} 3x$ 의 도함수를 구하여라.

【풀이】 정리 2.5.2 와 합성함수의 미분법을 적용하면

$$y' = \frac{1}{\sqrt{(3x)^2 + 1}}\frac{d}{dx}(3x) = \frac{3}{\sqrt{9x^2 + 1}}$$

이다. □

예제 2.5.7 $y = \tanh^{-1}(\cos 2x)$ 의 도함수를 구하여라.

【풀이】 정리 2.5.2 와 합성함수의 미분법을 적용하면

$$y' = \frac{1}{1 - \cos^2 2x}\frac{d}{dx}(\cos 2x) = \frac{1}{1 - \cos^2 2x}(-2\sin 2x) = \frac{-2\sin 2x}{\sin^2 2x} = \frac{-2}{\sin 2x} = -2\csc 2x$$

이다. □

예제 2.5.8 $y = \tanh^{-1}(\sin x)$ 의 도함수를 구하여라.

【풀이】 정리 2.5.2 와 합성함수의 미분법을 적용하면

$$y' = \frac{1}{1 - \sin^2 x}\frac{d}{dx}(\sin x) = \frac{\cos x}{1 - \sin^2 x} = \frac{\cos x}{\cos^2 x} = \frac{1}{\cos x} = \sec x$$

이다. □

연습문제(2.5)

1. 다음 함수의 도함수를 구하여라.

(1) $f(x) = \sinh^{-1}(x^2)$

(2) $f(x) = \tanh^{-1}(4x)$

(3) $f(x) = x^2 \cosh^{-1}(x^2)$

(4) $f(x) = \tanh^{-1}(\cos e^x)$

2. $y = \dfrac{\sinh^{-1} x}{\sqrt{1 + x^2}}$ 일 때

$$(1 + x^2)\frac{dy}{dx} + xy = 1$$

임을 증명하여라.

3. 다음 함수의 도함수를 구하여라.

(1) $f(x) = x^2 \sinh^{-1}(2x)$

(2) $f(x) = \tanh^{-1}(\sin \sqrt{x})$

(3) $f(x) = \operatorname{sech}^{-1}(e^{-2x})$

(4) $f(x) = \cosh^{-1}\sqrt{x^2 + 1}$

4. 다음을 증명하여라.

(1) $\lim_{x \to \infty} \coth x = 1$

(2) $\lim_{x \to \infty} \operatorname{csch} x = 0$

5. 등식

$$\cosh(\ln x) = \frac{x^2 + 1}{2x}$$

이 성립함을 증명하여라.

6. 임의의 수 u 에 대하여 $\cosh u + \sinh u = e^u$ 임을 보이고, 이 사실을 이용하여 항등식

$$(\cosh x + \sinh x)^n = \cosh nx + \sinh nx$$

가 성립함을 증명하여라.

7. $x > 1$ 일 때

$$\sinh^{-1}\sqrt{x^2 - 1} = \cosh^{-1} x$$

임을 증명하여라.

2.6 고계도함수

함수 f가 미분가능한 함수이면 f'은 f의 도함수를 나타내고, 또한 f'이 미분가능하면 f'의 도함수를 f''로 나타내고, f의 **이계도함수**(derivative of the second order)라고 한다. 예를 들어 $f(x) = x^7$ 일 때 $f'(x) = 7x^6$ 이므로, f의 이계도함수는

$$f''(x) = \frac{d}{dx}(f'(x)) = \frac{d}{dx}(7x^6) = 42x^5$$

이다. 이러한 방법으로 계속하면 $f^{(3)}$, $f^{(4)}$, ...를 얻는다.

함수 $y = f(x)$의 n계도함수는 $y = f(x)$가 n번 미분가능한 경우에 $y = f(x)$를 n번 미분한 함수를 의미한다. $y = f(x)$의 n계도함수를, 기호로는

$$y^{(n)}, \quad f^{(n)}(x), \quad \frac{d^n y}{dx^n}, \quad D^n f(x), \quad D_x^n f(x)$$

와 같이 나타내고, 특히 $n \geq 2$일 때 $f^{(n)}(x)$를 $f(x)$의 **고계도함수**(derivative of the higher order)라고 한다.

예제 2.6.1 $f(x) = (1 + x)^m$ 일 때 n계도함수 $f^{(n)}(x)$를 구하여라.

【풀이】 주어진 함수 f에 대하여

$$\begin{aligned} f'(x) &= m(1 + x)^{m-1} \\ f''(x) &= m(m-1)(1 + x)^{m-2} \\ &\vdots \\ f^{(n)}(x) &= m(m-1)\cdots(m-n+1)(1 + x)^{m-n} \end{aligned}$$

이다. 특히 m이 양의 정수일 때 $y^{(m)} = m!$ 이고, 또한 $n > m$ 이면 $f^{(n)}(x) = 0$ 이다. □

예제 2.6.2 $f(x) = 1/x$ 일 때 n계도함수 $f^{(n)}(x)$를 구하여라.

【풀이】 주어진 함수 f에 대하여

$$\begin{aligned} f'(x) &= (-1) \cdot x^{-2} \\ f''(x) &= (-2) \cdot (-1) \cdot x^{-3} = (-1)^2 \cdot 2 \cdot 1 \cdot x^{-3} \end{aligned}$$

$$\begin{aligned}
f'''(x) &= (-3)\cdot(-2)\cdot(-1)\cdot x^{-4} = (-1)^3\cdot 3\cdot 2\cdot 1\cdot x^{-4}\\
f^{(4)}(x) &= (-4)\cdot(-3)\cdot(-2)\cdot(-1)\cdot x^{-4} = (-1)^4\cdot 4\cdot 3\cdot 2\cdot 1\cdot x^{-5}\\
f^{(5)}(x) &= (-5)\cdot(-4)\cdot(-3)\cdot(-2)\cdot(-1)\cdot x^{-4} = (-1)^5\cdot 5\cdot 4\cdot 3\cdot 2\cdot 1\cdot x^{-6}\\
&\vdots\\
f^{(n)}(x) &= (-1)^n n! x^{-(n+1)} = \frac{(-1)^n n!}{x^{n+1}}
\end{aligned}$$

이다. □

시간 t에 대하여 수직선 위에서 움직이는 물체의 위치함수를 $s = f(t)$ 라고 하면, 이것의 일계도함수는 시간의 함수로서 물체의 속도 $v(t)$ 를 나타낸다. 즉,

$$v(t) = f'(t) = \frac{ds}{dt}$$

이다. 시간에 대한 속도의 순간변화율을 물체의 **가속도**(acceleration) $\alpha(t)$ 라고 한다. 따라서 가속도함수는 속도함수의 도함수이고 위치함수의 이계도함수이다. 즉,

$$\alpha(t) = \frac{dv}{dt} = \frac{d^2s}{dt^2}$$

으로 나타낸다. 예를 들어 진공에서 낙하하는 물체의 위치함수의 식은 $s = 16t^2$ 이므로 $v(t) = 32t$ 이고 $\alpha(t) = 32$ 이다. 따라서 물체의 가속도는 32 이다. 여기서 속도의 단위는 ft/sec 이고, 가속도의 단위는 ft/$\sec^2$ 이다.

예제 2.6.3 물체의 운동방정식이 $s = 2t^3 - 5t^2 + 3t + 4$ 라고 하자. 이때 t의 단위는 sec 이고, s의 단위는 cm 이다. 2초 후의 가속도를 구하여라.

【풀이】 속도와 가속도는 각각

$$v(t) = \frac{ds}{dt} = 6t^2 - 10t + 3, \qquad \alpha(t) = \frac{dv}{dt} = 12t - 10$$

이다. 따라서 $t = 2$ 일 때 가속도는 $\alpha(2) = 14\text{cm/sec}^2$ 이다. □

예제 2.6.4 시간 t에 대하여 동점의 위치 s가 $s(t) = A\sin(at + b)$ 로 직선 위를 움직이고 있을 때 이 동점의 가속도는 위치와 비례관계가 있음을 보여라.

【풀이】 속도와 가속도는 각각

$$v(t) = \frac{ds}{dt} = aA\cos(at+b), \qquad \alpha(t) = \frac{dv}{dt} = a^2 A\sin(at+b)$$

이다. 그러므로 $\alpha(t) = -a^2 s$ 이다. 따라서 $-a^2$ 이 비례상수가 되어 가속도는 위치와 비례관계가 있음을 알 수 있다. □

예제 2.6.5 $D^{27}\sin x$ 를 구하여라.

【풀이】 $\sin x$ 의 처음 몇 개의 도함수를 구하면 다음과 같다.

$$\begin{aligned} D\sin x &= \cos x, \\ D^2\sin x &= D\cos x = -\sin x, \\ D^3\sin x &= D(-\sin x) = -\cos x, \\ D^4\sin x &= D(-\cos x) = \sin x \end{aligned}$$

따라서 연속적으로 미분하면 길이 4 인 주기가 나타난다. 따라서

$$D^8\sin x = \sin x, \qquad D^{12}\sin x = \sin x$$

임을 알 수 있다. 마찬가지로 $D^{24}\sin x = \sin x$ 이므로

$$D^{27}\sin x = D^3\sin x = -\cos x$$

이다. □

예제 2.6.6 $D^{27}\cos x$ 를 구하여라.

【풀이】 $\cos x$ 의 처음 몇 개의 도함수를 구하면 다음과 같다.

$$\begin{aligned} D\cos x &= -\sin x, \\ D^2\cos x &= D(-\sin x) = -\cos x, \\ D^3\sin x &= D(-\cos x) = \sin x, \\ D^4\sin x &= D\sin x) = \cos x \end{aligned}$$

따라서 연속적으로 미분하면 길이 4 인 주기가 나타난다. 따라서

$$D^8 \cos x = \cos x, \qquad D^{12} \cos x = \cos x$$

임을 알 수 있다. 마찬가지로 $D^{24} \cos x = \cos x$ 이므로

$$D^{27} \cos x = D^3 \sin x = \sin x$$

이다. □

연습문제(2.6)

1. 다음 함수의 일계, 이계 및 삼계도함수를 구하여라(단, a는 상수).

(1) $f(x) = \sqrt{1+x}$ (2) $f(x) = e^{-x^2}$ (3) $f(x) = \ln(\sin ax)$ (4) $f(x) = 1/(1+x^2)$

2. 다음 함수의 일계, 이계 및 삼계도함수를 구하여라(단, a는 상수).

(1) $f(x) = 1/(a^2 - x^2)$ (2) $f(x) = x^3 \ln x$ (3) $f(x) = e^x \sin x$ (4) $f(x) = \ln x$

3. 함수 $f(x) = \tan^{-1} x$에 대하여 $f^{(3)}(0)$을 구하여라.

4. 함수 $f(x) = \sin^{-1} x$에 대하여 $f^{(3)}(0)$을 구하여라.

5. 함수 $f(x) = (2-3x)^{-1/2}$에 대하여 $f(0)$, $f'(0)$, $f''(0)$를 구하여라.

6. 함수 $f(x) = 1/(3x^3)$에 대하여 $f'(x)$, $f''(x)$, $f'''(x)$, $f^{(4)}$를 구하여라.

7. 함수 $f(x) = \cot x$에 대하여 $f'''(\pi/6)$를 구하여라.

8. 함수 $f(x) = \sin x$에 대하여 처음 몇 개의 도함수를 관찰하고 $f^{(n)}(x)$를 구하여라.

9. 함수 $f(x) = \ln x$에 대하여 처음 몇 개의 도함수를 관찰하고 $f^{(n)}(x)$를 구하여라.

10. 함수 $f(x) = \cos 2x$에 대하여 처음 몇 개의 도함수를 관찰하고 $f^{(50)}(x)$를 구하여라.

제 3 장

도함수의 응용

3.1 미분과 근삿값

그림 3.1 에서와 같이 미분가능한 함수 $f(x)$ 에 대하여 그래프 위의 한 점 $(x, f(x))$ 에서의 접선의 그래프를 살펴보면, x 의 값이 충분히 작은 Δx 만큼 변화할 때 y 값의 증분인

$$f(x+\Delta x) - f(x) \tag{3.1}$$

는 근삿값으로서

$$f(x+\Delta x) - f(x) \approx f'(x)\Delta x \tag{3.2}$$

로 나타낼 수 있다(그림 3.1 참조). 그런데 도함수의 정의에 의해

$$\lim_{\Delta x \to 0} \frac{(f(x+\Delta x) - f(x)) - f'(x)\Delta x}{\Delta x} = 0 \tag{3.3}$$

이므로 $f(x+\Delta x) - f(x)$ 와 $f'(x)\Delta x$ 의 차이는 Δx 에 비하여 더욱 작다. 이와 같은 이유로 다음의 정의 3.1.1 에서와 같이 미분을 정의한다.

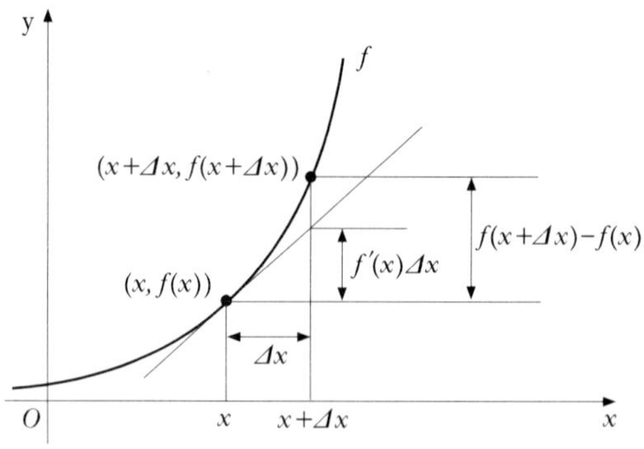

[그림 3.1] 증분과 미분

정의 3.1.1 함수 f 가 개구간 I 에서 미분가능하다고 하자. 이때 임의의 $x \in I$ 에 대하여 x 의 증분 Δx 에 대한 f 의 **증분**(increment) Δf 를

$$\Delta f = f(x + \Delta x) - f(x) \tag{3.4}$$

로 나타내고, x 의 증분 Δx 에 대한 f 의 **미분**(derivation) df 를

$$df = f'(x)\Delta x \tag{3.5}$$

로 정의한다.

정리 3.1.1 x 의 미분 dx 는 x 의 증분 Δx 와 같다.

【증명】 Δx 에 대한 x 의 미분 dx 는 $f(x) = x$ 일 때의 df 의 또 다른 표현이다. 따라서 x 의 미분 dx 는

$$dx = df = f'(x)\Delta x$$

이다. 그런데 $f'(x) = 1$ 이므로 $dx = \Delta x$ 이다. □

정의 3.1.1 로부터 임의의 점 x 에서의 x 의 증분 Δx 에 대한 f 의 미분 df 는 정리 3.1.1 과 식 (3.5) 에 의해

$$df = f'(x)\Delta x = f'(x)dx \tag{3.6}$$

와 같이 나타낼 수 있다. 따라서 미분 dx, df 등의 기호를 사용하면 근사식 (3.2)는

$$f(x + dx) \approx f(x) + df \tag{3.7}$$

와 같이 나타낼 수 있다.

예제 3.1.1 $y = x^2$ 이면 $dy = 2x\,dx$, 즉 $d(x^2) = 2x\,dx$ 이다. 또한 $y = x^n$ 이면 $dy = nx^{n-1}\,dx$, 즉 $d(x^n) = nx^{n-1}\,dx$ 이다.

예제 3.1.2 함수 $y = x^2 + 2$ 에 대하여

(1) 임의의 점 x 에서의 x 의 증분 Δx 에 대하여 Δy, dy, $\Delta y - dy$ 를 각각 구하여라.

(2) $x = 1$, $\Delta x = 0.1$ 일 때의 Δy, dy, $\Delta y - dy$ 를 각각 구하여라.

【풀이】 (1) x 의 증분 Δx 에 따른 y 의 증분 Δy 와, y 의 미분 dy 는 식 (3.4)와 (3.5)로부터 각각

$$\Delta y = (x + \Delta x)^2 + 2(x + \Delta x) - (x^2 + 2x) = 2x\Delta x + 2\Delta x + \Delta x^2, \qquad dy = (2x + 2)\Delta x$$

이고, 또한 $\Delta y - dy = \Delta x^2$ 이다.

(2) $x = 1$, $\Delta x = 0.1$ 일 때, (1)의 결과로부터 Δy, dy, $\Delta y - dy$ 를 각각 계산하면

$$\Big[\Delta y\Big]_{\Delta x=0.1}^{x=1} = 2 \cdot 1 \cdot 0.1 + 2 \cdot 0.1 + 0.1^2 = 0.41,$$

$$\Big[dy\Big]_{\Delta x=0.1}^{x=1} = (2 \cdot 1 + 2) \cdot 0.1 = 0.4,$$

$$\Big[\Delta y - dy\Big]_{\Delta x=0.1}^{x=1} = 0.1^2 = 0.01$$

이다. □

예제 3.1.3 함수 $y = f(x) = x^2 + 2x$ 에 대하여 x 가 $x = 2$ 에서 $x = 2.05$ 로 변할 때 y 의 증분 Δy 와, y 의 미분 dy, 그리고 $\Delta y - dy$ 를 각각 구하여라.

【풀이】 주어진 함수로부터

$$f(2) = 2^2 + 2 \cdot 2 = 8, \qquad f(2.05) = 2.05^2 + 2 \cdot 2.05 = 8.3025$$

을 얻는다. 따라서 $x = 2$, $\Delta x = 0.05$ 라고 놓으면, 식 (3.4) 와 (3.5) 로부터

$$\Delta y = f(2.05) - f(2) = 0.3025, \qquad dy = f'(x)dx = (2x + 2)dx = 0.3$$

이고, 또한 $\Delta y - dy = 0.0025$ 이다. □

$y = f(x)$ 에 대하여 근사식 (3.2) 로부터

$$\Delta y = f(x + \Delta x) - f(x) \approx f'(x)\Delta x = dy,$$

즉

$$\Delta y \approx dy \tag{3.8}$$

임을 알 수 있다. 그런데 예제 3.1.2 와 3.1.3 에서 보는 바와 같이 Δx 가 작을수록 오차가 작다는 것을 알 수 있으며, 더욱이 dy 는 Δy 보다 계산하기 쉽다는 것도 알 수 있다. 따라서 Δy 의 정확한 계산을 위해 지나치게 많은 연산량을 필요로 한다거나, 또는 정확한 계산이 불가능한 경우라면 이것의 근삿값으로서 미분을 이용한 근사계산 방법이 유용할 수 있다.

예제 3.1.4 미분을 이용하여 $x = 1.997$ 일 때 $y = x^4 - 2x^3 + 9x + 7$ 의 근삿값을 구하여라.

【풀이】 주어진 함수를 $y = f(x)$ 라고 놓으면, 식 (3.2) 로부터 미분을 포함한 근사식

$$f(a + \Delta x) \approx f(a) + f'(a)\Delta x \tag{3.9}$$

를 얻는다. 따라서 주어진 x 를 $x = 1.997 = 2 + (-0.003)$ 으로 놓고, a 와 Δx 를 각각 $a = 2$, $\Delta x = -0.003$ 에 대응시키자. 그러면 식 (3.9) 로부터

$$f(1.997) = f(2 + (-0.003)) = f(a + \Delta x) \approx f(a) + f'(a)\Delta x \tag{3.10}$$

이다. 그런데 $f(a) = f(2) = 25$ 이고, 또한 $f'(x) = 4x^3 - 6x^2 + 9$ 로부터 $f'(a) = f'(2) = 17$ 이다. 따라서 이들을 식 (3.10) 의 우변에 대입하여 정리하면, $x = 1.997$ 에서의 근삿값

$$f(1.997) \approx f(a) + f'(a)\Delta x = f(2) + f'(2) \cdot (-0.003) = 25 + 17 \cdot (-0.003) = 24.949$$

를 얻는다. □

연습문제(3.1)

1. 다음 주어진 함수의 미분 dy를 구하여라.

(1) $y = 2x^2 - 3x + 5$　　(2) $y = (3 + 2x^3)^{-4}$　　(3) $y = \sqrt{4x^5 + 2x^4 - 5}$

2. 다음 주어진 값에 대한 Δy와 dy를 구하여라.

(1) $y = x^3,\ x = 1,\ \Delta x = 0.1$　　(2) $y = 1/x,\ x = 2,\ \Delta x = -0.1$

3. 미분을 이용하여 다음의 근삿값을 구하여라.

(1) $\sqrt[3]{65}$　　(2) $\sqrt{36.36}$

4. 다음 문제의 미분을 구하여라.

(1) $d(3x + 2)$　　(2) $d(2x^2 - 1)$　　(3) $d(1/\sqrt{x})$　　(4) $d(\sqrt{x})$

5. 함수 $y = \sqrt[3]{(x^2 - 3)^2}$ 의 미분 dy를 구하여라.

6. 고무공의 바깥지름은 12 feet 이며 공의 두께는 0.3 inch 이다. 미분을 이용하여 공의 내부 부피의 근삿값을 구하여라.

3.2 평균값의 정리

이 절에서는 도함수를 이용한 여러 형태의 응용문제를 다루는데 있어서 기초가 되는 롤의 정리와 평균값의 정리를 소개하고, 또한 함수의 부정형의 극한을 구하는데 자주 사용되는 로피탈의 정리에 대하여 살펴본다.

정의 3.2.1 A는 함수 f의 정의역으로서 c를 포함한다고 하자.

(1) 임의의 $x \in A$에 대하여 $f(c) \geq f(x)$일 때, $f(c)$를 함수 f의 **최댓값**(maximum value)이라고 한다.

(2) 임의의 $x \in A$에 대하여 $f(c) \leq f(x)$일 때, $f(c)$를 함수 f의 **최솟값**(minimum value)이라고 한다.

(3) $f(c)$가 f의 최댓값이거나 최솟값이면 $f(c)$를 함수 f의 **극값**(extreme value)이라고 한다.

함수 f의 정의역이 $[a, b]$, $(a, b]$, (a, b)로 주어진 경우에, $[a, b]$는 양 끝점을 모두 포함하고 $(a, b]$는 끝점을 하나만 포함하고 (a, b)는 끝점을 포함하지 않는다. 폐구간에서는 함수의 극값이 끝점에서 생길 때도 있다. $f'(c) = 0$이 되는 점 c를 **정점**(stationary point)이라고 한다. 또한 미분계수 $f'(c)$가 존재하지 않을 때, 점 c를 **특이점**(singular point)이라고 한다. 일반적으로 특이점은 함수 f의 그래프가 뾰족한 모서리를 갖던가, 아니면 그 점에서의 접선이 수직이던가 또는 점프하는 점들이다. 위에서 설명한 끝점, 정점, 특이점을 일컬어 함수 f의 **임계점**(critical point)이라고 한다(그림 3.2 참조).

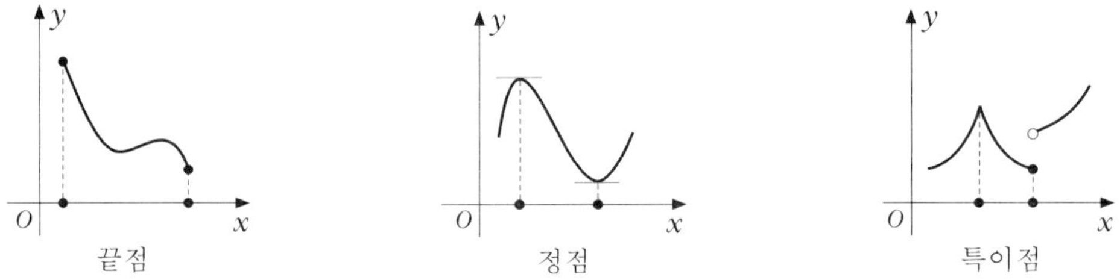

[그림 3.2] 임계점

예제 3.2.1 폐구간 $[-1/2, 2]$을 정의역으로 하는 함수 $f(x) = -2x^3 + 3x^2$의 임계점을 모두 구하여라.

【풀이】 주어진 폐구간으로부터 끝점인 임계점은 $x = -1/2, 2$이다. 또한 정점인 임계점을 찾기 위하여 $f'(x) = -6x^2 + 6x = 0$의 근을 구하면 $x = 0, 1$을 얻는다. 주어진 함수가 개구간 $(-1/2, 2)$의 모든 점에서 미분가능이므로 특이점인 임계점은 존재하지 않는다. 따라서 임계점을 모두 구하면 $x = -1/2, 0, 1, 2$임을 알 수 있다. □

정리 3.2.1 함수 f가 c를 포함하는 구간 I에서 정의된 함수라 하자. $f(c)$가 극값이면 c는 임계점이 되어야 한다. 즉, c는 다음들 중의 하나를 만족한다.

(i) 구간 I의 끝점

(ii) 함수 f의 정점

(iii) 함수 f의 특이점

【증명】 우선 $f(c)$가 구간 I에서의 최댓값으로서 c가 끝점도 특이점도 아니라고 하자. 그러면 점 c가 정점인 것을 보이면 된다. $f(c)$가 구간 I에서의 최댓값이므로 구간 I에 있는 임의의 점 x에 대하여 $f(x) \le f(c)$, 즉 $f(x) - f(c) \le 0$이다. 따라서 $x < c$이면 $x - c < 0$이므로

$$\frac{f(x) - f(c)}{x - c} \ge 0$$

이고, 또한 $x > c$이면

$$\frac{f(x) - f(c)}{x - c} \le 0$$

이다. 그런데 c는 특이점이 아니므로 미분계수 $f'(c)$가 존재한다. 즉,

$$f'(c) = \lim_{x \to c^+} \frac{f(x) - f(c)}{x - c} = \lim_{x \to c^-} \frac{f(x) - f(c)}{x - c}$$

이다. 따라서

$$\lim_{x \to c^+} \frac{f(x) - f(c)}{x - c} \le 0, \qquad \lim_{x \to c^-} \frac{f(x) - f(c)}{x - c} \ge 0$$

이므로 $f'(c) = 0$이어야 한다. 위와 유사한 방법으로 $f(c)$가 최솟값인 경우에도 증명할 수 있다. □

정의 3.2.2 A는 함수 f의 정의역으로서 c를 포함한다고 하자.

(1) c의 근방 $U = (a, b)$가 존재해서 모든 $x \in U \cap A$에 대해 $f(x) \le f(c)$이면 $f(c)$를 함수 f의 **극댓값**(local maximum value)이라고 한다.

(2) c의 근방 $U = (a, b)$가 존재해서 모든 $x \in U \cap A$에 대해 $f(x) \ge f(c)$이면 $f(c)$를 함수 f의 **극솟값**(local minimum value)이라고 한다.

(3) $f(c)$가 f의 극댓값이거나 극솟값이면 $f(c)$를 함수 f의 **국소적 극값**(local extreme value)이라고 한다.

정의 3.2.1과 3.2.2로부터 최댓값이란 모든 극댓값 중에서 가장 큰 극댓값을 의미하며, 최솟값이란 모든 극솟값 중에서 가장 작은 극솟값임을 알 수 있다(그림 3.3 참조).

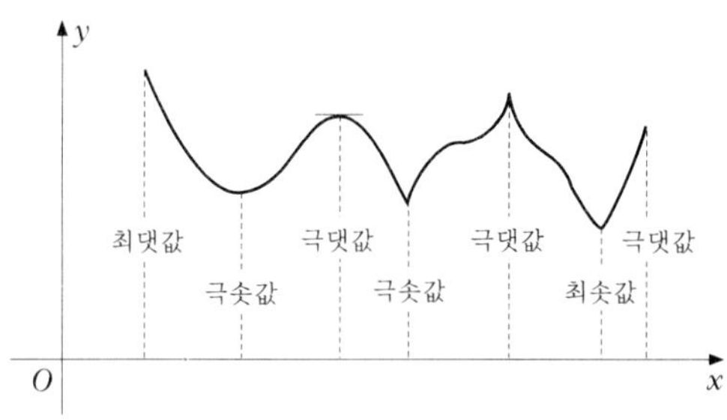

[그림 3.3] 최댓값과 최솟값

정리 3.2.2 [**페르마의 정리**(Fermat's theorem)[1]] $x = x_0$의 근방 I에서 정의된 함수 $f(x)$가 $x = x_0$에서 미분가능하고, 국소적 극값을 가지면 $f'(x_0) = 0$이다.

【증명】 함수 f가 x_0에서 극댓값을 갖는 경우에 대하여 증명하자. 함수 f가 x_0에서 미분가능하고 극댓값을 가지면

$$1f'(x_0) = \lim_{h\to 0}\frac{f(x_0+h)-f(x_0)}{h} = \lim_{h\to 0^+}\frac{f(x_0+h)-f(x_0)}{h} = \lim_{h\to 0^-}\frac{f(x_0+h)-f(x_0)}{h} \qquad (3.11)$$

1) 페르마(P. Fermat, 1601 ~ 1665) : 프랑스의 수학자

이고, x_0의 근방 U가 존재해서 모든 $x \in U \cap I$에 대해 $f(x) \le f(x_0)$이 성립한다. 그런데 $U \cap I$가 x_0의 근방이므로

$$\exists \delta > 0 \quad \text{s.t.} \quad \left(0 < |h| < \delta \quad \Longrightarrow \quad x_0 + h \in U \cap I\right)$$

이다. 따라서 $0 < |h| < \delta$이면 $f(x_0 + h) \le f(x_0)$, 즉 $f(x_0 + h) - f(x_0) \le 0$이다. 따라서

$$0 < h < \delta \quad \Longrightarrow \quad \frac{f(x_0 + h) - f(x_0)}{h} \le 0,$$

$$-\delta < h < 0 \quad \Longrightarrow \quad \frac{f(x_0 + h) - f(x_0)}{h} \ge 0$$

즉,

$$\lim_{h \to 0^+} \frac{f(x_0 + h) - f(x_0)}{h} \le 0, \qquad \lim_{h \to 0^-} \frac{f(x_0 + h) - f(x_0)}{h} \ge 0 \tag{3.12}$$

이므로 식 (3.11)과 (3.12)에 의하여 $f'(x_0) = 0$이다. 함수 f가 x_0에서 극솟값을 갖는 경우에도 유사한 방법으로 증명할 수 있다. □

정리 3.2.3 [**롤의 정리**(Rolle's theorem)[2]] 함수 f가 개구간 (a, b)에서 미분가능하고 폐구간 $[a, b]$에서 연속이며 $f(a) = f(b)$이면,

$$f'(x_0) = 0 \tag{3.13}$$

을 만족하는 $x_0 \in (a, b)$가 존재한다.

【증명】 증명하기 전에 정리의 가정을 만족하는 몇 가지 경우의 함수들을 나타내 보면 그림 3.4와 같다. 각 경우에 있어서 그래프 상에 적어도 한 점 $(x_0, f(x_0))$에서 곡선에 접하는 접선이 x축에 평행이어서 $f'(x_0) = 0$인 점이 개구간 (a, b) 내에 적어도 하나 존재함을 확인할 수 있다. 이제 증명 하도록 하자. 함수 f가 폐구간 $[a, b]$에서 항등적으로 0이면 정리는 명백히 성립한다. 따라서 함수 f가 폐구간 $[a, b]$에서 항등적으로 0이 아니라고 가정하자. 그러면 $f(a)\ (= f(b)) \ne f(c)$가 되는 $c \in (a, b)$가 존재한다. 그러면 $f(a) < f(c)$이거나 $f(c) < f(a)$이다.

2) 롤(M. Rolle, 1652 ~ 1719) : 프랑스의 수학자

(i) $f(a) < f(c)$ 인 경우:

함수 f 가 $[a, b]$ 에서 연속이므로 f 는 구간 $[a, b]$ 에 속하는 어떤 점 x_0 에서 그 구간에서의 최댓값을 갖는다. 그런데 $f(a) = f(b) < f(c)$ 인 c 가 (a, b) 안에 존재하므로 $x_0 \neq a$, $x_0 \neq b$ 이다. 그러므로 $x_0 \in (a, b)$ 이다. 따라서 f 는 x_0 에서 미분가능하고 최댓값 $f(x_0)$ 는 f 의 국소적 극값이므로 페르마의 정리 3.2.2 에 의해 $f'(x_0) = 0$ 이다.

(ii) $f(c) < f(a)$ 인 경우:

이 경우도 최솟값이 갖는 성질을 이용하면 (i) 의 경우와 마찬가지로 증명된다. □

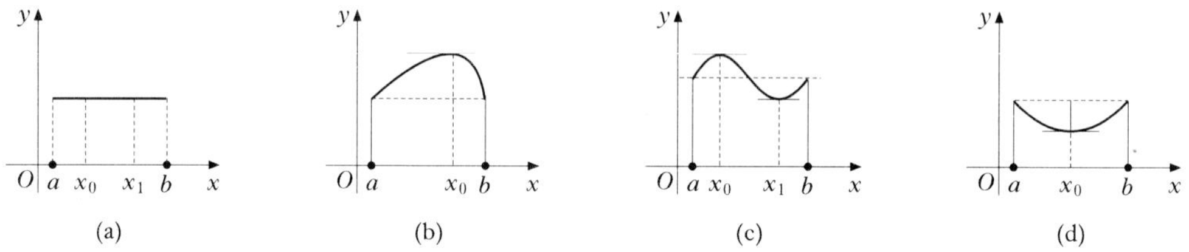

[그림 3.4] 롤의 정리

예 제 3.2.2 함수 $f(x) = \sin x$ 는 개구간 $(0, 2\pi)$ 에서 미분가능하고 폐구간 $[0, 2\pi]$ 에서 연속이며 $f(0) = f(2\pi) = 0$ 이다. $f'(x_0) = 0$ 이 되는 $(0, 2\pi)$ 안의 점을 모두 구하여라.

【풀이】 $f'(x) = \cos x$ 이므로 $f'(x_0) = 0$ 인 점 x_0 는 $\cos x_0 = 0$ 인 x_0 를 구하면 된다. 따라서 $\cos x_0 = 0$ 으로부터 $x_0 = n\pi \pm (\pi/2)$ $(n \in \mathbb{Z})$이고, 이 중에서 $(0, 2\pi)$ 안에 있는 점은 $x_0 = \pi/2$, $x_0 = 3\pi/2$ 이다. □

정 리 3.2.4 [미분에 관한 **평균값의 정리**(mean value theorem)] 함수 f 가 (a, b) 에서 미분가능하고 $[a, b]$ 에서 연속이면

$$\frac{f(b) - f(a)}{b - a} = f'(c) \tag{3.14}$$

를 만족하는 $c \in (a, b)$ 가 존재한다.

【증명】 함수 g를 $[a, b]$에서

$$g(x) = f(x) - \left(\frac{f(b) - f(a)}{b - a}(x - a) + f(a)\right)$$

와 같이 정의하자. 그러면 함수 g는 (a, b)에서 미분가능하고, $[a, b]$에서 연속이며, 또한 $g(a) = g(b) = 0$이다. 따라서 롤의 정리 3.2.3에 의해 $g'(c) = 0$이 되는 점 $c \in (a, b)$가 존재한다. 따라서

$$\frac{f(b) - f(a)}{b - a} = f'(c)$$

가 되는 $c \in (a, b)$가 존재한다. □

평균값의 정리 3.2.4는 롤의 정리 3.2.3을 일반화한 것으로 평균값의 정리가 갖는 기하학적 의미는 다음과 같다(그림 3.5 참조).

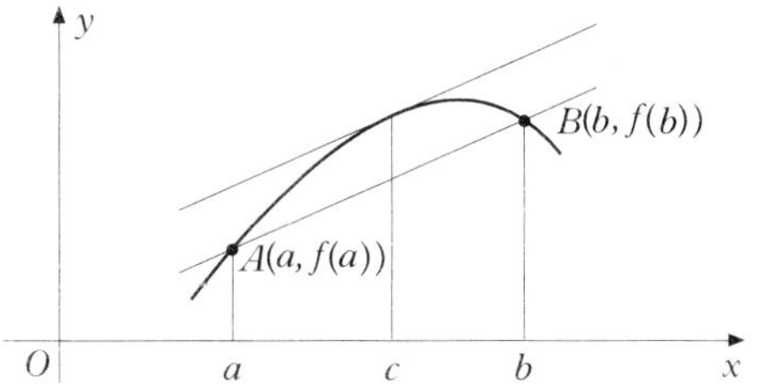

[그림 3.5] 평균값의 정리

그림 3.5에서

$$\frac{f(b) - f(a)}{b - a}$$

는 직선 AB의 기울기이며, $f'(c)$는 점 $(c, f(c))$에서 곡선 f에 접하는 접선의 기울기이다. 따라서 평균값의 조건을 만족하면 점 $(c, f(c))$에서 곡선 f에 접하는 접선의 기울기가 직선 AB의 기울기와 같아지는 점 $c \in (a, b)$가 적어도 하나 존재한다는 것이다.

평균값의 정리 3.2.4의 식 (3.14)는

$$f(b) - f(a) = f'(c)(b - a) \quad (a < c < b) \tag{3.15}$$

와 같이 나타낼 수 있다. 또한 식 (3.15)에서 $\theta = (c - a)/(b - a)$ $(0 < \theta < 1)$로 놓으면

$c = a + (b - a)\theta$ 이므로

$$f(b) - f(a) = f'(a + (b - a)\theta)(b - a) \quad (0 < \theta < 1) \tag{3.16}$$

와 같이 나타낼 수도 있으며, 더욱이 식 (3.16) 에서 $h = b - a$ 라고 놓으면

$$f(a + h) - f(a) = f'(a + \theta h)h \quad (0 < \theta < 1) \tag{3.17}$$

과 같이 내타낼 수도 있다.

예제 3.2.3 함수 $f(x) = 4\sqrt{x}$ 에 대하여 [0, 4] 에서 평균값의 정리를 만족하는 c 를 구하여라.

【풀이】 함수 $f(x) = 4\sqrt{x}$ 는 개구간 (0, 4) 에서 미분가능하고 폐구간 [0, 4] 에서 연속이므로 평균값의 정리 3.2.4 의 가정을 모두 만족한다. 따라서 평균값의 정리로부터

$$\frac{f(4) - f(0)}{4 - 0} = f'(c)$$

을 만족하는 $c \in (0, 4)$ 가 존재한다. 그런데

$$\frac{f(4) - f(0)}{4 - 0} = 2, \qquad f'(x) = \frac{2}{\sqrt{x}}$$

이므로

$$2 = \frac{2}{\sqrt{c}}$$

이다. 따라서 $c = 1$ 이다. □

예제 3.2.4 구간 [−8, 27] 에서 정의된 함수

$$f(x) = x^{\frac{2}{3}}$$

에 대하여 평균값의 정리가 성립하지 않음을 밝히고 그 이유를 설명하여라.

【풀이】 주어진 함수 f 에 대하여 $f'(x) = (2/3)x^{-1/3}$ $(x \neq 0)$ 이고

$$\frac{f(27) - f(-8)}{27 - (-8)} = \frac{9 - 4}{35} = \frac{1}{7}$$

이다. 따라서

$$\frac{2}{3}c^{-\frac{1}{3}} = \frac{1}{7}$$

을 풀면

$$c = \left(\frac{14}{3}\right)^3 \approx 102$$

인데, $c = 102$ 는 $(-8, 27)$ 안에 없다. 그 이유는 $f(x)$ 가 개구간 $(-8, 27)$ 에 있는 모든 점에서 미분가능하다고 할 수 없기 때문이다. 즉, $f'(0)$ 가 존재하지 않기 때문이다. □

정리 3.2.5 [**코시의 평균값의 정리**(Cauchy's mean value theorem)[3)]] 함수 f, g 가 (a, b) 에서 미분가능하고 $[a, b]$ 에서 연속이며, 모든 $x \in (a, b)$ 에 대하여 $g'(x) \neq 0$ 이라 하자. 그러면

$$\frac{f(b) - f(a)}{g(b) - g(a)} = \frac{f'(c)}{g'(c)} \tag{3.18}$$

을 만족하는 $c \in (a, b)$ 가 존재한다.

【증명】 가정에서 모든 $x \in (a, b)$ 에 대하여 $g'(x) \neq 0$ 이라 했으므로 $g(a) \neq g(b)$ 이다. 왜냐하면 $g(a) = g(b)$ 라고 하면 롤의 정리 3.2.3 에 의해 $g'(c) = 0$ 인 점 c 가 (a, b) 안에 적어도 하나 존재하는데, 이것은 모든 $x \in (a, b)$ 에 대하여 $g'(x) \neq 0$ 이라는데 모순이다. 이제

$$\phi(x) = f(x) - f(a) - \frac{f(b) - f(a)}{g(b) - g(a)}(g(x) - g(a)) \quad (x \in (a, b))$$

라 하자. 그러면 $\phi(x)$ 는 (a, b) 에서 미분가능하고 $[a, b]$ 에서 연속이며 $\phi(a) = \phi(b) = 0$ 이다. 따라서 롤의 정리 3.2.3 에 의해 $\phi'(c) = 0$ 인 점 c 가 (a, b) 안에 적어도 하나 존재한다. 따라서

$$\phi'(c) = f'(c) - \frac{f(b) - f(a)}{g(b) - g(a)}g'(c) = 0$$

으로부터

$$\frac{f(b) - f(a)}{g(b) - g(a)} = \frac{f'(c)}{g'(c)}$$

가 성립한다. □

3) 코시(Cauchy, 1789 ~ 1857) : 프랑스의 수학자

함수의 극한과 관련하여 『$x \to a$ 또는 $x \to \pm\infty$』일 때 『$f(x) \to 0$, $g(x) \to 0$』 또는 『$f(x) \to \pm\infty$, $g(x) \to \pm\infty$』인 경우에

$$\frac{f(x)}{g(x)}, \quad f(x)g(x), \quad f(x)-g(x), \quad (f(x))^{g(x)} \tag{3.19}$$

와 같은 형태의 극한이

$$\frac{0}{0}, \quad \pm\frac{\infty}{\infty}, \quad 0\times\infty, \quad \infty-\infty, \quad 1^{\infty}, \quad 0^{0}, \quad \infty^{0} \tag{3.20}$$

인 형태로 주어질 때가 있다. 이러한 형태의 극한을 **부정형의 극한**이라고 한다.

정리 3.2.6 [**로피탈의 정리**(L'Hospital's theorem)] $x=a$의 근방에서 함수 f, g가 미분가능하고, $g'(x)\neq 0$이며, 극한

$$\lim_{x\to a}\frac{f'(x)}{g'(x)} \tag{3.21}$$

이 존재한다고 하자. 이때

(1) [0/0 형태의 부정형] $\lim_{x\to a} f(x)=0$이고 $\lim_{x\to a} g(x)=0$이면

$$\lim_{x\to a}\frac{f(x)}{g(x)}=\lim_{x\to a}\frac{f'(x)}{g'(x)} \tag{3.22}$$

이 성립한다.

(2) [∞/∞ 형태의 부정형] $\lim_{x\to a} f(x)=\infty$이고 $\lim_{x\to a} g(x)=\infty$이면

$$\lim_{x\to a}\frac{f(x)}{g(x)}=\lim_{x\to a}\frac{f'(x)}{g'(x)} \tag{3.23}$$

이 성립한다.

【증명】 (1) (i) a의 근방에서 $a<x$인 관계에 있는 임의의 한 점 x를 택하자. 그러면 코시의 정리 3.2.5에 의하여

$$\frac{f(x)-f(a)}{g(x)-g(a)}=\frac{f'(\xi)}{g'(\xi)}$$

을 만족시키는 $\xi \in (a, x)$ 가 존재한다. 또한 가정으로부터 함수 f, g 는 점 a 에서 연속이므로

$$f(a) = \lim_{x\to a} f(x) = 0, \qquad g(a) = \lim_{x\to a} g(x) = 0$$

임을 알 수 있다. 따라서 $x \to a^+$ 일 때 $\xi \to a^+$ 이므로

$$\lim_{x\to a^+} \frac{f(x)}{g(x)} = \lim_{\xi\to a^+} \frac{f'(\xi)}{g'(\xi)} = \lim_{x\to a^+} \frac{f'(x)}{g'(x)}$$

이다.

(ii) a 의 근방에서 $a > x$ 인 관계에 있는 임의의 한 점 x 를 택하자. 그러면 (i) 에서와 같은 방법으로

$$\lim_{x\to a^-} \frac{f(x)}{g(x)} = \lim_{\xi\to a^-} \frac{f'(\xi)}{g'(\xi)} = \lim_{x\to a^-} \frac{f'(x)}{g'(x)}$$

이다.

따라서 (i), (ii) 에 의하여

$$\lim_{x\to a} \frac{f(x)}{g(x)} = \lim_{x\to a} \frac{f'(x)}{g'(x)}$$

이다.

(2) $\dfrac{f(x)}{g(x)} = \dfrac{1/g(x)}{1/f(x)}$ 이고 $\displaystyle\lim_{x\to a} \frac{1}{g(x)} = 0$, $\displaystyle\lim_{x\to a} \frac{1}{f(x)} = 0$ 이므로, (1) 에 의해

$$\begin{aligned}\lim_{x\to a} \frac{f(x)}{g(x)} &= \lim_{x\to a} \left[\frac{1}{g(x)} \bigg/ \frac{1}{f(x)} \right] = \lim_{x\to a} \left[\frac{-g'(x)}{(g(x))^2} \bigg/ \frac{-f'(x)}{(f'(x))^2} \right] \\ &= \lim_{x\to a} \left[\left(\frac{f(x)}{g(x)} \right)^2 \bigg/ \frac{f'(x)}{g'(x)} \right] = \left(\lim_{x\to a} \frac{f(x)}{g(x)} \right)^2 \bigg/ \lim_{x\to a} \frac{f'(x)}{g'(x)}\end{aligned}$$

이 성립한다. 따라서 위의 관계식으로부터

(i) $\displaystyle\lim_{x\to a} \frac{f(x)}{g(x)} \neq 0$ 인 경우에는 양변을 $\displaystyle\lim_{x\to a} \frac{f(x)}{g(x)}$ 로 나누면

$$\lim_{x\to a} \frac{f(x)}{g(x)} = \lim_{x\to a} \frac{f'(x)}{g'(x)}$$

이 성립하고,

(ii) $\lim_{x\to a}\frac{f(x)}{g(x)}=0$ 인 경우에는 가정에서

$$\lim_{x\to a} f(x)=\infty, \qquad \lim_{x\to a} g(x)=\infty$$

이므로

$$\lim_{x\to a}(f(x)+g(x))=\infty$$

이고, 또한

$$\lim_{x\to a}\frac{f(x)+g(x)}{g(x)}=\lim_{x\to a}\left(\frac{f(x)}{g(x)}+1\right)=1\neq 0$$

이다. 따라서 (i) 에 의해서

$$\lim_{x\to a}\frac{f(x)+g(x)}{g(x)}=\lim_{x\to a}\frac{f'(x)+g'(x)}{g'(x)}$$

이므로, 이를 간단히 하면

$$\lim_{x\to a}\frac{f(x)}{g(x)}=\lim_{x\to a}\frac{f'(x)}{g'(x)}$$

이 성립한다. □

로피탈의 정리 3.2.6 은 다음과 같은 경우에도 적용 가능하다.

(i) 극한 $\lim_{x\to a}\frac{f'(x)}{g'(x)}$ 가 $\pm\infty$ 인 경우

(ii) $x\to a$ 가 $x\to\pm\infty$ 인 경우

(iii) $f(x)\to\pm\infty$, $g(x)\to\pm\infty$ 인 경우

예제 3.2.5 다음의 극한값을 구하여라.

(1) $\lim_{x\to 0}\frac{1-\cos x}{x^2+3x^3}$ (2) $\lim_{x\to\infty}\frac{x^3}{e^x}$ (3) $\lim_{x\to 0}\frac{1-\cos x}{x^2}$ (4) $\lim_{x\to 0}\frac{\tanh x}{x}$

【풀이】 (1) 0/0 형태의 부정형의 극한이다. 따라서 로피탈의 정리 3.2.6 으로부터

$$\lim_{x\to 0}\frac{1-\cos x}{x^2+3x^3}=\lim_{x\to 0}\frac{\sin x}{2x+9x^2}=\lim_{x\to 0}\frac{\cos x}{2+18x}=\frac{1}{2}$$

이다.

(2) 0/0 형태의 부정형의 극한이다. 따라서 로피탈의 정리 3.2.6 으로부터

$$\lim_{x\to\infty}\frac{x^3}{e^x}=\lim_{x\to\infty}\frac{3x^2}{e^x}=\lim_{x\to\infty}\frac{6x}{e^x}=\lim_{x\to\infty}\frac{6}{e^x}=0$$

이다.

(3) 0/0 형태의 부정형의 극한이다. 따라서 로피탈의 정리 3.2.6 으로부터

$$\lim_{x\to 0}\frac{1-\cos x}{x^2}=\lim_{x\to 0}\frac{\sin x}{2x}=\lim_{x\to 0}\frac{\cos x}{2}=\frac{1}{2}$$

이다.

(4) 0/0 형태의 부정형의 극한이다. 따라서 로피탈의 정리 3.2.6 으로부터

$$\lim_{x\to 0}\frac{\tanh x}{x}=\lim_{x\to 0}\frac{\operatorname{sech}^2 x}{1}=1$$

이다. □

앞서 언급한 부정형의 극한 중에서 0/0 또는 $\pm\infty/\infty$ 와 같은 형태는 필요하다면 예제 3.2.5 에서와 같이 로피탈의 정리를 반복적으로 적용하여 극한값을 구할 수 있다. 그러나 이 외의 부정형의 극한, 즉 $0\times\infty$, $\infty-\infty$, 1^∞, 0^0, ∞^0 등과 같은 형태의 부정형의 극한에 대해서는 아래와 같은 방법을 통하여 먼저 0/0 또는 $\pm\infty/\infty$ 와 같은 형태로 변형시킨 후에 로피탈의 정리를 적용한다.

(i) $g(x)f(x)$ 가 $0\times\infty$ 와 같은 부정형의 극한인 경우에는

$$g(x)f(x)=\frac{g(x)}{\frac{1}{f(x)}} \tag{3.24}$$

와 같이 변형하면 0/0 형태의 부정형의 극한이 된다.

(ii) $f(x)-g(x)$ 가 $\infty-\infty$ 와 같은 부정형의 극한인 경우에는

$$f(x)-g(x)=\frac{\frac{1}{g(x)}-\frac{1}{f(x)}}{\frac{1}{f(x)g(x)}} \tag{3.25}$$

와 같이 변형하면 0/0 형태의 부정형의 극한이 된다.

(iii) $(f(x))^{g(x)}$ 가 1^{∞}, 0^0 또는 ∞^0 와 같은 부정형의 극한인 경우에는

$$(f(x))^{g(x)} = e^{g(x)\ln f(x)} \tag{3.26}$$

와 같이 변형하여 지수부분 $g(x)\ln f(x)$ 에 (i)의 방법을 적용한다.

예제 3.2.6 다음 극한을 구하여라.

(1) $\lim_{x\to\pi/2}\left(x-\frac{\pi}{2}\right)\tan x$ (2) $\lim_{x\to 0}\left(\frac{2}{x}-\frac{2}{\sin x}\right)$ (3) $\lim_{x\to 0} x^x$ (4) $\lim_{x\to 0^+} x^2\ln x$

【풀이】 (1) $0\times\infty$ 형태의 부정형이다. 따라서

$$\left(x-\frac{\pi}{2}\right)\tan x = \frac{x-\frac{\pi}{2}}{\cot x}$$

로 변형하면 0/0 형태의 부정형의 극한이다. 그러므로

$$\lim_{x\to\frac{\pi}{2}}\left(x-\frac{\pi}{2}\right)\tan x = \lim_{x\to\frac{\pi}{2}}\frac{x-\frac{\pi}{2}}{\cot x} = \lim_{x\to\frac{\pi}{2}}\frac{1}{-\csc^2 x} = -1$$

이다.

(2) $\infty-\infty$ 형태의 부정형이다. 따라서

$$\frac{2}{x}-\frac{2}{\sin x} = \frac{2(\sin x - x)}{x\sin x}$$

로 변형하면 0/0 형태의 부정형의 극한이다. 그러므로

$$\lim_{x\to 0}\left(\frac{2}{x}-\frac{2}{\sin x}\right) = \lim_{x\to 0}\frac{2(\sin x - x)}{x\sin x} = \lim_{x\to 0}\frac{2(\cos x - 1)}{\sin x + x\cos x} = \lim_{x\to 0}\frac{-2\sin x}{2\cos x - x\sin x} = 0$$

이다.

(3) 0^0 형태의 부정형이다. 따라서

$$x^x = e^{x\ln x}$$

로 변형한 후에 이것의 지수부분에 극한을 취하면

$$\lim_{x\to 0} x\ln x = \lim_{x\to 0}\frac{\ln x}{\frac{1}{x}} = \lim_{x\to 0}\frac{\frac{1}{x}}{-\frac{1}{x^2}} = 0$$

을 얻는다. 그러므로

$$\lim_{x\to 0} x^x = e^0 = 1$$

이다.

(4) $0 \times (-\infty)$ 형태의 부정형이다. 따라서

$$x^2 \ln x = \frac{\ln x}{\frac{1}{x^2}}$$

로 변형하면 $-\infty/\infty$ 형태의 부정형의 극한이다. 그러므로

$$\lim_{x\to 0^+} x^2 \ln x = \lim_{x\to 0^+} \frac{\ln x}{\frac{1}{x^2}} = \lim_{x\to 0^+} \frac{\frac{1}{x}}{-\frac{2}{x^3}} = \lim_{x\to 0^+} \left(-\frac{x^2}{2}\right) = 0$$

이다. □

연습문제(3.2)

1. 다음에 주어진 함수들이 주어진 구간 위에서 평균값의 정리 3.2.4 의 가정을 모두 만족시킴을 보이고 평균값의 정리를 만족하는 모든 c 를 구하여라.

(1) $f(x) = 1 - x^2,\ [0, 3]$

(2) $f(x) = x^3 - 2x + 1,\ [-2, 3]$

(3) $f(x) = 1/x,\ [1, 2]$

(4) $f(x) = 1 + \sqrt[3]{x-1},\ [2, 9]$

2. 롤의 정리 3.2.3 을 이용하여 방정식

$$\tan x = 1 - x$$

의 근이 $(0, 1)$ 안에 유일하게 존재함을 보여라.

3. 다음에서 $f(b) = f(a) + f(b-a)f'(c)$ 가 되는 c 를 구하여라.

(1) $f(x) = x^2,\ a = 2,\ b = 3$

(2) $f(x) = \ln x,\ a = 1,\ b = e$

4. f 는 미분가능하고, $|f'(x)| \le 1$, $f(-3) = -3$, $f(3) = 3$ 일 때 $f(0)$ 의 값을 구하여라.

5. 함수 $f(x) = |x-1|$ 은 구간 $[0, 3]$ 에서 평균값의 정리 3.2.4 를 만족시키는 c 가 존재하지 않음을 보이고 그 이유를 말하여라.

6. 롤의 정리 3.2.3 을 이용하여 방정식 $\cot x = x$ 의 근이 $(\pi/4, \pi/2)$ 안에 유일하게 존재함을 보여라.

7. 함수 $f(x) = |x-3|$ 에 대하여 $f'(c) = 0$ 이 되는 c 가 $(2, 4)$ 안에 있는지 밝혀라.

8. 평균값의 정리 3.2.4 를 이용하여

$$|\sin b - \sin a| \le |b - a|$$

임을 증명하여라.

9. 극한값

$$\lim_{x \to 0} \frac{\sinh^{-1} x}{x}$$

를 구하여라.

10. (1) 모든 x 에 대하여 $-1/2 \le x/(1+x^2) \le 1/2$ 임을 보여라.

(2) $f'(x) = x/(1+x^2)$ 인 함수 $f(x)$ 는 $|f(b) - f(a)| \le (1/2)|b-a|$ 를 만족함을 보여라.

11. 다음 극한을 구하여라.

(1) $\lim_{x \to 0} \frac{x - \sin x}{\tan x - x}$ (2) $\lim_{x \to 1} \frac{x^2 - 1}{x - 1}$ (3) $\lim_{x \to 0^+} \left(\frac{1}{x} - \frac{1}{\sqrt{x}}\right)$

(4) $\lim_{x \to 0} \left(\csc^2 x - \frac{1}{x^2}\right)$ (5) $\lim_{x \to 0^-} x \cot x$ (6) $\lim_{x \to 0} \left(\frac{1}{x}\right)^{\sin x}$

12. 평균값의 정리 3.2.4 를 이용하여

$$|\cos b - \cos a| \le |b - a|$$

임을 보여라.

3.3 함수의 증가와 감소

이 절에서는 주어진 함수 f에 대하여 f의 정의역의 한 점 근방에서의 f의 증가상태와 감소상태[4] 를 도함수를 이용하여 분석해 보고자 한다.

먼저 일계도함수를 이용하여 함수의 증가와 감소[5]를 판정할 수 있는 정리의 내용에 대하여 알아보도록 한다.

정리 3.3.1 함수 f가 개구간 (a, b)에서 미분가능하고 폐구간 $[a, b]$에서 연속이라고 하자. 이때

(i) 개구간 (a, b) 내의 모든 x에 대하여 $f'(x) > 0$ 이면 함수 f는 폐구간 $[a, b]$에서 증가함수이다.

(ii) 개구간 (a, b) 내의 모든 x에 대하여 $f'(x) < 0$ 이면 함수 f는 폐구간 $[a, b]$에서 감소함수이다.

【증명】 x_1, x_2를 $x_1 < x_2$ 인 $[a, b]$ 내의 임의의 두 점이라고 하자. 함수 f는 $[x_1, x_2]$에서 평균값의 정리 3.2.4를 이용하면

$$f(x_2) - f(x_1) = f'(c)(x_2 - x_1)$$

을 만족하는 c가 개구간 (x_1, x_2) 안에 적어도 하나 존재하므로 다음의 결과를 얻는다.

(i) 가정에 의하여 $f'(c) > 0$ 이고 $x_2 - x_1 > 0$ 이므로 $f(x_2) - f(x_1) > 0$ 이다. 따라서 함수 f는 폐구간 $[a, b]$에서 증가함수이다.

(ii) 가정에 의하여 $f'(c) < 0$ 이고 $x_2 - x_1 > 0$ 이므로 $f(x_2) - f(x_1) < 0$ 이다. 따라서 함수 f는 폐구간 $[a, b]$에서 감소함수이다. □

---

4) 충분히 작은 임의의 양수 ε에 대하여

$$f(a - \varepsilon) < f(a) < f(a + \varepsilon) \tag{3.27}$$

일 때, 함수 $f(x)$는 $x = a$에서 **증가상태**(increasing state)에 있다고 한다. 반면에

$$f(a - \varepsilon) > f(a) > f(a + \varepsilon) \tag{3.28}$$

일 때, 함수 $f(x)$는 $x = a$에서 **감소상태**(decreasing state)에 있다고 한다.

5) 함수의 증가와 감소는 어떤 구간을 기준으로 한 표현이고, 반면에 함수의 증가상태와 감소상태는 어느 한 점을 기준으로 한 표현이란 점에서 이들을 서로 구별하여 사용한다.

예 제 3.3.1 함수 $f(x) = \frac{1}{3}x^3 - 3x^2 + 8x$ 가 증가하는 구간과 감소하는 구간을 구하여라.

【풀이】 주어진 함수 f 에 대하여 $f'(x) = x^2 - 6x + 8 = (x-2)(x-8)$ 이다. 따라서 부등식 $f'(x) = (x-2)(x-8) > 0$ 으로부터 $x < 2$ 또는 $x > 4$ 를 얻고, 또한 부등식 $f'(x) = (x-2)(x-8) < 0$ 으로부터 $2 < x < 4$ 을 얻는다. 따라서 정리 3.3.1 에 의해 함수 f 는 $(-\infty, 2)$ 에서 증가하고, $(2, 4)$ 에서 감소하며, 다시 $(4, \infty)$ 에서 증가한다. □

정 리 3.3.2 함수 f 는 c 를 포함하는 구간 $[a, b]$ 에서 연속이고 c 는 f 의 임계점이라고 하자. 이때

(i) $a < x < c$ 에 대하여 $f'(x) > 0$ 이고 $c < x < b$ 에 대하여 $f'(x) < 0$ 이면, f 는 c 에서 극댓값 $f(c)$ 를 갖는다.

(ii) $a < x < c$ 에 대하여 $f'(x) < 0$ 이고 $c < x < b$ 에 대하여 $f'(x) > 0$ 이면, f 는 c 에서 극솟값 $f(c)$ 를 갖는다.

(iii) $f'(c)$ 가 c 의 양쪽에서 부호가 같으면 f 는 c 에서 국소적 극값을 갖지 않는다.

【증명】 (i) (a, c) 의 원소 x 에 대하여 $f'(x) > 0$ 이므로 f 는 증가함수로서 $f(x) < f(c)$ 이다. 또한 (c, b) 의 원소 x 에 대해 $f'(x) < 0$ 이므로 f 는 감소함수로서 $f(x) < f(c)$ 이다. 따라서 (a, b) 의 모든 원소 x 에 대하여 $f(c) \geq f(x)$ 이다. 그러므로 정의 3.2.2 에 의해 함수 f 는 $x = c$ 에서 극댓값을 갖는다.

(ii), (iii) 의 증명은 (i) 과 유사한 방법으로 증명하면 된다. □

그림 3.6 을 보면 정리 3.3.2 의 내용을 쉽게 이해할 수 있다.

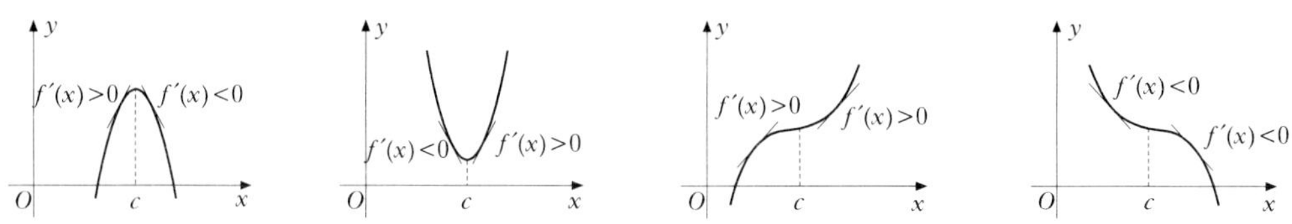

(a) 극댓값 (b) 극솟값 (c) 극값 없음 (d) 극값 없음

[그림 3.6] 극댓값과 극솟값

예제 3.3.2 함수

$$f(x) = \frac{1}{3}x^3 - x^2 - 3x + 4, \quad x \in (-\infty, \infty)$$

의 국소적 극값을 모두 구하여라.

【풀이】 $f'(x) = x^2 - 2x - 3 = (x+1)(x-3)$ 이므로 f 의 임계점은 -1 과 3 뿐이다. 그런데 구간 $(-\infty, -1)$ 에서 $(x+1)(x-3) > 0$ 이고, 구간 $(-1, 3)$ 에서 $(x+1)(x-3) < 0$ 이다. 따라서 정리 3.3.2에 의해 $f(-1) = 17/3$ 은 극댓값이고, $f(3) = -5$ 는 극솟값임을 알 수 있다. □

예제 3.3.3 $x > 0$ 이고 $n > 1$ 일 때 부등식

$$(1 + x)^n > 1 + nx$$

가 성립함을 증명하여라.

【풀이】 함수 $f(x)$ 를 $f(x) = (1 + x)^n - (1 + nx)$ 라고 놓으면

$$f'(x) = n(1 + x)^{n-1} - n = n((1 + x)^{n-1} - 1)$$

을 얻는다. 그런데 주어진 가정에서 $x > 0$ 이고 $n - 1 > 0$ 이므로 $(1 + x)^{n-1} > 1$ 이 성립한다. 따라서 $f'(x) > 0$ 이다. 그러므로 정리 3.3.1 에 의해 f 는 $[0, \infty)$ 에서 증가함수이다. 특히 $x > 0$ 일 때 $f(0) < f(x)$ 이고 $f(0) = 0$ 이므로, $x > 0$ 이고 $n > 1$ 일 때 부등식 $(1 + x)^n > 1 + nx$ 가 성립한다. □

연습문제(3.3)

1. 다음 주어진 함수에 대하여 증가하는 구간과 감소하는 구간을 각각 구하고, 또한 극댓값과 극솟값이 존재한다면 이들을 모두 구하여라.

(1) $f(x) = -x^2 - 2x + 2$ (2) $f(x) = x^3 + x + 5$

(3) $f(x) = x^4 - 4x^3 - 8x^2 + 1$ (4) $f(x) = x(x + 1)$

2. 다음 주어진 함수에 대하여 주어진 구간에서의 극댓값과 극솟값, 최댓값과 최솟값이 존재하면 구하여라.

(1) $f(x) = 2x + 1, \quad [-1, \infty)$

(2) $f(x) = 2x - 1, \quad (-\infty, 8]$

(3) $f(x) = |x|, \quad [-2, 1]$

(4) $f(x) = |4x - 1|, \quad [0, 2]$

(5) $f(x) = -x^2 + 1, \quad (0, 1)$

(6) $f(x) = -x^2 + 1, \quad (0, 1]$

3. 밑면의 반지름이 b 이고 높이가 a 인 직원뿔에 내접하는 직원기둥의 부피가 최대가 되는 직원기둥의 반지름 r 을 구하여라.

4. 두 함수 $f(x)$, $g(x)$ 가 $(-\infty, \infty)$ 에서 양의 값을 가지면서 미분가능한 증가함수이면, $f(x)g(x)$ 도 $(-\infty, \infty)$ 에서 양의 값을 가지면서 미분가능한 증가함수임을 보여라.

5. 함수 $f(x) = x^3 + ax^2 + bx + 1$ 가 $x = -1$ 에서 극솟값을 갖고 $x = -3$ 에서 극댓값을 가질 때 a 와 b 의 값을 구하여라.

6. 모든 $x > 0$ 에 대하여

$$(1 + 2x)^n \geq 1 + 2nx, \qquad (n \geq 1)$$

임을 보여라.

3.4 곡선의 오목과 볼록

3.3절에서 우리는 이미 주어진 함수의 일계도함수를 이용하여 주어진 함수가 정의역의 어느 특정 구간에서 증가함수인지, 아니면 감소함수인지를 판단할 수 있음을 확인했다. 이 절에서는 주어진 함수의 일계도함수가 아닌 이계도함수를 이용하여 주어진 함수의 그래프가 정의역의 어느 특정 구간에서 아래로 볼록인지, 아니면 위로 볼록인지를 판단할 수 있음을 보일 것이다.

정의 3.4.1 함수 f는 c를 포함하는 개구간 I에서 미분가능하다고 하자. 이때 함수 f에 의해 주어지는 곡선 위의 점 $P(c, f(c))$의 근방에서 곡선의 부분이

(i) 점 $P(c, f(c))$에서의 접선 위쪽에 있으면 f는 점 $P(c, f(c))$에서 **위로 오목**(concave upward) 또는 **아래로 볼록**(convex downward)하다고 한다(그림 3.7(a) 참조).

(ii) 점 $P(c, f(c))$에서의 접선 아래쪽에 있으면 f는 점 $P(c, f(c))$에서 **아래로 오목**(concave downward) 또는 **위로 볼록**(convex upward)하다고 한다(그림 3.7(b) 참조).

(iii) 점 $P(c, f(c))$의 어느 한쪽에서는 $P(c, f(c))$에서의 접선 위쪽에 있고 다른 한쪽에서는 그 접선 아래쪽에 있으면 f는 점 $P(c, f(c))$에서 **변곡**(inflect)한다고 하고, 이때의 점 $P(c, f(c))$를 곡선 f의 **변곡점**(point of inflection)이라고 한다(그림 3.7(c) 참조).

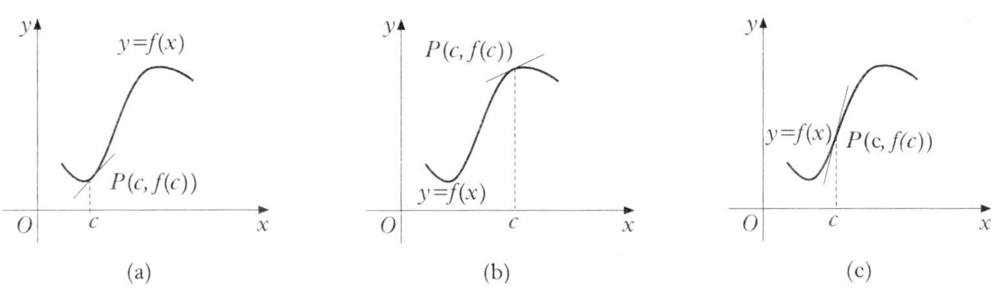

[그림 3.7] 곡선의 오목과 볼록

정 리 3.4.1 함수 f 가 구간 I 에서 두 번 미분가능하다고 하자. 이때 구간 I 에 있는 모든 x 에 대하여

(i) $f''(x) > 0$ 이면 함수 f 의 그래프는 구간 I 에서 아래로 볼록하다.

(ii) $f''(x) < 0$ 이면 함수 f 의 그래프는 구간 I 에서 위로 볼록하다.

(iii) 적당한 $c \in I$ 에 대하여 $f''(c) = 0$ 이면 x 가 c 를 지날 때 $f''(x)$ 의 부호가 변하면 함수 f 는 점 $(c, f(c))$ 에서 변곡 한다.

【증명】 (i) a 를 구간 I 내의 임의의 수라고 하자. 이제 그림 3.8 과 같은 곡선 $y = f(x)$ 상의 한 점 $(a, f(a))$ 에서의 접선의 방정식은 $y = f(a) + f'(a)(x - a)$ 이므로 임의의 $x \in I$ $(x \neq a)$ 에 대하여 $f(x) > f(a) + f'(a)(x - a)$ 임을 보이면 구간 I 내의 곡선의 부분이 점 $P(c, f(c))$ 에서의 접선의 위쪽에 있으므로 정의 3.4.1 에 의해 f 의 그래프는 구간 I 에서 아래로 볼록하다.

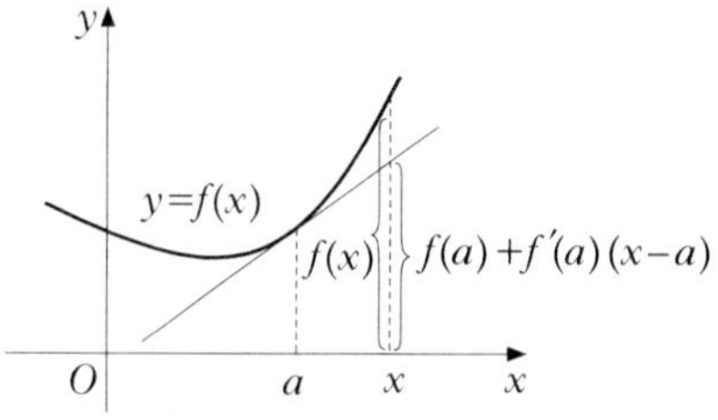

[그림 3.8] 아래로 볼록인 그래프

이를 위하여 먼저 $x > a$ 인 경우를 생각한다. 구간 $[a, x]$ 에서 f 에 평균값의 정리 3.2.4 를 적용하면 $a < d < x$ 이고

$$f(x) - f(a) = f'(d)(x - a) \tag{3.29}$$

인 d 를 얻는다. 모든 $x \in I$ 에 대해 $f''(x) > 0$ 이므로 정리 3.4.1 에 의해 f' 는 구간 I 에서 증가함수이다. 그런데 $a < d$ 이므로 $f'(a) < f'(d)$ 이다. 따라서 $x - a > 0$ 이므로

$$f(a) + f(x) - f(a) = f(a) + f'(d)(x - a) \tag{3.30}$$

이다. 따라서 식 (3.29) 와 (3.30) 에 의하여 $f(x) > f(a) + f'(a)(x - a)$ 가 되고 이것이 우리가 증명하고자 하는 것이다. 이제 $x < a$ 인 경우에는 $f'(d) < f'(a)$ 이지만 음수 $x - a$ 를 곱하면 부등식의 방향이 바뀌어 같은 결과를 얻는다.

(ii), (iii) 의 증명은 생략한다. □

예제 3.4.1 함수 $f(x) = x^{1/3}$ 의 오목 · 볼록의 영역과 변곡점을 구하여라.

【풀이】 함수 f 에 대하여 $f'(x) = (1/3)x^{-2/3}$, $f''(x) = -(2/9)x^{-5/3}$ 이므로 $f'(0)$ 과 $f''(0)$ 은 존재하지 않지만, $x < 0$ 에 대하여 $f''(x) > 0$ 이고, $x > 0$ 에 대하여 $f''(x) < 0$ 이므로 정리 3.4.1 에 의해 점 (0, 0) 은 함수 f 의 그래프의 변곡점임을 알 수 있다. 위의 내용을 근거로 표를 작성하면 표 3.1 과 같고, f 의 그래프의 개형은 그림 3.9 와 같다. □

구 간	$f(x)$	$f'(x)$	$f''(x)$	
$x < 0$		+	+	f 는 증가, 아래로 볼록
$x = 0$	0	존재하지 않음	존재하지 않음	변곡점
$x > 0$		−	−	f 는 증가, 위로 볼록

[표 3.1]

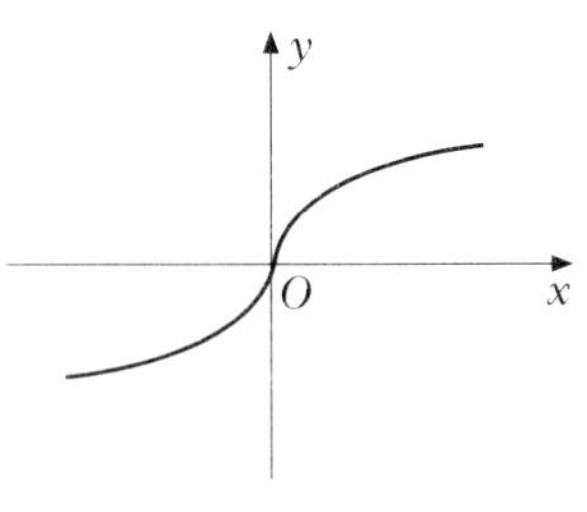

[그림 3.9]

예제 3.4.2 함수 $f(x) = (1 - 2x)^3$ 의 오목 · 볼록의 영역과 변곡점을 구하여라.

【풀이】 함수 f 에 대하여 $f'(x) = -6(1 - 2x)^2$, $f''(x) = 24(1 - 2x)$ 이므로 모든 x 값에 대하여 $f''(x)$ 가 존재하기 때문에 $f''(x) = 0$ 인 $x = 1/2$ 에서만 변곡점을 갖는다. 또한

$x < 1/2$ 에 대하여 $f''(x) > 0$ 이고, $x > 1/2$ 에 대하여 $f''(x) < 0$ 이므로 정리 3.4.1 에 의해 점 $(1/2, 0)$ 은 함수 f 의 그래프의 변곡점임을 알 수 있다. 위의 내용을 근거로 표를 작성하면 표 3.2 와 같고, f 의 그래프의 개형은 그림 3.10 과 같다. □

구 간	$f(x)$	$f'(x)$	$f''(x)$	
$x < 1/2$		$-$	$+$	아래로 볼록
$x = 1/2$	0	0	0	변곡점
$x > 1/2$		$-$	$-$	위로 볼록

[표 3.2]

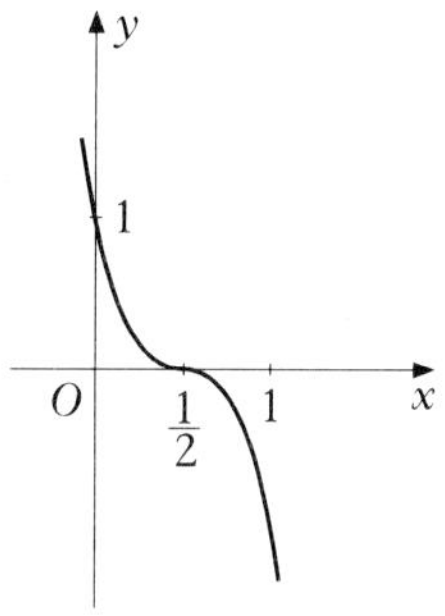

[그림 3.10]

> **정리 3.4.2** 함수 f 가 c 를 포함하는 개구간 (a, b) 에서 두 번 미분가능하고 $f'(c) = 0$ 이라고 하자. 이때 (a, b) 안에 있는 모든 x 에 대하여
>
> (i) $f''(x) < 0$ 이면 $f(c)$ 는 f 의 극댓값이다.
>
> (ii) $f''(x) > 0$ 이면 $f(c)$ 는 f 의 극솟값이다.

【증명】 (i) 가정으로부터

$$f''(c) = \lim_{x \to c} \frac{f'(x) - f'(c)}{x - c} < 0$$

이므로 개구간 (a, b) 안에 있는 모든 x $(x \neq c)$ 에 대하여

$$\frac{f'(x) - f'(c)}{x - c} < 0, \qquad 즉 \qquad \frac{f'(x)}{x - c} < 0$$

인 c 를 포함하는 한 개구간 I 가 존재한다. 이 부등식에서 $x < c$ 이면 $f'(x) > 0$ 이고, $x > c$ 이면 $f'(x) < 0$ 이다. 따라서 정리 3.3.2 에 의해 $f(c)$ 는 극댓값이 된다.

(ii) 의 증명은 (i) 과 유사한 방법으로 증명하면 된다. □

예제 3.4.3 곡선

$$f(x) = x^{2/3} - 2x^{1/3}$$

의 오목·볼록의 영역, 변곡점, 극값을 구하고 이들을 이용하여 곡선의 개형을 그려라.

【풀이】 함수 f 에 대하여

$$f'(x) = \frac{2}{3}x^{-\frac{1}{3}} - \frac{2}{3}x^{-\frac{2}{3}}, \qquad f''(x) = -\frac{2}{9}x^{-\frac{4}{3}} + \frac{4}{9}x^{-\frac{5}{3}}$$

이다. 따라서 $f'(0)$ 는 존재하지 않으므로 $x = 0$ 은 임계점이다. 그러나 정리 3.4.2 로는 임계점 0 에 대하여는 극대 또는 극소를 판정할 수 없다. 또 다른 임계점을 구하기 위하여 $f'(x) = 0$ 을 풀면 $x = 1$ 을 얻는다. 그런데 $x < 0$, $0 < x < 1$ 인 x 에 대하여 $f'(x) < 0$ 이므로 정리 3.3.2 에 의해 f 는 $x = 0$ 에서 극값을 갖지 않는다. 또한 점 (0, 0) 에서 곡선은 위로 볼록에서 아래로 볼록으로 변하므로 (0, 0) 은 변곡점이다. 역시 점 (8, 0) 에서 곡선이 아래로 볼록에서 위로 볼록으로 변하므로 (8, 0) 은 변곡점이다. 위의 내용을 근거로 표를 작성하면 표 3.3 과 같고 f 의 그래프의 개형을 나타내면 그림 3.11 과 같다. □

x	$\cdots$	0	$\cdots$	1	$\cdots$	8	$\cdots$
$f'(x)$	$-$	없다	$-$	0	$+$	$+$	$+$
$f''(x)$	$-$	0	$+$	$+$	$+$	0	$-$
$f(x)$	↘	변곡	↘	극소	↗	변곡	↗

[표 3.3]

c 를 포함하는 구간 (a, b) 에서 $f'(c) = 0$ 이지만 $f''(c) = 0$ 이거나 $f''(c)$ 의 값이 존재하지 않는 경우에는 정리 3.4.2 를 이용하여 극솟값이나 극댓값을 구할 수 없다. 이러한 경우

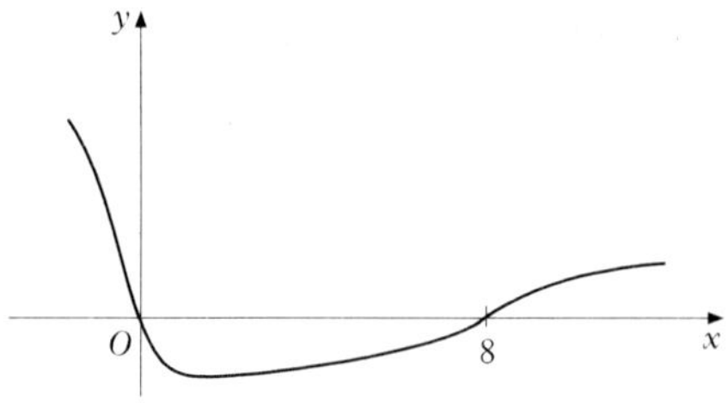

[그림 3.11]

에는 예제 3.4.3 에서와 같이 정리 3.3.2 를 이용하여 국소적 극값을 구하도록 한다.

예제 3.4.4 곡선 $f(x) = x^4 - 4x^3 + 10$ 의 오목 · 볼록의 영역, 변곡점, 극값을 구하고 이들을 이용하여 곡선의 개형을 그려라.

【풀이】 $f'(x) = 4x^2(x-3)$ 이므로 $x = 0$ 과 $x = 3$ 이 임계점이다. 또한 $f''(x) = 12x(x-2)$ 이므로 $x = 0$ 과 $x = 2$ 의 좌우에서 $f''(x)$ 의 부호가 바뀐다. 따라서 표 3.4 와 같은 증감표로부터 그래프의 개형을 얻으면 그림 3.12 와 같다. □

x	$\cdots$	0	$\cdots$	2	$\cdots$	3	$\cdots$
$f'(x)$	−	0	−	−	−	0	+
$f''(x)$	+	0	−	0	+	+	+
$f(x)$	↘	변곡	↘	변곡	↘	극소	↗

[표 3.4]

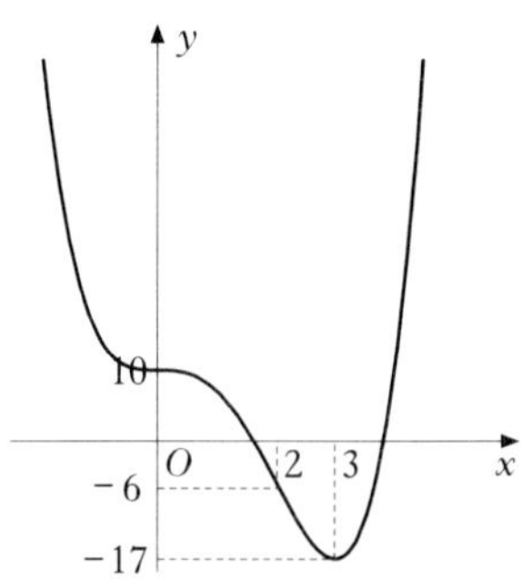

[그림 3.12]

연습문제(3.4)

1. 정리 3.3.2 또는 정리 3.4.2를 이용하여 다음 주어진 함수의 극값을 구하여라.

(1) $f(x) = 3x^2 - 2x + 1$

(2) $f(x) = -4x^3 + 3x^2 + 8x$

(3) $f(x) = (1/3)x^3 - x^2 + 3$

(4) $f(x) = (4 - x)^4$

(5) $f(x) = x^4 - (1/3)x^3 - (3/2)x^2$

(6) $f(x) = 4x^{1/2} + 4x^{-1/2}$

2. 함수 $f(x) = e^x + e^{-x} + 2\cos x$의 극값을 구하여라.

3. 다음 주어진 함수의 변곡점을 구하여라.

(1) $f(x) = (x + 2)^3$

(2) $f(x) = x^3 + 3x^2 - 9x - 2$

(3) $f(x) = 3x^4 + 4x^3$

(4) $f(x) = (3/10)x^5 - x^3$

(5) $f(x) = (2/3)x^{2/3} - (3/5)x^{5/3}$

(6) $f(x) = (x + 1)2$

4. 함수 $f(x) = x|x|$는 $(0, 0)$에서 변곡점을 갖지만 $f''(0)$는 존재하지 않음을 보여라.

3.5 무한대에서의 극한, 무한대인 극한

여기서 $x \to \infty$는 x가 한없이 점점 커진다는 사실을 나타내며, $x \to -\infty$는 x가 한없이 점점 작아진다는 사실을 나타낸 것이다.

> **정의 3.5.1** f가 어떤 실수 a에 대하여 구간 $[a, \infty)$에서 정의된 함수라고 하자. 임의의 $\varepsilon > 0$에 대하여, 이에 대응하는 실수 M이 존재해서
>
> $$x > M \quad \Longrightarrow \quad |f(x) - L| < \varepsilon \tag{3.31}$$
>
> 이면 $\lim_{x\to\infty} f(x) = L$이라고 한다.

$\lim_{x\to\infty} f(x) = L$과 같은 뜻으로

$$x \to \infty \text{ 일 때 } f(x) \to L \tag{3.32}$$

로 나타내기도 한다.

기호 ∞는 수를 나타내는 것은 아니지만, $\lim_{x\to\infty} f(x) = L$이라는 표현을

x가 무한에 접근할 때 $f(x)$의 극한이 L이다

또는

x가 한없이 커질 때 $f(x)$의 극한이 L이다

라고 읽는다.

> **정의 3.5.2** f가 어떤 실수 a에 대하여 구간 $(-\infty, a]$에서 정의된 함수라고 하자. 임의의 $\varepsilon > 0$에 대하여, 이에 대응하는 실수 M이 존재해서
>
> $$x < M \quad \Longrightarrow \quad |f(x) - L| < \varepsilon \tag{3.33}$$
>
> 이면 $\lim_{x\to-\infty} f(x) = L$이라고 한다.

역시 기호 $-\infty$ 도 수를 나타내는 것은 아니지만, $\lim_{x\to-\infty} f(x) = L$ 이라는 표현을

x 가 음의 무한대로 갈 때 $f(x)$ 의 극한이 L 이다

라고 읽는다.

그림 3.13 은 정의 3.5.1 과 3.5.2 의 기하학적 설명을 보여주고 있다. 그림 3.13 에서 보듯이 x 가 한없이 커질 때, 또는 한없이 작아질 때 f 의 그래프가 직선 $y = L$ 에 접근하는 방법은 여러 형태가 있음을 알 수 있다.

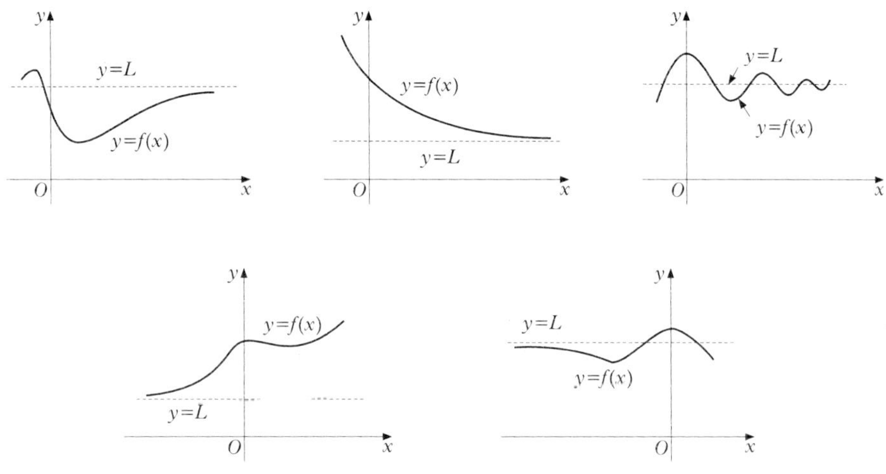

[그림 3.13] 무한대에서의 극한

정의 3.5.3 $\lim_{x\to\infty} f(x) = L$ 이거나 $\lim_{x\to-\infty} f(x) = L$ 일 때 직선 $y = L$ 을 곡선 $y = f(x)$ 의 수평점근선(horizontal asymptote)이라고 한다.

예제 3.5.1 함수 $f(x) = 1/x$ 에 대하여

$$\lim_{x\to\infty} f(x) = 0, \qquad \lim_{x\to-\infty} f(x) = 0$$

임을 보여라.

【풀이】 $\varepsilon > 0$ 이 주어졌다고 하자.

(i) 그림 3.14 에서와 같이 M 을 $M = 1/\varepsilon$ 이라고 하면

$$x > M \quad \Longrightarrow \quad \left|\frac{1}{x} - 0\right| = \frac{1}{x} < \frac{1}{M} = \varepsilon$$

이므로 정의 3.5.1 에 의하여 $\lim\limits_{x\to\infty} \frac{1}{x} = 0$ 이다.

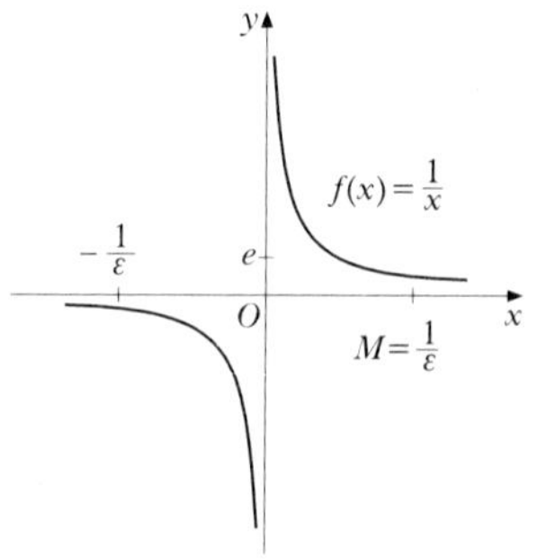

[그림 3.14]

(ii) (i) 에서와 같은 방법으로 그림 3.14 에서와 같이 M 을 $M = -1/\varepsilon$ 이라고 하면 $M < 0$ 이고, 따라서

$$x < M \quad \Longrightarrow \quad \left|\frac{1}{x} - 0\right| = -\frac{1}{x} < -\frac{1}{M} = \varepsilon$$

이므로 정의 3.5.2 에 의하여 $\lim\limits_{x\to-\infty} \frac{1}{x} = 0$ 이다.

따라서 직선 $y = 0$ 이 곡선 $y = 1/x$ 의 수평점근선이다. □

특히 예제 3.5.1 과 극한에 대한 곱의 법칙을 결합하면 다음의 정리 3.5.1 을 얻는다.

정리 3.5.1 (1) r 이 $r > 0$ 인 유리수이면 $\lim\limits_{x\to\infty} \frac{1}{x^r} = 0$ 이다.

(2) r 이 모든 x 에 대하여 x^r 이 정의되는 양의 유리수이면 $\lim\limits_{x\to-\infty} \frac{1}{x^r} = 0$ 이다.

예제 3.5.2 함수

$$f(x) = \frac{\sqrt{2x^2+1}}{3x-5}$$

의 그래프의 수평점근선을 구하여라.

【풀이】 x로 분모와 분자를 나눈 후에 극한의 성질을 이용하면 다음을 얻는다.

$$\lim_{x\to\infty} \frac{\sqrt{2x^2+1}}{3x-5} = \lim_{x\to\infty} \frac{\sqrt{2+\frac{1}{x^2}}}{3-\frac{5}{x}} \quad (x>0 \text{ 이면 } \sqrt{x^2}=x)$$

$$= \frac{\lim_{x\to\infty}\sqrt{2+\frac{1}{x^2}}}{\lim_{x\to\infty}\left(3-\frac{5}{x}\right)} = \frac{\sqrt{\lim_{x\to\infty}2+\lim_{x\to\infty}\frac{1}{x^2}}}{\lim_{x\to\infty}3-5\lim_{x\to\infty}\frac{1}{x}} = \frac{\sqrt{2+0}}{3-5\cdot 0} = \frac{\sqrt{2}}{3}$$

그러므로 f의 그래프의 수평점근선은 직선 $y=\sqrt{2}/3$이다. 또한 $x\to-\infty$일 때의 극한을 계산함에 있어서 $x<0$일 때 $\sqrt{x^2}=|x|=-x$임을 유의하여야 한다. 따라서 $x<0$일 때 분자를 나누면

$$\frac{1}{x}\sqrt{2x^2+1} = -\frac{1}{\sqrt{x^2}}\sqrt{2x^2+1} = -\sqrt{2+\frac{1}{x^2}}$$

을 얻는다. 그러므로

$$\lim_{x\to-\infty} \frac{\sqrt{2x^2+1}}{3x-5} = \lim_{x\to-\infty} \frac{-\sqrt{2+\frac{1}{x^2}}}{3-\frac{5}{x}} = \frac{-\sqrt{\lim_{x\to-\infty}2+\lim_{x\to-\infty}\frac{1}{x^2}}}{\lim_{x\to-\infty}3-5\lim_{x\to-\infty}\frac{1}{x}} = -\frac{\sqrt{2}}{3}$$

이다. 따라서 직선 $y=-\sqrt{2}/3$ 역시 수평점근선임을 알 수 있다. f의 그래프는 그림 3.15와 같다. □

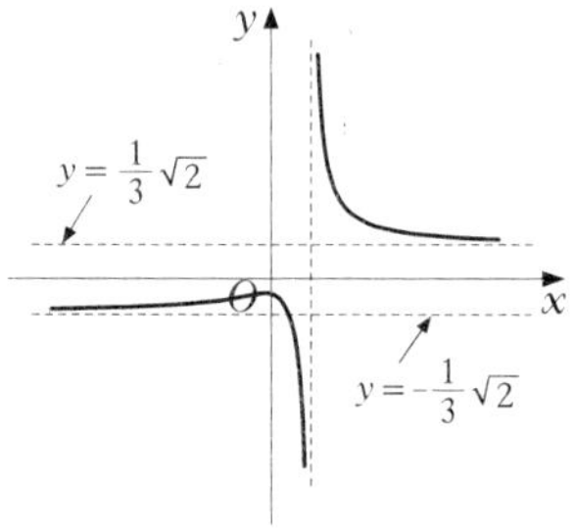

[그림 3.15]

정의 3.5.4　임의의 양수 M에 대응하는 양수 δ가 존재해서

$$0 < x - c < \delta \quad \Longrightarrow \quad f(x) > M \tag{3.34}$$

이면 $\lim_{x \to c^+} f(x) = \infty$ 라고 한다.

정의 3.5.4 에서와 같은 유사한 방법으로

$$\lim_{x \to c^+} f(x) = -\infty, \quad \lim_{x \to c^-} f(x) = \infty, \quad \lim_{x \to c^-} f(x) = -\infty$$

의 경우도 정의할 수 있다.

정의 3.5.5　함수 f는 a의 양측에서(a는 제외하고) 정의된 함수라고 하자. 이때 임의의 양수 M에 대응하는 양수 δ가 존재해서

$$0 < |x - a| < \delta \quad \Longrightarrow \quad f(x) > M \tag{3.35}$$

이면 $\lim_{x \to a} f(x) = \infty$ 라고 한다.

$\lim_{x \to a} f(x) = \infty$ 와 같은 뜻으로 『$x \to a$ 일 때 $f(x) \to \infty$』와 같이 나타내기도 한다. 역시 기호 ∞는 수가 아니지만 $\lim_{x \to a} f(x) = \infty$는 『$x$가 a에 접근할 때 $f(x)$는 한없이 커진다』라고 읽는다.

정의 3.5.6　함수 f는 a의 양측에서(a는 제외하고) 정의된 함수라고 하자. 이때 임의의 음수 N에 대응하는 양수 δ가 존재해서

$$0 < |x - a| < \delta \quad \Longrightarrow \quad f(x) < N \tag{3.36}$$

이면 $\lim_{x \to a} f(x) = -\infty$ 라고 한다.

정의 3.5.5 의 기하학적 설명은 그림 3.16(a) 에서 보여주고, 정의 3.5.6 의 기하학적 설명은 그림 3.16(b) 에서 보여주고 있다.

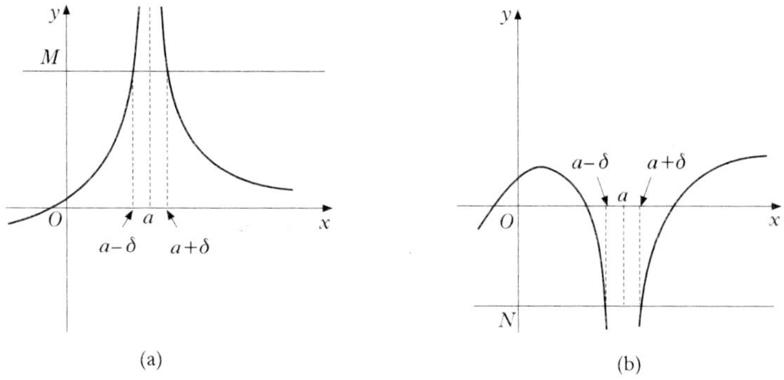

[그림 3.16] 무한대인 극한

정의 3.5.7 다음 중 적어도 하나를 만족할 때, 직선 $x = a$ 를 곡선 $y = f(x)$ 의 **수직점근선**(vertical asymptote)이라고 한다.

$$\lim_{x\to a} f(x) = \infty \qquad \lim_{x\to a^-} f(x) = \infty \qquad \lim_{x\to a^+} f(x) = \infty$$

$$\lim_{x\to a} f(x) = -\infty \qquad \lim_{x\to a^-} f(x) = -\infty \qquad \lim_{x\to a^+} f(x) = -\infty$$

예제 3.5.3 함수

$$f(x) = \frac{2x}{x-1}$$

일 때 $y = f(x)$ 의 수직점근선과 수평점근선을 모두 구하여라.

【풀이】 분모가 0 이 되는 x 의 점에서 수직점근선이 있으리라 생각된다. 그런데

$$\lim_{x\to 1^+} \frac{2x}{x-1} = \infty, \qquad \lim_{x\to 1^-} \frac{2x}{x-1} = -\infty$$

이므로 $x = 1$ 은 수직점근선임을 알 수 있다. 한편

$$\lim_{x\to\infty} \frac{2x}{x-1} = \lim_{x\to\infty} \frac{2}{1-\frac{1}{x}} = 2, \qquad \lim_{x\to-\infty} \frac{2x}{x-1} = 2$$

이므로 $x = 2$ 는 수평점근선이다. 함수 f 의 그래프의 개형은 그림 3.17 과 같다. □

끝으로 무한대에서의 무한극한은 정의 3.5.8 에서와 같이 정의한다.

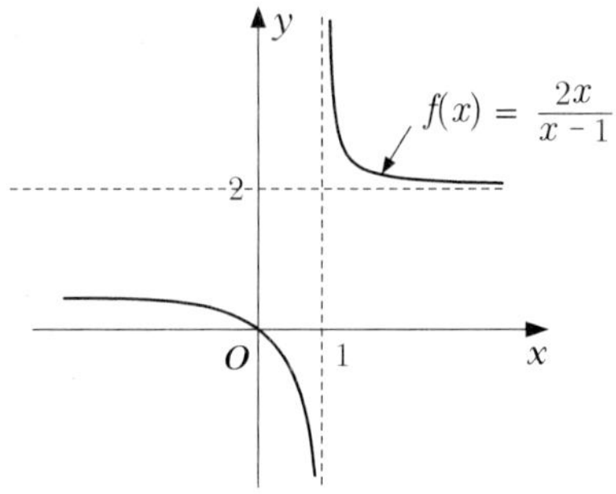

[그림 3.17]

정의 3.5.8 함수 f가 구간 (a, ∞)에서 정의된 함수라고 하자. 이때 임의의 양수 M에 대응하는 수 $N > 0$이 존재해서

$$x > N \quad \Longrightarrow \quad f(x) > M \tag{3.37}$$

이면 $\lim_{x\to\infty} f(x) = \infty$라고 한다.

정의 3.5.8에서와 같은 유사한 방법으로

$$\lim_{x\to\infty} f(x) = -\infty, \qquad \lim_{x\to-\infty} f(x) = \infty, \qquad \lim_{x\to-\infty} f(x) = -\infty$$

의 경우도 정의할 수 있다.

예제 3.5.4 극한 $\lim_{x\to\infty} x^7 = \infty$임을 보여라.

【풀이】 $x > 1$인 x에 대하여 $x^7 > x$인 사실을 이용하자. 어떤 M에 대하여 $N > 1$이고 $N > M$인 N을 택하자. 그러면

$$x > N \quad \Longrightarrow \quad x^7 > x > N > M$$

이다. 따라서

$$x > N \quad \Longrightarrow \quad x^7 > M$$

이다. 그러므로 정의 3.5.8에 의하여 $\lim_{x\to\infty} x^7 = \infty$이다. □

예제 3.5.4 에서와 같은 방법으로 생각하면 다음과 같은 성질들이 성립함을 알 수 있다.

$$\lim_{x\to\infty} x^n = \infty \quad (n : \text{양의 정수}), \qquad \lim_{x\to-\infty} x^n = \begin{cases} \infty, & (n : \text{짝수}) \\ -\infty, & (n : \text{홀수}) \end{cases} \tag{3.38}$$

연습문제(3.5)

1. 다음 극한을 구하여라.

(1) $\lim_{x\to\infty} \dfrac{2}{x-3}$ (2) $\lim_{x\to\infty} \dfrac{x}{3x+2}$ (3) $\lim_{x\to\infty} \dfrac{2x^2+x-1}{x^2-x+4}$ (4) $\lim_{x\to\infty} \dfrac{x}{\sqrt{x}+2x}$

2. 다음 주어진 함수의 수평점근선을 구하여라.

(1) $f(x) = \dfrac{\sqrt{2+4x^2}}{x}$ (2) $f(x) = \dfrac{x\,|x|}{x^2+1}$

3. 다음 주어진 함수의 수직점근선을 구하여라.

(1) $f(x) = \dfrac{x^2+2x-15}{x^3+7x^2+10x}$ (2) $f(x) = \dfrac{x+2}{x^2-1}$

4. 다음 주어진 함수의 수직점근선과 수평점근선을 모두 구하여라.

(1) $f(x) = \dfrac{3}{x+1}$ (2) $f(x) = \dfrac{2x}{x-3}$

5. 직선 $y = ax + b$ 에 대하여

$$\lim_{x\to\infty} (f(x) - (ax+b)) = 0 \quad \text{또는} \quad \lim_{x\to-\infty} (f(x) - (ax+b)) = 0$$

이면 $y = ax + b$ 도 함수 $f(x)$ 의 점근선이 된다. 이와 같은 방법으로 다음 함수의 점근선을 구하여라.

(1) $f(x) = \dfrac{x^2-3}{2x-4}$ (2) $f(x) = x + \dfrac{1}{x}$

3.6 함수의 그래프

이 절에서는 앞서 확인한 함수의 증가 · 감소, 곡선의 오목 · 볼록, 무한대에서의 극한 및 무한대인 극한 등과 같은 함수의 그래프와 관련한 여러 성질들을 종합적으로 이용하여 주어진 함수의 그래프의 개형을 그리는 방법에 관하여 알아보기로 한다.

함수의 그래프의 개형을 되도록 정확하게 그리려면 다음과 같은 순서를 따르는 것이 편리하다.

(1) 함수의 정의역을 조사한다.

(2) x 절편 및 y 절편을 조사한다.

(3) 함수의 주기성 및 대칭성을 조사한다.

(4) 수평점근선 및 수직점근선을 조사한다.

(5) 일계도함수를 이용하여 함수의 증가 또는 감소구간을 구한다.

(6) 이계도함수를 이용하여 함수가 갖는 극댓값 또는 극솟값을 구한다.

(7) 이계도함수를 이용하여 곡선의 오목 · 볼록 및 변곡점을 구한다.

(8) (1) 에서 (7) 까지의 내용을 종합하여 그래프의 개형을 그린다.

예제 3.6.1 곡선

$$f(x) = \frac{2}{1 + x^2}$$

의 그래프의 개형을 그려라.

【풀이】 (1) 정의역은 $\mathbb{R} = (-\infty, \infty)$ 이다.

(2) y 절편은 2 이고 x 절편은 없다.

(3) $f(-x) = f(x)$ 이므로 f 는 우함수이다. 따라서 주어진 곡선은 y 축에 대칭이다.

(4) 극한

$$\lim_{x \to \pm\infty} \frac{2}{1 + x^2} = 0$$

이므로 직선 $y = 0$ 이 수평점근선이다.

(5) 일계도함수는

$$f'(x) = -\frac{4x}{(1 + x^2)^2}$$

로서 $x < 0$ 일 때 $f'(x) > 0$ 이고, $x > 0$ 일 때 $f'(x) < 0$ 이므로 f 는 $(-\infty, 0]$ 에서 증가하고 $[0, \infty)$ 에서 감소한다.

(6) $x = 0$ 에서 f' 은 양에서 음으로 변하므로 $f(0) = 2$ 는 극댓값이다.

(7) f'' 는

$$f''(x) = \frac{4(3x^2 - 1)}{(1 + x^2)^3}$$

이므로 구간 $(-\infty, -\sqrt{3}/3)$ 과 $(\sqrt{3}/3, \infty)$ 에서 $f''(x) > 0$ 이다. 따라서 이 구간에서 함수 f 는 아래로 볼록이다. 또한 $(-\sqrt{3}/3, \sqrt{3}/3)$ 에서 $f''(x) < 0$ 이므로, 이 구간에서 함수 f 는 위로 볼록이다. 그리고 $(-\sqrt{3}/3, 3/2)$ $(\sqrt{3}/3, 3/2)$ 은 변곡점이다.

(8) (1) 에서 (7) 까지의 내용을 종합하여 그래프의 개형을 그리면 그림 3.18 과 같다. □

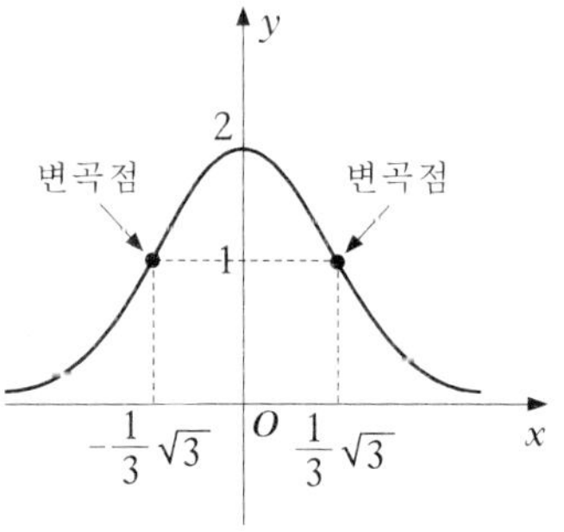

[그림 3.18]

예제 3.6.2 곡선

$$f(x) = \frac{x}{(x + 1)^2}$$

의 그래프의 개형을 그려라.

【풀이】 (1) 정의역은 $x \neq -1$ 인 모든 실수이다.

(2) x 절편과 y 절편은 모두 0 이다.

(3) 대칭성은 없다.

(4) 극한

$$\lim_{x \to \pm\infty} \frac{x}{(x+1)^2} = 0$$

이므로 직선 $y = 0$ 가 수평점근선이고, 또한

$$\lim_{x \to -1} \frac{x}{(x+1)^2} = -\infty$$

이므로 $x = -1$ 은 수직점근선이다.

(5) 일계도함수는

$$f'(x) = \frac{1-x}{(x+1)^3}$$

로서 $-1 < x < 1$ 에서 $f'(x) > 0$ 이고 $-\infty < x < -1$ 과 $1 < x < \infty$) 에서 $f'(x) < 0$ 이므로 f 는 $(-1, 1)$ 에서 증가하고 $(-\infty, -1)$ 과 $(1, \infty)$ 에서 감소한다.

(6) $f'(1) = 0$ 이고 f' 이 양에서 음으로 변하므로 $f(1) = 1/4$ 이 극댓값이다.

(7) f'' 가

$$f''(x) = \frac{2(x-2)}{(x+1)^4}$$

이므로, 구간 $(2, \infty)$ 에서는 $f''(x) > 0$ 이므로 아래로 볼록하고, 구간 $(-\infty, -1)$ 과 $(-1, 2)$ 에서는 $f''(x) < 0$ 이므로 위로 볼록이다. 또한 $(2, 2/9)$ 는 변곡점이다.

(8) (1) 에서 (7) 까지의 내용을 종합하여 그래프의 개형을 그리면 그림 3.19 와 같다. □

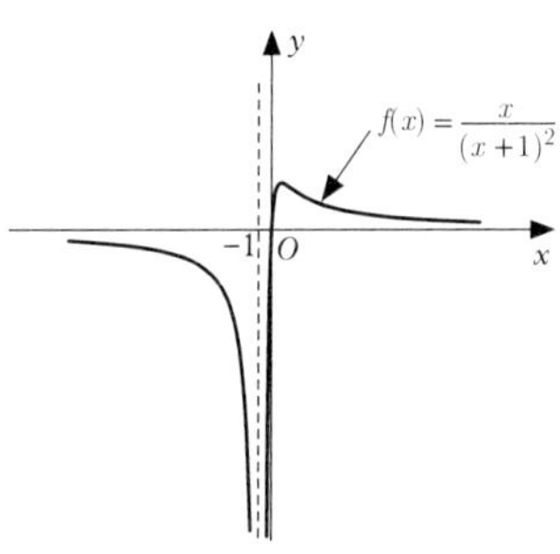

[그림 3.19]

예제 3.6.3 곡선

$$f(x) = \frac{x^2}{\sqrt{x+1}}$$

의 그래프의 개형을 그려라.

【풀이】 (1) 정의역은 $\{x \mid x+1 > 0\} = (-1, \infty)$ 이다.

(2) x 절편과 y 절편은 모두 0 이다.

(3) 대칭성 및 주기성은 없다.

(4) 극한

$$\lim_{x \to -\infty} \frac{x^2}{\sqrt{x+1}} = \infty$$

이므로 수평점근선은 없다. 그러나

$$\lim_{x \to -1^+} \frac{x^2}{\sqrt{x+1}} = \infty$$

이므로 $x = -1$ 은 수직점근선이다.

(5) 일계도함수는

$$f'(x) = \frac{x(3x+4)}{2(x+1)^{\frac{3}{2}}}$$

로서 $x = 0$ 또는 $-4/3$ 일 때 $f'(x) = 0$ 인데 $x = -4/3$ 는 정의역에 속하지 않으므로 0 이 유일한 임계점이다. $-1 < x < 0$ 일 때 $f'(x) < 0$ 이고 $x > 0$ 일 때 $f'(x) > 0$ 이므로 f 는 $(-1, 0]$ 에서 감소하고 $[0, \infty)$ 에서 증가한다.

(6) $f'(0) = 0$ 이고 f' 이 음에서 양으로 변하므로 $f(0) = 0$ 이 극솟값이다.

(7) f'' 는

$$f''(x) = \frac{3x^2 + 8x + 8}{4(x+1)^{\frac{5}{2}}}$$

이고, 이것의 분모는 항상 양수이다. 따라서 모든 x 에 대하여 $f''(x) > 0$ 이고, 이것은 $(-1, \infty)$ 에서 아래로 볼록임을 의미하고 변곡점은 없다.

(8) (1) 에서 (7) 까지의 내용을 종합하여 그래프의 개형을 그리면 그림 3.20 과 같다. □

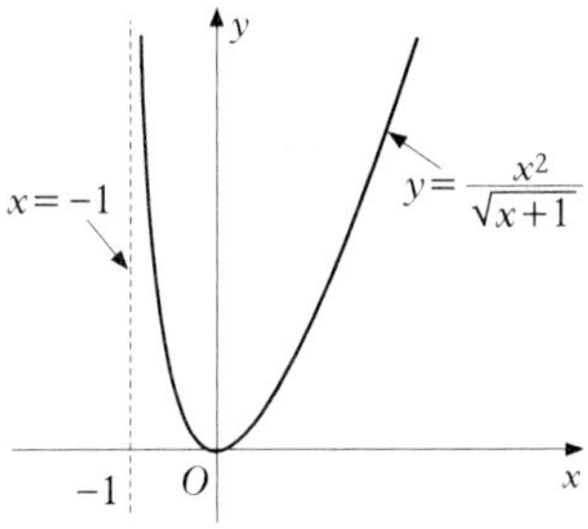

[그림 3.20]

연습문제(3.6)

1. 다음 함수의 극값과 변곡점을 구하고, 이를 이용하여 그래프의 개형을 그려라.

(1) $f(x) = x + \frac{4}{x}$ (2) $f(x) = \frac{1}{x} - \frac{1}{x^2}$

(3) $f(x) = \frac{4x}{1+4x^2}$ (4) $f(x) = \frac{1}{x^2-1}$

2. 다음 함수의 수평점근선, 수직점근선, 극값, 변곡점 등의 유무를 조사하여라.

(1) $y = \frac{1}{(x-1)^2}$ (2) $y = \sqrt{x^2-1} \quad (x \geq 1)$

(3) $y = \frac{x}{x^2-1}$ (4) $y = x + \tan x$

3. 함수 $f(x) = 2\cos x + \sin 2x$ 의 그래프를 그려라.

4. 함수 $f(x) = (x^2+3)/(x-1)$ 의 그래프를 그려라.

5. 함수 $f(x) = x^2/(x^2-4)$ 의 그래프를 그려라.

제 4 장

부정적분

4.1 부정적분

함수 $f(x)$ 가 어떤 구간에서 정의된 함수라고 하자. 이때 $F(x)$ 가 같은 구간에서 정의된 함수로서

$$F'(x) = f(x) \tag{4.1}$$

를 만족할 때, 함수 $F(x)$ 를 $f(x)$ 의 **원시함수**(primitive function) 또는 **부정적분**(indefinite integral)이라고 한다. 한편 함수 $G(x)$ 가 $f(x)$ 의 또 다른 부정적분, 즉

$$G'(x) = f(x) \tag{4.2}$$

라고 하면, 식 (4.1) 과 (4.2) 로부터 $(G(x) - F(x))' = 0$ 을 얻는다. 따라서

$$G(x) = F(x) + c \quad (c \text{ 는 상수}) \tag{4.3}$$

와 같이 나타낼 수 있다. 결국 $F(x)$ 를 $f(x)$ 의 한 부정적분이라고 하면, $f(x)$ 의 임의의 부정적분은 $F(x) + c$ 의 꼴로 나타낼 수 있다.

이제 앞으로는 $f(x)$의 부정적분에 대하여, 적분기호 $\int$[1]을 사용하여

$$\int f(x)\,dx \tag{4.4}$$

와 같이 나타내기로 한다. 따라서 $f(x)$의 한 부정적분이 $F(x)$일 때

$$\int f(x)\,dx = F(x) + c \quad (c\text{는 상수}) \tag{4.5}$$

이다. 이때 $f(x)$를 **피적분함수**(integrand)라 하고, dx에서의 x를 **적분변수**(variable of integration)라 하며, c를 **적분상수**(constant of integration)라고 한다. 주어진 함수 $f(x)$로부터 이것의 부정적분 $\int f(x)\,dx$를 구하는 것을 『함수 $f(x)$를 **적분한다**(integrate)』고 하고, 그 연산 방법을 **적분법**(integration)이라고 한다.

부정적분은 미분법의 역연산이므로 식 (4.5)의 우변을 미분하면 좌변의 피적분함수가 얻어짐을 알 수 있다. 따라서 도함수 공식들로부터 다음과 같은 기본적인 부정적분 공식들이 얻어짐을 쉽게 확인할 수 있다.

1. $\int x^n\,dx = \dfrac{1}{n+1}x^{n+1} + c \quad (n \neq -1\text{은 실수})$

2. $\int \dfrac{1}{x}\,dx = \ln|x| + c$

3. $\int \dfrac{f'(x)}{f(x)}\,dx = \ln|f(x)| + c$

4. $\int a^x\,dx = \dfrac{a^x}{\ln a} + c$

5. $\int e^x\,dx = e^x + c$

6. $\int \sin x\,dx = -\cos x + c$

7. $\int \cos x\,dx = \sin x + c$

---

1) 적분기호 $\int$은 Sum의 머리글자를 기호화시킨 형태로써 『인테크럴(integral)』 또는 『적분』이라고 읽는다.

8. $\displaystyle\int \tan x\,dx = -\ln|\cos x| + c$

9. $\displaystyle\int \cot x\,dx = \ln|\sin x| + c$

10. $\displaystyle\int \sec^2 x\,dx = \tan x + c$

11. $\displaystyle\int \csc^2 x\,dx = -\cot x + c$

12. $\displaystyle\int \sec x \tan x\,dx = \sec x + c$

13. $\displaystyle\int \csc x \cot x\,dx = -\csc x + c$

14. $\displaystyle\int \frac{1}{\sqrt{1-x^2}}\,dx = \sin^{-1} x + c$

15. $\displaystyle\int \frac{1}{1+x^2}\,dx = \tan^{-1} x + c$

16. $\displaystyle\int \frac{1}{1+x^2}\,dx = \tan^{-1} x + c$

17. $\displaystyle\int \cosh x\,dx = \sinh x + c$

18. $\displaystyle\int \sinh x\,dx = \cosh x + c$

추가로 이 책의 부록에서는 더 많은 적분공식들을 확인할 수 있다[2]. 또한 부정적분과 관련한 다음의 정리 4.1.1이 성립함을 확인할 수 있다.

> **정리 4.1.1** 함수 $f(x)$, $g(x)$의 부정적분이 존재하는 경우에 다음이 성립한다.
>
> (1) $\displaystyle\int (f(x)+g(x))\,dx = \int f(x)\,dx + \int g(x)\,dx$
>
> (2) $\displaystyle\int kf(x)\,dx = k\int f(x)\,dx \quad (k\text{는 상수})$

2) 부록의 적분공식(511쪽, 적분공식 참조)

예 제 4.1.1 다음 부정적분을 구하여라.

(1) $\displaystyle\int\left(\frac{1}{x}+e^x+4x^3\right)dx$ (2) $\displaystyle\int\left(3\sin x-\cos x+4\sqrt{x}\right)dx$

【풀이】 (1) 정리 4.1.1 을 적용하여 구하면

$$\begin{aligned}\int\left(\frac{1}{x}+e^x+4x^3\right)dx &= \int\frac{1}{x}\,dx + \int e^x\,dx + 4\int x^3\,dx\\ &= (\ln|x|+c_1)+(e^x+c_2)+4\left(\frac{1}{4}x^4+c_3\right)\\ &= \ln|x|+e^x+x^4+c \quad (c=c_1+c_2+4c_3)\end{aligned}$$

이다.

(2) 정리 4.1.1 을 적용하여 구하면

$$\begin{aligned}\int\left(3\sin x-\cos x+4\sqrt{x}\right)dx &= 3\int\sin x\,dx - \int\cos x\,dx+4\int\sqrt{x}\,dx\\ &= 3(-\cos x+c_1)-(\sin x+c_2)+4\left(\frac{2}{3}x\sqrt{x}+c_3\right)\\ &= -3\cos x-\sin x+\frac{8}{3}x\sqrt{x}+c \quad (c=3c_1-c_2+4c_3)\end{aligned}$$

이다. □

연습문제(4.1)

1. 다음 부정적분을 구하여라.

(1) $\displaystyle\int x^8\,dx$ (2) $\displaystyle\int x^{\frac{5}{7}}\,dx$ (3) $\displaystyle\int\frac{4}{\sqrt{x}}\,dx$

(4) $\displaystyle\int x^3\sqrt{x}\,dx$ (5) $\displaystyle\int x(1+x^3)\,dx$ (6) $\displaystyle\int(4\sin x+2\cos x)\,dx$

4.2 치환적분과 부분적분

여기서는 합성함수의 미분법[3]과 유사한 성질을 갖는 치환적분법과, 곱의 미분법[4]과 유사한 성질을 갖는 부분적분법을 이용한 부정적분을 구하는 방법에 관하여 살펴보자.

정리 4.2.1 [부정적분을 위한 **치환적분법**(integration of substitution)] $f(x)$ 가 연속이고, $x = g(t)$ 가 미분가능하면

$$\int f(x)\,dx = \int f(g(t))g'(t)\,dt \tag{4.6}$$

이 성립한다.

【증명】 $F(x)$ 를

$$F(x) = \int f(x)\,dx \tag{4.7}$$

라고 놓으면 $x = g(t)$ 이므로

$$F(x) = F(g(t)) \tag{4.8}$$

이다. 따라서 합성함수의 미분법을 적용하여 식 (4.8) 의 양변을 t 에 관하여 미분하면

$$\frac{d}{dt}F(x) = \frac{d}{dt}F(g(t)) = \frac{d}{dx}F(x)\frac{dx}{dt} = f(x)g'(t) = f(g(t))g'(t) \tag{4.9}$$

을 얻는다. 이번에는 식 (4.9) 의 양변을 t 에 관하여 적분하면

$$F(x) = \int f(g(t))g'(t)\,dt \tag{4.10}$$

임을 알 수 있다. 따라서 식 (4.7) 과 (4.10) 으로부터

$$\int f(x)\,dx = \int f(g(t))g'(t)\,dt$$

이 성립한다. □

---

3) 합성함수의 미분법(49쪽, 정리 2.2.2 참조)

4) 곱의 미분법(45쪽, 정리 2.2.1 참조)

예 제 4.2.1 부정적분

$$\int 3x^2(x^3+2)^7\,dx$$

을 구하여라.

【풀이】 정리 4.2.1 의 치환적분법을 적용하기 위해 $u = x^3 + 2$ 라고 놓으면 $du = 3x^2\,dx$ 이다. 따라서 구하는 부정적분은

$$\int 3x^2(x^3+2)^7\,dx = \int (x^3+2)^7(3x^2)\,dx = \int u^7\,du = \frac{1}{8}u^8 + c = \frac{1}{8}(x^3+2)^8 + c$$

이다. □

예 제 4.2.2 부정적분

$$\int x^5\sqrt{x^2-1}\,dx$$

을 구하여라.

【풀이】 정리 4.2.1 의 치환적분법을 적용하기 위하여 $u = \sqrt{x^2-1}$ 이라고 놓으면 $u\,du = x\,dx$ 이고, 또한 $u^2 = x^2 - 1$ 로부터 $x^4 = (u^2+1)^2$ 을 얻는다. 따라서

$$\begin{aligned}\int x^5\sqrt{x^2-1}\,dx &= \int x^4\sqrt{x^2-1}\,x\,dx = \int (u^2+1)^2 u\cdot u\,du \\ &= \int (u^6+2u^4+u^2)du = \frac{1}{7}u^7 + \frac{2}{5}u^5 + \frac{1}{3}u^3 + c \\ &= \frac{1}{7}\left(\sqrt{x^2-1}\right)^7 + \frac{2}{5}\left(\sqrt{x^2-1}\right)^5 + \frac{1}{3}\left(\sqrt{x^2-1}\right)^3 + c\end{aligned}$$

이다. □

예 제 4.2.3 부정적분

$$\int e^x\sqrt{1-e^x}\,dx$$

을 구하여라.

【풀이】 정리 4.2.1 의 치환적분법을 적용하기 위하여 $u = 1 - e^x$ 이라고 놓으면 $du = -e^x\,dx$ 이다. 따라서 구하는 부정적분은 다음과 같다.

$$\int e^x\sqrt{1-e^x}\,dx = \int -\sqrt{1-e^x}(-e^x)\,dx = -\int u^{\frac{1}{2}}\,du = -\frac{2}{3}u^{\frac{3}{2}} + c = -\frac{2}{3}(1-e^x)^{\frac{3}{2}} + c$$ □

예제 4.2.4 부정적분

$$\int \frac{1}{3x^2 - 2x + 2}\, dx$$

을 구하여라.

【풀이】 피적분함수의 분모를 변형하면

$$3x^2 - 2x + 2 = 3\left(x^2 - \frac{2}{3}x\right) + 2 = 3\left(x - \frac{1}{3}\right)^2 + \frac{5}{3}$$

이다. 이제 정리 4.2.1 의 치환적분법을 적용하기 위하여 $u = x - 1/3$ 이라고 놓으면 $du = dx$ 이다. 따라서 구하는 부정적분은

$$\begin{aligned}\int \frac{1}{3x^2 - 2x + 2}\, dx &= \int \frac{1}{3\left(x - \frac{1}{3}\right)^2 + \frac{5}{3}}\, dx = \int \frac{1}{3u^2 + \frac{5}{3}}\, du \\ &= \int \frac{1}{3\left(u^2 + \frac{5}{9}\right)}\, du = \frac{1}{3}\int \frac{1}{u^2 + \left(\frac{\sqrt{5}}{3}\right)^2}\, du \\ &= \frac{1}{3} \cdot \frac{1}{\frac{\sqrt{5}}{3}} \tan^{-1} \frac{u}{\frac{\sqrt{5}}{3}} + c = \frac{1}{\sqrt{5}} \tan^{-1} \frac{3u}{\sqrt{5}} + c \\ &= \frac{1}{\sqrt{5}} \tan^{-1} \frac{3}{\sqrt{5}}\left(x - \frac{1}{3}\right) + c = \frac{1}{\sqrt{5}} \tan^{-1} \frac{1}{\sqrt{5}}(3x - 1) + c\end{aligned}$$

이다. □

예제 4.2.5 부정적분

$$\int x\sqrt{4 - x^2}\, dx$$

을 구하여라.

【풀이】 정리 4.2.1 의 치환적분법을 적용하기 위하여 $t = \sqrt{4 - x^2}$ 라고 놓으면 $4 - x^2 = t^2$ 이므로 $-2x\,dx = 2t\,dt$ 이다. 따라서 구하는 부정적분은

$$\int x\sqrt{4 - x^2}\, dx = \int t(-t)\, dt = -\int t^2\, dt = -\frac{1}{3}t^3 + c = -\frac{1}{3}(4 - x^2)^{\frac{3}{2}} + c$$

이다. □

피적분함수가

$$\sqrt{a^2-x^2}, \qquad \sqrt{a^2+x^2}, \qquad \sqrt{x^2-a^2}$$

와 같은 형태를 포함하는 경우에는 **삼각치환**(trigonometric substitution)을 이용하여 적분을 구할 수 있다. 이들 각각의 경우에 대응하는 삼각치환 방법은 다음과 같다.

(1) $\sqrt{a^2-x^2}$ 을 포함하는 경우:

$x = a\sin\theta$ 라고 놓으면

$$\sqrt{a^2-x^2} = a\sqrt{1-\sin^2\theta} = a\cos\theta \quad (a>0,\ \ -\pi/2 \le \theta \le \pi/2)$$

(2) $\sqrt{a^2+x^2}$ 을 포함하는 경우:

$x = a\tan\theta$ 라고 놓으면

$$\sqrt{a^2+x^2} = a\sqrt{1+\tan^2\theta} = a\sec\theta \quad (a>0,\ \ -\pi/2 < \theta < \pi/2)$$

(3) $\sqrt{x^2-a^2}$ 을 포함하는 경우:

$x = a\sec\theta$ 라고 놓으면

$$\sqrt{x^2-a^2} = a\sqrt{\sec^2\theta-1} = a\tan\theta \quad (a>0,\ \ 0 \le \theta < \pi/2)$$

예제 4.2.6 부정적분

$$\int \sqrt{4-x^2}\,dx$$

을 구하여라.

【풀이】 삼각치환을 위해 $x = 2\sin t$ $(-\pi/2 \le t \le \pi/2)$ 라고 놓으면 $dx = 2\cos t\,dt$ 이므로

$$\begin{aligned}\int \sqrt{4-x^2}\,dx &= \int \sqrt{4-4\sin^2 t}\cdot(2\cos t)\,dt = \int 4\cos^2 t\,dt = \int 4\frac{1+\cos 2t}{2}\,dt \\ &= \int (2+2\cos 2t)\,dt = \sin 2t + 2t + c = 2\sin t\ \cos t + 2t + c\end{aligned}$$

이다. 그런데 $x = 2\sin t$ $(-\pi/2 \le t \le \pi/2)$ 로부터 $\cos t \ge 0$ 이므로

$$\cos t = \sqrt{1-\sin^2 t} = \sqrt{1-\frac{x^2}{4}}$$

이고, 또한 $t = \sin^{-1}(x/2)$ 이다. 따라서 구하는 부정적분은

$$\int \sqrt{4 - x^2}\, dx = x\sqrt{1 - \frac{x^2}{4}} + 2\sin^{-1}\frac{x}{2} + c$$

이다. □

예제 4.2.7 부정적분

$$\int \frac{1}{\sqrt{x^2 + a^2}}\, dx \quad (a > 0)$$

을 구하여라.

【풀이】 삼각치환을 위해 $x = a\tan t \ (-\pi/2 < t < \pi/2)$ 라고 놓으면 $dx = a\sec^2 t\, dt$ 이므로

$$\int \frac{1}{\sqrt{x^2 + a^2}}\, dx = \int \frac{a\sec^2 t}{\sqrt{a^2\tan^2 t + a^2}}\, dx = \int \sec t\, dt = \ln|\sec t + \tan t| + c_1$$

이다. 그런데 $x = a\tan t \ (-\pi/2 < t < \pi/2)$ 로부터 $\sec t > 0$ 이므로

$$\sec t = \sqrt{1 + \tan^2 t} = \sqrt{1 + \frac{x^2}{a^2}} = \frac{1}{a}\sqrt{x^2 + a^2}$$

이고, 또한 $\tan t = x/a$ 이다. 따라서 구하는 부정적분은

$$\int \frac{1}{\sqrt{x^2 + a^2}}\, dx = \ln\left|\frac{1}{a}\sqrt{x^2 + a^2} + \frac{x}{a}\right| + c_1 = \ln\left|x + \sqrt{x^2 + a^2}\right| - \ln a + c_1$$

$$= \ln\left|x + \sqrt{x^2 + a^2}\right| + c \quad (c = -\ln a + c_1)$$

이다. □

정리 4.2.2 [부정적분을 위한 **부분적분법**(partial integration)] $f(x)$, $g(x)$ 가 미분가능한 함수이면

$$\int f(x)g'(x)\, dx = f(x)g(x) - \int f'(x)g(x)\, dx \tag{4.11}$$

이 성립한다.

【증명】 $(f(x)g(x))' = f'(x)g(x) + f(x)g'(x)$ 이므로

$$f(x)g'(x) = (f(x)g(x))' - f'(x)g(x) \tag{4.12}$$

이다. 따라서 식 (4.12) 의 양변을 적분하면

$$\int f(x)g'(x)\,dx = f(x)g(x) - \int f'(x)g(x)\,dx \tag{4.13}$$

이 성립한다. □

부분적분공식 (4.11) 에서 $u = f(x)$, $v = g(x)$ 라고 놓으면 $du = f'(x)\,dx$ 이고 $dv = g'(x)\,dx$ 이므로 식 (4.11) 은 간단히

$$\int u\,dv = uv - \int v\,du \tag{4.14}$$

와 같이 나타낼 수 있다. 즉, 식 (4.11) 에서 $u = f(x)$, $dv = g'(x)\,dx$ 라고 놓으면 식 (4.14) 의 형태가 얻어짐을 알 수 있다.

예제 4.2.8 부정적분

$$\int \ln x\,dx$$

을 구하여라.

【풀이】 정리 4.2.2 의 부분적분법을 적용하기 위하여 $f(x) = \ln x$, $g'(x) = 1$ 이라고 놓으면 $f'(x) = 1/x$, $g(x) = x$ 이다. 따라서 구하는 부정적분은

$$\int \ln x\,dx = x\ln x - \int \frac{1}{x}\cdot x\,dx = x\ln x - \int dx = x\ln x - x + c = x(\ln x - 1) + c$$

이다. 또한 다른 풀이 방법으로써 식 (4.14) 를 적용하기 위해 $u = \ln x$, $dv = dx$ 라고 놓으면 $du = (1/x)\,dx$, $v = x$ 이다. 따라서 구하는 부정적분은

$$\begin{aligned}\int \ln x\,dx &= \int u\,dv = uv - \int v\,du = x\ln x - \int x\cdot\frac{1}{x}\,dx \\ &= x\ln x - \int dx = x\ln x - x + c = x(\ln x - 1) + c\end{aligned}$$

이다. □

예제 4.2.9 부정적분

$$\int \tan^{-1} x\, dx$$

을 구하여라.

【풀이】 정리 4.2.2의 부분적분법을 적용하기 위하여 $f(x) = \tan^{-1} x$, $g'(x) = 1$이라고 놓으면 $f'(x) = 1/(1+x^2)$, $g(x) = x$이다. 따라서 구하는 부정적분은

$$\begin{aligned}\int \tan^{-1} x\, dx &= x \tan^{-1} x - \int \frac{x}{1+x^2}\, dx \\ &= x \tan^{-1} x - \frac{1}{2}\int \frac{2x}{1+x^2}\, dx = x \tan^{-1} x - \frac{1}{2}\ln(1+x^2) + c\end{aligned}$$

이다. 또 다른 풀이 방법으로써 식 (4.14)를 이용하기 위해 $u = \tan^{-1} x$, $dv = dx$라고 놓으면 $du = (1/(1+x^2))dx$, $v = x$이므로 위에서 얻은 것과 같은 결과를 얻는다. □

예제 4.2.10 부정적분

$$\int \frac{x \sin^{-1} x}{\sqrt{1-x^2}}\, dx$$

을 구하여라.

【풀이】 정리 4.2.2의 부분적분법을 적용하기 위하여 $f(x) = \sin^{-1} x$, $g'(x) = x/\sqrt{1-x^2}$이라고 놓으면 $f'(x) = 1/\sqrt{1-x^2}$, $g(x) = -\sqrt{1-x^2}$이다. 따라서 구하는 부정적분은 부분적분법에 의해

$$\begin{aligned}\int \frac{x \sin^{-1} x}{\sqrt{1-x^2}}\, dx &= -\sqrt{1-x^2}\, \sin^{-1} x - \int \frac{-\sqrt{1-x^2}}{\sqrt{1-x^2}}\, dx \\ &= -\sqrt{1-x^2}\, \sin^{-1} x + \int dx = -\sqrt{1-x^2}\, \sin^{-1} x + x + c\end{aligned}$$

이다. 또 다른 풀이 방법으로써 $u = \sin^{-1} x$, $dv = (x/\sqrt{1-x^2})dx$라 놓고, 식 (4.14)를 이용해도 위에서 얻은 것과 같은 결과를 얻음을 확인할 수 있다. □

예제 4.2.11 부정적분

$$I = \int \frac{1}{(1+x^2)^2}\, dx$$

을 구하여라.

【풀이】 $f'(x) = 1$, $g(x) = 1/(1+x^2)$ 이라고 놓으면 $f(x) = x$, $g'(x) = -2x/(1+x^2)^2$ 이므로 부분적분법에 의해

$$\int \frac{1}{1+x^2}\,dx = \frac{x}{1+x^2} + \int \frac{2x^2}{(1+x^2)^2}\,dx$$

이다. 한편

$$\frac{2x^2}{(1+x^2)^2} = \frac{2(1+x^2)-2}{(1+x^2)^2} = \frac{2}{1+x^2} - \frac{2}{(1+x^2)^2}$$

이므로

$$\int \frac{1}{1+x^2}\,dx = \frac{x}{1+x^2} + 2\int \frac{1}{1+x^2}\,dx - 2I + c_1$$

이다. 따라서 구하는 부정적분 I 는

$$2I = \int \frac{1}{1+x^2}\,dx + \frac{x}{1+x^2} + c_1,$$

$$I = \frac{1}{2}\tan^{-1} x + \frac{x}{2(1+x^2)} + c \quad (c = c_1/2)$$

이다. □

연습문제(4.2)

1. 치환적분법을 적용하여 다음 부정적분을 구하여라.

(1) $\int \frac{1}{\sin x \cos x}\,dx$ (2) $\int \tan^3 x\,dx$ (3) $\int \sin\frac{x}{2}\,dx$

(4) $\int \frac{1}{\sqrt{1-9x^2}}\,dx$ (5) $\int \sqrt{1+e^x}\,dx$ (6) $\int \sin x \cos 2x\,dx$

2. 치환적분법을 이용하여 다음을 구하여라.

(1) $\displaystyle\int \frac{1}{x^2\sqrt{16-x^2}}\,dx$ (2) $\displaystyle\int \frac{1}{x\sqrt{x^2+1}}\,dx$

(3) $\displaystyle\int \frac{\sqrt{x^2-1}}{x^3}\,dt$ (4) $\displaystyle\int \frac{1}{(x^2+2x+3)^{\frac{3}{2}}}\,dx$

3. 부분적분법을 이용하여 다음을 구하여라.

(1) $\displaystyle\int x\sin x\,dx$ (2) $\displaystyle\int \frac{\ln|x|}{(1+x)^2}\,dx$ (3) $\displaystyle\int x\sin^{-1}x\,dx$

(4) $\displaystyle\int x\sinh x\,dx$ (5) $\displaystyle\int \frac{\ln(\ln x)}{x}\,dx$ (6) $\displaystyle\int (\ln x)^2\,dx$

4. 다음을 증명하라.

(1) 음이 아닌 정수 n에 대하여 $I_n = \int \tan^n x\,dx$로 놓으면

$$I_n = \frac{\tan^{n-1}x}{n-1} - I_{n-2} \quad (n \geq 2)$$

이 성립한다.

(2) $b \neq 0$임에 대하여 $I = \int e^{ax}\cos bx\,dx$로 놓으면

$$I = \frac{e^{ax}}{a^2+b^2}(a\cos bx + b\sin bx)$$

이 성립한다.

4.3 유리함수의 적분

$p(x)$, $q(x)$ 가 x 에 관한 다항식일 때 $\dfrac{p(x)}{q(x)}$ 를 유리함수라고 한다. 여기서는 피적분함수가 유리함수인 경우의 부정적분

$$\int \frac{p(x)}{q(x)}\,dx \tag{4.15}$$

를 구하는 방법에 대하여 알아보기로 한다.

유리함수 $p(x)/q(x)$ 에서 분자인 $p(x)$ 의 차수가 분모인 $q(x)$ 의 차수보다 크거나 같은 경우에 분자인 $p(x)$ 를 분모인 $q(x)$ 로 나눈 몫을 $f(x)$ 라 하고, 나머지를 $r(x)$ 라고 하면

$$\frac{p(x)}{q(x)} = f(x) + \frac{r(x)}{q(x)} \tag{4.16}$$

와 같이 나타낼 수 있다. 이때 $f(x)$ 는 x 에 관한 다항식으로서 쉽게 적분가능한 형태이다. 한편 나머지 $r(x)$ 의 차수는 분모 $q(x)$ 의 차수보다 작다. 따라서 유리함수의 부정적분을 구하기 위해서는 분자의 차수가 분모의 차수보다 낮은 경우만을 생각하면 된다.

일반적으로 실수계수를 갖는 x 에 관한 n 차 방정식

$$q(x) = a_n x^n + a_{n-1}x^{n-1} + \cdots + a_1 x + a_0 = 0 \tag{4.17}$$

는 복소수의 범위에서 중복을 허락하여 n 개의 근을 갖는다. 이때 $q(x) = 0$ 이 한 허근을 가지면 그의 켤레복소수도 역시 근이 된다. 따라서 다음 정리가 성립한다.

정리 4.3.1 실수계수를 갖는 x 에 관한 다항식 $q(x)$ 는 인수

$$(x-\alpha)^r \tag{4.18}$$

또는

$$(x^2+\beta x+\gamma)^s \tag{4.19}$$

꼴의 곱으로 표시할 수 있다. 단, 여기서 α, β, γ 는 실수인 상수이고, $\beta^2 - 4\gamma < 0$ 이며, r, s 는 자연수이다.

정리 4.3.1 에서 방정식 $q(x) = 0$ 이 실근만을 갖는 경우에는 다항식 $q(x)$ 가 식 (4.18) 의 꼴의 인수들의 곱으로 표시되고, 실근과 허근을 동시에 갖는 경우에는 식 (4.18) 과 (4.19) 의

꼴의 인수들의 곱으로 표시된다.

정리 4.3.1 로부터 분자의 차수가 분모의 차수보다 낮은 유리함수에 대해서는 다음과 같은 부분분수분해 정리를 얻을 수 있다.

정리 4.3.2 [부분분수분해] x에 관한 다항식

$$\begin{aligned} p(x) &= x^n + a_{n-1}x^{n-1} + \cdots + a_1x + a_0, \\ q(x) &= x^m + b_{m-1}x^{m-1} + \cdots + b_1x + b_0 \\ &= (x-\alpha_1)^{r_1}(x-\alpha_2)^{r_2}\cdots(x-\alpha_k)^{r_k} \\ &\quad \cdot(x^2+\beta_1x+\gamma_1)^{s_1}(x^2+\beta_1x+\gamma_2)^{s_2}\cdots(x^2+\beta_\ell x+\gamma_\ell)^{s_\ell} \end{aligned} \tag{4.20}$$

에 대하여, $m > n$ 이면 유리함수 $\dfrac{p(x)}{q(x)}$ 는

$$\begin{aligned} \frac{p(x)}{q(x)} &= \frac{x^n + a_{n-1}x^{n-1} + \cdots + a_1x + a_0}{(x-\alpha_1)^{r_1}(x-\alpha_2)^{r_2}\cdots(x-\alpha_k)^{r_k}\cdot(x^2+\beta_1x+\gamma_1)^{s_1}\cdots(x^2+\beta_\ell x+\gamma_\ell)^{s_\ell}} \\ &= \left(\frac{a_{1,1}}{x-\alpha_1} + \frac{a_{1,2}}{(x-\alpha_1)^2} + \cdots + \frac{a_{1,r_1}}{(x-\alpha_1)^{r_1}}\right) \\ &\quad + \left(\frac{a_{2,1}}{x-\alpha_2} + \frac{a_{2,2}}{(x-\alpha_2)^2} + \cdots + \frac{a_{2,r_2}}{(x-\alpha_2)^{r_2}}\right) \\ &\quad \vdots \\ &\quad + \left(\frac{a_{k,1}}{x-\alpha_k} + \frac{a_{k,2}}{(x-\alpha_k)^2} + \cdots + \frac{a_{k,r_k}}{(x-\alpha_k)^{r_k}}\right) \\ &\quad + \left(\frac{b_{1,1}x+c_{1,1}}{x^2+\beta_1x+\gamma_1} + \frac{b_{1,2}x+c_{1,2}}{(x^2+\beta_1x+\gamma_1)^2} + \cdots + \frac{b_{1,s_1}x+c_{1,s_1}}{(x^2+\beta_1x+\gamma_1)^{s_1}}\right) \\ &\quad + \left(\frac{b_{2,1}x+c_{2,1}}{x^2+\beta_2x+\gamma_2} + \frac{b_{2,2}x+c_{2,2}}{(x^2+\beta_2x+\gamma_2)^2} + \cdots + \frac{b_{2,s_2}x+c_{2,s_2}}{(x^2+\beta_2x+\gamma_2)^{s_2}}\right) \\ &\quad \vdots \\ &\quad + \left(\frac{b_{\ell,1}x+c_{\ell,1}}{x^2+\beta_\ell x+\gamma_\ell} + \frac{b_{\ell,2}x+c_{\ell,2}}{(x^2+\beta_\ell x+\gamma_\ell)^2} + \cdots + \frac{b_{\ell,s_\ell}x+c_{\ell,s_\ell}}{(x^2+\beta_\ell x+\gamma_\ell)^{s_\ell}}\right) \end{aligned} \tag{4.21}$$

와 같이 나타낼 수 있다.

정리 4.3.2 에서 분모 $x^2+\beta x+\gamma$ $(\beta^2-4\gamma<0)$ 를 완전제곱 꼴로 고치면

$$x^2+\beta x+\gamma=\left(x+\frac{\beta}{2}\right)^2+\gamma-\frac{\beta^2}{4}=(x+a)^2+b^2 \qquad \left(\text{단, } \quad a=\frac{\beta}{2}, \quad b^2=\gamma-\frac{\beta^2}{4}\right)$$

와 같이 나타낼 수 있다. 따라서 $t=(x+a)/b$ 로 치환하면

$$\int \frac{Ax+B}{(x^2+\beta x+\gamma)^s}\,dx=\frac{A}{b^{2s-2}}\int \frac{t}{(t^2+1)^s}\,dt+\frac{B-Aa}{b^{2s-1}}\int \frac{1}{(t^2+1)^s}\,dt \tag{4.22}$$

와 같이 표현된다. 결국 식 (4.21) 과 (4.22) 에 의하면, 분자의 차수가 분모의 차수보다 낮은 일반적인 유리함수를 적분하기 위해서는

$$\textbf{(1)} \int \frac{1}{(x-\alpha)^n}\,dx \qquad \textbf{(2)} \int \frac{x}{(x^2+1)^n}\,dx \qquad \textbf{(3)} \int \frac{1}{(x^2+1)^n}\,dx \tag{4.23}$$

와 같은 세 가지 형태의 부정적분만 구할 수 있으면 된다. 그런데 식 (4.23) 의 각 경우에 대한 부정적분은 다음과 같다. 즉,

(1) 의 경우에는

$$\int \frac{1}{(x-\alpha)^n}\,dx=\begin{cases}-\dfrac{1}{n-1}\dfrac{1}{(x-\alpha)^{n-1}}+c, & (n\neq 1)\\ \ln|x-\alpha|+c, & (n=1)\end{cases} \tag{4.24}$$

이다.

(2) 의 경우에는 $t=x^2+1$ 로 치환하면

$$\int \frac{x}{(x^2+1)^n}\,dx=\begin{cases}-\dfrac{1}{2(n-1)}\dfrac{1}{(x^2+1)^{n-1}}+c, & (n\neq 1)\\ \dfrac{1}{2}\ln(x^2+1)+c, & (n=1)\end{cases} \tag{4.25}$$

을 얻는다.

(3) 의 경우에는 $n=1$ 일 때

$$\int \frac{1}{x^2+1}\,dx=\tan^{-1}x+c \tag{4.26}$$

이고, $n>1$ 일 때는 다음의 정리 4.3.3 에서 주어진 점화공식이 얻어진다.

정리 4.3.3 $I_n = \int \frac{1}{(x^2+1)^n}\,dx \ (n > 1)$ 일 때

$$I_n = \frac{1}{2(n-1)} \frac{x}{(x^2+1)^{n-1}} + \frac{2n-3}{2(n-1)} I_{n-1} \tag{4.27}$$

이 성립한다.

【증명】 $I_{n-1} = \int \frac{1}{(x^2+1)^{n-1}}\,dx$ 에서 $f'(x) = 1,\ g(x) = \frac{1}{(x^2+1)^{n-1}}$ 이라고 놓으면

$$f(x) = x, \qquad g'(x) = \frac{2(n-1)x}{(x^2+1)^n}$$

이므로

$$\begin{aligned} I_{n-1} &= \frac{x}{(x^2+1)^{n-1}} + 2(n-1)\int \frac{x^2}{(x^2+1)^n}\,dx = \frac{x}{(x^2+1)^{n-1}} + 2(n-1)\int \frac{x^2+1-1}{(x^2+1)^n}\,dx \\ &= \frac{x}{(x^2+1)^{n-1}} + 2(n-1)(I_{n-1} - I_n) \end{aligned}$$

이다. 따라서 I_n 에 관하여 풀면 식 (4.27) 을 얻는다. □

지금까지의 결과를 종합하면 유리함수는 항상 적분할 수 있음을 알 수 있다. 또한 일반적인 유리함수 $p(x)/q(x)$ 의 부정적분은 다음 순서에 따라 적분하면 편리하다.

(1) 분자의 차수가 분모의 차수보다 크거나 같으면, 일단 분자를 분모로 나누어

$$\frac{p(x)}{q(x)} = f(x) + \frac{r(x)}{q(x)}$$

와 같은 꼴로 나타낸다. 만약 분모의 차수가 분자의 차수보다 큰 경우라면, 위의 관계식에서 몫은 0 으로, $r(x)$ 는 $p(x)$ 로 각각 대응시킨 후에 아래의 (2) 를 진행한다.

(2) $q(x)$ 를 인수분해 한다(정리 4.3.1 참조).

(3) $r(x)/q(x)$ 를 부분분수로 분해한다(정리 4.3.2 참조).

(4) 적분한다. 이때 다항함수의 적분, 치환적분, 정리 4.3.3 의 점화공식 등을 이용한다.

예제 4.3.1 부정적분

$$\int \frac{x^3+1}{x-1}\,dx$$

을 구하여라.

【풀이】 피적분함수에서 분자의 차수가 분모의 차수보다 크므로 분자를 분모로 나눌 수 있다. 이를 실행하면

$$\frac{x^3+1}{x-1} = (x^2+x+1) + \frac{2}{x-1}$$

을 얻는다. 따라서 구하는 부정적분은

$$\begin{aligned}\int \frac{x^3+1}{x-1}\,dx &= \int \left((x^2+x+1) + \frac{2}{x-1}\right) dx \\ &= \int (x^2+x+1)\,dx + \int \frac{2}{x-1}\,dx \\ &= \frac{1}{3}x^3 + \frac{1}{2}x^2 + x + 2\ln|x-1| + c\end{aligned}$$

이다. □

예제 4.3.2 부정적분

$$\int \frac{1}{x(x^2+x+1)}\,dx$$

을 구하여라.

【풀이】 피적분함수를 부분분수로 분해하기 위해

$$\frac{1}{x(x^2+x+1)} = \frac{A}{x} + \frac{Bx+C}{x^2+x+1}$$

라고 놓으면, x에 관한 항등식

$$1 = A(x^2+x+1) + (Bx+C)x = (A+B)x^2 + (A+C)x + A$$

을 얻을 수 있다. 따라서 계수비교법에 의한 연립방정식

$$A+B=0, \qquad A+C=0, \qquad A=1$$

을 풀면 $A = 1$, $B = -1$, $C = -1$ 을 얻는다. 따라서

$$\begin{aligned}\int \frac{1}{x(x^2+x+1)}\,dx &= \int\left(\frac{1}{x} - \frac{x+1}{x^2+x+1}\right)dx = \int\left(\frac{1}{x} - \frac{1}{2}\cdot\frac{2(x+1)}{x^2+x+1}\right)dx \\ &= \int \frac{1}{x}\,dx - \frac{1}{2}\int \frac{(2x+1)+1}{x^2+x+1}\,dx \\ &= \int \frac{1}{x}\,dx - \frac{1}{2}\int \frac{2x+1}{x^2+x+1}\,dx - \frac{1}{2}\int \frac{1}{x^2+x+1}\,dx \\ &= \ln x - \frac{1}{2}\ln(x^2+x+1) - \frac{1}{2}\int \frac{1}{x^2+x+1}\,dx\end{aligned}$$

이다. 그런데 우변의 마지막 부정적분은

$$\int \frac{1}{x^2+x+1}\,dx = \int \frac{1}{\left(x+\frac{1}{2}\right)^2 + \left(\frac{\sqrt{3}}{2}\right)^2}\,dx = \frac{2}{\sqrt{3}}\tan^{-1}\left(\frac{2}{\sqrt{3}}\left(x+\frac{1}{2}\right)\right) + c_1$$

이다. 따라서 구하는 부정적분은

$$\int \frac{1}{x(x^2+x+1)}\,dx = \ln|x| - \frac{1}{2}\ln(x^2+x+1) - \frac{1}{\sqrt{3}}\tan^{-1}\left(\frac{2}{\sqrt{3}}\left(x+\frac{1}{2}\right)\right) + c$$

이다. □

예제 4.3.3 부정적분

$$\int \frac{-2x+4}{(x-1)^2(x^2+1)}\,dx$$

을 구하여라.

【풀이】 피적분함수를 부분분수로 분해하기 위해

$$\frac{-2x+4}{(x-1)^2(x^2+1)} = \frac{A}{x-1} + \frac{B}{(x-1)^2} + \frac{Cx+D}{x^2+x+1}$$

라고 놓고, 예제 4.3.2 에서와 같은 방법으로 미지수 A, B, C, D 를 구하면 $A = -2$, $B = 1$, $C = 2$, $D = 1$ 이다. 따라서 구하는 부정적분은

$$\int \frac{-2x+4}{(x-1)^2(x^2+1)}\,dx = \int\left(-\frac{2}{x-1} + \frac{1}{(x-1)^2} + \frac{2x+1}{x^2+1}\right)dx$$

$$
\begin{aligned}
&= -2\int \frac{1}{x-1}\,dx + \int \frac{1}{(x-1)^2}\,dx + \int \frac{2x+1}{x^2+1}\,dx \\
&= -2\ln|x-1| - \frac{1}{x-1} + \int \frac{2x}{x^2+1}\,dx + \int \frac{1}{x^2+1}\,dx \\
&= -2\ln|x-1| - \frac{1}{x-1} + \ln(x^2+1) + \tan^{-1}x + c \\
&= \ln\frac{x^2+1}{(x-1)^2} - \frac{1}{x-1} + \tan^{-1}x + c
\end{aligned}
$$

이다. □

연습문제(4.3)

1. 다음 유리함수의 부정적분을 구하여라.

(1) $\displaystyle\int \frac{1}{x^2+x+1}\,dx$ (2) $\displaystyle\int \frac{1}{x^2(x-1)}\,dx$ (3) $\displaystyle\int \frac{1}{x^3-1}\,dx$

(4) $\displaystyle\int \frac{2x+3}{x^3+2x^2+x}\,dx$ (5) $\displaystyle\int \frac{x+1}{(x-1)(x^2+1)^2}\,dx$ (6) $\displaystyle\int \frac{x^3}{(x+1)^8}\,dx$

4.4 무리함수의 적분

일반적으로 무리함수의 적분은 **초등함수**(elementary function)[5]를 가지고는 나타낼 수 없다. 그러나 치환에 의해 유리함수로 나타낼 수 있다면, 4.3절에서 이미 언급한 유리함수의 적분법을 통하여 부정적분을 구할 수 있다. 따라서 이 절에서는 적절한 치환에 의해 유리함수화 할 수 있는 무리함수의 적분 방법에 대하여 살펴본다.

(경우 1) $\int f\left(x,\ \sqrt[n]{ax+b}\right) dx$ (n **은 자연수**)

여기서 f 는 x 및 $\sqrt[n]{ax+b}$ 에 관한 유리함수임을 의미한다. 이제

$$t = \sqrt[n]{ax+b} \tag{4.28}$$

로 치환하면 $x = (t^n - b)/a$ 이므로 $dx = (n/a)t^{n-1}\, dt$ 이다. 따라서

$$\int f\left(x,\ \sqrt[n]{ax+b}\right) dx = \int f\left(\frac{t^n - b}{a},\ t\right) \frac{nt^{n-1}}{a}\, dt \tag{4.29}$$

이다. 식 (4.29)의 우변은 t에 관한 유리함수의 적분이므로 4.3절에서 언급한 유리함수의 적분 방법에 의해 적분할 수 있다.

(경우 2) $\int f\left(x,\ \sqrt{\frac{cx+d}{ax+b}}\right) dx$

이 경우에는

$$t = \sqrt{\frac{cx+d}{ax+b}} \tag{4.30}$$

로 치환하면 t에 관한 유리함수의 적분으로 변형된다. 따라서 4.3절에서 언급한 유리함수의 적분 방법에 의해 적분할 수 있다.

---

5) 함수는 크게 초등함수와 특수함수로 나뉘며, 초등함수는 다시 대수함수와 초월함수로 나뉜다. 대수함수에는 일차함수, 이차함수, ⋯, 유리함수, 무리함수 등이 있으며, 초월함수에는 지수함수, 로그함수, 삼각함수, 역삼각함수, 쌍곡선함수, 역쌍곡선함수 등이 있다. 또한 위에서 언급한 초등함수들이 사칙연산이나 함수의 합성에 의해 새롭게 생성되는 함수의 형태도 초등함수라고 한다. 특수함수에는 감마함수, 시그마 함수, 오차함수, 타원함수 등이 있다.

(경우 3) $\displaystyle\int f\left(x,\ \sqrt[n]{ax+b},\ \sqrt[m]{ax+b}\right) dx$ (m, n **은 자연수**)

이 경우에는 m, n의 최소공배수 ℓ에 대하여

$$t = \sqrt[\ell]{ax+b} \tag{4.31}$$

로 치환하면 t에 관한 유리함수의 적분으로 변형된다. 따라서 4.3절에서 언급한 유리함수의 적분 방법에 의해 적분할 수 있다.

예제 4.4.1 부정적분

$$\int \frac{1}{\sqrt{x}(1+\sqrt[3]{x})}\, dx$$

을 구하여라.

【풀이】 피적분함수가 **(경우 3)**의 형태이므로 식 (4.31)에서와 같이

$$t = \sqrt[6]{x}$$

로 치환하면 $x = t^6$, $dx = 6t^5\, dt$이다. 따라서 구하는 부정적분은

$$\begin{aligned}
\int \frac{1}{\sqrt{x}(1+\sqrt[3]{x})}\, dx &= \int \frac{1}{t^3(1+t^2)}\, dt = 6\int \frac{t^2}{1+t^2}\, dt \\
&= 6\int \left(1 - \frac{1}{1+t^2}\right) dt = 6(t - \tan^{-1} t) + c \\
&= 6(\sqrt[6]{x} - \tan^{-1} \sqrt[6]{x}) + c
\end{aligned}$$

이다. □

(경우 4) $\displaystyle\int f\left(x,\ \sqrt{ax^2+bx+c}\right) dx$

만약 $b^2 - 4ac = 0$이면 $ax^2 + bx + c$는 완전제곱식이 되어 주어진 형태의 부정적분은 그 자체가 유리함수의 적분이므로 4.3절에서 언급한 유리함수의 적분 방법에 의해 적분할 수 있다. 따라서 여기서는 기본적으로 $b^2 - 4ac \neq 0$인 경우를 가정하여 다시 세부적인 몇 가지의 경우로 나누어 기술하도록 한다.

(4.1) $a = 0$ 인 경우:

이 경우는 앞서 언급한 **(경우 1)** 에 해당한다. 따라서 식 (4.28) 에서와 같이 치환하면 유리함수의 적분이 되어 4.3절에서 언급한 유리함수의 적분 방법에 의해 적분할 수 있다.

(4.2) $a \neq 0$ 인 경우:

(4.2.1) $b^2 - 4ac > 0$ 인 경우

$ax^2 + bx + c = 0$ 의 서로 다른 두 실근을 α, β $(\alpha < \beta)$ 라고 하면

$$ax^2 + bx + c = a(x - \alpha)(x - \beta) \tag{4.32a}$$

$$= -a(x - \alpha)(\beta - x) \tag{4.32b}$$

로 놓을 수 있다. 그런데 $ax^2 + bx + c \geq 0$ 이므로 식 (4.32a) 와 (4.32b) 는 각각

(i) $\sqrt{a(x-\alpha)(x-\beta)} = \sqrt{a}\sqrt{(x-\alpha)(x-\beta)}$ $\quad (a > 0,\ x < \alpha$ 또는 $x > \beta)$

(ii) $\sqrt{-a(x-\alpha)(\beta-x)} = \sqrt{-a}\sqrt{(x-\alpha)(\beta-x)}$ $\quad (a < 0,\ \alpha < x < \beta)$

와 같이 놓을 수 있다. 이때

(i) 의 경우에는

$$x - \alpha = t^2(x - \beta), \qquad \text{즉} \qquad t = \sqrt{\frac{x-\alpha}{x-\beta}} \quad (t > 0) \tag{4.33}$$

로 치환하면 $x < \alpha$ 일 때는 $0 < t < 1$ 이고 $x > \beta$ 일 때는 $t > 1$ 이다. 따라서

$$x = \frac{\alpha - \beta t^2}{1 - t^2}, \qquad x - \beta = \frac{\alpha - \beta}{1 - t^2}, \qquad dx = \frac{2(\alpha - \beta)t}{(1 - t^2)^2}\, dt$$

이다. 따라서

$$\sqrt{ax^2 + bx + c} = \sqrt{a}\sqrt{t^2(x-\beta)^2} = \sqrt{a}\,\frac{(\beta - \alpha)t}{\left|1 - t^2\right|}$$

이다. 따라서 주어진 부정적분의 형태는

$$\int f\left(x,\ \sqrt{ax^2 + bx + c}\right) dx = \int f\left(\frac{\alpha - \beta t^2}{1 - t^2},\ \frac{\sqrt{2}(\beta - \alpha)t}{\left|1 - t^2\right|}\right) \frac{2(\alpha - \beta)t}{(1 - t^2)^2}\, dt$$

와 같이 t에 관한 유리함수의 적분 형태로 변형된다. 따라서 4.3절에서 언급한 유리함수의 적분 방법에 의해 적분할 수 있다.

(ii) 의 경우에는

$$x - \alpha = t^2(\beta - x), \qquad 즉 \qquad t = \sqrt{\frac{x-\alpha}{\beta} - x} \quad (t > 0) \tag{4.34}$$

로 치환하면 **(i)** 의 경우와 유사한 방법으로 피적분함수를 유리함수의 형태로 고칠 수 있다. 따라서 4.3절에서 언급한 유리함수의 적분 방법에 의해 적분할 수 있다.

(4.2.2) $b^2 - 4ac < 0$ 인 경우

$$ax^2 + bx + c = a\left(\left(x + \frac{b}{2a}\right)^2 + \frac{4ac - b^2}{4a^2}\right) > 0$$

이 되어야 하므로 $a > 0$ 이다. 이때에는

$$\sqrt{ax^2 + bx + c} = \sqrt{a}\,x + t \tag{4.35}$$

로 치환하면

$$x = \frac{t^2 - c}{b - 2\sqrt{a}\,t}, \qquad dx = -\frac{2(\sqrt{a}\,c - bt + \sqrt{a}\,t^2)}{(b - 2\sqrt{a}\,t)^2}\,dt$$

이다. 따라서

$$ax^2 + bx + c = \frac{\sqrt{a}(t^2 - c)}{b - 2\sqrt{a}\,t} + t$$

이므로 주어진 부정적분은

$$\int f\left(x, \sqrt{ax^2 + bx + c}\right) dx = -2\int f\left(\frac{t^2 - c}{b - 2\sqrt{a}\,t}, \frac{\sqrt{a}\,(t^2 - c)}{b - 2\sqrt{a}\,t}\right) \frac{\sqrt{a}\,c - bt + \sqrt{a}\,t^2}{(b - 2\sqrt{a}\,t)^2}\,dt$$

와 같이 t에 관한 유리함수의 적분 형태로 변형된다. 따라서 4.3절에서 언급한 유리함수의 적분 방법에 의해 적분할 수 있다.

예제 4.4.2 부정적분

$$\int \frac{1}{x\sqrt{(x-1)(3-x)}}\,dx$$

을 구하여라.

【풀이】 피적분함수의 근호 안에 있는 x에 관한 이차함수에서 x^2의 계수가 음수인 경우이므로 식 (4.34)에서와 같이

$$x-1=t^2(3-x) \quad (t>0)$$

치환하면

$$x=\frac{3t^2+1}{1+t^2}, \qquad 3-x=\frac{2}{1+t^2}, \qquad dx=\frac{4t}{(1+t^2)^2}\,dt$$

이고, 또한

$$\sqrt{(x-1)(3-x)}=\frac{2t}{t^2+1}$$

이다. 따라서 구하는 부정적분은

$$\begin{aligned}\int\frac{1}{x\sqrt{(x-1)(3-x)}}\,dx&=\int\frac{1+t^2}{3t^2+1}\cdot\frac{1+t^2}{2t}\cdot\frac{4t}{(1+t^2)^2}\,dt=\int\frac{2}{3t^2+1}\,dt\\&=\frac{2}{\sqrt{3}}\tan^{-1}\sqrt{3}\,t+c=\frac{2}{\sqrt{3}}\tan^{-1}\sqrt{\frac{3(x-1)}{3-x}}+c\end{aligned}$$

이다. □

(경우 5) $\displaystyle\int x^m(ax^n+b)^{\frac{p}{q}}\,dx \qquad (m,\ n,\ p,\ q$**는 정수**, $n>0)$

(5.1) $t=(ax^n+b)^{\frac{1}{q}}$ 로 치환하는 경우

이때

$$x=\left(\frac{t^q-b}{a}\right)^{\frac{1}{n}}, \qquad dx=\frac{q}{na}\left(\frac{t^q-b}{a}\right)^{\frac{1}{n}-1}t^{q-1}\,dt$$

이다. 따라서

$$\int x^m(ax^n+b)^{\frac{p}{q}}\,dx=\frac{q}{na}\int\left(\frac{t^2-b}{a}\right)^{\frac{m+1}{n}-1}t^{p+q-1}\,dt$$

이다. 만약 여기서 $(m+1)/n$이 정수인 경우라면 주어진 피적분함수는 t에 관한 유리함수가 되어, 4.3절에서 언급한 유리함수의 적분 방법에 의해 적분할 수 있다.

(5.2) $t=(a+bx^{-n})^{\frac{1}{q}}$ 로 치환하는 경우

이때

$$x=\left(\frac{t^q-a}{b}\right)^{-\frac{1}{n}}, \qquad dx=-\frac{q}{nb}\left(\frac{t^q-a}{b}\right)^{-\frac{1}{n}-1}t^{q-1}\,dt$$

이다. 따라서

$$\int x^m(ax^n+b)^{\frac{p}{q}}\,dx = \int \left(\frac{t^q-a}{b}\right)^{-\frac{m}{n}} \left(\frac{t^q-a}{b}\right)^{-\frac{p}{q}} \cdot \frac{-q}{nb}\left(\frac{t^q-a}{b}\right)^{-\frac{1}{n}-1} t^{q-1}\,dt$$

이다. 만약 여기에서 $(m+1)/n + p/q$ 이 정수인 경우라면 주어진 피적분함수는 t 에 관한 유리함수가 되므로, 4.3절에서 언급한 유리함수의 적분 방법에 의해 적분할 수 있다.

예제 4.4.3 부정적분

$$\int \frac{1}{\sqrt[3]{(1+x^3)^4}}\,dx$$

을 구하여라.

【풀이】 주어진 부정적분의 피적분함수와 **(경우 5)** 에 있는 피적분함수를 비교하면

$$m=0, \qquad n=3, \qquad \frac{p}{q}=-\frac{4}{3}$$

인 경우에 해당한다. 따라서

$$\frac{m+1}{n}+\frac{p}{q}=\frac{1}{3}+\frac{4}{3}=-1$$

은 정수이다. 따라서 **(5.2)** 의 경우로서 $t=(1+x^{-3})^{\frac{1}{3}}$ 로 치환하면

$$x=(t^3-1)^{-\frac{1}{3}}, \qquad dx=-\frac{1}{3}(t^3-1)^{-\frac{4}{3}}\cdot 3t^2\,dt$$

이고, 또한

$$(1+x^3)^{\frac{1}{3}} = xt = (t^3-1)^{1\frac{1}{3}}t$$

이다. 따라서

$$\int \frac{1}{\sqrt[3]{(1+x^3)^4}}\,dx = \int \frac{1}{(t^3-1)^{-\frac{4}{3}}t^4}\left(-(t^3-1)^{-\frac{4}{3}}t^2\right)\,dt$$

$$= -\int \frac{1}{t^2}\,dt = \frac{1}{t}+c = \frac{1}{\sqrt[3]{1+x^{-3}}}+c$$

이다. □

일반적으로 $p(x)$가 x에 관한 3차 또는 4차 다항식인 경우의 부정적분

$$\int f\left(x, \sqrt{p(x)}\right) dx \tag{4.36}$$

는 초등함수[6]로 나타낼 수 없음이 알려져 있다. 특히

(1) $\displaystyle\int \frac{1}{\sqrt{(1-x^2)(1-k^2x^2)}}\, dx \quad (k \neq \pm 1)$

(2) $\displaystyle\int \frac{\sqrt{1-k^2x^2}}{\sqrt{1-x^2}}\, dx \quad (k \neq \pm 1)$

(3) $\displaystyle\int \frac{1}{(1+nx^2)\sqrt{(1-x^2)(1-k^2x^2)}}\, dx \quad (k \neq \pm 1)$

와 같은 형태를 르장드르–야코비(Legendre-Jacobi)[7]의 **타원적분**(elliptic integral)[8]이라 하는데, 이들은 $x = \sin\theta$인 치환하면

(1′) $\displaystyle\int \frac{1}{\sqrt{1-k^2\sin^2\theta}}\, d\theta$

(2′) $\displaystyle\int \sqrt{1-k^2\sin^2\theta}\, d\theta$

(3′) $\displaystyle\int \frac{1}{(1+n\sin^2\theta)\sqrt{1-k^2\sin^2\theta}}\, d\theta$

와 같이 나타낼 수 있지만, 이들의 부정적분은 여전히 초등함수로 나타낼 수 없음이 알려져 있다.

---

6) 초등함수의 정의(149쪽 참조)

7) 르장드르(A. M. Legendre, 1752 ~ 1833) : 프랑스의 수학자
야코비(C. G. Jacobi, 1804 ~ 1851) : 프러시아(현재의 독일)의 수학자

8) 타원적분에 의한 원시함수를 타원함수라고 한다. 타원함수는 초등함수로 표현되지 않음이 알려져 있다.

연습문제(4.4)

1. 다음 무리함수의 부정적분을 구하여라.

(1) $\displaystyle\int \frac{1}{\sqrt{x}+\sqrt[3]{x}}\,dx$

(2) $\displaystyle\int \frac{1}{x^2\sqrt{1+x^2}}\,dx$

(3) $\displaystyle\int \frac{x^4}{\sqrt[4]{1+x^4}}\,dx$

(4) $\displaystyle\int \frac{1}{\sqrt{2-x-x^2}}\,dx$

(5) $\displaystyle\int x^2(a+x^3)^{\frac{5}{3}}\,dx$

(6) $\displaystyle\int \frac{1}{(x-a)\sqrt{(x-a)(x-b)}}\,dx \quad (a \neq b)$

4.5 삼각함수의 적분

피적분함수 $f(x)$가 $\sin x$, $\cos x$, $\tan x$에 관한 유리함수일 때

$$t = \tan \frac{x}{2} \tag{4.37}$$

로 치환하면

$$dx = \frac{2}{1+t^2}\, dt \tag{4.38}$$

이고, $\sin x$, $\cos x$, $\tan x$는 다음처럼 t에 관한 유리함수로 나타낼 수 있다(그림 4.1 참조).

$$\begin{aligned} \sin x &= 2\sin\frac{x}{2}\cos\frac{x}{2} = 2\tan\frac{x}{2}\cdot\cos^2\frac{x}{2} \\ &= 2\tan\frac{x}{2}\cdot\frac{1}{\sec^2\frac{x}{2}} = 2\tan\frac{x}{2}\cdot\frac{1}{1+\tan^2\frac{x}{2}} = \frac{2t}{1+t^2}, \\ \cos x &= 2\cos^2\frac{x}{2} - 1 = \frac{2}{1+t^2} - 1 = \frac{1-t^2}{1+t^2}, \\ \tan x &= \frac{\sin x}{\cos x} = \frac{2t}{1-t^2}. \end{aligned} \tag{4.39}$$

따라서 $f(x)$는 t에 관한 유리함수의 적분으로 적절히 변형되므로, 4.3절에서 이미 언급한 바 있는 유리함수의 적분 방법에 의해 적분할 수 있다.

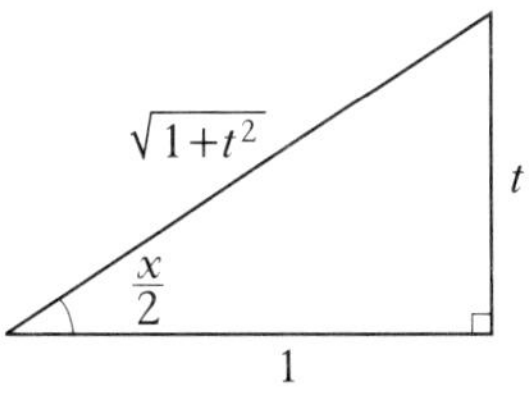

[그림 4.1]

예제 4.5.1 부정적분

$$\int \frac{1}{\sin x + \cos x}\, dx$$

을 구하여라.

【풀이】 $t = \tan\frac{x}{2}$ 라고 놓으면 식 (4.38) 과 (4.39) 로부터

$$\sin x = \frac{2t}{1+t^2}, \qquad \cos x = \frac{1-t^2}{1+t^2}, \qquad dx = \frac{2}{1+t^2}\,dt$$

이다. 따라서 치환적분에 의한 적분 결과는

$$\int \frac{1}{\sin x + \cos x}\,dx = \int \frac{1}{\frac{2t}{1+t^2} + \frac{1-t^2}{1+t^2}} \cdot \frac{2}{1+t^2}\,dt = 2\int \frac{1}{1+2t-t^2}\,dt = 2\int \frac{1}{2-(t-1)^2}\,dt$$
$$= \frac{1}{\sqrt{2}} \ln\left|\frac{\sqrt{2}+(t-1)}{\sqrt{2}-(t-1)}\right| + c_1 = \frac{1}{\sqrt{2}} \ln\left|\frac{\sqrt{2}-1+\tan\frac{x}{2}}{\sqrt{2}+1-\tan\frac{x}{2}}\right| + c_1$$

이다.

한편 또 다른 풀이 방법으로써 직관적인 식 변환에 의해

$$\int \frac{1}{\sin x + \cos x}\,dx = \frac{1}{\sqrt{2}} \int \frac{1}{\frac{1}{\sqrt{2}}\sin x + \frac{1}{\sqrt{2}}\cos x}\,dx$$
$$= \frac{1}{\sqrt{2}} \int \frac{1}{\sin\left(x+\frac{\pi}{4}\right)}\,dx = \frac{1}{\sqrt{2}} \ln\left|\tan\left(\frac{x}{2}+\frac{\pi}{8}\right)\right| + c_2$$

와 같이 구할 수도 있다.

위의 두 연산 결과를 비교했을 때, 서로 다른 방법에 의해 얻어진 부정적분의 연산 결과가 서로 다른 형태로 표현되고 있다. 그 이유는 서로 다른 방법에 의해 유도된 부정적분의 연산 결과가 서로 다른 적분상수로 정의될 수도 있기 때문이다. 두 번째 방법에 의한 적분 상수 c_2 를

$$c_2 = c_1 - \frac{\ln(\sqrt{2}+1)}{\sqrt{2}}$$

으로 놓으면 두 방법에 의한 부정적분의 연산 결과가 같음을 확인할 수 있다. □

피적분함수가 삼각함수들의 곱의 형태로 주어지는 경우에는 앞서 언급한 식 (4.37) 을 이용한 단순한 치환적분의 형태로는 쉽게 적분이 되지 않는 경우들도 있다. 따라서 아래에서는 이러한 경우들에 대한 부정적분의 형태를 특징적인 몇 가지 유형으로 나누어 살펴보도록 한다.

(경우 1) $\int \sin^m x \cos^n x\,dx$

(1.1) m 또는 n 이 홀수인 경우

$n = 1$ 이면

$$\int \sin^m x \cos^n x\,dx = \frac{1}{m+1}\sin^{m+1} x + c$$

와 같이 적분된다.

또한 $n > 1$ 이면 $n-1$ 은 짝수이므로, 삼각공식 $\cos^2 x = 1 - \sin^2 x$ 를 이용하면

$$\cos^n x = \cos^{n-1} x \cos x = (1 - \sin^2 x)^{\frac{n-1}{2}} \cos x$$

이 성립한다. 따라서 $n = 1$ 인 경우와 같이 적분할 수 있다.

(1.2) m, n 이 모두 짝수인 경우

삼각공식

$$\sin x \cos x = \frac{1}{2}\sin 2x, \qquad \sin^2 x = \frac{1}{2} - \frac{1}{2}\cos 2x, \qquad \cos^2 x = \frac{1}{2} + \frac{1}{2}\cos 2x$$

를 이용한 피적분함수의 변형을 통하여 적분할 수 있다.

예제 4.5.2 부정적분

$$\int \sin^2 x \cos^3 x\,dx$$

을 구하여라.

【풀이】 **(경우 1)** 의 **(1.1)** 에 의하면

$$\begin{aligned}\int \sin^2 x \cos^3 x\,dx &= \int \sin^2 x \cos^2 x \cos x\,dx \\ &= \int \sin^2 x(1 - \sin^2 x)\cos x\,dx = \int (\sin^2 x - \sin^4 x)\cos x\,dx\end{aligned}$$

이다. 이제 치환적분법을 적용하기 위하여 $u = \sin x$ 라고 놓으면 $du = \cos x\,dx$ 이므로

$$\begin{aligned}\int \sin^2 x \cos^3 x\,dx &= \int (\sin^2 x - \sin^4 x)\cos x\,dx = \int (u^2 - u^4)\,du \\ &= \frac{1}{3}u^3 - \frac{1}{5}u^5 + c = \frac{1}{3}\sin^3 x - \frac{1}{5}\sin^5 x + c\end{aligned}$$

이다. □

예제 4.5.3 부정적분

$$\int \sin^2 x \cos^4 x\, dx$$

을 구하여라.

【풀이】 (경우 1) 의 **(1.2)** 에 의하면

$$\int \sin^2 x \cos^4 x\, dx = \int (\sin x \cos x)^2 \cos^2 x\, dx = \int \left(\frac{1}{2}\sin 2x\right)^2 \left(\frac{1+\cos 2x}{2}\right) dx$$
$$= \frac{1}{8}\int \sin^2 2x\, dx + \frac{1}{8}\sin^2 2x \cos 2x\, dx$$

이다. 우변의 첫 번째 적분에서 $u = 2x$ 라고 놓으면 $du = 2\,dx$ 이고, 두 번째 적분에서 $v = \sin 2x$ 라고 놓으면 $dv = 2\cos 2x\, dx$ 가 된다. 따라서 구하는 부정적분은

$$\int \sin^2 x \cos^4 x\, dx = \frac{1}{8}\int \sin^2 2x\, dx + \frac{1}{8}\sin^2 2x \cos 2x\, dx = \frac{1}{8}\int \sin^2 u \cdot \frac{1}{2}\, du + \frac{1}{8}\int v^2 \cdot \frac{1}{2}\, dv$$
$$= \frac{1}{16}\left(\frac{1}{2}u - \frac{1}{4}\sin 2u\right) + \frac{1}{16}\left(\frac{1}{3}v^3\right) + c = \frac{1}{16}\left(x - \frac{1}{4}\sin 4x\right) + \frac{1}{48}\sin^3 2x + c$$

이다. □

(경우 2) $\int \sin^n x\, dx, \quad \int \cos^n x\, dx$

피적분함수가 $\sin^n x$ 인 경우에

$$f(x) = \sin^{n-1} x, \qquad g'(x) = \sin x$$

로 놓으면

$$f'(x) = (n-1)\sin^{n-2} x \cos x, \qquad g(x) = -\cos x$$

이므로 부분적분법에 의해

$$\int \sin^n x\, dx = \int \sin^{n-1} x \cos x\, dx = -\sin^{n-1} x \cos x + (n-1)\int \sin^{n-2} x \cos^2 x\, dx$$

이다. 이때 우변의 적분은 **(경우 1)** 에서 설명한 방법을 이용한다.

피적분함수가 $\cos^n x$ 인 경우에도 위와 같은 방법으로 적분할 수 있다.

예제 4.5.4 부정적분

$$\int \sin^6 x\,dx$$

을 구하여라.

【풀이】 **(경우 2)** 의 형태로서 $f(x) = \sin^5 x$, $g'(x) = \sin x$ 로 놓으면

$$f'(x) = 5\sin^4 x \cos x, \qquad g(x) = -\cos x$$

이므로

$$\int \sin^6 x\,dx = -\sin^5 x \cos x + 5\int \sin^4 x \cos^2 x\,dx$$

이다. 그런데 위 식의 우변의 적분은 예제 4.5.3 에서와 같은 방법을 적용하여 풀면

$$\int \sin^4 x \cos^2 x\,dx = \frac{1}{16}x - \frac{1}{64}\sin 4x - \frac{1}{48}\sin^3 2x + c_1$$

이므로

$$\int \sin^6 x\,dx = -\sin^5 x \cos x - \frac{5}{64}\sin 4x - \frac{5}{48}\sin^3 2x + \frac{5}{16}x + c$$

이다. 여기서 c 는 $c = 5c_1$ 인 적분상수를 의미한다. □

(경우 3) $\int \sin mx \cos nx\,dx$, $\int \sin mx \sin nx\,dx$, $\int \cos mx \cos nx\,dx$

피적분함수가 $\sin mx \cos nx$, $\sin mx \sin nx$, $\cos mx \cos nx$ 인 경우에 곱을 합으로 나타내는 삼각공식, 즉

$$\sin mx \cos nx = \frac{1}{2}\Big(\sin(m+n)x + \sin(m-n)x\Big),$$

$$\sin mx \sin nx = -\frac{1}{2}\Big(\cos(m+n)x - \cos(m-n)x\Big),$$

$$\cos mx \cos nx = \frac{1}{2}\Big(\cos(m+n)x + \cos(m-n)x\Big)$$

을 이용하여 피적분함수를 변형시킨 후에 적분한다.

예제 4.5.5 부정적분

$$\int \sin 5x \cos 3x\, dx$$

을 구하여라.

【풀이】 **(경우 3)** 의 방법을 적용하여 풀면

$$\int \sin 5x \cos 3x\, dx = \int \left(\frac{1}{2}\sin 2x + \frac{1}{2}\sin 8x\right) dx = -\frac{1}{4}\cos 2x - \frac{1}{16}\cos 8x + c$$

이다. □

(경우 4) $\int \tan^n x\, dx$, $\int \cot^n x\, dx$

피적분함수가 $\tan^n x$ 인 경우에는

$$\tan^n x = \tan^{n-2} x \tan^2 x = \tan^{n-2} x(\sec^2 x - 1) = \tan^{n-2} x \sec^2 x - \tan^{n-1} x$$

이므로

$$\int \tan^{n-2} x \sec^2 x\, dx = \frac{1}{n-1}\tan^{n-1} x + c$$

를 이용한다.

유사한 방법으로 피적분함수가 $\cot^n x$ 인 경우에는

$$\cot^n x = \cot^{n-2} \cot^2 x = \cot^{n-2}(\csc^2 x - 1)$$

를 이용한다.

예제 4.5.6 부정적분

$$\int \tan^6 x\, dx$$

을 구하여라.

【풀이】 **(경우 4)** 의 방법을 적용하여 풀면

$$\int \tan^6 x\, dx = \int \tan^4 x \tan^2 x\, dx = \int \tan^4 x(\sec^2 x - 1)\, dx$$

$$= \int \left(\tan^4 x \sec^2 x - \tan^2 x \sec^2 x + \tan^2 x\right) dx$$

$$= \int \left(\tan^4 x \sec^2 x - \tan^2 x \sec^2 x + \sec^2 x - 1\right) dx$$

$$= \frac{1}{5}\tan^5 x - \frac{1}{3}\tan^3 x + \tan x - x + c$$

이다. □

(경우 5) $\int \sec^n x\, dx, \quad \int \csc^n x\, dx$

(5.1) n 이 짝수인 경우

피적분함수 $\sec^n x$, $\csc^n x$ 를 각각

$$\sec^n x = \sec^{n-2} x \sec^2 x = (\tan^2 x + 1)^{\frac{n-2}{2}} \sec^2 x,$$

$$\csc^n x = \csc^{n-2} x \csc^2 x = (\cot^2 x + 1)^{\frac{n-2}{2}} \csc^2 x$$

와 같이 변형시킨 후에 치환적분을 한다.

(5.2) n 이 홀수인 경우

$\sec^n x$ 를 적분하기 위하여 $f(x) = \sec^{n-2} x$, $g'(x) = \sec^2 x$ 로 놓고, 삼각공식 $\tan^2 x = \sec^2 x - 1$ 을 이용하여 부분적분을 한다.

예제 4.5.7 부정적분

$$\int \sec^3 x\, dx$$

을 구하여라.

【풀이】 **(경우 5)** 의 **(5.2)** 의 형태로서 $f(x) = \sec x$, $g'(x) = \sec^2 x$ 로 놓으면

$$f'(x) = \sec x \tan x, \qquad g(x) = \tan x$$

이므로

$$\int \sec^3 x\, dx = \sec x \tan x - \int \tan^2 x \sec x\, dx = \sec x \tan x - \int (\sec^2 x - 1) \sec x\, dx$$

$$= \sec x \tan x - \int \sec^3 x\, dx + \int \sec x\, dx$$

$$= \sec x \tan x - \int \sec^3 x\, dx + \ln|\sec x + \tan x| + c_1$$

이다. 따라서

$$\int \sec^3 x\, dx = \frac{1}{2} \sec x \tan x + \frac{1}{2} \ln|\sec x + \tan x| + c$$

이다. 여기서 c 는 $c = c_1/2$ 인 적분상수를 의미한다. □

(경우 6) $\int \tan^m x \sec^n x\, dx$, $\int \cot^m x \csc^n x\, dx$

(6.1) n 이 짝수인 경우

피적분함수가 $\tan^m x \sec^n x$ 일 때는

$$\tan^m x \sec^n x = \tan^m x \sec^{n-2} x \sec^2 x$$

로 놓고, 삼각공식 $\sec^2 x = 1 + \tan^2 x$ 를 이용하여 $\sec^{n-2} x$ 를 $\tan x$ 로 변형시킨 후에 적분한다.

피적분함수가 $\cot^m x \csc^n x$ 의 형태일 때에도 위에서와 같은 방법을 사용한다.

(6.2) m, n 이 모두 홀수인 경우

피적분함수가 $\tan^m x \sec^n x$ 일 때는

$$\tan^m x \sec^n x = \tan^{m-1} x \sec^{n-1} x \sec x \tan x$$

와 같이 변형시킨 후에 삼각공식 $\tan^2 x = \sec^2 x - 1$ 를 적용하여 $\tan^{m-1} x$ 를 $\sec x$ 로 변형시킨 후에 적분한다.

피적분함수가 $\cot^m x \csc^n x$ 의 형태일 때에도 위에서와 같은 방법을 사용한다.

(6.3) n 이 홀수, m 이 짝수인 경우

피적분함수가 $\tan^m x \sec^n x$ 일 때 $\tan^m x$ 를 $\sec^n x$ 로 나타낸 후에 적분한다.

피적분함수가 $\cot^m x \csc^n x$ 의 형태일 때에도 같은 방법을 사용한다.

예제 4.5.8 부정적분

$$\int \tan^3 x \sec^3 x\,dx$$

을 구하여라.

【풀이】 **(경우 6)** 의 **(6.2)** 에 의하면

$$\int \tan^3 x \sec^3 x\,dx = \int (\tan^2 x \sec^2 x) \tan x \sec x\,dx = \int ((\sec^2 x - 1)\sec^2 x) \tan x \sec x\,dx$$

이다. 여기에서 치환 $u = \sec x$ 를 하면 $du = \sec x \tan x\,dx$ 이다. 따라서

$$\int \tan^3 x \sec^3 x\,dx = \int (u^2 - 1)u^2\,du = \frac{1}{5}u^5 - \frac{1}{3}u^3 + c = \frac{1}{5}\sec^5 x - \frac{1}{3}\sec^3 x + c$$

이다. □

연습문제(4.5)

1. 다음 부정적분을 구하여라.

(1) $\int \sec^3 x\,dx$ (2) $\int \tan^5 x\,dx$ (3) $\int \tan^2 x \sec^4 x\,dx$

(4) $\int \tan^3 x \sec^3 x\,dx$ (5) $\int \tan^2 x \sec x\,dx$ (6) $\int \sec^6 x\,dx$

4.6 적분공식의 사용

부록에 있는 적분공식[9)]은 우리가 지금까지 다루었던 공식 이외에도 추가적으로 많은 적분공식들을 피적분함수가 갖는 특징별로 구분하여 모아 놓은 것이다. 이들 공식 중에서 증명하지 않았던 것들도 미분법의 역연산, 치환적분, 부분적분, 점화공식 등을 사용하여 증명할 수 있지만 여기서는 생략하기로 한다.

이들 공식들을 적절히 활용하면 부정적분의 결과가 초등함수로 나타내어지는 대부분의 부정적분을 구할 수 있을 것이다. 따라서 우리는 필요에 따라 이들 공식을 직접 활용함으로써 부정적분을 보다 쉽게 구할 수도 있을 것이다.

예 제 4.6.1 부록에 있는 적분공식을 활용하여 부정적분

$$\int (x^2+8)^{\frac{3}{2}}\,dx$$

을 구하여라.

【풀이】 주어진 적분의 형태를 부록의 적분공식 (21) 번[10)], 즉

$$\int (u^2 \pm a^2)^{\frac{3}{2}}\,du = \frac{1}{4}u(u^2 \pm a^2)^{\frac{3}{2}} \pm \frac{3}{8}a^2u\sqrt{u^2 \pm a^2} + \frac{3}{8}a^4 \ln\left|u + \sqrt{u^2 + a^2}\right| + c$$

와 비교하면

$$u = x, \qquad a = \sqrt{8}$$

에 대응하므로, 구하는 적분 결과는

$$\begin{aligned}\int (x^2+8)^{\frac{3}{2}}\,dx &= \frac{1}{4}(x^2+8)^{\frac{3}{2}} + \frac{3}{8}\cdot 8 \cdot x\sqrt{x^2+8} + \frac{3}{8}\cdot 64 \ln\left|x + \sqrt{x^2+8}\right| + c \\ &= \frac{1}{4}x(x^2+8)^{\frac{3}{2}} + 3x\sqrt{x^2+8} + c + 24\ln\left(x+\sqrt{x^2+8}\right) + c\end{aligned}$$

이다. □

9) 부록의 적분공식(511쪽 참조)

10) 부록의 적분공식(512쪽, 적분공식 (21) 번 참조)

연습문제(4.6)

1. 부록의 적분공식(511쪽, 적분공식 참조)을 직접 적용하여 다음 부정적분을 구하여라.

(1) $\displaystyle\int \frac{x^2}{\sqrt{5-4x^2}}\,dx$ (2) $\displaystyle\int x^3 \sin x\,dx$ (3) $\displaystyle\int x\sqrt{x^2+2x+4}\,dx$

제 5 장

정적분

5.1 정적분

함수 f 가 폐구간 $[a, b]$ 에서 유계라고 하자. 즉, 모든 $x \in [a, b]$ 에 대하여

$$m \leq f(x) \leq M \tag{5.1}$$

을 만족시키는 실수 m, M 이 존재한다고 하자.

$[a, b]$ 의 양 끝점 a, b, 그리고 이들 사이에 있는 임의의 $n-1$ 개의 점 $x_1, x_2, \ldots, x_{n-1}$ 을

$$a = x_0 < x_1 < x_2 < \cdots < x_{n-1} < x_n = b \tag{5.2}$$

가 되도록 선택하면, $n+1$ 개의 점 $x_0, x_1, x_2, \ldots, x_{n-1}, x_n$ 는 폐구간 $[a, b]$ 를 n 개의 소구간 $[x_0, x_1], [x_1, x_2], \ldots, [x_{n-1}, x_n]$ 으로 나눈다. 이때 이러한 절점들의 집합

$$P = \{x_0, x_1, x_2, \ldots, x_n\} \tag{5.3}$$

를 구간 $[a, b]$의 **분할**(partition) 이라고 한다. 특히 구간 $[a, b]$를 같은 크기의 n개로 나누었을 때의 분할 P를 **정칙분할**(regular partition) 또는 **등분할**이라고 한다.

또한 각 소구간 $[x_{i-1}, x_i]$의 길이를

$$\Delta x_i = x_i - x_{i-1} \tag{5.4}$$

로 나타냈을 때, $\Delta x_1, \Delta x_2, \ldots, \Delta x_n$ 중에서 가장 큰 값을 분할 P의 **노름**(norm)이라 하고 $|P|$와 같이 나타낸다. 즉,

$$|P| = \max_{1 \le i \le n} \Delta x_i \tag{5.5}$$

이다. 따라서 분할 P가 구간 $[a, b]$를 n개로 나눈 등분할인 경우에는 $|P| = (b-a)/n$ 임을 알 수 있다.

분할 P에 대한 각 소구간 $[x_{i-1}, x_i]$에서 임의의 ξ_i를 택하여 만든 합

$$\sum_{i=1}^{n} f(\xi_i)\Delta x_i \tag{5.6}$$

을 함수 f의 분할 P와 ξ_i에 의한 **리만합**(Riemann sum)이라고 한다(그림 5.1 참조).

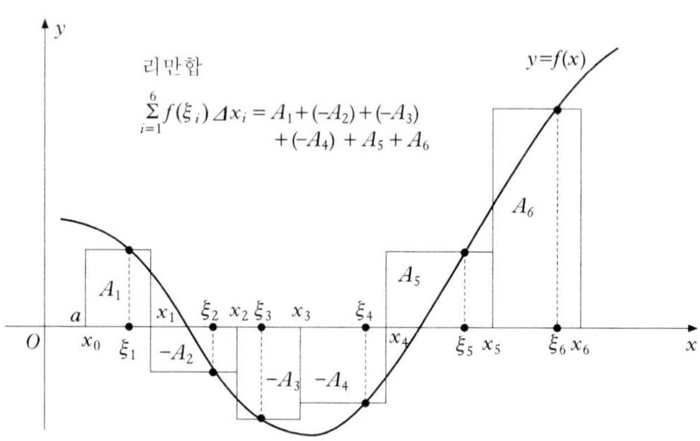

[그림 5.1] 리만합

식 (5.6)에서 정의된 리만합은 주어진 함수 f에 대하여 구간 $[a, b]$의 유한개로의 분할이 어떻게 이루어졌는가에 따라서, 그리고 그러한 분할에 대하여 각 소간에서의 점 ξ_i를 어떻게 선택했느냐에 따라서 그 합이 달라짐을 알 수 있다.

정의 5.1.1 함수 f 가 폐구간 $[a, b]$ 에서 유계라고 하자. 리만합 (5.6) 에서 $|P|$ 가 0 에 가까이 갈 때 극한

$$\lim_{|P|\to 0} \sum_{i=1}^{n} f(\xi_i)\Delta x_i \tag{5.7}$$

가 존재하면, 함수 f 는 구간 $[a, b]$ 에서 **적분가능**(integrable)하다고 하고, 이때의 극한을 f 의 $x = a$ 에서 $x = b$ 까지의 **정적분**(definite integral) 또는 **리만적분**(Riemann integral)이라 하고

$$\int_a^b f(x)\,dx \tag{5.8}$$

로 나타낸다. 정적분 (5.8) 에서의 a 를 정적분의 **아래끝**(lower limit of integration)이라 하고, b 를 **위끝**(upper limit of integration)이라고 한다.

정의 5.1.1 에서 주어진 함수 f 가 $[a, b]$ 에서 적분가능하면, $[a, b]$ 의 분할 P 의 노름 $|P|$가 한없이 0 에 가까워지도록 분할 P 를 잡아가면 P 의 각 소구간 $[x_{i-1}, x_i]$ 에서 점 ξ_i 를 어떻게 선택하든 f 의 분할 P 에 대한 리만합은 항상 일정한 값에 수렴함을 알 수 있다.

예제 5.1.1 함수 f 가 구간 $[a, b]$ 에서

$$f(x) = \begin{cases} 1, & (x \text{는 유리수}) \\ 0, & (x \text{는 무리수}) \end{cases}$$

으로 정의되었을 때, f 는 구간 $[a, b]$ 에서 적분가능하지 않음을 보여라.

【풀이】 구간 $[a, b]$ 에서 분할 P 를 어떻게 선택하든 간에 P 의 각 소구간 $[x_{i-1}, x_i]$ 에는 반드시 어떤 유리수와 무리수를 동시에 포함하고 있다. 따라서 각각의 소구간 $[x_{i-1}, x_i]$ 에서 점 ξ_i 를 유리수로 택하면 리만합은

$$\sum_{i=1}^{n} f(\xi_i)\Delta x_i = b - a$$

이다. 한편 각각의 소구간 $[x_{i-1}, x_i]$ 에서 점 ξ_i 를 무리수로 택하면 리만합은

$$\sum_{i=1}^{n} f(\xi_i)\Delta x_i = 0$$

이다. 따라서 극한

$$\lim_{|P|\to 0}\sum_{i=1}^{n} f(\xi_i)\Delta x_i$$

은 존재하지 않는다. 그러므로 함수 f 는 구간 $[a, b]$ 에서 적분가능하지 않다. □

예제 5.1.2 함수

$$f : [a, b] \to \mathbb{R},\quad f(x) = k \quad (k \text{ 는 상수})$$

가 구간 $[a, b]$ 에서 적분가능함을 보이고, 또한 정적분의 정의로부터

$$\int_a^b f(x)\,dx = k(b-a)$$

임을 보여라.

【풀이】 함수 f 는 상수함수이므로 $[a, b]$ 의 임의의 분할 P 의 ξ_i 의 선택 방법에 관계없이 항상

$$\sum_{i=1}^{n} f(\xi_i)\Delta x_i = k\sum_{i=1}^{n}\Delta x_i = k(b-a)$$

이다. 따라서

$$\lim_{|P|\to 0}\sum_{i=1}^{n} f(\xi_i)\Delta x_i = k(b-a)$$

이므로 f 는 구간 $[a, b]$ 에서 적분가능하고

$$\int_a^b f(x)\,dx = k(b-a)$$

이다. □

정적분의 정의로부터 우리는 다음과 같은 두 가지의 의문을 갖게 된다. 그 중의 하나는 『어떠한 함수가 적분가능한가?』하는 것이고, 또 다른 하나는 『함수가 적분가능하다면 그 정적분의 값을 어떻게 구할 것인가?』하는 것이다. 다음의 정리 5.1.1 은 첫 번째 의문에 대한 부분적인 답을 준다. 증명은 이 책의 범위를 벗어나므로 생략한다.

정리 5.1.1 함수 f 가 폐구간 $[a, b]$ 에서 연속이면, f 는 $[a, b]$ 에서 적분가능하다.

연습문제(5.1)

1. 다음 함수에 대하여 주어진 구간의 분할 P에 대한 리만합을 구하여라.

(1) $f(x) = x^2$, $[a, b] = [1, 4]$, $P = \left\{1, \frac{5}{4}, \frac{9}{4}, \frac{7}{2}, 4\right\}$, $(\xi_i) = \left\{1, \frac{7}{4}, 3, 4\right\}$

(2) $f(x) = x^3 + 1$, $[a, b] = [1, 3]$, $P = \left\{1, \frac{3}{2}, 2, \frac{5}{2}, 3\right\}$, $(\xi_i) = \left\{\frac{5}{4}, \frac{3}{2}, \frac{9}{4}, 3\right\}$

(3) $f(x) = \sin x$, $[a, b] = [0, \pi]$, $P = \left\{0, \frac{\pi}{4}, \frac{\pi}{2}, \frac{3\pi}{4}, \pi\right\}$, $(\xi_i) = \left\{\frac{\pi}{6}, \frac{\pi}{3}, \frac{2\pi}{3}, \frac{5\pi}{6}\right\}$

2. 함수 f가 구간 $[0, 1]$에서

$$f(x) = \begin{cases} 1, & (x\text{가 유리수일 때}) \\ -1, & (x\text{가 무리수일 때}) \end{cases}$$

로 정의되었을 때, 함수 f와 $|f|$의 적분가능성을 각각 조사하여라.

5.2 정적분의 성질

5.1절에서 정적분의 정의를 알아보았다. 이 절에서는 정적분의 계산에 유용하게 쓰이는 정적분과 관련한 여러 성질들에 대하여 알아본다.

정리 5.2.1 함수 f, g가 구간 $[a, b]$에서 연속이면 다음의 성질들이 성립한다.

(1) $\displaystyle\int_a^b kf(x)\,dx = k\int_a^b f(x)\,dx$ (k는 상수)

(2) $\displaystyle\int_a^b (f(x)+g(x))\,dx = \int_a^b f(x)\,dx + \int_a^b g(x)\,dx$

【증명】 함수 f, g가 구간 $[a, b]$에서 연속이므로, 정리 5.1.1에 의해 f, g는 $[a, b]$에서 적분가능하다. 또한 함수 f, g가 구간 $[a, b]$에서 연속이므로, kf, $f+g$도 역시 $[a, b]$에서 연속이다(정리 1.4.1 참조). 따라서 정리 5.1.1에 의해 이들 함수도 역시 구간 $[a, b]$에서 적분가능하다. 즉, 정적분

$$\int_a^b f(x)\,dx, \qquad \int_a^b kf(x)\,dx, \qquad \int_a^b (f(x)+g(x))\,dx$$

가 존재한다. 이제 구간 $[a, b]$의 임의의 분할을

$$P = \{x_0,\ x_1,\ x_2,\ \ldots,\ x_n\}$$

이라고 하면, 각 소구간에서 임의의 $\xi_i \in [x_{i-1}, x_i]$에 대하여

(1) 정적분의 정의 5.1.1로부터

$$\int_a^b kf(x)\,dx = \lim_{|P|\to 0}\sum_{i=1}^n kf(\xi_i)\Delta x_i = k\lim_{|P|\to 0}\sum_{i=1}^n f(\xi_i)\Delta x_i = k\int_a^b f(x)\,dx$$

이 성립한다.

(2) 정적분의 정의 5.1.1로부터

$$\int_a^b (f(x)+g(x))\,dx = \lim_{|P|\to 0}\sum_{i=1}^n (f(\xi_i)+g(\xi_i))\Delta x_i$$

$$= \lim_{|P|\to 0} \sum_{i=1}^{n} f(\xi_i)\Delta x_i + \lim_{|P|\to 0} \sum_{i=1}^{n} g(\xi_i)\Delta x_i$$

$$= \int_a^b f(x)\,dx + \int_a^b g(x)\,dx$$

이 성립한다. □

따름정리 5.2.2 함수 f, g가 구간 $[a, b]$에서 연속이면 상수 α, β에 대하여

$$\int_a^b (\alpha f(x) + \beta g(x))\,dx = \alpha \int_a^b f(x)\,dx + \beta \int_a^b g(x)\,dx \tag{5.9}$$

이 성립한다.

【증명】 정리 5.2.1 로부터

$$\int_a^b (\alpha f(x) + \beta g(x))\,dx = \int_a^b \alpha f(x)\,dx + \int_a^b \beta g(x)\,dx = \alpha \int_a^b f(x)\,dx + \beta \int_a^b g(x)\,dx$$

이 성립한다. □

정리 5.2.3 함수 f, g가 구간 $[a, b]$에서 연속이고

(1) $f(x) \geq 0$ 이면 $\int_a^b f(x)\,dx \geq 0$ 이다.

(2) $f(x) \geq g(x)$ 이면 $\int_a^b f(x)\,dx \geq \int_a^b g(x)\,dx$ 이다.

【증명】 (1) 정적분의 정의 5.1.1 로부터, $f(x) \geq 0$ 이면

$$\int_a^b f(x)\,dx \geq 0$$

임은 분명하다.

(2) $f(x) \geq g(x)$ 이므로 $f(x) - g(x) \geq 0$ 이다. 따라서 (1)의 결과로부터

$$\int_a^b (f(x) - g(x))\,dx \geq 0$$

이 성립한다. 그런데 따름정리 5.2.2 에 의하면

$$\int_a^b f(x)\,dx - \int_a^b g(x)\,dx \ge 0$$

이므로

$$\int_a^b f(x)\,dx \ge \int_a^b g(x)\,dx$$

이 성립한다. □

정리 5.2.4 함수 f 가 구간 $[a, b]$ 에서 연속이면, $a < c < b$ 에 대하여

$$\int_a^b f(x)\,dx = \int_a^c f(x)\,dx + \int_c^b f(x)\,dx \tag{5.10}$$

이 성립한다.

【증명】 함수 f 가 구간 $[a, b]$ 에서 연속이므로 정리 5.1.1 에 의해 f 는 구간 $[a, b]$ 에서 적분가능하다. 또한 f 는 구간 $[a, c]$ 와 $[c, b]$ 에서도 연속이므로 정리 5.1.1 에 의해 f 는 구간 $[a, c]$ 와 $[c, b]$ 에서도 적분가능하다. 즉, 정적분

$$\int_a^b f(x)\,dx, \quad \int_a^c f(x)\,dx, \quad \int_c^b f(x)\,dx$$

가 존재한다. 이제 구간 $[a, c]$ 와 $[c, b]$ 를 각각 n 개의 소구간으로 분할하여

$$P = \{a = x_0, x_1, x_2, \ldots, x_n = c, x_{n+1}, x_{n+2}, \ldots, x_{2n} = b\}$$

라고 하자. 그러면 P 는 $[a, b]$ 의 분할이 되고

$$P_1 = \{a = x_0, x_1, x_2, \ldots, x_n = c\},$$

$$P_2 = \{c = x_n, x_{n+1}, x_{n+2}, \ldots, x_{2n} = b\}$$

는 각각 $[a, c]$ 와 $[c, b]$ 의 분할이 되며 $P = P_1 \cup P_2$ 이다. 따라서

$$\int_a^b f(x)\,dx = \lim_{|P|\to 0} \sum_{i=1}^{2n} f(\xi_i)\Delta_i = \lim_{|P|\to 0} \left(\sum_{i=1}^{n} f(\xi_i)\Delta_i + \sum_{i=n+1}^{2n} f(\xi_i)\Delta_i \right)$$

$$= \lim_{|P|\to 0}\sum_{i=1}^{n} f(\xi_i)\Delta_i + \lim_{|P|\to 0}\sum_{i=n+1}^{2n} f(\xi_i)\Delta_i = \lim_{|P_1|\to 0}\sum_{i=1}^{n} f(\xi_i)\Delta_i + \lim_{|P_2|\to 0}\sum_{i=n+1}^{2n} f(\xi_i)\Delta_i$$

$$= \int_a^c f(x)\,dx + \int_c^b f(x)\,dx$$

이 성립한다. □

지금까지 정적분

$$\int_a^b f(x)\,dx$$

와 관련하여 $a < b$ 인 경우만을 정의하였다. 일반적인 경우에 대하여 다음과 같이 확장하여 정의한다.

정 의 5.2.1 함수 f 가 구간 $[c, d]$ 에서 적분가능하고, $c \le a \le b \le d$ 일 때

(1) $\displaystyle\int_a^b f(x)\,dx = -\int_b^a f(x)\,dx$

(2) $\displaystyle\int_a^a f(x)\,dx = 0$

과 같이 정의한다.

예 제 5.2.1 정리 5.2.4 가 a, b, c 의 크기에 관계없이 f 의 정의역 안에 있으면 성립함을 보여라.

【풀이】 (i) $a < b < c$ 인 경우:

이러한 경우에

$$\int_a^c f(x)\,dx + \int_c^b f(x)\,dx = \int_a^b f(x)\,dx + \int_b^c f(x)\,dx + \int_c^b f(x)\,dx \quad (\text{정리 } 5.2.4)$$

$$= \int_a^b f(x)\,dx + \int_b^c f(x)\,dx - \int_b^c f(x)\,dx \quad (\text{정의 } 5.2.1)$$

$$= \int_a^b f(x)\,dx$$

로서 성립한다. 이 외에도

$$c < b < a, \qquad c < a < b, \qquad b < c < a, \qquad b < a < c$$

과 같은 네 가지의 경우에도 같은 방법으로 증명할 수 있다.

(ii) $a = b < c$ 인 경우:

정리 5.2.4 의 좌변과 우변은 정의 5.2.1 로부터 0 이 되어 성립한다. 같은 방법으로 세 수 중에 어느 두 수가 같을 때에도 증명할 수 있다.

(iii) $a = b = c$ 인 경우:

정의 5.2.1 로부터 자명하다. □

우리는 이미 미분에 관한 평균값의 정리[1]를 알고 있다. 정적분에서도 이와 유사한 다음 정리가 있다.

정리 5.2.5 [적분에 관한 **평균값의 정리**(mean value theorem)] 함수 f 가 $[a, b]$ 에서 연속이면

$$\int_a^b f(x)\,dx = f(c)(b-a) \tag{5.11}$$

을 만족하는 $c \in [a, b]$ 가 존재한다.

【증명】 함수 f 가 폐구간 $[a, b]$ 에서 연속이므로, 함수에 관한 최대최소정리[2]에 의해 임의의 $x \in [a, b]$ 에 대하여

$$m \le f(x) \le M$$

을 만족하는 실수 m, M 이 존재한다. 따라서 정리 5.2.3 으로부터

$$\int_a^b m\,dx \le \int_a^b f(x)\,dx \le \int_a^b M\,dx$$

이다. 그런데 정적분의 정의로부터

$$\int_a^b m\,dx = m(b-a), \qquad \int_a^b M\,dx = M(b-a)$$

이므로

$$m(b-a) \le \int_a^b f(x)\,dx \le M(b-a)$$

1) 미분에 관한 평균값의 정리(94쪽, 정리 3.2.4 참조)

2) 함수에 관한 최대최소정리(36쪽, 정리 1.4.5 참조)

이다. 즉,

$$m \leq \frac{1}{b-a}\int_a^b f(x)\,dx \leq M$$

이다. 한편 f 가 $[a, b]$ 에서 연속이므로 중간값의 정리[3]에 의해

$$\frac{1}{b-a}\int_a^b f(x)\,dx = f(c)$$

를 만족하는 $c \in [a, b]$ 가 존재한다. 즉,

$$\int_a^b f(x)\,dx = f(c)(b-a)$$

인 $c \in [a, b]$ 가 존재한다. □

함수 f 가 폐구간 $[a, b]$ 에서 연속이면, 임의의 점 $x \in [a, b]$ 에 대하여 f 는 구간 $[a, x]$ 에서도 연속이므로 정적분

$$\int_a^x f(t)\,dt$$

가 존재한다. 따라서 임의의 점 $x \in [a, b]$ 에 대하여 함수 $F(x)$ 를

$$F(x) = \int_a^x f(t)\,dt$$

로 정의하면 F 는 $[a, b]$ 를 정의역으로 하는 함수가 된다. 이러한 함수 F 에 대하여 다음 정리가 성립한다.

정리 5.2.6 함수 f 가 $[a, b]$ 에서 연속이면, 함수

$$F(x) = \int_a^x f(t)\,dt \quad (a \leq x \leq b) \tag{5.12}$$

는 $[a, b]$ 에서 미분가능하고 $F'(x) = f(x)$ 이다. 즉, 함수 F 는 f 의 한 부정적분이다.

【증명】 도함수의 정의와 식 (5.12) 로부터

$$F'(x) = \lim_{h\to 0}\frac{F(x+h)-F(x)}{h} = \lim_{h\to 0}\frac{1}{h}\left(\int_a^{x+h} f(t)\,dt - \int_a^x f(t)\,dt\right) \tag{5.13}$$

3) 중간값의 정리(36쪽, 정리 1.4.4 참조)

이다. $x = a$ 인 경우 $h > 0$, $x = b$ 인 경우 $h < 0$ 로 제한한다. 한편

$$\int_a^{x+h} f(t)\,dt = \int_a^x f(t)\,dt + \int_x^{x+h} f(t)\,dt \tag{5.14}$$

이므로, 식 (5.14) 를 식 (5.13) 에 대입하여 정리하면

$$F'(x) = \lim_{h\to 0}\frac{1}{h}\int_x^{x+h} f(t)\,dt \tag{5.15}$$

을 얻는다. 그런데 적분에 관한 평균값의 정리[4]에 의하여

$$\int_x^{x+h} f(t)\,dt = hf(c) \tag{5.16}$$

을 만족하는 c 가 구간 $[x, x+h]$ (또는 $[x+h, x]$) 안에 존재한다. 따라서 식 (5.16) 을 식 (5.15) 에 대입하면

$$F'(x) = \lim_{h\to 0}\frac{1}{h}\int_x^{x+h} f(t)\,dt = \lim_{h\to 0} f(c) \tag{5.17}$$

를 얻는다. 그런데 $h \to 0$ 이면 $c \to x$ 이고, f 는 점 x 에서 연속이므로

$$\lim_{h\to 0} f(c) = f(x) \tag{5.18}$$

이다. 따라서 식 (5.18) 을 식 (5.17) 에 대입하면

$$F'(x) = f(x)$$

이다. 즉, $F'(x) = f(x)$ 이므로 함수 F 는 f 의 한 부정적분이다. □

예제 5.2.2 함수

$$F(x) = \int_1^x \cos\sqrt{t}\,dt$$

의 도함수를 구하여라.

---

4) 적분에 관한 평균값의 정리(178쪽, 정리 5.2.5 참조)

【풀이】 함수 $f(t) = \cos\sqrt{t}$ 는 음이 아닌 실수 전체의 집합에서 연속이므로, 정리 5.2.6 에 의해 음이 아닌 모든 실수 x 에 대하여

$$F'(x) = \cos\sqrt{x}$$

이다. □

예제 5.2.3 함수

$$\int_1^{x^4} \sec t\,dt$$

의 도함수를 구하여라.

【풀이】 $u = x^4$ 라고 놓고, 다음과 같이 함수 F 를 생각하자.

$$F(u) = \int_1^u \sec t\,dt$$

함수 $y = \sec t$ 는 $(-\pi/2, \pi/2)$ 에서 연속이므로 정리 5.2.6 에 의해 F 는 $(-\pi/2, \pi/2)$ 에서 미분가능하다. 따라서 연쇄법칙[5])을 적용하면

$$\frac{d}{dx}\int_1^{x^4} \sec t\,dt = \frac{dF}{du}\frac{du}{dx} = \sec u \cdot 4x^3 = 4x^3 \sec x^4$$

이다. □

정리 5.2.7 **[미적분학의 기본정리]** 함수 f 가 폐구간 $[a, b]$ 에서 연속이고, 함수 F 가 f 의 한 부정적분이면

$$\int_a^b f(x)\,dx = F(b) - F(a) \tag{5.19}$$

이다.

5) 연쇄법칙(49쪽, 정리 2.2.2 참조)

【증명】 F 는 f 의 한 부정적분이고, 정리 5.2.6 에 의해

$$\int_a^x f(t)\,dt$$

도 f 의 한 부정적분이다. 따라서

$$F(x) = \int_a^x f(t)\,dt + c \tag{5.20}$$

를 만족하는 상수 c 가 존재한다. 그런데

$$\int_a^a f(t)\,dt = 0$$

이므로 식 (5.20) 으로부터 $F(a) = c$ 이다. 이것을 식 (5.20) 에 대입하면

$$F(x) = \int_a^x f(t)\,dt + F(a)$$

이므로

$$\int_a^x f(t)\,dt = F(x) - F(a) \tag{5.21}$$

을 얻는다. 따라서 식 (5.21) 에서 $x = b$ 로 놓으면

$$\int_a^b f(t)\,dt = F(b) - F(a)$$

이다. □

미적분학의 기본정리 5.2.7 에서 $F(b) - F(a)$ 를 기호 $[F(x)]_a^b$ 로 나타내어

$$\int_a^b f(t)\,dt = [F(x)]_a^b = F(b) - F(a)$$

와 같이 쓰는 것이 편리하다.

예제 5.2.4 정적분

$$\int_0^1 \frac{1}{1+x^2}\,dx$$

를 구하여라.

【풀이】 우리는 $(\tan^{-1} x)' = \dfrac{1}{1+x^2}$ 임을 알고 있다. 따라서 미적분학의 기본정리 5.2.7로부터 구하는 정적분의 값은

$$\int_0^1 \frac{1}{1+x^2}\,dx = \left[\tan^{-1} x\right]_0^1 = \tan^{-1}(1) - \tan^{-1}(0) = \frac{\pi}{4} - 0 = \frac{\pi}{4}$$

이다. □

연습문제(5.2)

1. 다음 정적분을 구하여라.

(1) $\displaystyle\int_0^{\pi} \cos x\,dx$ (2) $\displaystyle\int_2^4 \sqrt{3x+2}\,dx$

(3) $\displaystyle\int_0^1 \sinh x\,dx$ (4) $\displaystyle\int_0^2 \cosh x\,dx$

2. 다음 함수에 대하여 적분에 관한 평균값의 정리 5.2.5를 만족하는 c의 값을 구하여라.

(1) $f(x) = mx + b \quad (0 \le x \le a)$ (2) $f(x) = \sin x \quad (0 \le x \le \pi)$

3. 다음 함수의 도함수를 구하여라.

(1) $F(x) = \displaystyle\int_0^{x^4} \sin^3 t\,dt$ (2) $F(x) = \displaystyle\int_{-3}^{x} (4t+1)\,dt$

(3) $F(x) = \displaystyle\int_{\sqrt{x}}^{x^3} \sqrt{t}\,\sin t\,dt$ (4) $F(x) = \displaystyle\int_0^{x} \sqrt{1+t^2}\,dt$

4. 정리 5.2.4의 결과를 다음의 각 경우에 대하여 증명하여라.

(1) $b < c < a$ (2) $a = b < c$ (3) $a < b = c$

5.3 정적분의 계산법

이 절에서는 4.2절에서 이미 언급한 바 있는 부정적분을 위한 치환적분법과 부분적분법을 활용한 정적분을 위한 치환적분법과 부분적분법에 대하여 알아본다.

정리 5.3.1 [정적분을 위한 **치환적분법**] 함수 $u = g'(x)$ 가 구간 $[a, b]$ 에서 연속이고, 함수 f 가 $u = g(x)$ 의 치역에서 연속이면,

$$\int_a^b f(g(x))g'(x)\,dx = \int_{g(a)}^{g(b)} f(u)\,du \tag{5.22}$$

이다.

【증명】 F 를 f 의 한 부정적분이라고 하자. 그러면 $F(g(x))$ 는 $f(g(x))g'(x)$ 의 한 부정적분이다. 따라서 미적분학의 기본정리 5.2.7 에 의해

$$\int_a^b f(g(x))g'(x)\,dx = [F(g(x))]_a^b = F(g(b)) - F(g(a)) \tag{5.23}$$

이고, 또한

$$\int_{g(a)}^{g(b)} f(u)\,du = [F(u)]_{g(a)}^{g(b)} = F(g(b)) - F(g(a)) \tag{5.24}$$

이다. 따라서 식 (5.23) 과 (5.24) 로부터

$$\int_a^b f(g(x))g'(x)\,dx = \int_{g(a)}^{g(b)} f(u)\,du$$

이 성립한다. □

예제 5.3.1 정적분

$$\int_0^1 \frac{x^4}{(x^5+2)^3}\,dx$$

를 구하여라.

【풀이】 $u = x^5 + 2$ 라고 놓으면 $du = 5x^4\,dx$ 이고, 또한 $x = 0$ 일 때 $u = 2$ 이고 $x = 1$ 일 때 $u = 3$ 이다. 따라서

$$\int_0^1 \frac{x^4}{(x^5+2)^3}\,dx = \frac{1}{5}\int_0^1 \frac{1}{(x^5+2)^3}\cdot 5x^4\,dx = \frac{1}{5}\int_2^3 \frac{1}{u^3}\,du = \frac{1}{5}\int_2^3 u^{-3}\,du$$

$$= \frac{1}{5}\left[-\frac{1}{2}u^{-2}\right]_2^3 = \frac{1}{5}\left(-\frac{1}{18}+\frac{1}{8}\right) = \frac{1}{72}$$

이다. □

정리 5.3.2 [정적분을 위한 **부분적분법**] 함수 f, g 가 구간 $[a, b]$ 에서 미분가능하고, f', g' 이 연속이면

$$\int_a^b f(x)g'(x)\,dx = [f(x)g(x)]_a^b - \int_a^b f'(x)g(x)\,dx \tag{5.25}$$

이다.

【증명】 $(f(x)g(x))' = f'(x)g(x) + f(x)g'(x)$ 이므로 미적분학의 기본정리 5.2.7 에 의해

$$\int_a^b (f'(x)g(x) + f(x)g'(x))\,dx = [f(x)g(x)]_a^b$$

이다. 따라서

$$\int_a^b f(x)g'(x)\,dx = [f(x)g(x)]_a^b - \int_a^b f'(x)g(x)\,dx$$

이다. □

식 (5.25) 에서 $u = f(x)$, $v = g(x)$ 라고 놓으면, $du = f'(x)\,dx$ 이고 $dv = g'(x)\,dx$ 이므로 식 (5.25) 는 간단히

$$\int_a^b u\,dv = [uv]_a^b - \int_a^b v\,du \tag{5.26}$$

와 같이 나타낼 수 있다. 즉, 식 (5.25) 에서 $u = f(x)$, $dv = g'(x)\,dx$ 라고 놓으면 식 (5.26) 의 형태가 얻어짐을 알 수 있다.

예제 5.3.2 정적분

$$\int_1^2 x\ln x\,dx$$

를 구하여라.

【풀이】 $f(x) = \ln x$, $g'(x) = x$ 라고 하면 $f'(x) = 1/x$, $g(x) = (1/2)x^2$ 이므로

$$\int_1^2 x\ln x\,dx = \left[\frac{1}{2}x^2\ln x\right]_1^2 - \frac{1}{2}\int_1^2 x\,dx = 2\ln 2 - \frac{3}{4}$$

이다. 또 다른 풀이 방법으로 식 (5.26)을 이용하기 위해 $u = \ln x,\ dv = x\,dx$ 라고 놓으면 $du = (1/x)\,dx,\ v = (1/2)x^2$ 이다. 따라서 구하는 정적분의 값은

$$\int_1^2 x \ln x\,dx = \int_1^2 u\,dv = [uv]_1^2 - \int_1^2 v\,du = \left[\frac{1}{2}x^2 \ln x\right]_1^2 - \int_1^2 \frac{1}{2}x^2 \cdot \frac{1}{x}\,dx = 2\ln 2 - \frac{3}{4}$$

이다. □

연습문제(5.3)

1. 다음 정적분의 값을 구하여라.

(1) $\displaystyle\int_0^2 x^2\sqrt{x^3+1}\,dx$　　(2) $\displaystyle\int_1^2 6x^2(2x^3-2)^2\,dx$

(3) $\displaystyle\int_2^3 \frac{x-2}{\sqrt{x-1}}\,dx$　　(4) $\displaystyle\int_4^9 \frac{1}{x-\sqrt{x}}\,dx$

2. $f(-x) = f(x)$ 이면

$$\int_{-a}^{a} f(x)\,dx = 2\int_0^a f(x)\,dx$$

임을 증명하여라.

3. 다음 정적분의 값을 구하여라.

(1) $\displaystyle\int_0^{\frac{\pi}{4}} \cos(\pi - x)\,dx$　　(2) $\displaystyle\int_0^{\frac{\pi}{2}} \sin^4 x\cos x\,dx$

(3) $\displaystyle\int_0^{\frac{\pi}{2}} x\cos 2x\,dx$　　(4) $\displaystyle\int_0^{\frac{\pi}{3}} \tan^3 x\sec x\,dx$

4. 함수 f 가 연속일 때

$$\int_0^{\frac{\pi}{2}} f(\sin x)\,dx = \int_0^{\frac{\pi}{2}} f(\cos x)\,dx$$

임을 증명하여라.

5.4 특이적분

5.1절에서 우리는 유한구간 $[a, b]$에서 유계인 함수 f에 관한 정적분을 정의하였다. 이 절에서는 위의 조건을 만족하지 않는 경우의 정적분, 즉 **특이적분**(singular integral)[6]에 대하여 다루기로 한다.

5.4.1 유한구간에서 유계가 아닌 함수의 정적분

두 함수 $y = 1/\sqrt{x}$, $y = 1/x$은 유한구간 $(0, 1]$에서 유계가 아니다. 이 두 함수에 대하여 아래와 같은 극한

$$(1)\ \lim_{a\to 0^+}\int_a^1 \frac{1}{\sqrt{x}}\,dx \qquad\qquad (2)\ \lim_{a\to 0^+}\int_a^1 \frac{1}{x}\,dx$$

을 생각해 보자(그림 5.2 참조).

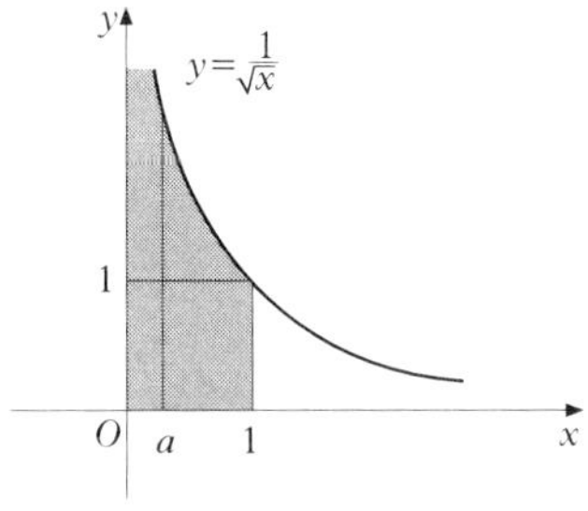

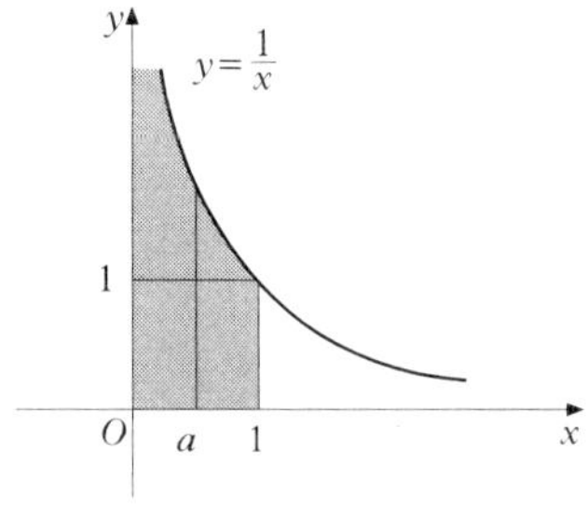

[그림 5.2]

이들은 각각

$$\lim_{a\to 0^+}\int_a^1 \frac{1}{\sqrt{x}}\,dx = \lim_{a\to 0^+}\left(2 - 2\sqrt{a}\right) = 2, \qquad \lim_{a\to 0^+}\int_a^1 \frac{1}{x}\,dx = \lim_{a\to 0^+}(-\ln a) = \infty$$

6) 넓은 의미의 적분이란 뜻으로 **이상적분**(improper integral)이란 표현을 쓰기도 한다.

이므로 (1) 의 경우는 수렴하지만, (2) 의 경우는 발산한다. 이때 특이적분 (1) 은 『수렴한다』, 『존재한다』 또는 『정의된다』고 하고, 그 적분값을 2 라고 정의한다. 반면에 특이적분 (2) 는 『발산한다』, 『존재하지 않는다』 또는 『정의되지 않는다』고 한다. 다음 정의 5.4.1 에서는 이러한 예들을 일반화시켜 유한구간에서 유계가 아닌 함수에 대한 특이적분의 존재성을 정의한다.

정의 5.4.1 (1) 함수 f 가 유한구간 $(a, b]$ 에서 연속이고

$$\lim_{x \to a^+} |f(x)| = \infty$$

일 때, 극한값

$$\lim_{\varepsilon \to 0^+} \int_{a+\varepsilon}^{b} f(x)\,dx \tag{5.27}$$

가 존재하면

$$\int_a^b f(x)\,dx = \lim_{\varepsilon \to 0^+} \int_{a+\varepsilon}^{b} f(x)\,dx$$

라고 정의하고, 이때 특이적분

$$\int_a^b f(x)\,dx \tag{5.28}$$

는 **수렴한다**(converge)고 한다. 반면에 극한 (5.27) 이 존재하지 않으면 특이적분 (5.28) 은 **발산한다**(diverge)고 한다.

(2) 함수 f 가 유한구간 $[a, b)$ 에서 연속이고

$$\lim_{x \to b^-} |f(x)| = \infty$$

일 때도 같은 방법으로 특이적분을 정의한다.

예제 5.4.1 다음 특이적분을 구하여라.

(1) $\displaystyle\int_0^1 \frac{1}{\sqrt{x}}\,dx$ (2) $\displaystyle\int_0^1 \frac{1}{x}\,dx$

【풀이】 (1) 피적분함수는 $(0, 1]$ 에서 연속이고 0 에서 불연속이다. 그런데 $c \in (0, 1)$ 에

대하여

$$\lim_{c\to 0^+}\int_c^1 \frac{1}{\sqrt{x}}\,dx = \lim_{c\to 0^+}\left[2\sqrt{x}\right]_c^1 = \lim_{c\to 0^+}\left(2\sqrt{1}-2\sqrt{c}\right) = 2-2\lim_{c\to 0^+}\sqrt{c} = 2-0=2$$

이므로 특이적분 $\int_0^1 \frac{1}{\sqrt{x}}\,dx$ 는 수렴하고 $\int_0^1 \frac{1}{\sqrt{x}}\,dx = 2$ 이다.

(2) 피적분함수 $1/x$ 는 $(0, 1]$ 에서 연속이고 0 에서 불연속이다. 이때 $c \in (0, 1)$ 에 대하여

$$\lim_{c\to 0^+}\int_c^1 \frac{1}{x}\,dx = \lim_{c\to 0^+}[\ln x]_c^1 = \lim_{c\to 0^+}(\ln 1 - \ln c) = -\lim_{c\to 0^+}\ln c = \infty$$

이므로 특이적분 $\int_0^1 \frac{1}{x}\,dx$ 는 발산한다. □

정 의 5.4.2 함수 f 가 구간 $[a, c)$ $(c, b]$ 에서 연속이고

$$\lim_{x\to c}|f(x)| = \infty$$

일 때, 특이적분

$$\int_a^c f(x)\,dx, \qquad \int_c^b f(x)\,dx \tag{5.29}$$

가 둘 다 수렴하면

$$\int_a^b f(x)\,dx = \int_a^c f(x)\,dx + \int_c^b f(x)\,dx$$

라고 정의하고, 특이적분

$$\int_a^b f(x)\,dx \tag{5.30}$$

는 **수렴한다**고 한다. 반면에 식 (5.29) 에 있는 특이적분 중 어느 하나라도 발산한다면 특이적분 (5.30) 은 **발산한다**고 한다.

예 제 5.4.2 특이적분

$$\int_0^3 \frac{1}{(x-1)^{\frac{2}{3}}}\,dx$$

을 구하여라.

【**풀이**】 피적분함수는 1 에서 불연속이고 모든 $x \in [0, 3]$ $(x \neq 1)$ 에서 연속이다. 이때

$$\lim_{c\to 0^-} \int_0^c \frac{1}{(x-1)^{\frac{2}{3}}}\,dx = \lim_{c\to 1^-} \left[3(x-1)^{\frac{1}{3}}\right]_0^c = \lim_{c\to 1^-} (3(c-1)^{\frac{1}{3}} + 3) = 3$$

이고, 또한

$$\lim_{d\to 1^+} \int_d^3 \frac{1}{(x-1)^{\frac{2}{3}}}\,dx = \lim_{d\to 1^+} \left[3(x-1)^{\frac{1}{3}}\right]_d^3 = \lim_{d\to 1^+} (3\cdot 2^{\frac{1}{3}} - 3(d-1)^{\frac{1}{3}}) = 3\sqrt[3]{2}$$

이므로 특이적분

$$\int_0^1 \frac{1}{(x-1)^{\frac{2}{3}}}\,dx, \qquad \int_1^3 \frac{1}{(x-1)^{\frac{2}{3}}}\,dx$$

는 둘 다 수렴한다. 따라서 주어진 특이적분은 수렴하고, 그 적분값은 다음과 같다.

$$\int_0^3 \frac{1}{(x-1)^{\frac{2}{3}}}\,dx = \int_0^1 \frac{1}{(x-1)^{\frac{2}{3}}}\,dx + \int_1^3 \frac{1}{(x-1)^{\frac{2}{3}}}\,dx = 3 + 3\sqrt[3]{2} = 3\left(1 + \sqrt[3]{2}\right)$$ □

5.4.2 무한구간에서 함수의 정적분

적분한계 중 적어도 하나가 무한일 때의 특이적분을 다음과 같이 정의한다.

정의 5.4.3 함수 f 가 무한구간 $[a, \infty)$, $(-\infty, b]$ 또는 $(-\infty, \infty)$ 에서 연속일 때 f 의 특이적분을 다음과 같이 정의한다.

(1) $\displaystyle\int_a^\infty f(x)\,dx = \lim_{b\to\infty} \int_a^b f(x)\,dx$

(2) $\displaystyle\int_{-\infty}^b f(x)\,dx = \lim_{a\to-\infty} \int_a^b f(x)\,dx$

(3) $\displaystyle\int_{-\infty}^\infty f(x)\,dx = \lim_{\substack{a\to-\infty \\ b\to\infty}} \int_a^b f(x)\,dx$

위의 각각의 경우에서 우변의 극한이 존재할 때 특이적분은 **수렴한다**고 하고, 반면에 극한이 존재하지 않을 때 특이적분은 **발산한다**고 한다.

예제 5.4.3 다음 특이적분을 구하여라.

(1) $\displaystyle\int_1^\infty \frac{1}{x}\,dx$ (2) $\displaystyle\int_1^\infty \frac{1}{x^\alpha}\,dx \quad (\alpha > 1)$

(3) $\displaystyle\int_1^\infty \frac{1}{x^\alpha}\,dx \quad (0 < \alpha < 1)$ (4) $\displaystyle\int_{-\infty}^0 e^x\,dx$

【풀이】 (1) 정의 5.4.3 의 (1) 로부터

$$\int_1^\infty \frac{1}{x}\,dx = \lim_{b\to\infty}\int_1^b \frac{1}{x}\,dx = \lim_{b\to\infty}[\,\ln|x|\,]_1^b = \lim_{b\to\infty}(\ln b \quad \ln 1) = \infty$$

이므로 주어진 특이적분은 발산한다.

(2) 정의 5.4.3 의 (1) 로부터, $\alpha > 1$ 일 때

$$\int_1^\infty \frac{1}{x^\alpha}\,dx = \lim_{b\to\infty}\int_1^b \frac{1}{x^\alpha}\,dx = \lim_{b\to\infty}\left[\frac{1}{1-\alpha}x^{1-\alpha}\right]_1^b = \lim_{b\to\infty}\left(\frac{1}{1-\alpha}b^{1-\alpha} - \frac{1}{1-\alpha}\right) = \frac{1}{1-\alpha}$$

이므로 주어진 특이적분은 수렴하고, 그 적분값은

$$\int_1^\infty \frac{1}{x^\alpha}\,dx = \frac{1}{1-\alpha} \quad (\alpha > 1)$$

이다.

(3) 정의 5.4.3 의 (1) 로부터, $0 < \alpha < 1$ 일 때

$$\int_1^\infty \frac{1}{x^\alpha}\,dx = \lim_{b\to\infty}\int_1^b \frac{1}{x^\alpha}\,dx = \lim_{b\to\infty}\left[\frac{1}{1-\alpha}x^{1-\alpha}\right]_1^b = \lim_{b\to\infty}\left(\frac{1}{1-\alpha}b^{1-\alpha} - \frac{1}{1-\alpha}\right) = \infty$$

이므로 주어진 특이적분은 발산한다.

(4) 정의 5.4.3 의 (2) 로부터

$$\int_{-\infty}^0 e^x\,dx = \lim_{a\to\infty}\int_a^0 e^x\,dx = \lim_{a\to\infty}[e^x]_a^0 = \lim_{a\to\infty}(e^0 - e^a) = e^0 = 1$$

이므로 주어진 특이적분은 수렴하고, 그 적분값은 다음과 같다.

$$\int_{-\infty}^0 e^x\,dx = 1$$

□

연습문제(5.4)

1. 다음 정적분의 값을 구하여라.

(1) $\displaystyle\int_0^1 \frac{1}{1-x}\,dx$ (2) $\displaystyle\int_{-1}^1 \frac{1}{\sqrt{1-x^2}}\,dx$ (3) $\displaystyle\int_1^{\frac{\pi}{2}} \tan x\,dx$

(4) $\displaystyle\int_1^{\infty} \frac{1}{x\sqrt{x^2-1}}\,dx$ (5) $\displaystyle\int_1^{\infty} \frac{1}{x(1+x^2)}\,dx$ (6) $\displaystyle\int_{-\infty}^0 a^x\,dx \quad (a>1)$

5.5 정적분의 근사계산

정적분의 근사계산을 필요로 하는 경우는 크게 두 가지의 경우로 볼 수 있다.

첫 번째의 경우는 구간 $[a, b]$에서 연속인 함수 f의 정적분을 구할 때 미적분학의 기본정리[7]를 사용하여

$$\int_a^b f(x)\,dx = F(b) - F(a)$$

와 같이 계산하였다. 여기서 $F(x)$는 $f(x)$의 한 부정적분이다. 그러나 이와 같은 방법은 피적분함수의 부정적분을 쉽게 구할 수 있는 경우에 한하여 쓸 수 있는 방법이다.

함수 f가 초등함수이면 f'은 초등함수이지만 $\int f\,dx$는 초등함수일 필요가 없다. 예를 들어 초등함수 $f(x) = e^{x^2}$은 연속함수이므로 그 적분이 존재한다. 따라서 함수 $F(x)$를

$$F(x) = \int_0^x e^{t^2}\,dt$$

라 정의하면, 정리 5.2.6에 의해 $F'(x) = e^{x^2}$이다. 따라서 초등함수 $f(x) = e^{x^2}$은 부정적분 F를 갖지만, F는 초등함수가 아님이 알려져 있다. 이 외에 아래 적분들도 마찬가지이다.

$$\int \sqrt{1+x^4}\,dx, \quad \int \frac{e^x}{x}\,dx, \quad \int \frac{1}{\ln x}\,dx, \quad \int \sin x^2\,dx, \quad \int \cos e^x\,dx, \quad \int \frac{\sin x}{x}\,dx$$

이처럼 많은 초등함수들은 초등함수로 된 부정적분을 갖지 않는다. 이러한 적뷴의 형태에는 4.4절에서 이미 언급한 바 있는 타원적분[8]의 경우도 포함된다. 따라서 이러한 경우에는 미적분학의 기본정리를 이용한 정적분이 불가능하다.

두 번째로 정적분의 근사계산을 필요로 하는 때는 함수가 어떤 과학적 실험을 통해 나올 때 함수에 대한 정확한 식을 구할 수 없는 경우이다.

위에서 언급한 두 경우 모두 정적분의 정확한 값을 구할 수 없다. 따라서 이에 대응하는 정적분의 근사계산을 필요로 한다.

이 절에서는 정적분의 근사계산 방법으로써 사다리꼴 공식과 심프슨 공식에 대하여 알아본다. 무한급수를 이용한 정적분의 근사계산 방법에 대해서는 9장에서 그 내용의 일부를 확인할 수 있다.

---

7) 미적분학의 기본정리(181쪽, 정리 5.2.7 참조)

8) 타원적분(155쪽 참조)

5.5.1 사다리꼴 공식

함수 f가 구간 $[a, b]$에서 연속이고 $f(x) \geq 0$일 때, 구간 $[a, b]$를 n등분한 정칙분할을 $P = \{a = x_1, x_1, x_2, \ldots, x_n = b\}$라고 하자. 이때 그림 5.3에서와 같이 높이가 모두 같은 n개의 사다리꼴이 생기는데, 이 사다리꼴들의 넓이의 합을 정적분 $\int_a^b f(x)\,dx$의 근삿값으로 볼 수 있다. 이러한 정적분의 근사계산 방법을 사다리꼴 방법이라고 한다. 이렇게 얻어지는 근삿값은 일반적으로 구간 $[a, b]$를 보다 많이 나누면 나눌수록 보다 더 좋은 근삿값이 된다.

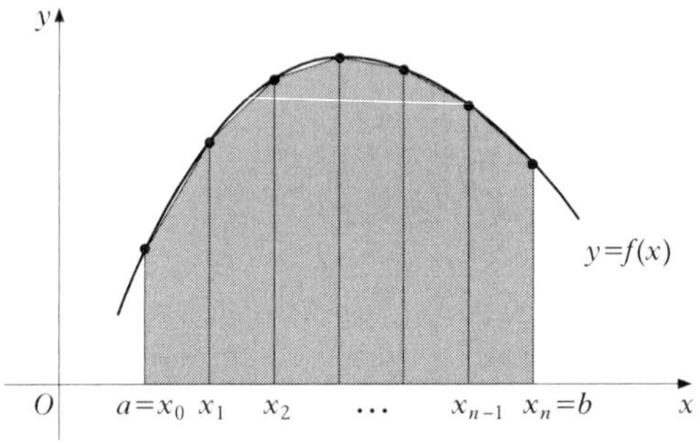

[그림 5.3] 사다리꼴 공식

정 의 5.5.1 [사다리꼴 공식(trapezoidal rule)] 함수 f가 구간 $[a, b]$에서 연속일 때, 구간 $[a, b]$를 n등분한 분할을 $P = \{a = x_1, x_1, x_2, \ldots, x_n = b\}$라고 하고

$$h = \frac{b-a}{n}, \qquad y_i = f(x_i), \quad i = 0, 1, 2, \ldots, n$$

라고 놓자. 이때 정적분 $\displaystyle\int_a^b f(x)\,dx$의 근삿값을 다음과 같이 정의한다.

$$\begin{aligned}\int_a^b f(x)\,dx &\approx \frac{h}{2}(y_0 + y_1) + \frac{h}{2}(y_1 + y_2) + \cdots + \frac{h}{2}(y_{n-1} + y_n) \\ &= \left(\frac{y_0 + y_n}{2} + (y_1 + y_2 + \cdots + y_{n-1})\right)h \qquad (5.31)\end{aligned}$$

예제 5.5.1 정적분

$$\int_0^1 \frac{1}{1+x^2}\,dx$$

에 대하여 적분구간 [0, 1]을 4등분했을 때 사다리꼴 공식에 의한 근삿값을 구하여라.

【풀이】 적분구간 [0, 1]을 4등분한 분할이므로 각 소구간의 크기 h는

$$h = \frac{1-0}{4} = \frac{1}{4}$$

이고, 각 절점 x_i $(i = 0, 1, 2, 3, 4)$에서의 함숫값 y_i $(i = 0, 1, 2, 3, 4)$는 표 5.1과 같다.

i	0	1	2	3	4
x_i	0	1/4	2/4	3/4	1
y_i	1	16/17	4/5	16/25	1/2

[표 5.1]

따라서 사다리꼴 공식 (5.31)로부터 주어진 정적분의 근삿값은

$$\int_0^1 \frac{1}{1+x^2}\,dx \approx \left(\frac{1+\frac{1}{2}}{2} + \left(\frac{16}{17} + \frac{4}{5} + \frac{16}{25} + \frac{1}{2}\right)\right)\cdot\frac{1}{4} = \frac{5323}{6800} \approx 0.782794$$

임을 알 수 있다. □

5.5.2 심프슨 공식

정적분의 또 다른 근사계산 방법으로 분할의 각 절점에 대응하는 곡선상의 점을 선분으로 연결하는 대신에 참값에 보다 잘 근사하도록 곡선인 포물선으로 연결하여 정적분의 근삿값을 구할 수도 있다. 이러한 근사계산 방법은 앞서 언급한 사다리꼴 공식에 의한 근삿값보다 일반적으로 보다 더 좋은 근삿값을 준다는 사실이 알려져 있다.

새로운 정적분의 근사계산 방법을 언급하기 전에 여기에 사용될 다음 정리의 내용부터 확인하도록 하자.

정리 5.5.1 $x_1 < x_2 < x_3$, $x_3 - x_2 = x_2 - x_1 = h$ 라고 하자. 이때 세 점

$$(x_1, y_1),\ (x_2, y_2),\ (x_3, y_3) \tag{5.32}$$

을 지나는 x에 관한 이차함수를 $y = f(x)$ 라고 하면

$$\int_{x_1}^{x_3} f(x)\,dx = \frac{h}{3}(y_1 + 4y_2 + y_3) \tag{5.33}$$

이 성립한다.

【증명】 식 (5.32)의 세 점을 지나는 x에 관한 이차함수를 $y = f(x) = ax^2 + bx + c$ 라고 하자(그림 5.4 참조).

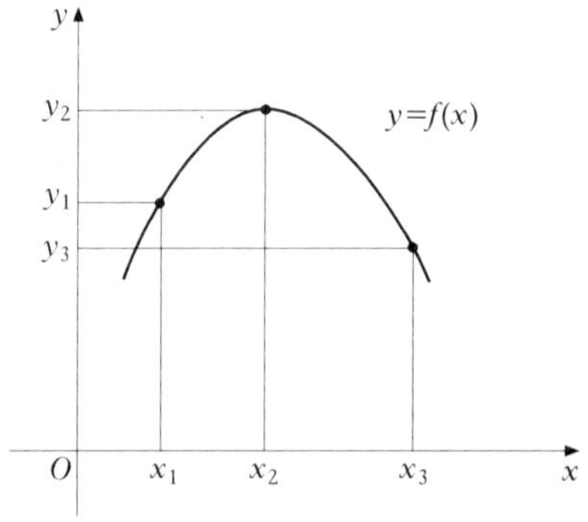

[그림 5.4] 세 점을 지나는 이차함수

그러면

$$\begin{aligned}\int_{x_1}^{x_3} f(x)\,dx &= \int_{x_1}^{x_3}(ax^2 + bx + c)\,dx = \left[\frac{1}{3}ax^3 + \frac{1}{2}bx^2 + cx\right]_{x_1}^{x_3} \\ &= \frac{1}{3}a(x_3^3 - x_1^3) + \frac{1}{2}b(x_3^2 - x_1^2) + c(x_3 - x_1) \\ &= \frac{x_3 - x_1}{6}\left(2a(x_1^2 + x_1x_3 + x_3^2) + 3b(x_1 + x_3) + 6c\right) \\ &= \frac{x_3 - x_1}{6}\left((ax_1^2 + bx_1 + c) + (ax_3^2 + bx_3 + c) + a(x_1 + x_3)^2 + 2b(x_1 + x_3) + 4c\right)\end{aligned}$$

이다. 그런데 주어진 조건 $x_3 - x_2 = x_2 - x_1 = h$ 로부터

$$x_3 - x_1 = 2h, \qquad x_1 + x_3 = 2x_2$$

이므로

$$a(x_1 + x_3)^2 + 2b(x_1 + x_3) + 4c = 4y_2$$

이다. 따라서

$$\int_{x_1}^{x_3} f(x)\,dx = \frac{x_3 - x_1}{6}\left((ax_1^2 + bx_1 + c) + (ax_3^2 + bx_3 + c) + a(x_1 + x_3)^2 + 2b(x_1 + x_3) + 4c\right)$$
$$= \frac{h}{3}(y_1 + 4y_2 + y_3)$$

이 성립한다. □

이제 정리 5.5.1 을 이용한 새로운 정적분의 근사계산 방법을 유도하도록 하자. 이를 위해 f 가 구간 $[a, b]$ 에서 연속이고 $f(x) \geq 0$ 일 때, 구간 $[a, b]$ 를 $2n$ 등분한 정칙분할을

$$P = \{a = x_0, x_1, x_2, \ldots, x_n, x_{n+1}, \ldots, x_{2n-1}, x_{2n} = b\}$$

라고 하자. 여기서 $2n$ 등분이라 함은 구간 $[a, b]$ 를 반드시 짝수 개로의 정칙분할 함을 의미한다. 그러면 그림 5.5 에서와 같이 곡선 $y = f(x)$ 와 x 축 및 두 직선 $x = a$, $x = b$ 로 둘러싸인 전체 영역은 $2n$ 개의 작은 영역들로 나누어진다. 이제 $2n$ 개의 부분 영역을 좌측

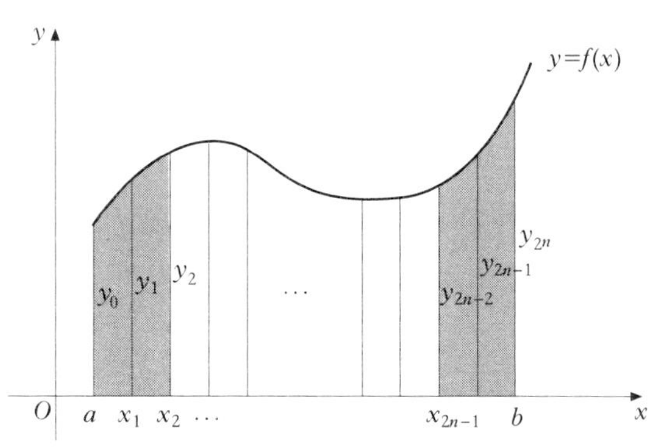

[그림 5.5] 심프슨 공식

으로부터 차례로 두 개씩 선택한다. 이때 선택된 두 개의 영역에 대응하는 곡선상의 세 점을 지나는 이차함수에 정리 5.5.1 을 적용시킨 n 개의 결과를 모두 더하면 정적분

$$\int_a^b f(x)\,dx$$

의 근삿값을 얻을 수 있다. 이러한 정적분의 근사계산 방법을 심프슨[9] 방법이라고 한다. 사다리꼴 방법에서와 마찬가지로 심프슨 방법에 의해 얻어지는 근삿값도 일반적으로 구간 $[a, b]$를 보다 많이 나누면 나눌수록 보다 더 좋은 근삿값이 된다.

정 의 5.5.2 [심프슨 공식(Simpson's formula)] 함수 f가 구간 $[a, b]$에서 연속이라고 하자. 구간 $[a, b]$를 $2n$ 등분한 분할을

$$P = \{a = x_1,\ x_1,\ x_2,\ \ldots,\ x_{2n} = b\}$$

라고 하고

$$h = \frac{b-a}{2n}, \qquad y_i = f(x_i),\ \ i = 0,\ 1,\ 2,\ \ldots, 2n$$

라고 놓자. 이때 정적분

$$\int_a^b f(x)\,dx$$

의 근삿값을

$$\begin{aligned}\int_a^b f(x)\,dx &\approx \frac{h}{3}(y_0 + 4y_1 + y_2) + \frac{h}{3}(y_2 + 4y_3 + y_4) + \frac{h}{3}(y_4 + 4y_5 + y_6)\\ &\quad + \cdots + \frac{h}{3}(y_{2n-4} + 4y_{2n-3} + y_{2n-2}) + \frac{h}{3}(y_{2n-2} + 4y_{2n-1} + y_{2n})\\ &= \frac{h}{3}\Big((y_0 + y_{2n}) + 4(y_1 + y_3 + \cdots + y_{2n-1}) + 2(y_2 + y_4 + \cdots + y_{2n-2})\Big) \qquad (5.34)\end{aligned}$$

와 같이 정의한다.

예 제 5.5.2 정적분

$$\int_0^1 \frac{1}{1+x^2}\,dx$$

9) 심프슨(T. Simpson, 1710 ~ 1761) : 영국의 수학자

에 대하여 적분구간 [0, 1]을 10등분했을 때 심프슨 공식에 의한 근삿값을 구하여라.

【풀이】 구간 [0, 1]을 10등분한 분할이므로 각 소구간의 크기 h는

$$h = \frac{1-0}{10} = \frac{1}{10}$$

이고, 각 절점 x_i에서의 함숫값 y_i는 표 5.2와 같다.

i	0	1	2	3	4	5	6	7	8	9	10
x_i	0	$\frac{1}{10}$	$\frac{2}{10}$	$\frac{3}{10}$	$\frac{4}{10}$	$\frac{5}{10}$	$\frac{6}{10}$	$\frac{7}{10}$	$\frac{8}{10}$	$\frac{9}{10}$	1
y_i	1	$\frac{100}{101}$	$\frac{25}{26}$	$\frac{100}{109}$	$\frac{25}{29}$	$\frac{4}{5}$	$\frac{25}{34}$	$\frac{100}{149}$	$\frac{25}{41}$	$\frac{100}{181}$	$\frac{1}{2}$

[표 5.2]

따라서 심프슨 공식으로부터 주어진 정적분의 근삿값은

$$\int_0^1 \frac{1}{1+x^2}\,dx \approx \frac{1}{30}\left(\left(1+\frac{1}{2}\right)+4\left(\frac{100}{101}+\frac{100}{109}+\frac{4}{5}+\frac{100}{149}+\frac{100}{181}\right)+2\left(\frac{25}{26}+\frac{25}{29}+\frac{100}{109}+\frac{25}{41}\right)\right)$$

$$\approx 0.785398$$

임을 알 수 있다. □

연습문제(5.5)

1. 사다리꼴 공식을 사용하여 다음 정적분의 근삿값을 구하여라. 단, 주어진 n의 값은 각 정적분의 적분구간 전체를 n등분한 경우를 의미한다.

(1) $\displaystyle\int_0^2 \sqrt{1+x^2}\,dx, \quad n=4$ (2) $\displaystyle\int_0^1 e^{-x^2}\,dx, \quad n=10$

2. 심프슨 공식을 사용하여 다음 정적분의 근삿값을 구하여라. 단, 주어진 n의 값은 각 정적분의 적분구간 전체를 n등분한 경우를 의미한다.

(1) $\int_0^1 e^{-x^2}\,dx, \quad n = 10$ (2) $\int_0^1 \frac{1}{1+x^2}\,dx, \quad n = 4$

3. 사다리꼴 공식과 심프슨 공식을 사용하여 다음 정적분의 근삿값을 구하여라. 단, 주어진 n의 값은 각 정적분의 적분구간 전체를 n등분한 경우를 의미한다.

(1) $\int_{-1}^1 \sqrt{1+x^3}\,dx, \quad n = 8$ (2) $\int_2^3 \frac{1}{\ln x}\,dx, \quad n = 10$

4. 적분구간 전체를 4등분한 경우에 심프슨 공식을 사용하여 $\int_1^2 \frac{1}{x}\,dx$의 근삿값을 소수점 아래 여덟째 자리까지 구하라.

5. 다음 표로 결정되는 곡선의 아래 부분의 넓이를 심프슨 공식을 사용하여 구하여라.

x	3.0	3.25	3.5	3.75	4.0	4.25	4.5	4.75	5.0
y	6.7	7.4	8.2	9.2	10.4	11.6	12.5	13.3	1.40

제 6 장

정적분의 응용

6.1 두 곡선 사이의 넓이

정적분의 정의로부터 함수 f 가 $[a, b]$ 에서 연속이고 $f(x) \geq 0$ 일 때, 곡선 $y = f(x)$ 와

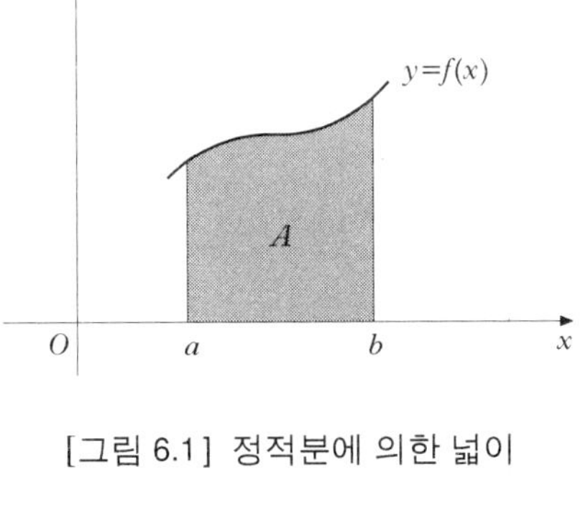

[그림 6.1] 정적분에 의한 넓이

x축 및 두 직선 $x = a$, $x = b$로 둘러싸인 도형의 넓이 A는

$$A = \int_a^b f(x)\,dx \tag{6.1}$$

로 표시된다(그림 6.1 참조).

이번에는 두 함수 f, g가 구간 $[a, b]$에서 연속이고 $f(x) \geq g(x)$일 때, 두 곡선 $y = f(x)$, $y = g(x)$와 두 직선 $x = a$, $x = b$로 둘러싸인 영역의 넓이 A를 구해보자.

적당한 실수 k를 선택하여 두 곡선 $y = f(x)$, $y = g(x)$의 그래프를 y축의 양의 방향으로 k만큼 평행이동 하여

$$f(x) + k \geq g(x) + k \geq 0$$

와 같은 부등호 관계를 만족시키도록 할 수 있다(그림 6.2 참조).

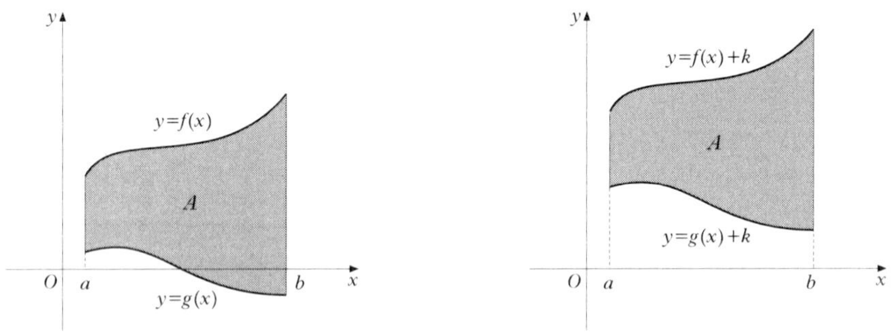

[그림 6.2] 두 곡선으로 둘러싸인 영역의 넓이

이때 다음이 성립함을 알 수 있다.

$$\begin{aligned} A &= \int_a^b (f(x) + k)\,dx - \int_a^b (g(x) + k)\,dx \\ &= \int_a^b \big((f(x) + k) - (g(x) + k)\big)\,dx \\ &= \int_a^b (f(x) - g(x))\,dx \end{aligned}$$

따라서 우리는 이와 관련한 다음과 같은 정리를 얻는다.

정리 6.1.1 두 함수 f, g 가 구간 $[a, b]$ 에서 연속이고

$$f(x) \geq g(x)$$

일 때, 두 곡선 $y = f(x)$, $y = g(x)$ 와 두 직선 $x = a$, $x = b$ 로 둘러싸인 영역의 넓이 A 는 다음과 같다.

$$A = \int_a^b (f(x) - g(x))\, dx \tag{6.2}$$

예제 6.1.1 두 곡선 $y = e^x$, $y = \sin x$ 와 두 직선 $x = 0$, $x = \pi/2$ 로 둘러싸인 영역의 넓이 A 를 구하여라(그림 6.3 참조).

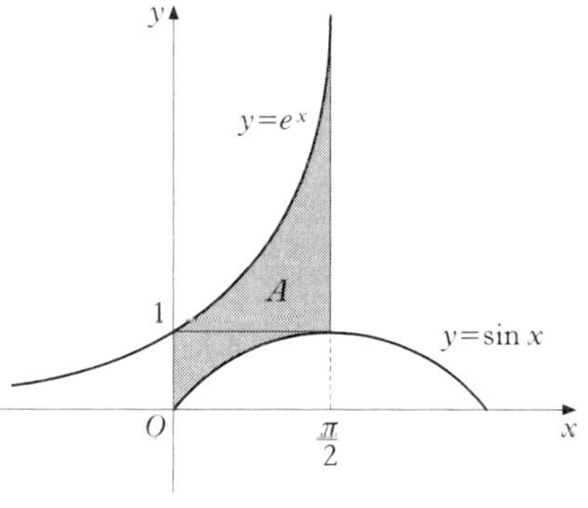

[그림 6.3]

【풀이】 임의의 $x \in [0, \pi/2]$ 에 대하여

$$e^x > \sin x$$

이므로 구하는 넓이 A 는 정리 6.1.1 에 의해

$$A = \int_0^{\frac{\pi}{2}} (e^x - \sin x)\, dx = [e^x + \cos x]_0^{\frac{\pi}{2}} = e^{\frac{\pi}{2}}$$

이다. □

예 제 6.1.2 타원 $x^2 + xy + y^2 = 1$ 의 넓이 A를 구하여라(그림 6.4 참조).

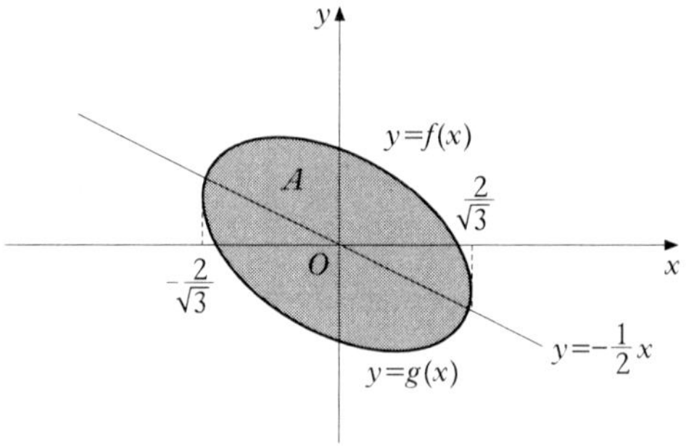

[그림 6.4]

【풀이】 주어진 타원의 방정식을 y에 관하여 풀면

$$y = -\frac{1}{2}\left(x \pm \sqrt{4-3x^2}\right)$$

이다. 따라서 주어진 타원이 갖는 x의 범위는 $-2/\sqrt{3} \le x \le 2/\sqrt{3}$ 이다. 따라서 두 함수 f와 g를 각각

$$f(x) = -\frac{1}{2}\left(x - \sqrt{4-3x^2}\right), \qquad g(x) = -\frac{1}{2}\left(x + \sqrt{4-3x^2}\right)$$

으로 놓으면,

$$f(x) \ge g(x)$$

이므로 구하는 넓이 A는 정리 6.1.1 에 의해

$$A = \int_{-\frac{2}{\sqrt{3}}}^{\frac{2}{\sqrt{3}}} (f(x) - g(x))\, dx = \int_{-\frac{2}{\sqrt{3}}}^{\frac{2}{\sqrt{3}}} \sqrt{4-3x^2}\, dx$$

$$= 2\int_0^{\frac{2}{\sqrt{3}}} \sqrt{4-3x^2}\, dx = \sqrt{3}\left[x\sqrt{\frac{4}{3}-x^2} + \frac{4}{3}\sin^{-1}\left(\frac{\sqrt{3}}{2}x\right)\right]_0^{\frac{2}{\sqrt{3}}} = \frac{2\pi}{\sqrt{3}}$$

이다. □

연습문제(6.1)

1. 다음 주어진 곡선과 x축으로 둘러싸인 영역의 넓이 A를 구하여라.

(1) $y = -x^2 + 6x$ (2) $y = x^2 - 9$ (3) $y = x^2 - 4x - 5$

(4) $y = x(x^2 - x - 2)$ (5) $y = x^4 - 16$ (6) $y = x\sqrt{1 - x^2}$

2. 두 곡선 $y = x^2$과 $y^2 = 27x$로 둘러싸인 영역의 면적 A를 구하여라.

3. 곡선 $y = x^2 - 4x + 3$과 직선 $y = x - 1$로 둘러싸인 영역의 면적 A를 구하여라.

4. 포물선 $y^2 = 2x + 6$과 직선 $y = x - 1$로 둘러싸인 영역의 면적 A를 구하여라.

6.2 입체도형의 부피

어떤 입체도형이 주어졌을 때 한 직선을 x축으로 정하여 좌표가 a, b인 두 점을 각각 지나고, 이 축에 수직인 두 평면 사이에 있는 입체도형의 부피 V를 구해 보자.

$a \le x \le b$인 점 x에서 x축에 수직인 평면으로 주어진 입체를 자른 단면의 넓이를 $A(x)$라고 하자. 구간 $[a, b]$의 분할

$$P = \{x_0, x_1, x_2, \ldots, x_n\}$$

을 정하고 각 소구간 $[x_{i-1}, x_i]$ 안의 임의의 점 ξ_i를 택하여 보자. 이제 각각의 점 x_i를 지나고 x축에 수직인 평면으로 입체를 자르면 얇은 평판들이 생긴다(그림 6.5 참조).

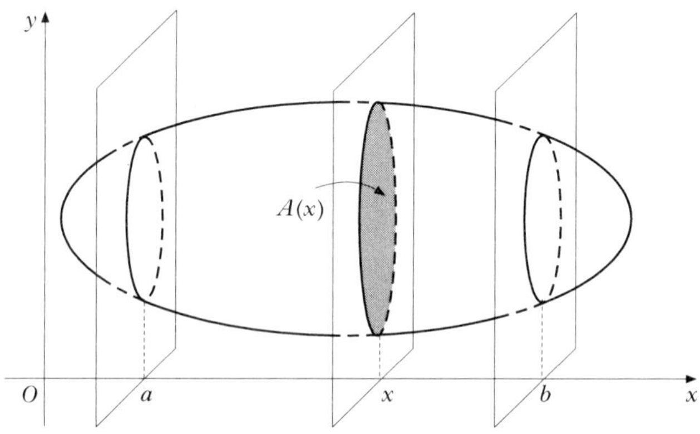

[그림 6.5] 입체도형의 부피

각 평판의 부피 ΔV_i의 근삿값으로 밑면의 넓이가 $A(\xi_i)$이고 높이가 $\Delta x_i = x_i - x_{i-1}$인 기둥모양의 입체의 부피를 택하자. 즉,

$$\Delta V_i \approx A(\xi_i)\Delta x_i$$

이때 각 평판의 부피의 근삿값을 합하면 구하는 입체도형의 부피 V의 근삿값

$$V \approx \sum_{i=1}^{n} A(\xi_i)\Delta x_i$$

을 얻는다. 이때 $|P|$를 작게 하면 작게 할수록 V와 V의 근삿값의 차는 점점 줄어들게 된다. 만일 $A(x)$가 구간 $[a, b]$에서 적분가능한 함수이면

$$V = \lim_{|P|\to 0} \sum_{i=1}^{n} A(\xi_i)\Delta x_i = \int_a^b A(x)\,dx$$

이다. 따라서 우리는 다음과 같은 정리를 얻는다.

정리 6.2.1 $x\ (a \le x \le b)$를 지나면서 x축에 수직인 평면으로 자른 입체도형의 단면의 넓이가 $A(x)$일 때, $x = a$와 $x = b$사이에 놓인 입체도형의 부피 V는

$$V = \int_a^b A(x)\,dx \tag{6.3}$$

이다. (단, 여기서 $A(x)$는 구간 $[a, b]$에서 연속인 함수이다.)

예제 6.2.1 함수 $y = \sin x\ (0 \le x \le \pi)$의 그래프와 x축으로 둘러싸인 평면도형을 밑면으로 하는 입체도형이 있다. 이 입체도형을 x축에 수직인 평면으로 자른 단면이 정삼각형일 때 이 입체도형의 부피 V를 구하여라(그림 6.6 참조).

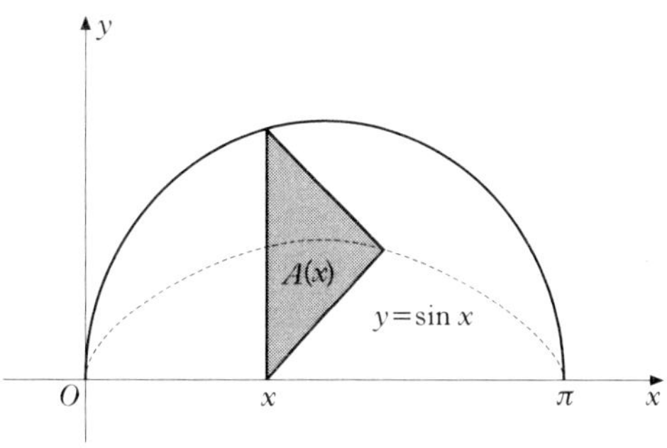

[그림 6.6]

【풀이】 주어진 입체도형을 x축에 수직되게 자른 단면은 한 변의 길이가 $\sin x$인 정삼각형이므로 단면의 넓이 $A(x)$는

$$A(x) = \frac{\sqrt{3}}{4}\sin^2 x \quad (0 \le x \le \pi)$$

이다. 따라서 구하는 부피 V는 정리 6.2.1에 의해

$$V = \frac{\sqrt{3}}{4}\int_0^{\pi} \sin^2 x\,dx = \frac{\sqrt{3}}{4}\int_0^{\pi} \frac{1-\cos 2x}{2}\,dx = \frac{\sqrt{3}}{8}\int_0^{\pi}(1-\cos 2x)\,dx$$

$$= \frac{\sqrt{3}}{8}\left(\int_0^{\pi} 1\,dx - \frac{1}{2}\int_0^{\pi}\cos 2x\cdot 2\,dx\right) = \frac{\sqrt{3}}{8}\left[x - \frac{1}{2}\sin 2x\right]_0^{\pi} = \frac{\sqrt{3}}{8}\pi$$

이다. □

따름정리 6.2.2 함수 $y = f(x)$가 구간 $[a, b]$에서 연속이고 $f(x) \geq 0$일 때, 곡선 $y = f(x)$와 x축 및 두 직선 $x = a$, $x = b$로 둘러싸인 평면도형을 x축 주위로 회전하여 얻어지는 회전체의 부피 V는

$$V = \pi\int_a^b (f(x))^2\,dx = \pi\int_a^b y^2\,dx \tag{6.4}$$

이다.

【증명】 x축 위의 점 x를 지나고 x축에 수직인 평면으로 회전체를 자를 때의 단면의 넓이 $A(x)$는 반지름이 $f(x)$인 원이므로

$$A(x) = \pi(f(x))^2 = \pi y^2$$

이다(그림 6.7 참조).

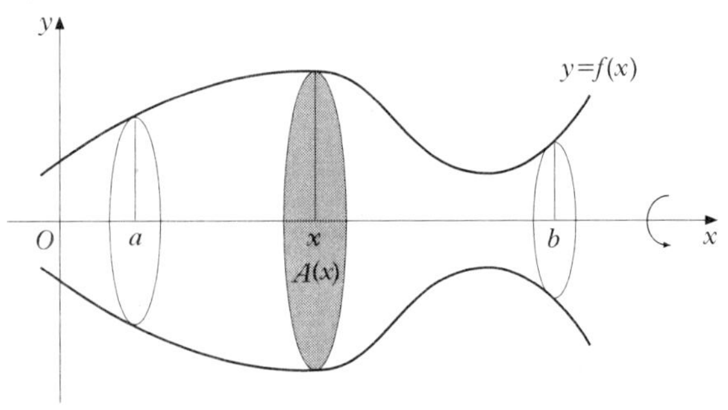

[그림 6.7] 회전체의 부피

따라서 구하는 부피 V는 정리 6.2.1에 의해

$$V = \pi \int_a^b (f(x))^2\, dx = \pi \int_a^b y^2\, dx$$

이다. □

예제 6.2.2 원 $x^2 + y^2 = a^2$을 x축 주위로 회전하여 얻어지는 구의 부피를 구하여라.

【풀이】 구하는 부피 V는 따름정리 6.2.2에 의해

$$V = \pi \int_{-a}^{a} y^2\, dx = \pi \int_{-a}^{a} (a^2 - x^2)\, dx = \pi \left[a^2 x - \frac{x^3}{3} \right]_{-a}^{a} = \frac{4}{3}\pi a^3$$

이다. □

예제 6.2.3 두 포물선 $y = x^2$과 $y^2 = 8x$로 둘러싸인 영역을 x축을 회전축으로 하여 회전시켜 얻어지는 회전체의 부피를 구하여라(그림 6.8 참조).

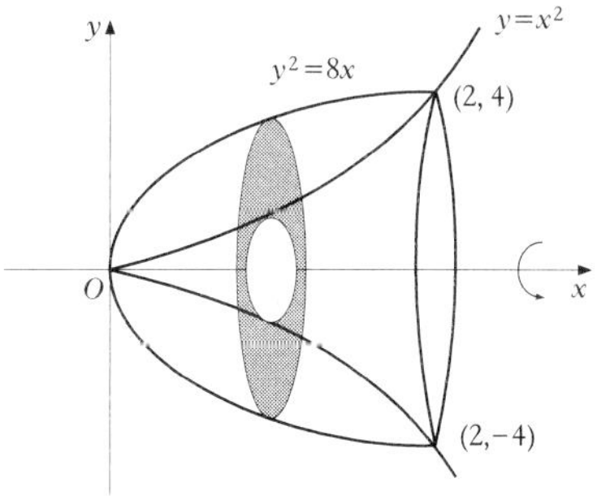

[그림 6.8]

【풀이】 두 곡선 $y = x^2$, $y^2 = 8x$의 교점은 $(0, 0)$, $(2, 4)$이다. 따라서 구하는 부피 V는 따름정리 6.2.2에 의해

$$\begin{aligned} V &= \pi \left(\int_0^2 (\sqrt{8x})^2\, dx - \int_0^2 (x^2)^2\, dx \right) \\ &= \pi \int_0^2 (8x - x^4)\, dx = \pi \left[4x^2 - \frac{x^5}{5} \right]_0^2 = \frac{48}{5}\pi \end{aligned}$$

이다. □

따름정리 6.2.3 함수 $x = g(y)$ 가 구간 $[c, d]$ 에서 연속이고 $g(y) \geq 0$ 일 때, 곡선 $x = g(y)$ 와 y 축 및 두 직선 $y = c$, $y = d$ 로 둘러싸인 평면도형을 y 축 주위로 회전하여 얻어지는 회전체의 부피 V 는

$$V = \pi \int_c^d (g(y))^2 \, dy = \pi \int_c^d x^2 \, dy \tag{6.5}$$

이다.

【증명】 따름정리 6.2.2 의 증명 방법과 동일하다. □

예 제 6.2.4 곡선 $x = \sqrt{4 - y^2}$ 과 y 축으로 둘러싸인 영역을 직선 $x = -1$ 을 회전축으로 하여 회전시켜 얻어진 회전체의 부피를 구하기 위한 식을 구하여라(그림 6.9 참조).

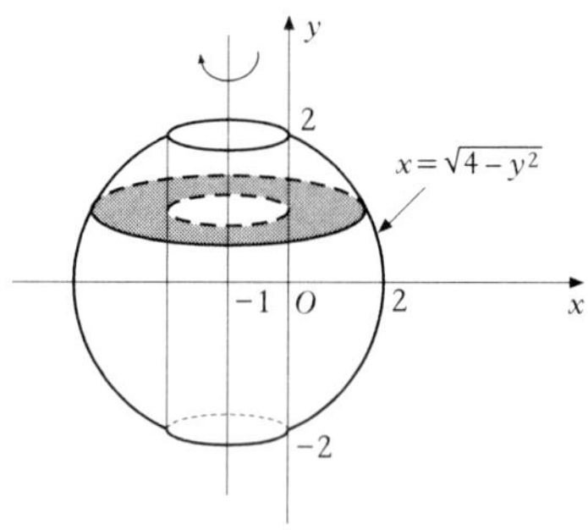

[그림 6.9]

【풀이】 회전체의 단면의 넓이 $A(y)$ 는

$$A(y) = \pi\left(\left(1 - \sqrt{4 - y^2}\right)^2 - 1\right) \quad (-2 \leq y \leq 2)$$

이다. 따라서 구하는 부피 V 는 따름정리 6.2.3 에 의해

$$V = \pi \int_{-2}^{2} \left(\left(1 + \sqrt{4 - y^2}\right)^2 - 1\right) dy = 2\pi \int_0^2 \left(2\sqrt{4 - y^2} + 4 - y^2\right) dy$$

$$= 4\pi \int_0^2 \sqrt{4 - y^2} \, dy + 2\pi \int_0^2 (4 - y^2) \, dy$$

$$= 2\pi\left[x\sqrt{4-y^2} + 4\sin^{-1}\frac{y}{2}\right]_0^2 + 2\pi\left[4y - \frac{1}{3}y^3\right]_0^2 = 2\pi\left(4\sin^{-1}1 + \frac{16}{3}\right)$$

이다. □

정리 6.2.4 함수 f가 구간 $[a, b]$ $(a \geq 0)$에서 연속이고 $f(x) \geq 0$일 때, 곡선 $y = f(x)$와 x축 및 두 직선 $x = a$, $x = b$로 둘러싸인 평면도형을 y축 주위로 회전하여 얻어지는 회전체의 부피 V는

$$V = 2\pi\int_a^b xy\,dx = 2\pi\int_a^b xf(x)\,dx \tag{6.6}$$

이다.

【증명】 구간 $[a, b]$의 분할 $P = \{x_0, x_1, x_2, \ldots, x_n\}$을 정하고, 각 소구간 $[x_{i-1}, x_i]$ 안의 임의의 점 ξ_i를 택하자(그림 6.10 참조).

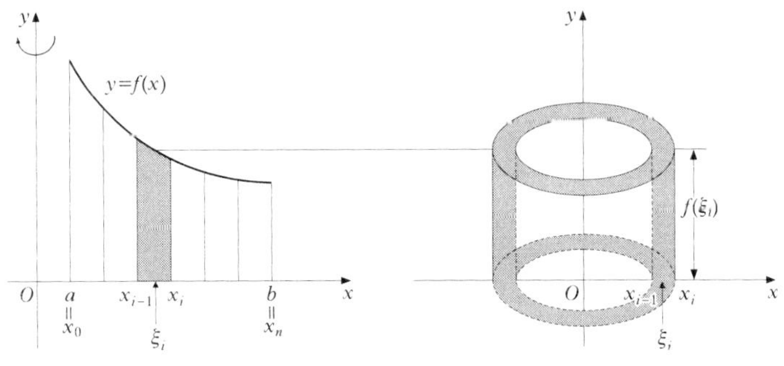

[그림 6.10] 회전체의 부피

또한 각 소구간 $[x_{i-1}, x_i]$에 대하여 $f(\xi_i)$와 Δx_i를 이웃하는 두 변으로 하는 직사각형 영역을 y축 주위로 회전하였을 때 얻어지는 원통의 부피를 ΔV_i라고 하자. 그러면

$$\Delta V_i = (\pi x_i^2 - \pi x_{i-1}^2)f(\xi_i) = 2\pi\left(\frac{x_i + x_{i-1}}{2}\right)f(\xi_i)\Delta x_i$$

이고

$$V \approx \sum_{i=1}^{n}\Delta V_i = \sum_{i=1}^{n} 2\pi\left(\frac{x_i + x_{i-1}}{2}\right)f(\xi_i)\Delta x_i$$

이다. 함수 f 는 $[a, b]$ 에서 연속이므로 적분가능하다. 따라서 회전체의 부피 V 는

$$V = \lim_{|P|\to 0} \sum_{i=1}^{n} 2\pi\left(\frac{x_i + x_{i-1}}{2}\right) f(\xi_i)\Delta x_i = \int_a^b 2\pi x f(x)\,dx$$

이다. □

예 제 6.2.5 곡선 $y = \sin x$ $(0 \le x \le \pi)$ 를 y축 주위로 회전시켜 얻어지는 입체의 부피 V 를 구하여라.

【풀이】 구하는 부피 V 는 정리 6.2.4 에 의해

$$V = 2\pi \int_0^{\pi} xy\,dx = 2\pi \int_0^{\pi} x\sin x\,dx = 2\pi[-x\cos x + \sin x]_0^{\pi} = 2\pi^2$$

이다. □

예 제 6.2.6 포물선 $y = 2 - x^2$ 와 $y = x^2$ 으로 둘러싸인 도형을 y축 주위로 회전시켜 얻어지는 회전체의 부피 V 를 구하여라(그림 6.11 참조).

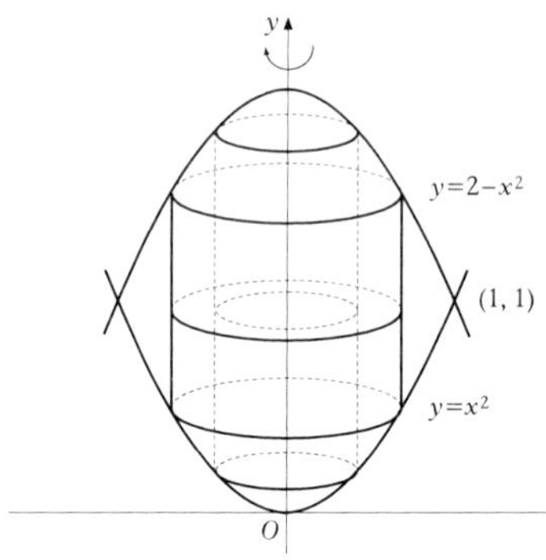

[그림 6.11]

【풀이】 제1사분면에서 두 포물선의 교점의 좌표는 (1, 1) 이다. 따라서 구하는 회전체의 부피 V 는 정리 6.2.4 에 의해 다음과 같다.

$$V = 2\pi \int_0^1 x(2 - x^2 - x^2)\,dx = 4\pi \int_0^1 (x - x^3)\,dx = 4\pi\left[\frac{x^2}{2} - \frac{x^4}{4}\right]_0^1 = \pi$$ □

연습문제(6.2)

1. 문제에서 주어진 영역을 x축을 회전축으로 하여 회전시켜 얻어지는 회전체의 체적 V를 구하여라.

(1) 원 $x^2 + y^2 = r^2$의 내부에서 제1사분면에 놓인 영역

(2) 직선 $x + 2y = 1$과 두 좌표축으로 둘러싸인 영역

(3) 원 $x^2 + y^2 = r^2$과 직선 $x = h$ $(0 < h < r)$로 둘러싸인 영역 중에서 작은 부분

2. 다음 문제에서 주어진 영역을 y축을 회전축으로 하여 회전시켜 얻어지는 회전체의 체적 V를 구하여라.

(1) 타원 $x^2/a^2 + y^2/b^2 = 1$의 내부에서 제1사분면에 놓인 영역

(2) 포물선 $y = x^2$과 직선 $y = 2x$로 둘러싸인 영역

(3) 두 원 $x^2 + y^2 = a^2$과 $(x - a)^2 + y^2 = a^2$으로 둘러싸인 영역

3. 포물선 $y = x^2$과 직선 $x = 2$ 그리고 x축으로 둘러싸인 영역을 직선 $x = 2$를 회전축으로 하여 회전시켜 얻어지는 회전체의 체적 V를 구하여라.

4. 원 $x^2 + y^2 = 1$의 내부 영역을 직선 $y = 4$를 회전축으로 하여 회전시켜 얻어지는 회전체의 체적 V를 구하여라.

6.3 곡선의 길이

함수 $y = f(x)$ 가 구간 $[a, b]$ 에서 미분가능하고, 또한 그 도함수 f' 이 $[a, b]$ 에서 연속일 때, 함수 f 의 그래프가 나타내는 곡선의 길이를 구하는 방법에 대하여 알아보자.

먼저 그림 6.12 에서와 같이 짧은 선분들로 곡선 위의 점을 잇고 이 선분들의 길이를 모두 더하여 그 극한이 존재할 때 그 극한값을 곡선의 길이로 정의하기로 하자.

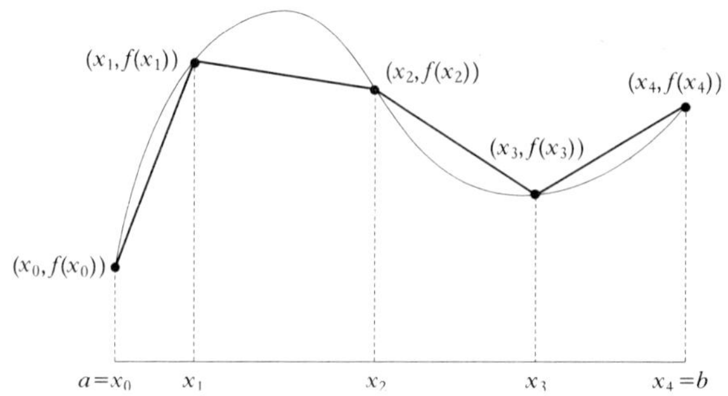

[그림 6.12] 곡선의 길이

그러면 곡선의 길이에 대한 다음 정리가 성립한다.

정리 6.3.1 함수 $y = f(x)$ 가 구간 $[a, b]$ 에서 미분가능하고, 또한 그 도함수 f' 이 $[a, b]$ 에서 연속일 때, 구간 $[a, b]$ 에 대응하는 곡선의 길이 L 은

$$L = \int_a^b \sqrt{1 + (f'(x))^2}\, dx \tag{6.7}$$

이다.

【증명】 먼저 집합

$$P = \{a = x_0, x_1, x_2, \ldots, x_n = b\}$$

를 구간 $[a, b]$ 의 한 분할이라고 하자. 그러면 $(x_i, f(x_i))$ $(i = 0, 1, 2, \ldots, n)$ 들은 이 곡선 위의 점이 된다. 이때 서로 이웃하는 두 점

$$(x_{i-1}, f(x_{i-1})), \qquad (x_i, f(x_i))$$

를 맺는 선분의 길이 L_i 는

$$L_i = \sqrt{(x_i - x_{i-1})^2 + (f(x_i) - f(x_{i-1}))^2} \tag{6.8}$$

이다. 한편 함수 f 는 미분가능하므로 미분에 관한 평균값의 정리[1]에 의해

$$f(x_i) - f(x_{i-1}) = (x_i - x_{i-1})f'(\xi_i) \tag{6.9}$$

를 만족하는 $\xi_i \in (x_{i-1}, x_i)$ 가 존재한다. 따라서 식 (6.9) 를 식 (6.8) 에 대입하여 정리한 후에 선분 L_i 들을 모두 더하면

$$L_n = \sum_{i=1}^{n} \sqrt{1 + (f'(\xi_i))^2}\, (x_i - x_{i-1}) \tag{6.10}$$

을 얻는다. 식 (6.10) 과 관련하여 함수 G 를

$$G(x) = \sqrt{1 + (f'(x))^2} \tag{6.11}$$

으로 놓으면, G 는 연속함수이므로 구간 $[a, b]$ 에서 적분가능하다. 그러므로

$$L = \lim_{|P| \to 0} \sum_{i=1}^{n} G(\xi_i)(x_i - x_{i-1}) = \int_a^b G(x)\, dx$$

이다. 따라서 구간 $[a, b]$ 에 대응하는 곡선의 길이 L 은

$$L = \int_a^b \sqrt{1 + (f'(x))^2}\, dx$$

이다. □

예제 6.3.1 정리 6.3.1 을 이용하여 직선 $y = 2x + 1$ 의 $x = 0$ 에서 $x = 1$ 까지의 길이 L 을 구하여라.

【풀이】 정리 6.3.1 의 식 (6.7) 로부터 구하는 길이 L 은 다음과 같다.

$$L = \int_0^1 \sqrt{1 + (f'(x))^2}\, dx = \int_0^1 \sqrt{1 + 4}\, dx = \left[\sqrt{5}\, x\right]_0^1 = \sqrt{5}$$ □

1) 미분에 관한 평균값의 정리(94쪽, 정리 3.2.4 참조)

예제 6.3.2 정리 6.3.1 을 이용하여 현수선[2)]

$$y = a\cosh\frac{x}{a} \quad (a > 0)$$

의 $x = 0$ 에서 $x = b$ 까지의 길이를 구하여라(그림 6.13 참조).

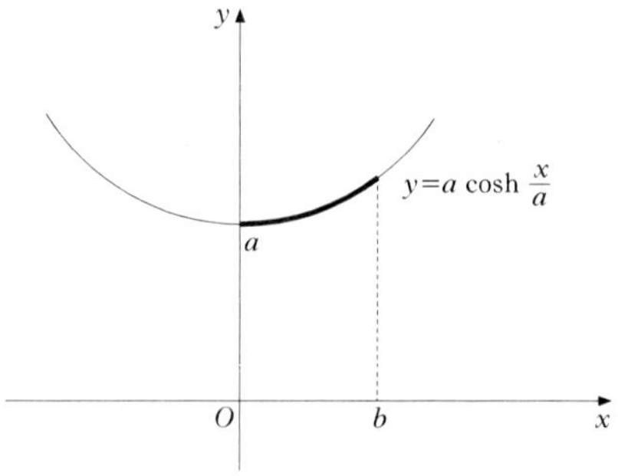

[그림 6.13]

【풀이】 주어진 함수의 도함수는

$$y' = \sinh\frac{x}{a} = \frac{1}{2}\left(e^{\frac{x}{a}} - e^{-\frac{x}{a}}\right)$$

이다. 따라서 구하는 길이 L 은 정리 6.3.1 의 식 (6.7) 로부터

$$L = \int_0^b \sqrt{1 + (f'(x))^2}\,dx = \int_0^b \cosh\frac{x}{a}\,dx = a\left[\sinh\frac{x}{a}\right]_0^b = a\sinh\frac{b}{a} = \frac{a}{2}\left(e^{\frac{b}{a}} - e^{-\frac{b}{a}}\right)$$

이다. □

예제 6.3.3 정리 6.3.1 을 이용하여 곡선 $\sqrt{x} + \sqrt{y} = 1$ 의 양 좌표축 사이의 길이 L 을 구하여라(그림 6.14 참조).

---

2) 현수선(catenary)이란 굵기와 무게가 균일한 밧줄의 양끝을 같은 높이의 두 위치에 고정시켰을 때 그 사이에서 밧줄이 처진 것 같은 모양의 곡선으로서 포물선과 구별되며

$$y = a\cosh\frac{x}{a}$$

로 정의된다.

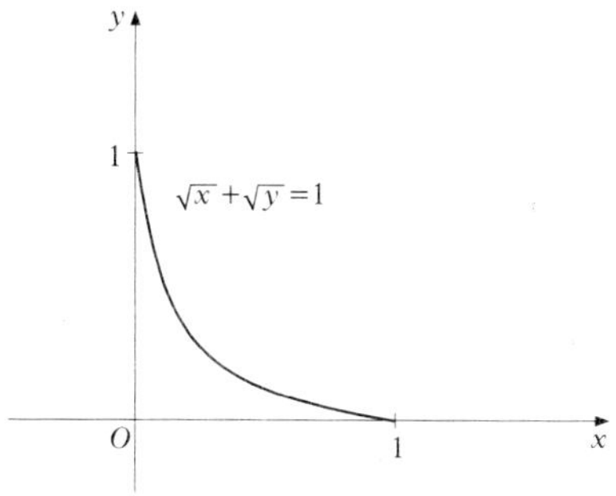

[그림 6.14]

【풀이】 $\sqrt{x}+\sqrt{y}=1$ 에 대하여

$$y' = -\frac{\sqrt{y}}{\sqrt{x}}$$

이다. 따라서 구하는 길이 L은 정리 6.3.1 의 식 (6.7) 로부터

$$\begin{aligned} L &= \int_0^1 \sqrt{1+(y')^2}\,dx = \int_0^1 \sqrt{1+\frac{y}{x}}\,dx = \int_0^1 \sqrt{\frac{x+(1-\sqrt{x})^2}{x}}\,dx \\ &= \int_0^1 \frac{\sqrt{2x+1-2x}}{\sqrt{x}}\,dx = \sqrt{2}\int_0^1 \frac{(\sqrt{x}-\frac{1}{2})^4+\frac{1}{4}}{\sqrt{x}}\,dx \end{aligned}$$

이다. 그런데 $t=\sqrt{x}-1/2$ 이라고 놓으면 $dx = 2\sqrt{x}\,dt$ 이고, 또한 $x=0$ 일 때 $t=-1/2$ 이고, $x \equiv 1$ 일 때 $t - 1/2$ 이므로

$$\begin{aligned} L &= 2\sqrt{2}\int_{-\frac{1}{2}}^{\frac{1}{2}} \sqrt{t^2+\frac{1}{4}}\,dt = 2\sqrt{2}\left(\left(t\sqrt{t^2+\frac{1}{4}}+\frac{1}{4}\ln\left(t+\sqrt{t^2+\frac{1}{4}}\right)\right)\right]_{-\frac{1}{2}}^{\frac{1}{2}} \\ &= \sqrt{2}\left(\frac{1}{2\sqrt{2}}+\frac{1}{4}\ln\frac{\sqrt{2}+1}{\sqrt{2}-1}+\frac{1}{2\sqrt{2}}\right) = 1+\frac{1}{\sqrt{2}}\ln\left(\frac{\sqrt{2}+1}{\sqrt{2}-1}\right)^{\frac{1}{2}} = 1+\frac{1}{\sqrt{2}}\ln\left(\sqrt{2}+1\right) \end{aligned}$$

이다. □

연습문제(6.3)

1. 곡선 $y = 3x\sqrt{x} - 1$ 의 $x = 0$ 에서 $x = 1$ 까지에 대응하는 호의 길이 L 을 구하여라.

2. 곡선 $x = y^2$ 에 대하여 점 $(0, 0)$ 에서 $(1, 1)$ 까지에 대응하는 호의 길이 L 을 구하여라.

3. 곡선 $y = x^{2/3}$ 의 $x = 0$ 에서 $x = 1$ 까지에 대응하는 호의 길이 L 을 구하여라.

4. 곡선 $x^{2/3} + y^{2/3} = 1$ 의 $x = 0$ 에서 $x = 1$ 까지에 대응하는 호의 길이 L 을 구하여라.

6.4 함수의 평균값

유한개의 양의 측정값 $y_1, y_2, \ldots, y_n$ 의 평균값 M_n 은

$$M_n = \frac{y_1 + y_2 + \cdots + y_n}{n}$$

이다. 그러나 측정값의 개수가 무한히 많을 때에는 위와 같은 산술평균값은 ∞/∞ 꼴의 부정형이 되는 경우가 있을 수 있으므로 사용할 수 없다. 이러한 현상은 특히 특정값 y 가 x 에 관한 연속함수로서

$$y = f(x) \quad (a \leq x \leq b)$$

와 같이 주어지는 경우에 생긴다. 이러한 경우에 x 에 관한 y 의 평균값을 다음과 같이 정의한다.

정 의 6.4.1 함수 $y = f(x)$ 가 $[a, b]$ 에서 연속일 때, x 에 관한 함수 f 의 **평균값** M 을

$$M = \frac{1}{b-a}\int_a^b f(x)\,dx \tag{6.12}$$

와 같이 정의한다.

위의 정의 6.4.1 이 갖는 의미에 대하여 살펴보자. 먼저 함수 f 는 구간 $[a, b]$ 에서 연속이므로 $[a, b]$ 에서 적분가능하다. 구간 $[a, b]$ 를 n 등분한 분할을

$$P = \{a = x_0, x_1, x_2, \ldots, x_n = b\}$$

라고 하면, 각 소구간의 크기 Δx_i $(i = 1, 2, \ldots, n)$ 는

$$\Delta x_i = x_i - x_{i-1} = \frac{b-a}{n}$$

이고, 각각의 x_i 에 대응하는 함숫값 $f(x_1), f(x_2), \ldots, f(x_n)$ 들의 평균값 M_n 을 계산하면

$$\begin{aligned} M_n &= \frac{1}{n}\Big(f(x_1) + f(x_2) + \cdots + f(x_n)\Big) \\ &= \frac{1}{b-a}\Big(f(x_1)\Delta x_1 + f(x_2)\Delta x_2 + \cdots + f(x_n)\Delta x_n\Big) \end{aligned}$$

$$= \frac{1}{b-a}\sum_{i=1}^{n} f(x_i)\Delta x_i$$

을 얻는다. 그런데 함수 f가 구간 $[a, b]$에서 적분가능하므로

$$M = \lim_{n\to\infty} M_n = \lim_{n\to\infty} \frac{1}{b-a}\sum_{i=1}^{n} f(x_i)\Delta x_i = \frac{1}{b-a}\int_a^b f(x)\,dx$$

이다. 이것이 정의 6.4.1 에서 f의 평균값을 정의하는 식 (6.12) 이다.

다음으로 함수 f의 평균값의 기하학적 의미에 대하여 살펴보자. 식 (6.12), 즉

$$M = \frac{1}{b-a}\int_a^b f(x)\,dx$$

의 양변에 $b-a$를 곱하면

$$M(b-a) = \int_a^b f(x)\,dx \qquad (6.13)$$

을 얻는다. 이때 식 (6.13) 의 우변은 곡선 $y = f(x)$가 구간 $[a, b]$에서 음이 아닌 함숫값을 가질 때, 곡선 $y = f(x)$와 x축 및 두 직선 $x = a$, $x = b$로 둘러싸인 도형의 넓이를 나타내고, 좌변은 두 변이 M, $b-a$인 직사각형의 넓이를 나타낸다. 즉, M은 이 두 도형의 넓이가 같게 되는 직사각형의 높이가 된다(그림 6.15 참조).

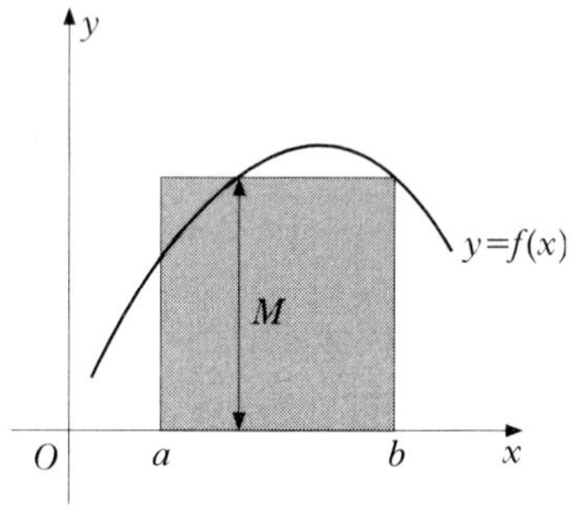

[그림 6.15] 평균값의 기하학적 의미

또한 함수 f가 구간 $[a, b]$에서 연속이면 적분에 관한 평균값의 정리[3)]에 의하여 $[a, b]$에

3) 적분에 관한 평균값의 정리(178쪽, 정리 5.2.5 참조)

속하는 적당한 점 c 가 존재해서 $f(c)$ 가 $[a, b]$ 에서 f 의 평균값이 됨을 알 수 있다. 즉,

$$M = \frac{1}{b-a}\int_a^b f(x)\,dx = f(c) \tag{6.14}$$

이다.

예제 6.4.1 함수 $y = \sqrt{x}$ $(0 \le x \le 4)$ 의 평균값을 구하여라.

【풀이】 정의 6.4.1 에 의해 구하는 평균값 M 은

$$M = \frac{1}{4}\int_0^4 \sqrt{x}\,dx = \frac{1}{4}\left[\frac{2}{3}x^{\frac{3}{2}}\right]_0^4 = \frac{4}{3}$$

이다. □

예제 6.4.2 정지상태로부터 자유낙하를 하는 물체에 대하여 그 거리 s 와 속도 v 는 중력가속도를 나타내는 상수 $g(= 9.8\,\mathrm{m/s^2})$ 와 낙하시각 t 에 의해

$$s = \frac{1}{2}gt^2, \qquad v = gt, \qquad v = \sqrt{2gs}$$

와 같음이 알려져 있다. 따라서 속도 v 는 시각 t 의 함수로 볼 수도 있고, 또한 거리 s 의 함수로 볼 수도 있다. 이때 이 물체의 t 에 관한 평균속도 M_t 와 s 에 관한 평균속도 M_s 를 각각 구하여라.

【풀이】 $t = 0,\ s = 0$ 으로부터 $t = t_2 > 0,\ s = s_2 = (1/2)gt_2^2$ 까지 구하면

$$M_t = \frac{1}{t_2 - 0}\int_0^{t_2} gt\,dt = \frac{1}{2}gt_2 = \frac{1}{2}v_2,$$
$$M_s = \frac{1}{s_2 - 0}\int_0^{s_2} \sqrt{2gs}\,ds = \frac{2}{3}\sqrt{2gs_2} = \frac{2}{3}v_2$$

이다. □

예제 6.4.3 타원

$$\frac{x^2}{a^2} + \frac{y^2}{b^2} = 1$$

위의 한 점 P 에 대하여 $\overline{OP}^2$ 의 x 에 관한 평균값 M_x 와 y 에 관한 평균값 M_y 를 각각 구하여라. (단, O 는 원점이다.)

【풀이】 점 P의 좌표를 (x, y)라고 하면

$$\overline{OP}^2 = x^2 + y^2 = x^2 + \left(b^2 - \frac{b^2}{a^2}x^2\right) = \left(1 - \frac{b^2}{a^2}\right)x^2 + b^2,$$

$$\overline{OP}^2 = x^2 + y^2 = \left(a^2 - \frac{a^2}{b^2}y^2\right) + y^2 = \left(1 - \frac{a^2}{b^2}\right)y^2 + a^2$$

이므로

$$M_x = \frac{1}{2a}\int_{-a}^{a}\left(\left(1 - \frac{b^2}{a^2}\right)x^2 + b^2\right)dx = \frac{1}{a}\int_{0}^{a}\left(\left(1 - \frac{b^2}{a^2}\right)x^2 + b^2\right)dx = \frac{1}{3}(a^2 + 2b^2),$$

$$M_y = \frac{1}{2b}\int_{-b}^{b}\left(\left(1 - \frac{a^2}{b^2}\right)y^2 + a^2\right)dy = \frac{1}{b}\int_{0}^{b}\left(\left(1 - \frac{a^2}{b^2}\right)y^2 + a^2\right)dy = \frac{1}{3}(2a^2 + b^2)$$

이다. □

연습문제(6.4)

1. $f(x) = x^2$ 은 구간 $[1, 4]$에서 연속이다. 평균값의 정리를 만족시키는 c를 찾아라.

2. 다음 함수의 평균값을 구하여라.

(1) $y = a\sin x$ $(0 \le x \le \pi)$에서 y 및 y^2의 x에 관한 평균값

(2) 반원 $y = \sqrt{a^2 - x^2}$ 위의 점에서 지름에 내린 수선의 x에 관한 평균값

6.5 일

어떤 물체에 일정한 힘 F가 작용하여 그 힘의 방향으로 거리 s만큼 이동하였을 때, 그 힘이 한 일(work) W를

$$W = F \cdot s \tag{6.15}$$

로 정의한다. 이것을 확장하여, 힘 F가 거리에 따라 연속적으로 변한다고 하고, 즉 F가 s의 연속함수라고 할 때 $s = a$에서 $s = b$까지 한 일(work)의 근삿값은

$$\sum F(s)\Delta s$$

가 되므로, 이때 한 일 W를

$$W = \int_a^b F(s)\,ds \tag{6.16}$$

로 정의한다.

용수철이 자연스러운 상태, 즉 잡아 당겨지지 않은 상태에 있을 때 그 자유단이 원점이라고 가정하자(그림 6.16 참조). 용수철의 자유단이 정지된 상태로부터 x단위만큼 당기고 있는 힘 $F(x)$는

$$F(x) = kx \quad (k\text{는 양의 상수}) \tag{6.17}$$

를 만족한다고 한다. 이를 물리학의 한 법칙인 **훅의 법칙**(Hooke's law)[4] 이라고 한다.

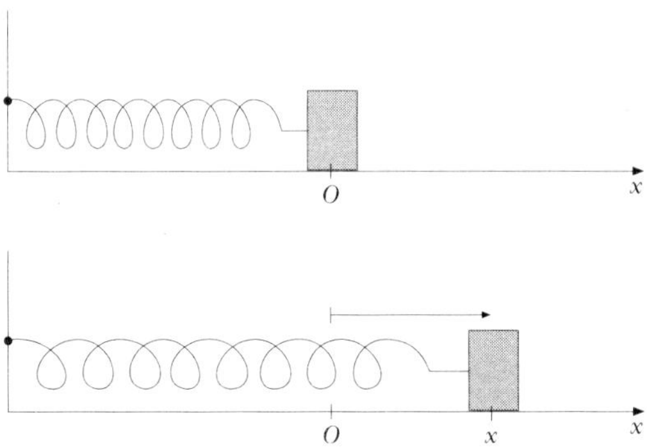

[그림 6.16] 용수철 운동

4) 훅(R. Hooke, 1635 ~ 1703) : 영국의 화학자 · 물리학자 · 천문학자

예제 6.5.1 어떤 용수철을 1/3 m 늘렸을 때 10 kg 의 탄력성을 갖는다. 1/10 m 를 늘렸을 때 행해진 일은 얼마인가? 또 그 상태에서 1/10 m 를 더 늘렸을 때 행해진 일은 얼마인가?

【풀이】 힘 $F(x) = kx$ 에서 $F(1/3) = 10$ 이므로 $k = 30$ 임을 알 수 있다. 따라서 처음 1/10 m 를 늘렸을 때의 일은

$$W_1 = \int_0^{\frac{1}{10}} 30x\,dx = \frac{3}{20}$$

이고, 그 상태에서 1/10 m 를 더 늘렸을 때 행해진 일은

$$W_2 = \int_{\frac{1}{10}}^{\frac{2}{10}} 30x\,dx = \frac{9}{20}$$

이다. □

어떤 물체를 들어올린 때의 일은

$$W = (\text{물체의 무게}) \cdot (\text{들어올린 거리})$$

임을 알 수 있다. 그림 6.17 에서와 같이 $1\,\mathrm{m}^3$ 당 σ kg 의 균등한 중량을 갖는 액체가 저장 탱크의 위로부터 a m 되는 지점까지 채워져 있다고 하자. 이 탱크로부터 위에서 b m 되는 지점까지 액체를 퍼낼 때 행해진 일을 구해보자. (단, 액체를 끌어 올리는 데 필요한 힘에 영향을 주는 중력은 무시하기로 한다.)

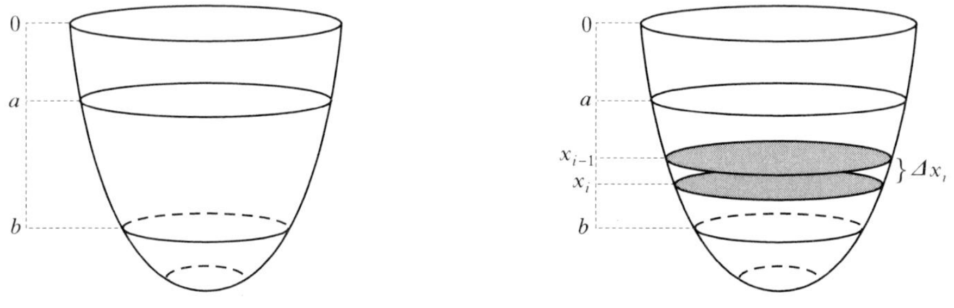

[그림 6.17] 액체를 퍼낼 때 행해진 일

탱크의 위로부터 x m 되는 곳까지 액체가 차있을 때

$$A(x) = (\text{탱크의 단면적}), \qquad s(x) = (\text{들어 올려야 할 거리})$$

라고 하자. 구간 $[a, b]$의 분할을 $P = \{x_0, x_1, x_2, \ldots, x_n\}$이라 하고, 각 소구간 $[x_{i-1}, x_i]$ 안의 임의의 점을 ξ_i 라고 하면

$$A(\xi_i)\Delta x_i = (i\text{ 번째 퍼내는 액체의 양의 근삿값})$$

$$\sigma \cdot A(x_i)\Delta x_i = (i\text{ 번째 퍼내는 액체의 무게의 근삿값})$$

이므로

$$\sigma \cdot s(\xi_i)A(\xi_i)\Delta x_i = (i\text{ 번째 액체를 퍼내는 일의 근삿값})$$

이다. 따라서 $A(x)$, $s(x)$가 연속함수일 경우에 이 탱크로부터 위에서 b m되는 점까지 액체를 퍼내는 데 필요한 일은

$$W = \lim_{|P|\to 0} \sum_{i=1}^{n} \sigma s(\xi_i)A(\xi_i)\Delta x_i = \int_a^b \sigma s(x)A(x)\,dx \tag{6.18}$$

임을 알 수 있다.

예제 6.5.2 반지름 10 m인 반구 모양의 물탱크가 위로부터 2 m되는 곳까지 물이 차 있다. 물이 위로부터 4 m되는 지점까지 되도록 물을 퍼내기 위해

(1) 펌프가 탱크의 꼭대기에 있는 경우에 행해신 일을 구하여라.

(2) 펌프가 탱크의 꼭대기루부터 3 m 더 높은 곳에 있는 경우에 행해진 일을 구히여라.

단, 물의 밀도는 1000 kg/m^3 이다.

【풀이】 반지름 10 m인 반구 모양의 물탱크가 위로부터 x m 떨어진 곳에서의 물탱크의 반지름은 $\sqrt{100 - x^2}$ m이다. 따라서 위로부터 x m 떨어진 곳에서의 물탱크의 단면적 $A(x)$는

$$A(x) = \pi(100 - x^2)$$

이다. 그런데

(1) 펌프가 탱크의 꼭대기에 있는 경우에 들어 올려야 할 거리는 $s(x) = x$이므로, 이때 행해진 일은

$$W = \int_2^4 1000\pi x(100 - x^2)\,dx = 540000\pi$$

이다.

(2) 펌프가 탱크의 꼭대기로부터 3 m 더 높은 곳에 있는 경우에 들어 올려야 할 거리는 $s(x) = x + 3$ 이므로, 이때 행해진 일은

$$W = \int_2^4 1000\pi(x+3)(100-x^2)\,dx = 1084000\pi$$

이다. □

연습문제(6.5)

1. 엔진오일을 교환하기 위하여 무게 1000 kg 의 자동차를 2 m 들어 오렸다면 이 자동차에 대해서 한 일은 얼마인가? (단, $g = 9.8\,\mathrm{m/s^2}$)

2. 높이가 10 m 이고 밑면의 반지름이 6 m 인 거꾸로 세워진 직원뿔모양의 물통이 있다. 이 물통에 높이 8 m 인 지점까지 물이 채워져 있다. 이 물통의 물 전부를 물통의 윗면까지 퍼 올려서 비우는 데 필요로 하는 일은 얼마인가? (단, 물의 밀도는 $1000\,\mathrm{kg/m^3}$ 이고, 물을 끌어 올리는 데 필요한 힘에 영향을 주는 중력은 무시하기로 한다.)

3. 용수철을 본래의 길이 10 cm 로부터 15 cm 의 길이로 잡아 늘리는데 필요로 하는 힘은 40 N 이다. 이때 이 용수철의 길이를 15 cm 에서 18 cm 로 잡아 늘일 때 행해진 일은 얼마인가?

제 7 장

좌표공간과 좌표계

인류는 공간을 올바르게 이해하기 위하여 오랫동안 노력해 왔다. 유클리드공간의 개념이 지배적으로 사용되던 가운데, 1637년에 데카르트[1]는 『방법서설』의 부록인 『기하학』에서 평면좌표계의 개념을 처음으로 소개하였다. 당시에는 음수의 개념이 명확하지 않았기에 실수를 이용한 평면 위의 점의 표현 방법은 혁명적이었으며, 이러한 방법의 기하학을 해석기하학(analytic geometry, 解析幾何學)이라고 한다. 데카르트가 평면에 도입한 좌표계는 18세기 초반에 공간좌표계로 더욱 발전하였다. 이 후에 공간을 나타내는 여러 가지 개념이 발견되어 연구되었으며, 도형 및 공간에 관한 성질을 연구하는 분야를 기하학(geometry, 幾何學)이라고 한다.

이 장에서는 평면이나 공간을 표현하는 여러 가지 좌표계를 학습하려고 한다. 이러한 방법은 미분적분학에서 다루는 함수와 공간의 이해에 가장 기본적인 도구가 된다.

7.1 좌표공간

직선에서 원점과 단위 길이가 정해지면 이 직선 위의 점은 하나의 실수로 표시된다. 평

1) 데카르트(R. Descartes, 1596 ~ 1650) : 프랑스의 철학자·수학자·물리학자

면 위의 임의의 점은 a가 x좌표, b가 y좌표일 때, 이러한 두 실수의 순서쌍 (a, b)로 나타내어짐을 알고 있다. 이와 같은 이유로 평면을 이차원이라고 한다. 삼차원 공간상의 각 점은 세 실수에 의한 순서쌍 (a, b, c)로 일대일대응을 시킬 수 있다(그림 7.1 참조).

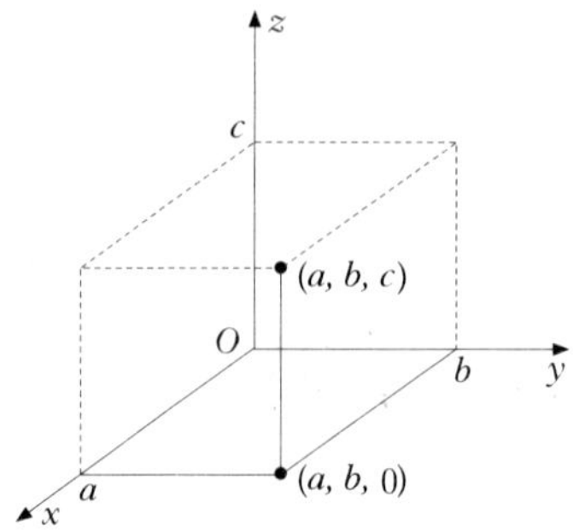

[그림 7.1] 삼차원 공간의 직교좌표계

앞으로 실수의 순서쌍 (a, b) 전체의 집합을 $\mathbb{R}^2$, 세 실수의 순서쌍 (a, b, c) 전체의 집합을 $\mathbb{R}^3$으로 나타내고, 일반적으로 자연수 n에 대하여 n개의 실수들에 의한 순서쌍 전체의 집합을 $\mathbb{R}^n$으로 나타낸다. 즉, $\mathbb{R}^n$은

$$\mathbb{R}^n = \{(a_1, a_2, \ldots, a_n) \mid a_1, a_2, \ldots, a_n \in \mathbb{R}\} \tag{7.1}$$

로 표시하며, 이때 $\mathbb{R}^n$을 n차원 **실공간** 또는 n차원 **좌표공간**이라고 한다. 또 n차원 좌표공간 $\mathbb{R}^n$의 한 점을

$$(a_1, a_2, \ldots, a_n) \tag{7.2}$$

과 같이 나타내는 방법을 n차원 **직교좌표계**(rectangular coordinate system) 또는 **데카르트 좌표계**(Cartesian coordinate system)라고 한다.

예제 7.1.1 다음 식은 삼차원 공간 $\mathbb{R}^3$에서 어떤 도형을 나타내는가?

(1) $z = 3$ (2) $y = 5$ (3) $y = x$

【풀이】 (1) 식 $z = 3$은 $\mathbb{R}^3$에서 z좌표가 3인 모든 점들의 집합으로서

$$\{(x, y, z) \mid x, y \in \mathbb{R},\ z = 3\}$$

을 나타내므로 xy-평면에 평행한 평면이다(그림 7.2(a) 참조).

(2) 식 $y = 5$ 는 $\mathbb{R}^3$ 에서 y 좌표가 5 인 모든 점들의 집합으로서

$$\{(x, y, z) \mid x, y \in \mathbb{R},\ \ y = 5\}$$

를 나타내므로 xz-평면에 평행한 평면이다(그림 7.2(b) 참조).

(3) 식 $y = x$ 는 $\mathbb{R}^3$ 에서 x 좌표와 y 좌표가 같은 모든 점들의 집합으로서

$$\{(x, x, z) \mid x, z \in \mathbb{R}\}$$

인 xy-평면에 수직인 평면이다(그림 7.2(c) 참조). □

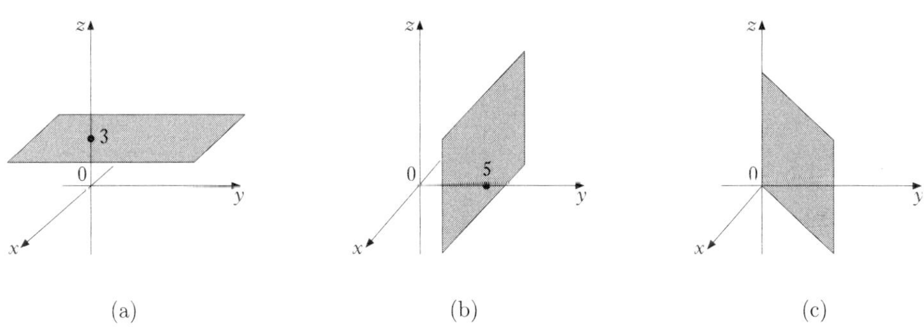

[그림 7.2]

평면의 점 (a_1, a_2) 는 삼차원 공간의 점 $(a_1, a_2, 0)$ 으로 볼 수 있고, n 차원 공간의 점 $(a_1, a_2, \ldots, a_n)$ 은 $(n+1)$ 차원 공간의 점 $(a_1, a_2, \ldots, a_n, 0)$ 으로 볼 수 있으므로

$$\mathbb{R} \subset \mathbb{R}^2 \subset \mathbb{R}^3 \subset \cdots \subset \mathbb{R}^n \subset \mathbb{R}^{n+1} \subset \cdots \tag{7.3}$$

과 같은 포함관계가 성립한다.

연습문제(7.1)

1. 우리나라의 각 지점에서 매 시각마다 기온, 기압과 습도를 기록한다면, 이 기록은 몇 차원 공간의 점으로 이해 할 수 있는가?

2. 다음 식은 삼차원 공간 $\mathbb{R}^3$ 에서 어떤 도형을 나타내는가?

(1) $x^2 + y^2 = 1$　　(2) $x + y + z = 0$　　(3) $y = \sin x$

3. 좌표 평면의 한 점 (a_1, a_2) 와 삼차원 공간의 한 점 (a_3, a_4, a_5) 가 주어졌을 때 이에 대응하여 오차원 실공간 $\mathbb{R}^5$ 의 한 점이 반드시 대응함을 설명하여라. 또 거꾸로 오차원 공간의 한 점 $(b_1, b_2, b_3, b_4, b_5)$ 에 대응하여 각각 이차원과 삼차원 공간의 점이 주어짐을 설명하여라.

4. 차수가 3 이하인 다항식 전체의 집합

$$P_3 = \{a_0 + a_1x + a_2x^2 + a_3x^3 \mid a_0,\ a_1,\ a_2,\ a_3 \in \mathbb{R}\}$$

과 4 차원 좌표공간 $\mathbb{R}^4$ 사이의 일대일 대응관계를 기술하여라.

5. 다음 2×2 행렬 전체의 집합

$$\left\{\begin{pmatrix} a_{11} & a_{12} \\ a_{21} & a_{22} \end{pmatrix} \,\middle|\, a_{11},\ a_{12},\ a_{21},\ a_{22} \in \mathbb{R}\right\}$$

은 몇 차원 공간의 점들과 일대일 대응을 할 수 있는가?

7.2 극좌표계

이차원 직교좌표계에서는 평면 위의 원점 O에서 만나는 두 직교 실수축을 좌표축으로 하여 평면 위의 점을 나타내었다. 이 절에서는 직교좌표계와는 다르게 평면 위의 점을 표현하는 방법에 대하여 알아보도록 한다.

새로운 좌표계는 **극점**(pole)이라고 부르는 원점 O와, 원점으로부터 오른쪽으로 뻗은 수평 반직선인 **극축**(polar axis)이 기본 역할을 한다.

P를 평면 위의 한 점이라고 하자. 극점 O로부터 점 P까지의 거리를 r, 극점과 점 P를 잇는 선분이 극축과 이루는 각을 θ라고 하면 점 P를 (r, θ)로 나타낸다(그림 7.3 참조).

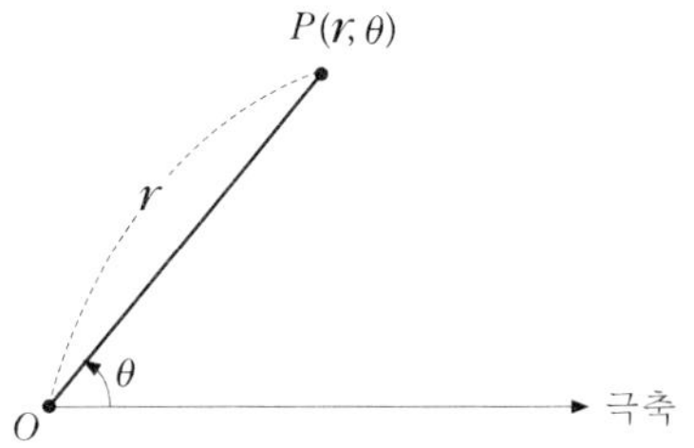

[그림 7.3] 극좌표계

이렇게 주어진 (r, θ)를 점 P의 **극좌표**(polar coordinate)라고 한다. 이때 선분 $\overline{OP}$를 점 P의 **동경**(radius)이라 하고, 극축과 동경이 이루는 각 θ를 **편각**(argument)이라고 한다. 극점 O에서는 편각 θ의 값이 정해지지 않으므로, 극점 O의 극좌표 표현은 의미가 없다. r은 극점과 점 P사이의 거리이므로 $r \geq 0$임을 알 수 있다.

같은 평면 좌표계인 직교좌표계와 극좌표계사이의 대응관계를 살피기 위하여 극좌표계의 극축과 직교좌표계의 양의 x축을 그림 7.4에서와 같이 겹쳐 놓았을 때 평면상의 한 점 P의 직교좌표를 (x, y)라 하고, 이에 대응하는 극좌표를 (r, θ)라 하자. 그러면 이들 사이에는

$$\begin{cases} x = r\cos\theta \\ y = r\sin\theta \end{cases} \iff \begin{cases} r = \sqrt{x^2 + y^2} \\ \theta = \tan^{-1}\dfrac{y}{x} = \cos^{-1}\dfrac{x}{r} \qquad (x, y) \neq (0, 0) \end{cases} \tag{7.4}$$

와 같은 관계식이 성립함을 알 수 있다.

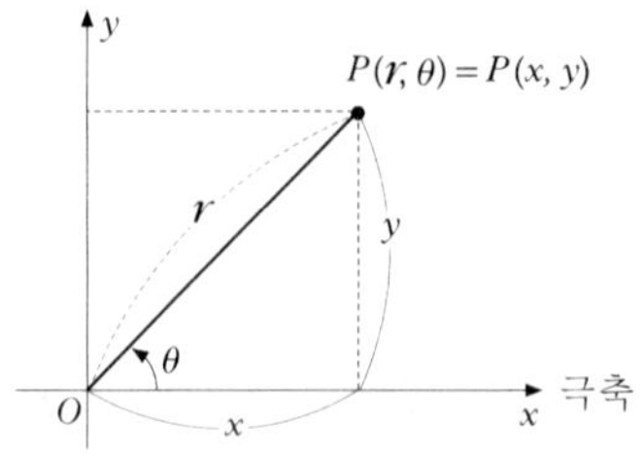

[그림 7.4] 직교좌표와 극좌표사이의 대응관계

평면 위의 한 점을 표현하는 방법에 있어서, 직교좌표계에서는 그 점을 나타내는 방법이 유일하지만, 극좌표계에서는 여러 형태로 나타낼 수 있다. 예를 들어 극좌표계에서 (r, θ) 인 점과 n 이 정수일 때 $(r, \theta + 2n\pi)$ 인 점은 같은 점을 나타낸다.

예제 7.2.1 직교좌표 $P(1, \sqrt{3})$ 에 대응하는 극좌표 (r, θ) 를 구하여라(그림 7.5 참조).

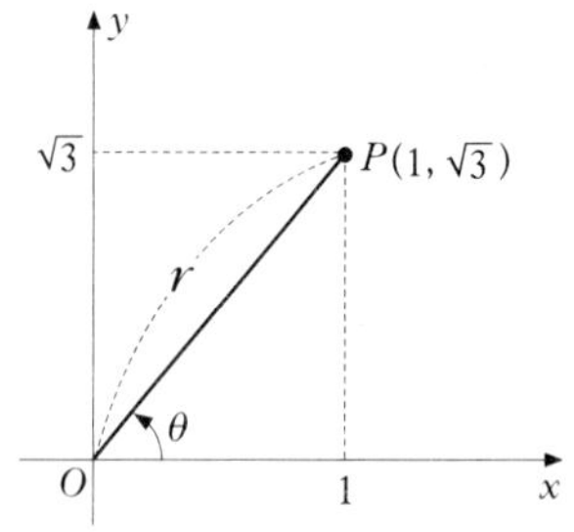

[그림 7.5]

【풀이】 주어진 직교좌표 $P(1, \sqrt{3})$ 를 (x, y) 라고 놓으면 $x = 1$, $y = \sqrt{3}$ 이므로, 식 (7.4) 로부터 동경 r 은

$$r = \sqrt{x^2 + y^2} = \sqrt{1 + 3} = 2$$

이고, 또한

$$\cos\theta = \frac{x}{r} = \frac{1}{2}, \qquad \sin\theta = \frac{y}{r} = \frac{\sqrt{3}}{2}$$

으로부터 편각 θ 는 $\theta = \pi/3 + 2n\pi$ (n 은 정수)이다. 따라서 직교좌표 $P(1, \sqrt{3})$ 에 대응하는 극좌표는 다음과 같다.

$$\left(2, \frac{\pi}{3} + 2n\pi\right) \quad (n \text{ 은 정수})$$ □

일반적으로 한 점 P의 극좌표 (r, θ)에서 r은 극점 O에서 점 P까지의 거리를 나타내므로 $r \geq 0$이다. 그러나 음수인 동경 r을 생각하는 경우가 나타난다.

앞으로 $r > 0$일 때, 극좌표

$$(-r, \theta) \tag{7.5}$$

는 극좌표 (r, θ)의 편각 θ를 반시계 방향으로 π만큼 회전시켜 극점으로부터 r만큼의 거리에 있는 점을 나타내는 것으로 약속한다. 즉, $r > 0$일 때

$$(-r, \theta) = (r, \theta + \pi) \tag{7.6}$$

와 같이 정의한다(그림 7.6 참조).

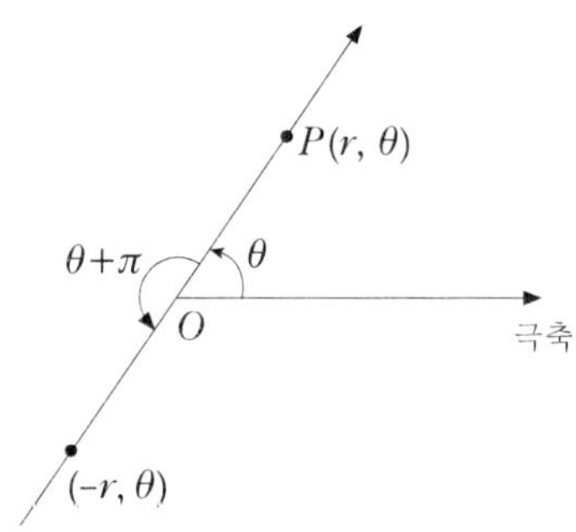

[그림 7.6] $r > 0$일 때, 극좌표 (r, θ)와 $(-r, \theta)$의 관계

예제 7.2.2 극좌표가 $(-2, 4\pi/3)$인 점 P의 직교좌표를 구하여라.

【풀이】 직교좌표 (x, y)와 극좌표 (r, θ) 사이의 대응관계를 나타내는 식 (7.4)로부터

$$x = -2\cos\frac{4}{3}\pi = 1, \qquad y = -2\sin\frac{4}{3}\pi = \sqrt{3}$$

이므로, 점 P에 대응하는 직교좌표는 $(1, \sqrt{3})$이다. □

참고로, 예제 7.2.2에서 주어진 극좌표 $(-2, 4\pi/3)$는 식 (7.6)에 의해

$$\left(-2, \frac{4}{3}\pi\right) = \left(2, \frac{4}{3}\pi + \pi\right) = \left(2, \frac{7}{3}\pi\right) = \left(2, \frac{\pi}{3}\right)$$

이 성립한다. 따라서 서로 다르게 표현된 극좌표 $(-2, 4\pi/3)$ 와 $(2, \pi/3)$ 는 결국 동일한 점을 나타내며, 예제 7.2.1 과 7.2.2 로부터 이들은 모두 같은 직교좌표 $(1, \sqrt{3})$ 에 대응하고 있음을 알 수 있다.

이제 극좌표계에서의 원의 방정식과 극점을 지나는 직선의 방정식이 어떻게 표현되는지에 대하여 예제들을 통하여 구체적으로 알아보기로 한다.

예제 7.2.3 원점을 중심으로 반지름 a 인 원의 직교방정식[2]은 $x^2 + y^2 = a^2$ 이다. 이에 대응하는 극방정식[3]을 구하여라.

【풀이】 평면상의 한 점에 대응하는 직교좌표 (x, y) 와 극좌표 (r, θ) 사이에 $x = r\cos\theta$, $y = r\sin\theta$ 와 같은 관계식이 성립하므로, 이들을 주어진 직교방정식 $x^2 + y^2 = a^2$ 에 대입하여 정리하면 구하는 극방정식은 $r = a$ 임을 알 수 있다(그림 7.7 참조). □

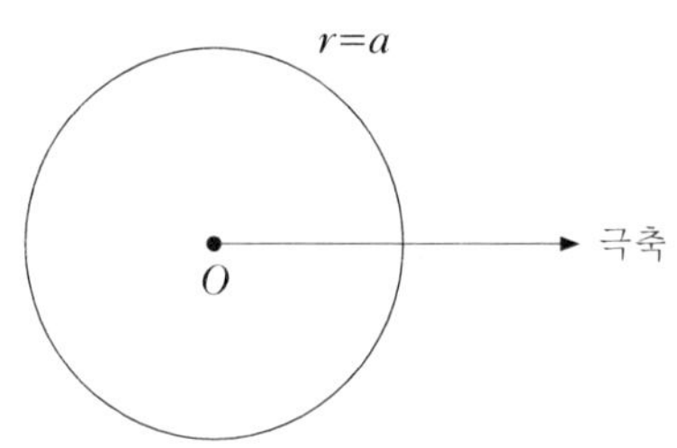

[그림 7.7]

예제 7.2.4 직교좌표계에서 원점을 지나면서 x 축의 양의 방향과 이루는 각이 α 인 직교방정식에 대응하는 극방정식을 구하여라.

【풀이】 주어진 직교방정식에 대응하는 극방정식은 극점 O 를 지나면서 극축과 이루는 각이 α 인 직선이므로 $\theta = \alpha$ 이다(그림 7.8 참조). □

예제 7.2.5 직교좌표계에서 $x^2 - y^2 = 1$ 으로 주어지는 쌍곡선에 대응하는 극방정식을 구하여라.

---

2) 직교좌표를 사용하여 나타낸 방정식을 **직교방정식**(rectangular equation)이라고 한다.

3) 극좌표를 사용하여 나타낸 방정식을 **극방정식**(polar equation)이라고 한다.

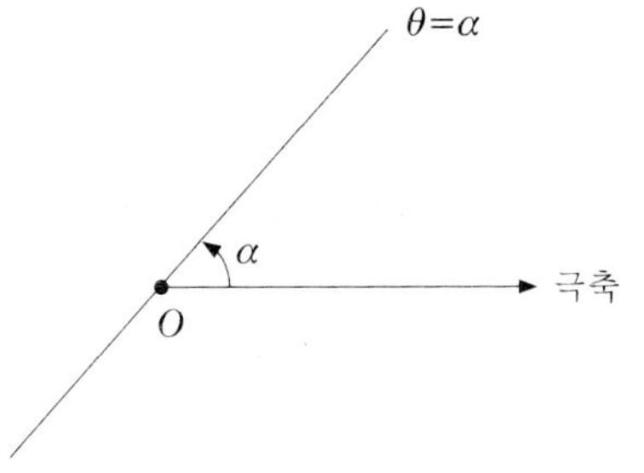

[그림 7.8]

【풀이】 평면상의 한 점에 대응하는 직교좌표 (x, y)와 극좌표 (r, θ) 사이에 $x = r\cos\theta$, $y = r\sin\theta$와 같은 관계식이 성립하므로, 이들을 주어진 직교방정식 $x^2 - y^2 = 1$에 대입하여 정리하면 극방정식

$$r^2(\cos^2\theta - \sin^2\theta) = 1, \qquad \text{즉} \qquad r^2\cos 2\theta = 1$$

을 얻는다. □

예제 7.2.6 극방정식 $r = 2\cos\theta$를 직교방정식으로 나타내고, 이 방정식이 원을 나타냄을 보여라.

【풀이】 주어진 극방정식의 양변에 r을 곱하면 $r^2 = 2r\cos\theta$이다. 이것을 직교방정식으로 나타내기 위하여 식 (7.4)를 이용하면 $x^2 + y^2 = 2x$이므로 $(x-1)^2 + y^2 = 1$이다. 이것은 중심이 $(1, 0)$이고 반지름이 1인 원을 나타내는 방정식임을 알 수 있다. □

극좌표계에서 각 θ의 값은 하나로 정해지지 않고, 2π의 정수배로 차이가 날 수 있다. 그러나 정의역을 조금 제한하면 각 θ의 값을 하나로 고정시킬 수 있다. 이를테면 직교좌표계에서의 제1사분면의 편각의 범위가 $0 < \theta < \pi/2$이므로, 극좌표계에서의 제1사분면은

$$r > 0 \quad 0 < \theta < \pi/2$$

와 같이 표현할 수 있다.

연습문제(7.2)

1. 다음과 같이 극좌표로 주어진 점의 직교좌표를 구하여라.

(1) $(\sqrt{2}, \pi/4)$ (2) $(1, \pi/2)$ (3) $(2\sqrt{3}, \pi/3)$ (4) $(5, \tan^{-1}(4/3))$

2. 극좌표로 주어진 다음 점을 직교좌표 평면 위에 나타내어라.

(1) $(3, \pi/4)$ (2) $(2, \pi/2)$ (3) $(2, 5\pi/4)$ (4) $(1, 0)$

3. 다음에서 동일한 점을 나타내는 극좌표를 골라라.

(1) $(3, \pi/4)$ (2) $(-3, \pi/4)$ (3) $(3, -\pi/4)$

(4) $(-3, -\pi/4)$ (5) $(3, 5\pi/4)$ (6) $(-3, 5\pi/4)$

4. 극좌표로 주어진 다음의 극방정식을 직교방정식으로 바꾸어 나타내어라.

(1) $r\sin\theta = 4$ (2) $r(\sin\theta + 2\cos\theta) = 2$

(3) $r\cos(\theta - \pi/3) = 3$ (4) $\tan\theta = 2$

5. 극좌표로 주어진 두 점 (r_1, θ_1) 와 (r_2, θ_2) 사이의 거리를 구하여라. 또 두 점 (r_1, θ_1) 와 $(r_2, \pi - \theta_1)$ 사이의 거리를 구하고 앞의 거리와 비교하여라.

6. 평면에서의 직선의 방정식 $ax + by = c$ 를 극방정식으로 나타내어라.

7. 극좌표가 각각 $(1, \pi/6)$ 와 $(3, 3\pi/4)$ 인 두 점 사이의 거리를 구하여라.

8. 극좌표로 주어진 다음 곡선의 교점을 구하여라.

(1) $\begin{cases} r = 2\cos\theta \\ r = 2\sin\theta \end{cases}$ (2) $\begin{cases} r = 4\cos\theta \\ r = 4(1 - \cos\theta) \end{cases}$

7.3 극좌표계에서의 그래프

극좌표계에서 방정식

$$r = a \tag{7.7}$$

는 극점을 중심으로 하고 반지름이 a 인 원을 나타내고(그림 7.9(a) 참조), 방정식

$$\theta = \alpha \tag{7.8}$$

는 극점 O 를 지나고 극축과 이루는 각이 α 인 직선을 나타낸다(그림 7.9(b) 참조).

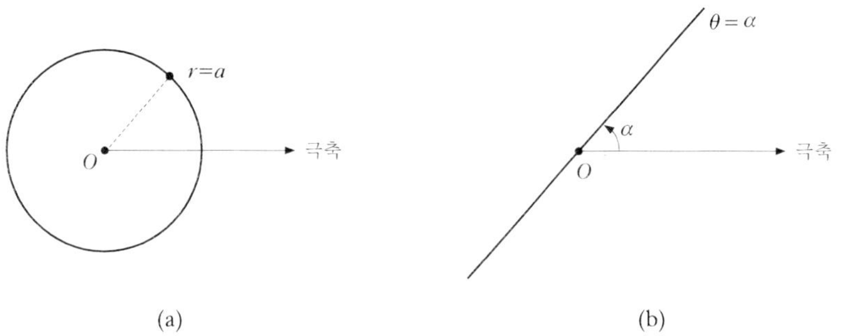

[그림 7.9] 극방정식 $r = a$ 와 $\theta = \alpha$ 의 그래프

그림 7.10 에서와 같이 극좌표인 점 $P(\theta_0, r_0)$ $(r_0 > 0)$ 를 지나면서 동경 $\overline{OP}$ 에 수직인 직선 l 의 극방정식은

$$r\cos(\theta - \theta_0) = r_0 \tag{7.9}$$

로 표현되고, 이에 대응하는 직교방정식은

$$x\cos\theta_0 + y\sin\theta_0 = r_0 \tag{7.10}$$

로 표현된다. 이때 식 (7.10) 의 직선의 방정식을 **헤세의 표준형**(Hesse's normal form)[4]이라고 한다.

4) 헤세(L. O. Hesse, 1811 ~ 1874) : 프러시아의 수학자

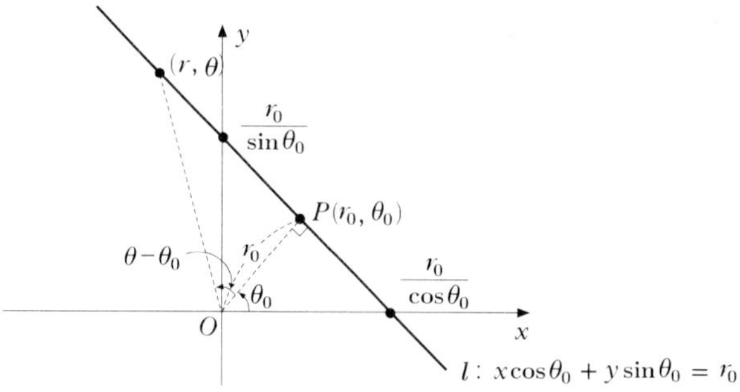

[그림 7.10] 헤세의 표준형

예 제 7.3.1 극좌표 $(2, \pi/3)$ 를 지나면서 이 극좌표의 동경에 수직인 직선의 극방정식과 이에 대응하는 헤세의 표준형을 구하여라.

【풀이】 $r_0 = 2,\ \theta_0 = \pi/3$ 라고 놓으면, 구하는 직선의 극방정식은 식 (7.9) 로부터

$$r\cos\left(\theta - \frac{\pi}{3}\right) = 2$$

이다. 또한 이에 대응하는 헤세의 표준형은 식 (7.10) 으로부터 다음과 같다.

$$x\cos\frac{\pi}{3} + y\sin\frac{\pi}{3} = 2, \qquad \text{즉} \qquad \frac{1}{2}x + \frac{\sqrt{3}}{2}y = 2$$ □

이제 극좌표계에서 함수 $r = f(\theta)$ 의 그래프의 개형을 구하여 보자. 직교좌표계에서 그래프의 개형을 구할 때와 마찬가지로, 먼저 x축, y축, 원점 O 에 대한 그래프의 대칭성을 조사하는 것이 편리하다(그림 7.11 참조). 그림 7.11 에서 보는 바와 같이

(1) θ 가 $-\theta$ 로 바뀌거나, 또는 (r, θ) 가 $(-r, \pi - \theta)$ 로 바뀌어도 극방정식 $r = f(\theta)$ 에 변화가 없으면 그래프는 x축에 관하여 대칭이다. 예를 들어 함수 $r = 1 + \cos\theta$ 일 때,

$$r = 1 + \cos(-\theta) = 1 + \cos\theta$$

이므로 x축에 관하여 대칭인 그래프를 갖는다.

(2) θ 가 $\pi - \theta$ 로 바뀌거나, 또는 (r, θ) 가 $(-r, -\theta)$ 로 바뀌어도 극방정식 $r = f(\theta)$ 에 변화가 없으면 그래프는 y축에 관하여 대칭이다. 예를 들어 함수 $r = \sin\theta$ 일 때, $-r = \sin(-\theta)$ 에서 $r = \sin\theta$ 이므로 y축에 관하여 대칭인 그래프를 갖는다.

(3) r이 $-r$로 바뀌거나, 또는 θ가 $\theta+\pi$로 바뀌어도 극방정식 $r = f(\theta)$에 변화가 없으면 그래프는 원점 O에 관하여 대칭이다. 예를 들어 극방정식 $r^2 = \sin 2\theta$는 $(-r)^2 = \sin 2\theta$에 의해서도 여전히 $r^2 = \sin 2\theta$이므로 주어진 극방정식의 그래프는 원점 O에 관하여 대칭인 그래프를 갖는다.

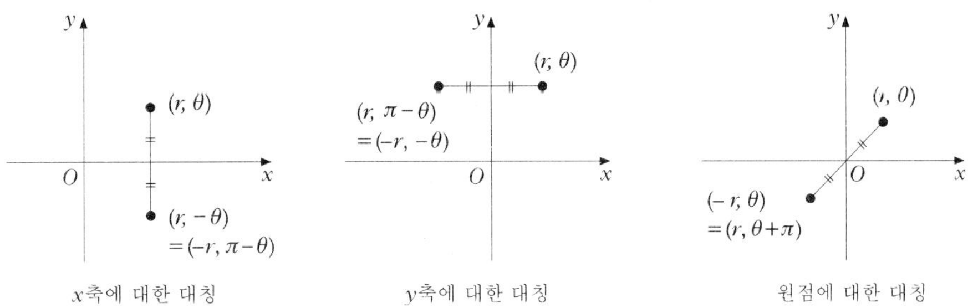

[그림 7.11] 극좌표계에서의 대칭성

이제 극좌표계에서의 그래프의 대칭성 등을 이용하여 극방정식으로 주어지는 표준형 곡선의 그래프의 개형을 그리는 방볍에 대하여 구체적인 예제들을 통하여 살펴보자

예제 7.3.2 극방정식 $r = \sin\theta \ (0 \le \theta \le \pi)$로 주어진 곡선의 개형을 그려라.

【풀이】 주어진 극방정식 $r = \sin\theta$에 θ대신 $\pi-\theta$를 대입해도 극방정식은 변하지 않으므로 이 극방정식의 그래프는 y축에 대하여 대칭인 그래프임을 알 수 있다. 따라서 그래프의 대칭성을 이용하여 $0 \le \theta \le \pi/2$ 범위에서의 그래프를 그린 후에 y축에 대하여 대칭이동 시키면 주어진 극방정식의 그래프를 쉽게 얻을 수 있다. 이를 위해 먼저 주어진 극방정식의 그래프를 직교좌표 상에 나타낸 후에 θ가 변함에 따라 r의 값이 어떻게 변하는지를 살펴보자. θ의 값이 0에서 $\pi/2$로 증가하면 r의 값은 0에서 1까지 증가하고, θ가 $\pi/2$에서 π까지 증가하면 r의 값은 1에서 0까지 감소한다. 표 7.1은 우리가 쉽게 예측할 수 있는 0과 $\pi/2$ 사이의 특수각 θ에 대응하는 r의 값을 표로 얻어 놓은 것이다.

θ	0	$\pi/6$	$\pi/4$	$\pi/3$	$\pi/2$
r	0	$1/2$	$1/\sqrt{2}$	$\sqrt{3}/2$	1

[표 7.1]

지금까지 언급한 내용들을 종합하여 주어진 극방정식 $r = \sin\theta$의 그래프를 극좌표계에 나타내면 그림 7.12와 같다. 주어진 극방정식 $r = \sin\theta$의 그래프는 직교좌표계에서 중심이 (0, 1/2)이고 반지름이 1/2인 원의 방정식임을 알 수 있다. □

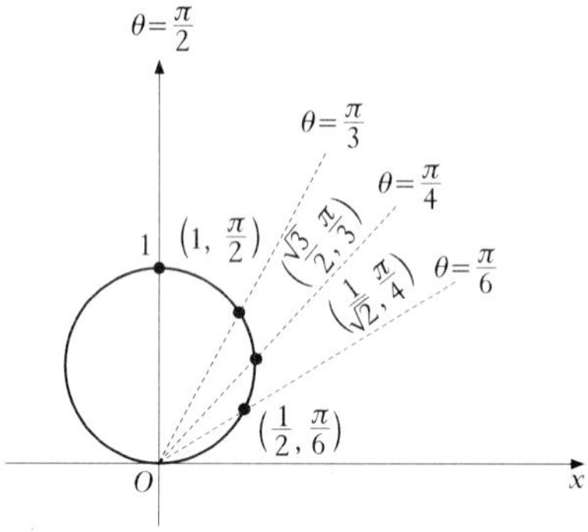

[그림 7.12] $r = \sin\theta$의 그래프

예제 7.3.3 [**심장형**(cardioid) 그래프] 극방정식

$$r = 1 + \cos\theta \tag{7.11}$$

로 주어진 곡선의 개형을 그려라.

【풀이】 주어진 극방정식 $r = 1 + \cos\theta$에 θ대신 $-\theta$를 대입해도 극방정식은 변하지 않으므로 이 극방정식의 그래프는 x축에 대하여 대칭인 그래프로서 주기는 2π이다. 따라서 그래프의 대칭성을 이용하여 $0 \le \theta \le \pi$ 범위에서의 그래프를 그린 후에 x축에 대하여 대칭이동 시키면 주어진 극방정식의 그래프를 쉽게 얻을 수 있다. 이를 위해 먼저 주어진 극방정식의 그래프를 직교좌표 상에 나타낸 후에 θ가 변함에 따라 r의 값이 어떻게 변하는 지를 살펴보자. θ의 값이 0에서 π로 증가하면 r의 값은 2에서 0까지 감소한다. 표 7.2는 우리가 쉽게 예측할 수 있는 0과 π사이의 특수각 θ에 대응하는 r의 값을 표로 얻어 놓은 것이다. 지금까지 언급한 내용들을 종합하여 극방정식 $r = 1 + \cos\theta$의 그래프를 극좌표계에 나타내면 그림 7.13과 같다. □

θ	0	$\pi/6$	$\pi/3$	$\pi/2$	$2\pi/3$	$5\pi/6$	π
r	2	$1+\sqrt{3}/2$	$1+1/2$	1	$1/2$	$1-\sqrt{3}/2$	0

[표 7.2]

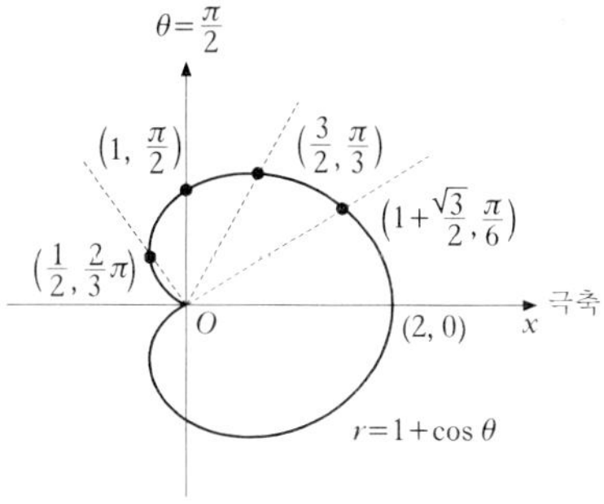

[그림 7.13] 심장형 $r = 1 + \cos\theta$ 의 그래프

예제 7.3.3 에서 언급한 심장형 곡선의 극방정식 $r = 1 + \cos\theta$ 를 직교방정식으로 바꾸면,

$$r^2 = r + r\cos\theta$$

이므로

$$x^2 + y^2 = \pm\sqrt{x^2 + y^2} + x$$

와 같이 나타낼 수 있다. 그런데 직교좌표계에서 이 식을 사용하여 곡선의 개형을 구하는 것은 쉽지 않다. 이와 같은 경우에는 극좌표계를 사용하여 곡선의 개형을 구하는 것이 편리함을 알 수 있다. 이것은 우리가 직교좌표계가 아닌 또 다른 평면좌표계로써 극좌표계를 알아야 하는 이유 중의 하나이다.

예제 7.3.3 의 심장형 곡선 $r = 1 + \cos\theta$ 를 극점을 중심으로 적당히 회전이동 시키면 또 다른 여러 형태의 심장형 곡선을 추가로 얻을 수 있다. 즉, 심장형 곡선

$$r = 1 + \cos\theta \tag{7.12}$$

를 극점을 중심으로 $\pi/2$ 만큼 회전이동 시키면

$$r = 1 + \cos(\theta - \pi/2) = 1 + \sin\theta, \quad \text{즉} \quad r = 1 + \sin\theta \tag{7.13}$$

를 얻고(그림 7.14 참조), π 만큼 회전이동 시키면

$$r = 1 + \cos(\theta - \pi) = 1 - \cos\theta, \qquad \text{즉} \qquad r = 1 - \cos\theta \tag{7.14}$$

를 얻을 수 있으며(그림 7.14 참조), $3\pi/2$ 만큼 회전이동 시키면

$$r = 1 + \cos(\theta - 3\pi/2) = 1 - \sin\theta, \qquad \text{즉} \qquad r = 1 - \sin\theta \tag{7.15}$$

를 얻을 수 있다(그림 7.14 참조).

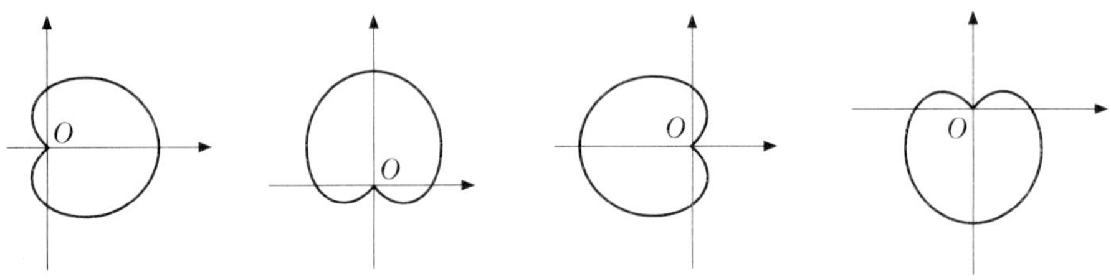

[그림 7.14] 심장형 그래프의 회전이동

예제 7.3.4 [네 잎 장미 그래프] 극방정식

$$r = \cos 2\theta \tag{7.16}$$

로 주어진 곡선의 개형을 그려라.

【풀이】 주어진 극방정식의 θ 대신에 $-\theta$를 대입해도 곡선의 방정식이 변하지 않으므로 이 곡선은 x축에 대하여 대칭이고 주기가 π이므로 $0 \le \theta \le \pi$일 때만 생각하면 된다. 주어진 극방정식의 그래프는 직교좌표 상에서 θ의 값이 0에서 $\pi/2$로 증가할 때 r의 값은 1에서 -1까지 감소하고, θ의 값이 $\pi/2$에서 π로 증가할 때 r의 값은 -1에서 1까지 증가한다. 표 7.3은 0과 π 사이에 있는 몇 개의 θ값에 대응하는 r의 증감상태를 표로 얻어 놓은 것이다. 표 7.3에서 $r < 0$이 되는 부분은 원점에 대칭되는 부분에 곡선이 나타나게 된다. 따라서 $r = \cos 2\theta$의 그래프를 극좌표계에 나타내면 그림 7.15와 같다. □

θ	0		$\pi/4$		$\pi/2$		$3\pi/4$		π
r	1	↘	0	↘	-1	↗	0	↗	1

[표 7.3]

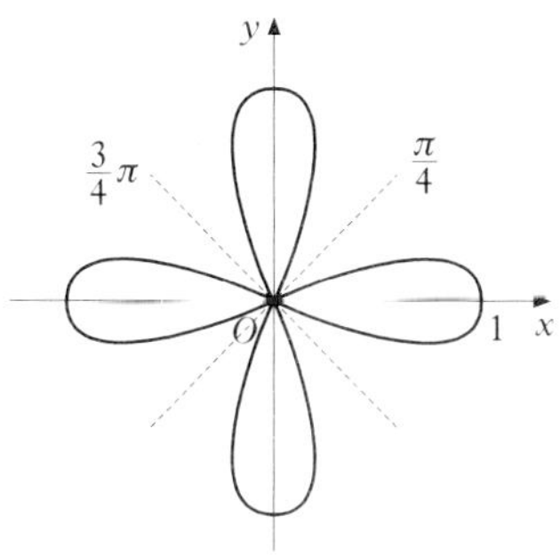

[그림 7.15] 네 잎 장미 $r = \cos 2\theta$의 그래프

그림 7.16에서와 같이 극방정식

$$r = a\sin n\theta, \qquad r = a\cos n\theta \qquad (n \geq 2) \tag{7.17}$$

의 그래프는 n이 홀수이면 n개의 꽃잎 모양, n이 짝수이면 $2n$개의 꽃잎 모양을 갖는다(그림 7.16 참조).

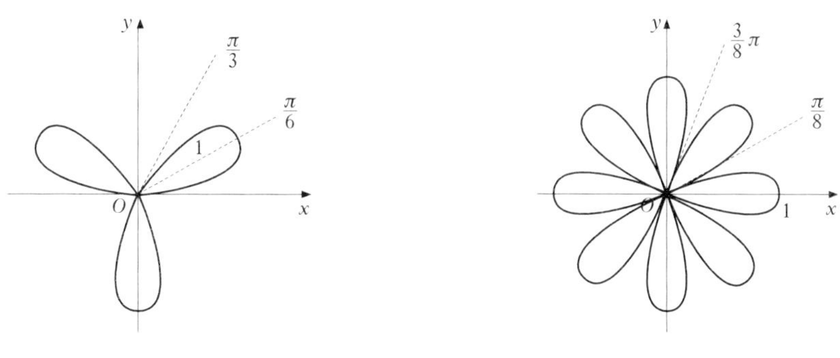

[그림 7.16] $r = \sin 3\theta$와 $r = \cos 4\theta$의 그래프

예 제 7.3.5 극방정식

$$r = 1 + \cos\frac{\theta}{2}$$

의 곡선의 개형을 그려라.

【풀이】 함수 $\cos(\theta/2)$의 주기가 4π이므로 $0 \le \theta \le 4\pi$인 경우만 생각하면 되고, θ 대신에 $-\theta$를 대입해도 곡선의 방정식이 변하지 않으므로 x축에 대하여 대칭인 것을 알 수 있다. 그러므로 $0 \le \theta \le 2\pi$일 때만 생각하면 되고, 앞의 예제들에서와 같이 θ의 여러 값에 대응하는 r의 값을 구하면 표 7.4와 같다. 따라서 주어진 극방정식 $r = 1 + \cos(\theta/2)$의 그래프를 극좌표계에 나타내면 그림 7.17과 같다. □

θ	0	$\pi/3$	$\pi/2$	$2\pi/3$	π	$4\pi/3$	$3\pi/2$	2π
r	2	$1+\sqrt{3}/2$	$1+1/\sqrt{2}$	$1+1/2$	1	$1-1/2$	$1-1/\sqrt{2}$	0

[표 7.4]

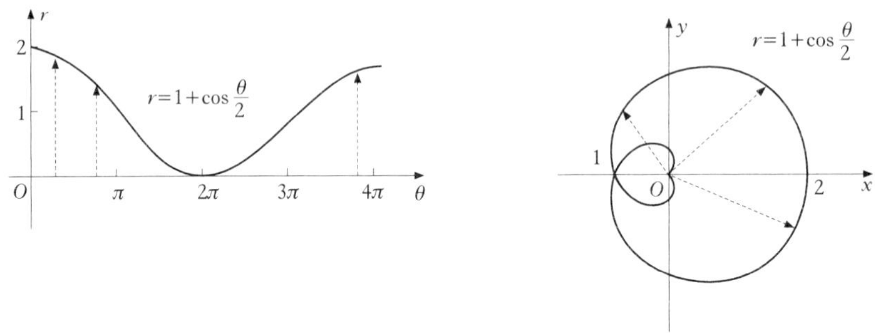

[그림 7.17] $r = 1 + \cos(\theta/2)$의 그래프

예 제 7.3.6 [리본형 그래프] 극방정식

$$r^2 = a\cos 2\theta, \qquad r^2 = a\sin 2\theta \tag{7.18}$$

의 그래프의 개형을 그려라.

【풀이】 $r^2 \geq 0$ 일 때에는 $\pm r$ 두 개의 점이 되고, $r^2 < 0$ 일 때에는 그래프가 나타나지 않는다. $a = 4$ 인 경우에 대응하는 그래프의 개형은 그림 7.18 과 같다. □

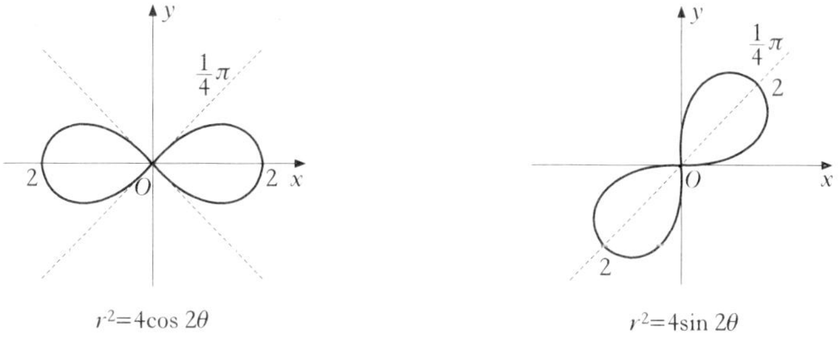

[그림 7.18] 리본형 그래프

극좌표 상에서는 평면 위의 한 점이 여러 점으로 표시될 수 있기 때문에 그 점이 주어진 극방정식의 그래프 위에 있는지를 결정할 때 세심한 주의를 필요로 한다. 이제, 극방정식으로 주어진 두 곡선의 교점을 구하는 방법에 대하여 예제를 통하여 알아보자.

예 제 7.3.7 두 개의 극방성식

$$r = 2\cos\theta, \qquad r = 2\sin\theta$$

에 대하여 이들 곡선의 교점을 모두 구하여라.

【풀이】 두 극방정식을 연립하여 풀면

$$2\cos\theta = 2\sin\theta$$

로부터 $\theta = \pi/4 + n\pi$ (n 은 정수) 이고, 이들로부터 얻어진 교점은

$$\left(2\cos\frac{\pi}{4}, \frac{\pi}{4}\right) = \left(\sqrt{2}, \frac{\pi}{4}\right), \qquad \left(2\cos\frac{5}{4}\pi, \frac{5}{4}\pi\right) = \left(-\sqrt{2}, \frac{5}{4}\pi\right) = \left(\sqrt{2}, \frac{9}{4}\pi\right) = \left(\sqrt{2}, \frac{\pi}{4}\right)$$

이므로 결국 한 개이다. 그런데 두 극방정식의 그래프의 개형을 극좌표계에 나타내어 보면, 그림 7.19 에서 보는 것과 같이 또 다른 교점인 극점 O 가 존재함을 알 수 있다. 여기서 극점 O 는 $r = 2\cos\theta$ 에서는 $\theta = \pi/2$ 일 때이고, $r = 2\sin\theta$ 에서는 $\theta = 0$ 일 때이다. □

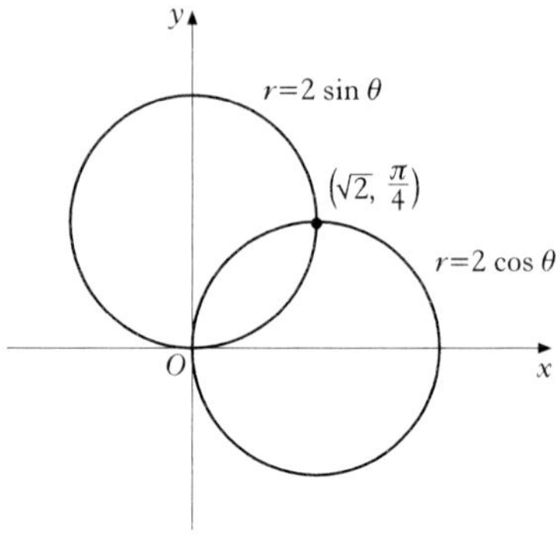

[그림 7.19]

예제 7.3.7 에서 보는 바와 같이 극점 O의 경우에는 두 극방정식의 교점임에도 불구하고, 각 방정식에서의 극점 O에 대한 극좌표가 다르게 표현되고 있다. 따라서 주어진 극방정식을 단순히 연립하여 푼다고 해서 교점을 항상 모두 구할 수 있는 것은 아니다. 예를 들어 두 개의 극방정식의 그래프

$$r^2 = 4\cos\theta, \qquad r = 1 - \cos\theta$$

의 교점을 구하는 경우에, 단지 이들 방정식만을 연립해서 풀어서는 찾을 수 없는 교점, 즉 $(2, \pi)$와 극점 O가 존재함을 알 수 있다. 따라서 이와 같이 여러 개의 극방정식의 그래프가 만나서 생기는 교점을 모두 찾기 위해서는 반드시 주어진 극방정식들의 그래프의 개형을 그려서 확인할 필요가 있다.

연습문제(7.3)

1. 극좌표로 주어진 다음 곡선의 개형을 그려라.

(1) $r = \sin\theta$ (2) $r = \cos\theta$ (3) $r = \dfrac{\theta}{2}$ (4) $r = -2\sin\theta$

2. 극좌표로 주어진 다음 곡선의 개형을 그려라.

(1) $r = \sin\left(\theta + \dfrac{\pi}{4}\right)$ (2) $r = \sin\left(\theta + \dfrac{\pi}{2}\right)$ (3) $r = \sin\left(\theta + \dfrac{3}{4}\pi\right)$ (4) $r = \sin(\theta + \pi)$

3. 극좌표 $r = \sin 2\theta$ 로 주어진 곡선의 개형을 그려라.

4. 극좌표 $r = 2\cos 3\theta$ 로 주어진 곡선의 개형을 그려라.

5. 극좌표로 주어진 다음 곡선의 개형을 그려라.

(1) $r = 1 + \sin\dfrac{\theta}{2}$ (2) $r = 1 - 3\cos\theta$

6. 극좌표로 주어진 다음 곡선의 개형을 그려라.

(1) $r = \dfrac{1}{\sin\theta}$ (2) $r = \dfrac{2}{2 - \cos\theta}$

7. 다음 극방정식을 직교방정식으로 바꾸고 그래프의 개형을 그려라.

(1) $r = 2(1 - \sin\theta)$ (2) $r = \cos\theta$ (3) $r = \theta$

(4) $r^2 = \dfrac{1}{\theta}$ (5) $r = \dfrac{1}{\theta}$ (6) $r = \sqrt{\theta}$

8. 직교좌표계에서 중심이 $(R\cos\theta_0, R\sin\theta_0)$ 이고, 반지름의 길이가 r_0 인 원의 방정식은 극좌표계로는

$$r^2 - 2rR\cos(\theta - \theta_0) + R^2 - r_0^2 = 0$$

임을 보여라.

9. 극좌표로 주어진 다음 곡선의 교점을 구하여라.

(1) $\begin{cases} r = \sin\theta \\ r = -\cos\theta \end{cases}$ (2) $\begin{cases} r = \cos\theta \\ r = 2 + \cos\theta \end{cases}$ (3) $\begin{cases} r = 4\cos\theta \\ r = 4(1 - \cos\theta) \end{cases}$

7.4 원기둥좌표계와 구면좌표계

이 절에서는 삼차원 공간에서 일반적으로 나타나는 어떤 곡면과 입체를 편리하게 설명해주는 극좌표계와 유사한 형태의 두 공간 좌표계에 대하여 알아본다. 이들 좌표계는 10장에서 학습할 입체의 부피와 삼중적분을 계산하는데 특히 유용하게 쓰인다.

7.4.1 원기둥좌표계

원기둥좌표계(cylindrical coordinate system)[5]에서는 삼차원 공간의 점 P를 순서쌍

$$(r, \theta, z) \tag{7.19}$$

로 나타낸다. 이때 (r, θ)는 점 P를 xy-평면 위로 정사영시켰을 때 이에 대응하는 점의 극좌표를 의미하고, z는 xy-평면으로부터 점 P까지의 방향이 있는 높이를 의미한다(그림 7.20 참조).

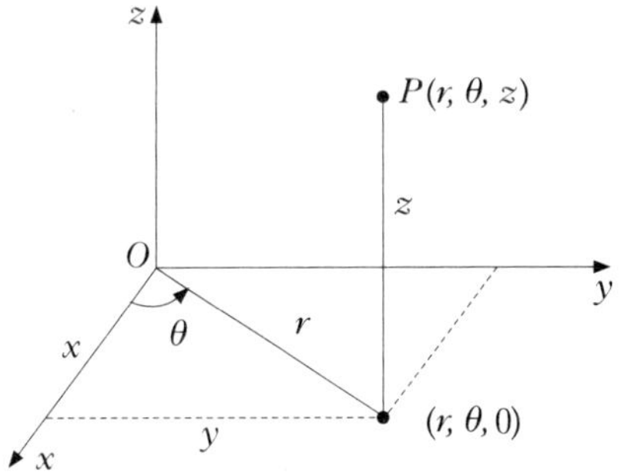

[그림 7.20] 원기둥좌표계

원기둥좌표 (r, θ, z)를 직교좌표 (x, y, z)로 변환하기 위해서는 관계식

$$x = r\cos\theta, \qquad y = r\sin\theta, \qquad z = z \tag{7.20}$$

5) 원기둥좌표계를 **원주좌표계**라 부르기도 한다.

를 이용하고, 직교좌표 (x, y, z)를 원기둥좌표 (r, θ, z)로 변환하기 위해서는 관계식

$$r^2 = x^2 + y^2, \qquad \tan\theta = \frac{y}{x}, \qquad z = z \tag{7.21}$$

를 이용한다. 관계식 (7.20)과 (7.21)은 그림 7.20으로부터 쉽게 얻어진다.

예제 7.4.1 (1) 원기둥좌표가 $(2, 2\pi/3, 1)$인 점에 대응하는 직교좌표를 구하여라.

(2) 직교좌표가 $(3, -3, -7)$인 점에 대응하는 서로 다른 두 개의 원기둥좌표의 예를 구하여라.

【풀이】 (1) 식 (7.20)으로부터 구하는 직교좌표의 각 성분은

$$\begin{cases} x = 2\cos\dfrac{2}{3}\pi = 2\cdot\left(-\dfrac{1}{2}\right) = -1, \\ y = 2\sin\dfrac{2}{3}\pi = 2\cdot\left(\dfrac{\sqrt{3}}{2}\right) = \sqrt{3}, \\ z = 1 \end{cases}$$

이다. 따라서 주어진 점의 직교좌표는 $(-1, \sqrt{3}, 1)$이다.

(2) 식 (7.21)로부터 구하는 원기둥좌표의 각 성분은

$$\begin{cases} r = \sqrt{3^2 + (-3)^2} = 3\sqrt{2}, \\ \tan\theta = \dfrac{-3}{3} = -1, \qquad \text{따라서} \qquad \theta = \dfrac{7}{4}\pi + 2n\pi, \\ z = -7 \end{cases}$$

이다. 따라서 주어진 직교좌표에 대응하는 하나의 원기둥좌표는 $(3\sqrt{2}, 7\pi/4, -7)$이고, 또 다른 하나는 $(3\sqrt{2}, -\pi/4, -7)$이다. 극좌표에서와 마찬가지로, n이 정수일 때 $(3\sqrt{2}, -\pi/4 + 2n\pi, -7)$도 같은 점을 나타내는 원기둥좌표이다. □

원기둥좌표는 z-축에 관하여 대칭을 포함하고 있는 문제에 유용하다. 예를 들어 방정식 $x^2 + y^2 = c^2$인 원기둥의 축은 z-축이다. 따라서 원기둥좌표계에서 아주 간단한 방정식 $r = c$로 표시된다. 이것이 『원기둥좌표계』라는 이름이 붙여진 이유이다(그림 7.21 참조).

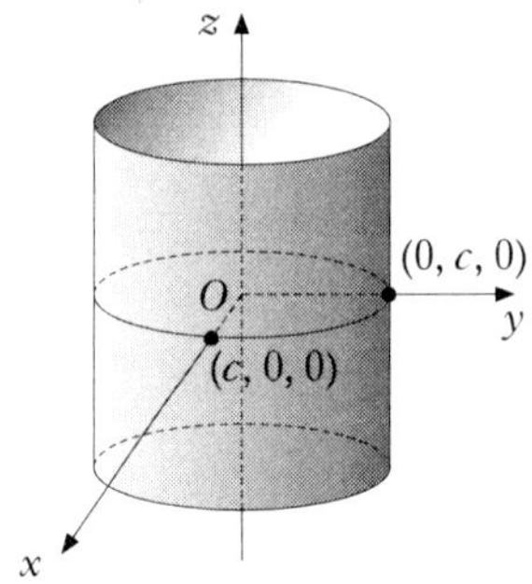

[그림 7.21] 원기둥 $r = c$

예제 7.4.2 원기둥좌표계에서 방정식 $z = r$ 인 곡면을 설명하여라.

【풀이】 주어진 방정식을 직교방정식으로 나타내기 위해 식 (7.21) 을 적용하면

$$z^2 = r^2 = x^2 + y^2$$

을 얻는다. 그런데 방정식 $z^2 = x^2 + y^2$ 은 그 중심 회전축이 z-축인 원뿔면으로 생각할 수 있으므로, 이 방정식이 나타내는 그래프의 개형은 그림 7.22 와 같다. □

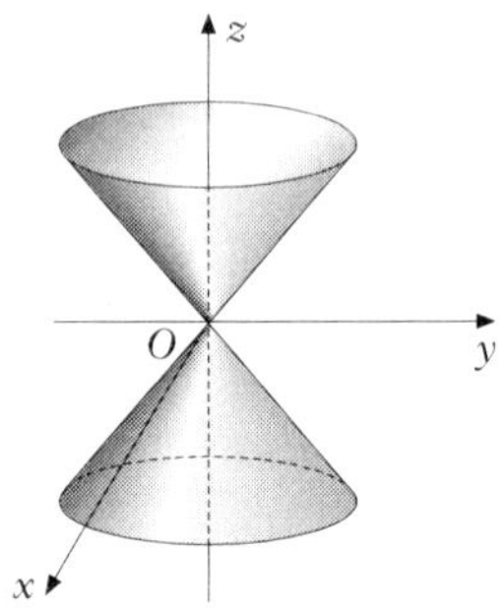

[그림 7.22] 원뿔면 $z = r$

예제 7.4.3 원기둥좌표계에서 타원면 $4x^2 + 4y^2 + z^2 = 1$ 인 방정식을 구하여라.

【풀이】 식 (7.21) 로부터 $r^2 = x^2 + y^2$ 이므로

$$z^2 = 1 - 4(x^2 + y^2) = 1 - 4r^2$$

을 얻는다. 따라서 원기둥좌표계에서 주어진 타원면의 방정식은 $z^2 = 1 - 4r^2$ 이다. □

7.4.2 구면좌표계

구면좌표계(spherical coordinate system)에서는 삼차원 공간의 점 P를 순서쌍

$$(\rho,\ \phi,\ \theta)^{6)} \tag{7.22}$$

로 나타낸다(그림 7.23 참조). 이때 ρ는 원점 O로부터 점 P까지의 거리를 의미하고, ϕ는 양의 z-축으로부터 선분 $\overline{OP}$에 이르는 각을 의미하며, θ는 원기둥좌표계에서와 같은 의미를 갖는다. 따라서 구면좌표 (ρ, ϕ, θ) 에서의 ρ, ϕ, θ는 각각

$$\rho \geq 0, \qquad 0 \leq \phi \leq \pi, \qquad \theta \text{는 임의의 실수} \tag{7.23}$$

임에 주목하자. 구면좌표 (ρ, ϕ, θ)와 직교좌표 (x, y, z) 사이의 대응관계는 그림 7.23에서 살펴 볼 수 있다.

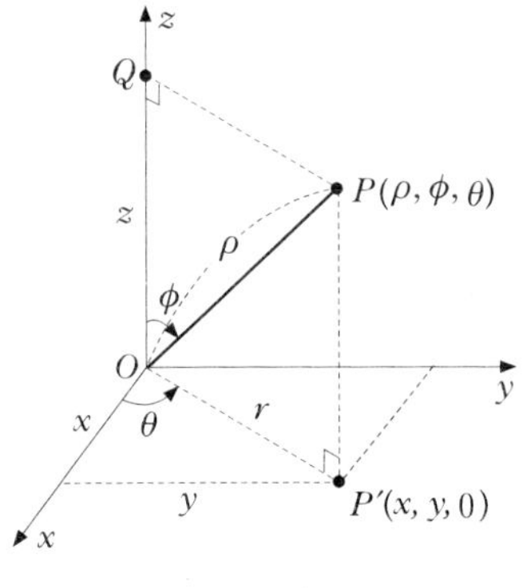

[그림 7.23] 구면좌표계

6) 책에 따라서는 구면좌표의 순서쌍의 순서를 (ρ, θ, ϕ)와 같은 순서로 정의하는 경우도 있다. 이 책에서는 일관성있게 식 (7.22)에서와 같이 정의하는 것으로 한다.

그림 7.23 에서 삼각형 $\triangle OPQ$ 와 $\triangle OPP'$ 으로부터 관계식

$$z = \rho\cos\phi, \qquad r = \rho\sin\phi \tag{7.24}$$

를 얻는다. 그런데

$$x = r\cos\theta, \qquad y = r\sin\theta \tag{7.25}$$

이므로 식 (7.24) 를 식 (7.25) 에 대입하여 정리하면

$$x = \rho\sin\phi\cos\theta, \qquad y = \rho\sin\phi\sin\theta, \qquad z = \rho\cos\phi \tag{7.26}$$

을 얻는다. 또한 직교좌표계의 두 점 (0, 0, 0) 과 (x, y, z) 사이의 거리로부터

$$\rho = \sqrt{x^2 + y^2 + z^2} \tag{7.27}$$

임을 알 수 있다.

예 제 7.4.4 구면좌표 $(2, \pi/3, \pi/4)$ 로 표시되는 점의 직교좌표를 구하여라.

【풀이】 구면좌표와 관련하여 $\rho = 2,\ \phi = \pi/3,\ \theta = \pi/4$ 라고 놓으면 식 (7.26) 으로부터

$$\begin{cases} x = \rho\sin\phi\cos\theta = 2\sin\dfrac{\pi}{3}\cos\dfrac{\pi}{4} = 2\cdot\dfrac{\sqrt{3}}{2}\cdot\dfrac{1}{\sqrt{2}} = \sqrt{\dfrac{3}{2}}, \\ y = \rho\sin\phi\sin\theta = 2\sin\dfrac{\pi}{3}\sin\dfrac{\pi}{4} = 2\cdot\dfrac{\sqrt{3}}{2}\cdot\dfrac{1}{\sqrt{2}} = \sqrt{\dfrac{3}{2}}, \\ z = \rho\cos\phi = 2\cos\dfrac{\pi}{3} = 2\cdot\dfrac{1}{2} = 1 \end{cases}$$

을 얻는다. 따라서 주어진 구면좌표에 대응하는 직교좌표는 $(\sqrt{3/2}, \sqrt{3/2}, 1)$ 이다. □

예 제 7.4.5 직교좌표 $(0, 2\sqrt{3}, -2)$ 로 표시되는 점의 구면좌표를 구하여라.

【풀이】 식 (7.27) 로부터

$$\rho = \sqrt{x^2 + y^2 + z^2} = \sqrt{0 + 12 + 4} = 4$$

이므로 식 (7.26) 에 의해

$$\begin{cases} \cos\phi = \dfrac{z}{\rho} = \dfrac{-2}{4} = -\dfrac{1}{2} \text{ 로부터 } \phi = \dfrac{2}{3}\pi \\ \cos\theta = \dfrac{x}{\rho\sin\phi} = 0 \text{ 로부터 } \theta = \dfrac{\pi}{2} \end{cases}$$

를 얻는다. 여기서 $y = 2\sqrt{3} > 0$ 이므로 $\theta \neq 3\pi/2$ 임을 주의하자. 따라서 주어진 직교좌표에 대응하는 구면좌표는 $(4, 2\pi/3, \pi/2)$ 이다. □

구면좌표계는 원점에 관하여 대칭성을 갖는 문제에 유용하다. 예를 들어 중심이 원점이고, 반지름 c 인 구면은 구면좌표계에서 아주 간단한 방정식 $\rho = c$ 로 표시된다. 이것이 『구면좌표계』라는 이름이 붙여진 이유이다. 또한 구면좌표계에서 방정식 $\theta = c$ 의 그래프는 수직반평면이고, 방정식 $\phi = c$ 의 그래프는 z-축을 축으로 가지는 반원뿔면을 나타낸다(그림 7.24 참조).

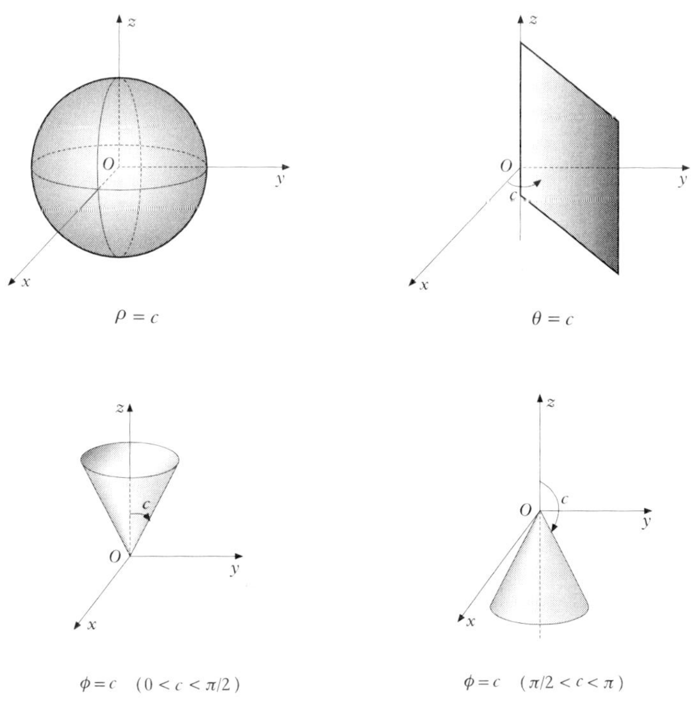

[그림 7.24] 구면방정식의 간단한 예들

예제 7.4.6 구면좌표계에서 방정식

$$\rho = \sin\phi \sin\theta$$

인 곡면에 대응하는 직교방정식을 구하여라.

【풀이】 식 (7.26)과 (7.27)로부터

$$x^2 + y^2 + z^2 = \rho^2 = \rho \cdot \rho = \rho(\sin\phi \sin\theta) = \rho \sin\phi \sin\theta = y$$

이므로

$$x^2 + \left(y - \frac{1}{2}\right)^2 + z^2 = \frac{1}{4}$$

을 얻는다. 따라서 주어진 구면좌표 방정식은 직교좌표계에서 중심이 (0, 1/2, 0)이고 반지름이 1/2인 구면의 방정식이다. □

연습문제(7.4)

1. 직교좌표로 주어진 다음 점들에 대응하는 원기둥좌표와 구면좌표를 구하여라.

(1) $(1, \sqrt{3}, 0)$ (2) $(-1, 0, -1)$

2. 원기둥좌표로 주어진 다음 점들에 대응하는 직교좌표를 구하여라.

(1) $(2, \pi/4, 1)$ (2) $(3, 0, -6)$

3. 구면좌표로 주어진 다음 점들에 대응하는 원기둥좌표를 구하여라.

(1) $(2, 0, 0)$ (2) $(8, \pi/6, \pi/2)$

4. 다음 직교좌표계로 표시된 부분을 원기둥좌표계와 구면좌표계로 나타내어라.

(1) $x^2 + y^2 = z^2$ (2) $1 \le x^2 + y^2 + z^2 \le 4$

5. 직교좌표계에서 원뿔 $x^2+y^2 \le z^2$과 공 $x^2+y^2+z^2 \le z$의 공통부분으로 이루어진 영역을 다음 각각의 좌표계로 나타내어라.

(1) 원기둥좌표계 (2) 구면좌표계

6. 구면좌표계로 표시된 두 점 $(1, \pi/6, \pi/4)$, $(1, \pi/3, \pi/4)$ 사이의 거리를 구하라.

7. 다음 주어진 직교방정식을 원기둥좌표 방정식과 구면좌표 방정식으로 나타내어라.

(1) $x^2+y^2+z^2=16$ (2) $x^2+y^2-z^2=16$

(3) $x^2+y^2=2z$ (4) $y^2+z^2=1$

8. 직교방정식 $x^2-y^2-z^2=1$에 대응하는 구면좌표계에서의 방정식을 구하여라.

9. 런던의 경도는 0° 이고 위도는 북위 51.5° 이며, 청주의 경도는 동경 127.5° 이고 위도는 북위 36.6° 이다. 청주와 런던의 (지표를 따르는 최단) 거리는 얼마인가? 단, 지구는 반지름의 길이가 6,373 km 인 구로 간주한다(계산기 또는 수표를 사용하는 문제로서 부록의 삼각함수표[7]를 이용한다).

---

7) 삼각함수표(486쪽, 부록 삼각함수표 참조)

7.5 매개변수 방정식

직교좌표계에서 $y = f(x)$로 주어진 그래프는 평면 위의 곡선이 된다. 그리고 곡선을 극좌표계의 방정식으로 나타낼 수 있다는 것을 알았다. 이제 평면 위의 곡선을 나타내는 또 다른 방법에 대하여 생각해 보자.

한 점이 평면 위를 움직이고 있다고 하자. 이때 그 움직이는 점의 좌표는 시간 t의 함수로 볼 수 있다(그림 7.25 참조).

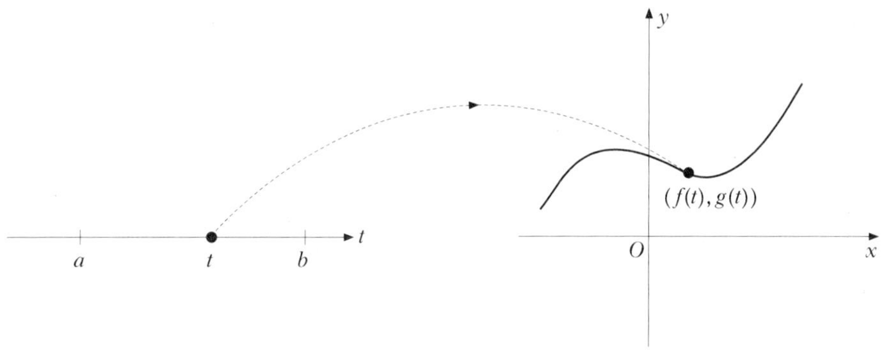

[그림 7.25] 곡선의 매개변수 표현

이 함수를

$$x = f(t), \qquad y = g(t) \qquad (a \le t \le b)$$

라고 하면, 이 좌표를 나타내는 함수 f, g를 이용하여 곡선 위를 움직이는 점을 나타낼 수 있다. 즉, $[a, b]$에 있는 임의의 t에 대하여, $(f(t), g(t))$를 xy-평면의 한 점으로 보면, t가 a에서 b까지 움직일 때, $(f(t), g(t))$는 xy-평면의 한 곡선을 따라 움직이게 된다.

정의 7.5.1 곡선 위의 점 (x, y)의 좌표가

$$x = f(t), \qquad y = g(t) \qquad (a \le t \le b) \tag{7.28}$$

와 같이 t에 관한 함수로 표시될 때, 이 방정식을 **매개변수**(parameter)를 t로 하는 곡선의 **매개변수 방정식**(parametric equation) 또는 곡선의 **매개변수 표현**이라고 한다.

많은 경우에 t는 시간을 나타내지만, 경우에 따라서는 각도를 나타낼 수도 있고, 어느 출발점으로부터 입자가 움직인 거리를 나타내기도 한다. t의 범위에 따라 곡선의 모양이 결정되며, 일반적으로 t의 범위를 명시하지 않을 때는 가능한 최대의 범위를 의미한다.

예제 7.5.1 매개변수 방정식

$$x = \cos t, \qquad y = \sin t \qquad (0 \le t \le 2\pi)$$

의 개형을 그려라.

【풀이】 모든 t의 값에 대하여

$$\cos^2 t + \sin^2 t = 1 \qquad (0 \le t \le 2\pi)$$

이므로 곡선 위의 점 P는 단위원 $x^2 + y^2 = 1$ 위에 있다(그림 7.26 참조). 실제로 매개변수 t는 동경 $\overline{OP}$가 양의 x축과 이루는 각의 라디안 값임을 알 수 있다. □

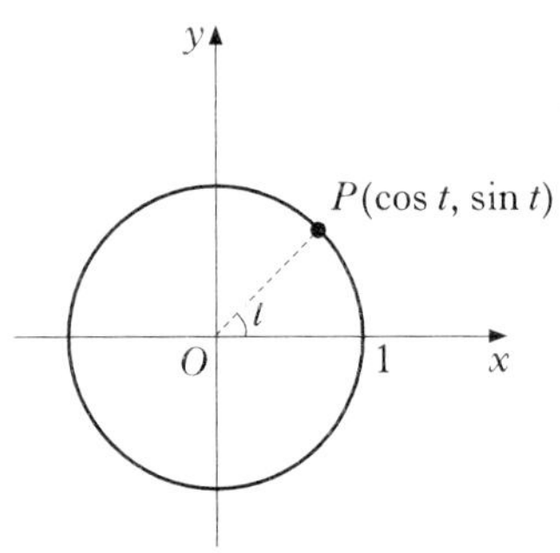

[그림 7.26]

예제 7.5.2 매개변수 방정식

$$x = \sqrt{t}, \qquad y = t \qquad (t \ge 0)$$

의 개형을 그려라.

【풀이】 $t = x^2$이므로 $y = x^2$이 되고 정의역은 $x = \sqrt{t} \ge 0$이 된다. 따라서 그래프의 개형은 그림 7.27과 같다. □

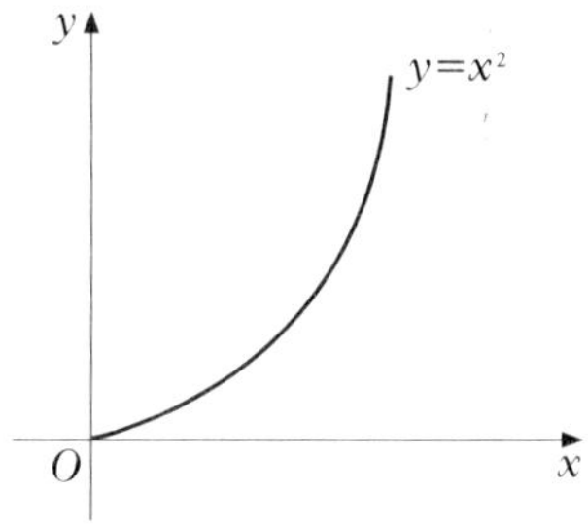

[그림 7.27]

타원의 방정식 $\dfrac{x^2}{a^2}+\dfrac{y^2}{b^2}=1$ 은 매개변수 t를 사용하여

$$x = a\cos t, \qquad y = b\sin t \qquad (0 \le t \le 2\pi)$$

와 같이 나타낼 수 있고, 쌍곡선의 방정식 $\dfrac{x^2}{a^2}-\dfrac{y^2}{b^2}=1$ 은 매개변수 t를 사용하여

$$x = a\cosh t, \qquad y = b\sinh t \qquad (t \in \mathbb{R})$$

와 같이 나타낼 수 있다.

아래에서는 원의 점이 그리는 자취에 대한 몇 가지 중요한 매개변수 표현 함수에 대하여 알아보도록 한다.

(1) 사이클로이드(cycloid)

그림 7.28 에서와 같이 반지름이 r 인 원을 한 직선을 따라 굴릴 때 원주상의 한 고정점이 그리는 점의 자취를 **사이클로이드**라고 한다. t를 매개변수로 하는 사이클로이드의 매개변수 방정식은

$$x(t) = r(t - \sin t), \qquad y(t) = r(1 - \cos t) \qquad (t \in \mathbb{R}) \tag{7.29}$$

이고, 이것을 직교좌표로 표현하면

$$x = r\cos^{-1}\frac{r-y}{r} \pm \sqrt{2ry - y^2} \tag{7.30}$$

이다. 이와 같이 사이클로이드는 직교좌표로도 나타낼 수 있지만, 그 표현이 간단하지 않으므로 매개변수 방정식으로 나타내는 것이 보다 간결한 표현일 수 있다.

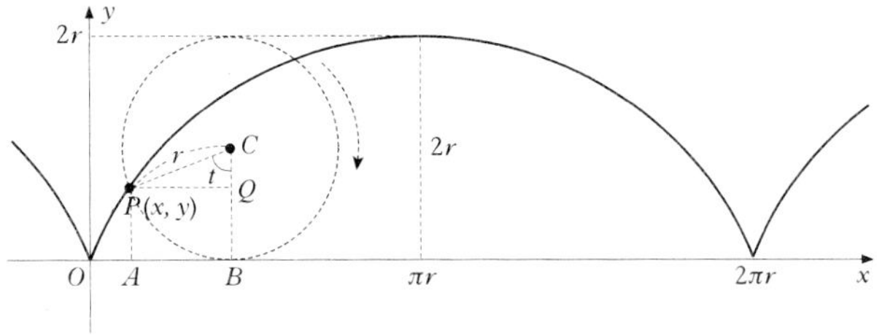

[그림 7.28] 사이클로이드

(2) 트로초이드(trochoid)

사이클로이드와는 달리 그림 7.29 에서와 같이 반지름이 r 인 원주 위의 한 고정점 S 와 원의 중심 C 사이에 한 점 P 를 고정시켜, 원이 x 축을 따라 구를 때 점 P 가 그리는 점의 자취를 **트로초이드**라 하며, t 를 매개변수로 하는 트로초이드의 매개변수 표현은

$$x(t) = rt - b\sin t, \qquad y(t) = r - b\cos t \qquad (0 \le b \le r) \tag{7.31}$$

이다.

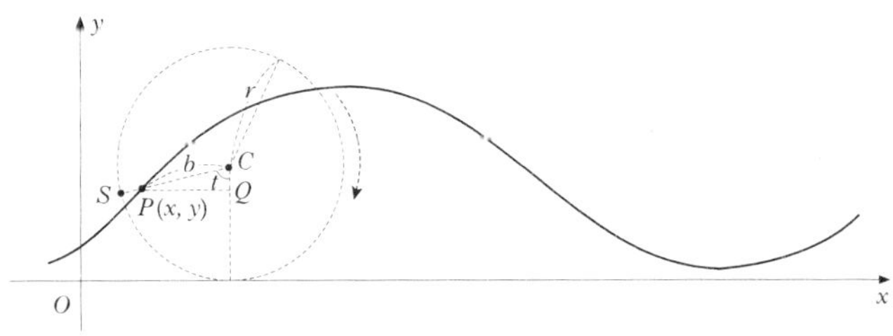

[그림 7.29] 트로초이드

(3) 에피사이클로이드(epicycloid)

그림 7.30 에서와 같이 반지름이 r 인 원주의 외부를 따라 반지름이 a 인 원을 굴릴 때 외부의 원주 위의 한 고정점 P 가 그리는 점의 자취를 **에피사이클로이드**라고 하며, $r = ka$ 을 만족하는 상수 k 에 대하여 t 를 매개변수로 하는 에피사이클로이드의 매개변수 표현은 $t \in \mathbb{R}$ 에 대하여

$$x(t) = a(k+1)\left(\cos t - \frac{\cos((k+1)t)}{k+1}\right), \quad y(t) = a(k+1)\left(\sin t - \frac{\sin((k+1)t)}{k+1}\right) \tag{7.32}$$

이다.

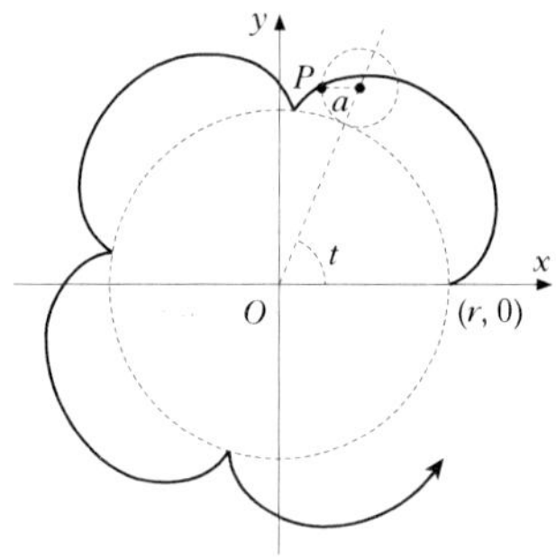

[그림 7.30] 에피사이클로이드

(4) 하이포사이클로이드(hypocycloid)

에피사이클로이드와는 달리 그림 7.31 에서와 같이 반지름이 r 인 원주의 내부를 따라 반지름이 a 인 원을 굴릴 때 내부의 원주 위의 한 고정점 P 가 그리는 점의 자취를 **하이포사이클로이드**라고 하며, $r = ka$ 을 만족하는 상수 k 에 대하여 t 를 매개변수로 하는 하이포사이클로이드의 매개변수 표현은 $t \in \mathbb{R}$ 에 대하여

$$x(t) = a(k-1)\left(\cos t + \frac{\cos((k-1)t)}{k-1}\right), \quad y(t) = a(k-1)\left(\sin t - \frac{\sin((k-1)t)}{k-1}\right) \tag{7.33}$$

이다.

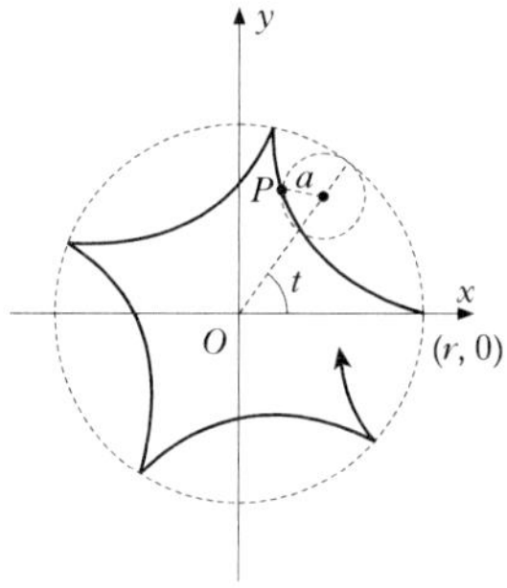

[그림 7.31] 하이포사이클로이드

(5) 애스트로이드(astroid)

하이포사이클로이드 중에서 $r = ka$ 을 만족하는 상수 k 가 $k = 4$ 인 특별한 경우를 일컬어 **애스트로이드**라고 한다(그림 7.32 참조). 따라서 t 를 매개변수로 하는 애스트로이드의 매개변수 방정식은 식 (7.33) 에서 $k = 4$ 인 경우이므로 간단히 하면

$$x(t) = r\cos^3 t, \qquad y(t) = r\sin^3 t \qquad (t \in \mathbb{R}) \tag{7.34}$$

로 표현되고, 또한 이에 대응하는 직교방정식은

$$x^{\frac{2}{3}} + y^{\frac{2}{3}} = r^{\frac{2}{3}}$$

임을 알 수 있다.

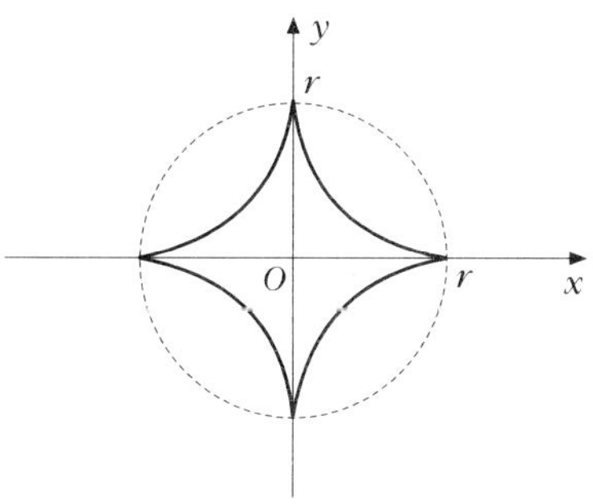

[그림 7.32] 애스트로이드

예제 7.5.3 원점을 중심으로 한 단위원에 대하여 θ 를 매개변수로 하는 매개변수 표현 $x = \cos\theta,\ y = \sin\theta$ 의 또 다른 매개변수 표현을 구하여라.

【풀이】 원점을 중심으로 한 단위원 위의 점을 (x, y) 라 하고, 매개변수 t 를

$$t = \frac{y}{x+1} \qquad (x \neq -1)$$

이라고 하자(그림 7.33 참조). 그러면 그림 7.33 에서 보는 바와 같이 기하학적으로 t 는

$$t = \tan\frac{\theta}{2}$$

를 의미한다. 또한 t의 정의로부터 $y = (x+1)t$ 이므로 $y^2 = (x+1)^2t^2$ 이다. 한편

$$y^2 = 1 - x^2 = (1+x)(1-x)$$

이므로

$$1 - x = \frac{y^2}{1+x} = (1+x)t^2 \qquad (x \neq -1)$$

이다. 따라서 주어진 단위원의 또 다른 매개변수 표현은 다음과 같다.

$$x = \frac{1-t^2}{1+t^2}, \qquad y = \frac{2t}{1+t^2}$$ □

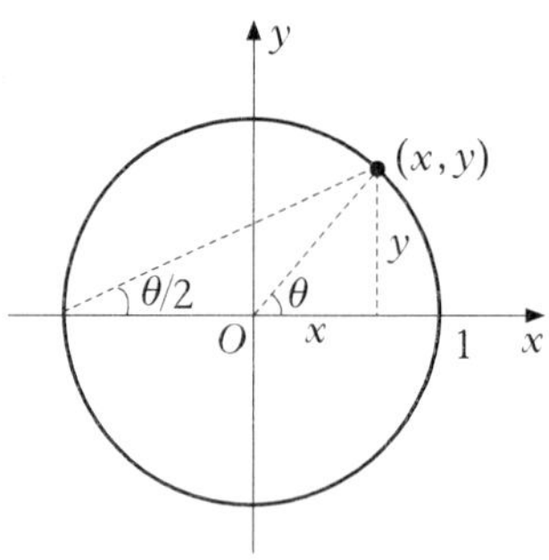

[그림 7.33]

연습문제(7.5)

1. 매개변수 방정식

$$x = \cos t, \qquad y = -\sin t \qquad (0 \leq t \leq 2\pi)$$

의 그래프의 개형을 그려라.

2. 다음 매개변수 방정식으로 주어진 곡선의 개형을 그려라.

(1) $x = 2t, \quad y = t^2$ (2) $x = t^2, \quad y = t^3$

3. 다음 매개변수 방정식으로 주어진 곡선의 개형을 그리고, t를 소거한 형태의 직교방정식을 구하여라.

(1) $x = t, \quad y = t^2$

(2) $x = t^2, \quad y = t^4$

(3) $x = \sqrt{t}, \quad y = \dfrac{1}{t}$

(4) $x = 2 - t, \quad y = t^2 + 1$

4. 다음 매개변수 방정식으로 주어진 곡선의 개형을 그리고, t를 소거한 형태의 직교방정식을 구하여라.

(1) $x = 2\cos^3 t, \quad y = 2\sin^3 t$

(2) $x = 2 - 3\cos \pi t, \quad y = 3 + 7\sin \pi t$

5. 매개변수 방정식 $x = t + 1$, $y = 2t^2 + 1$의 개형을 그리고, t를 소거한 형태의 방정식을 구하여라. 또한 새로운 매개변수 s를 사용하여 $x = 2s - 1$이라고 할 때 y의 식을 구하여라.

6. 반지름이 a인 원을 반지름이 똑같이 a인 고정된 원둘레로 굴릴 때, 움직이는 원의 한 고정점 P가 그리는 점의 자취를 매개변수를 사용하여 표현하여라.

7. 매개변수 방정식으로 주어진 다음 곡선의 개형을 그리고, 매개변수를 소거하여 직교좌표로 주어진 방정식을 구하여라.

(1) $x = 2t - 1, \quad y = 2 - t$

(2) $x = 2t + 1, \quad y = t^2 - 1$

(3) $x = 3\cos\theta, \quad y = 2\sin\theta$

(4) $x = e^t, \quad y = e^{-t} + 1$

(5) $x = \cosh t, \quad y = \sinh t$

(6) $x = \cos t, \quad y = \cos 2t$

8. 타원 $x^2/a^2 + y^2/b^2 = 1$의 매개변수 표현이

$$x = a\cos t, \quad y = b\sin t \quad (0 \le t \le 2\pi)$$

임을 보여라.

7.6 극좌표계에서의 넓이

평면에서 극방정식으로 둘러싸인 부분의 넓이를 구하는 방법에 대하여 알아보자. α와 β는 실수이고 $\alpha < \beta \le \alpha + 2\pi$일 때, 극방정식 $f(\theta)$는 $[\alpha, \beta]$에서 연속이고 또 그 구간에서 $f(\theta)$의 부호는 일정하게 유지된다고 가정하자(그림 7.34 참조).

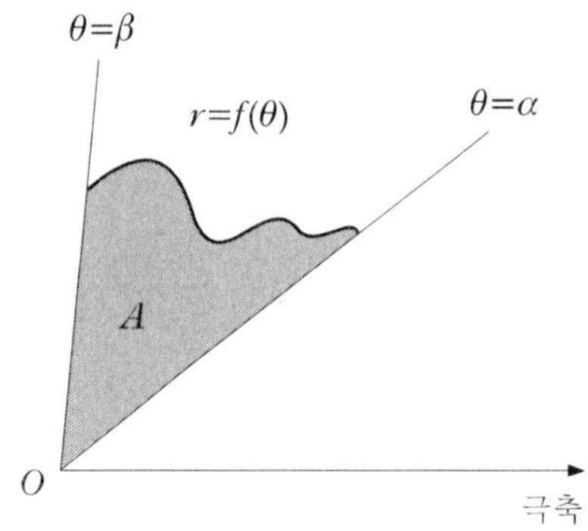

[그림 7.34] 극좌표계에서의 넓이

그림 7.34에서와 같이 극방정식 $r = f(\theta)$ $(\alpha \le \theta \le \beta)$와 $\theta = \alpha$, $\theta = \beta$로 둘러싸인 부분 A의 넓이는 다음과 같다.

정리 7.6.1 함수 $r = f(\theta)$가 폐구간 $[\alpha, \beta]$ $(\alpha < \beta \le \alpha + 2\pi)$에서 연속이고 $f(\theta) \ge 0$이라고 가정하자. 그러면 이 곡선과 두 직선 $\theta = \alpha$와 $\theta = \beta$에 의하여 둘러싸인 부분의 넓이 A는

$$A = \int_{\alpha}^{\beta} \frac{1}{2}(f(\theta))^2\, d\theta = \int_{\alpha}^{\beta} \frac{1}{2} r^2\, d\theta \tag{7.35}$$

이다.

【증명】 먼저

$$P = \{\theta_0 = \alpha, \theta_1, \theta_2, \dots, \theta_n = \beta\}$$

를 구간 $[\alpha, \beta]$의 분할이라고 하자. 그러면 구간 $[\theta_i, \theta_{i+1}]$에서 $f(\theta)$는 최댓값과 최솟값을 가지므로

$$f(t_i) = \min_{\theta \in [\theta_i, \theta_{i+1}]} f(\theta), \qquad f(s_i) = \max_{\theta \in [\theta_i, \theta_{i+1}]} f(\theta)$$

를 만족하는 t_i, $s_i \in [\theta_i, \theta_{i+1}]$ 가 존재한다. 따라서 θ_i 와 θ_{i+1} 사이에서 곡선 $r = f(\theta)$ 로 둘러싸인 부분의 넓이를 A_i 라고 하면, A_i 는 그림 7.35 에서 반지름이 각각 $f(t_i)$, $f(s_i)$ 인 두 부채꼴의 사이에 있으므로 부채꼴의 넓이 공식에 의하여 부등식

$$\frac{\theta_{i+1}-\theta_i}{2\pi}\pi(f(t_i))^2 \le A_i \le \frac{\theta_{i+1}-\theta_i}{2\pi}\pi(f(s_i))^2$$

이 성립한다.

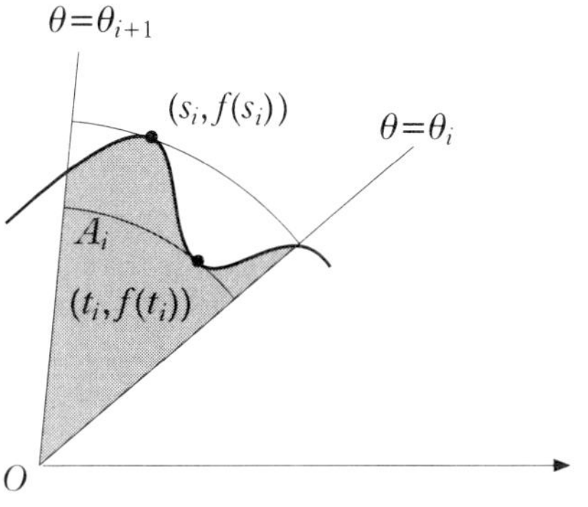

[그림 7.35] 극좌표계의 소구간에서의 넓이

따라서

$$\frac{\theta_{i+1}-\theta_i}{2}(f(t_i))^2 \le A_i \le \frac{\theta_{i+1}-\theta_i}{2}(f(s_i))^2$$

이다. 여기서 $\Delta\theta_i = \theta_{i+1} - \theta_i$ 라고 놓으면

$$\frac{1}{2}(f(t_i))^2\Delta\theta_i \le A_i \le \frac{1}{2}(f(s_i))^2\Delta\theta_i$$

와 같이 나타낼 수 있다. 그런데 함수 f 가 구간 $[\alpha, \beta]$ 에서 연속이므로 $\Delta\theta_i \to 0$ 이면 $f(t_i) \to f(\theta_i)$, $f(s_i) \to f(\theta_i)$ 가 되므로,

$$\lim_{n\to\infty}\sum_{i=1}^{n}\frac{1}{2}(f(t_i))^2\Delta\theta_i = \int_\alpha^\beta \frac{1}{2}(f(\theta))^2\,d\theta \quad \text{이고} \quad \lim_{n\to\infty}\sum_{i=1}^{n}\frac{1}{2}(f(s_i))^2\Delta\theta_i = \int_\alpha^\beta \frac{1}{2}(f(\theta))^2\,d\theta$$

이 성립한다. 따라서 구하려는 넓이 A 는

$$A = \int_{\alpha}^{\beta} \frac{1}{2}(f(\theta))^2 \, d\theta = \int_{\alpha}^{\beta} \frac{1}{2}r^2 \, d\theta$$

이다. □

예제 7.6.1 심장형 $r = 1 + \cos\theta$ 로 둘러싸인 영역의 넓이를 구하여라.

【풀이】 주어진 심장형 그래프는 θ 가 0 에서 2π 까지 움직이면 처음으로 곡선에 의해 완전히 둘러싸인다(그림 7.36 참조).

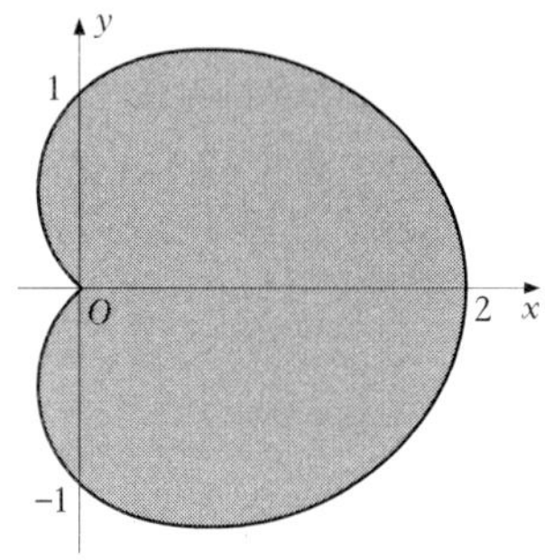

[그림 7.36]

따라서 구하는 영역의 넓이를 A 라고 놓으면

$$\begin{aligned} A &= \int_0^{2\pi} \frac{1}{2}r^2 \, d\theta = \int_0^{2\pi} \frac{1}{2}(1 + \cos\theta)^2 \, d\theta = \int_0^{2\pi} \frac{1}{2}(1 + 2\cos\theta + \cos^2\theta) \, d\theta \\ &= \int_0^{2\pi} \left(\frac{1}{2} + \cos\theta + \frac{1 + \cos 2\theta}{4}\right) d\theta = \int_0^{2\pi} \left(\frac{3}{4} + \cos\theta + \frac{\cos 2\theta}{4}\right) d\theta \\ &= \left[\frac{3}{4}\theta + \sin\theta + \frac{\sin 2\theta}{8}\right]_0^{2\pi} = \frac{3}{2}\pi \end{aligned}$$

이다. □

예제 7.6.2 극방정식

$$r = 2\cos\theta + 1$$

의 작은 고리 내부의 넓이를 구하여라.

【풀이】 주어진 극방정식의 그래프는 각 θ가 $2\pi/3$에서 증가하여 $\theta = 4\pi/3$에 이르는 사이에 그려내는 점의 자취가 작은 내부 고리부분에 해당한다(그림 7.37 참조). 또한 주어진 곡선은 x축에 관하여 대칭이다. 그러므로 구하는 면적은 $\theta = 2\pi/3$에서 $\theta = \pi$까지를 적분한 결과에 두 배하면 얻어진다.

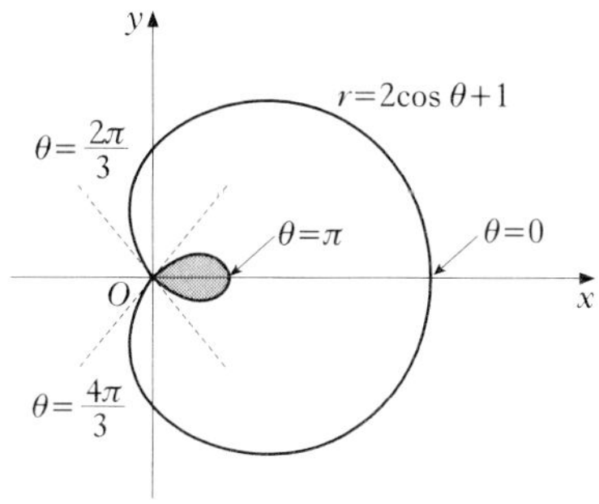

[그림 7.37]

따라서 구하는 넓이를 A라고 놓으면,

$$A = 2\int_{\frac{2}{3}\pi}^{\pi} \frac{1}{2} r^2 \, d\theta = \int_{\frac{2}{3}\pi}^{\pi} r^2 \, d\theta$$

이다. 그런데

$$r^2 = (2\cos\theta + 1)^2 = 4\cos^2\theta + 4\cos\theta + 1 = 4 \cdot \frac{1 + \cos 2\theta}{2} + 4\cos\theta + 1$$

$$= 2 + 2\cos 2\theta + 4\cos\theta + 1 = 3 + 2\cos 2\theta + 4\cos\theta$$

이므로, 이를 위의 식에 대입하면

$$A = \int_{\frac{2}{3}\pi}^{\pi} (3 + 2\cos 2\theta + 4\cos\theta)\, d\theta = [3\theta + \sin 2\theta + 4\sin\theta]_{\frac{2}{3}\pi}^{\pi}$$

$$= 3\pi - \left(2\pi - \frac{\sqrt{3}}{2} + 4 \cdot \frac{\sqrt{3}}{2}\right) = \pi - \frac{3\sqrt{3}}{2}$$

을 얻는다. □

그림 7.38 에서와 같이 $[\alpha, \beta]$ 사이에서 곡선 $r_1 = f(\theta)$ 의 외부와 곡선 $r_2 = g(\theta)$ 의 내부로 둘러싸인 부분 A 의 넓이를 구하려면, $[\alpha, \beta]$ 에서 $r_2 = g(\theta)$ 로 둘러싸인 부분의 넓이에서 r_1 으로 둘러싸인 부분의 넓이의 차를 구하면 된다. 따라서 구하려는 넓이 A 는

$$A = \int_\alpha^\beta \frac{1}{2}(g(\theta))^2\,d\theta - \int_\alpha^\beta \frac{1}{2}(f(\theta))^2\,d\theta = \int_\alpha^\beta \frac{1}{2}\left(r_2^2 - r_1^2\right)d\theta \tag{7.36}$$

이다.

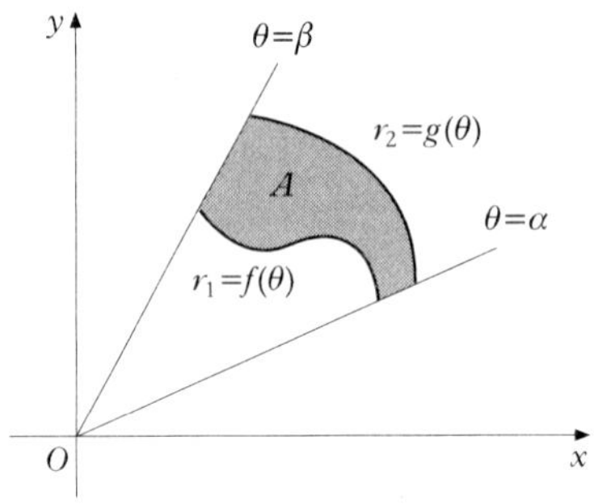

[그림 7.38] 두 극방정식의 그래프 사이의 넓이

예제 7.6.3 원 $r = 2\cos\theta$ 의 내부인 동시에 $r = 1$ 의 외부로 이루어진 공통 영역의 넓이를 구하여라(그림 7.39 참조).

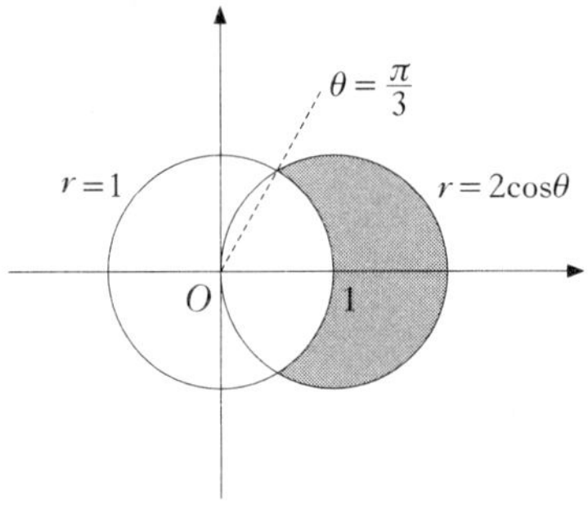

[그림 7.39]

【풀이】 두 원의 교점은 $2\cos\theta = 1$ 로부터

$$\theta = \pm\frac{\pi}{3}$$

임을 알 수 있다. 따라서 구하는 넓이를 A 라고 놓으면

$$A = 2\int_0^{\frac{\pi}{3}} \frac{1}{2}\left((2\cos\theta)^2 - 1\right) d\theta = \int_0^{\frac{\pi}{3}} (1 + 2\cos 2\theta)\, d\theta = [\theta + \sin 2\theta]_0^{\frac{\pi}{3}} = \frac{\pi}{3} + \frac{\sqrt{3}}{2}$$

이다. □

연습문제(7.6)

1. 다음 곡선의 개형을 그리고, 그 곡선으로 둘러싸인 부분의 넓이를 구하여라.

(1) $r = \sin\theta$ (2) $r = 2 + \cos\theta$ (3) $r = 1 + \sin\theta$ (4) $r = \sin\theta - 2$

2. 두 곡선

$$r = 2 - \cos\theta, \qquad r = 3\cos\theta$$

의 공통 내부점들로 이루어진 영역의 넓이를 구하여라.

3. 원 $r = 3\cos\theta$ 의 내부이고 심장형 $r = 1 + \cos\theta$ 의 외부로 둘러싸인 부분의 넓이를 구하여라.

4. 다음 곡선의 개형을 그리고, 그 곡선으로 둘러싸인 부분의 넓이를 구하여라.

(1) $r = 5\sin\theta$ (2) $r^2 = \sin 2\theta$ (3) $r = \sqrt{1 - \cos\theta}$ (4) $r = \tan\theta$

5. 다음 곡선의 개형을 그리고, 그 곡선으로 둘러싸인 부분의 넓이를 구하여라. (단, a 는 양의 상수를 의미한다.)

(1) $r^2 = a^2\cos 2\theta$ (2) $r = a(2 - \cos\theta)$ (3) $r^2 = a(1 + \cos 2\theta)$

(4) $r = 2a\sin 3\theta$ (5) $r^2 = 2a^2\sin 3\theta$ (6) $r^2 = 2a^2\sin 2\theta$

6. 다음에서 주어진 두 곡선의 공통 내부점들로 이루어진 영역의 넓이를 구하여라.

(1) $r = \sin\theta, \quad r = \cos\theta$

(2) $r = 2, \quad r = 3 + 2\sin\theta$

(3) $r = 1 - \cos\theta, \quad r = \dfrac{3}{2}$

(4) $r^2 = 2\sin 2\theta, \quad r = 1$

7. 다음 주어진 곡선의 내부 고리 부분의 넓이를 구하여라.

(1) $r = 1 + 2\sin\theta$

(2) $r = 2 + 4\cos\theta$

7.7 극좌표계에서의 길이

정적분의 응용에서 곡선의 길이를 구하는 식을 이용하여 극방정식으로 주어진 곡선의 길이를 구하여 보자.

주어진 곡선의 매개변수 방정식이

$$x = f(t), \qquad y = g(t) \qquad (a \le t \le b) \tag{7.37}$$

로 주어지고, 함수 $f(t)$, $g(t)$ 가 구간 (a, b) 에서 미분가능하고, 도함수 $f'(t)$, $g'(t)$ 가 연속일 때, 주어진 곡선의 길이 L은

$$L = \int_a^b \sqrt{(f'(t))^2 + (g'(t))^2}\, dt \tag{7.38}$$

와 같이 주어짐을 알고 있다. 따라서 매개변수로 주어진 곡선의 길이를 구하는 식으로부터 극좌표로 표시된 곡선의 길이를 구하는 공식을 다음과 같이 얻을 수 있다.

정리 7.7.1 평면 위의 곡선이 극방정식

$$r = f(\theta) \tag{7.39}$$

로 주어졌을 때, 구간 $\alpha \le \theta \le \beta$에 대응하는 곡선의 길이 L은

$$L = \int_\alpha^\beta \sqrt{(f(\theta))^2 + (f'(\theta))^2}\, d\theta \tag{7.40}$$

이다.

【증명】 직교좌표 (x, y) 와 이에 대응하는 극좌표 (r, θ) 사이의 관계로부터

$$x = r\cos\theta = f(\theta)\cos\theta, \qquad y = r\sin\theta = f(\theta)\sin\theta$$

이므로, 이것은 θ를 매개변수로 하는 곡선이 된다. 따라서 식 (7.38) 에 의하여

$$L = \int_\alpha^\beta \sqrt{(x'(\theta))^2 + (y'(\theta))^2}\, d\theta$$

$$= \int_{\alpha}^{\beta} \sqrt{(f'(\theta)\cos\theta - f(\theta)\sin\theta)^2 + (f'(\theta)\sin\theta + f(\theta)\cos\theta)^2}\, d\theta$$

$$= \int_{\alpha}^{\beta} \sqrt{(f(\theta))^2 + (f'(\theta))^2}\, d\theta$$

이다. □

예제 7.7.1 극방정식 $r = 1 - \cos\theta$ 로 주어진 닫힌 곡선의 길이를 구하여라.

【풀이】 $r = f(\theta) = 1 - \cos\theta$ 라고 놓으면, 식 (7.40) 에 의하여

$$L = \int_0^{2\pi} \sqrt{(f(\theta))^2 + (f'(\theta))^2}\, d\theta = \int_0^{2\pi} \sqrt{(1-\cos\theta)^2 + \sin^2\theta}\, d\theta$$

$$= \int_0^{2\pi} \sqrt{4\sin^2\frac{1}{2}\theta}\, d\theta = \int_0^{2\pi} 2\sin\frac{1}{2}\theta\, d\theta = -4\left[\cos\frac{1}{2}\theta\right]_0^{2\pi} = 8$$

이다. □

이제 미분기호를 이용하여 곡선의 길이를 간단히 나타내는 방법에 대하여 알아보자. 매개변수로 주어진 곡선 $x = x(t), y = y(t)$ $(a \le t \le b)$ 의 길이를 구하는 공식

$$L = \int_a^b \sqrt{\left(\frac{dx}{dt}\right)^2 + \left(\frac{dy}{dt}\right)^2}\, dt \tag{7.41}$$

에서 도함수기호 대신에 미분기호를 사용하여 나타내어 보자.

도함수기호

$$\frac{dx}{dt}, \quad \frac{dy}{dt}$$

를 미분기호 dx, dy, dt 들로 이루어진 분수식이라 생각하면, 식 (7.41) 의 근호 안은

$$\sqrt{\left(\frac{dx}{dt}\right)^2 + \left(\frac{dy}{dt}\right)^2}\, dt = \sqrt{\frac{dx^2}{dt^2} + \frac{dy^2}{dt^2}}\, dt = \sqrt{\frac{dx^2}{dt^2}dt^2 + \frac{dy^2}{dt^2}dt^2} = \sqrt{dx^2 + dy^2}$$

과 같이 간단히 나타낼 수 있다. 따라서 식 (7.41) 은

$$L = \int_a^b \sqrt{dx^2 + dy^2} \tag{7.42}$$

과 같이 간단히 나타낼 수 있다. 식 (7.42) 에서 dx 와 dy 는 같은 변수의 미분으로 주어져야 하며, 그에 해당하는 시작과 끝을 결정한 다음에 적분을 계산해야 된다. 이를테면 다음

그림 7.40 에서와 같이 dx 와 dy 를 각각 빗변의 길이가

$$ds = \sqrt{dx^2 + dy^2} \tag{7.43}$$

인 직각삼각형의 밑변과 높이라고 생각하면 식 (7.42) 는

$$L = \int ds \tag{7.44}$$

와 같이 보다 간단히 나타낼 수 있다.

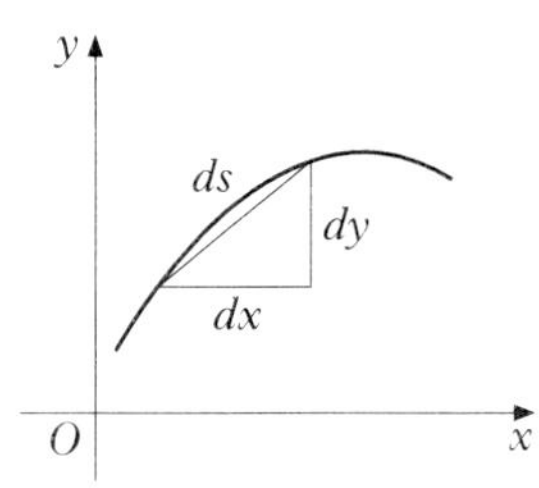

[그림 7.40] 곡선의 길이

예제 7.7.2 반지름 r 인 원주의 길이를 식 (7.44) 를 이용하여 구하여라.

【풀이】 원점을 중심으로 반지름이 r 인 원을 t 를 매개변수로 나타내면

$$x = r\cos t, \quad y = r\sin t \quad (0 \le t \le 2\pi)$$

이다. 이제 dx, dy, ds 를 각각 구하면,

$$dx = -r\sin t\,dt, \quad dy = r\cos t\,dt, \quad ds = \sqrt{dx^2 + dy^2} = \sqrt{r^2(\sin^2 t + \cos^2 t)\,dt^2} = r\,dt$$

이다. 따라서 식 (7.44) 에 의하여

$$L = \int ds = \int_0^{2\pi} r\,dt = r\Big[t\Big]_0^{2\pi} = 2\pi r$$

을 얻는다. □

이제 극방정식 $r = f(\theta)$ $(\alpha \le \theta \le \beta)$로 주어진 곡선을 x축 둘레로 회전하여 생긴 곡면의 겉넓이를 구하여 보자(그림 7.41 참조).

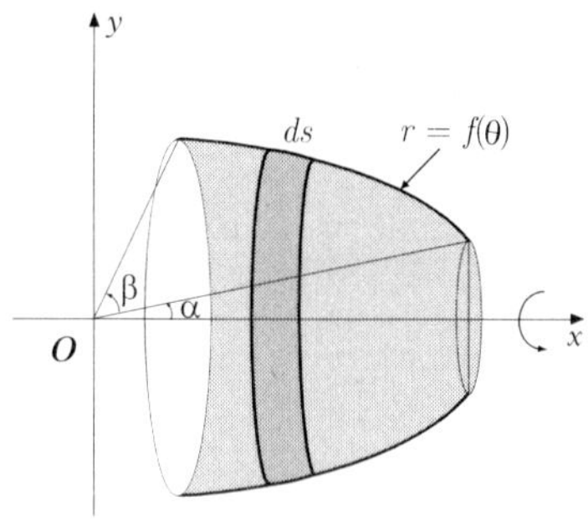

[그림 7.41] 극방정식으로 주어진 곡면의 겉넓이

구분구적법의 원리에 의하여 구하는 곡면의 겉넓이 A는

$$A = \int_\alpha^\beta 2\pi y\, ds = \int_\alpha^\beta 2\pi f(\theta)\sin\theta\, ds = \int_\alpha^\beta 2\pi f(\theta)\sin\theta\sqrt{(f(\theta))^2 + (f'(\theta))^2}\, d\theta \qquad (7.45)$$

와 같이 나타내어진다.

예제 7.7.3 심장형 곡선 $r = 1 + \cos\theta$의 제1사분면 부분의 곡선을 x축 둘레로 회전시켜 생긴 곡면의 겉넓이를 구하여라.

【풀이】 $r = f(\theta) = 1 + \cos\theta$라고 놓으면

$$ds = \sqrt{dx^2 + dy^2} = \sqrt{(f(\theta))^2 + (f'(\theta))^2}\, d\theta = \sqrt{2}\cdot\sqrt{1+\cos\theta}\, d\theta$$

이다. 따라서 구하는 회전곡면의 겉넓이를 A라고 놓으면, 식 (7.45)로부터

$$A = \int_0^{\frac{\pi}{2}} 2\pi y\, ds = \int_0^{\frac{\pi}{2}} 2\pi(1+\cos\theta)\sin\theta\, ds = \int_0^{\frac{\pi}{2}} 2\sqrt{2}\pi(1+\cos\theta)^{\frac{3}{2}}\sin\theta\, d\theta$$

$$= \left[2\sqrt{2}\pi\left(-\frac{2}{5}\right)(1+\cos\theta)^{\frac{5}{2}}\right]_0^{\frac{\pi}{2}} = \frac{2\sqrt{2}\pi}{5}\left(8\sqrt{2} - 2\right)$$

이다. □

극방정식 $r = f(\theta)$ $(\alpha \le \theta \le \beta)$를 x축 둘레로 회전시켜 생긴 입체의 부피 V는 매개변수

를 이용한 정적분으로 다음과 같이 구할 수 있다. 즉,

$$V = \int_{x_0}^{x_1} \pi y^2\,dx = \int_{\theta_0}^{\theta_1} \pi(f(\theta)\sin\theta)^2 \cdot d(f(\theta)\cos\theta)$$

$$= \int_{\theta_0}^{\theta_1} \pi(f(\theta)\sin\theta)^2(f'(\theta)\cos\theta - f(\theta)\sin\theta)\,d\theta \tag{7.46}$$

이다. 여기서 x_0, x_1 은 각각 $x_0 = f(\theta_0)\cos\theta_0$, $x_1 = f(\theta_1)\cos\theta_1$ 을 의미한다.

예제 7.7.4 극방정식 $r = \cos\theta$의 제1사분면 부분의 곡선을 x축 둘레로 회전시켜 생긴 입체의 부피를 구하여라.

【풀이】 구하는 부피를 V라고 놓으면, 식 (7.46) 으로부터

$$V = \int_0^1 \pi y^2\,dx = \int_{\frac{\pi}{2}}^{0} \pi(\cos\theta\sin\theta)^2 \cdot (-\sin\theta\cos\theta - \cos\theta\sin\theta)\,d\theta$$

$$= \int_{\frac{\pi}{2}}^{0} -2\pi\sin^3\theta\cos^3\theta\,d\theta = \int_{\frac{\pi}{2}}^{0} -2\pi\sin^3\theta(1-\sin^2\theta)\cos\theta\,d\theta$$

$$= -2\pi\left[\frac{\sin^4\theta}{4} - \frac{\sin^6\theta}{6}\right]_{\frac{\pi}{2}}^{0} = \frac{\pi}{6}$$

이다. 실제로 위의 입체는 반지름이 1/2 인 구이므로 $V = (4/3)\pi\cdot(1/2)^3 = \pi/6$ 임을 확인할 수 있다. □

연습문제(7.7)

1. 다음 θ의 범위에서 극방정식으로 주어진 곡선의 길이를 구하여라.

(1) $r = a(1-\cos\theta) \quad (0 \le \theta \le 2\pi)$ (2) $r = e^{-\theta} \quad (0 \le \theta \le \infty)$

2. 다음 θ의 범위에서 극방정식으로 주어진 곡선의 길이를 구하여라.

(1) $r = 3\theta^2 \quad (1 \le \theta \le 2)$ (2) $r = e^{\theta} \quad (0 \le \theta \le 2)$

(3) $r = \sin 2\theta \quad (0 \le \theta \le \pi)$ (4) $r = 2+\cos\theta \quad (0 \le \theta \le 2\pi)$

3. $0 \le t \le 2\pi$ 일 때, 사이클로이드

$$x = t - \sin t, \qquad y = 1 - \cos t$$

의 길이를 구하여라.

4. 매개변수 $x = \sin^2 t,\ y = \cos^2 t\ (0 \le t \le 2\pi)$ 로 주어진 곡선의 길이를 구하여라.

5. 다음 극좌표로 주어진 곡선의 개형을 그리고, 그 곡선의 길이를 구하여라.

(1) $r = \theta^2 \quad (0 \le \theta \le 2\pi)$ (2) $r = e^{2\theta} \quad (0 \le \theta \le 2\pi)$

(3) $r = 2^\theta \quad (0 \le \theta \le 2\pi)$ (4) $r = 1 + \cos\theta \quad (0 \le \theta \le 2\pi)$

6. 다음 매개방정식으로 주어진 곡선의 길이를 구하여라.

(1) $x = t - 1, \quad y = \dfrac{1}{2}t^2 \quad (0 \le t \le \sqrt{3})$ (2) $x = e^t \sin t, \quad y = e^t \cos t \quad (0 \le t \le 2\pi)$

(3) $x = \cos^3 t, \quad y = \sin^3 t \quad (0 \le t \le 2\pi)$ (4) $x = \cos t, \quad y = \sin t \quad (0 \le t \le 4\pi)$

7. $n = 4$ 일 때의 심프슨의 근사적분 공식을 이용하여 4개의 꽃잎 모양을 갖는 극방정식의 그래프 $r = \cos 2\theta$ 의 한 고리의 길이를 구하여라.

8. 매개방정식으로 주어진 다음 곡선을 y 축을 회전축으로 회전시켰을 때 생겨나는 곡면의 겉넓이를 구하여라.

(1) $x = 3t^2, \quad y = 2t^3 \quad (0 \le t \le 5)$ (2) $x = e^t - t, \quad y = 4e^{\frac{t}{2}} \quad (0 \le t \le 1)$

9. 2개의 꽃잎모양의 곡선 $r^2 = \cos 2\theta$ 를 극축을 중심으로 회전하여 얻어지는 곡면의 넓이를 구하여라.

제 8 장

수열과 급수

8.1 수 열

정의역이 자연수의 집합 $\mathbb{N}$ 이고 공역이 실수의 집합 $\mathbb{R}$ 인 함수 $f : \mathbb{N} \to \mathbb{R}$ 에 의해

$$f(1),\ f(2),\ f(3),\ \ldots,\ f(n),\ \ldots \tag{8.1}$$

와 같이 얻어진 수들을 얻어진 순서대로 나열한 것을 **수열**(sequence)이라고 한다. 특히 정의역을 자연수의 부분집합으로 했을 때의 수열을 **유한수열**(finite sequence)이라 하고, 정의역을 자연수의 전체집합으로 했을 때의 수열을 **무한수열**(infinite sequence)이라고 한다. 앞으로 특별한 언급 없이 수열이라 함은 무한수열을 의미하는 것으로 한다.

수열 (8.1) 에서 수열을 이루는 각각의 수 $f(n)$ $(n \in \mathbb{N})$ 을 일컬어 **항**(term)이라고 한다. 특히 수열 (8.1) 에서의 $f(1)$ 을 제1항 또는 **초항**(first term), $f(2)$ 를 제2항, $\ldots$, $f(n)$ 을 제n항 또는 **일반항**(general term)이라고 한다.

수열을 좀 더 간단히 표현하는 방법으로, 수열 (8.1) 을

$$a_1,\ a_2,\ a_3,\ \ldots,\ a_n,\ \ldots \tag{8.2}$$

와 같이 나타내고, 간단히 $\langle a_n \rangle$ 과 같이 표시한다.[1] 수열 (8.1) 을 (8.2) 와 같이 나타냈을 때, (8.2) 에서의 각 항은

$$a_1 = f(1), \quad a_2 = f(2), \quad a_3 = f(3), \quad \ldots, \quad a_n = f(n), \quad \ldots$$

을 의미한다.

수열의 각 항은 일정한 규칙에 의해 얻어지기 때문에 모든 수열은 일반항을 사용하여 나타낼 수 있다. 이를테면 수열

$$1, 4, 7, 10, 13, \ldots$$

의 일반항을 a_n 이라고 놓으면

$$a_n = 3n - 2, \ (n \geq 1) \quad \text{또는} \quad a_1 = 1, \ a_n = a_{n-1} + 3, \ (n \geq 2)$$

와 같은 방법으로 나타낼 수 있다.

일반적으로 수열을 정의할 때, 수열의 치역이 갖는 의미도 중요하지만 각각의 항들이 나열되는 순서 역시 매우 중요하다. 예를 들어 두 개의 수열

$$1, \frac{1}{2}, \frac{1}{3}, \ldots, \frac{1}{n}, \ldots, \qquad 1, \frac{1}{3}, \frac{1}{2}, \ldots, \frac{1}{n}, \ldots \quad (n \text{은 4 이상의 자연수})$$

의 치역은 같지만, 각 수열의 제2항과 제3항이 서로 다르므로 이들은 같은 수열이 아니다.

예제 8.1.1 수열의 일반항이 다음과 같이 주어졌을 때 수열의 각 항을 구하고, 그들을 나타내어라.

(1) $a_n = 1 - \dfrac{1}{n}$ (2) $b_n = 1 + (-1)^n \dfrac{1}{n}$

(3) $c_n = (-1)^n + \dfrac{1}{n}$ (4) $d_n = 0.999$

【풀이】 (1) 일반항 $a_n = 1 - 1/n$ 로부터, $n = 1$ 일 때의 제1항 a_1 은 $a_1 = 1 - 1/1 = 0$ 이고, $n = 2$ 일 때의 제2항 a_2 는 $a_2 = 1 - 1/2 = 1/2$ 이며, $n = 3$ 일 때의 제3항 a_3 은 $a_3 = 1 - 1/3 = 2/3$ 이다. 이와 같은 방법으로 얻어진 각각의 항들을 얻어진 순서대로

---

1) 함수 $f : \mathbb{N} \to \mathbb{R}$ 에 의한 수열 $\langle a_n \rangle$ 을 $\{a_n\}$ 과 같이 나타내기도 하며, 필요에 따라서는 좀 더 구체적으로

$$\langle a_n \mid a_n = f(n) \rangle \quad \text{또는} \quad \{a_n \mid a_n = f(n)\}$$

등으로 표현하기도 한다.

나열하면 구하는 수열은

$$0, \frac{1}{2}, \frac{2}{3}, \frac{3}{4}, \frac{4}{5}, \ldots$$

임을 알 수 있다.

(2) (1) 에서와 같은 방법으로 구하면

$$0, \frac{3}{2}, \frac{2}{3}, \frac{5}{4}, \frac{4}{5}, \frac{7}{6}, \frac{6}{7}, \ldots.$$

(3) (1) 에서와 같은 방법으로 구하면

$$0, \frac{3}{2}, -\frac{2}{3}, \frac{5}{4}, -\frac{4}{5}, \frac{7}{6}, -\frac{6}{7}, \ldots.$$

(4) 모든 항이 같은 수로 이루어진 수열로서

$$0.999, 0.999, 0.999, 0.999, \ldots$$

을 의미한다. □

어떤 수열 $\langle a_n \rangle$ 중에는 자연수 n 이 무한히 커질 때 일반항 a_n 이 일정한 상수 L 에 접근하는 경우가 있다. 이러한 경우에 절댓값 $|a_n - L|$ 은 0 에 접근한다. 예를 들어 예제 8.1.1 에 있는 수열 (1), 즉

$$\left\langle a_n \mid a_n = 1 - \frac{1}{n} \right\rangle$$

의 경우에, 풀이 과정에서 살펴 본 바와 같이 처음 몇 개의 항을 나열하면

$$0, \frac{1}{2}, \frac{2}{3}, \frac{3}{4}, \frac{4}{5}, \ldots$$

임을 확인했다. 이 수열의 경우에 n 이 증가함에 따라 일반항 a_n 은 점차 1 에 가까이 가고, 임의의 자연수 n 에 대하여

$$|a_n - 1| = \left|1 - \frac{1}{n} - 1\right| = \left|-\frac{1}{n}\right| = \frac{1}{n}$$

임을 알 수 있다. 따라서 이 수열은 $n \to \infty$ 일 때 $a_n \to 1$ 임을 알 수 있다. 이와 같은 사실을 일반화하여 수열의 극한을 다음과 같이 정의한다.

정의 8.1.1 임의의 양수 ε에 대하여 적당한 자연수 m이 존재해서 $n > m$인 모든 자연수 n에 대하여 $|a_n - L| < \varepsilon$이 성립할 때, 즉

$$\forall \varepsilon > 0,\ \exists m \in \mathbb{N} \quad \text{s.t.} \quad \left(n > m \quad \Longrightarrow \quad |a_n - L| < \varepsilon \right) \tag{8.3}$$

일 때 수열 $\langle a_n \rangle$은 L로 **수렴한다**(converge)고 하고

$$\lim_{n\to\infty} a_n = L$$

로 나타낸다(그림 8.1 참조). 한편 수렴하지 않는 수열을 **발산한다**(diverge)고 한다.

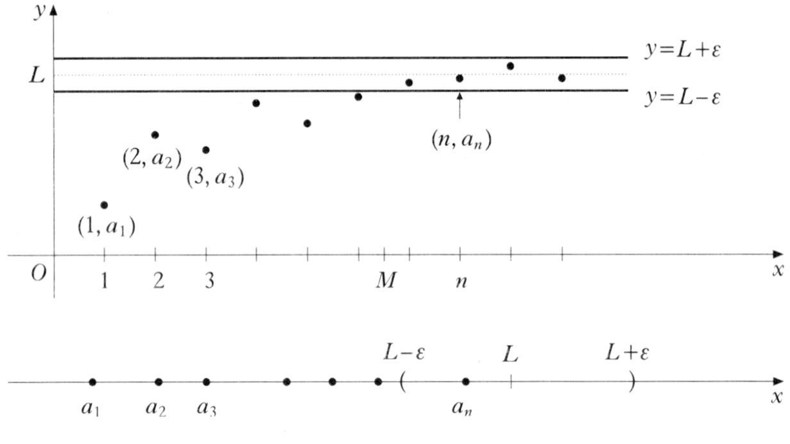

[그림 8.1] 수열의 극한

예제 8.1.2 수열 $\langle 1/n \rangle$에 대하여

$$n > m \quad \Longrightarrow \quad |1/n - L| < \varepsilon$$

을 만족하는 자연수 m을 $\varepsilon = 0.01$인 경우에 구하여라.

【풀이】 주어진 수열을 $\langle a_n \rangle$이라고 하면 $n \to \infty$일 때 $a_n \to 0$임을 알 수 있다. 따라서 정의 8.1.1의 식 (8.3)으로부터 주어진 $\varepsilon = 0.01$에 대하여 정의를 만족시키는 자연수 m이

존재한다. 실제로 $n > m$ 에 대하여

$$\left|\frac{1}{n} - 0\right| = \frac{1}{n} < \frac{1}{m}$$

이므로 $1/m \le \varepsilon = 0.01$ 을 만족시키는 자연수 m 은 $m \ge 100$ 이면 충분하다. □

예 제 8.1.3 수열 $\langle 1/n \rangle$ 에 대하여 $\lim_{n\to\infty} \frac{1}{n} = 0$ 임을 증명하여라.

【풀이】 양수인 ε 을 임의로 택하자. 그러면 택해진 ε 에 대하여 $n > m$ 을 만족시키는 모든 자연수 n 에 대하여

$$\left|\frac{1}{n} - 0\right| = \frac{1}{n} < \frac{1}{m}$$

이므로 $1/m \le \varepsilon$ 을 만족시키는 자연수 m 은 $m \ge 1/\varepsilon$ 로서 존재한다. 따라서 정의 8.1.1 로부터

$$\forall \varepsilon > 0,\ \exists m \in \mathbb{N} \quad \text{s.t.} \quad \left(n > m \quad \Longrightarrow \quad |1/n - 0| < \varepsilon\right)$$

이므로 $\lim_{n\to\infty} \frac{1}{n} = 0$ 이다. □

정 리 8.1.1 수열 $\langle a_n \rangle$, $\langle b_n \rangle$ 이 수렴할 때 다음의 관계가 성립한다.

(1) $\lim_{n\to\infty} k = k$ (k 는 상수)

(2) $\lim_{n\to\infty} ka_n = k \lim_{n\to\infty} a_n$ (k 는 상수)

(3) $\lim_{n\to\infty} (a_n + b_n) = \lim_{n\to\infty} a_n + \lim_{n\to\infty} b_n$

(4) $\lim_{n\to\infty} (a_n - b_n) = \lim_{n\to\infty} a_n - \lim_{n\to\infty} b_n$

(5) $\lim_{n\to\infty} a_n b_n = \left(\lim_{n\to\infty} a_n\right)\left(\lim_{n\to\infty} b_n\right)$

(6) $\lim_{n\to\infty} \frac{a_n}{b_n} = \frac{\lim_{n\to\infty} a_n}{\lim_{n\to\infty} b_n}$ (단, $\lim_{n\to\infty} b_n \ne 0$)

(7) $\lim_{n\to\infty} a_n^p = \left(\lim_{n\to\infty} a_n\right)^p$ (단, p, $a_n > 0$)

【증명】 증명은 함수의 극한(정리 1.3.3 참조)의 경우와 흡사하므로 생략한다. □

예 제 8.1.4 정리 8.1.1 을 이용하여 다음 수열의 극한을 구하여라.

(1) $\left\langle a_n \mid a_n = \dfrac{5n^2+n+4}{n^2+1} \right\rangle$ (2) $\left\langle b_n \mid b_n = \left(\dfrac{n}{n+1}\right)^{50} \right\rangle$.

【풀이】 (1) 일반항 a_n 의 분모, 분자를 n^2 으로 나눈 후에 정리 8.1.1 을 적용하면

$$\lim_{n\to\infty} \frac{5n^2+n+4}{n^2+1} = \lim_{n\to\infty} \frac{5+\frac{1}{n}+\frac{4}{n^2}}{1+\frac{1}{n^2}} = \frac{\lim\limits_{n\to\infty} 5 + \lim\limits_{n\to\infty} \frac{1}{n} + \lim\limits_{n\to\infty} \frac{4}{n^2}}{\lim\limits_{n\to\infty} 1 + \lim\limits_{n\to\infty} \frac{1}{n^2}} = \frac{5+0+0}{1+0} = 5\,.$$

(2) $c_n = n/n+1$ 을 일반항으로 하는 수열 $\langle c_n \rangle$ 에 대하여

$$\lim_{n\to\infty} c_n = \lim_{n\to\infty} \frac{n}{n+1} = 1$$

이다. 따라서 정리 8.1.1 의 (7) 을 적용하면

$$\lim_{n\to\infty} b_n = \left(\lim_{n\to\infty} c_n\right)^{50} = 1^{50} = 1\,.$$ □

정 의 8.1.2 모든 자연수 n 에 대하여

$$a_n \le M$$

을 만족하는 실수 M 이 존재하면 수열 $\langle a_n \rangle$ 은 **위로 유계**(bounded above)라고 한다. 반면에 모든 자연수 n 에 대하여

$$m \le a_n$$

을 만족하는 실수 m 이 존재하면 수열 $\langle a_n \rangle$ 은 **아래로 유계**(bounded below)라고 한다. 위로 유계인 동시에 아래로 유계인 수열 $\langle a_n \rangle$ 을 **유계수열**(bounded sequence)이라고 한다. 즉, 모든 자연수 n 에 대하여

$$|a_n| \le M$$

을 만족하는 양수 M 이 존재하면 $\langle a_n \rangle$ 은 유계수열이라고 한다.

정 의 8.1.3 수열 $\langle a_n \rangle$ 이 모든 자연수 n 에 대하여

$$a_n \leq a_{n+1}$$

이면 **단조증가수열**(monotone increasing sequence)이라고 한다.
반면에 수열 $\langle a_n \rangle$ 이 모든 자연수 n 에 대하여

$$a_n \geq a_{n+1}$$

이면 **단조감소수열**(monotone decreasing sequence)이라고 한다.[2)]
단조증가수열과 단조감소수열을 통칭하여 **단조수열**(monotone sequence)이라고 한다.

정 의 8.1.4 수열 $\langle a_n \rangle$ 이 모든 자연수 n 에 대하여

$$a_n < a_{n+1}$$

이면 **순단조증가수열**(strictly monotone increasing sequence)이라고 한다.
반면에 수열 $\langle a_n \rangle$ 이 모든 자연수 n 에 대하여

$$a_n > a_{n+1}$$

이면 **순단조감소수열**(strictly monotone decreasing sequence)이라고 한다.[3)]
순단조증가수열과 순단조감소수열을 통칭하여 **순단조수열**(strictly monotone sequence)이라고 한다.

예 제 8.1.5 다음 주어진 수열이 유계수열인지 아닌지, 또한 단조수열인지 아닌지를 확인하여라.

---

2) 단조증가수열을 간단히 **증가수열**(increasing sequence)이라 부르고, 단조감소수열을 간단히 **감소수열**(decreasing sequence)이라 부르기도 한다.

3) 순단조증가수열을 간단히 **순증가수열**(strictly increasing sequence)이라 부르고, 순단조감소수열을 간단히 **순감소수열**(strictly decreasing sequence)이라 부르기도 한다.

(1) $\langle n^2 \rangle$ (2) $\langle (-1)^n \rangle$

【풀이】 (1) 수열 $\langle n^2 \rangle$은 증가수열이지만 유계수열은 아니다.

(2) 수열 $\langle (-1)^n \rangle$은 유계수열이지만 단조수열은 아니다. □

> **정리 8.1.2** 유계인 단조수열은 수렴한다.

예제 8.1.6 정리 8.1.2를 이용하여 수열 $\langle (1+1/n)^n \rangle$이 수렴함을 보여라.

【풀이】 주어진 수열을 $\langle a_n \rangle$이라 하자.

(i) 이항정리[4])로부터 a_n은

$$
\begin{aligned}
a_n &= \left(1+\frac{1}{n}\right)^n \\
&= 1 + n\left(\frac{1}{n}\right) + \frac{1}{2!}n(n-1)\left(\frac{1}{n}\right)^2 + \frac{1}{3!}n(n-1)(n-2)\left(\frac{1}{n}\right)^3 \\
&\quad + \cdots + \frac{1}{r!}n(n-1)(n-2)\cdots(n-r+1)\left(\frac{1}{n}\right)^r + \cdots + \frac{1}{n!}n!\left(\frac{1}{n}\right)^n \\
&= 1 + 1 + \frac{1}{2!}\left(1-\frac{1}{n}\right) + \frac{1}{3!}\left(1-\frac{1}{n}\right)\left(1-\frac{2}{n}\right) \\
&\quad + \cdots + \frac{1}{r!}\left(1-\frac{1}{n}\right)\cdots\left(1-\frac{r-1}{n}\right) + \cdots + \frac{1}{n!}\left(1-\frac{1}{n}\right)\cdots\left(1-\frac{n-1}{n}\right)
\end{aligned} \tag{8.4}
$$

이고, 또한 위와 같은 방법에 의해 a_{n+1}은

$$
\begin{aligned}
a_{n+1} &= 1 + 1 + \frac{1}{2!}\left(1-\frac{1}{n+1}\right) + \frac{1}{3!}\left(1-\frac{1}{n+1}\right)\left(1-\frac{2}{n+1}\right) \\
&\quad + \cdots + \frac{1}{r!}\left(1-\frac{1}{n+1}\right)\cdots\left(1-\frac{r-1}{n+1}\right) + \cdots + \frac{1}{n!}\left(1-\frac{1}{n+1}\right)\cdots\left(1-\frac{n-1}{n+1}\right) \\
&\quad + \frac{1}{(n+1)!}\left(1-\frac{1}{n+1}\right)\cdots\left(1-\frac{n}{n+1}\right)
\end{aligned} \tag{8.5}
$$

---

4) 이항정리의 정의(46쪽 참조)

이다. 따라서 식 (8.4) 와 (8.5) 의 결과로부터 모든 자연수 n 에 대하여 $a_n < a_{n+1}$ 이 성립한다. 따라서 정의 8.1.3 으로부터 수열 $\langle a_n \rangle$ 은 단조증가수열인 단조수열이다.

(ii) 식 (8.4) 로부터 부등식

$$\begin{aligned} a_n &= 1 + 1 + \frac{1}{2!}\left(1 - \frac{1}{n}\right) + \frac{1}{3!}\left(1 - \frac{1}{n}\right)\left(1 - \frac{2}{n}\right) + \cdots + \frac{1}{n!}\left(1 - \frac{1}{n}\right)\cdots\left(1 - \frac{n-1}{n}\right) \\ &< 1 + \frac{1}{1!} + \frac{1}{2!} + \frac{1}{3!} + \cdots + \frac{1}{n!} \\ &< 1 + 1 + \left(\frac{1}{2} + \frac{1}{2^2} + \cdots + \frac{1}{2^{n-1}}\right) \\ &= 2 + \frac{\frac{1}{2}\left(1 - \left(\frac{1}{2}\right)^{n-1}\right)}{1 - \frac{1}{2}} \\ &= 3 - \frac{1}{2^{n-1}} \\ &< 3 \end{aligned}$$

이 성립하므로 정의 8.1.2 로부터 주어진 수열 $\langle a_n \rangle$ 은 유계수열이다.

(i) 과 (ii) 의 결과로 수열 $\langle a_n \rangle$ 은 유계인 단조수열이므로 정리 8.1.2 에 의해 수렴한다. □

예제 8.1.6 에서 수열 $\langle (1 + 1/n)^n \rangle$ 이 수렴함을 확인했다. 이때 이 수열의 극한을 e 라고 정의한다. 즉,

$$\lim_{n\to\infty}\left(1 + \frac{1}{n}\right)^n = e \quad (e \approx 2.7182818284\cdots)^{5)}. \tag{8.6}$$

정리 8.1.3 [수열에 대한 **조임정리**(squeeze theorem)[6]] 수열 $\langle a_n \rangle$ 과 $\langle c_n \rangle$ 이 모두 L 로 수렴하고, $n \geq n_0$ (n_0 는 고정된 양의 정수) 에 대하여 $a_n \leq b_n \leq c_n$ 이면 수열 $\langle b_n \rangle$ 도 L 로 수렴한다.

---

5) 이때의 수 e 를 오일러의 수라고 한다(67쪽, 식 (2.32) 참조).

6) 조임정리를 일컬어 **샌드위치 정리**(sandwich theorem) 또는 **압축정리**라고도 한다.

【증명】 가정으로부터

$$\lim_{n\to\infty} a_n \le \lim_{n\to\infty} b_n \le \lim_{n\to\infty} c_n \quad \text{이고} \quad \lim_{n\to\infty} a_n = \lim_{n\to\infty} c_n = L$$

이므로 $\lim_{n\to\infty} b_n = L$ 이 성립한다. □

예제 8.1.7 조임정리 8.1.3 을 이용하여 수열

$$\left\langle a_n \mid a_n = \frac{n!}{n^n} \right\rangle$$

의 수렴성을 조사하고, 수렴한다면 극한을 구하여라.

【풀이】 모든 자연수 n 에 대하여

$$a_n = \frac{n!}{n^n} = \frac{1\cdot 2\cdot 3\cdot\cdots\cdot n}{n\cdot n\cdot n\cdot\cdots\cdot n} = \frac{1}{n}\left(\frac{2\cdot 3\cdot\cdots\cdot n}{n\cdot n\cdot\cdots\cdot n}\right)$$

이므로

$$0 < a_n \le \frac{1}{n}$$

이다. 그런데

$$\lim_{n\to\infty} 0 = 0 \quad \text{이고} \quad \lim_{n\to\infty} \frac{1}{n} = 0$$

이므로 수열에 대한 조임정리 8.1.3 에 의하여 $\lim_{n\to\infty} a_n = 0$ 이다. 따라서 수열 $\langle a_n \rangle$ 은 수렴하고, 그 극한은 0 이다. □

정리 8.1.4 함수 f 가 L 에서 연속이고 수열 $\langle a_n \rangle$ 이 수렴해서 $\lim_{n\to\infty} a_n = L$ 이면

$$\lim_{n\to\infty} f(a_n) = f(L)$$

이 성립한다.

【증명】 함수 f 가 L 에서 연속이고 $\lim_{n\to\infty} a_n = L$ 이라 하자. 그러면 임의의 $\varepsilon > 0$ 에 대하여 f 가 L 에서 연속이므로 적당한 $\delta > 0$ 가 존재해서 $|x - L| < \delta$ 이면 $|f(x) - f(L)| < \varepsilon$ 이고, 또한 $\lim_{n\to\infty} a_n = L$ 이므로 $\delta > 0$ 에 대하여 적당한 자연수 N 이 존재해서 $n > N$ 인 모든 자

연수 n에 대하여 $|a_n - L| < \delta$이 성립한다. 따라서

$$\lim_{n\to\infty} f(a_n) = f(L)$$

이 성립한다. □

예제 8.1.8 정리 8.1.4를 이용하여 수열

$$\left\langle b_n \mid b_n = \sqrt{\frac{n-1}{n}} \right\rangle$$

의 수렴성을 조사하고, 수렴한다면 극한을 구하여라.

【풀이】 $f(x) = \sqrt{x}$이고 $a_n = (n-1)/n$이라 하자. 그러면 $\lim_{n\to\infty} a_n = 1$이고, 함수 f가 $x = 1$에서 연속이므로 정리 8.1.4에 의해

$$\lim_{n\to\infty} b_n = \lim_{n\to\infty} f(a_n) = \lim_{n\to\infty} \sqrt{\frac{n-1}{n}} = f(1) = 1$$

이다. 따라서 수열 $\langle b_n \rangle$은 수렴하고, 그 극한은 1이다. □

> **정리 8.1.5** 함수 f가 $[1, \infty)$에서 정의되고, 수열 $\langle a_n \rangle$에 대하여 $a_n = f(n)$이라 하자. 이때 $\lim_{x\to\infty} f(x) = L$이면 $\lim_{n\to\infty} a_n = L$이다.

【증명】 $\lim_{x\to\infty} f(x) = L$이고 $\varepsilon > 0$이라 하자. 그러면 적당한 자연수 N이 존재해서 $x > N$이면 $|f(x) - L| < \varepsilon$이다. 따라서 $n > N$인 모든 자연수 n에 대하여

$$|a_n - L| = |f(n) - L| < \varepsilon$$

이므로 $\lim_{n\to\infty} a_n = L$이다. □

예제 8.1.9 정리 8.1.5를 이용하여 수열

$$\left\langle a_n \mid a_n = \frac{\ln n}{n} \right\rangle$$

의 수렴성을 조사하고, 수렴한다면 극한을 구하여라.

【풀이】 함수 $f(x) = (\ln x)/x$ 는 모든 실수 $x \geq 1$ 에 대하여 정의되고 $a_n = f(n)$ 이다. 또한 로피탈의 정리 3.2.6 에 의해

$$\lim_{x\to\infty} \frac{\ln x}{x} = \lim_{x\to\infty} \frac{1}{x} = 0$$

이므로, 정리 8.1.5 에 의해 $\lim_{n\to\infty} \frac{\ln n}{n} = 0$ 이다. 따라서 수열 $\langle a_n \rangle$ 은 수렴하고, 그 극한은 0 이다. □

연습문제(8.1)

1. 주어진 a_n 을 일반항으로 갖는 수열 $\langle a_n \rangle$ 에 대하여 처음 다섯 개의 항을 쓰고, 수열이 수렴하는지 발산하는지를 밝혀라. 또한 수렴한다면 그 극한을 구하여라.

(1) $a_n = \dfrac{n}{3n-1}$ (2) $a_n = \dfrac{4n^2+2}{n^2+3n-1}$ (3) $a_n = \dfrac{n^3+3n^2+3n}{(n+1)^3}$ (4) $a_n = \dfrac{\sqrt{3n^2+2}}{2n+1}$

2. 다음 수열이 수렴하는지 발산하는지를 밝히고, 수렴한다면 그 극한을 구하여라.

(1) $\left\langle \dfrac{2n+3}{n+1} \right\rangle$ (2) $\langle (-1)^n + 1 \rangle$ (3) $\langle n(n-1) \rangle$

3. 수열 $\langle a_n \rangle$이

$$-1,\ \frac{2}{3},\ -\frac{3}{5},\ \frac{4}{7},\ -\frac{5}{9},\ \ldots$$

일 때, 이 수열의 일반항 a_n 을 구하여라.

4. 일반항 a_n 이 $a_n = 3n+1$ 인 수열 $\langle a_n \rangle$ 에 대하여 수열

$$a_1 + a_2,\quad a_3 + a_4,\quad a_5 + a_6,\quad \ldots$$

의 일반항 b_n 을 구하여라.

5. 다음 수열 중에서 어느 것이 위로 유계인지, 아래로 유계인지, 유계인지를 구분하여라.

(1) $\langle 1/(n+1) \rangle$ (2) $\langle (-1)^n/n \rangle$ (3) $\langle 3^{-n} \rangle$

6. 극한

$$\lim_{n\to\infty}\left(1+\frac{1}{n}\right)^n = e \qquad (n\text{은 자연수})$$

임을 이용하여, x가 실수인 경우에도 극한

$$\lim_{x\to\infty}\left(1+\frac{1}{x}\right)^x = e, \qquad \lim_{x\to-\infty}\left(1+\frac{1}{x}\right)^x = e$$

이 성립함을 증명하여라.

8.2 급수의 수렴과 발산

수열 $\langle a_n \rangle$의 각 항의 합으로 이루어진

$$a_1 + a_2 + \cdots + a_n + \cdots \tag{8.7}$$

을 일컬어 수열 $\langle a_n \rangle$에 의한 **무한급수**(infinite series) 또는 간단히 **급수**(series)라 하고, 합의 기호 $\sum$을 써서 $\sum_{n=1}^{\infty} a_n$ 또는 간단히 $\sum a_n$와 같이 나타낸다. 급수 (8.7) 에서 각각의 a_k $(k = 1, 2, \ldots)$를 일컬어 **항**(term)이라 하고, 특히 a_n을 **일반항**(general term)이라고 한다.

수열 $\langle a_n \rangle$에 의한 급수 $\sum a_n$에 대하여

$$S_n = a_1 + a_2 + \cdots + a_n \tag{8.8}$$

과 같이 정의되는 S_n을 급수 $\sum a_n$의 첫 항부터 n번째 항까지의 **부분합**(partial sum) 이라 하고, 부분합에 의한 수열 $\langle S_n \rangle$, 즉

$$S_1,\ S_2,\ S_3,\ \ldots,\ S_n,\ \ldots \tag{8.9}$$

을 급수 $\sum a_n$에 의한 **부분합의 수열**(sequence of partial sums) 이라고 한다. 예를 들어 급수

$$0.6 + 0.06 + 0.006 + 0.0006 + \cdots + \frac{6}{10^n} + \cdots$$

의 부분합의 수열 $\langle S_n \rangle$은

$$0.6,\ 0.66,\ 0.666,\ 0.6666,\ \cdots.$$

식 (8.8) 에서 정의된 부분합 S_n은 n이 커짐에 따라 급수의 항을 점차 더 많이 포함하게 됨을 알 수 있다. 그러므로 만일 $n \to \infty$이면 S_n은 급수의 모든 항을 합한 것으로 생각할 수 있다. 따라서 급수 $\sum a_n$에 의한 부분합의 수열 $\langle S_n \rangle$에 대하여 극한

$$\lim_{n\to\infty} S_n \tag{8.10}$$

이 S에 수렴하면 『급수 $\sum a_n$은 S에 **수렴한다**(converge)』고 하고, 이때 S를 급수 $\sum a_n$의

합(sum)이라 하며

$$\lim_{n\to\infty} S_n = S \tag{8.11}$$

로 나타낸다. 반면에 부분합의 수열 $\langle S_n \rangle$이 발산할 때 『급수 $\sum a_n$은 **발산한다**(diverge)』고 하고, 이때 급수의 합은 『존재하지 않는다』 또는 『정의되지 않는다』고 한다. 또한 수열 $\langle a_n \rangle$에 의한 급수 $\sum a_n$이 수렴할 때 급수 $\sum a_n$을 **수렴급수**(convergent series)라 하고, 급수 $\sum a_n$이 발산할 때 급수 $\sum a_n$을 **발산급수**(divergent series)라고 한다.

예제 8.2.1 급수

$$\frac{1}{1\cdot 2} + \frac{1}{2\cdot 3} + \frac{1}{3\cdot 4} + \cdots + \frac{1}{n(n+1)} + \cdots$$

이 수렴급수임을 증명하고, 그 합을 구하여라.

【풀이】 준 급수의 일반항을 a_n이라고 하면

$$a_n = \frac{1}{n(n+1)}$$

이다. 그런데 a_n을 부분분수화 하면

$$a_n = \frac{1}{n(n+1)} = \frac{1}{n} - \frac{1}{n+1} \tag{8.12}$$

이다. 따라서 식 (8.12)를 이용하여 준 급수의 첫 항부터 n번째 항까지의 부분합 S_n을 간단히 하면

$$S_n = \left(1 - \frac{1}{2}\right) + \left(\frac{1}{2} - \frac{1}{3}\right) + \left(\frac{1}{3} - \frac{1}{4}\right) + \cdots + \left(\frac{1}{n} - \frac{1}{n+1}\right) = 1 - \frac{1}{n+1}$$

을 얻는다. 따라서

$$\lim_{n\to\infty} S_n = \lim_{n\to\infty}\left(1 - \frac{1}{n+1}\right) = 1$$

이므로 준 급수는 수렴하고, 그 합은 1이다. □

초항이 a이고 공비가 r인 등비수열에 의한 급수

$$\sum_{k=1}^{\infty} ar^{k-1} = a + ar + ar^2 + ar^3 + \cdots + ar^{n-1} + \cdots \quad (a \neq 0)$$

을 **기하급수**(geometric series)라고 한다.

다음 정리 8.2.1 은 기하급수의 수렴성을 판단하는데 이용된다.

정 리 8.2.1 초항이 a $(a \neq 0)$ 이고 공비가 r 인 기하급수

$$\sum_{k=1}^{\infty} ar^{k-1} = a + ar + ar^2 + ar^3 + \cdots + ar^{n-1} + \cdots \tag{8.13}$$

은 다음을 만족한다.

(1) $|r| < 1$ 일 때 기하급수 (8.13) 은 수렴하고 그 합은 $\dfrac{a}{1-r}$ 이다.

(2) $|r| \geq 1$ 일 때 기하급수 (8.13) 은 발산한다.

【증명】 기하급수 (8.13) 의 첫 항부터 n 번째 항까지의 부분합을 S_n 이라고 하면

$$S_n = a + ar + ar^2 + ar^3 + \cdots + ar^{n-1},$$
$$rS_n = a + ar + ar^2 + ar^3 + \cdots + ar^{n-1}$$

이므로, 이들을 변변 빼서 정리하면 $(1 - r)S_n = a(1 - r^n)$ 을 얻는다. 따라서 기하급수 (8.13) 의 부분합 S_n 은

$$S_n = \begin{cases} \dfrac{a(1-r^n)}{1-r} \ \text{or} \ \dfrac{a(r^n-1)}{r-1}, & (r \neq 1) \\ na, & (r = 1) \end{cases} \tag{8.14}$$

이다. 그런데

(i) $|r| < 1$ 일 때 $\lim_{n\to\infty} r^n = 0$ 이므로, 식 (8.14) 로부터

$$\lim_{n\to\infty} S_n = \lim_{n\to\infty} \frac{a(1-r^n)}{1-r} = \frac{a}{1-r} \lim_{n\to\infty}(1-r^n) = \frac{a}{1-r}$$

이다. 따라서 기하급수 (8.13) 은 수렴하고, 그 합은 $a/(1-r)$ 이다.

(ii) $r = 1$ 일 때 식 (8.14) 로부터

$$\lim_{n\to\infty} S_n = \lim_{n\to\infty} na = \begin{cases} \infty, & (a > 0) \\ -\infty, & (a < 0) \end{cases}$$

이므로, 기하급수 (8.13) 은 발산한다.

(iii) $r > 1$ 일 때 $\lim_{n\to\infty} r^n = \infty$ 이고 $1 - r < 0$ 이므로, 식 (8.14) 로부터

$$\lim_{n\to\infty} S_n = \lim_{n\to\infty} \frac{a}{1-r}(1-r^n) = \begin{cases} \infty, & (a > 0) \\ -\infty, & (a < 0) \end{cases}$$

이다. 따라서 기하급수 (8.13) 은 발산한다.

(iv) $r \le -1$ 일 때 $\lim_{n\to\infty} r^n$ 은 진동하므로, 식 (8.14) 로부터 $\lim_{n\to\infty} S_n$ 또한 진동한다.

따라서 위의 결과들을 종합하면 기하급수 (8.13) 은 $|r| < 1$ 일 때 수렴하고, 이때 급수의 합은 $a/(1-r)$ 이다. 반면에 기하급수 (8.13) 은 $|r| \ge 1$ 일 때 발산한다. □

예제 8.2.2 다음 급수의 수렴, 발산을 판정하고, 수렴한다면 그 합을 구하여라.

(1) $\displaystyle\sum_{n=1}^{\infty} \frac{7}{10^n}$ (2) $\displaystyle\sum_{n=1}^{\infty} \left(-\frac{\sqrt{5}}{2}\right)^{n-1}$

【풀이】 (1) 준 급수는 초항이 $a = 7/10$ 이고 공비가 $r = 1/10$ 인 기하급수이다. 그런데 $|r| = 1/10 < 1$ 이므로 정리 8.2.1 에 의해 준 급수는 수렴하고, 급수의 합은 $7/9$ 이다.

(2) 준 급수는 초항이 $a = 1$ 이고 공비가 $r = -\sqrt{5}/2$ 인 기하급수로서 $|r| = \sqrt{5}/2 > 1$ 이다. 따라서 정리 8.2.1 에 의해 준 급수는 발산한다. □

정리 8.2.2 (1) 급수 $\sum a_n$ 이 수렴하면 $\lim_{n\to\infty} a_n = 0$ 이다.

(2) 급수 $\sum a_n$ 이 수렴하면, 임의의 $\varepsilon > 0$ 에 대하여 적당한 자연수 m 이 존재해서 $k, \ell > m$ 에 대하여

$$|S_k - S_\ell| < \varepsilon \tag{8.15}$$

이 성립한다.

【증명】 (1) 급수 $\sum a_n$ 의 첫 항부터 n 번째 항까지의 부분합을 S_n 이라고 놓으면 $a_n = S_n - S_{n-1}$ 이다. 또한 급수 $\sum a_n$ 이 수렴하므로 수열 $\langle S_n \rangle$ 도 수렴한다. 따라서

$$\lim_{n\to\infty} S_n = S \tag{8.16}$$

인 S가 존재한다. 그런데 $n \to \infty$일 때 $(n-1) \to \infty$이므로

$$\lim_{n\to\infty} S_{n-1} = S \tag{8.17}$$

이다. 따라서 식 (8.16)과 (8.17)로부터

$$\lim_{n\to\infty} a_n = \lim_{n\to\infty}(S_n - S_{n-1}) = \lim_{n\to\infty} S_n - \lim_{n\to\infty} S_{n-1} = S - S = 0.$$

(2) 수렴하는 급수 $\sum a_n$의 합을 S라고 하면

$$|S_k - S_\ell| = |(S_k - S) + (S - S_\ell)| \le |S_k - S| + |S - S_\ell| \tag{8.18}$$

이 성립한다. 그런데 $\lim_{k\to\infty} S_k = S = \lim_{\ell\to\infty} S_\ell$이므로, 임의의 $\varepsilon > 0$에 대하여 부등식

$$|S_k - S| < \frac{\varepsilon}{2}, \quad |S - S_\ell| < \frac{\varepsilon}{2} \tag{8.19}$$

을 만족하는 적당한 자연수 $k, \ell\ (> m)$이 존재한다. 따라서 식 (8.18)과 (8.19)로부터

$$|S_k - S_\ell| < \frac{\varepsilon}{2} + \frac{\varepsilon}{2} = \varepsilon.$$

□

예제 8.2.3 조화급수(harmonic series)[7]

$$\sum_{n=1}^{\infty} \frac{1}{n}$$

이 발산함을 보여라.

【풀이】 1보다 큰 자연수 n에 대하여 부등식

$$S_{2n} - S_n = \frac{1}{n+1} + \frac{1}{n+2} + \cdots + \frac{1}{2n} > \frac{1}{2n} + \frac{1}{2n} + \cdots + \frac{1}{2n} = \frac{1}{2}$$

이 성립한다. 그런데 주어진 급수가 수렴하려면, $\varepsilon = 1/2 > 0$인 경우에 충분히 큰 자연수 n에 대하여 $|S_{2n} - S_n| < 1/2 = \varepsilon$을 만족해야 한다. 따라서 위의 조화급수는 발산한다. □

---

7) 등차수열의 각 항의 곱에 대한 역수들로 이루어진 수열을 **조화수열**(harmonic sequence)이라 하고, 조화수열에 의한 급수를 **조화급수**라고 한다.

정리 8.2.2 에서 (1) 의 역은 일반적으로 성립하지 않는다. 즉, $\lim_{n\to\infty} a_n = 0$ 이라고 해서 급수 $\sum a_n$ 이 반드시 수렴한다고 말할 수는 없다. 예를 들어 조화급수 $\sum a_n$ 의 경우에

$$\lim_{n\to\infty} a_n = \lim_{n\to\infty} \frac{1}{n} = 0$$

이지만, 이 급수는 발산한다(예제 8.2.3 참조).

> **정리 8.2.3** [**발산판정법**(divergence test)] $\lim_{n\to\infty} a_n \neq 0$ 이면 급수 $\sum a_n$ 은 발산한다.

【증명】 정리 8.2.2 의 (1) 의 대우관계로부터 성립한다. □

예제 8.2.4 급수

$$\frac{1}{3} + \frac{2}{5} + \frac{3}{7} + \cdots + \frac{n}{2n+1} + \cdots$$

이 수렴하는지, 아니면 발산하는지를 판정하여라.

【풀이】 주어진 급수를 $\sum a_n$ 이라고 하면

$$\lim_{n\to\infty} a_n = \lim_{n\to\infty} \frac{n}{2n+1} = \frac{1}{2} \neq 0$$

이다. 따라서 정리 8.2.3 의 발산판정법에 의해 준 급수는 발산한다. □

> **정리 8.2.4** 두 급수 $\sum a_n$, $\sum b_n$ 에 대하여 적당한 자연수 k 보다 큰 모든 자연수 ℓ 에 대하여 $a_\ell = b_\ell$ 이면, 두 급수 $\sum a_n$, $\sum b_n$ 은 동시에 수렴하거나 동시에 발산한다.

【증명】 주어진 가정의 조건을 만족시키는 두 급수 $\sum a_n$, $\sum b_n$ 이라 하고, 각 급수의 첫 항부터 n 번째 항까지의 부분합을 S_n, T_n 이라 하자. 그러면 $S_n - T_n = S_k - T_k$ $(n \geq k)$ 이므로

$$\lim_{n\to\infty} S_n = \lim_{n\to\infty} T_n + (S_k - T_k)$$

을 만족한다. 따라서 급수 $\sum a_n$ 이 수렴하면 급수 $\sum b_n$ 도 역시 수렴한다. 그렇지 않은 경우에 두 급수는 모두 발산한다. 따라서 두 급수의 수렴, 발산은 일치하며, 또한 수렴하는 경우에 두 급수의 차는 $|S_k - T_k|$ 이다. □

정리 8.2.4 에 의하면 급수의 수렴, 발산을 판정할 때 급수의 유한개의 항들은 주어진 급수의 수렴, 발산에 아무런 영향도 주지 않음을 알 수 있다.

예 제 8.2.5 급수

$$\sum a_n = \frac{1}{3\cdot 4} + \frac{1}{4\cdot 5} + \frac{1}{5\cdot 6} + \cdots + \frac{1}{(n+2)(n+3)} + \cdots$$

이 수렴급수임을 보여라.

【풀이】 급수

$$\sum b_n = \frac{1}{1\cdot 2} + \frac{1}{2\cdot 3} + \frac{1}{3\cdot 4} + \frac{1}{4\cdot 5} + \frac{1}{5\cdot 6} + \cdots + \frac{1}{n(n+1)} + \cdots$$

이 수렴함은 이미 앞에서 확인한 바 있다(예제 8.2.1 참조). 또한 준 급수 $\sum a_n$ 은

$$\sum a_n = 0 + 0 + \frac{1}{3\cdot 4} + \frac{1}{4\cdot 5} + \frac{1}{5\cdot 6} + \cdots + \frac{1}{(n+2)(n+3)} + \cdots$$

과 같이 생각할 수 있다. 그런데 두 급수 $\sum a_n$, $\sum b_n$ 은 처음 두 개의 항을 제외하고는 나머지 항들이 모두 같다. 따라서 정리 8.2.4 에 의하면 두 급수 $\sum a_n$, $\sum b_n$ 은 동시에 수렴하거나 동시에 발산한다. 그런데 급수 $\sum b_n$ 이 수렴하므로 준 급수 $\sum a_n$ 도 수렴한다. □

정 리 8.2.5 두 급수 $\sum a_n$, $\sum b_n$ 이 모두 수렴하는 급수이면, 임의의 상수 α, β 에 대하여 급수 $\sum(\alpha a_n + \beta b_n)$ 도 역시 수렴하고 다음이 성립한다.

$$\sum(\alpha a_n + \beta b_n) = \alpha \sum a_n + \beta \sum b_n \tag{8.20}$$

【증명】 주어진 가정으로부터

$$S_n = \sum_{k=1}^{n} a_k, \quad S = \sum_{n=1}^{\infty} a_n, \quad T_n = \sum_{k=1}^{n} b_k, \quad T = \sum_{n=1}^{\infty} b_n$$

이라고 하고, $\sum(\alpha a_n + \beta b_n)$ 의 첫 항부터 n 번째 항까지의 부분합을 U_n 이라 하자. 그러면

$$\lim_{n\to\infty} U_n = \lim_{n\to\infty} \sum_{k=1}^{n} (\alpha a_k + \beta b_k) = \lim_{n\to\infty} \left(\alpha \sum_{k=1}^{n} a_k + \beta \sum_{k=1}^{n} b_k \right)$$

$$= \alpha \lim_{n\to\infty} \sum_{k=1}^{n} a_k + \beta \lim_{n\to\infty} \sum_{k=1}^{n} b_k = \alpha \lim_{n\to\infty} S_n + \beta \lim_{n\to\infty} T_n$$

$$= \alpha S + \beta T = \alpha \sum_{n=1}^{\infty} a_n + \beta \sum_{n=1}^{\infty} b_n$$

이다. 따라서 급수 $\sum(\alpha a_n + \beta b_n)$은 수렴하고

$$\sum(\alpha a_n + \beta b_n) = \alpha \sum a_n + \beta \sum b_n$$

이 성립한다. □

연습문제(8.2)

1. 다음 기하급수들의 수렴, 발산을 판정하고, 수렴하는 경우라면 그 합을 구하여라.

(1) $3 + \dfrac{3}{4} + \cdots + \dfrac{3}{4^{n-1}} + \cdots$

(2) $1 + \left(-\dfrac{1}{\sqrt{5}}\right) + \cdots + \left(-\dfrac{1}{\sqrt{5}}\right)^{n-1} + \cdots$

(3) $0.37 + 0.0037 + \cdots + \dfrac{37}{100^n} + \cdots$

(4) $\displaystyle\sum_{n=1}^{\infty} 2^{-n}3^{n-1}$

(5) $\displaystyle\sum_{n=1}^{\infty} (-1)^{n-1}$

(6) $\dfrac{2}{3} + \dfrac{2}{3^2} + \cdots + \dfrac{2}{3^n} + \cdots$

2. 다음 급수의 수렴, 발산을 판정하여라.

(1) $\dfrac{1}{4\cdot 5} + \dfrac{1}{5\cdot 6} + \cdots + \dfrac{1}{(n+3)(n+4)} + \cdots$

(2) $\dfrac{5}{1\cdot 2} + \dfrac{5}{2\cdot 3} + \cdots + \dfrac{5}{n(n+1)} + \cdots$

(3) $3 + \dfrac{3}{2} + \cdots + \dfrac{3}{n} + \cdots$

(4) $\displaystyle\sum_{n=1}^{\infty} \frac{3n}{5n-1}$

(5) $\displaystyle\sum_{n=1}^{\infty} \frac{1}{n\sqrt{e}}$

(6) $\displaystyle\sum_{n=1}^{\infty} \left(\frac{1}{8^n} + \frac{1}{n(n+1)}\right)$

3. 급수

$$\sum_{n=1}^{\infty} \frac{1}{4n^2 - 1}$$

이 수렴함을 보이고, 그 합을 구하여라.

4. 급수

$$\sum_{n=1}^{\infty} \left(3\left(\frac{1}{8}\right)^n - 5\left(\frac{1}{3}\right)^n \right)$$

이 수렴함을 보이고, 그 합을 구하여라.

8.3 양항급수

일반적으로 급수 $\sum a_n$의 첫 항부터 n번째 항까지의 부분합 S_n을 명확하게 찾아내는 일은 그리 쉬운 일이 아니다. 따라서 부분합 S_n을 이용하여 정의한 급수의 수렴, 발산에 의존하여 모든 급수의 수렴, 발산을 결정하는 것은 불가능하다. 따라서 이 절에서는 급수의 부분합이 아닌 일반항을 이용하여 급수의 수렴, 발산을 결정할 수 있는 몇 가지 특징적인 수렴 및 발산 판정법에 대하여 알아본다. 이를 위해 먼저 급수의 모든 항이 양수로 이루어진 『**양항급수**(series of positive terms)』와 『음 아닌 항들로 이루어진 급수(series of nonnegative terms)[8)]』에 대하여 살펴보자.

정리 8.3.1 급수 $\sum a_n$이 양항급수일 때, 적당한 양수 M이 존재해서 모든 자연수 n에 대하여 부등식

$$S_n \leq M \tag{8.21}$$

을 만족하면, 급수 $\sum a_n$은 수렴하고 그 합 S는 M보다 작거나 같다. 반면에 조건 (8.21)을 만족하는 양수 M이 존재하지 않으면 급수 $\sum a_n$은 발산한다.

【증명】 양항급수 $\sum a_n$의 첫 항부터 n번째 항까지의 부분합 S_n들로 이루어진 부분합의 수열을 $\langle S_n \rangle$이라 하자. 그러면 모든 자연수 n에 대하여 a_n이 항상 양수이므로

$$S_1 < S_2 < S_3 < \cdots < S_n < \cdots$$

이 되어 $\langle S_n \rangle$은 순증가수열임을 알 수 있다. 따라서 적당한 양수 M이 존재해서 모든 자연수 n에 대하여 부등식 (8.21)을 만족하면, $\langle S_n \rangle$은 유계인 단조수열이 되어 정리 8.1.2에 의해 수렴한다. 그러면

$$\lim_{n\to\infty} S_n = S \leq M$$

을 만족시키는 S가 존재하므로 급수 $\sum a_n$은 수렴하고, 그 합 S는 M보다 작거나 같다. 반면에 조건 (8.21)을 만족하는 양수 M이 존재하지 않으면 $\lim_{n\to\infty} S_n = \infty$이므로 급수 $\sum a_n$은 양의 무한대로 발산한다. □

8) 『음 아닌 항들로 이루어진 급수(series of nonnegative terms)』조차도 양항급수로 분류하는 경우도 있다. 여기서는 용어의 혼란을 피하기 위해 본문에서와 같이 이들을 구분하여 나타내도록 한다.

이제 f 가 집합 $\{x \mid x \geq 1,\ x \in \mathbb{R}\}$ 을 정의역으로 갖는 함수일 때

$$\sum_{k=1}^{\infty} f(k) = f(1) + f(2) + \cdots + f(n) + \cdots \tag{8.22}$$

와 같은 형태의 양항급수에 대한 수렴, 발산에 대하여 살펴보자.

정리 8.3.2 **[적분판정법(integral test)]** 양항급수 $\sum a_n$ 에 대하여 f 가 $[1, \infty)$ 에서 연속이고 양의 값을 갖는 감소함수로서 모든 자연수 n 에 대하여 $f(n) = a_n$ 이라 하자. 이때

(1) 특이적분 $\displaystyle\int_1^{\infty} f(x)\,dx$ 가 수렴하면, 급수 $\sum a_n$ 도 수렴한다.

(2) 특이적분 $\displaystyle\int_1^{\infty} f(x)\,dx$ 가 발산하면, 급수 $\sum a_n$ 도 발산한다.

【증명】 $\langle S_n \rangle$ 이 급수 $\sum a_n$ 의 부분합의 수열이라 하자. 이때 그림 8.2(a) 에 있는 직사각형

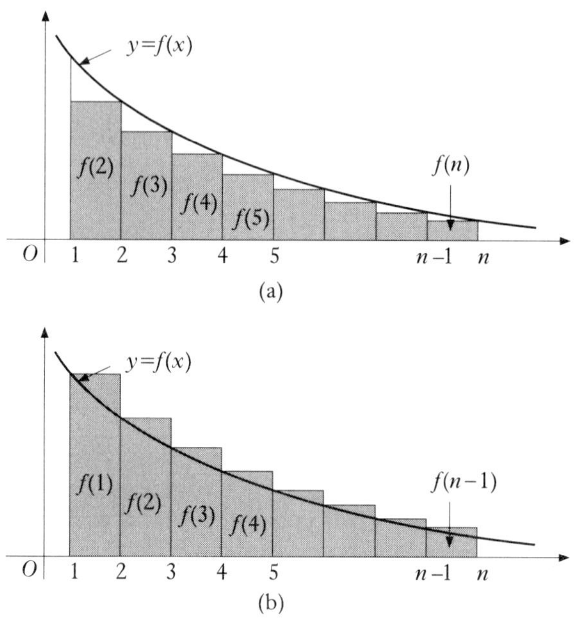

[그림 8.2] 적분판정법

들의 면적의 합과 관련하여

$$\sum_{k=2}^{n} f(k) = f(2) + f(3) + \cdots + f(n) = S_n - f(1) = S_n - a_1 \tag{8.23}$$

이 성립한다. 마찬가지로 그림 8.2(b) 에 있는 직사각형들의 면적의 합과 관련하여

$$\sum_{k=1}^{n-1} f(k) = f(1) + f(2) + \cdots + f(n-1) = S_{n-1} \tag{8.24}$$

이 성립한다. 그런데 특이적분 $\int_1^n f(x)\,dx$ 는 직선 $x = 1$, $x = n$ 와 x 축 및 함수 f 의 그래프로 둘러싸인 부분의 면적과 같으므로 식 (8.23) 과 (8.24) 로부터 부등식

$$S_n - f(1) = \sum_{k=2}^{n} f(k) \le \int_1^{\pi} f(x)\,dx \le \sum_{k=1}^{n-1} f(k) = S_{n-1} \tag{8.25}$$

이 성립한다. 이때

(1) 만약 특이적분 $\int_1^\infty f(x)\,dx$ 가 수렴하면, 부등식

$$\int_1^\infty f(x)\,dx \le M \tag{8.26}$$

을 만족하는 적당한 양수 M 이 존재한다. 그러면 식 (8.25) 와 (8.26) 으로부터 모든 자연수 n 에 관하여

$$S_n \le M + f(1)$$

이 되어, 정리 8.3.1 에 의해 급수 $\sum a_n$ 은 수렴한다.

(2) 반면에 특이적분 $\int_1^\infty f(x)\,dx$ 가 발산하면, $\lim_{n\to\infty} \int_1^n f(x)\,dx = \infty$ 이므로 식 (8.25) 로부터 $\lim_{n\to\infty} S_n = \infty$ 이다. 따라서 급수 $\sum a_n$ 은 발산한다. □

예제 8.3.1 적분판정법을 이용하여 급수

$$\sum_{n=1}^{\infty} ne^{-n^2}$$

의 수렴, 발산을 판정하여라.

【풀이】 $f(x) = xe^{-x^2}$ 이라고 놓으면, 함수 f 는 $[1, \infty)$ 에서 연속이고, $x \in [1, \infty)$ 에 대하여

$f(x) > 0$ 이며, 더욱이

$$f'(x) = e^{-x^2} - 2x^2 e^{-x^2} = e^{-x^2}(1 - 2x^2) < 0 \quad (x \geq 1)$$

이므로 f 는 $[1, \infty)$ 에서 감소함수로서 모든 자연수 n 에 대하여 $f(n) = ne^{-n^2}$ 을 만족한다. 따라서 정리 8.3.2 의 적분판정법을 적용하기 위한 모든 가정을 만족시키므로 이를 이용하여 준 급수의 수렴성을 판단할 수 있다. 그런데

$$\int_1^\infty xe^{-x^2}\, dx = \lim_{t\to\infty} \int_1^t xe^{-x^2}\, dx = -\frac{1}{2} \lim_{t\to\infty} \left[e^{-x^2}\right]_1^t = -\frac{1}{2} \lim_{t\to\infty} \left(\frac{1}{e^{t^2}} - \frac{1}{e}\right) = \frac{1}{2e}$$

이므로 주어진 급수 $\sum ne^{-n^2}$ 은 적분판정법에 의해 수렴함을 알 수 있다. □

실수인 상수 p 에 대하여

$$\sum_{n=1}^{\infty} \frac{1}{n^p} = 1 + \frac{1}{2^p} + \frac{1}{3^p} + \cdots$$

을 **p-급수**(p-series)라고 한다.

다음 정리 8.3.3 은 p-급수의 수렴성을 판정하는데 이용된다.

정리 8.3.3 [**p-급수 판정법**(p-series test)] p-급수

$$\sum_{n=1}^{\infty} \frac{1}{n^p} = 1 + \frac{1}{2^p} + \frac{1}{3^p} + \cdots \tag{8.27}$$

은 $p > 1$ 일 때 수렴하고, $p \leq 1$ 일 때 발산한다.

【증명】 (i) $p \leq 0$ 일 때

$$\lim_{n\to\infty} \frac{1}{n^p} \neq 0$$

이므로 정리 8.2.3 의 발산판정법에 의해 p-급수 $\sum 1/n^p$ 은 발산한다.

(ii) $p = 1$ 일 때 p-급수 $\sum 1/n^p$ 은 조화급수로서 발산한다(예제 8.2.3 참조).

(iii) $p > 0$ $(p \neq 1)$ 일 때 함수 f 를

$$f(x) = \frac{1}{x^p} \quad (x \geq 1)$$

라고 놓으면, f 는 $[1, \infty)$ 에서 연속이고 양의 값을 갖는 감소함수로서 모든 $n \geq 1$ 에 대하여 $f(n) = 1/n^p$ 이다. 따라서 적분판정법을 적용하기 위한 모든 가정을 만족시킨다. 그런데

$$\int_1^\infty \frac{1}{x^p}\,dx = \lim_{t\to\infty}\int_1^t \frac{1}{x^p}\,dx = \lim_{t\to\infty}\left[\frac{x^{1-p}}{1-p}\right]_1^t = \frac{1}{1-p}\lim_{t\to\infty}\left(t^{1-p} - 1\right)$$

에서 극한

$$\lim_{t\to\infty}\frac{1}{t^{p-1}}$$

은 $p > 1$ 일 때 존재하지만, $0 < p < 1$ 일 때에는 존재하지 않는다.

따라서 (i), (ii), (iii) 으로부터 p-급수는 $p > 1$ 일 때 수렴하고, $p \leq 1$ 일 때 발산한다. □

예제 8.3.2 다음 p-급수가 수렴하는지, 아니면 발산하는지를 판정하여라.

(1) $\displaystyle\sum_{n=1}^\infty \frac{1}{\sqrt{n}} = 1 + \frac{1}{\sqrt{2}} + \frac{1}{\sqrt{3}} + \cdots \frac{1}{\sqrt{n}} + \cdots$

(2) $\displaystyle\sum_{n=1}^\infty \frac{1}{n^3} = 1 + \frac{1}{2^3} + \frac{1}{3^3} + \cdots + \frac{1}{n^3} + \cdots$

【풀이】 정리 8.3.3 의 p-급수판정법에 의해 (1)의 경우는 $p = 1/2 < 1$ 이므로 발산하고, (2) 의 경우는 $p = 3 > 1$ 이므로 수렴한다. □

다음 정리 8.3.4 는 어떤 양항급수의 수렴성을 이미 알고 있을 때, 이를 이용하여 간접적으로 주어진 양항급수의 수렴성을 판정하는데 이용된다.

정리 8.3.4 **[비교판정법**(comparison test)] 양항급수 $\sum a_n$, $\sum b_n$ 이 모든 자연수 n 에 대하여 $a_n \leq b_n$ 이라 하자. 이때

(1) 급수 $\sum b_n$ 이 수렴하면, 급수 $\sum a_n$ 도 수렴한다.

(2) 급수 $\sum a_n$ 이 발산하면, 급수 $\sum b_n$ 도 발산한다.

【증명】 (1) 양항급수 $\sum a_n$, $\sum b_n$ 의 첫 항부터 n 번째 항까지의 부분합을 각각 S_n, T_n 이라고 하고, 이들에 의한 부분합의 수열을 각각 $\langle S_n\rangle$, $\langle T_n\rangle$ 이라 하자. 또한 가정에서 급수 $\sum b_n$ 이 수렴하므로 $\lim_{n\to\infty} T_n = L$ 이라 놓자. 그러면 가정에서 모든 자연수 n 에 대하

여 $0 < a_n \le b_n$ 이므로 부분합의 수열 $\langle S_n \rangle$과 $\langle T_n \rangle$은 모두 증가수열로서 모든 자연수 n에 대하여 부등식

$$0 < S_n \le T_n \le L \tag{8.28}$$

을 만족한다. 따라서 수열 $\langle S_n \rangle$은 증가하는 유계수열로서 정리 8.1.2에 의해 수렴하므로 급수 $\sum a_n$은 수렴한다.

(2) (1)의 대우관계로서 성립한다. □

예제 8.3.3 비교판정법을 적용하여 다음 급수들의 수렴, 발산을 판정하여라.

(1) $\displaystyle\sum_{n=1}^{\infty} \frac{1}{2+5^n}$ (2) $\displaystyle\sum_{n=2}^{\infty} \frac{3}{\sqrt{n}-1}$ (3) $\displaystyle\sum_{n=1}^{\infty} \frac{\ln n}{n}$

【풀이】 (1) 모든 자연수 n에 대하여

$$\frac{1}{2+5^n} < \frac{1}{5^n} = \left(\frac{1}{5}\right)^n$$

이 성립한다. 그런데 $\sum(1/5)^n$은 수렴하는 기하급수이므로, 정리 8.3.4의 비교판정법에 의해 주어진 급수도 수렴한다.

(2) $n \ge 2$인 모든 자연수 n에 대하여

$$\frac{3}{\sqrt{n}} < \frac{3}{\sqrt{n}-1}$$

이 성립한다. 그런데 급수

$$\sum_{n=2}^{\infty} \frac{1}{\sqrt{n}}$$

은 정리 8.3.3의 p-급수판정법에 의해 발산하므로

$$\sum_{n=2}^{\infty} \frac{3}{\sqrt{n}}$$

도 발산한다. 따라서 정리 8.3.4의 비교판정법에 의해 주어진 급수도 발산한다.

(3) $n \ge 3$인 모든 자연수 n에 대하여 $\ln n > 1$이므로

$$\frac{\ln n}{n} > \frac{1}{n} \quad (n \ge 3)$$

이다. 그런데 급수 $\sum 1/n$ 은 발산하므로 비교판정법에 의해 준 급수도 발산한다. □

정리 8.3.5 [**비판정법**(ratio test)[9]] 양항급수 $\sum a_n$ 에 대하여

$$\lim_{n\to\infty} \frac{a_{n+1}}{a_n} = L \tag{8.29}$$

일 때 다음 관계가 성립한다.

(1) $L < 1$ 이면 급수 $\sum a_n$ 은 수렴한다.

(2) $L > 1$ 이거나 $\lim_{n\to\infty} \frac{a_{n+1}}{a_n} = \infty$ 이면 급수 $\sum a_n$ 은 발산한다.

(3) $L = 1$ 이면 급수 $\sum a_n$ 의 수렴, 발산을 판정할 수 없다.

【증명】 (1) $L < 1$ 이므로 $L < r < 1$ 인 실수 r 을 택할 수 있다. 그러면

$$\lim_{n\to\infty} \frac{a_{n+1}}{a_n} < r$$

이므로 적당한 자연수 N 이 존재해서 $n \geq N$ 인 모든 자연수 n 에 대하여

$$\frac{a_{n+1}}{a_n} < r \tag{8.30}$$

이 성립한다. 따라서 식 (8.30) 의 n 에 연속적으로 $N, N+1, N+2, \ldots$ 을 대입하면

$$\begin{aligned} a_{N+1} &< a_N r \\ a_{N+2} &< a_{N+1} r < a_N r^2 \\ a_{N+3} &< a_{N+2} r < a_N r^3 \\ &\vdots \end{aligned}$$

을 얻는다. 따라서 $k \geq 1$ 인 모든 자연수 k 에 대하여

$$a_{N+k} < a_N r^k \tag{8.31}$$

9) 비판정법을 일컬어 **비율판정법** 또는 **극한비교판정법**이라 부르기도 한다.

이고, 또한

$$\sum_{n=N+1}^{\infty} a_n = \sum_{k=1}^{\infty} a_{N+k} = a_{N+1} + a_{N+2} + a_{N+3} + \cdots < a_N r + a_N r^2 + a_N r^3 + \cdots = a_N \sum_{n=1}^{\infty} r^n$$

이 성립한다. 그런데 위의 식에서 우변의 급수

$$a_N r + a_N r^2 + a_N r^3 + \cdots$$

은 공비 $0 < r < 1$ 을 갖는 기하급수로서 수렴한다. 따라서 식 (8.31) 에 정리 8.3.4 의 비교판정법을 적용하면 급수

$$\sum_{n=N+1}^{\infty} a_n = \sum_{k=1}^{\infty} a_{N+k} = a_{N+1} + a_{N+2} + a_{N+3} + \cdots$$

이 수렴하므로 급수 $\sum a_n$ 도 수렴한다.

(2) $L > 1$ 이거나 $\lim_{n\to\infty} \frac{a_{n+1}}{a_n} = \infty$ 이면, 적당한 자연수 N 이 존재해서 $n \geq N$ 인 모든 자연수 n 에 대하여

$$\frac{a_{n+1}}{a_n} > 1 \tag{8.32}$$

이 성립한다. 따라서 식 (8.32) 로부터 $n \geq N$ 인 모든 자연수 n 에 대하여 $a_{n+1} > a_n$ 이므로 $\lim_{n\to\infty} a_n \neq 0$ 이다. 따라서 정리 8.2.3 의 발산판정법에 의해 급수 $\sum a_n$ 은 발산한다.

(3) 예를 들어 급수 $\sum 1/n^2$ 에서 $a_n = 1/n^2$ 이라 놓고, 급수 $\sum 1/n$ 에서 $b_n = 1/n$ 이라 놓자. 그러면 정리 8.3.3 의 p-급수판정법에 의해 급수 $\sum a_n$ 은 수렴하고, 급수 $\sum b_n$ 은 발산한다. 그러나 두 급수의 경우에 모두

$$\lim_{n\to\infty} \frac{a_{n+1}}{a_n} = \lim_{n\to\infty} \frac{n^2}{(n+1)^2} = 1, \qquad \lim_{n\to\infty} \frac{b_{n+1}}{b_n} = \lim_{n\to\infty} \frac{n}{n+1} = 1$$

로서 $L = 1$ 이다. 따라서 $L = 1$ 인 경우에는 급수 $\sum a_n$ 이 수렴할 수도 있고 발산할 수도 있으므로, 비판정법에 의한 급수 $\sum a_n$ 의 수렴, 발산은 판정할 수 없다. □

예제 8.3.4 비판정법을 적용하여 급수

$$\sum_{n=1}^{\infty} \frac{n!}{n^n}$$

의 수렴성을 판정하여라.

【풀이】 $a_n = \dfrac{n!}{n^n}$ 이라고 놓으면

$$\lim_{n\to\infty}\frac{a_{n+1}}{a_n} = \lim_{n\to\infty}\frac{\dfrac{(n+1)!}{(n+1)^{n+1}}}{\dfrac{n!}{n^n}} = \lim_{n\to\infty}(n+1)\frac{n^n}{(n+1)^{n+1}} = \lim_{n\to\infty}\frac{1}{\left(1+\dfrac{1}{n}\right)^n} = \frac{1}{e} < 1$$

이다. 따라서 정리 8.3.5의 비판정법에 의해 주어진 급수는 수렴한다. □

> **정리 8.3.6** [**극한비교판정법**(limit comparison test)] 양항급수 $\sum a_n$, $\sum b_n$ 에 대하여
>
> $$\lim_{n\to\infty}\frac{a_n}{b_n} = L > 0 \tag{8.33}$$
>
> 를 만족하는 양의 실수 L 이 존재하면 두 급수는 동시에 수렴하거나 동시에 발산한다.

【증명】 m과 M을 $m < L < M$인 양수라 하자. 그러면 충분히 큰 자연수 n에 대하여 a_n/b_n은 L에 매우 가깝게 되므로, $n > N$에 대하여 부등식

$$m < \frac{a_n}{b_n} < M, \qquad 즉 \qquad mb_n < a_n < Mb_n$$

을 만족하는 자연수 N이 존재한다. 따라서 만약 급수 $\sum b_n$ 이 수렴하면, 급수 $\sum Mb_n$ 또한 수렴하므로 정리 8.3.4의 비교판정법 (1)에 의해서 급수 $\sum a_n$ 도 수렴한다. 반면에 만약 급수 $\sum b_n$ 이 발산하면, 급수 $\sum mb_n$ 또한 발산하므로 정리 8.3.4의 비교판정법 (2)에 의해서 급수 $\sum a_n$ 도 발산한다. □

예제 8.3.5 극한비교판정법을 적용하여 다음 급수의 수렴, 발산을 판정하여라.

(1) $\displaystyle\sum_{n=1}^{\infty}\frac{1}{\sqrt[3]{n^2+1}}$ (2) $\displaystyle\sum_{n=1}^{\infty}\frac{3n^2+5n}{2^n(n^2+1)}$

【풀이】 (1) $a_n = \dfrac{1}{\sqrt[3]{n^2+1}}$, $b_n = \dfrac{1}{\sqrt[3]{n^2}}$ 이라고 놓으면

$$\lim_{n\to\infty}\frac{b_n}{a_n} = \lim_{n\to\infty}\frac{\sqrt[3]{n^2+1}}{\sqrt[3]{n^2}} = \lim_{n\to\infty}\sqrt{1+\frac{1}{n^2}} = 1 > 0$$

이다. 그런데 급수 $\sum b_n$ 은 p-급수로서 $p = 2/3 < 1$ 이므로 정리 8.3.3 의 p-급수판정법에 의해 발산한다. 따라서 정리 8.3.6 의 극한비교판정법에 의해 주어진 급수 $\sum a_n$ 도 발산한다.

(2) $a_n = \dfrac{3n^2 + 5n}{2^n(n^2+1)}$, $b_n = \dfrac{1}{2^n}$ 이라고 놓으면

$$\lim_{n\to\infty} \frac{a_n}{b_n} = \lim_{n\to\infty} \frac{3n^2+5}{n^2+1} = 3 > 0$$

이다. 그런데 급수 $\sum b_n$ 이 수렴하는 기하급수이므로 정리 8.3.6 의 극한비교판정법에 의해 주어진 급수 $\sum a_n$ 도 수렴한다. □

극한비교판정법을 적용하여 급수의 수렴성을 판단하는데 있어서 급수 $\sum a_n$ 의 일반항 a_n 이 분수의 형태로 주어질 때, 급수 $\sum a_n$ 과 비교하기에 적절한 급수 $\sum b_n$ 을 찾는 일은 매우 중요하다. 경우에 따라서 여러 가지 방법이 있을 수 있지만, 그 가운데 하나는 분모와 분자 중에서 가장 중요한 역할을 하는 항을 제외한 나머지 항들을 소거한 형태로 급수 $\sum b_n$ 을 택하는 방법이다. 예를 들어 a_n 이 다음과 같은 경우를 살펴보자.

$$a_n = \frac{3n^2 + \sqrt{n}}{5 + n^{-1} + n^{\frac{7}{2}}}$$

이 경우에 분모와 분자의 항들 가운데 최고 차수를 가진 항들만 남기고 모두 소거하면

$$b_n = \frac{3n^2}{n^{\frac{7}{2}}} = \frac{3}{n^{\frac{3}{2}}}$$

와 같은 형태가 얻어지고, 이때 급수 $\sum b_n$ 은 p-급수로서 $p = 3/2 > 1$ 이므로 수렴함을 알 수 있다. 그런데

$$\lim_{n\to\infty} \frac{a_n}{b_n} = \lim_{n\to\infty} \frac{3n^{\frac{7}{2}+n^2}}{5 + n^{-1} + n^{\frac{7}{2}}} = 1 > 0$$

이므로 정리 8.3.6 의 극한비교판정법에 의해 급수 $\sum a_n$ 도 수렴한다.

$\sum a_n$ 이 양항급수일 때, 이 급수를 적당히 변형하여 일정한 규칙을 갖는 새로운 양항급수 $\sum b_n$ 을 만들어낼 수 있다고 하자. 예를 들어 양항급수 $\sum a_n$ 의 각 항들을 다음과 같이 적당히 묶자.

$$\sum a_n = (a_1 + a_2) + a_3 + (a_4 + a_5 + a_6 + a_7) + \cdots$$

여기서 각 묶음을 $b_1, b_2, b_3, \ldots, b_n, \ldots$ 으로 놓아서

$$\begin{aligned} b_1 &= a_1 + a_2, \\ b_2 &= a_3, \\ b_3 &= a_4 + a_5 + a_6 + a_7, \\ &\vdots \end{aligned}$$

을 각 항으로 하는 새로운 양항급수 $\sum b_n$ 을 얻는다. 이때 급수 $\sum b_n$ 의 부분합은 급수 $\sum a_n$ 의 부분합과 같으므로 급수 $\sum a_n$ 이 수렴한다면 급수 $\sum b_n$ 도 수렴하고 그 합도 일치한다. 즉, 수렴하는 급수 $\sum a_n$ 의 각 항들을 어떻게 묶느냐에 상관없이 이들 급수의 합은 항상 같다.

연습문제(8.3)

1. 적분판정법을 적용하여 다음 급수의 수렴, 발산을 판정하라.

(1) $\displaystyle\sum_{n=1}^{\infty} \frac{1}{n^2}$ (2) $\displaystyle\sum_{n=1}^{\infty} \frac{1}{\sqrt{n}}$ (3) $\displaystyle\sum_{n=1}^{\infty} \frac{1}{n^2+1}$

2. 비교판정법을 적용하여 다음 급수의 수렴, 발산을 판정하라.

(1) $\displaystyle\sum_{n=1}^{\infty} \frac{1}{2^n+1}$ (2) $\displaystyle\sum_{n=1}^{\infty} \frac{1}{n}\ln n^{\frac{1}{2}}$ (3) $\displaystyle\sum_{n=1}^{\infty} \frac{1}{n^n}$

3. 다음 급수의 수렴, 발산을 판정하라.

(1) $\displaystyle\sum_{n=1}^{\infty} \frac{1}{2^n-1}$ (2) $\displaystyle\sum_{n=1}^{\infty} \frac{2n^2+3n}{\sqrt{5+n^5}}$ (3) $\displaystyle\sum_{n=1}^{\infty} \frac{n^3}{3^n}$

(4) $\displaystyle\sum_{n=1}^{\infty} \frac{2^n}{n!}$ (5) $\displaystyle\sum_{n=1}^{\infty} \frac{(2n)!}{(n!)^2}$ (6) $\displaystyle\sum_{n=1}^{\infty} \frac{1}{n!}$

8.4 교대급수

양수인 항과 음수인 항이 차례로 번갈아 나타나는 항들로 이루어진 형태의 급수를 **교대급수**(alternating series)라고 한다. 즉, 교대급수는

$$a_1 - a_2 + a_3 + \cdots + (-1)^{n-1}a_n + \cdots, \qquad \text{또는} \qquad -a_1 + a_2 - a_3 + a_4 - \cdots + (-1)^n a_n + \cdots$$

과 같이 표시된다. 이때 a_n은 모든 자연수 n에 대하여 항상 양수이다.

다음 정리 8.4.1은 교대급수의 수렴, 발산을 판정할 때 쓰이는 중요한 정리이다.

> **정리 8.4.1** **[교대급수판정법**(alternating series test)**]** 교대급수 $\sum(-1)^{n-1}a_n$은 임의의 자연수 k에 대하여 $a_k \geq a_{k+1}$이고 $\lim_{n\to\infty} a_n = 0$이면 수렴한다.

【증명】 교대급수 $\sum(-1)^{n-1}a_n$의 첫 항부터 n번째 항까지의 부분합의 수열을 $\langle S_n \rangle$이라 하고, 여기로부터 먼저 짝수 개의 부분합들에 의한 수열 $\langle S_{2n} \rangle$을 생각하자. 임의의 자연수 k에 대하여 $a_k \geq a_{k+1}$이므로

$$\begin{aligned} S_2 &= a_1 - a_2 \geq 0 \\ S_4 &= S_2 + (a_3 - a_4) \geq S_2 \\ S_6 &= S_4 + (a_5 - a_6) \geq S_4 \\ &\vdots \\ S_{2n} &= S_{2n-2} + (a_{2n-1} - a_{2n}) \geq S_{2n-2} \\ &\vdots \end{aligned}$$

이다. 따라서

$$0 \leq S_2 \leq S_4 \leq S_6 \leq \cdots \leq S_{2n-2} \leq S_{2n} \leq \cdots$$

이므로 수열 $\langle S_{2n} \rangle$은 단조증가수열이다. 한편

$$S_{2n} = a_1 - (a_2 - a_3) - (a_4 - a_5) - \cdots - (a_{2n-2} - a_{2n-1}) - a_{2n} \leq a_1$$

이므로 $0 \leq S_{2n} \leq a_1$이다. 따라서 $\langle S_{2n} \rangle$은 유계수열이다. 결국 수열 $\langle S_{2n} \rangle$은 유계인 단조

수열로서 정리 8.1.2 에 의해 수렴한다. 따라서 수열 $\langle S_{2n}\rangle$ 의 존재하는 극한을 S 라 놓으면

$$\lim_{n\to\infty} S_{2n} = S \tag{8.34}$$

이다. 이제 홀수 개의 부분합들에 의한 수열 $\langle S_{2n+1}\rangle$ 을 생각하자. 그러면

$$\lim_{n\to\infty} S_{2n+1} = \lim_{n\to\infty}(S_{2n} + a_{2n+1}) = \lim_{n\to\infty} S_{2n} + \lim_{n\to\infty} a_{2n+1} = S + 0 = S \tag{8.35}$$

을 얻는다. 따라서 식 (8.34) 와 (8.35) 로부터

$$\lim_{n\to\infty} S_{2n} = \lim_{n\to\infty} S_{2n+1} = S$$

이므로 $\lim_{n\to\infty} S_n = S$ 이다. 따라서 주어진 교대급수 $\sum(-1)^{n-1}a_n$ 은 수렴한다. □

예제 8.4.1 다음 교대급수의 수렴, 발산을 판정하여라.

(1) $\displaystyle\sum_{n=1}^{\infty}(-1)^{n-1}\frac{2n}{4n^2-3}$ (2) $\displaystyle\sum_{n=1}^{\infty}(-1)^{n-1}\frac{2n}{4n-3}$

【풀이】 (1) 주어진 급수는 교대급수로서 함수 f 를 $f(x) = 2x/(4x^2-3)$ 라고 놓으면

$$f'(x) = -\frac{8x^2+6}{(4x^2-3)^2}$$

이다. 따라서 $x \in [1, \infty)$ 에 대하여 $f'(x) < 0$ 이므로 함수 f 는 $[1, \infty)$ 에서 감소한다. 또한 임의의 자연수 k 에 대하여 $a_k = f(k)$ 라고 놓으면 $a_k \geq a_{k+1}$ 이고

$$\lim_{n\to\infty} a_n = \lim_{n\to\infty}\frac{2n}{4n^2-3} = 0$$

이다. 따라서 정리 8.4.1 의 교대급수판정법에 의해 주어진 급수는 수렴한다.

(2) 주어진 급수는 교대급수이지만

$$\lim_{n\to\infty}\frac{2n}{4n-3} = \frac{1}{2} \neq 0$$

이므로 교대급수판정법으로는 수렴성을 확인할 수 없다. 그런데 극한

$$\lim_{n\to\infty}(-1)^{n-1}\frac{2n}{4n-3}$$

이 존재하지 않기 때문에 정리 8.2.3의 발산판정법에 의해 준 급수는 발산한다. □

예제 8.4.1의 (1)의 풀이 과정에서 임의의 자연수 k에 대하여 $a_k \geq a_{k+1}$이 되는 것을 보이기 위해 일계도함수가 갖는 성질을 이용했다. 그러나 도함수를 구하기 어려운 경우에는 $a_k - a_{k+1} \geq 0$이 되는 것을 직접 증명함으로써 같은 결과를 얻을 수도 있다. 예를 들어

$$a_n = \frac{2n}{4n^2 - 3}$$

일 때

$$a_k - a_{k+1} = \frac{2k}{4k^2 - 3} - \frac{2(k+1)}{4(k+1)^2 - 3} = \frac{8k^2 + 8k + 6}{(4k^2 - 3)(4k^2 + 8k + 1)} \geq 0$$

이므로, 이 경우에는 일계도함수를 구하지 않고도 $a_k \geq a_{k+1}$임을 알 수 있다.

정리 8.4.2 교대급수 $\sum(-1)^{n-1}a_n$이 임의의 자연수 k에 대하여 $a_k \geq a_{k+1}$이고 $\lim_{n\to\infty} a_n = 0$일 때, 이 급수에 대한 합의 근삿값으로서 첫 항부터 n번째 항까지의 부분합 S_n을 취하면, 그 오차는 a_{n+1}보다 크지 않다. 즉, $S = \sum(-1)^{n-1}a_n$일 때

$$|S - S_n| \leq a_{n+1} \tag{8.36}$$

이다.

【증명】 교대급수 $\sum(-1)^{n-1}a_n$이 임의의 자연수 k에 대하여 $a_k \geq a_{k+1}$이고 $\lim_{n\to\infty} a_n = 0$이면 정리 8.4.1의 교대급수판정법에 의해 수렴한다. 따라서 존재하는 극한을 S라 놓으면

$$S = \sum(-1)^{n-1}a_n = S_n + (-1)^n(a_{n+1} - a_{n+2} + a_{n+3} - a_{n+4} + a_{n+5} - a_{n+6} + a_{n+7} - \cdots)$$

와 같이 나타낼 수 있다. 따라서

$$\begin{aligned}|S - S_n| &= a_{n+1} - a_{n+2} + a_{n+3} - a_{n+4} + a_{n+5} - a_{n+6} + a_{n+7} - \cdots \\ &= a_{n+1} - (a_{n+2} - a_{n+3}) - (a_{n+4} - a_{n+5}) - (a_{n+6} - a_{n+7}) - \cdots \\ &\leq a_{n+1}\end{aligned}$$

이 성립한다. □

예제 8.4.2 교대급수

$$\frac{1}{1!} - \frac{1}{2!} + \frac{1}{3!} - \frac{1}{4!} + \cdots$$

이 수렴함을 보여라. 또한 이 급수에 대한 합의 근삿값으로서 첫 항부터 5번째 항까지의 부분합인 S_5를 취했을 때의 최대오차를 구하여라.

【풀이】 주어진 급수로부터 $a_n = 1/n!$라고 놓으면, 임의의 자연수 k에 대하여

$$a_k - a_{k+1} = \frac{1}{k!} - \frac{1}{(k+1)!} = \frac{k}{(k+1)!} > 0$$

이므로 $a_k > a_{k+1}$이고

$$\lim_{n\to\infty} a_n = \lim_{n\to\infty} \frac{1}{n!} = 0$$

이다. 따라서 정리 8.4.1의 교대급수판정법에 의해 주어진 급수는 수렴한다. 또 부분합 S_5를 직접 계산하면

$$S_5 = 1 - \frac{1}{2} + \frac{1}{6} - \frac{1}{24} + \frac{1}{120} = \frac{19}{30}$$

임을 알 수 있다. 따라서 주어진 급수의 합을 S라고 놓으면 정리 8.4.2로부터

$$|S - S_5| \le a_6 = \frac{1}{6!}$$

을 얻는다. 따라서 구하는 최대오차는 $1/6!$이다. □

연습문제(8.4)

1. 다음 급수들의 수렴, 발산을 판정하여라.

(1) $\displaystyle\sum_{n=1}^{\infty}(-1)^{n+1}\frac{2}{3n+1}$ (2) $\displaystyle\sum_{n=1}^{\infty}(-1)^{n+1}\frac{1}{\ln(n+1)}$ (3) $\displaystyle\sum_{n=1}^{\infty}(-1)^{n+1}\frac{\ln n}{n}$

(4) $\displaystyle\sum_{n=1}^{\infty}(-1)^{n+1}\frac{n}{\ln n+1}$ (5) $\displaystyle\sum_{n=1}^{\infty}(-1)^{n+1}\frac{n^2}{e^n}$ (6) $\displaystyle\sum_{n=1}^{\infty}(-1)^{n+1}\frac{3^{n+1}}{n^2}$

2. 급수

$$\sum_{n=1}^{\infty}(-1)^{n-1}\frac{n^2}{2^n}$$

이 수렴함을 보여라.

3. 다음 각 급수의 합을 소수점 아래 세째 자리까지 정확하게 계산하려면 몇 번째 항까지 구해야 하는가?

(1) $\displaystyle\sum_{n=1}^{\infty}(-1)^{n+1}\frac{1}{n}$ (2) $\displaystyle\sum_{n=1}^{\infty}(-1)^{n-1}\frac{n+1}{5^n}$

8.5 절대수렴

급수 $\sum a_n$ 의 각 항에 절댓값을 취하여 얻어진 급수

$$\sum |a_n| = |a_1| + |a_2| + \cdots + |a_n| + \cdots$$

이 수렴할 때, 급수 $\sum a_n$ 은 **절대수렴한다**(absolutely converge)고 하고, 이러한 급수 $\sum a_n$ 을 **절대수렴급수**(absolutely convergent series)라고 한다. 한편, 급수 $\sum a_n$ 이 절대수렴은 하지 않지만, 그 자신은 수렴할 때, 급수 $\sum a_n$ 은 **조건수렴한다**(conditionally converge)고 하고, 이러한 급수 $\sum a_n$ 을 **조건수렴급수**(conditionally convergent series)라고 한다. 급수 $\sum a_n$ 이 양항급수인 경우에는 절대수렴과 조건수렴을 구분할 필요가 없다.

예제 8.5.1 다음 급수의 절대수렴, 조건수렴 또는 발산을 판정하여라.

(1) $1 - \frac{1}{2^2} + \frac{1}{3^2} - \frac{1}{4^2} + \cdots + (-1)^{n-1}\frac{1}{n^2} + \cdots$

(2) $1 - \frac{1}{2} + \frac{1}{3} - \frac{1}{4} + \cdots + (-1)^{n-1}\frac{1}{n} + \cdots$

【풀이】 (1) 각 항에 절댓값을 취하여 얻어진 급수

$$1 + \frac{1}{2^2} + \frac{1}{3^2} + \frac{1}{4^2} + \cdots + \frac{1}{n^2} + \cdots$$

은 수렴하는 p-급수이므로 준 급수는 절대수렴한다.

(2) 각 항에 절댓값을 취하여 얻어진 급수

$$1 + \frac{1}{2} + \frac{1}{3} + \frac{1}{4} + \cdots + \frac{1}{n} + \cdots$$

은 조화급수로서 발산하므로 준 급수는 절대수렴하지 않는다. 한편 교대급수판정법에 의하면 $\sum(-1)^{n-1}(1/n)$ 은 수렴하므로 이 급수는 조건수렴한다. □

정리 8.5.1 $\sum |a_n|$ 이 수렴하면 $\sum a_n$ 도 수렴한다.

【증명】 기교를 사용하여 $b_n = a_n + |a_n|$ 이라고 놓으면

$$a_n = b_n - |a_n|$$

이다. 그런데 $0 \le b_n \le 2|a_n|$ 이고, 또한 가정에 의해 $\sum |a_n|$ 이 수렴하므로 정리 8.3.4의 비교판정법에 의해 $\sum b_n$ 도 수렴한다. 그런데

$$\sum a_n = \sum (b_n - |a_n|)$$

이고, 또한 $\sum b_n$ 과 $\sum |a_n|$ 이 수렴하므로 정리 8.2.5 에 의해 $\sum a_n$ 도 수렴한다. □

예제 8.5.2 급수

$$\sin 1 + \frac{\sin 2}{2^2} + \frac{\sin 3}{3^2} + \cdots + \frac{\sin n}{n^2} + \cdots$$

의 수렴, 발산을 판정하여라.

【풀이】 주어진 급수를 $\sum a_n$ 이라 하자. 준 급수는 양의 항과 음의 항을 모두 포함하고 있으나 교대급수는 아니다. 왜냐하면 양의 항과 음의 항이 차례로 번갈아 나타나는 것이 아니라, 처음 세 항은 양수이고, 다음 세 항은 음수이기 때문이다. 따라서 각 항에 절댓값을 취하여 살펴보면

$$|a_n| = \left|\frac{\sin n}{n^2}\right| = \frac{|\sin n|}{n^2} \le \frac{1}{n^2}$$

이다. 그런데 $\sum 1/n^2$ 은 수렴하는 p-급수이므로 급수 $\sum |a_n|$ 은 수렴한다. 따라서 주어진 급수가 절대수렴하므로, 정리 8.5.1 에 의해 주어진 급수는 수렴한다. □

정리 8.5.2 **[절대비판정법**(absolute ratio test)**]** 어느 항도 0 이 아닌 급수 $\sum a_n$ 에 대하여

$$\lim_{n\to\infty} \left|\frac{a_{n+1}}{a_n}\right| = L$$

일 때 다음 관계가 성립한다.

(1) $L < 1$ 이면 급수 $\sum a_n$ 은 절대수렴한다. 따라서 수렴한다.

(2) $L > 1$ 이거나 $\lim_{n\to\infty} \left|\frac{a_{n+1}}{a_n}\right| = \infty$ 이면 급수 $\sum a_n$ 은 발산한다.

(3) $L = 1$ 이면 급수 $\sum a_n$ 의 수렴, 발산은 판정할 수 없다.

【증명】 (1) $L < 1$ 이므로 $L < r < 1$ 인 실수 r 을 택할 수 있다. 그러면

$$\lim_{n\to\infty}\left|\frac{a_{n+1}}{a_n}\right| < r$$

이므로 적당한 자연수 N 이 존재해서 $n \geq N$ 인 모든 자연수 n 에 대하여

$$\left|\frac{a_{n+1}}{a_n}\right| < r \tag{8.37}$$

이 성립한다. 따라서 식 (8.37) 의 n 에 연속적으로 $N,\ N+1,\ N+2,\ \ldots$ 을 대입하면

$$\begin{aligned}|a_{N+1}| &< |a_N|\,r\\ |a_{N+2}| &< |a_{N+1}|\,r < |a_N|\,r^2\\ |a_{N+3}| &< |a_{N+2}|\,r < |a_N|\,r^3\\ &\ \,\vdots\end{aligned}$$

을 얻는다. 따라서 $k \geq 1$ 인 모든 자연수 k 에 대하여

$$|a_{N+k}| < |a_N|\,r^k \tag{8.38}$$

이고, 또한

$$\sum_{n=N+1}^{\infty}|a_n| = \sum_{k=1}^{\infty}|a_{N+k}| = |a_{N+1}|+|a_{N+2}|+|a_{N+3}|+\cdots < |a_N|\,r+|a_N|\,r^2+|a_N|\,r^3+\cdots = |a_N|\sum_{n=1}^{\infty}r^n$$

이 성립한다. 그런데 우변의 급수

$$|a_N|\,r + |a_N|\,r^2 + |a_N|\,r^3 + \cdots$$

은 $0 < r < 1$ 을 갖는 기하급수로서 수렴한다. 따라서 식 (8.38) 에 정리 8.3.4 의 비교판정법을 적용하면 급수

$$\sum_{n=N+1}^{\infty}|a_n| = \sum_{k=1}^{\infty}|a_{N+k}| = |a_{N+1}| + |a_{N+2}| + |a_{N+3}| + \cdots$$

이 수렴하므로 급수 $\sum_{n=1}^{\infty}|a_n|$ 도 수렴한다. 따라서 급수 $\sum_{n=1}^{\infty}a_n$ 이 절대수렴하므로 정리 8.5.1 에 의해 $\sum_{n=1}^{\infty}a_n$ 은 수렴한다.

(2) $L > 1$ 이거나 $\lim_{n\to\infty}\left|\frac{a_{n+1}}{a_n}\right| = \infty$ 이면 적당한 자연수 N 이 존재해서 $n \geq N$ 인 모든 자연수 n 에 대하여

$$\left|\frac{a_{n+1}}{a_n}\right| > 1 \tag{8.39}$$

이 성립한다. 따라서 식 (8.39) 로부터 $n \geq N$ 인 모든 자연수 n 에 대하여 $|a_{n+1}| > |a_n|$ 이므로 $\lim_{n\to\infty} a_n \neq 0$ 이다. 따라서 정리 8.2.3 의 발산판정법에 의해 급수 $\sum a_n$ 은 발산한다.

(3) 예를 들어 급수 $\sum 1/n^2$ 에서 $a_n = 1/n^2$ 이라 놓고, 급수 $\sum 1/n$ 에서 $b_n = 1/n$ 이라 놓자. 그러면 정리 8.3.3 의 p-급수판정법에 의해 급수 $\sum a_n$ 은 수렴하고, 급수 $\sum b_n$ 은 발산한다. 그러나 두 급수의 경우에 모두

$$\lim_{n\to\infty}\left|\frac{a_{n+1}}{a_n}\right| = \lim_{n\to\infty}\left|\frac{n^2}{(n+1)^2}\right| = 1, \qquad \lim_{n\to\infty}\left|\frac{b_{n+1}}{b_n}\right| = \lim_{n\to\infty}\frac{n}{n+1} = 1$$

로서 $L = 1$ 이다. 따라서 $L = 1$ 인 경우에 급수는 수렴할 수도 있고 발산할 수도 있으므로 이 정리에 의해 급수의 수렴, 발산은 판정할 수 없다. □

예제 8.5.3 다음 급수의 절대수렴, 조건수렴 또는 발산을 판정하여라.

(1) $\sum_{n=1}^{\infty}(-1)^n\frac{3^n}{n!}$ (2) $\sum_{n=1}^{\infty}\frac{3^n}{n^2}$

【풀이】 (1) 주어진 급수를 $\sum a_n$ 이라고 하면

$$\lim_{n\to\infty}\left|\frac{a_{n+1}}{a_n}\right| = \lim_{n\to\infty}\frac{3^{n+1}}{(n+1)!}\cdot\frac{n!}{3^n} = 0 < 1$$

이므로 정리 8.5.2 의 절대비판정법에 의해 급수 $\sum a_n$ 은 절대수렴한다.

(2) 주어진 급수를 $\sum a_n$ 이라고 하면

$$\lim_{n\to\infty}\left|\frac{a_{n+1}}{a_n}\right| = \lim_{n\to\infty}\frac{3^n+1}{(n+1)^2}\cdot\frac{n^2}{3^n} = \frac{3n^2}{n^2+2n+1} = 3 > 1$$

이므로 정리 8.5.2 의 절대비판정법에 의해 급수 $\sum a_n$ 은 발산한다. □

연습문제(8.5)

1. 다음 급수들의 절대수렴, 조건수렴, 발산을 판정하여라.

(1) $\displaystyle\sum_{n=1}^{\infty}(-1)^{n-1}\frac{3n+1}{2^n}$

(2) $\displaystyle\sum_{n=1}^{\infty}(-1)^{n-1}\frac{1}{n^2+1}$

(3) $\displaystyle\sum_{n=1}^{\infty}(-1)^{n}\frac{n^2+1}{n^3+1}$

(4) $\displaystyle\sum_{n=1}^{\infty}(-1)^{n-1}\frac{2}{n^3+e^n}$

(5) $\displaystyle\sum_{n=0}^{\infty}(-1)^{n}\frac{\sin n}{n\sqrt{n}}$

(6) $\displaystyle\sum_{n=1}^{\infty}(-1)^{n+1}\frac{n^n}{n!}$

(7) $\displaystyle\sum_{n=1}^{\infty}(-1)^{n+1}\frac{n^2}{2^n}$

(8) $\displaystyle\sum_{n=1}^{\infty}(-1)^{n+1}\frac{1}{\sqrt{n(n+1)}}$

(9) $\displaystyle\sum_{n=1}^{\infty}(-1)^{n+1}\frac{3^n}{n^2}$

8.6 멱급수

지금까지 우리는 각 항이 상수로 이루어진 급수들에 관하여 공부하였다. 그러나 실제로 우리가 관심을 기울여야 할 급수들은 대부분의 경우에 변수를 포함하고 있으며, 이렇게 변수를 포함한 급수의 형태는 다양한 응용분야에서 자주 접하게 된다. 특히 이러한 급수 중에서도

$$\sum_{k=0}^{\infty} c_k x^k = c_0 + c_1 x + c_2 x^2 + \cdots + c_n x^n + \cdots \tag{8.40}$$

와 같은 형태의 급수를 x에 관한 **멱급수**(power series)라고 한다. 여기서 x는 변수이고 c_k 는 상수로서 멱급수의 계수라고 한다. 멱급수 (8.40) 은 x가 갖는 각각의 값에 따라 수렴 또는 발산을 판정할 수 있는 상수들의 급수가 된다. 따라서 멱급수 (8.40) 은 x가 어떤 값을 갖는가에 따라 수렴하기도 하고 발산하기도 한다. 멱급수 (8.40) 에서 $k = 0$ 일 때의 x^0 은 모든 실수 x에 대하여 $x^0 = 1$로 약속한다. 따라서 0^0 역시 1 으로 약속한다. 이때 $x = 0$은 무한소의 0 이 아니고 실수인 0 이므로 부정형 0^0 과는 구별된다. 멱급수 (8.40) 에서 x 대신 적당한 상수를 대입하면, 이제까지 우리가 공부했던 상수들로만 이루어진 급수가 된다.

이 절에서 가장 중요한 점은 멱급수가 수렴하기 위한 x의 값을 결정하는 일이다. 물론 멱급수 (8.40) 이 $x = 0$ 일 때 수렴하는 것은 자명하다. 일반적으로 멱급수 (8.40) 이 수렴하는 x의 값을 찾으려 할 때에는 정리 8.5.2 에서 이미 소개한 바 있는 절대비판정법을 주로 사용한다.

예제 8.6.1 멱급수

$$1 + \frac{1}{5}x + \frac{2}{5^2}x^2 + \cdots + \frac{n}{5^n}x^n + \cdots$$

이 절대수렴하기 위한 x의 값을 구하여라.

【풀이】 $a_n = (n/5^n)x^n$ 이라고 하면

$$\lim_{n\to\infty}\left|\frac{a_{n+1}}{a_n}\right| = \lim_{n\to\infty}\left|\frac{(n+1)x^{n+1}}{5^{n+1}} \cdot \frac{5^n}{nx^n}\right| = \lim_{n\to\infty}\left|\frac{(n+1)x}{5n}\right| = \frac{1}{5}|x|$$

이다. 따라서 정리 8.5.2 의 절대비판정법에 의해 주어진 멱급수는 $|x|/5 < 1$ 일 때 절대수렴하고 $|x|/5 > 1$ 일 때 발산하며, $|x|/5 = 1$ 일 때는 절대비판정법에 의해 주어진 멱급수의 수렴, 발산을 판정 할 수 없다. 따라서 이 경우에 주어진 멱급수의 수렴, 발산을 판정하기 위해서는 다른 방법을 사용해야 한다. 이를 위해 $x = 5$와 $x = -5$를 주어진 멱급수에 직

접 대입해 보자. 그러면 $x = 5$ 인 경우에 주어진 멱급수는

$$1 + 1 + 2 + 3 + \cdots + n + \cdots$$

이 되어 발산하며, $x = -5$ 인 경우에 주어진 멱급수는

$$1 - 1 + 2 - 3 + 4 - \cdots$$

가 되어 진동하므로 역시 발산한다. 따라서 주어진 멱급수는 개구간 $(-5, 5)$ 에서 수렴하고 그 이외의 구간에서는 발산한다. □

예제 8.6.2 멱급수

$$1 + \frac{1}{1!}x + \frac{1}{2!}x^2 + \cdots + \frac{1}{n!}x^n + \cdots$$

가 절대수렴하기 위한 x의 값을 구하여라.

【풀이】 $a_n = x^n/n!$ 이라고 하면, 모든 실수 x에 대하여

$$\lim_{n\to\infty}\left|\frac{a_{n+1}}{a_n}\right| = \lim_{n\to\infty}\left|\frac{x^{n+1}}{(n+1)!}\cdot\frac{n!}{x^n}\right| = \lim_{n\to\infty}\left|\frac{x}{n+1}\right| = 0 < 1 \tag{8.41}$$

이다. 따라서 식 (8.41) 로부터 정리 8.5.2 의 절대비판정법에 의해 주어진 멱급수는 임의의 실수 x에 대하여 절대수렴한다. □

예제 8.6.3 멱급수

$$\sum n!x^n$$

이 수렴하기 위한 x의 값을 구하여라.

【풀이】 $a_n = n!x^n$ 이라고 하면

$$\lim_{n\to\infty}\left|\frac{a_{n+1}}{a_n}\right| = \lim_{n\to\infty}\left|\frac{(n+1)!x^{n+1}}{n!x^n}\right| = \lim_{n\to\infty}|(n+1)x| = \begin{cases} 0, & (x = 0) \\ \infty, & (x \neq 0) \end{cases} \tag{8.42}$$

이다. 따라서 식 (8.42) 로부터 정리 8.5.2 의 절대비판정법에 의해 주어진 멱급수는 $x = 0$ 일 때 수렴한다. □

정리 8.6.1 (1) 멱급수 $\sum c_n x^n$ 이 $x = b$ $(b \neq 0)$ 일 때 수렴하면 $|x| < |b|$ 일 때도 역시 수렴한다.

(2) 멱급수 $\sum c_n x^n$ 이 $x = b$ $(b \neq 0)$ 일 때 발산하면 $|x| > |b|$ 일 때도 역시 발산한다.

【증명】 (1) 멱급수 $\sum c_n x^n$ 이 $x = b$ $(b \neq 0)$ 일 때 수렴하면 정리 8.2.2 의 (1) 에 의해 $\lim_{n\to\infty} c_n b^n = 0$ 이 성립한다. 그러면 수열의 극한 정의 8.1.1 로부터 $\varepsilon = 1$ 일 때 $|c_n b^n| < 1 = \varepsilon$ $(n > m)$ 이 되는 적당한 자연수 m 이 존재해서

$$|c_n x^n| = \left|\frac{c_n b^n x^n}{b^n}\right| = |c_n b^n|\left|\frac{x}{b}\right|^n < \left|\frac{x}{b}\right|^n \quad (n > m)$$

을 만족한다. 그런데 주어진 조건 $|x| < |b|$ 로부터 $|x/b| < 1$ 이므로 $\sum |x/b|^n$ 은 수렴하는 기하급수가 된다. 여기에 정리 8.3.4 의 비교판정법을 적용하면 급수 $\sum |c_n x^n|$ 의 첫 항부터 m 번째 항까지의 합을 제외한 나머지 항들에 의한 급수가 수렴함을 알 수 있다. 따라서 $\sum c_n x^n$ 도 역시 수렴한다.

(2) 멱급수 $\sum c_n x^n$ 이 $x = b$ $(b \neq 0)$ 일 때 발산하고, 부등식 $|d| > |b|$ 를 만족하는 d 에 대하여 $\sum c_n d^n$ 이 수렴하는 급수라고 가정하면, (1) 에 의하여 부등식 $|x| < |d|$ 을 만족하는 모든 x 에 대하여 $\sum c_n x^n$ 이 수렴한다. 특히 $x = b$ 일 때도 수렴하게 되므로 이는 가정과 서로 모순이다. 따라서 멱급수 $\sum c_n x^n$ 은 $|x| > |b|$ 일 때 발산한다. □

정리 8.6.2 멱급수 $\sum c_n x^n$ 은 다음 세 가지 중 어느 하나에만 해당한다.

(1) $x = 0$ 일 때 수렴한다.

(2) 모든 실수 x 에 대하여 절대수렴한다.

(3) 적당한 양의 상수 r 에 대해 $|x| < r$ 이면 절대수렴하고, $|x| > r$ 이면 발산한다.

【증명】 멱급수 $\sum c_n x^n$ 이 $x = x_1$ $(x_1 \neq 0)$ 에서 수렴한다고 가정하면, 정리 8.2.2 의 (1) 에 의해 $\lim_{n\to\infty} c_n x_1^n = 0$ 이 성립한다. 그러면 수열의 극한 정의 8.1.1 로부터 $\varepsilon = 1$ 일 때

$$|c_n x_1^n| < 1 = \varepsilon \quad (n > N)$$

이 되는 적당한 자연수 N이 존재해서 $|x| < |x_1|$인 x에 대하여

$$|c_n x^n| = \left|\frac{c_n x_1^n x^n}{x_1^n}\right| = \left|c_n x_1^n\right| \left|\frac{x}{x_1}\right|^n < \left|\frac{x}{x_1}\right|^n < 1 \quad (n > N)$$

이 성립한다. 그런데 $\sum |x/x_1|^n$은 수렴하는 기하급수이므로 정리 8.3.4의 비교판정법에 의해 멱급수 $\sum |c_n x^n|$도 수렴한다. 지금까지 우리는 멱급수 $\sum c_n x^n$가 $x = x_1$에서 수렴하면 $|x| < |x_1|$인 모든 x에 대해서도 수렴함을 보였다. 한편, 멱급수 $\sum c_n x^n$가 $x = x_2$에서 발산한다고 가정하면, 멱급수 $\sum c_n x^n$는 $|x| > |x_2|$인 모든 x에 대해서도 발산하여야 한다(정리 8.6.1 참조). 왜냐하면 만약 $|x_1| > |x_2|$인 $x = x_1$에서 멱급수 $\sum c_n x^n$가 수렴한다고 하면 정리 8.6.1에서 이미 증명하였듯이 $x = x_2$에서 멱급수 $\sum c_n x^n$가 수렴하여야 한다. 이것은 가정에 모순이다. 위의 두 가지 설명은 이 정리에서 말하는 세 가지 형식을 제외한 수렴할 수 있는 모든 형식을 소거시킨다. 따라서 이 정리는 성립한다. □

멱급수 $\sum c_n x^n$이 정리 8.6.2의 (3)을 만족하는 경우에 주어진 멱급수는 개구간 $(-r, r)$에서 절대수렴하고, 폐구간 $[-r, r]$ 밖에서 발산하는데, 이때의 r을 주어진 멱급수의 **수렴반경**(radius of convergence)이라고 한다. 멱급수 $\sum c_n x^n$의 수렴반경이 r인 경우에 $x = -r$ 또는 $x = r$에서는 주어진 멱급수에 따라 수렴할 수도 있고 발산할 수도 있다. 정리 8.6.2의 (1), (2), (3)에서의 수렴반경은 각각 0, ∞, r이다.

멱급수 $\sum c_n x^n$이 수렴하는 모든 x의 범위를 일컬어 주어진 멱급수의 **수렴구간**(interval of convergence)이라고 한다. 멱급수 $\sum c_n x^n$의 수렴반경이 r인 경우에, 주어진 멱급수의 수렴구간을 구할 때에는 반드시 $x = -r$ 또는 $x = r$의 경우에 주어진 멱급수가 수렴하는지를 확인해야만 한다. 따라서 멱급수의 수렴반경이 r인 경우의 수렴구간은

$$(-r, r), \quad (-r, r], \quad [-r, r), \quad [-r, r]$$

중 어느 하나가 될 것이다.

정리 8.6.3 멱급수 $\sum c_n x^n$에 대하여

$$\lim_{n\to\infty} \left|\frac{c_n}{c_{n+1}}\right| = r \tag{8.43}$$

이면, r은 이 멱급수의 수렴반경이다.

【증명】 멱급수 $\sum c_n x^n$ 에 대하여 $a_n = c_n x^n$ 라고 놓으면

$$\lim_{n\to\infty}\left|\frac{a_{n+1}}{a_n}\right| = \lim_{n\to\infty}\left|\frac{c_{n+1}}{c_n}\right||x| = |x|\lim_{n\to\infty}\left|\frac{c_{n+1}}{c_n}\right| = \frac{|x|}{r}$$

이 성립한다. 따라서 정리 8.5.2 의 절대비판정법에 의해 $|x|/r < 1$ 이면 주어진 멱급수는 절대수렴하고, 정리 8.5.1 에 의해 주어진 멱급수는 수렴한다. 즉, $|x| < r$ 일 때 수렴하므로 이 급수의 수렴반경은 r 이다. □

예제 8.6.4　멱급수

$$1 - \frac{1}{2}(x-3) + \frac{1}{3}(x-3)^2 + \cdots + (-1)^n\frac{1}{n+1}(x-3)^n + \cdots$$

의 수렴구간을 결정하여라.

【풀이】 주어진 멱급수에 대하여

$$a_n = (-1)^n\frac{(x-3)^n}{n+1} \quad (n \geq 0)$$

이라고 놓으면

$$\lim_{n\to\infty}\left|\frac{a_{n+1}}{a_n}\right| = \lim_{n\to\infty}\left|\frac{(x-3)^{n+1}}{n+2}\cdot\frac{n+1}{(x-3)^n}\right| = |x-3|\lim_{n\to\infty}\frac{n+1}{n+2} = |x-3|$$

을 얻는다. 따라서 정리 8.5.2 의 절대비판정법으로부터 $|x-3| < 1$ 이면 주어진 급수가 절대수렴하므로 수렴한다. 즉, 개구간 $(2, 4)$ 에서 주어진 멱급수는 수렴한다. 또한 $x = 2$ 일 때 준 급수는

$$1 + \frac{1}{2} + \frac{1}{3} + \cdots + \frac{1}{n+1} + \cdots$$

가 되어 조화급수로서 발산하고, $x = 4$ 일 때 준 급수는

$$1 - \frac{1}{2} + \frac{1}{3} - \cdots + (-1)^n\frac{1}{n+1} + \cdots$$

가 되어 수렴한다(예제 8.5.1 참조). 따라서 주어진 멱급수의 수렴구간은 $(2, 4]$ 이다. □

연습문제(8.6)

1. 다음 멱급수들의 수렴구간을 결정하여라.

(1) $\dfrac{x}{1\cdot 2}-\dfrac{x^2}{2\cdot 3}+\dfrac{x^3}{3\cdot 4}-\dfrac{x^4}{4\cdot 5}+\cdots$

(2) $x-\dfrac{x^3}{3!}+\dfrac{x^5}{5!}-\dfrac{x^7}{7!}+\cdots$

(3) $x+2x^2+3x^3+4x^4+\cdots$

(4) $1-x+\dfrac{x^2}{2}-\dfrac{x^3}{3}+\dfrac{x^4}{4}-\cdots$

(5) $1-\dfrac{x}{1\cdot 3}+\dfrac{x^2}{2\cdot 4}-\dfrac{x^3}{3\cdot 5}+\dfrac{x^4}{4\cdot 6}+\cdots$

(6) $1-\dfrac{x}{2}+\dfrac{x^2}{2^2}-\dfrac{x^3}{2^3}+\dfrac{x^4}{2^4}-\cdots$

(7) $\dfrac{x-1}{1}+\dfrac{(x-1)^2}{2}+\dfrac{(x-1)^3}{3}+\dfrac{(x-1)^4}{4}+\cdots$

(8) $1+\dfrac{x+1}{2}-\dfrac{(x+1)^2}{2^2}+\dfrac{(x+1)^3}{2^3}+\dfrac{(x+1)^4}{2^4}+\cdots$

(9) $\dfrac{x+5}{1\cdot 2}+\dfrac{(x+5)^2}{2\cdot 3}+\dfrac{(x+5)^3}{3\cdot 4}+\dfrac{(x+5)^4}{4\cdot 5}+\cdots$

(10) $\displaystyle\sum_{n=1}^{\infty}\frac{(3x+1)^n}{7\cdot 2^n}$

2. 모든 $n\geq 0$에 대하여 $c_{n+3}=c_n$ 이고

$$S(x)=\sum_{n=0}^{\infty}c_nx^n$$

라 하자. 이때 이 멱급수의 수렴구간을 구하고 $S(x)$에 대한 구체적인 식을 구하여라.

8.7 멱급수의 미분과 적분

x에 관한 멱급수 $\sum c_n x^n$의 합은 그 멱급수의 수렴구간을 정의역으로 하는 함수

$$f(x) = \sum_{n=0}^{\infty} c_n x^n$$

이다. 다음 정리 8.7.1은 무한급수로 정의되는 이러한 함수의 미분과 적분을 할 때 마치 다항식에 관한 미분과 적분에서와 같이 멱급수가 갖는 각 항들을 개별적으로 미분하거나 적분함으로써 그 결과를 얻을 수 있음을 보여준다. 이러한 방법의 미분과 적분을 각각 **항별 미분법**(termwise differentiation), **항별 적분법**(termwise integration)이라고 한다.

정리 8.7.1 멱급수 $\sum c_n x^n$의 수렴반경이 r $(r > 0)$일 때

$$f(x) = c_0 + c_1 x + c_2 x^2 + \cdots + \cdots = \sum_{n=0}^{\infty} c_n x^n$$

로 정의된 함수 f는 개구간 $(-r, r)$에서 미분가능(따라서 연속)이고 또한 적분가능이어서 다음 관계가 성립한다.

(1) $$\frac{d}{dx} f(x) = c_1 + 2c_2 x + 3c_3 x^2 + \cdots = \sum_{n=1}^{\infty} n c_n x^{n-1},$$

즉 $$\frac{d}{dx}\left(\sum_{n=0}^{\infty} c_n x^n\right) = \sum_{n=0}^{\infty} \frac{d}{dx}(c_n x^n).$$

(2) $$\int f(x)\, dx = c + c_0 x + \frac{1}{2} c_1 x^2 + \frac{1}{3} c_2 x^3 + \cdots = c + \sum_{n=0}^{\infty} \frac{1}{n+1} c_n x^{n+1},$$

즉 $$\int \left(\sum_{n=0}^{\infty} c_n x^n\right) dx = \sum_{n=0}^{\infty} \int c_n x^n\, dx.$$

또한 (1)과 (2)에서 새롭게 얻어진 멱급수들의 수렴반경도 변함없이 r이다.

정리 8.7.1은 멱급수에 의한 함수 f는 미분가능하고 적분가능하며, 더욱이 이때의 미분과 적분이 어떻게 계산되는지를 보여준다. 또한 이렇게 미분과 적분을 통해 새롭게 얻은 멱급수의 수렴반경은 본래의 멱급수의 수렴반경과 같음을 알 수 있다.

예제 8.7.1 기하급수

$$1 + x + x^2 + x^3 + x^4 + \cdots \quad (|x| < 1) \tag{8.44}$$

의 미분과 적분을 구하고, 특히 적분한 결과를 이용하여 $\ln(1+x)$를 x에 관한 멱급수의 형태로 나타내어라.

【풀이】 식 (8.44)를 항별 미분하면

$$\frac{d}{dx}\left(1 + x + x^2 + x^3 + x^4 + \cdots\right) = 1 + 2x + 3x^2 + 4x^3 + \cdots \quad (|x| < 1)$$

을 얻는다. 또한 식 (8.44)를 항별 적분하면

$$\int\left(1 + x + x^2 + x^3 + x^4 + \cdots\right) dx = c + x + \frac{x^2}{2} + \frac{x^3}{3} + \frac{x^4}{4} + \frac{x^5}{5} + \cdots \quad (|x| < 1) \tag{8.45}$$

을 얻는다. 그런데 식 (8.44)의 멱급수는 $1/(1-x)$에 수렴하므로 이를 직접 적분하면 $-\ln(1-x) + c$이다. 따라서 식 (8.45)는

$$-\ln(1-x) = c + x + \frac{x^2}{2} + \frac{x^3}{3} + \frac{x^4}{4} + \frac{x^5}{5} + \cdots \quad (|x| < 1) \tag{8.46}$$

와 같이 나타낼 수 있다. 이때 적분상수 c의 값을 결정하기 위해 식 (8.46)에서 $x = 0$을 대입하면 $-\ln(1-0) = c$이므로 $c = 0$임을 알 수 있다. 따라서 식 (8.46)을 정리하면

$$\ln(1-x) = -x - \frac{x^2}{2} - \frac{x^3}{3} - \frac{x^4}{4} - \frac{x^5}{5} - \cdots \quad (|x| < 1) \tag{8.47}$$

을 얻는다. 이제 식 (8.47)에서 x 대신 $-x$를 대입하여 정리하면 x에 관한 멱급수

$$\ln(1+x) = x - \frac{x^2}{2} + \frac{x^3}{3} - \frac{x^4}{4} + \cdots = \sum_{n=0}^{\infty}(-1)^n \frac{x^{n+1}}{n+1} \quad (|x| < 1) \tag{8.48}$$

을 얻는다. □

예제 8.7.2 예제 8.7.1의 식 (8.48)을 이용하여 $\ln(1.1)$의 근삿값을 소수점 이하 다섯째 자리까지 구하여라.

【풀이】 식 (8.48)에 $x = 0.1$을 대입하면

$$\ln(1.1) = 0.1 - \frac{(0.1)^2}{2} + \frac{(0.1)^3}{3} - \frac{(0.1)^4}{4} + \frac{(0.1)^5}{5} - \cdots$$

$$= (0.1 - 0.005 + 0.000333 - 0.000025) + 0.000002 - \cdots$$
$$= 0.095308 + 0.000002 - \cdots$$

을 얻는다. 위 식에서 보면 네 번째 항까지의 합은 0.095308 이다. 따라서 이것을 소수점 이하 여섯째 자리에서 반올림하여 ln(1.1) 의 근삿값을 0.09531 로 택하면, 정리 8.4.2 에 의해 오차는 0.000002 를 넘지 못한다. 따라서 근삿값 0.09531 은 소수점 이하 다섯째 자리까지 유효하다. □

예제 8.7.3 $f(x) = \tan^{-1} x$ 를 멱급수의 형태로 나타내어라.

【풀이】 $f'(x) = 1/(1 + x^2)$ 이므로 식

$$\frac{1}{1-x} = 1 + x + x^2 + x^3 + x^4 + \cdots \quad (|x| < 1) \tag{8.49}$$

을 이용하여 $1/(1+x^2)$ 에 관한 멱급수를 적분함으로써 $f(x)$ 의 멱급수를 구할 수 있다. 즉,

$$\tan^{-1} x = \int \frac{1}{1+x^2}\,dx$$
$$= \int \left(1 - x^2 + x^4 - x^6 + \cdots\right) dx$$
$$= c + x - \frac{x^3}{3} + \frac{x^5}{5} - \frac{x^7}{7} + \cdots$$

이다. 이때 적분상수 c 의 값을 결정하기 위해 위의 식의 양변에 $x = 0$ 을 대입하면 $c = \tan^{-1} 0 = 0$ 을 얻는다. 따라서 $f(x)$ 를 멱급수의 형태로 나타내면

$$\tan^{-1} x = x - \frac{x^3}{3} + \frac{x^5}{5} - \frac{x^7}{7} + \cdots = \sum_{n=0}^{\infty} (-1)^n \frac{x^{2n+1}}{2n+1}$$

이다. 특히 $1/(1 + x^2)$ 에 관한 멱급수의 수렴반경이 1 이므로 정리 8.7.1 에 의해 $\tan^{-1} x$ 에 관한 멱급수의 수렴반경도 1 이다. □

연습문제(8.7)

1. 다음 함수들을 멱급수의 형태로 전개하고 수렴반경 r을 구하여라.

(1) $f(x) = \dfrac{1}{1+x}$ (2) $f(x) = \dfrac{1}{(1+x)^2}$ (3) $f(x) = \dfrac{1}{(1-x)^3}$

(4) $f(x) = \dfrac{1}{2-3x}$ (5) $f(x) = \dfrac{1}{1+x^7}$ (6) $f(x) = \dfrac{x^2}{1-x^4}$

8.8 테일러급수와 매클로린급수

8.7절에서는 기하급수의 멱급수 형태를 미분하거나 적분함으로써 특정한 형태의 함수들을 멱급수의 형태로 나타내는 방법에 대하여 관찰했다. 이 절에서는 이를 보다 일반화하여 어떤 형태의 함수들이 멱급수의 형태로 나타내어질 수 있는지에 대해서 살펴보자.

함수 $f(x)$ 가

$$f(x) = \sum_{n=0}^{\infty} c_n(x-a)^n = c_0 + c_1(x-a) + c_2(x-a)^2 + c_3(x-a)^3 + \cdots \tag{8.50}$$

와 같이 $x-a$ 에 관한 멱급수의 형태로 전개되었다고 가정하자. 그러면 항별 미분을 통해

$$\begin{aligned}
f'(x) &= \sum_{n=1}^{\infty} nc_n(x-a)^{n-1} \\
f''(x) &= \sum_{n=1}^{\infty} n(n-1)c_n(x-a)^{n-2} \\
f'''(x) &= \sum_{n=1}^{\infty} n(n-1)(n-2)c_n(x-a)^{n-3} \\
&\vdots \\
f^{(k)}(x) &= \sum_{n=1}^{\infty} n(n-1)(n-2)\cdots(n-k+1)c_n(x-a)^{n-k} \quad (k \in \mathbb{N})
\end{aligned}$$

을 얻는다. 이들 멱급수들은 모두 식 (8.50) 의 멱급수와 같은 수렴반경을 갖는다. 이제 멱급수 (8.50) 이 갖는 계수들을 결정하기 위하여 $x = a$ 를 위의 멱급수들에 각각 대입하면

$$f(a) = c_0, \quad f'(a) = c_1, \quad f''(a) = 2c_2, \quad \ldots, \quad f^{(n)}(a) = n!c_n \quad (n: \text{음이 아닌 정수})$$

을 얻는다. 따라서 음이 아닌 모든 정수 n 에 대하여

$$c_n = \frac{f^{(n)}(a)}{n!}$$

이므로 식 (8.50) 은

$$f(x) = f(a) + f'(a)(x-a) + \frac{f''(a)}{2!}(x-a)^2 + \cdots + \frac{f^{(n)}(a)}{n!}(x-a)^n + \cdots \tag{8.51}$$

와 같이 나타낼 수 있다. 이때 식 (8.51)을 일컬어 f의 $x = a$에서의 **테일러급수**(Taylor series)라 하고, 특히 $a = 0$인 경우, 즉

$$f(x) = f(0) + f'(0)(x) + \frac{f''(0)}{2!}x^2 + \cdots + \frac{f^{(n)}(0)}{n!}x^n + \cdots \tag{8.52}$$

을 **매클로린급수**(Maclaurin series)라고 한다. 멱급수 (8.51)에서 첫 항부터 $n+1$ 번째 항까지의 부분합을 『$x = a$에서 전개한 f의 n차 테일러 다항식』이라 하고 $P_n(x)$와 같이 나타낸다. 이때 $P_n(x)$와 $f(x)$의 차이를 $R_n(x)$라고 하면

$$P_n(x) = f(x) - R_n(x), \qquad R_n(x) = \frac{f^{(n+1)}(c)}{(n+1)!}(x-a)^{n+1}$$

이다. 여기서 c는 a와 x사이의 값이다.

> **정리 8.8.1** [**테일러의 정리**(Taylor's theorem)] 함수 f가 개구간 $(a-r, a+r)$에서 무한 번 미분가능한 함수라고 하면, 테일러급수
>
> $$f(a) + f'(a)(x-a) + \frac{f''(a)}{2!}(x-a)^2 + \cdots + \frac{f^{(n)}(a)}{n!}(x-a)^n + \cdots \tag{8.53}$$
>
> 이 개구간 $(a-r, a+r)$에서 함수 f가 될 필요충분조건은
>
> $$\lim_{n\to\infty} R_n(x) = 0$$
>
> 이다. 단, 여기서 $R_n(x)$는
>
> $$R_n(x) = \frac{f^{(n+1)}(c)}{(n+1)!}(x-a)^{n+1} \tag{8.54}$$
>
> 을 의미하고, c는 개구간 $(a-r, a+r)$에 속한 한 점이다.

【증명】 함수

$$f(x) = f(a) + f'(a)(x-a) + \frac{f''(a)}{2!}(x-a)^2 + \cdots + \frac{f^{(n)}(a)}{n!}(x-a)^n + R_n(x)$$

이 $(a-r, a+r)$에서 수렴해야 하므로 $\lim_{n\to\infty} R_n(x) = 0$이어야 한다. 그런데

$$R_n(x) = \frac{f^{(n+1)}(a)}{(n+1)!}(x-a)^{n+1} + \frac{f^{(n+2)}(a)}{(n+2)!}(x-a)^{n+2} + \cdots$$

이므로

$$R_n(x) = \frac{f^{(n+1)}(c)}{(n+1)!}(x-a)^{n+1}$$

을 만족하는 어떤 점 $c \in (a-r, a+r)$ 가 존재한다. □

예제 8.8.1 $f(x) = \sin x$ 에 대한 매클로린급수를 구하여라.

【풀이】 $f(x) = \sin x$ 에 대하여

$$\begin{aligned}
f(x) &= \sin x & &\Longrightarrow & f(0) &= 0 \\
f'(x) &= \cos x & &\Longrightarrow & f'(0) &= 1 \\
f''(x) &= -\sin x & &\Longrightarrow & f''(0) &= 0 \\
f'''(x) &= -\cos x & &\Longrightarrow & f'''(0) &= -1 \\
& & &\vdots & &
\end{aligned}$$

이므로 식 (8.53) 의 테일러의 정리에 의하여

$$\sin x = x - \frac{x^3}{3!} + \frac{x^5}{5!} - \frac{x^7}{7!} + \cdots + (-1)^{n-1}\frac{x^{2n-1}}{(2n-1)!} + R_n(x)$$

을 얻는다. 그런데 임의의 자연수 n 에 대하여

$$\left|f^{(n+1)}(x)\right| = |\cos x| \le 1 \qquad \text{또는} \qquad \left|f^{(n+1)}(x)\right| = |\sin x| \le 1$$

이므로, 나머지 $R_n(x)$ 에 대하여

$$|R_n(x)| = \left|\frac{f^{(n+1)}(c)}{(n+1)!}\right| |x|^{n+1} = \frac{|x|^{n+1}}{(n+1)!}\left|f^{(n+1)}(c)\right| \le \frac{|x|^{n+1}}{(n+1)!}$$

이다. 단, c 는 0과 x 사이의 값이다. 그런데 모든 실수 x 에 대하여

$$\lim_{n\to\infty}\frac{x^n}{n!} = 0^{\mathbf{10)}} \tag{8.55}$$

이므로 결국 $\lim_{n\to\infty} R_n(x) = 0$ 이 된다. 따라서 $\sin x$ 에 대한 매클로린급수는 모든 실수 x 에

10) 임의의 실수 x 에 대하여 급수 $\sum x^n/n!$ 은 e^x 로 수렴한다(예제 8.8.3 의 식 (8.59) 참조). 따라서 정리 8.2.2 에 의해 식 (8.55) 가 성립한다.

대하여

$$\sin x = \sum_{n=0}^{\infty}(-1)^n \frac{x^{2n+1}}{(2n+1)!} \tag{8.56}$$

이다. □

예제 8.8.2 $f(x) = \cos x$ 에 대한 매클로린급수를 구하여라.

【풀이】 예제 8.8.1 에서와 같은 방법으로 구할 수도 있으나, 간단히 식 (8.56) 의 각 항을 미분함으로써 구할 수도 있다. 따라서 $\cos x$ 의 매클로린급수는 모든 실수 x 에 대하여

$$\cos x = \sum_{n=0}^{\infty}(-1)^n \frac{x^{2n}}{(2n)!} \tag{8.57}$$

이다. □

예제 8.8.3 임의의 실수 x 에 대하여 $f(x) = e^x$ 에 대한 매클로린급수를 구하여라.

【풀이】 $f(x) = e^x$ 는 모든 자연수 n 에 대하여 $f^{(n)}(x) = e^x$ 이므로 $f^{(n)}(0) = e^0 = 1$ 이다. 따라서 식 (8.53) 의 테일러의 정리에 의하여

$$e^x = 1 + x + \frac{x^2}{2!} + \cdots + \frac{x^n}{n!} + R_n(x) \tag{8.58}$$

이다. 단, $R_n(x) = \dfrac{e^c}{(n+1)!}x^{n+1}$ 이다. 그런데 임의의 실수 x 에 대하여

$$\lim_{n\to\infty} R_n(x) = \lim_{n\to\infty} \frac{e^c x^{n+1}}{(n+1)!} = e^c \lim_{n\to\infty} \frac{x^{n+1}}{(n+1)!} = 0$$

이다. 따라서 임의의 실수 x 에 대하여 $f(x) = e^x$ 에 대한 매클로린급수는

$$e^x = \sum_{n=0}^{\infty} \frac{x^n}{n!} \tag{8.59}$$

이다. □

예제 8.8.4 함수 $f(x) = \sin x$ 에 대하여 $x = \pi/6$ 에서의 테일러급수를 구하여라.

【풀이】 함수 $f(x) = \sin x$ 에 대하여

$$f(\pi/6) = 1/2, \quad f'(\pi/6) = \sqrt{3}/2, \quad f''(\pi/6) = -1/2, \quad f'''(\pi/6) = -\sqrt{3}/2, \quad \ldots$$

이므로 $f(x) = \sin x$ 의 $x = \pi/6$ 에서의 테일러급수는 식 (8.53) 으로부터

$$\sin x = f(a) + f'(\pi/6)(x - \pi/6) + \frac{f''(\pi/6)}{2!}(x - \pi/6)^2 + \cdots + \frac{f^{(n)}(\pi/6)}{n!}(x - \pi/6)^n + \cdots$$
$$= \frac{1}{2} + \frac{\sqrt{3}}{2}(x - \pi/6) - \frac{1}{2(2!)}(x - \pi/6)^2 - \frac{\sqrt{3}}{2(3!)}(x - \pi/6)^3 + \cdots$$

이다. □

예제 8.8.3 의 식 (8.59) 를 이용하면 e^x 과 관련한 다음과 같은 함수들의 매클로린급수를 추가적으로 얻을 수 있다.

$$e^{-x^2} = 1 - x^2 + \frac{x^4}{2!} - \cdots + (-1)^n \frac{x^{2n}}{n!} + \cdots$$

$$e^{-x} = 1 - x + \frac{x^2}{2!} - \cdots + (-1)^n \frac{x^n}{n!} + \cdots$$

$$\cosh x = \frac{1}{2}(e^x + e^{-x}) = 1 + \frac{x^2}{2!} + \frac{x^4}{4!} + \cdots + \frac{x^{2n}}{(2n)!} + \cdots$$

또한 테일러급수와 매클로린급수는 함수의 근삿값을 구할 때에도 자주 사용된다. 예를 들어 $\sin x$ 의 매클로린급수 (8.56) 을 이용하여 $\sin(0.1)$ 의 근삿값을 구해 보자. 이를 위해 식 (8.56) 으로부터

$$\sin(0.1) = 0.1 - \frac{0.001}{6} + \frac{0.00001}{120} - \cdots$$

을 얻는다. 이때 근삿값으로 $0.1 - 0.001/6$ 을 택하면 교대급수의 특성에 의해 오차가 $0.00001/120$ 을 넘지 못한다. 이러한 사실을 일반화하여 $\sin x$ 의 근삿값으로 $x - x^3/6$ 을 취하면 오차의 한계는 $|x^5|/5$ 이 된다(예제 8.8.1 참조).

다음의 예제 8.8.5 는 무한급수가 정적분에 어떻게 응용되는가를 보여준다.

예제 8.8.5 정적분

$$\int_0^1 \sin x^2 \, dx$$

의 근삿값을 소수점 이하 넷째 자리까지 정확하게 구하여라.

【풀이】 식 (8.56) 의 $\sin x$ 에 대한 매클로린급수에서 x 대신 x^2 을 대입하면

$$\sin x^2 = x^2 - \frac{x^6}{3!} + \frac{x^8}{4!} - \frac{x^{14}}{7!} + \cdots$$

을 얻는다. 위 식의 양변을 각각 [0, 1] 에서 정적분하면

$$\int_0^1 \sin x^2\,dx = \frac{1}{3} - \frac{1}{42} + \frac{1}{1320} - \frac{1}{75600} + \cdots$$

이다. 따라서 처음 세 항의 합을 근삿값으로 취하면

$$\int_0^1 \sin x^2\,dx \approx 0.3103$$

이고, 이때의 오차는 $1/75600 \approx 0.000013$ 을 넘지 않는다. □

예제 8.8.5 에서 우리는 소수점 이하 넷째 자리까지의 유효숫자를 얻기 위하여 단 세 항까지 만의 합의 근사 항으로 계산하였을 뿐이지만, 같은 정도의 정밀도를 얻기 위하여 사다리꼴 공식이나 심프슨 공식을 사용한다면 훨씬 더 복잡하고 많은 연산량을 필요로 한다. 이것은 우리가 테일러급수를 공부하는 아주 중요한 이유 중에 하나이다.

연습문제(8.8)

1. 다음 함수들을 매클로린급수로 전개하고 수렴반경 r 을 구하여라.

(1) $f(x) = \dfrac{1-x}{1+x}$ (2) $f(x) = \ln(1+x)$ (3) $f(x) = \tan^{-1} x$

(4) $f(x) = \dfrac{1}{1-x}$ (5) $f(x) = \cosh(2x)$ (6) $f(x) = e^{2x}$

(7) $f(x) = \cos \pi x$ (8) $f(x) = \dfrac{1}{(1+x)^2}$ (9) $f(x) = e^{x^2}$

2. 함수 $f(x) = e^{-x}$ 를 $x = -2$ 에서의 테일러급수로 전개하여라.

3. 정적분

$$\int_0^1 \cos x^2\,dx$$

를 소수점 이하 다섯째 자리까지 정확히 구하여라.

8.9 이항급수

함수 $f(x) = (1+x)^m$ (m 은 임의의 실수)에 대하여

$$f^{(n)}(x) = m(m-1)\cdots(m-n+1)(1+x)^{m-n} \quad (n = 1, 2, 3, \ldots)$$

이므로

$$f(0) = 1, \qquad f^{(n)}(0) = m(m-1)\cdots(m-n+1) \quad (n = 1, 2, 3, \ldots)$$

이다. 따라서 매클로린급수에 의하여

$$(1+x)^m = 1 + \binom{m}{1}x + \binom{m}{2}x^2 + \cdots + \binom{m}{n-1}x^{n-1} + R_n$$

$$R_n = \binom{m}{n}(1+\theta x)^{m-n}x^n \quad (0 < \theta < 1)$$

을 얻는다. 이때 $|x| < 1$ 에 대하여 $\lim_{n\to\infty} R_n = 0$ 이므로 위 식은

$$(1+x)^m = 1 + \binom{m}{1}x + \binom{m}{2}x^2 + \cdots + \binom{m}{n}x^n + \cdots \quad (|x| < 1) \tag{8.60}$$

으로 표현된다. 이 식을 **이항급수**(binomial series) 또는 **이항정리의 일반형**이라고 한다. 이때 기호 $\binom{m}{n}$은

$$\binom{m}{n} = \frac{1}{n!}m(m-1)(m-2)\cdots(m-n+1) \quad (m \text{ 은 실수}) \tag{8.61}$$

을 의미한다. 따라서 m 이 자연수인 경우에는

$$\binom{m}{n} = {}_mC_n \tag{8.62}$$

을 의미하지만, m 이 자연수가 아닌 경우에는 ${}_mC_n$ 의 기호[11)]로 표시할 수 없다.

예제 8.9.1 $-1 < x < 1$ 에 대하여 $(1-x)^{-2}$ 을 매클로린급수로 나타내어라.

---

11) 이항정리의 정의(46쪽 참조)

【풀이】 $(1+x)^{-2}$ 를 매클로린급수로 나타내면

$$\begin{aligned}(1+x)^{-2} &= 1+\binom{-2}{1}x+\binom{-2}{2}x^2++\binom{-2}{3}x^3+\cdots\\ &= 1+(-2)x+\frac{(-2)(-3)}{2!}x^2+\frac{(-2)(-3)(-4)}{3!}x^3+\cdots\\ &= 1-2x+3x^2-4x^3+\cdots\end{aligned}$$

이다. 따라서 위의 식에 x 대신 $-x$ 를 대입하면

$$(1-x)^{-2} = 1+2x+3x^2+4x^3+\cdots .$$ □

예제 8.9.2 $\sqrt{1+x}$ 를 매클로린급수로 나타내고, 그 결과를 이용하여 $\sqrt{1.1}$ 의 근삿값을 소수점 이하 다섯째 자리까지 구하여라.

【풀이】 $\sqrt{1+x}$ 를 매클로린급수로 나타내면

$$\begin{aligned}(1+x)^{\frac{1}{2}} &= 1+\binom{\frac{1}{2}}{1}x+\binom{\frac{1}{2}}{2}x^2+\binom{\frac{1}{2}}{3}x^3+\cdots\\ &= 1+\frac{1}{2}x+\frac{\frac{1}{2}\cdot\left(-\frac{1}{2}\right)}{2!}x^2+\frac{\frac{1}{2}\cdot\left(-\frac{1}{2}\right)\left(-\frac{3}{2}\right)}{3!}x^3+\frac{\frac{1}{2}\cdot\left(-\frac{1}{2}\right)\left(-\frac{3}{2}\right)\left(-\frac{5}{2}\right)}{3!}x^4+\cdots\\ &= 1+\frac{1}{2}x-\frac{1}{8}x^2+\frac{1}{16}x^3-\frac{5}{128}x^4+\cdots\end{aligned}$$

이다. 따라서 위 식에 $x=0.1$ 을 대입하면

$$(1+0.1)^{\frac{1}{2}} = 1+\frac{1}{2}\cdot 0.1-\frac{1}{8}(0.1)^2+\frac{1}{16}(0.1)^3-\frac{5}{128}(0.1)^4+\cdots \approx 1.04881.$$ □

예제 8.9.3 정적분

$$\int_0^{0.4}\sqrt{1+x^4}\,dx$$

의 근삿값을 소수점 이하 다섯째 자리까지 구하여라.

【풀이】 $\sqrt{1+x^4}$ 에 대한 매클로린급수를 구하면

$$\sqrt{1+x^4} = 1+\frac{x^4}{2}-\frac{x^8}{8}+\frac{x^{12}}{16}-\cdots$$

이다. 따라서 위 식의 양변을 각각 구간 [0, 0.4] 에서 정적분하여 소수점 이하 다섯째 자리까지의 근삿값을 구하면

$$\int_0^{0.4} \sqrt{1+x^4}\,dx = \int_0^{0.4} \left(1 + \frac{x^4}{2} - \frac{x^8}{8} + \frac{x^{12}}{16} + \cdots\right) dx \approx 0.40102. \qquad \square$$

연습문제(8.9)

1. 다음 함수들을 매클로린급수로 전개하라.

(1) $f(x) = \sqrt{1-x^2}$ (2) $f(x) = \sqrt{1+x^3}$ (3) $f(x) = (1+x)^{-3}$ (4) $f(x) = \sqrt[3]{8+x}$

2. 다음 관계식을 이용하여 $\sin^{-1} x$ 를 매클로린급수로 전개하라.

$$\sin^{-1} x = \int_0^x \frac{1}{\sqrt{1-t^2}}\,dt$$

3. 정적분

$$\int_0^1 \sqrt{1-x^3}\,dx$$

의 근삿값을 소수점 이하 셋째 자리까지 구하여라.

4. 정적분

$$\int_0^{0.2} \frac{e^x - 1}{x}\,dx$$

의 근삿값을 소수점 이하 다섯째 자리까지 구하여라.

제 9 장

편미분법

9.1 다변수함수

지금까지 살펴본 함수들은 정의역이 주로 실수이거나 또는 그 부분집합인 것으로, 한 개의 독립변수를 갖는 일변수함수를 다루어왔다. 그런데 주변에서 일어나는 여러 현상들은 두 개 이상의 독립변수를 필요로 하기도 한다. 아주 간단한 예로서 어떤 직사각형의 넓이를 계산하기 위해서는 그 직사각형의 가로와 세로에 대응하는 두 개의 변수를 필요로 하고, 또한 어떤 직육면체의 부피를 계산하기 위해서는 그 직육면체의 가로, 세로, 높이에 대응하는 3개의 변수를 필요로 한다.

9장에서는 독립변수가 여러 개인 다변수함수에 관한 이론을 소개하고, 다변수함수에 관한 미분법과 그 응용에 관하여 공부하고자 한다.

우리는 이미 7.1절에서 n차원 공간 $\mathbb{R}^n$을

$$\mathbb{R}^n = \mathbb{R} \times \mathbb{R} \times \cdots \times \mathbb{R} = \{(x_1, x_2, \ldots, x_n) \mid x_i \in \mathbb{R}, i = 1, 2, \ldots, n\} \tag{9.1}$$

과 같이 정의했음을 상기하자.

정의 9.1.1 $\mathbb{R}^n$의 부분집합을 D라 하고 D 내의 각각의 원소에 대하여 한 개씩의 실수가 대응되는 규칙을 f라 할 때, f를 **n 변수함수**(function of n variables)라 하고, 이것을 기호로는 $(x_1, x_2, \ldots, x_n) \in D$에 대하여

$$f : D \to \mathbb{R}, \quad z = f(x_1, x_2, \ldots, x_n) \tag{9.2}$$

와 같이 나타낸다.

1.1절의 일변수함수의 정의에서처럼 정의 9.1.1에서 D를 f의 **정의역**(domain), $\mathbb{R}$을 f의 **공역**(codomain)이라 하며, $f(x_1, x_2, \ldots, x_n)$를 f에 의한 $(x_1, x_2, \ldots, x_n)$의 **상**(image)이라고 한다. 또한 f에 의한 상 전체의 집합

$$\{f(x_1, x_2, \ldots, x_n) \mid (x_1, x_2, \ldots, x_n) \in D\} \tag{9.3}$$

를 함수 f의 **치역**(range)이라고 한다. 특히 정의역 D가 이차원 공간이면 f를 **이변수함수**(function of two variables)라 하고, D가 삼차원 공간이면 f를 **삼변수함수**(function of three variables)라고 한다. 일반적으로 $n \geq 2$일 때 함수 f를 **다변수함수**(function of several variables)라고 한다. 예를 들어 함수 $f(x, y) = 2x + 3y$는 이변수함수이고, $f(x, y, z, t) = x^2 + y^2 + z^2 + t^2$은 사변수함수이며, 또한 이들은 모두 다변수함수에 속한다.

정의 9.1.2 이변수함수 $f : D \to \mathbb{R}$, $z = f(x, y)$에 대하여 정의역 내의 모든 점 (x, y)와 f에 의한 그의 상 z를 순서쌍의 집합으로 나타낸 것을 함수 f의 **그래프**(graph)라 하고, 기호로는 일변수함수에서와 같이 G_f로 나타낸다. 즉,

$$G_f = \{(x, y, z) \in \mathbb{R}^3 \mid z = f(x, y), \ (x, y) \in D\} \tag{9.4}$$

이다. 그리고 이것을 **곡면**(surface) $z = f(x, y)$라고도 한다.

예제 9.1.1 이변수함수 $f(x, y) = \sqrt{4 - x^2 - y^2}$의 정의역과 치역을 구하고 그래프의 개형을 그려라.

【풀이】 주어진 함수 f가 적절히 정의되기 위해서는 근호 안의 값이 0 이상이어야만 한다. 따라서 정의역을 D라고 놓으면 $D = \{(x, y) \mid 4 - x^2 - y^2 \geq 0\} = \{(x, y) \mid x^2 + y^2 \leq 2^2\}$이

다. 따라서 이 함수의 치역은 $\{z \mid 0 \le z \le 2\}$ 가 된다. 그러므로 주어진 함수 f 의 그래프는 그림 9.1 과 같다. □

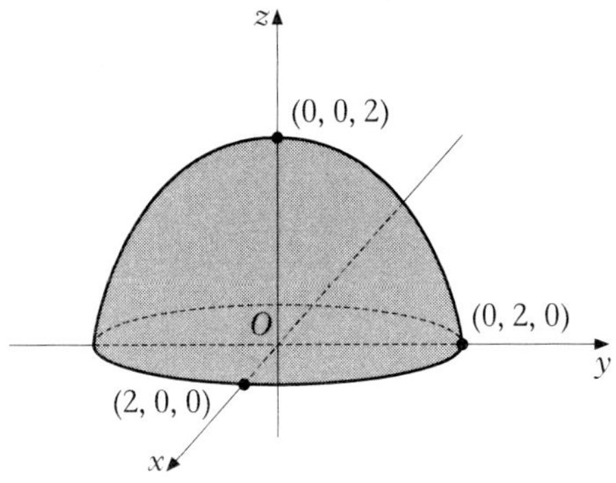

[그림 9.1]

이변수함수의 그래프를 그릴 때 등위곡선의 개념을 이용하면 편리하다. 등위곡선에 관한 정의는 다음과 같다.

정 의 9.1.3 이변수함수 $z = f(x, y)$ 에서 임의의 상수 k 에 대하여

$$\{(x, y) \in \mathbb{R}^2 \mid f(x, y) = k\} \tag{9.5}$$

인 곡선을 $z = f(x, y)$ 의 높이가 k 인 **등위곡선**(level curve) 이라고 한다.

함수 $z = f(x, y)$ 의 등위곡선 $f(x, y) = k$ 는 곡면 $z = f(x, y)$ 를 xy-평면에 평행한 평면인 $z = k$ (k 는 상수)로 잘랐을 때 생기는 공간곡선을 xy-평면에 정사영 시킨 평면곡선이다. 따라서 높이가 다른 등위곡선들을 연속적으로 그려서 각각의 높이까지 연속적으로 들어 올려 나타내면 함수 f 의 그래프인 본래의 곡면을 구할 수 있다. 그림 9.2 는 등위곡선과 본래의 곡면 사이의 관계를 보여준다.

예 제 9.1.2 이변수함수 $z = x^2 + y^2$ 의 등위곡선을 그려라.

【풀이】 $x^2 + y^2 = k$ 라 두면 $x^2 + y^2 \ge 0$ 이므로 $k \ge 0$ 이다. 따라서 등위곡선

$$x^2 + y^2 = k$$

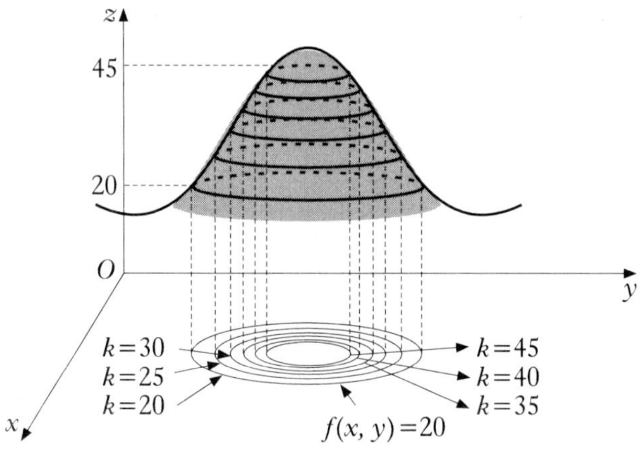

[그림 9.2] 본래의 곡면과 등위곡선

은 반지름이 $\sqrt{k}$인 원을 나타낸다. 그림 9.3은 k의 값이 각각 $k = 0,\ 1,\ 4,\ 9$일 때의 등위곡선을 나타내고 있다. □

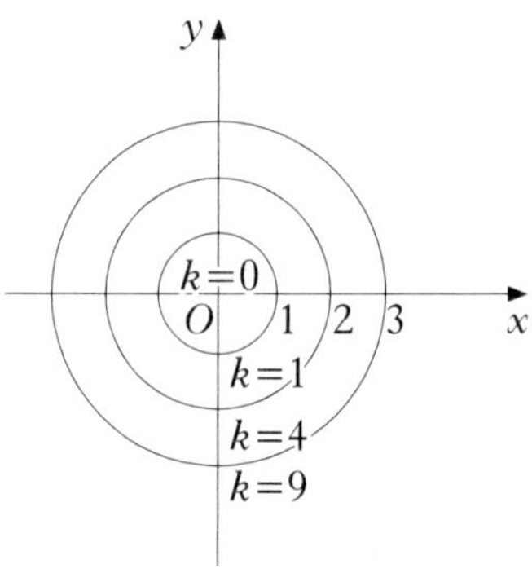

[그림 9.3] 등위곡선

예제 9.1.3 이변수함수 $z = y^2 - x^2$의 등위곡선을 그려라.

【풀이】 $y^2 - x^2 = k$라 두면 $k > 0$인 경우의 등위곡선은 y축을 주축으로 하는 쌍곡선이고, $k < 0$인 경우의 등위곡선은 x축을 주축으로 하는 쌍곡선이다. 또한 $k = 0$인 경우의 등위곡선은 두 직선 $x + y = 0,\ x - y = 0$이다. 그래프는 그림 9.4(b)와 같다. □

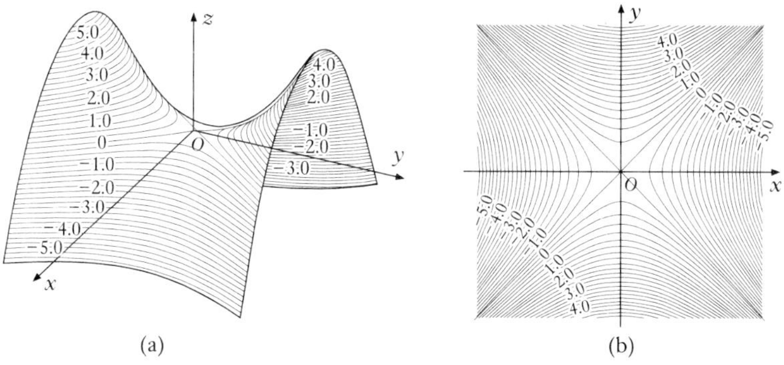

[그림 9.4] $z = y^2 - x^2$ 와 그의 등위곡선

연습문제(9.1)

1. 이변수함수 $f(x, y) = xy^2 - 1$ 에 대하여 다음을 구하여라.

(1) $f(0, 0)$ (2) $f(2, 1)$ (3) $f(1, 4)$ (4) $f(2, -4)$

2. 이변수함수 $f(x, y) = 4x^2 + y^2$ 의 그래프의 개형을 그려라.

3. $z = -1, 0, 3$ 일 때 곡면 $z = 4 - xy$ 의 등위곡선을 구하여라.

4. $z = -1, 0, 1$ 일 때 다음 함수들의 등위곡선을 구하여라.

(1) $f(x, y) = xy$ (2) $f(x, y) = x^2 - y^2$

(3) $f(x, y) = x^2 + 9y^2$ (4) $f(x, y) = e^{xy}$

5. 다음 함수들의 최대 정의역 D 를 구하여라.

(1) $f(x, y) = 2x^2 + y^2$ (2) $f(x, y) = \ln(1 - x^2 - y^2)$

(3) $f(x, y) = \sqrt{2x - y + 2}$ (4) $f(x, y) = \dfrac{1}{x - y^2}$

9.2 다변수함수의 극한과 연속

일변수함수 $f(x)$의 극한과 관련하여 $x \to a$라는 뜻은 x가 a의 왼쪽이나 오른쪽에서 a에 충분히 가까워진다는 뜻이다. 그러나 다변수함수의 극한과 관련해서는 이러한 상황이 좀 더 복잡해진다. 왜냐하면 n차원 공간 위의 점 $(x_1, x_2, \ldots, x_n)$이 점 $(a_1, a_2, \ldots, a_n)$에 가까워지는 경로가 무수히 많기 때문이다. 여기서는 다변수함수의 극한과 연속의 개념을 이변수함수의 경우로 제한하여 설명하도록 한다.

이변수함수 $z = f(x, y)$의 정의역은 $\mathbb{R}^2$의 부분집합이므로 정의역의 점 (x, y)가 일정한 점 (a, b)에 접근할 때 무수히 많은 서로 다른 경로를 따라 접근할 수 있다. 따라서 $(x, y) \to (a, b)$일 때 $f(x, y) \to L$이면, (x, y)가 (a, b)에 접근하는 모든 경로에 따라 $f(x, y)$의 극한이 L이라는 뜻이다. 즉, 이변수함수 $z = f(x, y)$가 xy-평면 위의 한 점 (a, b)에 충분히 가까이 있는 모든 점 (x, y) (단, (a, b) 자신은 제외)들에 대하여 z축 위의 한 고정점 L의 아래위로 충분히 가까운 점(L 자신을 포함)들이 대응될 때 함수 $z = f(x, y)$는 점 (a, b)에서 극한 L을 갖는다고 하고, 이것을 기호로는

$$\lim_{(x, y)\to(a, b)} f(x, y) = L$$

와 같이 나타낸다. 이변수함수의 극한에 관한 보다 엄밀한 정의는 다음과 같다.

정의 9.2.1 이변수함수 $z = f(x, y)$가 (a, b)의 어떤 근방 U에서 정의된 함수라 하자. 임의의 $\varepsilon > 0$에 대하여 이에 대응하는 $\delta > 0$가 존재해서

$$0 < \sqrt{(x-a)^2 + (y-b)^2} < \delta$$

을 만족하는 임의의 $(x, y) \in U$가 $|f(x, y) - L| < \varepsilon$을 만족시키는 실수 L이 존재하면, 이변수함수 $f(x, y)$의 (a, b)에서의 극한은 L이라 하고, 이를 기호로

$$\lim_{(x, y)\to(a, b)} f(x, y) = L \tag{9.6}$$

와 같이 나타낸다.

정의 9.2.1 에서의 이변수함수의 극한을 기호화 시켜 간단히

$$\forall \varepsilon > 0,\ \exists \delta > 0 \quad \text{s.t.} \quad \left(0 < \sqrt{(x-a)^2 + (y-b)^2} < \delta \quad \Longrightarrow \quad |f(x, y) - L| < \varepsilon\right) \quad (9.7)$$

와 같이 나타낸다. 그림 9.5 는 정의 9.2.1 의 이해를 돕기 위한 그래프이다.

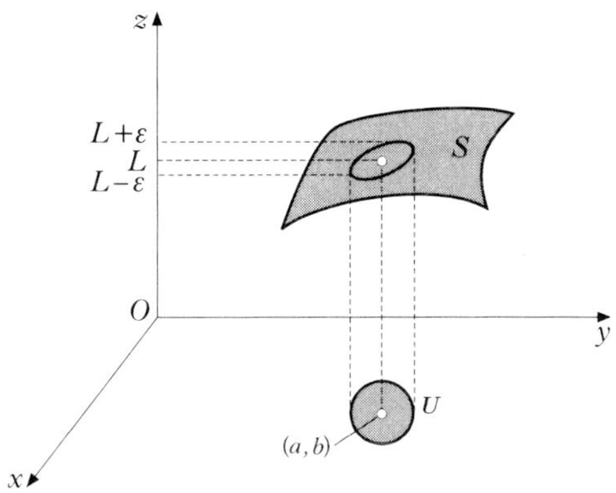

[그림 9.5] 이변수함수의 극한

여기서의 곡면 S는 이변수함수 f의 그래프를 의미한다. 그림에서와 같이 만약 $\varepsilon > 0$ 이 주어지면 (x, y) 가 원판 U 안에서 제한적으로 움직일 때 $(x, y) \neq (a, b)$ 의 S에 대응하는 부분이 수평면 $z = L-\varepsilon$ 와 $z = L+\varepsilon$ 사이에 놓이게 되는 양수 δ를 찾을 수 있으면 $f(x, y)$ 의 (a, b) 에서의 극한은 L 이 된다.

예제 9.2.1 $\lim_{(x, y)\to(x_0, y_0)} x = x_0$ 와 $\lim_{(x, y)\to(x_0, y_0)} y = y_0$ 임을 보여라.

【풀이】 (i) 정의 9.2.1 로부터 임의의 $\varepsilon > 0$ 에 대하여

$$0 < \sqrt{(x-x_0)^2 + (y-y_0)^2} < \delta \quad \Longrightarrow \quad |x - x_0| < \varepsilon$$

을 만족시키는 $\delta > 0$ 를 찾으면 된다. 그런데

$$|x - x_0| = \sqrt{(x-x_0)^2} \leq \sqrt{(x-x_0)^2 + (y-y_0)^2}$$

이므로

$$0 < \sqrt{(x-x_0)^2 + (y-y_0)^2} < \delta$$

일 때 $|x - x_0| < \varepsilon$ 이 되려면 δ를 $\delta = \varepsilon$ 인 값을 취하면 된다.

(ii) (i) 에서와 같은 방법으로 보일 수 있다. □

예제 9.2.2 이변수함수 $f(x, y) = x + y$ 가 $(1, 1)$ 에서 극한값 2 를 가짐을 정의 9.2.1 을 이용하여 증명하여라.

【풀이】 정의 9.2.1 로부터 임의의 $\varepsilon > 0$ 에 대하여

$$0 < \sqrt{(x-1)^2 + (y-1)^2} < \delta \quad \Longrightarrow \quad |x + y - 2| < \varepsilon$$

을 만족시키는 $\delta > 0$ 를 찾으면 된다. 그런데

$$|x + y - 2| = |(x-1) + (y-1)| \leq |x-1| + |y-1|$$

이므로

$$0 < \sqrt{(x-1)^2 + (y-1)^2} < \delta$$

일 때 $|x-1| + |y-1| < \varepsilon$ 이 되려면 그림 9.6 에서 보는 바와 같이 $2\delta^2 = \varepsilon^2$ 이므로 존재하는 δ는 $0 < \delta \leq \varepsilon/\sqrt{2}$ 인 값을 택하면 된다. □

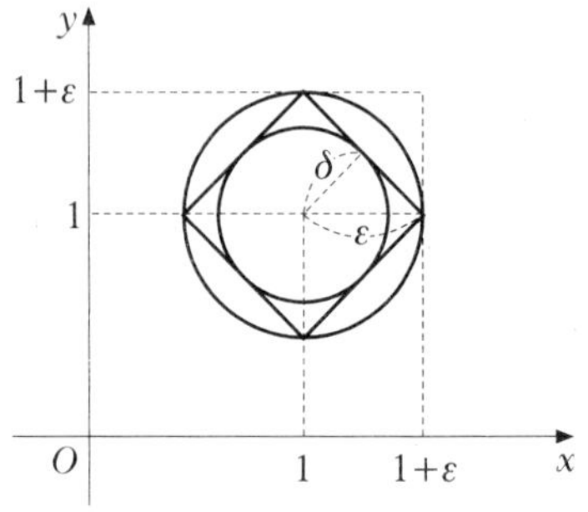

[그림 9.6]

이변수함수의 극한과 관련하여 점 (x, y) 가 점 (a, b) 로 접근하는 방법은 그림 9.7 에서 보는 바와 같이 무수히 많다. 그런데 정의 9.2.1 에서는 단지 (x, y) 와 (a, b) 사이의 거리와 관련한 조건이지 접근하는 방법을 언급한 것은 아니다. 따라서 만약 C_1 경로를 따라서

$(x, y) \to (a, b)$ 에 접근할 때 $f(x, y) \to L_1$ 이고, C_2 경로를 따라서 $(x, y) \to (a, b)$ 에 접근할 때 $f(x, y) \to L_2$ $(L_1 \neq L_2)$ 이면 극한

$$\lim_{(x, y)\to(a, b)} f(x, y)$$

는 존재하지 않는다. 따라서 경로에 따른 극한의 조사는 함수의 극한이 존재함을 보일 때가 아니라 함수의 극한이 존재하지 않음을 보일 때 많이 이용된다.

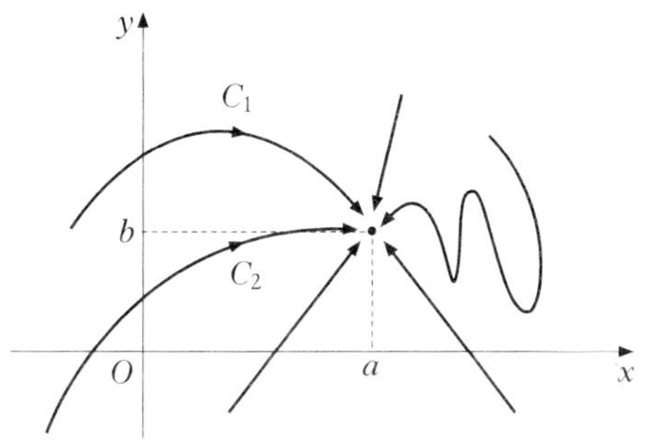

[그림 9.7] 이변수함수의 극한 접근경로

예제 9.2.3 이변수함수

$$f(x, y) = \frac{xy}{x^2 + y^2}$$

에 대하여 함수의 극한

$$\lim_{(x, y)\to(0, 0)} f(x, y)$$

과 관련하여 다음 각 경로에 따른 극한을 구하여라.

(1) 점 (x, y) 가 x 축 경로를 따라 원점 $(0, 0)$ 에 수렴할 때

(2) 점 (x, y) 가 직선 $y = x$ 인 경로를 따라 원점 $(0, 0)$ 에 수렴할 때

(3) (1) 과 (2) 의 결과로부터 주어진 함수는 원점에서의 극한이 존재하는가?

【풀이】 (1) 점 (x, y) 가 x 축을 따라 원점에 접근하는 경우에는 y 가 $y = 0$ 으로 고정되어

있다. 따라서 이 경우에는

$$\lim_{\substack{(x,y)\to(0,0)\\ y=0}} f(x, y) = \lim_{x\to 0} f(x, 0) = \lim_{x\to 0} \frac{0}{x^2+0} = 0\,.$$

(2) 점 (x, y)가 직선 $y = x$를 따라 원점에 접근하는 경우에는 x와 y의 값이 항상 같다. 즉, $y = x$이다. 따라서 이 경우에는

$$\lim_{\substack{(x,y)\to(0,0)\\ y=x}} f(x, y) = \lim_{x\to 0} f(x, x) = \lim_{x\to 0} \frac{x^2}{x^2+x^2} = \lim_{x\to 0} \frac{1}{2} = \frac{1}{2}\,.$$

(3) (1)과 (2)의 결과로부터 원점 (0, 0)에 접근할 때 경로가 다르면 극한이 서로 다르므로 함수 f는 원점 (0, 0)에서 극한을 갖지 않는다. □

예제 9.2.4 이변수함수

$$f(x, y) = \frac{3x^2y}{x^2+y^2}$$

에 대하여 극한

$$\lim_{(x,y)\to(0,0)} f(x, y)$$

을 구하여라.

【풀이】 원점 (0, 0)을 지나는 임의의 직선 $y = x$인 경로에 의한 극한은 모두 0이고, 또한 포물선 $y = x^2$과 $x = y^2$인 경로에 의한 극한도 모두 0임을 쉽게 확인할 수 있다. 따라서 극한의 유일성으로부터 극한이 존재한다면 0임을 알 수 있다. 이를 확인하기 위해 정의 9.2.1로부터 임의의 $\varepsilon > 0$에 대하여

$$0 < \sqrt{x^2+y^2} < \delta \quad\Longrightarrow\quad \left|\frac{3x^2y}{x^2+y^2} - 0\right| = \frac{3x^2\,|y|}{x^2+y^2} < \varepsilon$$

을 만족시키는 $\delta > 0$가 존재함을 보이면 된다. 그런데 $y^2 \geq 0$로부터 $x^2 \leq x^2 + y^2$이므로

$$\frac{3x^2\,|y|}{x^2+y^2} \leq 3\,|y| = 3\sqrt{y^2} \leq 3\sqrt{x^2+y^2}$$

이다. 따라서 δ를 $\delta = \varepsilon/3$으로 택하면

$$\left|\frac{3x^2y}{x^2+y^2} - 0\right| = \frac{3x^2\,|y|}{x^2+y^2} \leq 3\sqrt{x^2+y^2} < 3\delta = 3\cdot\frac{\varepsilon}{3} = \varepsilon$$

이 성립한다. 따라서 정의 9.2.1 에 의하여

$$\lim_{(x,y)\to(0,0)} \frac{3x^2y}{x^2+y^2} = 0. \qquad \square$$

다음 정리 9.2.1 은 정리 1.3.3 에서 소개한 일변수함수의 극한에서와 같이 이변수함수의 극한에서도 그와 같은 성질이 성립함을 보여준다.

정리 9.2.1 $\lim_{(x,y)\to(a,b)} f(x, y) = A$, $\lim_{(x,y)\to(a,b)} g(x, y) = B$ 일 때 다음이 성립한다.

(1) $\lim_{(x,y)\to(a,b)} (f(x, y) + g(x, y)) = A + B$

(2) $\lim_{(x,y)\to(a,b)} (f(x, y) - g(x, y)) = A - B$

(3) $\lim_{(x,y)\to(a,b)} (f(x, y) \cdot g(x, y)) = A \cdot B$

(4) $\lim_{(x,y)\to(a,b)} \dfrac{f(x, y)}{g(x, y)} = \dfrac{A}{B} \qquad (B \neq 0)$

【증명】 (1) 가정으로부터 이변수함수 f 와 g 가 각각 (a, b) 에서 극한 A, B 를 가지므로, 정의 9.2.1 로부터 임의의 $\varepsilon > 0$ 에 대하여 $\delta_1 > 0$ 이 존재해서

$$0 < \sqrt{(x-a)^2 + (y-b)^2} < \delta_1 \implies |f(x, y) - A| < \frac{\varepsilon}{2}$$

을 만족시키고, 또한 $\delta_2 > 0$ 이 존재해서

$$0 < \sqrt{(x-a)^2 + (y-b)^2} < \delta_2 \implies |g(x, y) - B| < \frac{\varepsilon}{2}$$

을 만족시킨다. 여기서 δ 를 $\delta = \min\{\delta_1, \delta_2\}$ 로 택하면 임의의 $\varepsilon > 0$ 에 대하여 $\delta > 0$ 가 존재해서

$$0 < \sqrt{(x-a)^2 + (y-b)^2} < \delta$$

일 때

$$\left|(f(x, y) + g(x, y)) - (A + B)\right| \leq |f(x, y) - A| + |g(x, y) - B| < \frac{\varepsilon}{2} + \frac{\varepsilon}{2} = \varepsilon$$

이 성립한다. 따라서 정의 9.2.1 에 의해

$$\lim_{(x,y)\to(a,b)} (f(x, y) + g(x, y)) = A + B$$

이 성립한다.

(2), (3), (4) 의 경우도 (1) 에서와 유사한 방법으로 증명할 수 있다. □

예 제 9.2.5 정리 9.2.1 을 이용하여 극한

$$\lim_{(x,y)\to(-1,2)} \frac{x^3 + y^3}{x^2 + y^2} = \frac{7}{5}$$

임을 보여라.

【풀이】 극한

$$\lim_{(x,y)\to(-1,2)} x = -1, \qquad \lim_{(x,y)\to(-1,2)} y = 2$$

이므로 정리 9.2.1 로부터

$$\lim_{(x,y)\to(-1,2)} x^2 = 1, \quad \lim_{(x,y)\to(-1,2)} x^3 = -1, \quad \lim_{(x,y)\to(-1,2)} y^2 = 4, \quad \lim_{(x,y)\to(-1,2)} y^3 = 8$$

임을 알 수 있다. 따라서 정리 9.2.1 로부터 주어진 이변수함수의 극한이

$$\lim_{(x,y)\to(-1,2)} \frac{x^3 + y^3}{x^2 + y^2} = \frac{\lim_{(x,y)\to(-1,2)} (x^3 + y^3)}{\lim_{(x,y)\to(-1,2)} (x^2 + y^2)} = \frac{-1 + 8}{1 + 4} = \frac{7}{5}$$

임을 알 수 있다. □

다음 정의 9.2.2 는 이변수함수에 관한 연속함수의 정의이다.

정 의 9.2.2 이변수함수 $f(x, y)$ 가 점 (a, b) 의 어떤 근방 U 에서 정의된 함수일 때

$$\lim_{(x,y)\to(a,b)} f(x, y) = f(a, b) \tag{9.8}$$

이 성립하면 함수 $f(x, y)$ 는 점 (a, b) 에서 **연속**(continuous)이라고 한다.

정의 9.2.2 를 $\varepsilon - \delta$ 방법을 사용하여 보다 엄밀히 정의하면 다음의 정의 9.2.3 과 같다.

정 의 9.2.3 이변수함수 $f(x, y)$ 가 점 (a, b) 의 어떤 근방 U 에서 정의된 함수일 때

$$\forall \varepsilon > 0,\ \exists \delta > 0 \ \text{ s.t. } \left(\sqrt{(x-a)^2 + (y-b)^2} < \delta \implies |f(x, y) - f(a, b)| < \varepsilon\right) \tag{9.9}$$

이면 함수 $f(x, y)$ 는 점 (a, b) 에서 **연속**(continuous)이라고 한다.

예 제 9.2.6 이변수함수

$$f(x, y) = \begin{cases} \dfrac{3x^2y}{x^2 + y^2}, & (x, y) \neq (0, 0) \\ 0, & (x, y) = (0, 0) \end{cases}$$

의 연속성을 조사하여라.

【풀이】 (i) $(x, y) \neq (0, 0)$ 일 때

함수 $f(x, y)$ 는 유리함수로서 정의역의 모든 점에서 연속인 함수이다.

(ii) $(x, y) = (0, 0)$ 일 때

예제 9.2.4 에서 이미

$$\lim_{(x, y)\to(0, 0)} f(x, y) = 0 = f(0, 0)$$

임을 확인했다. 따라서 함수 f 는 $(0, 0)$ 에서 연속이다.

따라서 (i) 과 (ii) 에 의해 함수 f 는 $\mathbb{R}^2$ 에서 연속이다. □

예 제 9.2.7 함수

$$f(x, y) = \begin{cases} \dfrac{3x^2y}{x^2 + y^2}, & (x, y) \neq (0, 0) \\ 2, & (x, y) = (0, 0) \end{cases}$$

의 연속성을 조사하여라.

【풀이】 (i) $(x, y) \neq (0, 0)$ 일 때:

함수 $f(x, y)$ 는 유리함수로서 정의역의 모든 점에서 연속인 함수이다.

(ii) $(x, y) = (0, 0)$ 일 때:

예제 9.2.4 로부터

$$\lim_{(x, y)\to(0, 0)} f(x, y) = 0 \neq 2 = f(0, 0)$$

임을 확인할 수 있다. 따라서 함수 f 는 (0, 0) 에서 불연속이다.
따라서 (i) 과 (ii) 에 의해 f 는 원점 (0, 0) 을 제외한 $\mathbb{R}^2$ 상의 모든 점에서 연속이다. □

우리는 정리 1.4.3 에서 일변수함수에 관하여『연속함수의 합성함수는 연속함수』임을 확인했다. 정리 9.2.2 는 이변수함수에 관해서도 이와 같은 성질이 성립함을 보여준다.

정리 9.2.2 이변수함수 $g(x, y)$ 가 점 (a, b) 에서 연속이고 일변수함수 f 가 점 $g(a, b)$ 에서 연속이면, 합성함수 $f \circ g$ 도 점 (a, b) 에서 연속이다. 즉,

$$\lim_{(x,y)\to(a,b)} (f \circ g)(x, y) = f\left(\lim_{(x,y)\to(a,b)} g(x, y)\right) = f(g(a, b)) = (f \circ g)(a, b). \tag{9.10}$$

【증명】 가정으로부터 일변수함수 f 가 점 $g(a, b) \in \mathbb{R}$ 에서 연속이고, 이변수함수 g 는 점 $(a, b) \in \mathbb{R}^2$ 에서 연속이므로

$$\lim_{(x,y)\to(a,b)} (f \circ g)(x, y) = f\left(\lim_{(x,y)\to(a,b)} g(x, y)\right) = f(g(a, b)) = (f \circ g)(a, b)$$

이 성립한다. 따라서 합성함수 $(f \circ g)(x, y)$ 도 점 (a, b) 에서 연속이다. □

예제 9.2.8 함수

$$h(x, y) = \cos(x^2 + y^2 - 1)$$

은 어떤 영역에서 연속인가?

【풀이】 함수

$$g(x, y) = x^2 + y^2 - 1$$

은 평면 위의 모든 점에서 연속이고, 함수

$$f(t) = \cos t$$

는 모든 실수 t 에 대하여 연속이다. 따라서 정리 9.2.2 에 의하여 함수

$$h(x, y) = (f \circ g)(x, y)$$

는 평면 위의 모든 점에서 연속이다. □

연습문제(9.2)

1. 다음 극한이 존재하면 구하고, 극한이 존재하지 않는다면 그 이유를 설명하여라.

(1) $\lim_{(x,y)\to(2,3)}(x^2y^2 - 2xy^5 + 3y)$ (2) $\lim_{(x,y)\to(-3,4)}(x^3 + 3x^2y^2 - 5y^3 + 1)$

(3) $\lim_{(x,y)\to(0,0)}\dfrac{x^2y^3 + x^3y^2 - 5}{2 - xy}$ (4) $\lim_{(x,y)\to(-2,1)}\dfrac{x^2 + xy + y^2}{x^2 - y^2}$

2. 다음 함수가 연속이 되는 최대영역을 구하여라.

(1) $f(x, y) = y\ln(1 + x)$ (2) $f(x, y) = \dfrac{x^2y}{\sqrt{25 - x^2 - y^2}}$

(3) $f(x, y) = \cos\left(\dfrac{xy}{1 + x^2 + y^2}\right)$ (4) $f(x, y) = \sin^{-1}(xy)$

3. 이변수함수

$$f(x, y) = \begin{cases} \dfrac{\sin(x^2 + y^2)}{x^2 + y^2}, & (x, y) \neq (0, 0) \\ 1, & (x, y) = (0, 0) \end{cases}$$

에 대하여 f 가 원점 (0, 0) 에서 연속임을 보여라.

4. 다음 함수의 점 (1, 1, 2) 에서의 연속성을 조사하여라.

(1) $f(x, y, z) = \begin{cases} 1, & (x\text{: 유리수}) \\ 2, & (x\text{: 무리수}) \end{cases}$ (2) $f(x, y, z) = \sqrt{x + y + z}$

9.3 편도함수

어떤 회사에서 제품을 만드는데 드는 비용 C를 노동비용 ℓ과 재료비용 m의 함수라고 하자. 만일 노등비용을 ℓ_0로 고정시킬 때 C의 m에 대한 의존도를 분석하려면 m만의 함수인 $C(m, \ell_0)$를 다루어야 한다. 이 경우 $C(m, \ell_0)$는 m만의 일변수함수로서 일변수미분을 계산해야 한다. 이때 m에 관한 $C(m, \ell_0)$의 도함수를 m에 관한 편도함수라 하고, 마찬가지로 m을 m_0로 고정시키고 C를 ℓ만의 함수로 간주하여 ℓ에 대한 C의 편도함수를 계산할 수 있다. 이와 같이 여러 개의 변수로 하나의 값을 결정할 때, 각각의 변수에 대한 의존도와 변화의 정도를 알려면 편도함수를 이용하여야 한다. 이를 수학적으로 정리하면 다음과 같다.

정의 9.3.1 이변수함수 $f : D(\subset \mathbb{R}^2) \to \mathbb{R},\ z = f(x, y)$에 있어서 정의역 D내의 임의의 점 (x, y)에 대하여 x, y에 대한 도함수

$$f_x(x, y) = \lim_{\Delta x \to 0} \frac{f(x + \Delta x, y) - f(x, y)}{\Delta x} \tag{9.11a}$$

$$f_y(x, y) = \lim_{\Delta y \to 0} \frac{f(x, y + \Delta y) - f(x, y)}{\Delta y} \tag{9.11b}$$

가 존재할 때 이변수함수 $f(x, y)$가 x, y에 대하여 **편미분가능**(partially differentiable)하다고 하고, 함수 $f_x : D \to \mathbb{R},\ f_y : D \to \mathbb{R}$를 각각 함수 f의 x, y에 대한 **편도함수**(partial derivative) 라고 한다. 특히 정의역 D내의 한 점 (a, b)에서의 편도함수 $f_x(a, b)$와 $f_y(a, b)$를 각각 x 및 y에 대한 **편미분계수**(partial differentiable coefficient)라고 한다. 그리고 편도함수를 구하는 과정을 **편미분한다**고 한다.

함수 $z = f(x, y)$의 x 및 y에 대한 편도함수를 각각 다음과 같이 나타내기도 한다.

$$f_x(x, y) = f_x = \frac{\partial f}{\partial x} = \frac{\partial z}{\partial x} = f_1 = D_1 f = D_x f$$

$$f_y(x, y) = f_y = \frac{\partial f}{\partial y} = \frac{\partial z}{\partial y} = f_2 = D_2 f = D_y f$$

이변수함수 $z = f(x, y)$의 정의역 U안의 한 점 (x_0, y_0)에서의 편미분계수 $f_x(x_0, y_0)$와 $f_y(x_0, y_0)$가 갖는 기하학적 의미는, 그림 9.8에서와 같이 각각 곡선 C_1과 C_2에 대하여 곡선 위의 한 점 $P(x_0, y_0, z_0)$에서의 접선의 기울기와 같음을 알 수 있다.

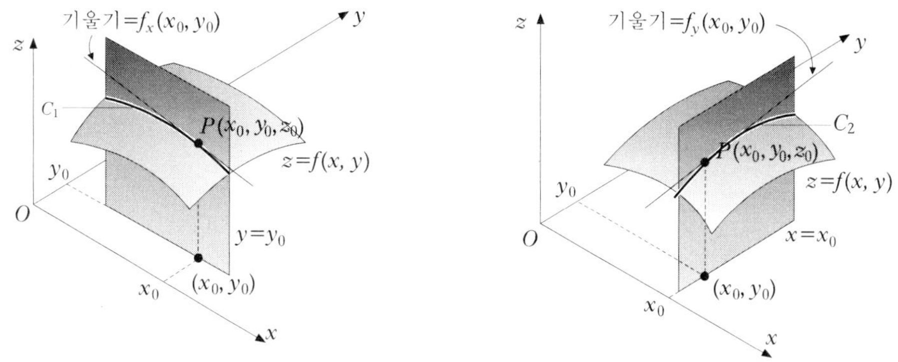

(a) (b)

[그림 9.8] 곡면상의 접선의 기울기

예제 9.3.1 이변수함수 $f(x, y) = x^2 + 2xy$ 에 대하여 편도함수 $f_x(x, y)$ 와 $f_y(x, y)$ 를 각각 구하여라.

【풀이】 정의 9.3.1 의 식 (9.11a) 에 의해 주어진 함수 f 의 x 편도함수는

$$\begin{aligned} f_x(x, y) &= \lim_{\Delta x \to 0} \frac{f(x+\Delta x, y) - f(x, y)}{\Delta x} \\ &= \lim_{\Delta x \to 0} \frac{(x+\Delta x)^2 + 2(x+\Delta x) - (x^2+2xy)}{\Delta x} \\ &= \lim_{\Delta x \to 0} \frac{x^2 + 2x\Delta x + (\Delta x)^2 + 2xy + 2y\Delta x - x^2 - 2xy}{\Delta x} \\ &= \lim_{\Delta x \to 0} (2x + \Delta x + 2y) \\ &= 2x + 2y \end{aligned}$$

이다. 또한 위에서와 같은 방법으로 정의 9.3.1 의 식 (9.11b) 에 의해 주어진 함수 f 의 y 편도함수를 구하면

$$f_y(x, y) = 2x$$

임을 쉽게 확인할 수 있다. □

예제 9.3.1 에서 이변수함수 $f(x, y)$ 의 x 에 대한 편도함수는 $f(x, y)$ 에서 y 를 상수로 보고 f 를 x 에 대하여 미분한 것과 같으며, 반면에 $f(x, y)$ 의 y 에 대한 편도함수는 $f(x, y)$ 에서 x 를 상수로 보고 f 를 y 에 대하여 미분한 것과 같음을 알 수 있다.

예제 9.3.2 이변수함수 $f(x, y) = x^2y + 3y^3$ 에 대하여 점 (1, 2) 에서의 x 에 대한 편미분계수 $f_x(1, 2)$ 와 y 에 대한 편미분계수 $f_y(1, 2)$ 를 각각 구하여라.

【풀이】 (i) $f(x, y)$ 에서 y 를 상수로 보고 f 를 x 에 대하여 미분하면

$$f_x(x, y) = 2xy$$

이므로 $f_x(1, 2) = 2 \cdot 1 \cdot 2 = 4$ 이다.

(ii) $f(x, y)$ 에서 x 를 상수로 보고 f 를 y 에 대하여 미분하면

$$f_y(x, y) = x^2 + 9y^2$$

이므로 $f_y(1, 2) = 1^2 + 9 \cdot 2^2 = 37$ 이다. □

이변수함수 $f(x, y)$ 에 대하여 점 (a, b) 에서의 편미분계수를 구할 때 그 극한이 존재한다면 정의 9.3.1 의 식 (9.11a) 와 (9.11b) 를 각각 변형하여

$$f_x(a, b) = \lim_{x \to a} \frac{f(x, b) - f(a, b)}{x - a}, \qquad f_y(a, b) = \lim_{y \to b} \frac{f(a, y) - f(a, b)}{y - b} \tag{9.12}$$

와 같이 나타낼 수 있다.

예제 9.3.3 함수

$$f(x, y) = \begin{cases} \dfrac{xy(x^2 - y^2)}{x^2 + y^2}, & (x, y) \neq (0, 0) \\ 0, & (x, y) = (0, 0) \end{cases}$$

에서 $f_x(0, y) = -y$ 임을 보여라.

【풀이】 (i) 만약 $y \neq 0$ 이면, 식 (9.12) 로부터

$$f_x(0, y) = \lim_{x \to 0} \frac{f(x, y) - f(0, y)}{x - 0} = \lim_{x \to 0} \frac{\dfrac{xy(x^2 - y^2)}{x^2 + y^2} - 0}{x} = \lim_{x \to 0} \frac{y(x^2 - y^2)}{x^2 + y^2} = -\frac{y^3}{y^2} = -y.$$

(ii) 만약 $y = 0$ 이면, 식 (9.12) 로부터

$$f_x(0, 0) = \lim_{x \to 0} \frac{f(x, 0) - f(0, 0)}{x - 0} = \lim_{x \to 0} \frac{0 - 0}{x} = \lim_{x \to 0} 0 = 0.$$

따라서 (i)과 (ii)로부터 $f_x(0, y) = -y$이다. □

$z = f(x, y)$의 그래프가 그림 9.9와 같은 곡면일 때, 곡면 위의 한 점 $P(a, b, f(a, b))$를 잡고 이 점을 지나 xz-평면에 평행인 평면 $y = b$로 곡면을 자르면 이 곡면 위의 곡선 APB를 얻는다. 이때 점 P가 이 곡선을 따라 움직이면 x와 z는 변화하지만 y의 값은 일정하다. 따라서 점 P에서의 이 곡선 APB의 접선의 기울기는 이 점에서의 $z = f(x, y)$의 편미분계수 $f_x(a, b)$와 같다. 마찬가지로 점 P를 지나 yz-평면에 평행인 평면 위에서도 이와 같이 생각할 수 있다. 따라서

$$
\begin{aligned}
f_x(a, b) &= ((a, b)\text{에서의 } x\text{에 대한 편미분계수}) \\
&= \tan\alpha \\
&= ((a, b)\text{에서의 곡선 } APB\text{의 접선의 기울기}),
\end{aligned}
$$

$$
\begin{aligned}
f_y(a, b) &= ((a, b)\text{에서의 } y\text{에 대한 편미분계수}) \\
&= \tan\beta \\
&= ((a, b)\text{에서의 곡선 } CPD\text{의 접선의 기울기})
\end{aligned}
$$

와 같은 사실을 확인할 수 있다.

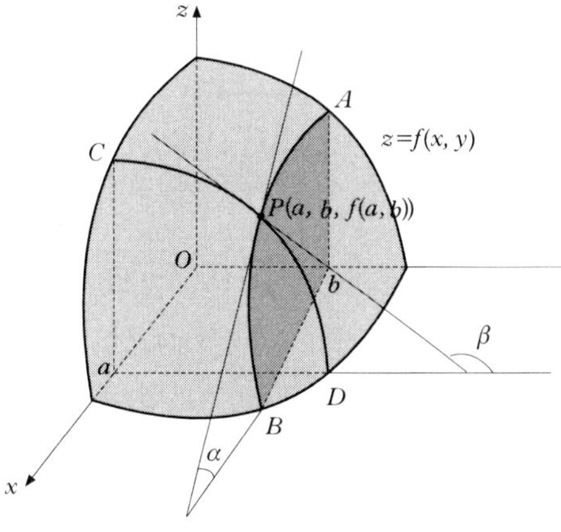

[그림 9.9] 편미분계수의 기하학적 의미

예 제 9.3.4 곡면

$$z = \sqrt{24 - x^2 - 2y^2}$$

과 평면 $y = 2$ 의 교선인 곡선 위의 점 $(2, 2, \sqrt{3})$ 에서 이 곡선에 접하는 접선의 기울기를 구하여라.

【풀이】 구하는 접선의 기울기는 점 (2, 2) 에서의 $\partial z/\partial x$ 의 값이므로

$$\left.\frac{\partial z}{\partial x}\right|_{(2,2)} = \left.\frac{-2x}{2\sqrt{24 - x^2 - 2y^2}}\right|_{(2,2)} = \frac{-4}{2\sqrt{12}} = -\frac{1}{\sqrt{3}}. \qquad \square$$

이변수함수 $z = f(x, y)$ 의 편도함수도 이변수함수이다. 따라서 이변수함수에 대한 편도함수의 편도함수가 존재하면 그 또한 이변수함수인데, 그것을 $z = f(x, y)$ 의 **이계 편도함수**라고 한다. 또한 함수 $z = f(x, y)$ 의 편도함수의 편도함수가 계속 존재하면 그것을 차례로 함수 $z = f(x, y)$ 의 **삼계 편도함수**, **사계 편도함수**, ... 라고 한다. 특히 이계 이상의 편도함수를 통칭하여 **고계 편도함수**라고 한다. 함수 $z = f(x, y)$ 의 가능한 이계 편도함수의 네 가지 경우를 각각 기호로 나타내면 다음과 같다.

$$(f_x)_x = f_{xx} = f_{11} = \frac{\partial}{\partial x}\left(\frac{\partial f}{\partial x}\right) = \frac{\partial^2 f}{\partial x^2} = \frac{\partial^2 z}{\partial x^2}$$

$$(f_x)_y = f_{xy} = f_{12} = \frac{\partial}{\partial y}\left(\frac{\partial f}{\partial x}\right) = \frac{\partial^2 f}{\partial y \partial x} = \frac{\partial^2 z}{\partial y \partial x}$$

$$(f_y)_x = f_{yx} = f_{21} = \frac{\partial}{\partial x}\left(\frac{\partial f}{\partial y}\right) = \frac{\partial^2 f}{\partial x \partial y} = \frac{\partial^2 z}{\partial x \partial y}$$

$$(f_y)_y = f_{yy} = f_{22} = \frac{\partial}{\partial y}\left(\frac{\partial f}{\partial y}\right) = \frac{\partial^2 f}{\partial y^2} = \frac{\partial^2 z}{\partial y^2}$$

여기서 이계 편도함수 f_{xy} 의 경우는 먼저 x 에 관해 편미분한 다음, 그 결과를 다시 y 에 관해 편미분한 것을 의미한다. 반면에 이계 편도함수 f_{yx} 의 경우는 먼저 y 에 관해 편미분한 다음, 다시 그 결과를 x 에 관해 편미분한 것을 의미한다. 따라서 이들은 각 변수에 대해 편미분을 행한 순서가 다르다.

예 제 9.3.5 함수

$$f(x, y) = x^2 + x^3y^2 - 2y^3$$

이 갖는 네 가지 형태의 이계 편도함수를 모두 구하여라.

【풀이】 주어진 함수의 일계 편도함수는 각각

$$f_x(x, y) = 2x + 3x^2y^2, \qquad f_y(x, y) = 2x^3y - 6y^2$$

이다. 따라서 네 가지 형태의 이계 편도함수는 각각

$$f_{xx} = \frac{\partial}{\partial x}\left(2x + 3x^2y^2\right) = 2 + 6xy^2$$

$$f_{xy} = \frac{\partial}{\partial y}\left(2x + 3x^2y^2\right) = 6x^2y$$

$$f_{yx} = \frac{\partial}{\partial x}\left(2x^3y - 6y^2\right) = 6x^2y$$

$$f_{yy} = \frac{\partial}{\partial y}\left(2x^3y - 6y^2\right) = 2x^3 - 12y$$

임을 알 수 있다. □

예제 9.3.5 에서 이계 편도함수 f_{xy} 와 f_{yx} 는 같지만, 일반적으로는 각 변수에 대해 편미분을 행한 순서가 다르기 때문에 이들은 서로 같지 않다. 그러니 다음 정리 9.3.1 에서는 f_{xy} 와 f_{yx} 가 일치할 때의 조건을 제시한다.

정리 9.3.1 이변수함수 $z = f(x, y)$ 에서 f_x, f_y, f_{xy} 가 모두 존재하고 f_{xy} 가 연속이면 f_{yx} 도 존재하고

$$f_{xy} = f_{yx} \tag{9.13}$$

이 성립한다.

따라서 정리 9.3.1 과 같은 경우의 이계 편도함수는 순서에 무관하게 된다. 즉,

$$\frac{\partial^3 z}{\partial x^2 \partial y} = \frac{\partial}{\partial x}\left(\frac{\partial^2 z}{\partial x \partial y}\right) = \frac{\partial}{\partial x}\left(\frac{\partial^2 z}{\partial y \partial x}\right) = \frac{\partial^3 z}{\partial x \partial y \partial x}$$

$$\frac{\partial^3 z}{\partial x \partial y \partial x} = \frac{\partial^2}{\partial x \partial y}\left(\frac{\partial z}{\partial x}\right) = \frac{\partial^2}{\partial y \partial x}\left(\frac{\partial z}{\partial x}\right) = \frac{\partial^3 z}{\partial y \partial x^2}$$

이 성립한다.

연습문제(9.3)

1. 다음 함수들의 일계편도함수들을 각각 정의에 의하여 구하여라.

(1) $f(x, y) = 6x + 3y - 7$ (2) $f(x, y) = 3xy + 6x - y^2$

(3) $f(x, y) = x^2y - 3xy^2 + 2xy$ (4) $f(x, y) = x^2 + xy + y^2$

2. 다음 함수들의 일계편도함수를 각각 구하여라.

(1) $f(x, y) = \dfrac{2}{3}x^{\frac{3}{2}}$ (2) $f(x, y) = 2x + 3x^2y^4$

(3) $f(x, y, z) = x^2y^5 + xz^2$ (4) $f(x, y) = xe^y + ye^x$

3. 한 물체 내의 임의의 점 (x, y, z) 에서의 온도가 $T = x^2 + 3y^2 - 6z$ 이다. 점 $(4, 3, 2)$ 에서 온도의 x, y, z 에 대한 순간변화율을 각각 구하여라.

4. 다음의 각 식은 라플라스(Laplace) 방정식 $w_{xx} + w_{yy} = 0$ 의 해가 됨을 보여라.

(1) $w = 2x + 3y - 1$ (2) $w = e^x \cos y$

(3) $w = x^2 - y^2$ (4) $w = \ln(x^2 + y^2)$

(5) $w = \tan^{-1}\dfrac{y}{x}$ (6) $w = \cos x \cosh y$

5. $f(x, y, z) = x^4y^3z - 3y^2e^{xz}$ 일 때

$$f_{xxy} = f_{xyx} = f_{yxx}$$

이 성립함을 보여라.

6. 점 $(1, 2, 3)$ 이 $z = 17 - 2x^2 - 3y^2$ 의 식으로 주어진 산 위에 있다. 이 점에서 x축 양의 방향으로 내려오는 것과 y축 양의 방향으로 내려오는 것 중 어느 것이 더 가파른가?

7. $w = f(u)$, $u = g(x, y)$ 일 때 $w_{xx} = f'(u)u_{xx} + f''(u)u_x^2$ 임을 보여라. 또한 $w = u^2$, $u = \sin(xy)$ 일 때 이 식이 성립하는지 확인하여라.

9.4 전미분과 근삿값

이 절에서는 이변수함수 $z = f(x, y)$의 전미분에 관하여 알아보자.

정의 9.4.1 이변수함수 $z = f(x, y)$에 대하여 점 (x_0, y_0)에서의 **증분**(increment) $\Delta f(x_0, y_0)$는

$$\Delta z = \Delta f(x_0, y_0) = f(x_0 + \Delta x, y_0 + \Delta y) - f(x_0, y_0) \tag{9.14}$$

이다.

예제 9.4.1 이변수함수 $f(x, y) = 3x - xy^2$의 점 (x_0, y_0)에서의 증분을 구하여라.

【풀이】 정의 9.4.1의 식 (9.14)에 의해 함수 f의 점 (x_0, y_0)에서의 증분 $\Delta f(x_0, y_0)$는

$$\begin{aligned}
\Delta f(x_0, y_0) &= f(x_0 + \Delta x, y_0 + \Delta y) - f(x_0, y_0) \\
&= 3(x_0 + \Delta x) - (x_0 + \Delta x)(y_0 + \Delta y)^2 - (3x_0 - x_0y_0^2) \\
&= 3x_0 + 3\Delta x - x_0y_0^2 - y_0^2\Delta x - 2x_0y_0\Delta y - 2y_0\Delta x\Delta y - x_0(\Delta y)^2 - \Delta x(\Delta y)^2 - 3x_0 + x_0y_0^2 \\
&= 3\Delta x - y_0^2\Delta x - 2x_0y_0\Delta y - 2y_0\Delta x\Delta y - x_0(\Delta y)^2 - \Delta x(\Delta y)^2
\end{aligned}$$

이다. □

정의 9.4.2 이변수함수 $z = f(x, y)$가 점 (x_0, y_0)에서

(i) $f_x(x_0, y_0)$와 $f_y(x_0, y_0)$가 존재하고

(ii) $(\Delta x, \Delta y) \to (0, 0)$일 때 $\varepsilon_1 \to 0$, $\varepsilon_2 \to 0$인 Δx, Δy의 함수 ε_1, ε_2가 존재해서

$$\Delta f(x_0, y_0) = f_x(x_0, y_0)\Delta x + f_y(x_0, y_0)\Delta y + \varepsilon_1\Delta x + \varepsilon_2\Delta y$$

이면

함수 $z = f(x, y)$는 점 (x_0, y_0)에서 **미분가능**(differentiable)하다고 한다.

일반적으로 정의 9.4.2 로부터 이변수함수의 미분가능성을 보이는 것은 매우 복잡하다. 하지만 정리 9.4.1 을 이용하면 이변수함수의 미분가능성을 보다 쉽게 판별할 수 있다.

정리 9.4.1 이차원 평면의 부분집합 D 에서 정의된 이변수함수 $f(x, y)$ 가 편도함수 f_x, f_y 를 갖고, 임의의 점 $(x, y) \in D$ 의 근방에서 각각의 편도함수가 모두 연속이면 $f(x, y)$ 는 미분가능하다.

예제 9.4.2 이변수함수 $f(x, y) = 3x - xy^2$ 은 $\mathbb{R}^2$ 상의 모든 점에서 미분가능함을 보여라.

【풀이】 주어진 함수 f 에 대한 편도함수는 각각 $f_x = 3 - y^2$ 와 $f_y = -2xy$ 이고, 또한 이들 두 함수 모두 $\mathbb{R}^2$ 상의 모든 점에서 연속이다. 따라서 정리 9.4.1 에 의해 주어진 함수 $f(x, y)$ 는 미분가능하다. □

다음의 정리 9.4.2 도 이변수함수의 미분가능성을 판별하는데 이용된다.

정리 9.4.2 이변수함수 $f(x, y)$ 가 정의역의 점 (x_0, y_0) 에서 미분가능하면, 함수 f 는 점 (x_0, y_0) 에서 연속이다.

위의 정리 9.4.2 를 이용하면 이변수함수 $z = f(x, y)$ 에서 $f_x(x_0, y_0)$ 가 존재하더라도 f 가 점 (x_0, y_0) 에서 미분가능하지 않음을 다음 예제 9.4.3 을 통하여 알 수 있다.

예제 9.4.3 이변수함수

$$f(x, y) = \begin{cases} \dfrac{xy}{x^2 + y^2}, & (x, y) \neq (0, 0) \\ 0, & (x, y) = (0, 0) \end{cases}$$

은 점 $(0, 0)$ 에서의 편미분계수 $f_x(0, 0)$ 과 $f_y(0, 0)$ 은 존재하지만, 그렇다고 해서 그 점 $(0, 0)$ 에서 미분가능은 아님을 보여라.

【풀이】 주어진 이변수함수 f 에 대하여

$$f_x(0, 0) = \lim_{x \to 0} \frac{f(x, 0) - f(0, 0)}{x - 0} = \lim_{x \to 0} \frac{0 - 0}{x} = \lim_{x \to 0} 0 = 0$$

이고

$$f_x(0,\ 0) = \lim_{y\to0}\frac{f(0,\ y) - f(0,\ 0)}{y - 0} = \lim_{y\to0}\frac{0-0}{y} = \lim_{y\to0}0 = 0$$

이다. 따라서 점 $(0, 0)$ 에서의 편미분계수 $f_x(0, 0)$ 과 $f_y(0, 0)$ 은 존재한다. 그러나 극한

$$\lim_{(x,\ y)\to(0,\ 0)} f(x,\ y)$$

는 존재하지 않는다(9.2절 예제 9.2.3 참조). 따라서 함수 f 는 점 $(0, 0)$ 에서 연속이 아니므로 정리 9.4.2 의 대우관계로부터 함수 f 는 점 $(0, 0)$ 에서 미분가능이 아니다. □

정 의 9.4.3 미분가능한 이변수함수 $z = f(x, y)$ 에서 Δx, Δy 를 비교적 작게 잡으면 Δz 의 근삿값을

$$\Delta z \approx \frac{\partial z}{\partial x}\Delta x + \frac{\partial z}{\partial y}\Delta y \tag{9.15}$$

와 같이 얻을 수 있다. 이때 식 (9.15) 의 우변을 일컬어 $z = f(x, y)$ 의 **전미분**(total differential)[1] 이라 하고 dz 와 같이 나타낸다. 즉, 미분가능한 이변수함수 $z = f(x, y)$ 의 전미분 dz 는

$$dz = \frac{\partial z}{\partial x}\Delta x + \frac{\partial z}{\partial y}\Delta y \tag{9.16}$$

이다.

정의 9.4.3 의 식 (9.16) 을 일반화하여 미분가능한 n 변수함수 $z = f(x_1, x_2, \ldots, x_n)$ 의 전미분 dz 는 각 변수의 증분이 Δx_1, Δx_2, …, Δx_n 일 때

$$dz = \frac{\partial z}{\partial x_1}\Delta x_1 + \frac{\partial z}{\partial x_2}\Delta x_2 + \cdots + \frac{\partial z}{\partial x_n}\Delta x_n \tag{9.17}$$

와 같이 정의한다.

예 제 9.4.4 이변수함수 $z = f(x, y) = x^2 + 3xy - y^2$ 에 대하여 x 가 2 에서 2.05 까지, y 가 3 에서 2.96 까지 변할 때의 증분 Δz 와 전미분 dz 의 값을 구하여라.

1) 간단히 $z = f(x, y)$ 의 미분(differential)이라고도 한다.

【풀이】 주어진 조건으로부터

$$x_0 = 2, \quad \Delta x = 0.05, \quad y_0 = 3, \quad \Delta y = -0.04$$

라고 놓으면, 점 (2, 3) 에서의 증분 Δz 는 정의 9.4.1 의 식 (9.14) 에 의해

$$\Delta z = \Delta f(2, 3) = f(2+0.05, 3+(-0.04)) - f(2, 3) = f(2.05, 2.96) - f(2, 3) = 0.6449$$

이다. 또한 점 (2, 3) 에서의 전미분 $dz(2, 3)$ 는 정의 9.4.3 의 식 (9.16) 으로부터

$$\begin{aligned} dz(2, 3) &= \left[\frac{\partial z}{\partial x}\Delta x + \frac{\partial z}{\partial y}\Delta y\right]_{(2, 3)} = [(2x+3y)\Delta x + (3x-2y)\Delta y]_{(2, 3)} \\ &= (2\cdot 2 + 3\cdot 3)\cdot 0.05 + (3\cdot 2 - 2\cdot(-0.04))\cdot(-0.04) \\ &= 0.65 \end{aligned}$$

임을 알 수 있다. □

예제 9.4.5 $25^{\frac{2}{3}} + \sqrt{65}$ 의 근삿값을 구하여라.

【풀이】 이변수함수 $f(x, y)$ 를 $f(x, y) = x^{2/3} + \sqrt{y}$ 와 같이 놓고, 정의 9.4.3 의 식 (9.15) 를 이용하여 점 (25, 65) 에서의 근삿값을 구하면 된다. 그런데 $f(27, 64)$ 는 쉽게 계산이 가능하므로

$$x = 27, \quad \Delta x = -2, \quad y = 64, \quad \Delta y = 1$$

과 같이 놓자. 또한 편도함수 f_x 와 f_y 를 각각 구하면

$$f_x(x, y) = \frac{2}{3}x^{-\frac{1}{3}}, \qquad f_y(x, y) = \frac{1}{2\sqrt{y}}$$

이다. 따라서 식 (9.15) 로부터

$$f(x+\Delta x, y+\Delta y) \approx f(x, y) + f_x(x, y)\Delta x + f_y(x, y)\Delta y$$

이므로 구하려는 근삿값

$$25^{\frac{2}{3}} + \sqrt{65} = f(25, 65) = f(27+(-2), 64+1)$$

$$\approx f(27, 64) + f_x(27, 64) \cdot (-2) + f_y(27, 64) \cdot 1$$

$$= (27)^{\frac{2}{3}} + \sqrt{64} + \frac{2}{3}(27)^{-\frac{1}{3}} \cdot (-2) + \frac{1}{2\sqrt{64}} \cdot 1$$

$$= 9 + 8 - \frac{4}{9} + \frac{1}{16}$$

$$\approx 16.618$$

을 얻는다. □

함수 $z = f(x, y) = x$ 에 대하여 x 는 z 의 독립변수이다. 따라서

$$dz = dx \tag{9.18}$$

이고, 한편 정의 9.4.3 의 식 (9.16) 으로부터

$$dz = \frac{\partial z}{\partial x}\Delta x + \frac{\partial z}{\partial y}\Delta y = 1 \cdot \Delta x + 0 \cdot \Delta y = \Delta x \tag{9.19}$$

이다. 따라서 식 (9.18) 과 (9.19) 로부터

$$dx = \Delta x \tag{9.20}$$

을 얻는다. 또한 $z = f(x, y) = y$ 에 대하여 y 는 z 의 독립변수이다. 따라서

$$dz = dy \tag{9.21}$$

이고, 한편 정의 9.4.3 의 식 (9.16) 으로부터

$$dz = \frac{\partial z}{\partial x}\Delta x + \frac{\partial z}{\partial y}\Delta y = 0 \cdot \Delta x + 1 \cdot \Delta y = \Delta y \tag{9.22}$$

이다. 따라서 식 (9.21) 과 (9.22) 로부터

$$dy = \Delta y \tag{9.23}$$

을 얻는다. 따라서 식 (9.20) 과 (9.23) 을 정의 9.4.3 의 식 (9.16) 에 대입하면 $z = f(x, y)$ 의

전미분 dz 는

$$dz = \frac{\partial z}{\partial x}dx + \frac{\partial z}{\partial y}dy \tag{9.24}$$

와 같이 나타낼 수 있다

마찬가지로 식 (9.17) 에서 정의한 바 있는 미분가능한 n 변수함수 $z = f(x_1, x_2, \ldots, x_n)$ 의 전미분 dz 는

$$dz = \frac{\partial z}{\partial x_1}dx_1 + \frac{\partial z}{\partial x_2}dx_2 + \cdots + \frac{\partial z}{\partial x_n}dx_n \tag{9.25}$$

와 같이 나타낼 수 있다

예 제 9.4.6 금속으로 된 원통형의 붓꽂이가 있다. 내부의 밑면의 반지름은 4 cm 이고 높이는 8 cm 이며 금속의 두께는 1 mm 이다. 이때 이 붓꽂이를 제작하는데 소요된 금속의 양에 대한 부피의 근삿값을 구하여라.

【풀이】 붓꽂이의 밑면의 반지름을 r, 높이를 h, 내부의 부피를 V 라고 하면

$$V = \pi r^2 h$$

이다. 이때 V 의 전미분 dV 는 V 가 변화한 양이므로 곧 금속의 부피가 된다. 이때 $r = 4$, $h = 8$, $\Delta r = 0.1$, $\Delta h = 0.1$ 이므로

$$dV = \frac{\partial V}{\partial r}\Delta r + \frac{\partial V}{\partial h}\Delta h = 2\pi rh\Delta r + \pi r^2\Delta h = 2\pi \cdot 4 \cdot 8 \cdot 0.1 + \pi \cdot 4^2 \cdot 0.1 = 8\pi$$

이다. 따라서 부피의 근삿값은 $8\pi\,\text{cm}^3$ 이다. □

x, y 에 의한 양 z 가 $z = f(x, y)$ 로서 결정된다고 하자. 이때 x, y 가 측정값이라고 하면 그 측정의 오차로 인하여 z 값에 오차가 생긴다. 지금 x, y 의 측정값에 비교적 작은 오차 dx, dy 가 생겼다고 하면 그에 대응하는 z 의 오차는 근삿값으로 z 의 전미분

$$dz = \frac{\partial z}{\partial x}dx + \frac{\partial z}{\partial y}dy$$

가 됨을 Δz 와 dz 의 사이의 관계로부터 알 수 있다. 이때 dz 를 z 의 **근사오차**, dz/z 를 z 의 **상대오차**라고 한다.

예 제 9.4.7 원뿔의 반지름과 높이를 측정하였더니 각각 10 cm, 25 cm 였다고 한다. 이 측정에 각각 0.1 cm 의 오차가 있다고 한다. 전미분을 이용하여 원뿔의 부피를 계산할 때

의 최대근사오차를 구하여라.

【풀이】 반지름이 r 이고 높이가 h 인 원뿔의 부피 V 는

$$V = \frac{1}{3}\pi r^2 h$$

이다. 따라서 V 의 전미분은

$$dV = \frac{\partial V}{\partial r}dr + \frac{\partial V}{\partial h}dh = \frac{2\pi rh}{3}dr + \frac{\pi r^2}{3}dh$$

이다. 그런데 $dr = 0.1$, $dh = 0.1$, $r = 10$, $h = 25$ 이므로

$$dV = \frac{500\pi}{3}\cdot(0.1) + \frac{100\pi}{3}\cdot(0.1) = 20\pi$$

이다. 따라서 원뿔의 부피의 최대근사오차는 $20\pi\,\text{cm}^3$ 이다. □

연습문제(9.4)

1. 다음 함수에서 x 가 1 에서 1.03 으로, y 가 4 에서 3.98 로 변하였을 때 함수의 증분을 구하여라.

(1) $z = 3x^2 + 2xy - y^2$ (2) $z = 2x^2 + 5xy + 4y^2$

2. 다음 함수들의 전미분을 각각 구하여라.

(1) $z = 4x^3 - xy^2 + 3y - 7$ (2) $z = x\cos y - y\sin x$

(3) $z = 2x^3 + x^2y - 3y^2$ (4) $z = (x - y^2)^2$

3. 미분을 이용하여 다음 근삿값을 구하여라.

(1) $\dfrac{1}{\sqrt{(3.92)^2 + (3.01)^2}}$ (2) $(1.05)^{0.5}(0.97)^{0.3}$

4. 직각삼각형의 빗변을 제외한 두 변 중에 하나의 변은 3 cm 에서 3.2 cm 으로, 또 다른 하나는 4 cm 에서 3.96 cm 로 변하였다. 이때 빗변 길이의 변화량의 근삿값을 전미분을 이용하여 구하여라.

5. 직사각형의 가로와 세로가 각각 오차범위 1 % 와 4% 이내에서 측정되었다. 이때 계산된 대각선 길이의 최대오차는 몇 % 인지 전미분을 이용하여 그 근삿값을 구하여라.

9.5 연쇄법칙

두 개의 일변수함수의 합성함수에 대한 미분법을 우리는 잘 알고 있다. 그렇다면 다변수함수의 합성에 대한 미분법은 어떻게 될까? 이 절에서 이 질문에 대해 답하고자 한다.

함수

$$z = f(x, y), \qquad x = x(t), \qquad y = y(t)$$

에 대하여 t의 증분 Δt에 대한 x, y, z의 증분을 각각 $\Delta x, \Delta y, \Delta z$라고 하면 이들 사이에

$$\Delta z = \left(\frac{\partial z}{\partial x}\Delta x + \frac{\partial z}{\partial y}\Delta y\right) + \varepsilon_1 \Delta x + \varepsilon_2 \Delta y$$

인 관계가 있음을 이미 알고 있다. 이 식의 양변을 Δt로 나누고 $\Delta t \to 0$일 때 이 식의 극한이 존재하면 그 값은 다음과 같이 된다.

$$\frac{dz}{dt} = \frac{\partial z}{\partial x}\frac{dx}{dt} + \frac{\partial z}{\partial y}\frac{dy}{dt}$$

위의 결과를 요약하면 다음과 같다.

정리 9.5.1 이변수함수 $z = f(x, y)$가 x와 y에 대하여 편미분가능한 함수라고 하고, 이때 $x = g(t)$, $y = h(t)$가 모두 t에 대하여 미분가능한 함수라고 하자. 그러면 합성함수 $z(t) = f(x(t), y(t))$는 t에 대하여 미분가능한 함수로서

$$\frac{dz}{dt} = \frac{\partial z}{\partial x}\frac{dx}{dt} + \frac{\partial z}{\partial y}\frac{dy}{dt} \tag{9.26}$$

이다. 식 (9.26)을 일컬어 z의 t에 대한 **전도함수**(total derivative)라고 한다.

예제 9.5.1 $z = x \ln y$, $x = u^2$, $y = e^u$에서 dz/du를 구하여라.

【풀이】 $\partial z/\partial x = \ln y$, $\partial z/\partial y = x/y$, $dx/du = 2u$, $dy/du = e^u$이므로

$$\frac{dz}{du} = \frac{\partial z}{\partial x}\frac{dx}{du} + \frac{\partial z}{\partial y}\frac{dy}{du} = \ln y \cdot 2u + \frac{x}{y} \cdot e^u = 2u \cdot \ln e^u + \frac{u^2}{e^u} \cdot e^u = 3u^2$$

이다. □

예제 9.5.2 이상기체 1몰의 압력이 P, 부피가 V, 온도가 T 일 때 관계식은 $PV = 8.31T$ 로 주어진다. 온도가 300K 이고 온도변화율이 0.1°K/sec, 부피가 100ℓ 이고, 부피변화율이 0.2ℓ/sec 일 때 P 의 변화율을 구하여라.

【풀이】 만약 t 가 초단위로 흐르는 시간을 표시하면 주어진 순간에 $T = 300$, $dT/dt = 0.1$, $V = 100$, $dV/dt = 0.2$ 를 얻는다. 그런데 $P = 8.31T/V$ 이므로 연쇄법칙에 의해

$$\begin{aligned}\frac{dP}{dt} &= \frac{\partial P}{\partial T}\frac{dT}{dt} + \frac{\partial P}{\partial V}\frac{dV}{dt}\\ &= \frac{8.31}{V}\frac{dT}{dt} - \frac{8.31T}{V^2}\frac{dV}{dt}\\ &= \frac{8.31}{100}\cdot(0.1) - \frac{8.31\cdot 300}{100^2}\cdot(0.2)\\ &= -0.04155\end{aligned}$$

이다. 따라서 압력은 약 0.042KPa/sec 정도의 비율로 감소한다. □

정리 9.5.1 을 일반화하면 n 변수함수

$$z = f(x_1, x_2, \ldots, x_n), \quad x_1 = x_1(t), \quad x_2 = x_2(t), \quad \ldots, \quad x_n = x_n(t)$$

에 대해서도

$$\frac{dz}{dt} = \frac{\partial z}{\partial x_1}\frac{dx_1}{dt} + \frac{\partial z}{\partial x_2}\frac{dx_2}{dt} + \cdots + \frac{\partial z}{\partial x_n}\frac{dx_n}{dt} \tag{9.27}$$

와 같이 성립한다.

이변수함수 $z = f(x, y)$ 에서 x 와 y 가 각각

$$x = g(u, v), \quad y = h(u, v)$$

와 같이 u, v 의 이변수함수인 경우에 편도함수 $\partial z/\partial u$ 와 $\partial z/\partial v$ 를 구해보자. 먼저 편도함수 $\partial z/\partial u$ 을 얻기 위해 v 를 고정시켜 x, y 를 u 에 관한 일변수함수처럼 보고 정리 9.5.1 을 적용하여 z 를 u 에 관해 편미분하면

$$\frac{\partial z}{\partial u} = \frac{\partial z}{\partial x}\frac{\partial x}{\partial u} + \frac{\partial z}{\partial y}\frac{\partial y}{\partial u}$$

을 얻는다. 이번에는 편도함수 $\partial z/\partial v$을 얻기 위해 u를 고정시켜 x, y를 v에 관한 일변수 함수처럼 보고 정리 9.5.1을 적용하여 z를 v에 관해 편미분하면

$$\frac{\partial z}{\partial v} = \frac{\partial z}{\partial x}\frac{\partial x}{\partial v} + \frac{\partial z}{\partial y}\frac{\partial y}{\partial v}$$

을 얻는다. 따라서 이들 내용을 정리하면 다음과 같다.

정리 9.5.2 $x = g(u, v)$, $y = h(u, v)$이고 $z = f(x, y)$가 미분가능한 함수이고, 편도함수 g_u, g_v, h_u, h_v가 존재하면

$$\frac{\partial z}{\partial u} = \frac{\partial z}{\partial x}\frac{\partial x}{\partial u} + \frac{\partial z}{\partial y}\frac{\partial y}{\partial u}, \qquad \frac{\partial z}{\partial v} = \frac{\partial z}{\partial x}\frac{\partial x}{\partial v} + \frac{\partial z}{\partial y}\frac{\partial y}{\partial v} \tag{9.28}$$

이 성립한다.

정리 9.5.2의 식 (9.5.2)를 쉽게 기억하기 위해 그림 9.10과 같은 그림을 그리는 것은 도움이 된다. 그림을 그리는 방법은 먼저 z가 x, y의 함수임을 알 수 있도록 종속변수 z로

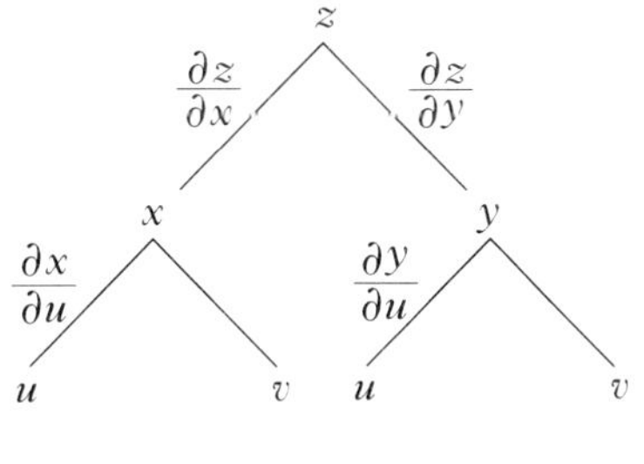

[그림 9.10] 다변수함수의 연쇄법칙

부터 매개변수 x, y까지를 각각 가지로 연결한다. 그런 후에 다시 x, y로부터 독립변수 u, v까지를 가지로 연결한다. 이렇게 한 후에 각각의 가지에는 그들에 대응하는 편도함수를 적는다. 이제 그림이 완성되었으면, 그림을 통하여 편도함수 $\partial z/\partial u$를 얻어 보자. 이를 위해 z로부터 u까지 각각의 경로를 따라 편도함수들을 곱한 후에 다시 이들 결과를 더하면 된다. 이렇게 해서 얻어진 편도함수 $\partial z/\partial u$는

$$\frac{\partial z}{\partial u} = \frac{\partial z}{\partial x}\frac{\partial x}{\partial u} + \frac{\partial z}{\partial y}\frac{\partial y}{\partial u}$$

이다. 위와 유사한 방법으로 편도함수 $\partial z/\partial v$를 얻어 보자. 이를 위해 z로부터 v까지 각각의 경로를 따라 편도함수들을 곱한 후에 다시 이들 결과를 더하면 된다. 이렇게 해서 얻어진 편도함수 $\partial z/\partial v$는

$$\frac{\partial z}{\partial v} = \frac{\partial z}{\partial x}\frac{\partial x}{\partial v} + \frac{\partial z}{\partial y}\frac{\partial y}{\partial v}.$$

정리 9.5.2는 다음 정리 9.5.3에서와 같이 일반적으로 n 변수함수에 대해서도 성립한다.

정리 9.5.3 n 변수함수 $z = f(x_1, x_2, \ldots, x_n)$은 미분가능한 함수이고, 각각의 변수 x_j는 다시 각각 m개의 변수 $t_1, t_2, \ldots, t_m$의 함수로서 이들의 모든 편도함수

$$\partial x_j/\partial t_i \quad (j = 1, 2, \ldots, n,\ \ i = 1, 2, \ldots, m) \tag{9.29}$$

가 존재한다고 하자. 그러면 함수 z는 변수 $t_1, t_2, \ldots, t_m$에 관한 m 변수함수로서 각각의 편도함수는

$$\frac{dz}{dt_i} = \frac{\partial z}{\partial x_1}\frac{\partial x_1}{\partial t_i} + \frac{\partial z}{\partial x_2}\frac{\partial x_2}{\partial t_i} + \cdots + \frac{\partial z}{\partial x_n}\frac{\partial x_n}{\partial t_i} \quad (i = 1, 2, \ldots, m). \tag{9.30}$$

예제 9.5.3 $x = re^s$, $y = re^{-s}$이고 $z = \ln\sqrt{x^2+y^2}$이라 할 때 편도함수 $\partial z/\partial r$와 $\partial z/\partial s$를 각각 구하여라.

【풀이】 일계 편도함수는

$$\frac{\partial z}{\partial x} = \frac{x}{x^2+y^2}, \qquad \frac{\partial z}{\partial y} = \frac{y}{x^2+y^2}, \qquad \frac{\partial x}{\partial r} = e^s,$$
$$\frac{\partial x}{\partial s} = re^s, \qquad \frac{\partial y}{\partial r} = e^{-s}, \qquad \frac{\partial y}{\partial s} = -re^{-s}$$

이므로, 정리 9.5.2로부터 편도함수 $\partial z/\partial r$와 $\partial z/\partial s$는 각각

$$\frac{\partial z}{\partial r} = \frac{x}{x^2+y^2}\cdot e^s + \frac{y}{x^2+y^2}\cdot e^{-s} = \frac{xe^s+ye^{-s}}{x^2+y^2},$$
$$\frac{\partial z}{\partial s} = \frac{x}{x^2+y^2}\cdot re^s + \frac{y}{x^2+y^2}\cdot -re^{-s} = \frac{r(xe^s+ye^{-s})}{x^2+y^2}$$

이다. □

예제 9.5.4 $x = r,\ y = r\cos t,\ z = r\sin t$ 이고 $u(x, y, z) = xy + xz + yz$ 일 때 편도함수 $\partial u/\partial r$ 와 $\partial u/\partial t$ 를 각각 구하여라.

【풀이】 정리 9.5.2 로부터 편도함수 $\partial u/\partial r$ 와 $\partial u/\partial t$ 는 각각

$$\begin{aligned}\frac{\partial u}{\partial r} &= \frac{\partial u}{\partial x}\frac{\partial x}{\partial r} + \frac{\partial u}{\partial y}\frac{\partial y}{\partial r} + \frac{\partial u}{\partial z}\frac{\partial z}{\partial r}\\ &= (y+z)\cdot 1 + (x+z)\cdot \cos t + (x+y)\cdot \sin t\\ &= y + z + x\cos t + z\cos t + x\sin t + y\sin t\\ &= r\cos t + r\sin t + r\cos t + r\sin t\cos t + r\sin t + r\cos t\sin t\\ &= 2r(\cos t + \sin t) + r(2\sin t\cos t)\\ &= 2r(\cos t + \sin t) + r\sin 2t,\end{aligned}$$

$$\begin{aligned}\frac{\partial u}{\partial t} &= \frac{\partial u}{\partial x}\frac{\partial x}{\partial t} + \frac{\partial u}{\partial y}\frac{\partial y}{\partial t} + \frac{\partial u}{\partial z}\frac{\partial z}{\partial t}\\ &= (y+z)\cdot 0 + (x+z)\cdot(-r\sin t) + (x+y)\cdot r\cos t\\ &= (r + r\sin t)\cdot(-r\sin t) + (r + r\cos t)\cdot r\cos t\\ &= -r^2\sin t - r^2\sin^2 t + r^2\cos t + r^2\cos^2 t\\ &= r^2(\cos t - \sin t) + r^2(\cos^2 t - \sin^2 t)\\ &= r^2(\cos t - \sin t) + r^2\cos 2t\end{aligned}$$

이다. □

예제 9.5.5 이변수함수 $z = f(x, y)$ 가 연속인 이계 편도함수를 가지고 있고 $x = r^2 + s^2$ 이고 $y = 2rs$ 일 때 일계 편도함수 $\partial z/\partial r$ 와 이계 편도함수 $\partial^2 z/\partial r^2$ 를 각각 구하여라.

【풀이】 정리 9.5.2 를 이용하면

$$\frac{\partial z}{\partial r} = \frac{\partial z}{\partial x}\frac{\partial x}{\partial r} + \frac{\partial z}{\partial y}\frac{\partial y}{\partial r} = \frac{\partial z}{\partial x}\cdot 2r + \frac{\partial z}{\partial y}\cdot 2s \tag{9.31}$$

이다. 식 (9.31) 에 곱의 법칙을 적용하면

$$\frac{\partial^2 z}{\partial r^2} = \frac{\partial}{\partial r}\left(2r\frac{\partial z}{\partial x} + 2s\frac{\partial z}{\partial y}\right) = 2\frac{\partial z}{\partial x} + 2r\frac{\partial}{\partial r}\left(\frac{\partial z}{\partial x}\right) + 2s\frac{\partial}{\partial r}\left(\frac{\partial z}{\partial y}\right) \tag{9.32}$$

을 얻는다. 식 (9.32) 의 우변에 있는 이계 편도함수를 얻기 위하여 정리 9.5.2 를 적용하면

$$\begin{aligned}\frac{\partial}{\partial r}\left(\frac{\partial z}{\partial x}\right) &= \frac{\partial}{\partial x}\left(\frac{\partial z}{\partial x}\right)\frac{\partial x}{\partial r} + \frac{\partial}{\partial y}\left(\frac{\partial z}{\partial x}\right)\frac{\partial y}{\partial r} = \frac{\partial^2 z}{\partial x^2}\cdot 2r + \frac{\partial^2 z}{\partial y \partial x}\cdot 2s \\ \frac{\partial}{\partial r}\left(\frac{\partial z}{\partial y}\right) &= \frac{\partial}{\partial x}\left(\frac{\partial z}{\partial y}\right)\frac{\partial x}{\partial r} + \frac{\partial}{\partial y}\left(\frac{\partial z}{\partial y}\right)\frac{\partial y}{\partial r} = \frac{\partial^2 z}{\partial x \partial y}\cdot 2r + \frac{\partial^2 z}{\partial y^2}\cdot 2s\end{aligned} \tag{9.33}$$

을 얻는다. 식 (9.33) 의 결과를 식 (9.32) 의 우변에 대입하면

$$\begin{aligned}\frac{\partial^2 z}{\partial r^2} &= 2\frac{\partial z}{\partial x} + 2r\frac{\partial}{\partial r}\left(\frac{\partial z}{\partial x}\right) + 2s\frac{\partial}{\partial r}\left(\frac{\partial z}{\partial y}\right) \\ &= 2\frac{\partial z}{\partial x} + 2r\left(2r\frac{\partial^2 z}{\partial x^2} + 2s\frac{\partial^2 z}{\partial y \partial x}\right) + 2s\left(2r\frac{\partial^2 z}{\partial x \partial y} + 2s\frac{\partial^2 z}{\partial y^2}\right) \\ &= 2\frac{\partial z}{\partial x} + 4r^2\frac{\partial^2 z}{\partial x^2} + 8rs\frac{\partial^2 z}{\partial x \partial y} + 4s^2\frac{\partial^2 z}{\partial y^2}\end{aligned}$$

이다. □

정리 9.5.4 [음함수미분법] y가 $f(x, y) = 0$에 의한 x의 음함수일 때 dy/dx는 편도함수를 이용하여

$$\frac{dy}{dx} = -\frac{\dfrac{\partial f}{\partial x}}{\dfrac{\partial f}{\partial y}}, \qquad \left(\frac{\partial f}{\partial y} \neq 0\right) \tag{9.34}$$

와 같이 나타낼 수 있다.

【증명】 식 $f(x, y) = 0$의 양변을 정리 9.5.2 를 사용하여 x에 관하여 편미분하면

$$\frac{\partial f}{\partial x}\frac{dx}{dx} + \frac{\partial f}{\partial y}\frac{dy}{dx} = 0$$

이다. 따라서 이것을 dy/dx에 관하여 풀면

$$\frac{dy}{dx} = -\frac{\dfrac{\partial f}{\partial x}}{\dfrac{\partial f}{\partial y}}, \qquad \left(\frac{\partial f}{\partial y} \neq 0\right).$$

□

예제 9.5.6 $x\sin y + y\cos x = 0$ 일 때 정리 9.5.4를 이용하여 도함수 dy/dx를 구하여라.

【풀이】 $f(x, y) = x\sin y + y\cos x = 0$ 이라 하자. 그러면 정리 9.5.4에 의해 도함수 dy/dx는

$$\frac{dy}{dx} = -\frac{\dfrac{\partial f}{\partial x}}{\dfrac{\partial f}{\partial y}} = -\frac{\sin y - y\sin x}{x\cos y + \cos x}, \qquad (x\cos y + \cos x \neq 0)$$

이다. □

정리 9.5.4의 증명 방법을 이용하면 다음을 얻을 수 있다.

정리 9.5.5 [음함수미분법] z가 $f(x, y, z) = 0$에 의한 x, y의 이변수음함수일 때

$$\frac{\partial z}{\partial x} = -\frac{\dfrac{\partial f}{\partial x}}{\dfrac{\partial f}{\partial z}}, \qquad \frac{\partial z}{\partial y} = -\frac{\dfrac{\partial f}{\partial y}}{\dfrac{\partial f}{\partial z}}, \qquad \left(\frac{\partial f}{\partial z} \neq 0\right) \tag{9.35}$$

이 성립한다.

예제 9.5.7 $x^3 + y^3 + z^3 + 3xyz = 0$ 일 때 정리 9.5.5를 이용하여 편도함수 $\partial z/\partial x$와 $\partial z/\partial y$를 각각 구하여라.

【풀이】 $f(x, y, z) = x^3 + y^3 + z^3 + 3xyz$ 라 하자. 그러면 정리 9.5.5로부터 편도함수 $\partial z/\partial x$와 $\partial z/\partial y$는 각각

$$\frac{\partial z}{\partial x} = -\frac{\dfrac{\partial f}{\partial x}}{\dfrac{\partial f}{\partial z}} = -\frac{x^2 + yz}{z^2 + xy}, \quad \frac{\partial z}{\partial y} = -\frac{\dfrac{\partial f}{\partial y}}{\dfrac{\partial f}{\partial z}} = \frac{y^2 + xz}{z^2 + xy} \quad (z^2 + xy \neq 0)$$

임을 알 수 있다. □

연습문제(9.5)

1. 연쇄법칙을 사용하여 dw/dt 를 구하고 t 에 관한 항으로 정리하여라.

(1) $w = x^2y^3$; $x = t^3$, $y = t^2$ (2) $w = e^x \sin y + e^y \sin x$; $x = 3t$, $y = 2t$

2. 연쇄법칙을 사용하여 $\partial w/\partial t$ 를 구하고, t 와 s 에 관한 항으로 정리하여라.

(1) $w = x^2y$; $x = st$, $y = s - t$ (2) $w = e^{x^2+y^2}$; $x = s\sin t$, $y = t\sin s$

3. 다음 문제에서 dy/dx 를 구하여라.

(1) $x^2y^3 + \cos y = 0$ (2) $x^3 - 3xy^2 + y^3 = 5$

(3) $e^{xy} + ye^y = 1$ (4) $x - \sqrt{xy} + 3y = 4$

4. $z = f(u, v)$, $u = x + y$, $v = x - y$ 이고 함수 f 의 1계편도함수들이 모두 연속일 때

$$\frac{\partial z}{\partial x}\frac{\partial z}{\partial y} = \left(\frac{\partial f}{\partial u}\right)^2 - \left(\frac{\partial f}{\partial v}\right)^2$$

이 성립함을 증명하여라.

5. $z = f(x, y)$ 의 일계편도함수가 모두 연속이고 $x = r\cos\theta$, $y = r\sin\theta$ 인 극방정식으로 표시될 때 다음을 증명하여라.

(1) $\dfrac{\partial z}{\partial r} = f_x \cos\theta + f_y \sin\theta$ (2) $\dfrac{1}{r}\dfrac{\partial z}{\partial \theta} = -f_x \sin\theta + f_y \cos\theta$

6. $z = f(x/y)$ 일 때 등식

$$x\frac{\partial z}{\partial x} + y\frac{\partial z}{\partial y} = 0$$

이 성립함을 증명하여라.

9.6 방향도함수와 기울기벡터

이변수함수 $z = f(x, y)$에서 x 및 y에 대한 편도함수 $f_x(x, y)$와 $f_y(x, y)$는 각각의 변수 x, y에 대한 순간변화율을 의미한다. 이제 이를 일반화하여 임의의 단위벡터 $\mathbf{u} = (a_1, a_2)$ 방향으로의 변화에 대한 순간변화율에 대하여 생각해 보기로 하자.

그림 9.11과 같이 $z = f(x, y)$의 그래프로 주어지는 곡면 S에서 $z_0 = f(x_0, y_0)$라 하자. 그러면 점 $P(x_0, y_0, z_0)$는 곡면 S위의 점이다. 한 고정점 $P'(x_0, y_0, 0)$을 잡고 점 $Q'(x, y, 0)$이 $\mathbf{u}$방향의 직선을 따라 움직이는 점이라고 하면 곡면 S위에서는 대응하는 점 $Q(x, y, z)$가 직선에 대응하는 곡선 C를 따라 움직이는 점이 된다. 점 P에서 곡선 C에 대한 접선 T의 기울기는 $\mathbf{u}$벡터 방향으로의 함수 z의 변화율이다.

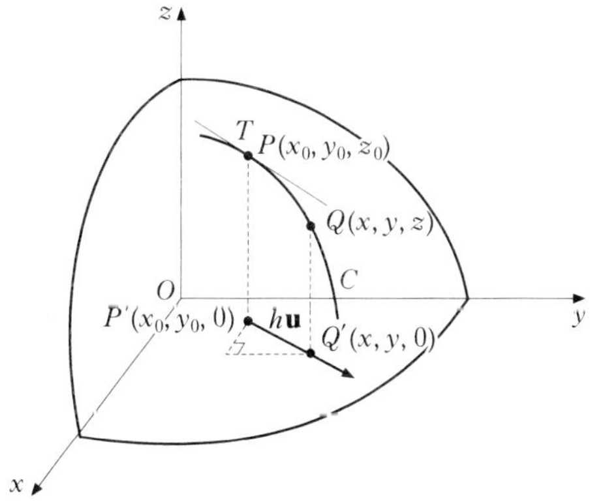

[그림 9.11] 방향도함수

만약 점 P', Q'이 xy-평면 위로 점 P, Q를 투사한 것이라면 벡터 $\overrightarrow{P'Q'}$은 벡터 $\mathbf{u}$에 평행이고

$$\overrightarrow{P'Q'} = h\mathbf{u} = (ha_1, ha_2) \quad (h \in \mathbb{R})$$

이다. 그러므로 $x - x_0 = ha_1$, $y - y_0 = ha_2$ 이다. 따라서

$$\frac{\Delta z}{h} = \frac{z - z_0}{h} = \frac{f(x_0 + ha_1, y_0 + ha_2) - f(x_0, y_0)}{h}$$

이다. 만약 $h \to 0$로 극한을 취하여 극한이 존재하면 $\mathbf{u}$벡터 방향으로의 z의 변화율을 얻고, 이것을 일컬어 $\mathbf{u}$방향으로 함수 f의 **방향도함수**(directional derivative)라고 한다.

정의 9.6.1 이변수함수 $z = f(x, y)$가 점 (x_0, y_0)의 근방 U에서 정의된 함수라 하고, 또한 $\mathbf{u} = (a_1, a_2)$가 단위벡터라 하자. 그러면 단위벡터 $\mathbf{u}$ 방향으로 점 (x_0, y_0)에서의 f의 방향도함수는

$$D_{\mathbf{u}}f(x_0, y_0) = \lim_{h \to 0} \frac{f(x_0 + ha_1, y_0 + ha_2) - f(x_0, y_0)}{h} \tag{9.36}$$

이다.

정의 9.6.1 의 방향도함수와 관련하여 단위벡터 $\mathbf{u}$가 $\mathbf{u} = (1, 0)$이면 $D_{\mathbf{u}}f = D_{\mathbf{i}}f = f_x$이고, $\mathbf{u} = (0, 1)$이면 $D_{\mathbf{u}}f = D_{\mathbf{j}}f = f_y$이다. 따라서 x와 y에 관한 f의 편도함수는 방향도함수의 특별한 경우임을 알 수 있다.

정리 9.6.1 이변수함수 $z = f(x, y)$가 점 (x_0, y_0)에서 미분가능이면 f는 어떤 단위벡터 $\mathbf{u} = (a_1, a_2)$의 방향에서 방향도함수를 갖고

$$D_{\mathbf{u}}f(x_0, y_0) = f_x(x_0, y_0)a_1 + f_y(x_0, y_0)a_2 \tag{9.37}$$

이다.

【증명】 h에 관한 일변수함수 F를

$$F(h) = f(x_0 + ha_1, y_0 + ha_2)$$

와 같이 정의해 보자. 그러면 도함수의 정의에 의해

$$\begin{aligned} F'(0) &= \lim_{h \to 0} \frac{F(h) - F(0)}{h} \\ &= \lim_{h \to 0} \frac{f(x_0 + ha_1, y_0 + ha_2) - f(x_0, y_0)}{h} \\ &= D_{\mathbf{u}}f(x_0, y_0) \end{aligned}$$

을 얻는다. 한편 $g_1(h) = x_0 + ha_1$, $g_2(h) = y_0 + ha_2$라 두면, $F(h) = f(g_1(h), g_2(h))$이고 또한 $g_1(0) = x_0$, $g_2(0) = y_0$이다. 위 식에서 h를 t로, 0을 t_0로 놓고, 연쇄법칙을 이용하여

t_0 에서 $F(t)$ 를 t 에 관하여 미분하면

$$F'(t_0) = f_x(x_0, y_0)g_1'(t_0) + f_y(x_0, y_0)g_2'(t_0), \qquad t_0 = 0$$

이므로

$$D_{\mathbf{u}}f(x_0, y_0) = F'(0) = f_x(x_0, y_0)g_1'(t_0) + f_y(x_0, y_0)g_2'(t_0) = f_x(x_0, y_0)a_1 + f_y(x_0, y_0)a_2$$

이다. □

예제 9.6.1 함수 $f(x, y) = xy^2$ 에 대하여 점 $(-3, 1)$ 에서 벡터 $\mathbf{a} = (1, -2)$ 방향으로의 방향도함수 $D_{\mathbf{u}}f(-3, 1)$ 를 구하여라.

【풀이】 $\mathbf{a}$ 방향의 단위벡터를 $\mathbf{u}$ 라고 놓으면

$$\mathbf{u} = \frac{1}{|\mathbf{a}|}\mathbf{a} = \frac{1}{\sqrt{5}}(1, -2) = \left(\frac{1}{\sqrt{5}}, -\frac{2}{\sqrt{5}}\right)$$

이다. 또한

$$f_x(x, y) = y^2, \qquad f_y(x, y) = 2xy$$

이므로

$$f_x(-3, 1) = 1^2 = 1, \qquad f_y(-3, 1) = 2 \cdot (-3) \cdot 1 = -6$$

이다. 따라서 정리 9.6.1 의 식 (9.37) 로부터

$$D_{\mathbf{u}}f(-3, 1) = f_x(-3, 1) \cdot \frac{1}{\sqrt{5}} + f_y(-3, 1) \cdot \left(-\frac{2}{\sqrt{5}}\right) = 1 \cdot \frac{1}{\sqrt{5}} + (-6) \cdot \left(-\frac{2}{\sqrt{5}}\right) = \frac{13}{5}\sqrt{5}.$$ □

정리 9.6.1 에서 만약 단위벡터 $\mathbf{u}$ 가 x 축의 양의 방향과 이루는 각이 θ 인 경우에는 벡터 $\mathbf{u}$ 를 $\mathbf{u} = (\cos\theta, \sin\theta)$ 와 같이 나타낼 수 있으므로, 이러한 경우에 정리 9.6.1 의 식 (9.37) 은

$$D_{\mathbf{u}}f(x, y) = f_x(x, y)\cos\theta + f_y(x, y)\sin\theta \tag{9.38}$$

와 같이 나타낼 수 있다.

예제 9.6.2 $f(x, y) = x^3 - 3xy + 4y^2$ 이고 단위벡터 $\mathbf{u}$ 가 x 축의 양의 방향과 이루는 각 θ 가 $\theta = \pi/6$ 일 때 방향도함수 $D_{\mathbf{u}}f(1, 2)$ 를 구하여라.

【풀이】 식 (9.38) 로부터

$$D_{\mathbf{u}}f(x, y) = f_x(x, y)\cos\frac{\pi}{6} + f_y(x, y)\sin\frac{\pi}{6} = (3x^2 - 3y)\frac{\sqrt{3}}{2} + (-3x + 8y)\frac{1}{2}$$
$$= \frac{1}{2}\left(3\sqrt{3}x^2 - 3x + \left(8 - 3\sqrt{3}\right)y\right)$$

이다. 따라서 방향도함수 $D_{\mathbf{u}}f(1, 2)$ 는

$$D_{\mathbf{u}}f(1, 2) = \frac{1}{2}\left(3\sqrt{3}\cdot 1^2 - 3\cdot 1 + \left(8 - 3\sqrt{3}\right)\cdot 2\right) = \frac{13 - 3\sqrt{3}}{2}.$$ □

정리 9.6.1 로부터 방향도함수는 벡터의 내적연산을 이용하여

$$\begin{aligned} D_{\mathbf{u}}f(x, y) &= f_x(x, y)a_1 + f_y(x, y)a_2 \\ &= (f_x(x, y), f_y(x, y))\cdot(a_1, a_2) \\ &= (f_x(x, y), f_y(x, y))\cdot\mathbf{u} \end{aligned} \tag{9.39}$$

와 같이 나타낼 수 있다. 이때 벡터 $(f_x(x_0, y_0), f_y(x_0, y_0))$ 를 점 (x_0, y_0) 에서의 f 의 **기울기벡터** 또는 **그래디언트벡터**(gradient vector)라 하고 grad f 또는 ∇f 로 표기하고『del f』라고 읽는다.

정의 9.6.2 이변수함수 $z = f(x, y)$ 가 점 (x_0, y_0) 에서 편미분계수를 가질 때 점 (x_0, y_0) 에서 f 의 기울기벡터는

$$\text{grad}\, f(x_0, y_0) = \nabla f(x_0, y_0) = f_x(x_0, y_0)\mathbf{i} + f_y(x_0, y_0)\mathbf{j} \tag{9.40}$$

와 같이 나타낸다. 단, 여기서의 벡터 $\mathbf{i}$ 와 $\mathbf{j}$ 는 평면에서의 각 축 방향의 단위벡터인 $\mathbf{i} = (1, 0)$ 와 $\mathbf{j} = (0, 1)$ 을 의미한다.

예제 9.6.3 $f(x, y) = \sin xy$ 일 때 점 $(\pi/3, 1)$ 에서의 f 의 기울기벡터를 구하여라.

【풀이】 정의 9.6.2 의 식 (9.40) 으로부터 기울기벡터 $\nabla f(x, y)$ 는

$$\nabla f(x, y) = f_x(x, y)\mathbf{i} + f_y(x, y)\mathbf{j} = y\cos xy\mathbf{i} + x\cos xy\mathbf{j}$$

이므로

$$\nabla f(\pi/3,\ 1) = \left(1 \cdot \cos\frac{\pi}{3}\right)\mathbf{i} + \left(1 \cdot \cos\frac{\pi}{3}\right)\mathbf{j} = \frac{1}{2}\mathbf{i} + \frac{\pi}{6}\mathbf{j}$$

이다. □

기울기벡터에 대한 표기법을 사용하면, 식 (9.39) 의 방향도함수를 내적을 이용하여

$$D_{\mathbf{u}}f(x,\ y) = \nabla f(x,\ y) \cdot \mathbf{u} \tag{9.41}$$

와 같이 다시 쓸 수 있다.

예제 9.6.4 벡터 $\mathbf{a} = 2\mathbf{i} + 5\mathbf{j}$ 의 방향으로 점 (6, −1) 에서의 함수 $f(x,\ y) = x^3y^4$ 의 방향도함수를 구하여라.

【풀이】 점 (6, −1) 에서 기울기벡터를 계산하면

$$\nabla f(x,\ y) = (f_x(x,\ y),\ f_y(x,\ y)) = (3x^2y4,\ 4x^3y^3)$$

이므로 $\nabla f(6,\ -1) = 108\mathbf{i} - 864\mathbf{j}$ 이다. 또한 $\mathbf{a}$ 방향의 단위벡터 $\mathbf{u}$ 는

$$\mathbf{u} = \frac{\mathbf{a}}{|\mathbf{a}|} = \frac{2}{\sqrt{29}}\mathbf{i} + \frac{5}{\sqrt{29}}\mathbf{j}$$

이므로 식 (9.41) 로부터

$$D_{\mathbf{u}}(6,\ -1) = \nabla f(6,\ -1) \cdot \mathbf{u} = (108\mathbf{i} - 864\mathbf{j}) \cdot \left(\frac{2}{\sqrt{29}}\mathbf{i} + \frac{5}{\sqrt{29}}\mathbf{j}\right) = -\frac{4104}{\sqrt{29}}$$

를 얻는다. □

정리 9.6.2 이변수함수 $z = f(x,\ y)$ 에 대하여 점 $(x_0,\ y_0)$ 에서 $D_{\mathbf{u}}f(x_0,\ y_0)$ 의 최댓값은

$$|\nabla f(x_0,\ y_0)| \tag{9.42}$$

이고, 이때 벡터 $\mathbf{u}$ 의 방향은 $\nabla f(x_0,\ y_0)$ 의 방향과 같다.

【증명】 단위벡터 $\mathbf{u}$가 $\nabla f(x_0, y_0)$와 이루는 편각을 θ라 하자. 그러면

$$D_{\mathbf{u}}f(x_0, y_0) = \nabla f(x_0, y_0) \cdot \mathbf{u} = |\nabla f(x_0, y_0)|\,|\mathbf{u}| \cos\theta = |\nabla f(x_0, y_0)| \cos\theta$$

이므로 $D_{\mathbf{u}}f(x_0, y_0)$의 값이 최대가 되는 때는 $\theta = 0$일 때이다. 따라서 $D_{\mathbf{u}}f(x_0, y_0)$의 최댓값은 $\theta = 0$일 때 $|\nabla f(x_0, y_0)|$이며, 이때 벡터 $\mathbf{u}$의 방향은 $\nabla f(x_0, y_0)$의 방향과 같다. □

예제 9.6.5 점 (2, 3)에서의 $f(x, y) = x^2y^3$의 최대인 방향도함수는 얼마이며, 그 때의 방향은 어떠한가?

【풀이】 함수 $f(x, y) = x^2y^3$에 대하여 기울기벡터 $\nabla f(x, y)$는

$$\nabla f(x, y) = f_x(x, y)\mathbf{i} + f_y(x, y)\mathbf{j} = 2xy^3\mathbf{i} + 3x^2y^2\mathbf{j}$$

이므로 $\nabla f(2, 3) = 108\mathbf{i} + 108\mathbf{j}$이다. 그림 9.12에서와 같이 $\nabla f(2, 3)$의 x, y성분이 각각 108로서 같으므로 이때 방향은 $\theta = \pi/4$가 되는 방향이다. 따라서 최대인 방향도함수는

$$|\nabla f(2, 3)| = 108\sqrt{2}$$

이고, 이때의 방향은 $\pi/4$의 방향이다. □

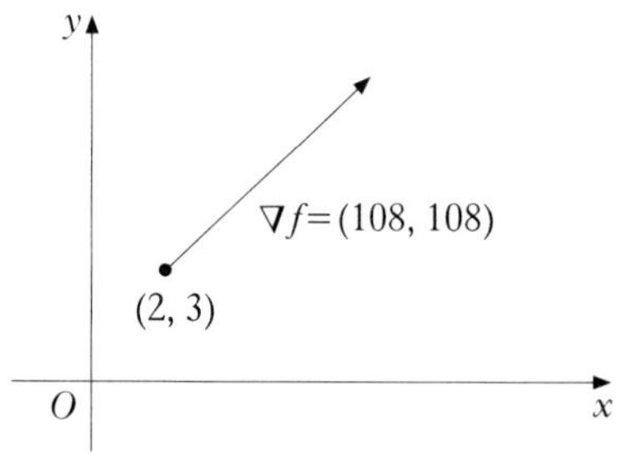

[그림 9.12] 기울기벡터

일반적으로 삼변수함수 $w = f(x, y, z)$일 때도 앞에서의 이론이 일반화 된다. 즉, f가 3변수 x, y, z의 함수이고, 벡터 $\mathbf{i}$, $\mathbf{j}$, $\mathbf{k}$는 삼차원 공간상의 각 축 방향의 단위벡터인 $\mathbf{i} =$

(1, 0, 0), $\mathbf{j} = (0, 1, 0)$, $\mathbf{k} = (0, 0, 1)$을 의미할 때 단위벡터가

$$\mathbf{u} = u_1\mathbf{i} + u_2\mathbf{j} + u_3\mathbf{k}$$

라고 하면

$$D_{\mathbf{u}}f(x, y, z) = f_x u_1 + f_y u_2 + f_z u_3 = (f_x, f_y, f_z) \cdot (u_1, u_2, u_3) = \nabla f(x, y, z) \cdot \mathbf{u}$$

와 같이 나타낸다.

예제 9.6.6 공간상의 점 (x, y, z)에서의 온도가

$$T(x, y, z) = \frac{80}{1 + x^2 + 2y^2 + 3z^2}$$

으로 주어졌다고 하자. 단, T의 단위는 °C이고 x, y, z의 단위는 m이다. 점 $(1, 1, -2)$에서 가장 빨리 온도가 증가하는 방향은? 또 온도의 최대증가율은 얼마인가?

【풀이】 T의 기울기벡터는

$$\begin{aligned}\nabla T &= \frac{\partial T}{\partial x}\mathbf{i} + \frac{\partial T}{\partial y}\mathbf{j} + \frac{\partial T}{\partial z}\mathbf{k} \\ &= -\frac{160x}{(1 + x^2 + 2y^2 + 3z^2)^2}\mathbf{i} - \frac{320y}{(1 + x^2 + 2y^2 + 3z^2)^2}\mathbf{j} - \frac{480z}{(1 + x^2 + 2y^2 + 3z^2)^2}\mathbf{k} \\ &= \frac{160}{(1 + x^2 + 2y^2 + 3z^2)^2}(-x\mathbf{i} - 2y\mathbf{j} - 3z\mathbf{k})\end{aligned}$$

이다. 따라서 점 $(1, 1, -2)$에서 기울기벡터는

$$\nabla T(1, 1, -2) = \frac{160}{256}(-\mathbf{i} - 2\mathbf{j} + 6\mathbf{k}) = \frac{5}{8}(-\mathbf{i} - 2\mathbf{j} + 6\mathbf{k})$$

이다. 따라서 정리 9.6.2를 이용하면 온도는 기울기벡터

$$\nabla T(1, 1, -2) = \frac{5}{8}(-\mathbf{i} - 2\mathbf{j} + 6\mathbf{k})$$

또는 단위벡터 $\mathbf{u} = (-\mathbf{i} - 2\mathbf{j} + 6\mathbf{k})/\sqrt{41}$ 방향으로 가장 빨리 증가한다. 또한 온도의 최대증

가율은 기울기벡터의 크기이므로

$$|\nabla T(1,\ 1,\ -2)| = \frac{5\sqrt{41}}{8}$$

이다. 따라서 온도의 최대증가율은 $5\sqrt{41}/8 \approx 4°\text{C/m}$ 이다. □

연습문제(9.6)

1. 다음의 점 P 에서 벡터 $\mathbf{a}$ 방향으로의 함수 f 의 방향도함수를 구하여라.

(1) $f(x,\ y) = x^2 - 5xy + 3y^2$, $P(3,\ -1)$, $\mathbf{a} = \mathbf{i} + \mathbf{j}$

(2) $f(x,\ y) = \tan^{-1}(y/x)$, $P(4,\ -4)$, $\mathbf{a} = 2\mathbf{i} - 3\mathbf{j}$

(3) $f(x,\ y) = \sqrt{9x^2 - 4y^2 - 1}$, $P(3,\ -2)$, $\mathbf{a} = \mathbf{i} + 5\mathbf{j}$

(4) $f(x,\ y) = x^2 \ln y$, $P(5,\ 1)$, $\mathbf{a} = -\mathbf{i} + 4\mathbf{j}$

(5) $f(x,\ y) = xe^{3y}$, $P(2,\ \pi/4)$, $\mathbf{a} = 5\mathbf{i} + \mathbf{j}$

2. 다음 문제에서 주어진 점과 함수에 대하여 방향도함수 $D_{\mathbf{u}}f$ 가 0 이 되는 단위벡터 $\mathbf{u}$ 를 구하여라.

(1) $f(x,\ y,\ z) = x^2 + y^2 - z^2$; $(2,\ 2,\ -1)$

(2) $f(x,\ y,\ z) = 6xy - x^3 - y^2 + z$; $(1,\ 1,\ 1)$

3. $f(x,\ y,\ z) = ze^{xy}$ 의 점 $(0,\ 1,\ 2)$ 에 가장 빨리 증가하는 방향을 구하여라. 또한 최대 증가율은 얼마인가?

4. 다음을 증명하여라.

(1) $\nabla(f+g) = \nabla f + \nabla g$

(2) $\nabla(af) = a\nabla f$ (단, a 는 상수)

(3) $\nabla(fg) = f\nabla g + g\nabla f$

(4) $\nabla(f^n) = nf^{n-1}\nabla f$ (단, n 은 자연수)

5. 벡터 $\mathbf{r} = x\mathbf{i} + y\mathbf{j}$에 대하여 $r = |\mathbf{r}| = \sqrt{x^2 + y^2}$이라 하자. 함수 $f(r)$이 미분가능일 때 다음을 증명하여라.

(1) $\nabla r = \dfrac{\mathbf{r}}{r}$ (2) $\nabla f(r) = f'(r)\nabla r = \dfrac{f'(r)}{r}\mathbf{r}$

6. 벡터 $\mathbf{r} = x\mathbf{i} + y\mathbf{j}$에 대하여 $r = |\mathbf{r}| = \sqrt{x^2 + y^2}$이라 하자. [문제 5]의 식 (2)를 이용하여 다음을 계산하여라.

(1) $\nabla f(r)$ (단, $f(r) = re^{-3r}$) (2) $\nabla f(r)$ (단, $f(r) = 3r^2$)

9.7 접평면과 법선

그림 9.13 에서와 같이 곡면 S가 $F(x, y, z) = k$로 주어졌다고 하자. 즉, S는 등위곡면을 의미한다.[2] 그리고 점 $P(x_0, y_0, z_0)$을 곡면 S위의 점이라 하자. 또한 C는 S위에 놓여 있으면서 점 P를 통과하는 임의의 곡선이라 하자. 그러면 곡선 C는 연속인 벡터함수로서 매개변수 t를 사용하여 $\mathbf{r}(t) = (x(t), y(t), z(t))$와 같이 나타낼 수 있다. 곡선 C는 곡면 S위에 놓여 있으므로 C위의 임의의 점 $(x(t), y(t), z(t))$는 곡면 S의 방정식을 만족하므로

$$F(x(t),\ y(t),\ z(t)) = k\,. \tag{9.43}$$

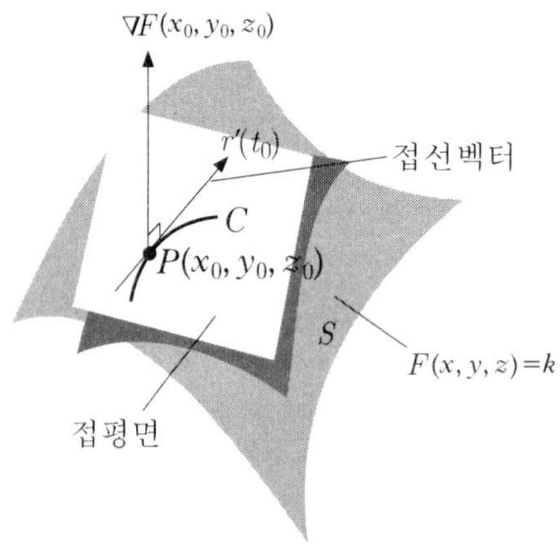

[그림 9.13] 접평면과 법선

이제 $x = x(t)$, $y = y(t)$, $z = z(t)$가 t의 미분가능한 함수이고 F 또한 미분가능한 함수이

---

2) 일정한 상수 k에 대하여 $F(x, y, z) = k$로 정의되는 곡면을 **등위곡면**(level surface)이라고 한다. 즉, 이와 같이 정의된 등위곡면을 S라고 하면 S는 집합적으로

$$S = \{(x, y, z) \in \mathbb{R}^3 \mid F(x, y, z) = k\}$$

을 의미한다.

면 식 (9.43)의 양변을 t에 관하여 미분하면, 연쇄법칙으로부터

$$\frac{\partial F}{\partial x}\frac{dx}{dt}+\frac{\partial F}{\partial y}\frac{dy}{dt}+\frac{\partial F}{\partial z}\frac{dz}{dt}=0 \tag{9.44}$$

을 얻는다. 그런데 $\nabla F=(F_x, F_y, F_z)$이고 $\mathbf{r}'(t)=(x'(t), y'(t), z'(t))$이므로 식 (9.44)는 내적을 이용해 $\nabla F\cdot\mathbf{r}'(t)=0$과 같이 나타낼 수 있다. 특히 $t=t_0$에서 $\mathbf{r}(t_0)=(x_0, y_0, z_0)$이므로

$$\nabla F(x_0, y_0, z_0)\cdot\mathbf{r}'(t_0)=0\,. \tag{9.45}$$

식 (9.45)는 점 P에서의 기울기벡터인 $\nabla F(x_0, y_0, z_0)$가 P를 통과하는 S위에 놓인 임의의 곡선 C에 대한 접선벡터 $\mathbf{r}'(t_0)$에 수직임을 의미한다.

정의 9.7.1 등위곡면 $F(x, y, z)=k$가 이 곡면 위의 점 $P(x_0, y_0, z_0)$에서 미분가능하고 $\nabla F(x_0, y_0, z_0)\neq 0$이라 하자. 이때 점 P를 통과하고 $\nabla F(x_0, y_0, z_0)$에 수직인 평면을 점 $P(x_0, y_0, z_0)$에서의 곡면 $F(x, y, z)=k$에 대한 **접평면**(tangent plane)이라 하고, $\nabla F(x_0, y_0, z_0)$는 곡면 위의 점 $P(x_0, y_0, z_0)$에서의 **법선벡터**(normal vector)라고 한다. 또한 점 P를 통과하면서 접평면에 수직인 직선을 점 P에서의 곡면에 대한 **법선**(normal line)이라고 한다.

정리 9.7.1 등위곡면 $F(x, y, z)=k$ 위의 점 $P(x_0, y_0, z_0)$에서의 접평면의 방정식은

$$F_x(x_0, y_0, z_0)(x-x_0)+F_y(x_0, y_0, z_0)(y-y_0)+F_z(x_0, y_0, z_0)(z-z_0)=0 \tag{9.46}$$

이고, 법선의 방정식은

$$\frac{x-x_0}{F_x(x_0, y_0, z_0)}=\frac{y-y_0}{F_y(x_0, y_0, z_0)}=\frac{z-z_0}{F_z(x_0, y_0, z_0)}\,. \tag{9.47}$$

【증명】 접평면 위의 임의의 점을 (x, y, z)라고 놓으면 벡터 $(x-x_0, y-y_0, z-z_0)$와 기울기벡터 $\nabla F(x_0, y_0, z_0)$은 서로 수직이다(정의 9.7.1 참조). 따라서

$$\nabla F(x_0, y_0, z_0)\cdot(x-x_0, y-y_0, z-z_0)=0$$

이므로, 등위곡면 $F(x, y, z) = k$ 위의 점 $P(x_0, y_0, z_0)$ 에서의 접평면의 방정식은

$$F_x(x_0, y_0, z_0)(x - x_0) + F_y(x_0, y_0, z_0)(y - y_0) + F_z(x_0, y_0, z_0)(z - z_0) = 0$$

이다. 또한 벡터 $\nabla F(x_0, y_0, z_0)$ 는 접평면에 수직이므로 점 $P(x_0, y_0, z_0)$ 을 지나는 법선의 방정식은

$$\frac{x - x_0}{F_x(x_0, y_0, z_0)} = \frac{y - y_0}{F_y(x_0, y_0, z_0)} = \frac{z - z_0}{F_z(x_0, y_0, z_0)}.$$ □

따름정리 9.7.2 곡면 S 가 $z = f(x, y)$ 의 형태, 즉 곡면 S 가 이변수함수 f 의 그래프로 주어진 경우에, 곡면 S 위의 점 $P(x_0, y_0, z_0)$ 에서의 접평면의 방정식은

$$f_x(x_0, y_0)(x - x_0) + f_y(x_0, y_0)(y - y_0) - (z - z_0) = 0 \tag{9.48}$$

이고, 법선의 방정식은

$$\frac{x - x_0}{f_x(x_0, y_0)} = \frac{y - y_0}{f_y(x_0, y_0)} = \frac{z - z_0}{-1}. \tag{9.49}$$

【증명】 주어진 곡면 S 를

$$f(x, y) - z = 0 \tag{9.50}$$

와 같이 나타낸 후에 이 곡면을 등위곡면 $F(x, y, z) = k$ 의 형태와 비교하면

$$F(x, y, z) = f(x, y) - z, \qquad k = 0 \tag{9.51}$$

이다. 이때 식 (9.51) 로부터

$$F_x(x_0, y_0, z_0) = f_x(x_0, y_0), \quad F_y(x_0, y_0, z_0) = f_y(x_0, y_0), \quad F_z(x_0, y_0, z_0) = -1 \tag{9.52}$$

을 얻는다. 따라서 식 (9.52) 를 정리 9.7.1 의 식 (9.46) 과 (9.47) 에 각각 대입하여 정리하면 식 (9.48) 과 (9.49) 를 얻는다. □

예제 9.7.1 곡면 $x^2 + y^2 + z^2 = 4$ 위의 점 $(-1, 1, \sqrt{2})$ 에서의 접평면의 방정식과 법선의 방정식을 구하여라.

【풀이】 $F(x, y, z) = x^2 + y^2 + z^2$ 이라고 하면

$$F_x(-1, 1, \sqrt{2}) = 2, \quad F_y(-1, 1, \sqrt{2}) = 2, \quad F_z(-1, 1, \sqrt{2}) = 2\sqrt{2}$$

이다. 따라서 구하는 접평면의 방정식은 정리 9.7.1 의 식 (9.46) 으로부터

$$-2(x+1) + 2(y-1) + 2\sqrt{2}(z - \sqrt{2}) = 0$$

이므로, 이를 간단히 하면

$$x - y - \sqrt{2}z + 4 = 0$$

이다. 또한 점 $(-1, 1, \sqrt{2})$ 를 지나는 법선의 방정식은 정리 9.7.1 의 식 (9.47) 로부터

$$\frac{x+1}{-1} = \frac{y-1}{1} = \frac{z-\sqrt{2}}{\sqrt{2}}$$

임을 알 수 있다. □

예제 9.7.2 곡면 $f(x, y) = 6 - 3x^2 - y^2$ 위의 점 $(1, 2, -1)$ 에서의 접평면의 방정식과 법선의 방정식을 구하여라.

【풀이】 $f(x, y) = 6 - 3x^2 - y^2$ 이라고 하면

$$f_x(1, 2) = -6, \quad f_y(1, 2) = -4$$

이다. 따라서 구하는 접평면의 방정식은 따름정리 9.7.2 의 식 (9.48) 로부터

$$-6(x-1) - 4(y-2) - (z+1) = 0$$

이므로, 이를 간단히 하면

$$6x + 4y + z - 13 = 0$$

이다. 또한 점 $(1, 2, -1)$ 를 지나는 법선의 방정식은 따름정리 9.7.2 의 식 (9.49) 로부터

$$\frac{x-1}{6} = \frac{y-2}{4} = \frac{z+1}{1}$$

임을 알 수 있다. □

연습문제(9.7)

1. 다음 각 점 P 에서의 주어진 곡면의 접평면의 방정식을 구하여라.

(1) $f(x, y) = xy - x + y + 5, \quad P(0, 2, 7)$

(2) $f(x, y) = \sin \pi xy, \quad P(-\sqrt{2}, \sqrt{2}, 0)$

(3) $f(x, y) = (2 + x - y)^2, \quad P(2, 1, 9)$

2. 다음 각 점 P 에서의 주어진 곡면의 접평면의 방정식과 법선의 방정식을 구하여라.

(1) $x^2 + y^2 + z^2 = 49, \quad P(2, 3, 6)$ (2) $xy + yz + zx = 11, \quad P(1, 2, 3)$

3. 법선이 두 점 $P(1, -2, 1)$ 과 $Q(4, 0, -1)$ 을 지나는 직선에 평행하게 되는 곡면 $x^2 + y^2 - z^2 = 1$ 위의 점을 모두 구하여라.

4. 구 $x^2 + y^2 + z^2 = 1$ 에 수직인 모든 직선들은 원점을 지나게 됨을 증명하여라.

5. 곡면 $z = x^2 - 2xy - y^2 - 8x + 4y$ 위에서 접평면이 수평인 점들을 모두 구하여라.

6. 곡면 $x^2 + 4y + z^2 = 0$ 과 $x^2 + y^2 + z^2 - 6z + 7 = 0$ 이 점 $(0, -1, 2)$ 에서 서로 접하는 것을 밝혀라. 즉, 점 $(0, -1, 2)$ 에서 두 곡면 위의 접평면이 같다는 것을 밝혀라.

7. 두 곡면이 교점 $P(x, y, z)$ 에서 직교한다(orthogonal)는 것은 점 P 에서의 두 곡면의 법선이 서로 직교하는 것을 의미한다. 두 곡면 $F(x, y, z) = 0$ 과 $G(x, y, z) = 0$ 이 주어졌을 때(F 와 G 가 모두 연속인 편도함수를 갖는다고 하자.) 이 점 P 에서 직교할 필요충분조건

$$F_xG_x + F_yG_y + F_zG_z = 0$$

임을 증명하여라.

8. 구면 $x^2 + y^2 + z^2 = a^2$ 과 원뿔면 $x^2 + y^2 - z^2 = 0$ 은 만나는 모든 점에서 직교함을 증명하여라.

9.8 이변수함수의 최댓값과 최솟값

이 절에서는 편도함수를 이용하여 이변수함수 $z = f(x, y)$의 최댓값과 최솟값을 어떻게 구하는지 알아본다.

정의 9.8.1 이변수함수 $z = f(x, y)$가 점 (x_0, y_0)의 근방에 있는 임의의 점 (x, y)에 대하여

$$f(x, y) \leq f(x_0, y_0) \tag{9.53}$$

이면 $f(x_0, y_0)$를 $f(x, y)$의 **극댓값**(relative maximum)이라 하고, 반면에

$$f(x, y) \geq f(x_0, y_0) \tag{9.54}$$

이면 $f(x_0, y_0)$를 $f(x, y)$의 **극솟값**(relative minimum)이라고 한다. 극댓값과 극솟값을 통틀어 **극값**이라고 한다.

이변수함수 $z = f(x, y)$의 정의역의 모든 점 (x, y)에서 정의 9.8.1 내의 부등식이 성립할 때 이변수함수 $z = f(x, y)$는 점 (x_0, y_0)에서 **최댓값**(또는 **최솟값**)으로 $f(x_0, y_0)$를 가진다고 한다.

여러 개의 극댓값과 극솟값을 갖는 함수의 그래프는 그림 9.14와 같이 그려진다.

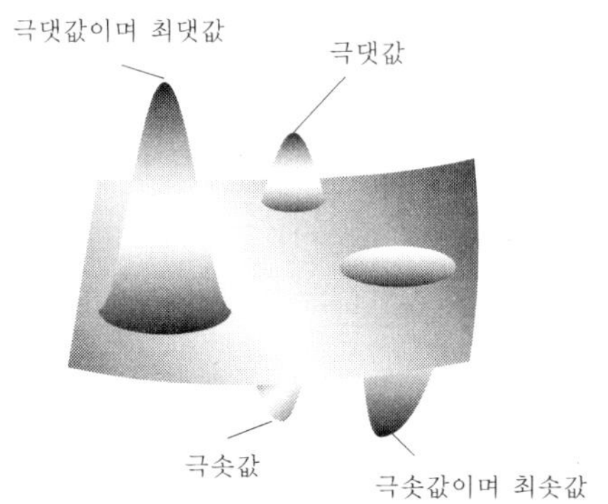

[그림 9.14] 함수의 극대, 극소 및 최대, 최소

극댓값을 산의 맨 꼭대기의 점으로 극솟값을 계곡의 맨 아래의 점으로 생각할 수 있다. 이

변수함수 $z = f(x, y)$ 가 점 (x_0, y_0) 에서 극값(극댓값 또는 극솟값)을 가지며 $g(x)$, $G(y)$ 는 각각 $g(x) = f(x, y_0)$ 이고 $G(y) = f(x_0, y)$ 라고 하자. 그러면 g 는 x 에서 극값을 가지며 또 G 역시 y_0 에서 극값을 갖는다. 그러므로 $f_x(x_0, y_0)$ 와 $f_y(x_0, y_0)$ 가 존재하면

$$f_x(x_0, y_0) = g'(x_0) = 0, \qquad f_y(x_0, y_0) = G'(y_0) = 0$$

이다. 따라서 다음의 정리를 얻을 수 있다.

정리 9.8.1 이변수함수 $z = f(x, y)$ 가 점 (x_0, y_0) 의 근방에서 연속이고 $f_x(x_0, y_0)$, $f_y(x_0, y_0)$ 가 존재해서 점 (x_0, y_0) 에서 극값을 가지면

$$f_x(x_0, y_0) = 0, \qquad f_y(x_0, y_0) = 0 \tag{9.55}$$

이 성립한다.

예제 9.8.1 이변수함수 $f(x, y) = x^2 + y^2 + 2x - 4y$ 에서 f 의 극값을 구하여라.

【풀이】 $f_x = 2x + 2 = 0$, $f_y = 2y - 4 = 0$ 을 연립하여 풀면 $x = -1$, $y = 2$ 이고 $f(-1, 2) = -5$ 이다. 그런데 $(-1, 2)$ 근방에서는

$$f(x, y) = (x + 1)^2 + (y - 2)^2 - 5 > -5 = f(-1, 2)$$

이므로 이 함수는 $(-1, 2)$ 에서 극솟값 -5 를 갖는다. □

예제 9.8.2 이변수함수 $f(x, y) = y^2 - x^2$ 에서 f 의 극값을 구하여라.

【풀이】 $f_x = -2x = 0$, $f_y = 2y = 0$ 을 연립하여 풀면 $x = 0$, $y = 0$ 이고 $f(0, 0) = 0$ 이다. 그런데 $(0, 0)$ 의 근방에서 $x = 0$ 일 때 $f(0, y) = y^2 > 0$ 이고, $y = 0$ 일 때 $f(x, 0) = -x^2 < 0$ 이다. 따라서 중심 $(0, 0)$ 의 근방 내의 점들에 대해서 f 가 양의 값을 취하기도 하고 음의 값을 취하기도 한다. 따라서 $f(0, 0) = 0$ 는 f 의 극값이 될 수 없다. 그러므로 주어진 함수는 그림 9.15 에서 알 수 있는 바와 같이 극값을 갖지 않는다. □

예제 9.8.2 에서의 이변수함수 $f(x, y) = y^2 - x^2$ 의 그래프는 쌍곡포물선 $z = x^2 - y^2$ 으로서 원점 $(0, 0)$ 에서 xy-평면에 수평인 접평면을 갖는다. 특히 $f(0, 0) = 0$ 는 x 축 방향에서는 최대이나 y 축 방향에서는 최소라는 것을 그림 9.15 에서 알 수 있다. 따라서 이 이변수

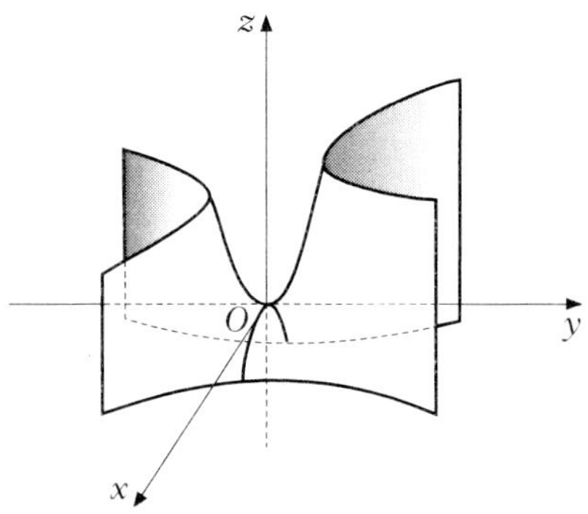

[그림 9.15] 말안장점

함수는 원점 (0, 0)의 근방에서 그래프가 말안장 모양을 한다. 이러한 의미에서 이때의 원점 (0, 0)를 이변수함수 f의 **말안장점**(saddle point)이라고 한다.

다음은 일변수함수의 이계도함수 판정법과 유사한 정리로서 이변수함수의 극값을 판정하는데 유용한 정리이다.

정리 9.8.2 이변수함수 $z = f(x, y)$가 점 (x_0, y_0)의 근방에서 연속인 이계 편도함수를 갖고, $f_x(x_0, y_0) = 0$, $f_y(x_0, y_0) = 0$(즉, 점 (x_0, y_0)는 f의 임계점)일 때 D를

$$D = D(x_0, y_0) = f_{xx}(x_0, y_0)f_{yy}(x_0, y_0) - (f_{xy}(x_0, y_0))^2 \tag{9.56}$$

이라 하자. 이때

(1) $D > 0$, $f_{xx}(x_0, y_0) < 0$ (또는 $f_{yy}(x_0, y_0) < 0$)이면 $f(x_0, y_0)$는 극댓값이다.

(2) $D > 0$, $f_{xx}(x_0, y_0) > 0$ (또는 $f_{yy}(x_0, y_0) > 0$)이면 $f(x_0, y_0)$는 극솟값이다.

(3) $D < 0$ 이면 $f(x_0, y_0)$는 극값이 아니고, 이때의 점 (x_0, y_0)는 말안장점이다.

(4) $D = 0$ 이면 점 (x_0, y_0)에서의 극대, 극소를 판정할 수 없다.

정리 9.8.2의 (3)의 경우에 점 (x_0, y_0)는 이변수함수 f의 말안장점이고, 이때 f의 그래프는 점 (x_0, y_0)에서 그 접평면이 교차한다. 또한 (4)에서와 같이 $D = 0$ 이면 이변수함수 f는 점 (x_0, y_0)에서 극댓값 또는 극솟값을 갖는지 판정이 불가능하며, 점 (x_0, y_0)가 말안

장점이 될 수도 있다. 예를 들어 다음과 같은 세 개의 이변수함수

$$f(x, y) = y^4 - x^4, \quad g(x, y) = x^4 + y^4, \quad h(x, y) = x^5 + x^3 + y^3$$

에서 각 경우에 $D(0, 0) = 0$ 인데, f 는 점 $(0, 0)$ 이 말안장점이고, g 는 점 $(0, 0)$ 에서 극솟값을 가지며, h 는 점 $(0, 0)$ 에서 극값을 갖지 않고 또 말안장점도 아니다.

예제 9.8.3 이변수함수 $f(x, y) = x^2 - 2xy - \frac{1}{3}y^3 - 3y$ 에서 f 의 극값을 구하여라.

【풀이】 먼저 임계점을 찾아보자. $f_x(x, y) = 2x - 2y = 0$, $f_y(x, y) = -2x + y^2 - 3 = 0$ 을 연립하여 풀면 2개의 임계점 $(3, 3)$, $(-1, -1)$ 을 얻는다. 다음은 $D(x, y)$ 를 구하는데 필요한 이계 편도함수들을 구하면

$$f_{xx}(x, y) = 2, \quad f_{yy}(x, y) = 2y, \quad f_{xy}(x, y) = -2$$

이므로

$$D(x, y) = f_{xx}(x, y)f_{yy}(x, y) - (f_{xy}(x, y))^2 = 4y - 4$$

이다. 따라서 임계점 $(3, 3)$ 에서의 $D(3, 3)$ 은

$$D(3, 3) = 4 \cdot 3 - 4 = 8 > 0$$

이고, 임계점 $(-1, -1)$ 에서의 $D(-1, -1)$ 은

$$D(-1, -1) = 4 \cdot (-1) - 4 = -8 < 0$$

이다. 따라서 $D(3, 3) > 0$ 이고 $f_{xx}(3, 3) = 2 > 0$ 이므로 $f(3, 3) = -9$ 는 극솟값이다. 또한 $D(-1, -1) < 0$ 이므로 점 $(-1, -1)$ 은 f 의 말안장점이다. 주어진 이변수함수 $f(x, y)$ 의 그래프는 그림 9.16 과 같다. □

예제 9.8.4 원점과 곡면 $z^2 = x^2y + 4$ 사이의 최소거리를 구하여라.

【풀이】 곡면상의 임의의 점 $P(x, y, z)$ 로부터 원점 $(0, 0, 0)$ 까지의 거리를 d 라고 놓으면 $d^2 = x^2 + y^2 + z^2$ 이다. 따라서 d^2 은

$$d^2 = f(x, y) = x^2 + y^2 + x^2y + 4$$

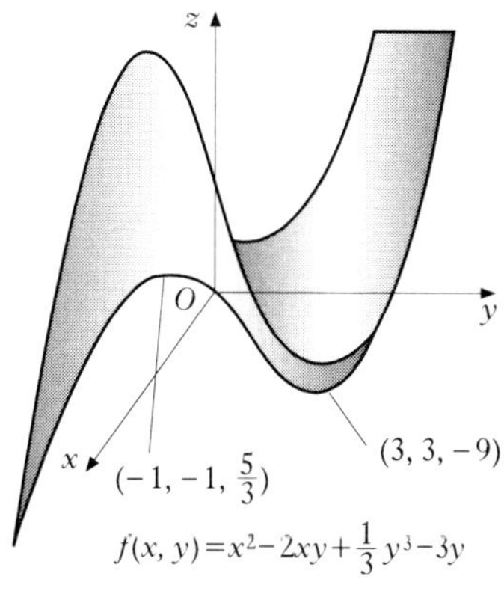

[그림 9.16]

이고 x, y의 이변수함수이다. 따라서 이변수함수 $f(x, y)$의 $f_x = 0$, $f_y = 0$, 즉

$$f_x(x,\ y) = 2x + 2xy = 0, \qquad f_y(x,\ y) = 2y + x^2 = 0$$

을 연립하여 풀면 세 개의 임계점 $(0, 0)$, $(\sqrt{2}, -1)$, $(-\sqrt{2}, -1)$을 얻는다. 또 $D(x, y)$를 구하는데 필요한 이계 편도함수들을 구하면

$$f_{xx}(x,\ y) = 2 + 2y, \qquad f_{yy}(x,\ y) = 2, \qquad f_{xy}(x,\ y) = 2x$$

이므로

$$D(x,\ y) = f_{xx}(x,\ y)f_{yy}(x,\ y) - (f_{xy}(x,\ y))^2 = (2 + 2y)\cdot 2 - (2x)^2 = -4(x^2 - y - 1)$$

이다. 따라서 임계점 $(0, 0)$에서의 $D(0, 0)$은

$$D(0,\ 0) = -4(0^2 - 0 - 1) = 4 > 0$$

이고, 임계점 $(-\sqrt{2}, -1)$에서의 $D(-\sqrt{2}, -1)$은

$$D(-\sqrt{2},\ -1) = -4(2 - (-1) - 1) = -8 < 0$$

이고, 임계점 $(\sqrt{2}, -1)$ 에서의 $D(\sqrt{2}, -1)$ 은

$$D(\sqrt{2}, -1) = -4(2 - (-1) - 1) = -8 < 0$$

이다. 따라서 정리 9.8.2 로부터 점 $(\sqrt{2}, -1)$, $(-\sqrt{2}, -1)$ 에서는 극값을 갖지 않는다. 그러나 $D(0, 0) = 4 > 0$ 이고 $f_{xx}(0, 0) = 2 > 0$ 이므로 점 $(0, 0)$ 에서 극솟값 $f(0, 0) = 4$ 을 갖는다. 따라서 d^2 은 점 $(0, 0)$ 에서 최소가 되어 최솟값은 $d^2 = 4$ 이다. 따라서 원점으로부터 주어진 곡면까지의 최소거리는 $d = 2$ 이다. □

일변수함수 f 에 관한 최대최소정리[3)]에 의해 $[a, b]$ 에서 f 가 연속이면 f 는 $[a, b]$ 에서 최댓값과 최솟값을 갖는다. 이와 비슷하게 이변수함수에서도 $\mathbb{R}^2$ 상의 유계인 폐집합 D 에서 이변수함수 $z = f(x, y)$ 가 연속이면 D 안에 있는 어떤 점 (x_1, y_1), (x_2, y_2) 에서 최댓값 $f(x_1, y_1)$ 과 최솟값 $f(x_2, y_2)$ 를 갖는다. 따라서 유계인 폐집합 D 에서 연속인 이변수함수 $z = f(x, y)$ 의 최댓값, 최솟값을 구하기 위해서는 D 에 있는 임계점에서의 함숫값을 구하고 또 D 의 경계에서 f 의 함숫값을 구한 다음 여기서 구한 함숫값 중에서 가장 큰 값이 최댓값이고 가장 작은 값이 최솟값이다.

예제 9.8.5 영역

$$D = \{(x, y) \mid 0 \le x \le 1,\ \ 0 \le y \le 1\}$$

에서 이변수함수 $f(x, y) = xy - x^2$ 의 최댓값과 최솟값을 구하여라(그림 9.17 참조).

【풀이】 이변수함수 $f(x, y) = xy - x^2$ 은 다항식이므로 D 에서 연속이다. 따라서 주어진 함수 f 의 최댓값과 최솟값이 존재한다. 먼저 $f_x(x, y) = y - 2x = 0$ 과 $f_y(x, y) = x = 0$ 을 연립하여 풀면 유일한 임계점은 $(0, 0)$ 이고, 이 점에서의 함숫값은 $f(0, 0) = 0$ 이다. 다음은 그림 9.17 에서 네 개의 선분 l_1, l_2, l_3, l_4 로 구성된 D 의 경계에서 f 의 값을 찾는다.

(i) l_1 에서 $x = 0$ 이고 $0 \le y \le 1$ 이고 $f(0, y) = 0$ 이므로 l_1 에서 f 의 값은 0 이다.

(ii) l_2 에서 $y = 0$ 이고 $0 \le x \le 1$ 이고 $f(x, 0) = -x^2$ 이므로 l_2 에서 f 의 최댓값은 0 이고 최솟값은 -1 이다.

(iii) l_3 에서 $x = 1$ 이고 $0 \le y \le 1$ 이고 $f(1, y) = y - 1$ 이므로 l_3 에서 f 의 최댓값은 0 이고 최솟값은 -1 이다.

---

3) 함수에 관한 최대최소정리(36쪽, 정리 1.4.5 참조)

(iv) l_4 에서 $y = 1$ 이고 $0 \le x \le 1$ 이고 $f(x, 1) = x - x^2$ 이므로 l_4 에서 f 의 최댓값은 1/4 이고 최솟값은 0 이다.

따라서 주어진 영역 D 에서 함수 f 의 최댓값과 최솟값은 각각

$$\max\{-1, 0, 1/4\} = 1/4, \qquad \min\{-1, 0, 1/4\} = -1$$

임을 알 수 있다. □

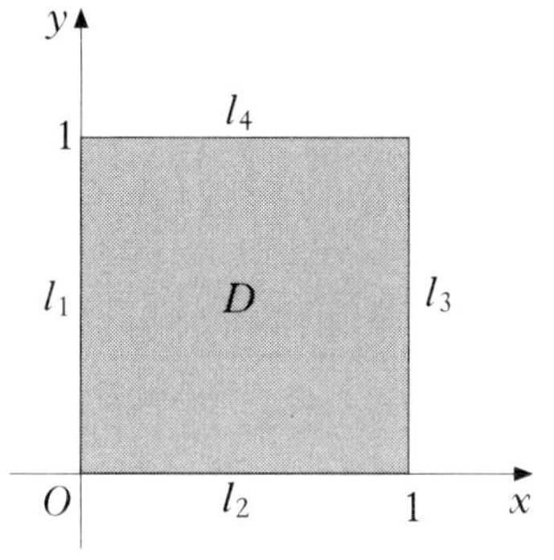

[그림 9.17]

연습문제(9.8)

1. 주어진 이변수함수의 모든 임계점을 구하고, 그 점이 극대나 극소 혹은 말안장점인지를 결정하여라.

(1) $f(x, y) = x - xy + y^4 + 4$

(2) $f(x, y) = 3x^2 - 2xy + y^2 - 8y$

(3) $f(x, y) = 4xy - x^4 - y^4$

(4) $f(x, y) = x^2 + y^2 - 2x - 6y + 14$

2. 뚜껑이 없는 직육면체의 상자를 만드는데 부피가 $32\,\text{m}^3$ 가 되게 하려 할 때 겉넓이가 최소가 되는 가로, 세로, 높이를 구하여라.

제 10 장

다중적분

이 장에서는 다변수함수의 적분론과 치환적분법에 관하여 학습한다. 적분론은 그리스 최대의 수학자 중 한 사람인 아르키메데스[1]의 업적에서도 발견할 수 있으며, 그의 묘비에는 구면의 넓이와 구의 부피를 구하는 방법이 묘사되어 있다. 적분론은 일차원 공간에서는 길이를 재고, 이차원 공간에서는 넓이를 재며, 삼차원 공간에서는 부피를 재는 방법을 알려 준다. 이와 같은 방법으로 우리는 일반적인 n차원 공간에서의 크기를 잴 수 있다.

공간에서 정의된 다변수함수의 적분론은 물리학을 비롯한 여러 응용과학에서 중요한 법칙들을 기술하는데 필수적인 도구로 사용되고 있으며, 일반적으로 미적분학의 기본정리는 공간과 함수의 쌍대성을 의미한다고 생각 할 수 있다.

10.1 적분가능 함수

5장에서는 구간에서 정의된 실수값을 갖는 연속함수에 관한 정적분을 공부하였다. 여기서는 이변수 또는 삼변수함수와 같은 다변수함수의 적분인 이중적분, 삼중적분을 정의

1) 아르키메데스(Archimedes, 287 B.C. ~ 212 B.C.) : 그리스의 수학자·물리학자·철학자

하여, 보다 복잡한 영역의 넓이, 입체의 부피, 이차원 또는 삼차원 물체의 무게중심 등을 계산하는 방법들에 관하여 자세히 알아본다. 이와 같은 다변수함수에 관한 적분을 **다중적분**(multiple integral)이라고 한다.

이제 함수 f가 직사각형 영역

$$R = [a, b] \times [c, d] = \{(x, y) \in \mathbb{R}^2 \mid a \leq x \leq b,\ \ c \leq y \leq d\} \tag{10.1}$$

에서 정의된 이변수 연속함수일 때, 함수 f가 적분가능하다는 개념을 정의하도록 하자.

5.1절에서 일변수함수의 정적분을 정의할 때와 마찬가지로, 구간 $[a, b]$와 $[c, d]$의 분할을 각각

$$P_1 = \{x_0, x_1, x_2, \ldots, x_m\}, \qquad P_2 = \{y_0, y_1, y_2, \ldots, y_n\} \tag{10.2}$$

이라 두었을 때, 집합

$$P = P_1 \times P_2 = \{(x_i, y_j) \mid x_i \in P_1,\ \ y_j \in P_2\} \tag{10.3}$$

을 가리켜 영역 R의 **분할**(partition)이라고 한다(그림 10.1 참조). 이때 $1 \leq i \leq m$, $1 \leq j \leq n$에 대하여

$$P_{ij} = [x_{i-1}, x_i] \times [y_{j-1}, y_j], \qquad A_{ij} = (x_i - x_{i-1})(y_j - y_{j-1}),$$

$$\delta_{ij} = P_{ij}\text{의 대각선의 길이}, \qquad |P| = \max\{\delta_{ij} \mid 1 \leq i \leq m,\ \ 1 \leq j \leq n\}$$

이라 두자. 여기서 $|P|$를 분할 P의 **노름**(norm)이라고 한다.

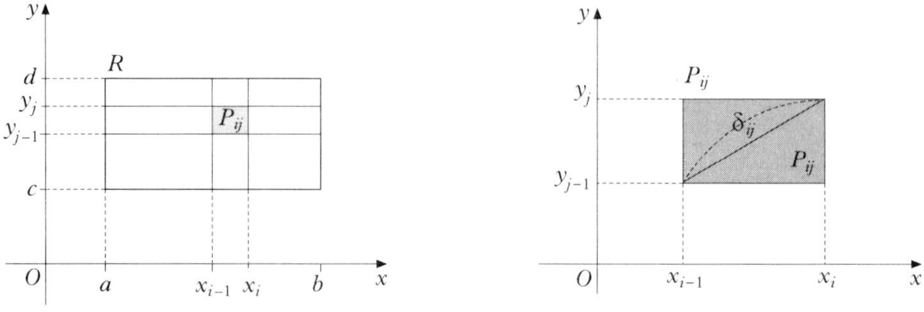

[그림 10.1] 영역 R의 분할

그러면 $1 \le i \le m$, $1 \le j \le n$ 에 대하여 $(\bar{x}_i, \bar{y}_j)$ 가 P_{ij} 의 임의의 한 점일 때,

$$\sum_{i=1}^{m} \sum_{j=1}^{n} f(\bar{x}_i, \bar{y}_j) A_{ij} \tag{10.4}$$

를 영역 R 에서 함수 f 의 **이중 리만합**(double Riemann sum)이라고 한다.

정의 10.1.1 영역 R 에서 유계인 함수 $f(x, y)$ 의 **이중적분**(double integral)은

$$\iint_R f(x, y)\, dA = \lim_{|P| \to 0} \sum_{i=1}^{m} \sum_{j=1}^{n} f(\bar{x}_i, \bar{y}_j) A_{ij} \tag{10.5}$$

로 정의하고, $\int_R f$ 또는 $\iint_R f(x, y)\, dx\, dy$ 로 나타내기도 한다. 또한 $\iint_R f(x, y)\, dA$ 가 존재하면, 함수 f 는 영역 R 에서 **적분가능**(integrable)하다고 한다.

만일 xy-평면의 부분영역 R 에서 $f(x, y) \ge 0$ 이면, 이때의 이중적분 $\int_R f$ 는 영역 R 위로 그리고 그래프 f 의 아래로 경계 지어지는 입체의 부피를 나타낸다(그림 10.2 참조).

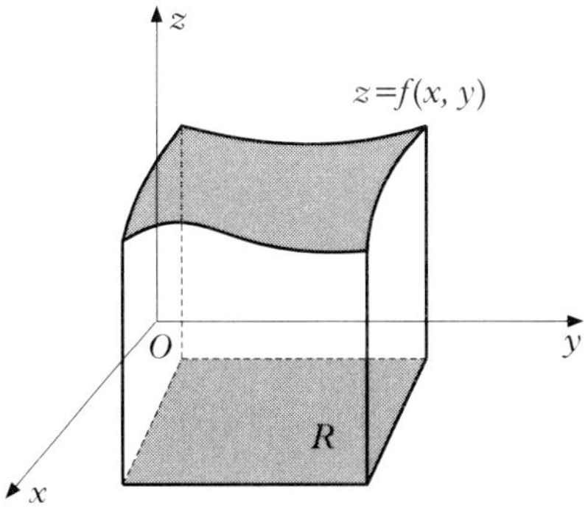

[그림 10.2] 이중적분과 입체의 부피

예제 10.1.1 영역 $R = [0, 2] \times [0, 2]$ 에서의 이중적분

$$\iint_R ([x] + [y])\, dx\, dy$$

를 구하여라(그림 10.3 참조).

【풀이】 그림 10.3 은 영역 R 위에 놓여 있는 $z = [x] + [y]$ 의 그래프의 부분을 나타낸 것이다. 이때 영역 R 에 속하는 모든 점 (x, y) 에 대하여 $z = [x] + [y] \geq 0$ 이므로 구하는 이중적분의 결과는 영역 R 위로 그리고 그래프 $z = [x] + [y]$ 의 아래로 경계 지어지는 입체의 부피에 대응한다. 그런데 영역 R 과 $z = [x] + [y]$ 의 그래프 사이의 부피는 크기가 $1 \times 1 \times 1$ 인 두 개의 정육면체의 부피와, 크기가 $1 \times 1 \times 2$ 인 하나의 직육면체의 부피를 더한 것과 같으므로 구하는 이중적분의 결과는 4 이다. 즉,

$$\iint_R ([x] + [y])\, dx\, dy = 4$$

이다. □

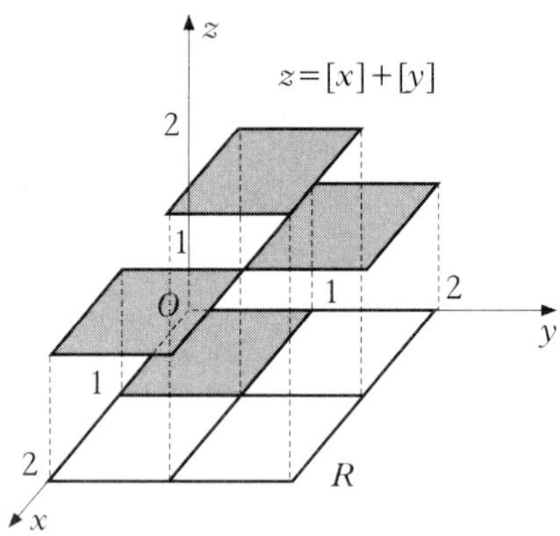

[그림 10.3]

이제 정의 10.1.1 에서 언급한 이중적분의 경우와 유사한 방법으로 삼중적분을 정의할 수 있다. 즉, 직육면체

$$R = [a_1, b_1] \times [a_2, b_2] \times [a_3, b_3] = \{(x_1, x_2, x_3) \in \mathbb{R}^3 \mid a_i \leq x_i \leq b_i,\ \ i = 1, 2, 3\} \tag{10.6}$$

에서 정의된 유계인 함수 f 에 대하여 구간 $[a_1, b_1]$, $[a_2, b_2]$, $[a_3, b_3]$ 의 분할을 각각

$$P_1 = \{x_0, x_1, x_2, \ldots, x_m\}, \qquad P_2 = \{y_0, y_1, y_2, \ldots, y_n\}, \qquad P_3 = \{z_0, z_1, z_2, \ldots, z_\ell\} \tag{10.7}$$

라 두었을 때, 집합

$$P = P_1 \times P_2 \times P_3 = \{(x_i, y_j, z_k) \mid x_i \in P_1, \ \ y_j \in P_2, \ \ z_k \in P_3\} \tag{10.8}$$

을 영역 R의 **분할**(partition)이라고 한다. 이때 $1 \le i \le m$, $1 \le j \le n$, $1 \le k \le \ell$에 대하여

$$P_{ijk} = [x_{i-1}, x_i] \times [y_{j-1}, y_j] \times [z_{k-1}, z_k], \qquad V_{ijk} = (x_i - x_{i-1})(y_j - y_{j-1})(z_k - z_{k-1}),$$

$$\delta_{ijk} = P_{ijk} \text{ 의 대각선의 길이}, \qquad |P| = \max\{\delta_{ijk} \mid 1 \le i \le m, \ \ 1 \le j \le n, \ \ 1 \le k \le \ell\}$$

이라 두자. 그러면 $1 \le i \le m$, $1 \le j \le n$, $1 \le k \le \ell$에 대하여 $(\bar{x}_i, \bar{y}_j, \bar{z}_k)$가 P_{ijk}의 임의의 한 점일 때

$$\sum_{i=1}^{m} \sum_{j=1}^{n} \sum_{k=1}^{\ell} f(\bar{x}_i, \bar{y}_j, \bar{z}_k) V_{ijk} \tag{10.9}$$

를 영역 R에서 함수 f의 **삼중 리만합**(triple Riemann sum)이라고 한다.

정의 10.1.2 영역 R에서 유계인 함수 $f(x, y, z)$의 **삼중적분**(triple integral)은

$$\iiint_R f(x, y, z)\, dV = \lim_{|P| \to 0} \sum_{i=1}^{m} \sum_{j=1}^{n} \sum_{k=1}^{\ell} f(\bar{x}_i, \bar{y}_j, \bar{z}_k) V_{ijk} \tag{10.10}$$

로 정의하고, $\int_R f$ 또는 $\iiint_R f(x, y, z)\, dx\, dy\, dz$와 같이 나타내기도 한다. 또한 삼중적분 $\iiint_R f(x, y, z)\, dV$가 존재하면, f는 영역 R에서 **적분가능**(integrable)하다고 한다.

일반적으로 $\mathbb{R}^n$ 공간의 부분영역

$$\begin{aligned} R &= [a_1, b_1] \times [a_2, b_2] \times \cdots \times [a_n, b_n] \\ &= \{(x_1, x_2, \ldots, x_n) \in \mathbb{R}^n \mid a_i \le x_i \le b_i, \ \ i = 1, 2, \ldots, n\} \end{aligned} \tag{10.11}$$

에서 정의된 유계인 함수 f에 대하여도 적분가능하다는 개념을 위와 같은 방법으로 일반화하여 정의할 수 있고, 이때의 정적분을 다음과 같이 나타낸다.

$$\int_R f \quad \text{또는} \quad \int \cdots \int_R f(x_1, x_2, \ldots, x_n)\, dx_1\, dx_2 \cdots dx_n \tag{10.12}$$

이번에는 그림 10.4 에서와 같이 유계함수 $f(x_1, x_2, \ldots, x_n)$의 적분영역 A가 앞에서와는 달리 직사각형 영역이 아닌 보다 일반적인 경우의 정적분을 정의하도록 하자. 우리는 적분영역 A가 유계인 경우에 대하여 다루기로 한다. 이를 위하여 직사각형 영역이 아닌 A를 포함하는 직사각형 영역 R이 존재할 때, 함수 f의 **자명한 확장** $\tilde{f}$를

$$\tilde{f}(x_1, x_2, \ldots, x_n) = \begin{cases} f(x_1, x_2, \ldots, x_n), & (x_1, x_2, \ldots, x_n) \in A \\ 0, & (x_1, x_2, \ldots, x_n) \in R - A \end{cases} \tag{10.13}$$

와 같이 정의하자.

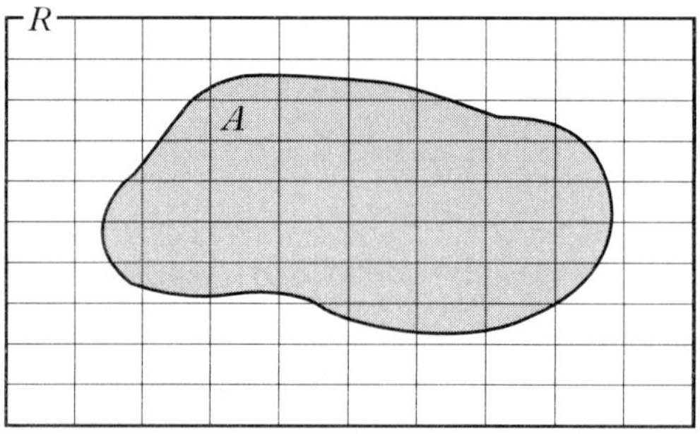

[그림 10.4] 적분영역 A가 직사각형이 아닌 경우

이때 영역 R에서 함수 f에 대한 정적분을 다음과 같이 정의한다.

정의 10.1.3 함수 $\tilde{f}$가 영역 R에서 적분가능하면, 함수 f는 영역 A에서 적분가능하다고 하고, 이때

$$\int_A f = \int_R \tilde{f} \tag{10.14}$$

로 정의한다.

위의 정의 10.1.3 에서 주목할 것은 함수 f가 영역 A에서 적분가능하다는 것은 A를 포함하는 다른 직사각형 영역을 택하더라도 $\int_A f$의 값은 일정하다는 것이다.

일변수함수의 정적분의 성질과 같이 $\mathbb{R}^n$ 공간에서의 정적분도 다음과 같은 성질을 갖고

있음을 알 수 있다.

정리 10.1.1 함수 f와 g가 $\mathbb{R}^n$ 공간의 유계인 부피를 갖는 부분집합 A에서 적분가능한 유계함수라고 하자. 이때

(1) 상수 c에 대하여

$$\int_A cf = c\int_A f$$

이 성립한다.

(2) 함수 $f+g$도 집합 A에서 적분가능하고,

$$\int_A (f+g) = \int_A f + \int_A g$$

이 성립한다.

(3) 모든 $x \in A$에 대하여 $f(x) \le g(x)$이면,

$$\int_A f \le \int_A g$$

이 성립한다.

(4) 모든 $x \in A$에 대하여 $|f(x)| \le M$이면,

$$\left|\int_A f\right| \le M \cdot \mathrm{Vol}(A)$$

이 성립한다. (단, $\mathrm{Vol}(A) = \int_A 1$로서 A의 부피를 의미한다.)

(5) 집합 B가 A의 부분집합으로서 부피를 갖는다면, 함수 f는 집합 B와 $A-B$에서 적분가능하고

$$\int_A f = \int_B f + \int_{A-B} f$$

이 성립한다.

(6) 함수 f가 영역 A에서 유계인 연속함수이면, f는 A에서 적분가능하다.

【증명】 증명은 5.2절에서 이미 학습한 바 있는 일변수함수의 정적분의 성질들을 증명하

는 것과 유사하므로 생략한다. □

정의 10.1.4 A 가 $\mathbb{R}^n$ 공간 속의 부피가 있는($\text{Vol}(A) \neq 0$) 유계집합이고, 함수 f 가 A 에서 적분가능한 유계함수라고 하자. 이때

$$\bar{f} = \frac{\int_A f}{\text{Vol}(A)} \tag{10.15}$$

를 함수 f 의 A 에서의 **평균값**(average value)이라고 한다. 또한

$$\bar{x}_i = \frac{\int_A x_i f(x_1, x_2, \ldots, x_n)}{\int_A f} \quad (i = 1, 2, \ldots, n) \tag{10.16}$$

라고 할 때, $(\bar{x}_1, \bar{x}_2, \ldots, \bar{x}_n)$ 을 밀도함수 f 에 대한 A 의 **무게중심**(center of mass)이라고 한다. 특히 밀도함수가 상수함수 $f \equiv 1$ 일 때, 무게중심 $(\bar{x}_1, \bar{x}_2, \ldots, \bar{x}_n)$ 을 간단히 A 의 **중심**(center)이라고 한다.

예제 10.1.2 함수

$$f(x, y) = [x] + [y]$$

에 대하여 영역 $R = [0, 2] \times [0, 2]$ 에서의 평균값 $\bar{f}$ 를 구하여라.

【풀이】 영역 R 의 넓이는 4 이고, 또한 예제 10.1.1 의 풀이를 통해 $\int_R f = 4$ 임을 확인했다. 따라서 함수 f 의 R 에서의 평균값 $\bar{f}$ 는 식 (10.15) 로부터

$$\bar{f} = \frac{\int_R f}{\text{Vol}(R)} = \frac{4}{4} = 1$$

임을 알 수 있다. □

끝으로, 좌표평면의 한 영역 A 에서 정의된 곡면 $z = f(x, y)$ 의 넓이를 구하는 방법에 관하여 알아보도록 하자.

이를 위하여 영역 A 에 속하는 충분히 작은 사각형의 꼭짓점을 각각

$$(x, y), \qquad (x + \Delta x, y), \qquad (x, y + \Delta y), \qquad (x + \Delta x, y + \Delta y)$$

라고 하면, 이들에 대응하는 곡면 위의 네 점은 각각

$$\begin{aligned}
P_1 &= (x, y, f(x, y)),\\
P_2 &= (x+\Delta x, y, f(x+\Delta x, y)) \approx (x+\Delta x, y, f(x, y)+D_1 f(x, y)\Delta x),\\
P_3 &= (x, y+\Delta y, f(x, y+\Delta y)) \approx (x, y+\Delta y, f(x, y)+D_2 f(x, y)\Delta y),\\
P_3 &= (x+\Delta x, y+\Delta y, f(x+\Delta x, y+\Delta y))\\
&\approx (x+\Delta x, y+\Delta y, f(x, y)+D_1 f(x, y)\Delta x + D_2 f(x, y)\Delta y)
\end{aligned}$$

이므로 도형 $\square P_1P_2P_3P_4$ 는 거의 평행사변형을 이루고, 이 평행사변형의 넓이는 벡터

$$(\Delta x, 0, D_1 f(x, y)\Delta x)\times(0, \Delta y, D_2 f(x, y)\Delta y) = (-D_1 f(x, y)\Delta x\Delta y, -D_2 f(x, y)\Delta x\Delta y, \Delta x\Delta y)$$

의 크기와 같으므로

$$\sqrt{1+(D_1 f(x, y))^2+(D_2 f(x, y))^2}\ \Delta x\Delta y$$

이다. 따라서 좌표평면의 한 영역 A 에서 정의된 곡면 $z = f(x, y)$ 의 넓이는 이중적분의 정의에 의하여

$$\iint_A \sqrt{1+\left(\frac{\partial z}{\partial x}\right)^2+\left(\frac{\partial z}{\partial y}\right)^2}\, dx\, dy \tag{10.17}$$

이다(그림 10.5 참조).

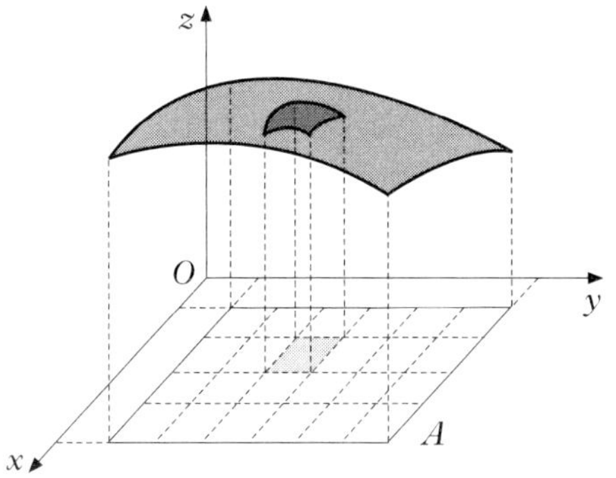

[그림 10.5] 곡면의 넓이

연습문제(10.1)

1. 영역 $R = [a, b] \times [c, d]$ 이고 k 가 상수일 때, 이중적분 $\iint_R k\, dA$ 를 구하여라.

2. 함수 $f : [0, 1] \times [0, 1] \to \mathbb{R}$ 을

$$f(x, y) = \begin{cases} 0, & (x, y) \in [0, 1] \times [0, 1] \text{ 이고, } x, y \text{ 가 모두 유리수일 때} \\ 1, & (x, y) \in [0, 1] \times [0, 1] \text{ 이고, } x \text{ 또는 } y \text{ 가 무리수일 때} \end{cases}$$

와 같이 정의할 때, 함수 f 는 $[0, 1] \times [0, 1]$ 에서 적분가능한가?

10.2 반복적분

이 절에서는 10.1절에서 정의한 이중적분을 계산하는 방법에 대하여 알아보자.

$f(x, y)$를 직사각형 영역 $R = [a, b] \times [c, d]$에서 정의된 함수라고 하자(그림 10.6 참조). 먼저 a와 b 사이에 x를 고정하고, 독립변수 y만의 일변수함수 $f(x, y)$가 적분가능하면, 적분

$$\int_c^d f(x, y)\,dy \tag{10.18}$$

를 얻을 수 있다. 이 값은 x에 대한 함수이고, 이 함수가 다시 적분가능하면,

$$\int_a^b \left(\int_c^d f(x, y)\,dy \right) dx \tag{10.19}$$

을 얻는다.

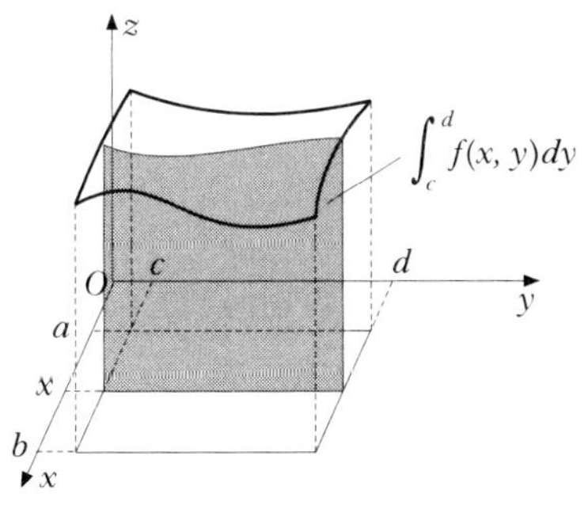

[그림 10.6] 반복적분

마찬가지 방법으로, c와 d 사이에 y를 먼저 고정하면

$$\int_c^d \left(\int_a^b f(x, y)\,dx \right) dy \tag{10.20}$$

을 얻을 수 있다. 이때 위의 두 적분을 f의 **반복적분**(iterated integral)이라고 한다. 일반적으로 함수 f가 영역 R에서 연속함수인 경우에 위의 두 반복적분의 값은 일치하고, 그 값은 다음과 같다.

$$\iint_R f(x, y)\,dA \tag{10.21}$$

예제 10.2.1 직사각형 영역 $R = [0, a] \times [0, b]$ 에서 정의된 함수 $f(x, y) = e^{x+y}$ 의 반복적분을 구하여라.

【풀이】 먼저 0과 a 사이에 x를 고정시켜 적분을 구하면,

$$\int_0^a \int_0^b e^{x+y}\,dy\,dx = \int_0^a [e^{x+y}]_{y=0}^{y=b}\,dx = \int_0^a \left(e^{x+b} - e^x\right) dx = \left[e^{x+b} - e^x\right]_0^a = e^{a+b} - e^a - e^b + 1$$

이다. 또, 적분의 순서를 바꾸어 0과 b 사이에 y를 먼저 고정시켜 적분을 구하여도

$$\int_0^b \int_0^a e^{x+y}\,dx\,dy = \int_0^b [e^{x+y}]_{x=0}^{x=a}\,dy = \int_0^b (e^{a+y} - e^y)\,dy = [e^{a+y} - a^y]_0^b = e^{a+b} - e^b - e^a + 1$$

와 같이 결과가 같음을 확인할 수 있다. □

다음의 정리 10.2.1 은 직사각형 영역에서 정의된 임의의 연속함수의 이중적분은 반복적분으로 계산할 수 있고, 반복적분의 순서에는 관계가 없음을 알려주는 중요한 결과이다.

정리 10.2.1 **[푸비니 정리**(Fubini's theorem)[2]**]** 이변수함수 $f(x, y)$ 가 직사각형 영역 $R = [a, b] \times [c, d]$ 에서 연속이면,

$$\iint_R f(x, y)\,dA = \int_c^d \int_a^b f(x, y)\,dx\,dy = \int_a^b \int_c^d f(x, y)\,dy\,dx \tag{10.22}$$

이 성립한다.

정리 10.2.1 의 엄밀한 증명은 해석학 이론이 필요하므로 여기서는 다루지 않으며, 푸비니 정리를 일반화하면 R^n 에서 정의된 연속인 다변수함수 f 에 대한 다중적분의 값도 거듭한 반복적분의 값으로 계산할 수 있음을 알 수 있다. 즉,

$$\iint_{[a_1, b_1]\times[a_2, b_2]\times\cdots\times[a_n, b_n]} f = \int_{a_1}^{b_1} \cdots \int_{a_n}^{b_n} f(x_1, x_2, \ldots, x_n)\,dx_n \cdots dx_1 \tag{10.23}$$

을 얻는다. 또한 적분의 순서를 바꾸어서 계산하여도 같은 값을 얻는다.

예제 10.2.2 직육면체 영역 $R = [0, 1] \times [0, 2] \times [0, 3]$ 에서 정의된 연속함수 $f(x, y, z) = x + y^2 + z^3$ 의 삼중적분의 값을 구하여라.

---

2) 푸비니(G. Fubini, 1879 ~ 1943) : 이탈리아의 수학자

【**풀이**】 정리 10.2.1 의 푸비니 정리에 의하여 f 의 삼중적분은

$$\int_R f = \int_0^3 \left(\int_0^2 \left(\int_0^1 \left(x + y^2 + z^3 \right) dx \right) dy \right) dz = \frac{103}{2}$$

이다. □

이제 그림 10.7 에서와 같이 적분영역 A 가 앞에서와는 달리 직사각형 영역이 아닌 보다 일반적인 경우의 반복적분에 대하여 알아보자. 구간 $[a, b]$ 에서 정의된 두 연속함수 ϕ_1, ϕ_2 가 임의의 x 에 대하여

$$c < \phi_1(x) \le \phi_2(x) < d \tag{10.24}$$

라고 하자. 이때 식

$$a \le x \le b, \qquad \phi_1(x) \le y \le \phi_2(x) \tag{10.25}$$

로 주어지는 영역을 A 라 하고 $R = [a, b] \times [c, d]$ 로 두자.

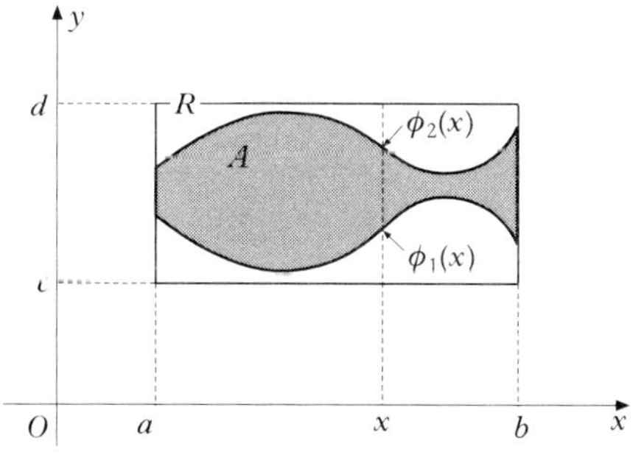

[그림 10.7]

이때 f 가 영역 A 에서 연속이고 $\tilde{f}$ 를 영역 R 에서 f 의 자명한 확장이라고 하면, 영역 A 에서의 반복적분은

$$\int_A f = \int_R \tilde{f} = \int_a^b \int_c^d \tilde{f}(x, y)\, dy\, dx = \int_a^b \int_{\phi_1(x)}^{\phi_2(x)} f(x, y)\, dy\, dx \tag{10.26}$$

이다. 만약 영역 A 가 그림 10.8 과 같으면, 영역 A 에서의 반복적분은

$$\int_A f = \int_R \tilde{f} = \int_c^d \int_a^b \tilde{f}(x, y)\, dx\, dy = \int_c^d \int_{\psi_1(y)}^{\psi_2(y)} f(x, y)\, dx\, dy \tag{10.27}$$

가 된다.

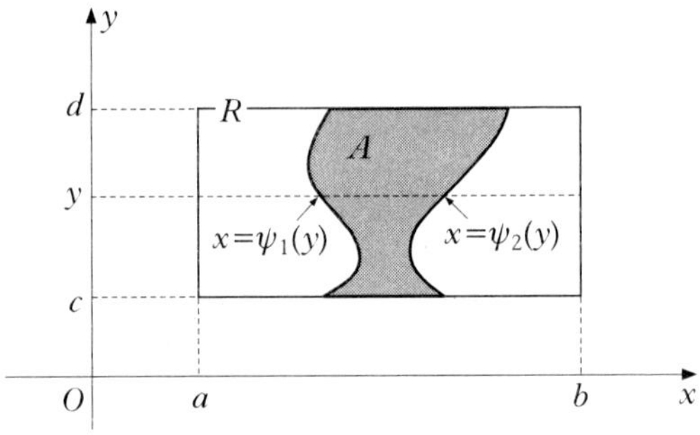

[그림 10.8]

예제 10.2.3 직선 $y = x$와 포물선 $y = x^2$으로 둘러싸인 영역 A에서 함수 $f(x, y) = x^2 - y$의 적분을 구하여라(그림 10.9 참조).

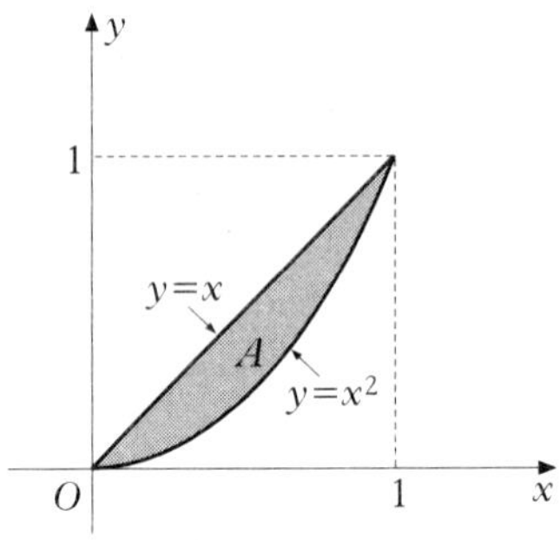

[그림 10.9]

【풀이】 두 가지 방법에 의해 구한 결과는 각각 다음과 같다.

[방법 1] x축의 정의역을 먼저 고정시킨 형태의 이중적분은

$$\int_A f = \int_0^1 \int_{x^2}^{x} (x^2 - y)\, dy\, dx = \int_0^1 \left[x^2 y - \frac{1}{2}y^2 \right]_{x^2}^{x} dx = -\frac{1}{60}$$

이다.

[방법 2] y축의 정의역을 먼저 고정시킨 형태의 이중적분은

$$\int_A f = \int_0^1 \int_x^{\sqrt{y}} (x^2 - y)\, dx\, dy = \int_0^1 \left[\frac{1}{3}x^3 - xy\right]_x^{\sqrt{y}} dy = -\frac{1}{60}$$

이다. □

주어진 영역 A에서 연속함수 f의 이중적분에서 두 가지 순서가 가능할 때, 한 쪽은 쉬우나 다른 쪽은 어려울 때도 있다. 예를 들어 영역 A가 그림 10.10과 같을 때, 이중적분

$$\iint_A \cos\left(\frac{1}{2}\pi x^2\right) dx\, dy \tag{10.28}$$

를 생각하자. 이중적분 (10.28)을 계산하기 위하여, 먼저 y만의 함수로서 정적분을 구하여 계산하면

$$\iint_A \cos\left(\frac{1}{2}\pi x^2\right) dx\, dy = \int_0^1 \int_0^x \cos\left(\frac{1}{2}\pi x^2\right) dy\, dx \tag{10.29}$$

와 같이 나타낼 수 있다. 반면에 먼저 x만의 함수로서 정적분을 구하여 계산하면

$$\iint_A \cos\left(\frac{1}{2}\pi x^2\right) dx\, dy = \int_0^1 \int_y^1 \cos\left(\frac{1}{2}\pi x^2\right) dx\, dy \tag{10.30}$$

와 같이 나타낼 수 있다. 그런데 첫째 적분 (10.29)는 계산이 쉽지만, 둘째 적분 (10.30)은 계산이 매우 어렵다.

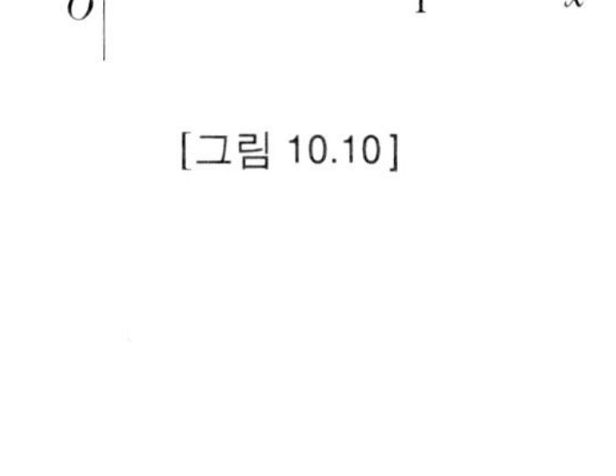

[그림 10.10]

예제 10.2.4 반복적분

$$\int_0^1 \int_{\sqrt{x}}^1 \sqrt{1+y^3}\, dy\, dx$$

를 구하여라(그림 10.11 참조).

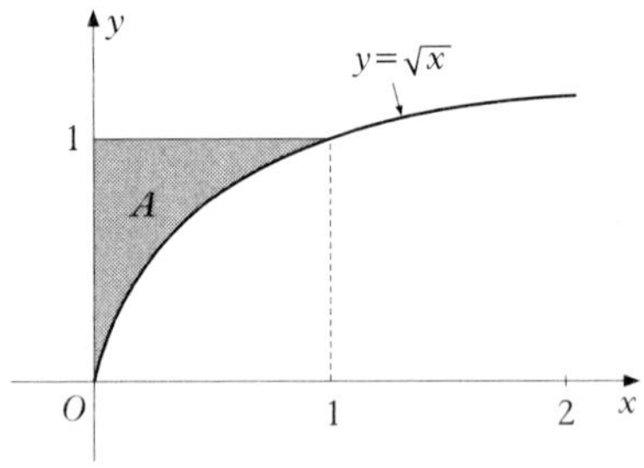

[그림 10.11]

【풀이】 주어진 반복적분의 형태로 이중적분의 결과를 얻기 위해서는

$$\int \sqrt{1+y^3}\, dy$$

와 같은 형태의 부정적분을 얻어야만 한다. 그러나 이러한 형태의 부정적분은 초등함수의 형태로 표현되지 않는다는 사실이 알려져 있다. 따라서 우리는 적분순서를 바꿔서 y축의 변역을 먼저 고정시킨 형태의 이중적분으로 변형시켜 풀면,

$$\int_0^1 \int_{\sqrt{x}}^1 \sqrt{1+y^3}\, dy\, dx = \int_0^1 \int_0^{y^2} \sqrt{1+y^3}\, dx\, dy = \int_0^1 y^2\sqrt{1+y^3}\, dy = \frac{2}{9}(2\sqrt{2}-1)$$

을 얻는다. □

일반적으로 적분영역 A의 형태가 복잡한 경우에는 A를 유한개의 서로 겹치지 않은 영역들 $A_1, A_2, \ldots, A_n$으로 분할하여 계산할 수 있다. 즉, 이중적분은 가법적이므로

$$\int_A f = \int_{A_1} f + \int_{A_2} f + \cdots + \int_{A_n} f \tag{10.31}$$

이고, 앞에서의 방법으로 각각의 영역에서 이중적분을 구하면 된다.

예제 10.2.5 $a^2 > b > 0$ 일 때, 원기둥 $x^2 + y^2 = b^2$ 의 내부 중에서 평면 $y + z = a^2$ 과 평면 $z = 0$ 사이에 놓인 부분의 부피를 구하여라(그림 10.12 참조).

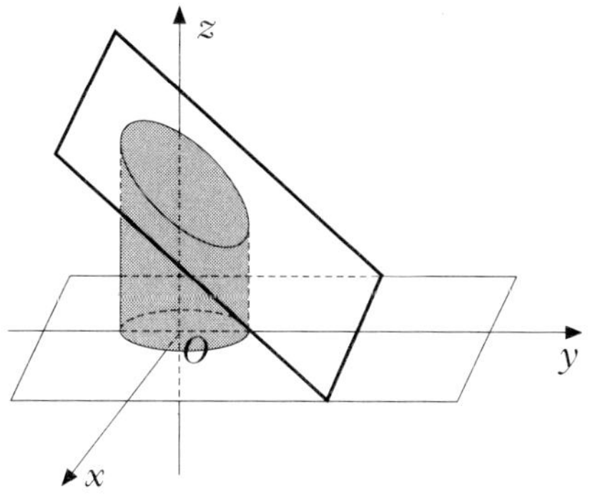

[그림 10.12]

【풀이】 그림 10.12 에서 이 입체는 밑면으로는

$$D: \quad 0 \le x^2 + y^2 \le b^2$$

으로 경계가 되고 있고, 위로는 평면 $z = a^2 - y$ 에 의해 경계되어 지고 있음을 알 수 있다. 따라서 구하는 입체의 부피는

$$\iint_D (a^2 - y)\,dx\,dy$$

로 주어진다. D 를 x 축 위로 정사영시키면 이 영역은

$$-b \le x \le b, \qquad -\sqrt{b^2 - x^2} \le y \le \sqrt{b^2 - x^2}$$

이므로, 구하는 부피 V 는

$$V = \iint_D (a^2 - y)\,dx\,dy = \int_{-b}^{b} \int_{-\sqrt{b^2-x^2}}^{\sqrt{b^2-x^2}} (a^2 - y)\,dy\,dx$$

$$= \int_{-b}^{b} \left[a^2 y - \frac{1}{2} y^2 \right]_{-\sqrt{b^2-x^2}}^{\sqrt{b^2-x^2}} dx = \int_{-b}^{b} 2a^2 \sqrt{b^2 - x^2}\,dx = \pi a^2 b^2$$

이다. □

예제 10.2.6 원점 O와 세 단위벡터 $\mathbf{e}_1 = (1, 0, 0)$, $\mathbf{e}_2 = (0, 1, 0)$, $\mathbf{e}_3 = (0, 0, 1)$을 꼭짓점으로 하는 사면체 T는

$$T = \{(x, y, z) \in \mathbb{R}^3 \mid 0 \le x \le 1,\ \ 0 \le y \le 1 - x,\ \ 0 \le z \le 1 - x - y\}$$

이다. 삼중적분을 이용하여 사면체 T의 부피 V를 구하여라(그림 10.13 참조).

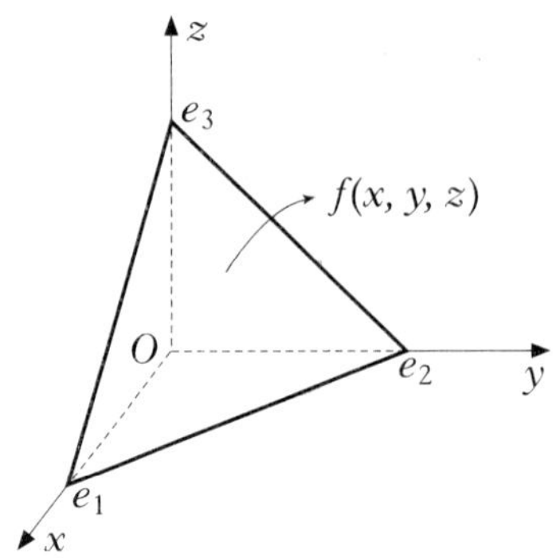

[그림 10.13]

【풀이】 V는 T에서 정의된 상수함수 $f(x, y, z) = 1$을 삼중적분하여 구할 수 있다. 즉,

$$\begin{aligned} V &= \int_T 1 = \int_0^1 \int_0^{1-x} \int_0^{1-x-y} dz\,dy\,dx \\ &= \int_0^1 \int_0^{1-x} (1 - x - y)\,dy\,dx = \int_0^1 \left(\frac{1}{2}x^2 - x + \frac{1}{2}\right) dx = \frac{1}{6} \end{aligned}$$

이다. □

연습문제(10.2)

1. 직사각형 영역 $R = [-3, 2] \times [0, 1]$ 위에서 정의된 연속함수 $f(x, y) = xy^2$의 이중적분의 값을 구하여라.

2. 다음 반복적분의 값을 구하여라.

(1) $\displaystyle\int_0^1 \int_0^1 \frac{x}{(xy+1)^2}\, dy\, dx$　　(2) $\displaystyle\int_0^{\ln 2} \int_0^1 xye^{y^2 x}\, dy\, dx$

(3) $\displaystyle\int_{\sqrt{\pi}}^{\sqrt{2\pi}} \int_0^{x^3} \sin\frac{y}{x}\, dy\, dx$　　(4) $\displaystyle\int_0^1 \int_0^x e^{x^2}\, dy\, dx$

3. 세 직선 $y=-x+1$, $y=x+1$, $y=3$ 로 둘러싸인 삼각형의 영역을 R 이라고 할 때 R 에서 정의된 함수 $f(x, y)=2x-y^2$ 의 이중적분

$$\iint_R (2x-y^2)\, dx\, dy$$

를 계산하여라.

4. 반복적분

$$\int_0^4 \int_{\sqrt{y}}^2 e^{x^3}\, dx\, dy$$

를 구하여라.

5. 다음 반복적분의 순서를 바꾸어 표시하여라.

(1) $\displaystyle\int_0^2 \int_1^{e^y} f(x, y)\, dx\, dy$　　(2) $\displaystyle\int_1^e \int_0^{\ln y} f(x, y)\, dx\, dy$

(3) $\displaystyle\int_0^1 \int_{\sin^{-1} y}^{\frac{\pi}{2}} f(x, y)\, dx\, dy$　　(4) $\displaystyle\int_0^2 \int_0^{\sqrt{x}} f(x, y)\, dy\, dx$

6. 이중적분을 이용하여 원기둥 $x^2+y^2=9$ 와 평면 $z=0$, $z=3-x$ 로 둘러싸인 입체의 부피를 구하여라.

7. 포물면 $z=9x^2+y^2$ 의 아래쪽, 평면 $z=0$ 의 위쪽, 옆으로는 평면 $x=0$, $y=0$, $x=3$, $y=2$ 로 둘러싸인 입체의 부피를 구하여라.

8. 삼중적분을 이용하여 원기둥 $x^2+y^2=9$ 와 두 평면 $z=1$, $x+z=5$ 로 둘러싸인 입체의 부피를 구하여라.

10.3 치환적분

그림 10.14 와 같이 uv-평면의 영역 G 가, 관계식

$$x = g(u,\ v), \qquad y = h(u,\ v) \tag{10.32}$$

에 의해 xy-평면의 영역 R 로 변환되었다고 하자. 그러면 R 에서 정의된 함수 $F(x,\ y)$ 와 G 에서 정의된 함수 $F(g(u,\ v),\ h(u,\ v))$ 의 이중적분은 어떤 관계가 있는지 알아보자.

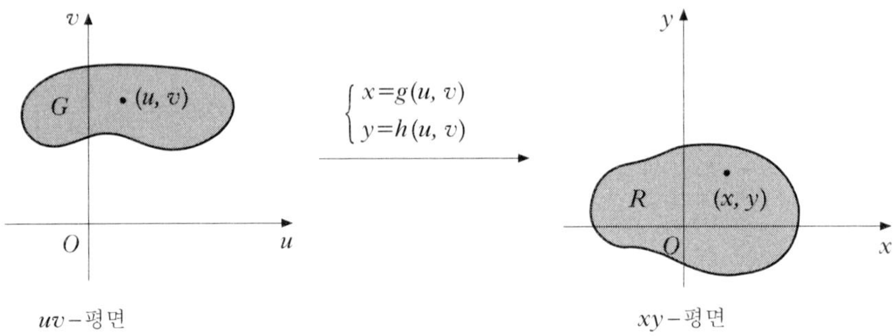

[그림 10.14]

정 리 10.3.1 함수 $g,\ h,\ F$ 가 연속이고, 또한 이들의 편도함수가 연속일 때,

$$\iint_R F(x,\ y)\,dx\,dy = \iint_G F(g(u,\ v),\ h(u,\ v))\,|J(u,\ v)|\,du\,dv \tag{10.33}$$

이 성립한다. 여기서 절댓값 안의 $J(u,\ v)$ 는

$$J(u,\ v) = \begin{vmatrix} \dfrac{\partial x}{\partial u} & \dfrac{\partial x}{\partial v} \\ \dfrac{\partial y}{\partial u} & \dfrac{\partial y}{\partial v} \end{vmatrix} = \frac{\partial(x,\ y)}{\partial(u,\ v)} \tag{10.34}$$

을 의미한다.

정리 10.3.1 에서의 행렬식 $J(u,\ v)$ 를 **야코비안**(Jacobian) 또는 **야코비 행렬식**(Jacobi matrix)[3]이라 하고, 이 행렬식이 어떻게 만들어지는가를 알려주는 표기법

$$\frac{\partial(x, y)}{\partial(u, v)} \tag{10.35}$$

에 주의해야 한다. 정리 10.3.1의 엄밀한 증명을 위해서는 해석학 이론이 필요하므로 여기서는 다루지 않는다.

정리 10.3.1에서와 같은 치환적분을 고려하는 가장 큰 이유는 주어진 적분을 하는데 있어서 주어진 적분 영역 R보다는 적절한 치환을 통해 보다 간단한 형태의 적분 영역 G를 택함으로써 주어진 이중적분을 보다 쉽게 계산할 수 있도록 하는데 있다.

예제 10.3.1 영역 R이 그림 10.15에서와 같이 주어졌을 때, 영역 R에서 정의된 함수 $F(x, y) = (2x - y)/2$의 이중적분 $\int_R F$를 변환

$$u = \frac{2x - y}{2}, \qquad v = \frac{y}{2} \tag{10.36}$$

를 이용하여 uv-평면의 적절한 영역에서의 적분으로 바꾸어서 계산하여라.

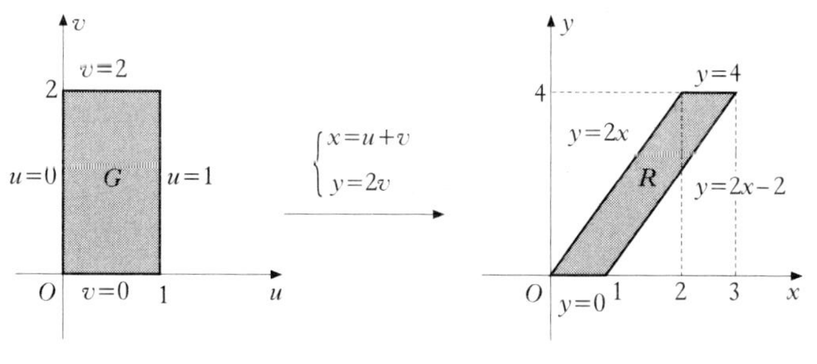

[그림 10.15]

【풀이】 xy-평면에 주어진 적분 영역 R의 경계는 그림 10.15에서 보는 바와 같이

$$y = 2x, \quad y = 2x - 2, \quad y = 0, \quad y = 4 \tag{10.37}$$

이다. 정리 10.3.1을 사용하기 위해서는 영역 R에 대응되는 uv-평면의 영역 G와 변환

3) 야코비(C. G. J. Jacobi, 1804 ~ 1851) : 독일의 수학자

식 (10.36) 의 야코비안 $J(u, v)$ 를 알아야 한다. 이를 위해 우선 주어진 식 (10.36) 의 u, v 를 x, y 에 관해서 풀면

$$x = u + v, \qquad y = 2v \tag{10.38}$$

을 얻는다. 이제 식 (10.38) 을 R 의 경계를 알려주는 방정식 (10.37) 에 대입하여 G 의 경계를 구하면 표 10.1 과 같다.

R 의 경계	대응되는 G 의 경계	G 의 경계의 방정식
$x = y/2$	$u + v = 2v/2 = v$	$u = 0$
$x = y/2 + 1$	$u + v = (2v/2) + 1 = v + 1$	$u = 1$
$y = 0$	$2v = 0$	$v = 0$
$y = 4$	$2v = 4$	$v = 2$

[표 10.1]

또한 식 (10.38) 에 의한 야코비안 $J(u, v)$ 를 계산하면

$$J(u, v) = \begin{vmatrix} \dfrac{\partial x}{\partial u} & \dfrac{\partial x}{\partial v} \\ \dfrac{\partial y}{\partial u} & \dfrac{\partial y}{\partial v} \end{vmatrix} = \begin{vmatrix} \dfrac{\partial}{\partial u}(u+v) & \dfrac{\partial}{\partial v}(u+v) \\ \dfrac{\partial}{\partial u}(2v) & \dfrac{\partial}{\partial v}(2v) \end{vmatrix} = \begin{vmatrix} 1 & 1 \\ 0 & 2 \end{vmatrix} = 2$$

이다. 이제 정리 10.3.1 을 이용하여 계산하면,

$$\int_0^4 \int_{\frac{y}{2}}^{\frac{y}{2}+1} \frac{2x - y}{2}\, dx\, dy = \int_0^2 \int_0^1 u\,|J(u, v)|\, du\, dv = \int_0^2 \int_0^1 2u\, du\, dv = 2$$

를 얻는다. □

극좌표의 경우에는 u, v 대신에 r, θ 를 사용하여 $x = r\cos\theta$, $y = r\sin\theta$ $(r \geq 0,\ 0 \leq \theta < 2\pi)$ 에 의한 야코비안 $J(r, \theta)$ 를 계산하면

$$J(r, \theta) = \begin{vmatrix} \dfrac{\partial x}{\partial r} & \dfrac{\partial x}{\partial \theta} \\ \dfrac{\partial y}{\partial r} & \dfrac{\partial y}{\partial \theta} \end{vmatrix} = \begin{vmatrix} \cos\theta & -r\sin\theta \\ \sin\theta & r\cos\theta \end{vmatrix} = r(\cos^2\theta + \sin^2\theta) = r \geq 0$$

이므로 정리 10.3.1 의 식 (10.33) 은

$$\iint_R F(x, y)\,dx\,dy = \iint_G F(r\cos\theta,\ r\sin\theta)\,|r|\,dr\,d\theta = \iint_G F(r\cos\theta,\ r\sin\theta) r\,dr\,d\theta \quad (10.39)$$

와 같이 나타내어진다. 그림 10.16 은 방정식 $x = r\cos\theta$, $y = r\sin\theta$ 에 의해 직사각형 영역

$$G : 0 \le r \le 1, \qquad 0 \le \theta \le \frac{2}{\pi}$$

가 xy-평면의 제1사분면에 있는 원 $x^2 + y^2 = 1$ 의 내부로 이루어진 영역 R 로 어떻게 변환되는가를 보여주고 있다. 또한 식 (10.39) 의 우변은 단순히 극좌표 평면의 영역에서의 함수 $F(r\cos\theta, r\sin\theta)$ 의 적분이 아님에 주의하자. 즉, 이것은 직교 $r\theta$-평면의 영역 G 에서 함수 $F(r\cos\theta, r\sin\theta)$ 와 r 과의 곱을 이중적분한 것이다.

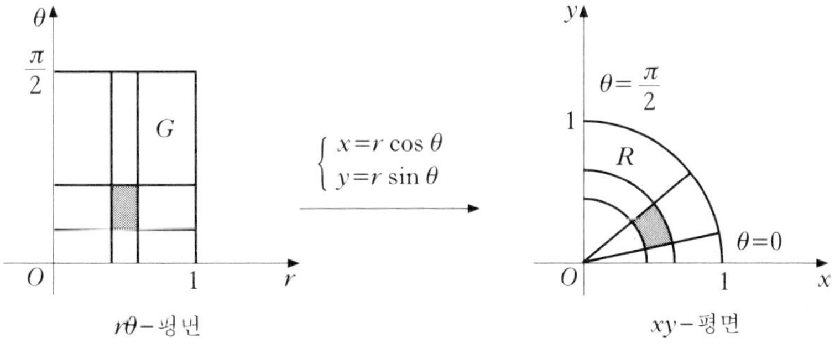

[그림 10.16]

예제 10.3.2 Ω 가 원점을 중심으로 하고 반지름이 a 인 원의 내부일 때, 이중적분

$$\iint_\Omega e^{-(x^2+y^2)}\,dx\,dy$$

의 값을 구하여라.

【풀이】 주어진 이중적분을 xy-좌표에서 직접 적분하는 것은 어렵다. 그러나 주어진 이중적분을 극좌표로 바꾸면

$$\iint_\Omega e^{-(x^2+y^2)}\,dx\,dy = \iint_R e^{-r^2} r\,dr\,d\theta$$

와 같이 나타낼 수 있는데, 이때의 적분영역 R은

$$R: 0 \leq \theta \leq 2\pi, \quad 0 \leq r \leq a$$

이다. 따라서 주어진 이중적분을 연산한 결과는

$$\iint_\Omega e^{-(x^2+y^2)}\,dx\,dy = \iint_R e^{-r^2} r\,dr\,d\theta = \int_0^{2\pi}\int_0^a e^{-r^2} r\,dr\,d\theta = \left(1 - \frac{1}{e^{a^2}}\right)\pi$$

이다. □

예 제 10.3.3 영역 Ω가 그림 10.17의 삼각형의 내부일 때, 이중적분

$$\iint_\Omega \frac{1}{(1+x^2+y^2)^{\frac{3}{2}}}\,dx\,dy$$

을 구하여라.

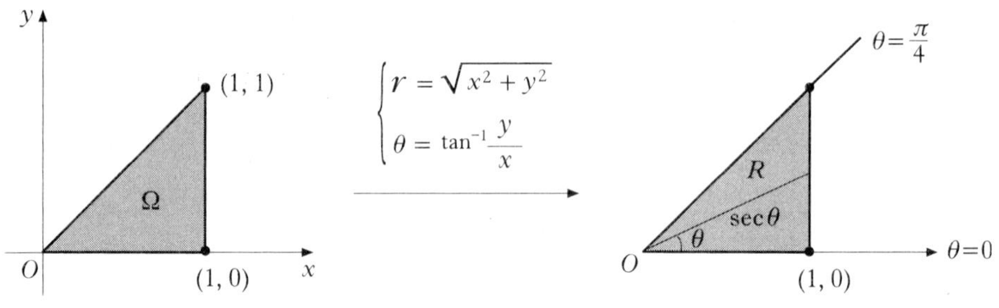

[그림 10.17]

【풀이】 극좌표 변환을 이용하면

$$\iint_\Omega \frac{1}{(1+x^2+y^2)^{\frac{3}{2}}}\,dx\,dy = \iint_R \frac{r}{(1+r^2)^{\frac{3}{2}}}\,dr\,d\theta$$

와 같이 나타낼 수 있는데, 이때의 적분영역 R은

$$R: 0 \leq \theta \leq \frac{\pi}{4}, \quad 0 \leq r \leq \sec\theta$$

이다. 따라서 주어진 이중적분의 연산 결과는

$$\begin{aligned}
\iint_\Omega \frac{1}{(1+x^2+y^2)^{\frac{3}{2}}}\,dx\,dy &= \iint_R \frac{r}{(1+r^2)^{\frac{3}{2}}}\,dr\,d\theta = \int_0^{\frac{\pi}{4}}\int_0^{\sec\theta} \frac{r}{(1+r^2)^{\frac{3}{2}}}\,dr\,d\theta \\
&= -\int_0^{\frac{\pi}{4}} \Big[(1+r^2)^{-\frac{1}{2}}\Big]_0^{\sec\theta}\,d\theta = \int_0^{\frac{\pi}{4}} \Big(1-(1+\sec^2\theta)^{-\frac{1}{2}}\Big)\,d\theta \\
&= \int_0^{\frac{\pi}{4}} \left(1-\frac{\cos\theta}{\sqrt{2-\sin^2\theta}}\right)d\theta = \left[\theta - \sin^{-1}\left(\frac{\sqrt{2}}{2}\sin\theta\right)\right]_0^{\frac{\pi}{4}} \\
&= \frac{\pi}{4}-\frac{\pi}{6} = \frac{\pi}{12}
\end{aligned}$$

이다. □

이번에는 그림 10.18과 같이 uvw-공간의 영역 G가 관계식

$$x = g(u, v, w), \qquad y = h(u, v, w), \qquad z = k(u, v, w) \tag{10.40}$$

에 의해 xyz-공간의 영역 R로 변환되었다고 하자. 그러면 R에서 정의된 함수 $F(x, y, z)$를 G에서 정의된 함수

$$F(g(u, v, w), h(u, v, w), k(u, v, w)) = H(u, v, w) \tag{10.41}$$

로 생각할 수 있다. R에서의 $F(x, y, z)$의 적분과 G에서의 $H(u, v, w)$의 적분은

$$\iiint_R F(x, y, z)\,dx\,dy\,dz = \iiint_G H(u, v, w)\,|J(u, v, w)|\,du\,dv\,dw \tag{10.42}$$

와 같은 관계가 있다. 여기서 절댓값 안의 $J(u, v, w)$는 야코비안

$$J(u, v, w) = \begin{vmatrix} \frac{\partial x}{\partial u} & \frac{\partial x}{\partial v} & \frac{\partial x}{\partial w} \\ \frac{\partial y}{\partial u} & \frac{\partial y}{\partial v} & \frac{\partial y}{\partial w} \\ \frac{\partial z}{\partial u} & \frac{\partial z}{\partial v} & \frac{\partial z}{\partial w} \end{vmatrix} = \frac{\partial(x, y, z)}{\partial(u, v, w)} \tag{10.43}$$

를 의미한다. 이중적분의 경우에서와 마찬가지로 식 (10.42)의 증명은 여기서는 다루지 않는다.

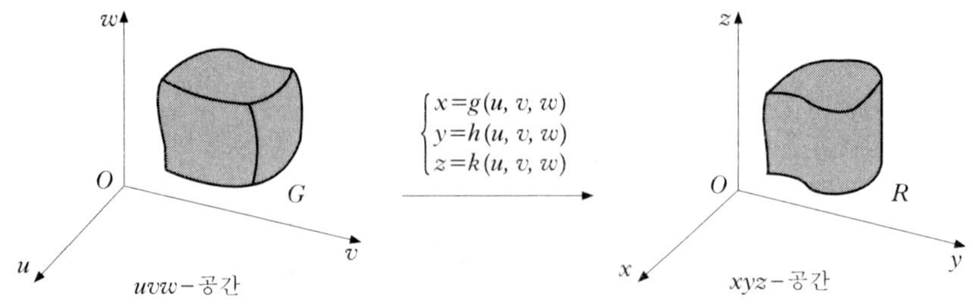

[그림 10.18] 공간좌표의 변환

우리는 이미 7.4절을 통하여 원기둥좌표계와 구면좌표계가 다음과 같음을 알고 있다.

정 의 10.3.1 (1) [**원기둥좌표계**(cylindrical coordinate system)] 점 P의 직교좌표가 (x, y, z)일 때,

$$x = r\cos\theta, \quad y = r\sin\theta, \quad z = z \tag{10.44}$$

을 만족하는 순서쌍 (r, θ, z)를 점 P의 **원기둥좌표**라고 한다(그림 10.19 참조).

(2) [**구면좌표계**(spherical coordinate system)] 점 P의 직교좌표가 (x, y, z)일 때,

$$x = \rho\sin\phi\cos\theta, \quad y = \rho\sin\phi\sin\theta, \quad z = \rho\cos\phi \tag{10.45}$$

을 만족하는 순서쌍 (ρ, ϕ, θ)를 점 P의 **구면좌표**라고 한다(그림 10.19 참조).

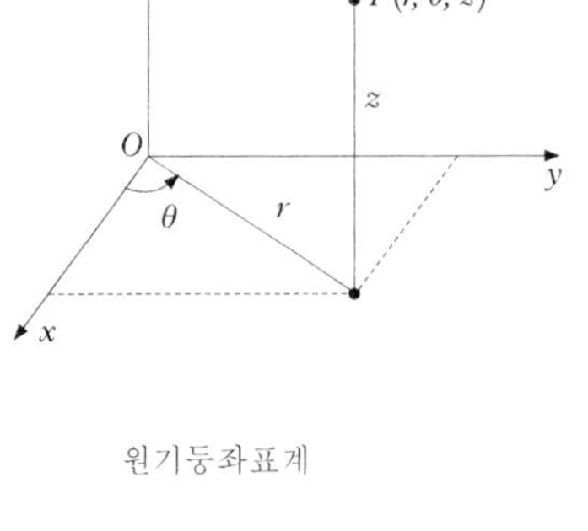

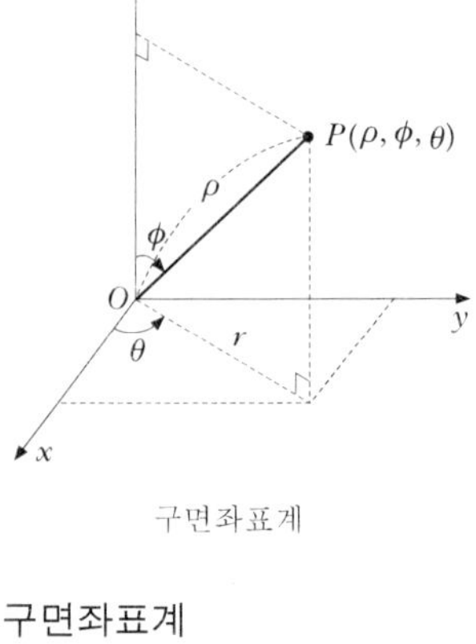

[그림 10.19] 원기둥좌표계와 구면좌표계

원기둥좌표계와 구면좌표계를 이용하여 직교좌표로 나타내어진 삼중적분을 계산하는 방법에 관하여 살펴보자. 실제로 회전체를 표현할 때에는 원기둥좌표계를 쓰는 것이 편리하고, 구면 위의 점을 표현할 때에는 구면좌표계를 쓰는 것이 편리하다.

원기둥좌표계에서는

$$r \geq 0, \quad 0 \leq \theta < 2\pi, \quad -\infty < z < \infty \tag{10.46}$$

의 범위에서 공간의 모든 점들과 일대일 대응관계를 주며, 구면좌표계에서는

$$\rho \geq 0, \quad 0 \leq \phi \leq \pi, \quad 0 \leq \theta < 2\pi \tag{10.47}$$

의 범위에서 공간의 모든 점들과 일대일 대응관계를 준다. 그러나 일반적인 범위에서의 이러한 좌표계들은 직교좌표계와는 달리 공간의 모든 점들과 일대일 대응관계를 주지는 않는다.

원기둥좌표의 경우에는 식 (10.42)에서 u, v, w 대신에 r, θ, z가 대응하고, 식 (10.46)을 만족시키는 원기둥좌표 (r, θ, z)와 직교좌표 (x, y, z) 사이의 관계식

$$x = r\cos\theta, \quad y = r\sin\theta, \quad z = z \tag{10.48}$$

에 의해 주어진 직교 $r\theta z$-공간으로부터 직교 xyz-공간으로의 변환에 대한 야코비안을 계산하면,

$$J(r, \theta, z) = \begin{vmatrix} \frac{\partial x}{\partial r} & \frac{\partial x}{\partial \theta} & \frac{\partial x}{\partial z} \\ \frac{\partial y}{\partial r} & \frac{\partial y}{\partial \theta} & \frac{\partial y}{\partial z} \\ \frac{\partial z}{\partial r} & \frac{\partial z}{\partial \theta} & \frac{\partial z}{\partial z} \end{vmatrix} = \begin{vmatrix} \cos\theta & -r\sin\theta & 0 \\ \sin\theta & r\cos\theta & 1 \\ 0 & 0 & 1 \end{vmatrix} = r(\cos^2\theta + \sin^2\theta) = r \geq 0 \tag{10.49}$$

이다(그림 10.20 참조). 따라서 식 (10.42)는

$$\iiint_R F(x, y, z)\, dx\, dy\, dz = \iiint_G H(r, \theta, z)\, |r|\, dr\, d\theta\, dz \tag{10.50}$$

가 된다. 여기서 $r \geq 0$이므로 절댓값은 생략해도 좋다.

구면좌표의 경우에는 식 (10.42)의 u, v, w 대신에 ρ, ϕ, θ가 대응하고, 식 (10.47)를 만족

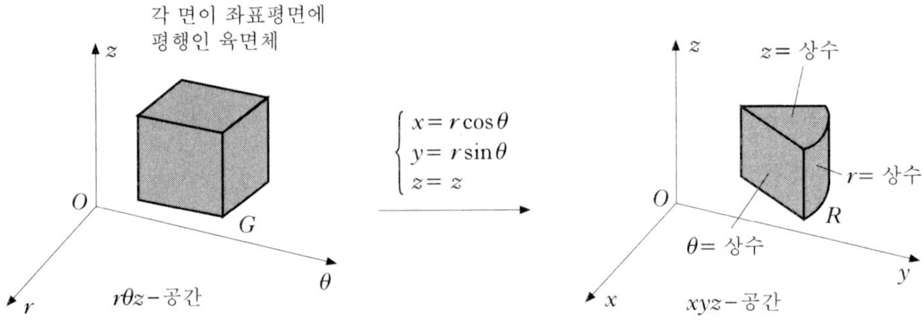

[그림 10.20] 원기둥좌표의 변환

시키는 구면좌표 (ρ, ϕ, θ)와 직교좌표 (x, y, z) 사이의 관계식

$$x = \rho \sin\phi \cos\theta, \qquad y = \rho \sin\phi \sin\theta, \qquad z = \rho\cos\phi \tag{10.51}$$

에 의해 주어진 직교 $\rho\phi\theta$-공간으로부터 직교 xyz-공간으로의 변환에 대한 야코비안을 계산하면

$$J(\rho, \phi, \theta) = \begin{vmatrix} \dfrac{\partial x}{\partial \rho} & \dfrac{\partial x}{\partial \phi} & \dfrac{\partial x}{\partial \theta} \\ \dfrac{\partial y}{\partial \rho} & \dfrac{\partial y}{\partial \phi} & \dfrac{\partial y}{\partial \theta} \\ \dfrac{\partial z}{\partial \rho} & \dfrac{\partial z}{\partial \phi} & \dfrac{\partial z}{\partial \theta} \end{vmatrix} = -\rho^2 \sin\phi \tag{10.52}$$

이다(그림 10.21 참조). 따라서 식 (10.42)는

$$\iiint_R F(x, y, z)\,dx\,dy\,dz = \iiint_G H(\rho, \phi, \theta)\left|-\rho^2\sin\phi\right|\,d\rho\,d\phi\,d\theta \tag{10.53}$$

가 된다. 여기서 $\sin\phi$는 음이 아니므로 절댓값을 생략하고 $\rho^2\sin\phi$로 쓸 수 있다.

예제 10.3.4 원뿔 $z^2 = x^2 + y^2$의 위쪽으로서 구면 $x^2 + y^2 + z^2 = z$의 내부로 되는 부분의 부피를 구하여라(그림 10.22 참조).

【풀이】 주어진 구면의 방정식 $x^2 + y^2 + z^2 = z$을 구면좌표로 나타내면, $\rho^2 = x^2 + y^2 + z^2$과 $z = \rho\cos\phi$로부터

$$\rho = \cos\phi$$

를 얻는다. 또한 주어진 원뿔의 방정식 $z^2 = x^2 + y^2$을 구면좌표 방정식으로 나타내면

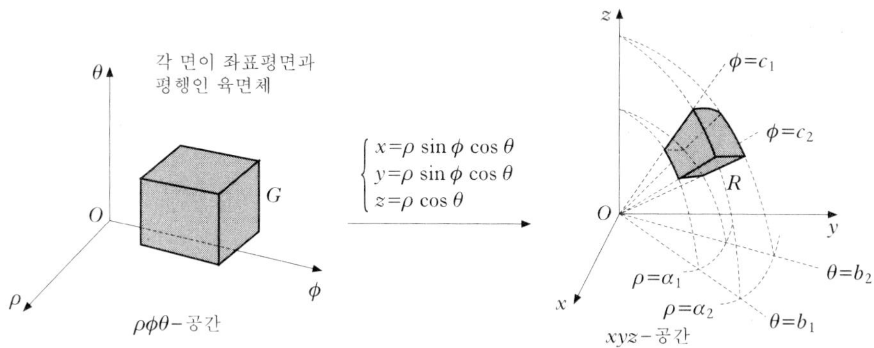

[그림 10.21] 구면좌표의 변환

$\cos^2\phi = \sin^2\phi$ $(0 \le \phi \le \pi)$ 이므로 $\phi = \pi/4$ 이다. 따라서 구면좌표계에서의 적분영역은

$$0 \le \theta \le 2\pi, \qquad 0 \le \phi \le \frac{\pi}{4}, \qquad 0 \le \rho \le \cos\phi$$

이다. 따라서 구하는 입체의 부피는 식 (10.53) 으로부터

$$\int_0^{2\pi}\int_0^{\frac{\pi}{4}}\int_0^{\cos\phi} \rho^2 \sin\phi \, d\rho \, d\phi \, d\theta = \frac{\pi}{8}$$

이다. □

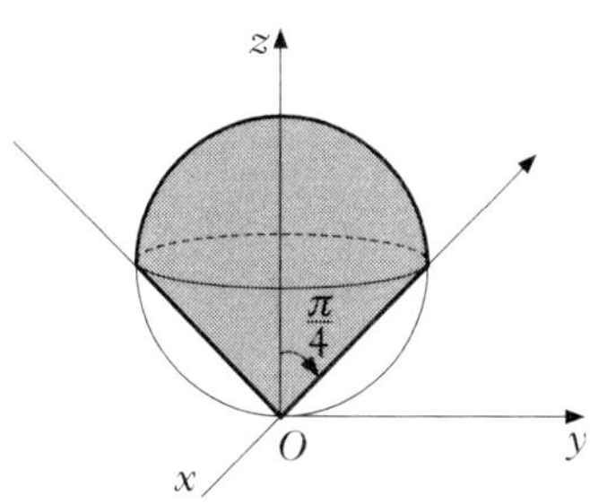

[그림 10.22]

연습문제(10.3)

1. 변환 $u = x - y$, $v = 2x + y$를 풀어서, x와 y를 u, v로 표시하고, 야코비안

$$\frac{\partial(x, y)}{\partial(u, v)}$$

를 구하여라.

2. 이중적분을 이용하여 극방정식 $r = \sin 3\theta$의 그래프에 의해 둘러싸인 영역의 넓이를 구하여라.

3. 포물면 $z = x^2 + y^2$과 평면 $z = 4$로 둘러싸인 입체의 부피를 구하여라.

4. 극방정식 $r = 1 - \cos\theta$의 그래프에 의해 둘러싸인 영역에서 $f(x, y) = xy$의 이중적분을 구하여라.

5. 다음 주어진 직교좌표계에서의 반복적분을 극좌표계에서의 반복적분으로 바꾸어 계산하여라.

(1) $\displaystyle\int_0^1 \int_0^{\sqrt{1-x^2}} (x^2 + y^2)\, dy\, dx$ (2) $\displaystyle\int_{-2}^2 \int_{-\sqrt{4-y^2}}^{\sqrt{4-y^2}} e^{-(x^2+y^2)}\, dx\, dy$

(3) $\displaystyle\int_0^a \int_0^{\sqrt{a^2-x^2}} \frac{1}{(1 + x^2 + y^2)^{3/2}}\, dy\, dx \quad (a > 0)$ (4) $\displaystyle\int_0^{\sqrt{2}} \int_y^{\sqrt{4-y^2}} \frac{1}{\sqrt{1 + x^2 + y^2}}\, dx\, dy$

6. 영역 R이 네 직선 $x - 2y = 1$, $x - 2y = 4$, $2x + y = 1$, $2x + y = 3$으로 둘러싸인 사각형일 때, 다음 이중적분을 변환 $u = x - 2y$, $v = 2x + y$를 이용하여 계산하여라.

$$\iint_R \frac{x - 2y}{2x + y}\, dx\, dy$$

7. 영역 R이 꼭짓점 $A(0, 0)$, $B(2, 0)$, $C(1, 1)$로 이루어진 삼각형일 때, 다음 이중적분을 변환 $u = (x + y)/2$, $v = (x - y)/2$를 이용하여 계산하여라.

$$\iint_R \sin\frac{1}{2}(x + y)\cos\frac{1}{2}(x - y)\, dx\, dy$$

8. 원기둥좌표계 또는 구면좌표계를 이용하여 다음 삼중적분을 구하여라.

(1) $\displaystyle\int_{-3}^{3}\int_{-\sqrt{9-x^2}}^{\sqrt{9-x^2}}\int_{0}^{9-x^2-y^2} x^2\,dz\,dy\,dx$

(2) $\displaystyle\int_{-1}^{1}\int_{0}^{\sqrt{1-x^2}}\int_{0}^{\sqrt{1-x^2-y^2}} e^{x}\,dz\,dy\,dx$

(3) $\displaystyle\int_{-2}^{2}\int_{-\sqrt{4-x^2}}^{\sqrt{4-x^2}}\int_{0}^{\sqrt{4-x^2-y^2}} z^2\sqrt{x^2+y^2+z^2}\,dz\,dy\,dx$

(4) $\displaystyle\int_{0}^{2}\int_{0}^{\sqrt{4-y^2}}\int_{\sqrt{x^2+y^2}}^{\sqrt{8x^2-y^2}} z^2\,dz\,dx\,dy$

9. 다음 입체의 부피를 구하여라.

(1) xy-평면과 원기둥 $x^2+y^2=a^2$, 포물면 $z=x^2+y^2$ 으로 둘러싸인 입체

(2) 제1팔분공간에 있는 입체로서, $x=4-y^2$, $y=z$, $x=0$, $z=0$ 으로 둘러싸인 입체

(3) 두 포물면 $z=x^2+9y^2$ 과 $z=18-x^2-9y^2$ 으로 둘러싸인 입체

10. 구 $x^2+y^2+z^2=4$ 의 부피를 나타내는 반복적분식을 다음 좌표계를 사용하여 각각 구하여라.

(1) 직교좌표계 (2) 원기둥좌표계 (3) 구면좌표계

10.4 다중적분의 응용

이 절에서는 다중적분의 응용으로서 (1) 평면의 무게중심과 관성능률 (2) 입체의 무게중심과 관성능률을 이중적분과 삼중적분을 이용하여 구할 수 있음을 보인다.

10.4.1 평면의 무게중심과 관성능률

먼저 균일한 밀도 $\rho = 1$을 갖는 평면영역의 무게중심과 관성능률에 대하여 살펴보자.

그림 10.23에서와 같이 두 곡선 $y = y_1(x)$, $y = y_2(x)$와 두 직선 $x = a$, $x = b$로 둘러싸인 부분의 영역 D의 넓이 A를 생각하자. 점 (x, y)를 한 정점으로 가지는 면적소 $\Delta A = \Delta y \Delta x$를 택하면 증분 $y\Delta y\Delta x$와 $x\Delta y\Delta x$는 각각 x축과 y축에 관한 ΔA의 1차능률의 근삿값이 된다.

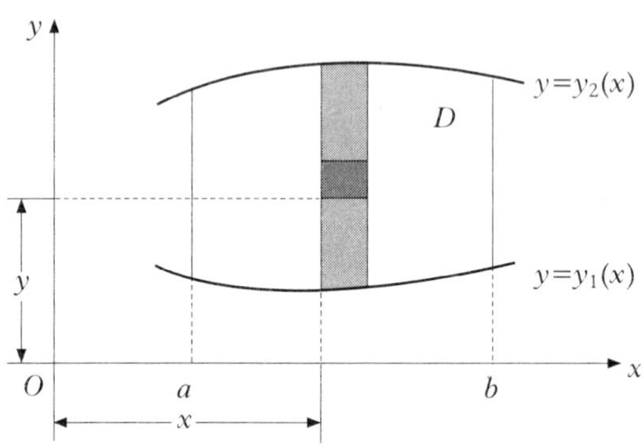

[그림 10.23] 평면의 중심과 관성능률

이 경우는 영역 D에서 각각 $f(x, y) = y$, $g(x, y) = x$인 경우이며, f와 g는 적분가능하므로 x축과 y축에 관한 수직면적소의 1차능률은 각각 다음과 같다.

$$\left(\int_{y_1(x)}^{y_2(x)} y\,dy\right)\Delta x, \qquad \left(\int_{y_1(x)}^{y_2(x)} x\,dy\right)\Delta x \tag{10.54}$$

따라서 전면적 A의 1차능률은

$$M_x = \int_a^b \int_{y_1(x)}^{y_2(x)} y\,dy\,dx, \qquad M_y = \int_a^b \int_{y_1(x)}^{y_2(x)} x\,dy\,dx \tag{10.55}$$

이고, 식 (10.55)에 의해서 D의 무게중심의 좌표 $(\bar{x}, \bar{y})$는 다음 식으로 구한다.

$$A\bar{x} = \int_a^b \int_{y_1(x)}^{y_2(x)} x\,dy\,dx, \qquad A\bar{y} = \int_a^b \int_{y_1(x)}^{y_2(x)} y\,dy\,dx$$

즉,

$$\bar{x} = \frac{1}{A}\int_a^b \int_{y_1(x)}^{y_2(x)} x\,dy\,dx, \qquad \bar{y} = \frac{1}{A}\int_a^b \int_{y_1(x)}^{y_2(x)} y\,dy\,dx. \tag{10.56}$$

그리고 증분 $y^2\Delta y\Delta x$와 $x^2\Delta y\Delta x$는 각각 면적소 ΔA의 관성능률 I_x와 I_y의 근삿값이 되므로 위와 같은 이유로

$$I_x = \int_a^b \int_{y_1(x)}^{y_2(x)} y^2\,dy\,dx, \qquad I_y = \int_a^b \int_{y_1(x)}^{y_2(x)} x^2\,dy\,dx \tag{10.57}$$

이다.

예제 10.4.1 포물선 $y = x^2$과 직선 $y - x + 2$로 둘러싸인 부분의 무게중심을 구하여라.

【풀이】 주어진 방정식을 연립으로 풀면 교점은 $(-1, 1)$, $(2, 4)$이다(그림 10.24 참조). 따라서 이들 곡선에 의해 둘러싸인 부분의 영역을 D라고 하면, D의 면적 A는

$$A = \int_{-1}^{2}\int_{x^2}^{x+2} dy\,dx = \int_{-1}^{2}(x + 2 - x^2)\,dx = \frac{9}{2}$$

이다. 따라서 D의 무게중심의 좌표 $(\bar{x}, \bar{y})$는 식 (10.56)에 의하여

$$\bar{x} = \frac{2}{9}\int_{-1}^{2}\int_{x^2}^{x+2} x\,dy\,dx = \frac{2}{9}\int_{-1}^{2} x(x + 2 - x^2)\,dx = \frac{1}{2},$$

$$\bar{y} = \frac{2}{9}\int_{-1}^{2}\int_{x^2}^{x+2} y\,dy\,dx = \frac{2}{9}\frac{1}{2}\int_{-1}^{2}\left((x+2)^2 - (x^2)^2\right)dx = \frac{8}{5}$$

이다. 따라서 구하는 무게중심은 (1/2, 8/5)이다. □

예제 10.4.2 곡선 $xy = 2$, $4y = x^2$과 직선 $3y = 2x + 4$로 둘러싸인 제1사분면에 있는 부분의 x축에 관한 관성능률을 구하여라.

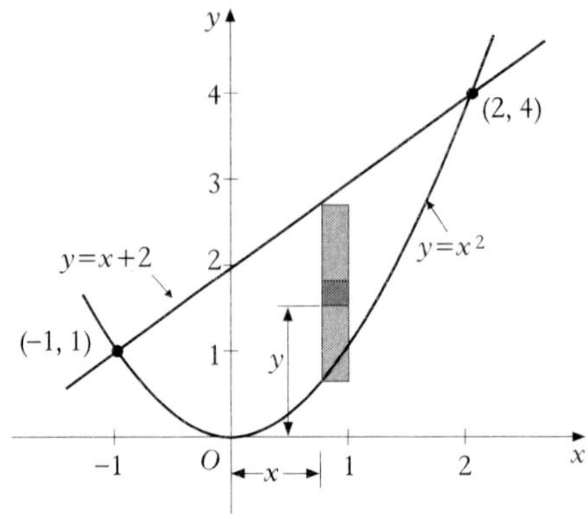

[그림 10.24]

【풀이】 주어진 방정식들을 한 쌍씩 연립으로 풀어서 교점을 구하면 (1, 2), (2, 1), (4, 4) 이다(그림 10.25 참조). 점 $A(1, 2)$ 를 지나는 수평선으로 전체 영역을 두 부분으로 나누고 각 부분을 x 에 관하여 먼저 적분하면 식 (10.57) 에 의하여

$$I_x = \int_1^2 \int_{\frac{2}{y}}^{2\sqrt{y}} y^2\, dx\, dy + \int_2^4 \int_{\frac{3y-4}{2}}^{2\sqrt{y}} y^2\, dx\, dy$$

$$= \int_1^2 (2y^{\frac{5}{2}} - 2y)\, dy + \int_2^4 (2y^{\frac{5}{2}} - \frac{3}{2}y^3 + 2y^2)\, dy = \frac{355}{21}$$

을 얻는다. 점 $B(2, 1)$ 를 지나는 수직선으로 전체 영역을 두 부분으로 나누고 각 부분을 y 에 관하여 먼저 적분하여도 같은 결과를 얻는다. □

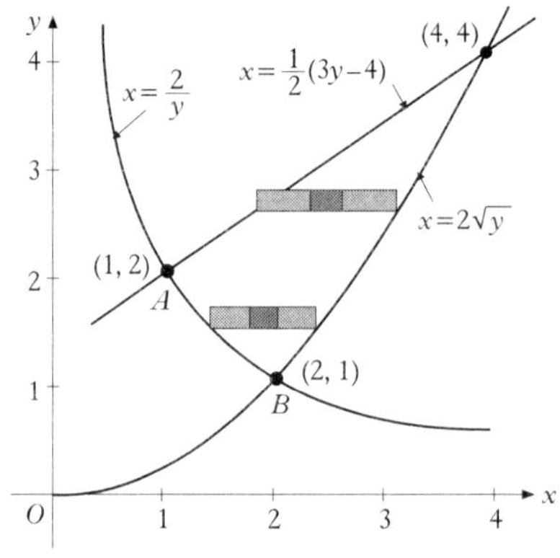

[그림 10.25]

10.4.2 입체의 무게중심과 관성능률

어떤 입체 V의 밀도함수 ρ가 상수 또는 좌표 x, y, z의 함수일 때, 그 입체의 질량 M은 다음과 같이 삼중적분으로 구할 수 있다. 즉,

$$M = \iiint_V \rho(x, y, z)\, dx\, dy\, dz. \tag{10.58}$$

여기서 삼중적분은 그 입체 전체 V에 걸쳐서 계산한다. 같은 방법으로 어떤 입체의 무게중심의 좌표 $(\bar{x}, \bar{y}, \bar{z})$는

$$\bar{x} = \frac{1}{M}\iiint_V \rho x\, dz\, dy\, dx, \quad \bar{y} = \frac{1}{M}\iiint_V \rho y\, dz\, dy\, dx, \quad \bar{z} = \frac{1}{M}\iiint_V \rho z\, dz\, dy\, dx \tag{10.59}$$

와 같은 공식으로 주어진다. 여기서 M은 식 (10.58)에서 구한 입체 V의 질량을 의미한다.

예제 10.4.3 단위정육면체 $0 \le x, y, z \le 1$에 있는 어떤 점에서의 밀도가 정점 (0, 0, 0)으로부터 그 점까지의 거리의 제곱에 비례할 때, 단위정육면체의 무게중심을 구하여라.

【풀이】 k를 비례상수라고 두면, 식 (10.58)에 의하여

$$M = \int_0^1 \int_0^1 \int_0^1 k(x^2 + y^2 + z^2)\, dz\, dy\, dx = k$$

이다. 따라서 단위정육면체의 대칭성에 의하여 식 (10.59)에서

$$\bar{x} = \bar{y} = \bar{z} = \frac{1}{k}\int_0^1 \int_0^1 \int_0^1 kx(x^2 + y^2 + z^2)\, dz\, dy\, dx = \frac{7}{12}$$

이므로 구하는 단위정육면체의 무게중심은 (7/12, 7/12, 7/12)이다. □

질량이 한 점에 집중되어 있을 때 어떤 축에 관한 그 질량의 관성능률은 질량의 크기에 축으로부터 그 점에 이루는 거리의 제곱을 곱한 것과 같다. 질량소의 미분

$$dM = \rho\, dz\, dy\, dx$$

가 점 (x, y, z) 에 집중되어 있다고 생각하면, 좌표축에 관한 입체의 관성능률은

$$\begin{cases} I_x = \iiint_V \rho(y^2 + z^2)\, dz\, dy\, dx \\ I_y = \iiint_V \rho(z^2 + x^2)\, dz\, dy\, dx \\ I_z = \iiint_V \rho(x^2 + y^2)\, dz\, dy\, dx \end{cases} \tag{10.60}$$

이다.

예제 10.4.4 균일한 밀도 ρ 를 가진 입체가 4 개의 평면

$$x + z = 1, \quad y = x, \quad y = 0, \quad z = 0$$

으로 둘러싸여 있다(그림 10.26). 이 입체의 z 축에 관한 관성능률을 구하여라.

【풀이】 관성능률의 식 (10.60) 에 의하여

$$\begin{aligned} I_z &= \int_0^1 \int_0^x \int_0^{1-x} \rho(x^2 + y^2)\, dz\, dy\, dx \\ &= \rho \int_0^1 \int_0^x (x^2 + y^2)(1 - x)\, dy\, dx = \frac{4}{3}\rho \int_0^1 (1 - x)x^3\, dx = \frac{1}{15}\rho \end{aligned}$$

이다. □

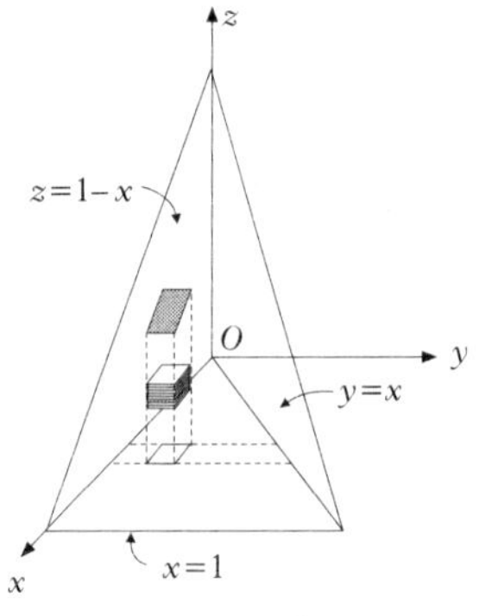

[그림 10.26]

연습문제(10.4)

1. 다음 평면 영역의 무게중심을 구하여라.

(1) 제1사분면에 있고, 두 원 $x^2 + y^2 = a^2$, $x^2 + y^2 = b^2$ $(a < b)$ 사이로 둘러싸인 영역

(2) $[0, \pi]$ 까지의 x축과 $y = \sin x$로 둘러싸인 영역으로 밀도함수 $\rho = x$인 영역

2. 다음 곡선으로 둘러싸인 부분의 관성능률 I_x와 I_y를 구하여라.

(1) $4y = x^3$, $y = |x|$　　(2) $y = e^x$, $y = e$, $x = 0$

3. 다음 곡면으로 둘러싸인 입체가 주어진 밀도함수를 가질 때, 각각의 질량과 무게중심을 구하여라.

(1) $0 \le x \le a$, $0 \le y \le a$, $0 \le z \le a$; $\rho = a - x$

(2) $x^2 + y^2 = a^2$, $z = 0$, $z = c$; ρ는 상수

(3) $z = 1 - y^2$ $(y \ge 0)$, $y = 0$, $z = 0$, $x = 1$, $x = -1$; $\rho = yz$

4. 다음 곡면으로 둘러싸인 입체가 주어진 밀도함수를 가질 때, 각각의 관성능률을 구하여라(단, k는 상수).

(1) $x = 0$, $x = 1$, $y = 0$, $y = 1$, $z = 0$, $z = 1$; $\rho = kz$

(2) $x^2 + z^2 = 1$, $y = x$, $y = 0$, $z = 0$ (제1팔분공간) ; $\rho = kz$

(3) $x + y + 2z = 4$, $x = 0$, $y = 0$, $z = 0$; $\rho = k$

제 11 장

벡터장의 적분

벡터장은 속도나 가속도, 유체의 흐름 및 전기장 등을 기술하는데 사용되며, 이 장에서는 벡터장의 여러 성질을 알아보고 기본적인 벡터장의 적분에 관하여 학습한다.

먼저 경로에 따르는 일의 양을 구하기 위한 선적분을 알아보고, 평면곡선에서 벡터장의 적분에 관한 그린 정리를 학습한다. 곡면의 개념을 소개하고, 곡면의 넓이를 구하여 곡면에서 함수와 벡터장을 적분하는 방법을 알아본다.

유체의 흐름을 나타내는 속도벡터로 이루어진 벡터장의 경우에, 벡터장의 발산은 유체의 부피의 순간변화율을 뜻하며, 회전은 유체의 소용돌이를 나타낸다. 삼차원 공간의 유한한 영역에서 정의된 벡터장에 대하여 영역의 경계를 빠져 나가는 양은 영역의 내부에서 벡터장의 발산함수를 적분한 값과 같다는 발산정리는 그린 정리, 스토크스 정리와 함께 벡터함수의 해석학에 가장 중요한 정리이다. 이들 정리들은 구간에서 정의된 실수값 연속함수의 미적분학 기본정리에서 나타나는 원리가 벡터장의 적분에 동일하게 적용되는 것으로 이해할 수 있다.

11.1 벡터장

U 를 n 차원 실공간 $\mathbb{R}^n$ 의 열린집합이라고 하자. 이때 U 의 각 점에 대하여 그 점을 시점으로 하는 하나의 n 차원 벡터를 대응시키는 사상을 **벡터장**(vector field)이라고 한다. 즉, 벡터장은 함수

$$F : U \to \mathbb{R}^n \tag{11.1}$$

을 뜻한다. 벡터장 F 를 좌표의 성분을 사용하여 나타내면

$$F(X) = (f_1(X), f_2(X), \ldots, f_n(X)), \qquad X = (x_1, x_2, \ldots, x_n) \in U \tag{11.2}$$

이고, 각 성분함수 $f_i : U \to \mathbb{R}$ 는 실수값을 갖는 함수이다.[1] 함수 f_i $(i = 1, 2, \ldots, n)$ 가 연속(또는 미분가능)이면 F 를 **연속**(또는 **미분가능**)인 **벡터장**이라고 한다.

이차원 벡터장을 그리는 방법 중의 하나는 점 (x, y) 를 시점으로 하는 벡터 $F(x, y)$ 를 나타내는 화살을 그리는 것이다. 물론 모든 점 (x, y) 에 대하여 이것을 그리는 것은 불가능하지만, 그림 11.1 에서와 같이 U 에 속하는 몇 개의 대표적인 점에 대하여 화살을 그림으로써 벡터장 F 의 적절한 자취를 얻을 수 있다.

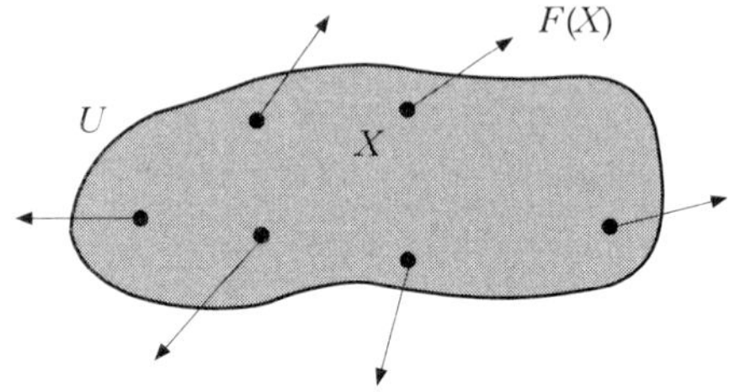

[그림 11.1] 벡터장

예제 11.1.1 (1) 좌표평면에서 $F(x, y) = (x, y)$ 로 주어진 벡터장은 그림 11.2(a) 에서와 같이 원점으로부터 발산하는 모양으로 그려진다.

1) 스칼라함수들을 벡터장과 구분하기 위하여 **스칼라장**(scalar field)이라 부르기도 한다.

(2) 벡터장

$$F(x, y) = \left(\frac{-x}{x^2 + y^2}, \frac{-y}{x^2 + y^2}\right)$$

은 그 크기가 원점으로부터의 거리에 반비례하는 벡터장으로, 그림 11.2(b) 와 같이 그려진다. 이 벡터장은 원점에서는 정의되어 있지 않다.

(3) 벡터장 $F(x, y) = (-y, x)$ 는 그림 11.2(c) 와 같이 그려진다.

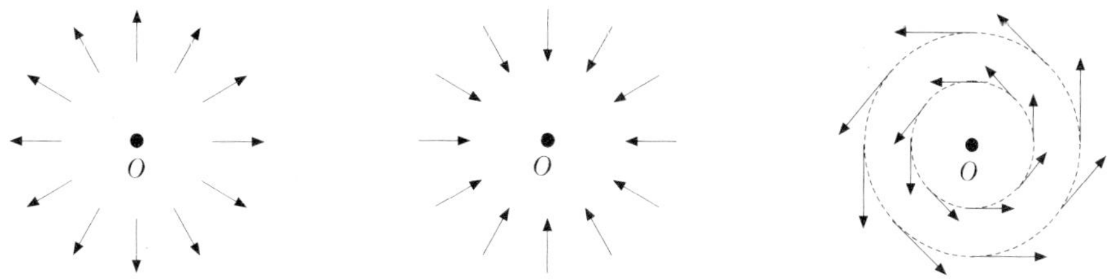

[그림 11.2] 이차원 벡터장

벡터장 $F : U \to \mathbb{R}^n$ 가 미분가능한 스칼라함수 $\varphi : U \to \mathbb{R}$ 의 **그래디언트벡터**(gradient vector)[2] $\nabla\varphi$ 일 때, 즉

$$F = \nabla\varphi \tag{11.4}$$

가 되는 함수 φ 가 존재할 때 이 F 를 **보존적 벡터장**(conservative vector field)이라 하고, 이 경우에 φ 를 F 에 대한 **퍼텐셜함수**(potential function)라고 한다.

예제 11.1.2 (1) $F(x, y) = (y, x)$ 로 주어졌을 때, $\varphi(x, y) = xy$ 는 F 의 퍼텐셜함수이다.

(2) $F(x, y) = (2xy, x^2 + y^2)$ 에 대하여 $\varphi(x, y) = x^2y + (1/3)y^3$ 은 F 의 퍼텐셜함수이다.

(3) 벡터장이

$$F(x, y) = \left(\frac{-y}{x^2 + y^2}, \frac{x}{x^2 + y^2}\right)$$

2) 미분가능한 스칼라함수 $\varphi : U \to \mathbb{R}$ ($U \in \mathbb{R}^n$)의 그래디언트벡터 (또는 **기울기벡터**)를 기호로는 $\nabla\varphi$ (또는 grad φ)으로 나타내며, 편미분 연산을 이용하여

$$\nabla\varphi = \text{grad}\,\varphi = \left(\frac{\partial\varphi}{\partial x_1}, \frac{\partial\varphi}{\partial x_2}, \ldots, \frac{\partial\varphi}{\partial x_n}\right), \qquad (x_1, x_2, \ldots, x_n) \in U \tag{11.3}$$

와 같이 정의한다.

으로 주어졌을 때, $\varphi(x, y) = \tan^{-1}(y/x)$ 는 F 의 퍼텐셜함수이다.

모든 벡터장이 보존적 벡터장이 되는 것은 아니다. 즉, 모든 벡터장이 항상 퍼텐셜함수를 갖는 것은 아니다. 예를 들어 $F(x, y) = (-y, x)$ 라고 하자. 만약 φ 가 F 의 퍼텐셜함수라고 하면, 방정식

$$\frac{\partial\varphi}{\partial x} = -y, \qquad \frac{\partial\varphi}{\partial y} = x$$

를 만족한다. 따라서 처음의 관계식을 x 에 관하여 적분하면 $\varphi(x, y) = -xy + f(y)$ 을 얻는다. 이제 이 식을 y 에 관하여 미분하면

$$x = \frac{\partial\varphi}{\partial y} = -x + f'(y)$$

이므로 $2x = f'(y)$ 을 얻는다. 그러나 이 식의 좌변은 x 에 의존하고, 우변은 x 에 의존하지 않으므로 모순을 얻게 된다. 따라서 벡터장 $F(x, y) = (-y, x)$ 는 퍼텐셜함수를 갖지 않는다. 마찬가지로 벡터장 $F(x, y) = (y, -x)$, $F(x, y, z) = (z, xy, x)$ 등도 모두 퍼텐셜함수를 갖지 않는 벡터장이다.

도함수가 연속인 함수를 **일급 미분가능함수** 또는 **C^1 함수**라고 한다. 다음의 정리는 주어진 벡터장이 퍼텐셜함수를 가질 수 있는 필요조건을 준다.

정리 11.1.1 n 차원 실공간 $\mathbb{R}^n$ 위의 열린집합 U 에서 정의된 C^1 인 벡터장

$$F(X) = (f_1(X), f_2(X), \ldots, f_n(X)), \qquad X \in U \tag{11.5}$$

가 퍼텐셜함수를 가지면

$$D_i f_j = D_j f_i \quad (1 \leq i, j \leq n) \tag{11.6}$$

이다.

【증명】 φ 를 F 의 한 퍼텐셜함수라고 하자. 그러면 F 가 C^1 인 벡터장이고 $D_i\varphi = f_i$ 이므로 편미분의 순서를 바꾸어 계산할 수 있다. 따라서

$$D_i f_j = D_i(D_j\varphi) = D_j(D_i\varphi) = D_j f_i$$

가 성립한다. □

예제 11.1.3 벡터장 $F(x, y) = (f(x, y), g(x, y)) = (y, -x)$가 퍼텐셜함수를 갖지 않음을 보여라.

【풀이】 주어진 벡터장 F에 대하여

$$D_2 f = 1 \neq -1 = D_1 g$$

이므로, 정리 11.1.1에 의해 벡터장 F의 퍼텐셜함수는 존재하지 않는다. □

벡터장이 퍼텐셜함수를 갖는다는 것은 퍼텐셜함수를 이용하여 벡터장의 여러 성질을 알 수 있음을 의미한다.

다음 정의 11.1.1에서 정의되는 벡터장의 회전 및 발산은 유체역학 등 동역학계에서 자주 사용되는 중요한 개념들이다.

정의 11.1.1 삼차원 실공간 $\mathbb{R}^3$ 위의 열린집합 U에서 정의된 벡터장

$$F(x, y, z) = f_1(x, y, z)\mathbf{i} + f_2(x, y, z)\mathbf{j} + f_3(x, y, z)\mathbf{k}, \qquad (x, y, z) \in U$$

에 대하여

(1) F의 **회전**(curl)을 기호로는 curl F와 같이 나타내고, 외적연산을 이용하여

$$\operatorname{curl} F = \nabla \times F = \left(\frac{\partial f_3}{\partial y} - \frac{\partial f_2}{\partial z}\right)\mathbf{i} + \left(\frac{\partial f_1}{\partial z} - \frac{\partial f_3}{\partial x}\right)\mathbf{j} + \left(\frac{\partial f_2}{\partial x} - \frac{\partial f_1}{\partial y}\right)\mathbf{k} \tag{11.7}$$

로 정의한다.

(2) F의 **발산**(divergence)을 기호로는 div F와 같이 나타내고, 내적연산을 통하여

$$\operatorname{div} F = \nabla \cdot F = \frac{\partial f_1}{\partial x} + \frac{\partial f_2}{\partial y} + \frac{\partial f_3}{\partial z} \tag{11.8}$$

로 정의한다.

예제 11.1.4 삼차원 실공간 $\mathbb{R}^3$에서 정의된 벡터장 $F(x, y, z) = x^2\mathbf{i} + yz\mathbf{j} + 5z\mathbf{k}$에 대하여 F의 회전 curl F와 발산 div F를 각각 구하여라.

【풀이】 주어진 벡터장 F 에 대하여

$$\operatorname{curl} F = \nabla \times F = -y\mathbf{i}, \qquad \operatorname{div} F = \nabla \cdot F = 2x + z + 5$$

이다. □

다음 정리 11.1.2 는 정의 11.1.1 로부터 쉽게 얻을 수 있다.

정리 11.1.2 (1) $\varphi(x, y, z)$ 가 각 변수에 대하여 두 번 미분가능한 함수이면,

$$\nabla \times (\nabla\varphi) = \mathbf{0}\ ^{3)} \tag{11.9}$$

이 성립한다.

(2) F 가 각 변수에 대하여 두 번 미분가능한 벡터장이면,

$$\nabla \cdot (\nabla \times F) = 0 \tag{11.10}$$

이 성립한다.

어떤 관 속에 정상상태로 흐르고 있는 유체를 생각하고 $F(x, y, z)$ 를 점 (x, y, z) 에서의 속도벡터라고 하자(그림 11.3 참조). 이때 F 는 정의역에 있는 임의의 점 (x, y, z) 에 대하여 속도벡터가 대응되며, 이를 **속도장**(velocity field)이라고 한다.

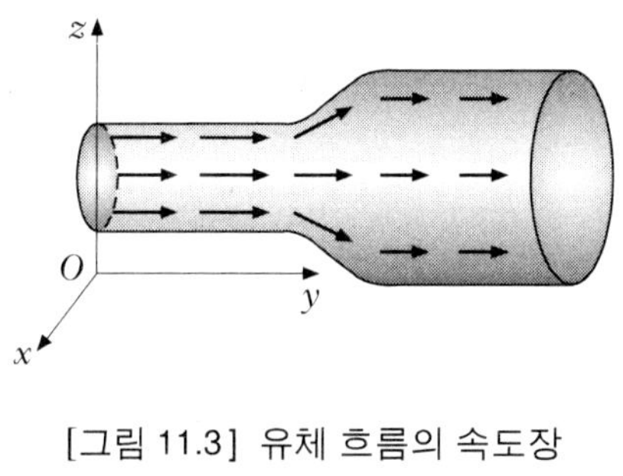

[그림 11.3] 유체 흐름의 속도장

3) 여기서의 $\mathbf{0}$ 은 영벡터를 의미하며, 영벡터 $\mathbf{0}$ 과 스칼라 0 은 문맥에서 구별한다.

삼차원 실공간 $\mathbb{R}^3$ 에서 정의된 속도장 $F(x, y, z)$ 의 회전과 발산이 갖는 의미에 대하여 살펴보자. $\operatorname{curl} F(x_0, y_0, z_0)$ 는 점 (x_0, y_0, z_0) 에서의 각 좌표축에 따른 유체의 흐름의 변화율을 의미한다. 즉, 주어진 입체영역에 물이 움직이고 있다고 할 때, 점 (x_0, y_0, z_0) 에 작은 노를 넣었다면, 이것이 어느 방향으로 얼마나 빨리 회전하는가를 나타내는 것이 $\operatorname{curl} F(x_0, y_0, z_0)$ 이다. 만약 $\operatorname{curl} F(x_0, y_0, z_0) = \mathbf{0}$ 이라면 점 (x_0, y_0, z_0) 에서 유체는 회전하지 않음을 의미한다. 특히 $\operatorname{curl} F$ 가 항등적으로 $\mathbf{0}$ 인 벡터장 F 를 **비회전장**(irrotational field)이라고 한다.

한편, $\operatorname{div} F(x_0, y_0, z_0)$ 는 점 (x_0, y_0, z_0) 에 있는 작은 구멍을 통하여 주어진 곡면으로 눌러싸인 입체영역으로 빠져 나오는(또는 흘러 들어가는) 유체의 변화율을 의미한다. 즉, 물이 흘러 들어오면 유선은 그 점에서 퍼져나갈 것이며 $\operatorname{div} F(x_0, y_0, z_0)$ 는 양수이다. 또, 물이 빠져나간다면 그 점에서의 $\operatorname{div} F(x_0, y_0, z_0)$ 는 음수이고, 물이 들어오고 나가는 양이 똑같다면 $\operatorname{div} F(x_0, y_0, z_0) = 0$ 이 된다.

연습문제(11.1)

1. 벡터장 $F(x, y) = (-y, x)$ 는 원점을 중심으로 반지름이 a 인 원 $x^2 + y^2 = a^2$ 에 접함을 보여라.

2. 벡터장 $F(x, y) = (x + y, x - y)$ 의 모양을 그려라.

3. $\varphi(x, y) = x^2 + y^2$ 일 때, φ 를 퍼텐셜함수로 갖는 벡터장 F 를 구하여라.

4. 벡터장 $F(x, y) = (y, -x)$ 의 모양을 그리고, 이때 $F(x, y)$ 가 위치벡터 (x, y) 에 수직임을 보여라.

5. 벡터장 $F(x, y) = (3 + 2xy, x^2 - 3y^2)$ 에 대한 퍼텐셜함수가 존재하는지를 알아보고, 존재한다면 구하여라.

6. 다음 함수를 퍼텐셜함수로 갖는 벡터장을 구하여라.

(1) $\varphi(x, y) = x^5 - 4x^2y^3$　　(2) $\varphi(x, y) = e^{3x}\cos 4y$

(3) $\varphi(x, y, z) = xyz$　　(4) $\varphi(x, y) = x\ln(y - z)$

7. 다음 벡터장의 회전과 발산을 구하여라.

(1) $F(x, y, z) = x\mathbf{i} + y\mathbf{j} + z\mathbf{k}$

(2) $F(x, y, z) = yz\mathbf{i} + xz\mathbf{j} + xy\mathbf{k}$

(3) $G(x, y, z) = xyz\mathbf{i} + xy\mathbf{j} + z\mathbf{k}$

(4) $G(x, y, z) = y\mathbf{i} - x\mathbf{j} + z\mathbf{k}$

8. 다음 각 함수 f의 그래디언트 벡터장 ∇f를 구하여라.

(1) $f(x, y) = x^2 - (1/2)y^2$

(2) $f(x, y) = \ln\sqrt{x^2 + y^2}$

9. 다음 벡터장의 퍼텐셜함수가 존재하는지를 결정하고, 존재한다면 그것을 구하여라.

(1) $F(x, y) = (1 + 4x^3y^3, 3x^4y^2)$

(2) $F(x, y) = (x^2 + y, x^2)$

(3) $F(x, y) = (e^{2x} + x\sin y, x^2\cos y)$

(4) $F(x, y) = (ye^{xy}, xe^{xy})$

11.2 선적분

n 차원 실공간 $\mathbb{R}^n$ 위의 열린집합 U 에서 정의된 벡터장 $F = (f_1, f_2, \ldots, f_n)$ 과, U 안의 한 매끄러운 곡선[4] $C : [a, b] \to U$ 가

$$C(t) := (c_1(t), c_2(t), \ldots, c_n(t)), \qquad a \le t \le b \tag{11.11}$$

와 같이 정의되었다고 하자. 이때 곡선 $C(t)$ 위의 두 벡터 $F(C(t))$ 와 $C'(t)$ 의 내적을 성석분한 것을 곡선 C 를 따른 F 의 **선적분**(line integral)이라고 정의하고 $\int_C F$ 로 나타낸다. 즉,

$$\int_C F = \int_a^b F(C(t)) \cdot C'(t)\, dt \tag{11.12}$$

이다.[5] 이 때의 곡선 C 를 **적분경로**(path of integration)라 하고, $C(a)$ 를 **시점**(initial point), $C(b)$ 를 **종점**(terminal point)이라고 한다. 또한 여기서의 곡선 C 는 방향이 정해져 있는 **유향곡선**(oriented curve)으로서 시점 $C(a)$ 에서 종점 $C(b)$ 로의 방향, 즉 t 가 증가하는 방향을 곡선 C 의 **양의 방향**(positive direction)이라고 한다. 곡선 상에서의 곡선의 방향은 화살표를 사용하여 나타낸다.

식 (11.12) 의 선적분의 정의는 곡선 C 를 어떠한 매개변수를 써서 나타내느냐와 상관없이 항상 같아야만 잘 정의되었다고 할 수 있다. 실제로 선적분의 값은 같은 적분경로를 나타내는 서로 다른 매개변수 표현에 대해서도 방향이 같기만 하면 같은 값을 갖는다. 그러나 일반적으로 선적분은 벡터장 F 와 적분경로의 양 끝점은 물론이고 시점에서 종점에 이르는 적분경로에 대해서 의존적이다(예제 11.2.1 참조).

선적분의 개념은 적분경로 C 를 따라서 힘 F 가 한 일의 전체 양으로도 생각할 수 있다.

---

4) 구간 I 에서 정의된 벡터함수 $C(t)$ 로 주어지는 곡선에 대하여 $C(t)$ 가 미분가능하고 $C'(t)$ 가 연속일 때, C 를 **매끄러운 곡선**(smooth curve)이라고 한다. 따라서 C 가 매끄러운 곡선이면 각 점에서 유일한 접선을 갖고, 그 접선의 방향이 C 를 따라가면서 연속적으로 변하는 특징을 갖는다.

5) 식 (11.12) 에서의 우변은

$$\int_a^b F(C(t)) \cdot C'(t)\, dt = \int_a^b F(C(t)) \cdot \frac{dC(t)}{dt}\, dt = \int_a^b F(C(t)) \cdot dC(t) = \int_C F(C) \cdot dC$$

와 같으므로 선적분을 간단히

$$\int_C F = \int_C F \cdot dC \tag{11.13}$$

와 같이 나타내기도 한다.

또한 식 (11.12) 에서 곡선 C 가 닫힌곡선인 경우에는 좌변의 기호 $\int_C$ 대신에 $\oint_C$ 또는 $\oint_C$ 를 쓰기도 한다.

예제 11.2.1 다음의 서로 다른 두 경로를 따라 움직이는 벡터장 $F(x, y) = (xy, y^2)$ 의 선적분을 각각 구하여라.

(1) 포물선: $C_1(t) = (t, t^2), \quad 0 \le t \le 1$ (2) 직선의 선분: $C_2(t) = (t, t), \quad 0 \le t \le 1$

【풀이】 (1) 적분경로 C_1 에 대하여 $x(t) = t,\ y(t) = t^2$ 이라고 놓으면,

$$F(C_1(t)) = F(t, t^2) = (t^3, t^4), \qquad C_1'(t) = (x'(t), y'(t)) = (1, 2t)$$

이므로 $F(C_1(t)) \cdot C_1'(t) = (t^3, t^4) \cdot (1, 2t) = t^3 + 2t^5$ 이다. 따라서 적분경로 C_1 을 따른 벡터장 F 의 선적분의 값은

$$\int_{C_1} F = \int_0^1 F(C_1(t)) \cdot C_1'(t)\, dt = \int_0^1 (t^3 + 2t^5)\, dt = \frac{7}{12}$$

이다.

(2) 적분경로 C_2 에 대하여 $x(t) = t,\ y(t) = t$ 이라고 놓으면,

$$F(C_2(t)) = F(t, t) = (t^2, t^2), \qquad C_2'(t) = (x'(t), y'(t)) = (1, 1)$$

이므로 $F(C_2(t)) \cdot C_2'(t) = (t^2, t^2) \cdot (1, 1) = t^2 + t^2 = 2t^2$ 이다. 따라서 적분경로 C_2 를 따른 벡터장 F 의 선적분의 값은

$$\int_{C_2} F = \int_0^1 F(C_2(t)) \cdot C_2'(t)\, dt = \int_0^1 2t^2\, dt = \frac{2}{3}$$

이다. □

예제 11.2.2 어떤 물체가 곡선 $C(t) = (t, t^2, t^3)$ $(-1 \le t \le 1)$ 을 따라 움직인다고 하자. 이때 힘 $F(x, y, z) = (xy, yz, zx)$ 가 한 전체 일의 양을 구하여라.

【풀이】 적분경로 C 에 대하여 $x(t) = t,\ y(t) = t^2,\ z(t) = t^3$ 이라고 놓으면,

$$F(C(t)) = F(t, t^2, t^3) = (t \cdot t^2, t^2 \cdot t^3, t^3 \cdot t) = (t^3, t^5, t^4), \qquad C'(t) = (x'(t), y'(t), z'(t)) = (1, 2t, 3t^2)$$

이므로

$$F(C(t)) \cdot C'(t) = (t^3, t^5, t^4) \cdot (1, 2t, 3t^2) = t^3 + 2t^6 + 3t^6 = t^3 + 5t^6$$

이다. 따라서 힘 F가 한 전체 일의 양 W는 다음과 같다.

$$W = \int_C F(C(t)) \cdot C'(t)\, dt = \int_{-1}^{1} (t^3 + 5t^6)\, dt = \frac{10}{7}$$ □

곡선 C가 매끄러운 곡선은 아니지만, 유한개의 매끄러운 곡선 $C_1, C_2, \ldots, C_n$의 합으로 이루어져 있다면, C 위에서의 선적분을 C_i $(i = 1, 2, \ldots, n)$ 위에서의 선적분의 합

$$\int_C F = \int_{C_1} F + \int_{C_2} F + \cdots + \int_{C_n} F \tag{11.14}$$

와 같이 정의할 수 있다. 이와 같이 유한개의 매끄러운 곡선들의 조각으로 이루어진 곡선 C를 『**구분적으로 매끄러운 곡선**(piecewise smooth curve)』이라고 한다. 그림 11.4는 모두 구분적으로 매끄러운 곡선들이며, 다각형들은 항상 구분적으로 매끄러운 곡선이 된다.

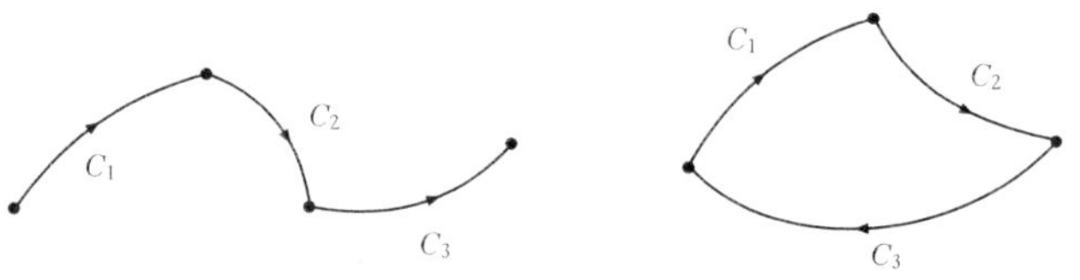

[그림 11.4] 구분적으로 매끄러운 곡선

정리 11.2.1 n차원 공간 $\mathbb{R}^n$ 위의 열린집합 U에서 정의된 연속인 벡터장 $F : U \to \mathbb{R}^n$과, C^1인 곡선 $C : [a, b] \to U$가 주어졌다고 하자.

(1) $f : [\alpha, \beta] \to [a, b]$가 C^1 함수이고 $f(\alpha) = a$, $f(\beta) = b$일 때, $\tilde{C} = C \circ f$로 두면

$$\int_{\tilde{C}} F = \int_C F \tag{11.15}$$

이다.

(2) $-C$가 C의 역향곡선이면

$$\int_{-C} F = -\int_C F \tag{11.16}$$

이다.

【증명】 가정으로부터

$$\begin{aligned}\int_{\tilde{C}} F &= \int_{\alpha}^{\beta} F(\tilde{C}(s)) \cdot \tilde{C}'(s)\,ds \\ &= \int_{\alpha}^{\beta} F(C(t)) \cdot C'(t) f'(s)\,ds \qquad (t = f(s)) \\ &= \int_{f(\alpha)}^{f(\beta)} F(C(t)) \cdot C'(t)\,dt\end{aligned}$$

이다. 따라서 $f(\alpha) = a$, $f(\beta) = b$ 인 경우는 (1) 을 얻고, $f(\alpha) = b$, $f(\beta) = a$ 인 경우는 (2) 를 얻는다. □

예제 11.2.3 원점 (0, 0) 에서 (1, 1) 까지 포물선 $y = x^2$ 을 따른 곡선 위에서, 벡터장 $F(x, y) = (x, y)$ 의 선적분을 구하여라(그림 11.5 참조).

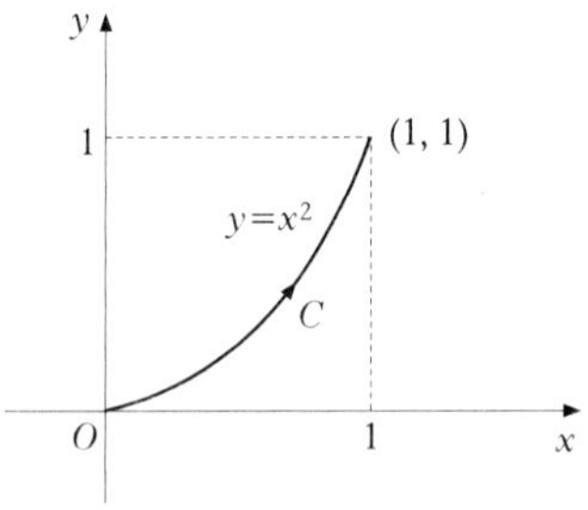

[그림 11.5]

【풀이】 곡선의 식을 $C(t) = (t, t^2)$ $(0 \le t \le 1)$ 로 놓고, $x(t) = t$, $y(t) = t^2$ 이라고 놓으면

$$F(C(t)) = F(t, t^2), \qquad C'(t) = (x'(t), y'(t)) = (1, 2t)$$

이므로

$$\int_C F = \int_C F(C(t)) \cdot C'(t)\,dt = \int_0^1 (t, t^2) \cdot (1, 2t)\,dt = \int_0^1 (t + 2t^3)\,dt = 1$$

이다. □

다음 정리는 퍼텐셜함수의 중요성을 말해 주는 것으로, 일변수함수에서의 정적분에 관한 미적분학의 기본정리를 다변수함수의 선적분에서 확장한 것으로 이해할 수 있다.

정리 11.2.2 $C(t)$ $(a \le t \le b)$는 점 $P = C(a)$에서 시작해서 점 $Q = C(b)$에서 끝나는 구분적으로 매끄러운 곡선이라고 하자. 이때 f가 곡선 C를 포함하는 개구간에서 미분가능하고 그 도함수가 연속이면

$$\int_C \nabla f = f(Q) - f(P) \tag{11.17}$$

가 성립한다.

【증명】 만약에 C가 그림 11.6에서와 같은 매끄러운 곡선이라면,

$$\int_C \nabla f = \int_a^b \nabla f(C(t)) \cdot C'(t)\,dt = \int_a^b \frac{d}{dt} f(C(t))\,dt = f(C(b)) - f(C(a)) = f(Q) - f(P)$$

이다.

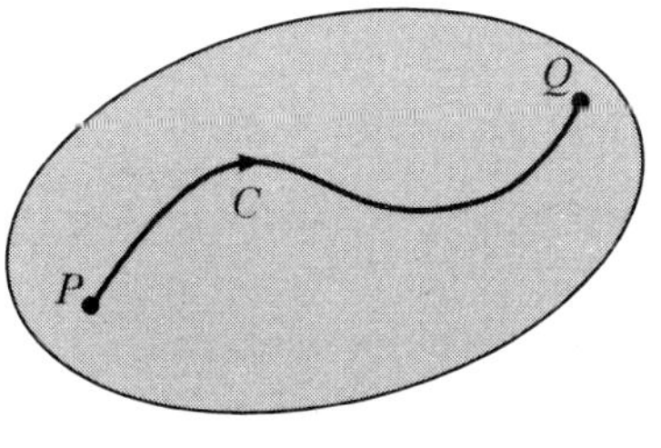

[그림 11.6] 매끄러운 곡선인 경우

만약에 C가 매끄러운 곡선이 아니라 그림 11.7에서와 같이 구분적으로 매끄러운 곡선이라면, C를 매끄러운 곡선 C_i $(i = 1, 2, \ldots, n)$들의 합으로 나타낼 수 있다. 그러면

$$\begin{aligned}\int_C \nabla f &= \int_{C_1} \nabla f + \int_{C_2} \nabla f + \cdots + \int_{C_n} \nabla f \\ &= (f(P_1) - f(P)) + (f(P_2) - f(P_1)) + \cdots + (f(Q) - f(P_{n-1})) \\ &= f(Q) - f(P)\end{aligned}$$

이므로 정리가 증명되었다. □

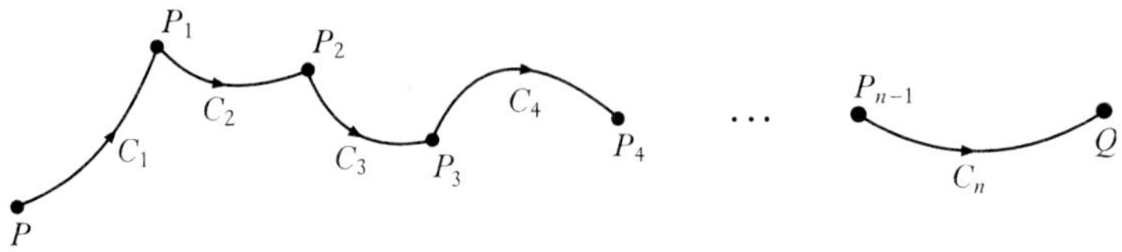

[그림 11.7] 구분적으로 매끄러운 곡선

F가 보존적 벡터장으로서 퍼텐셜함수 f를 갖는 경우, 즉 $F = \nabla f$ 인 경우라면, 정리 11.2.2에 의해 시점이 $P = C(a)$ 이고 종점이 $Q = C(b)$ 인 임의의 적분경로 C를 따른 F의 선적분을

$$\int_C F = \int_C \nabla f = f(Q) - f(P) \tag{11.18}$$

와 같이 쉽게 구할 수 있다. 따라서 F가 보존적 벡터장인 경우의 선적분은 곡선의 시점과 종점에 대해서만 의존적이고, 적분경로에 대해서는 무관함을 알 수 있다. 특히 위의 경우에 곡선 C가 폐곡선(그림 11.8 참조), 즉 $P = Q$ 인 경우라면 $f(P) = f(Q)$ 이므로 곡선 C를 따른 벡터장 F의 선적분은

$$\int_C F = \int_C \nabla f = f(Q) - f(P) = 0 \tag{11.19}$$

이 된다. 따라서 $F = \nabla f$ 인 경우에 폐곡선 C를 따라 F가 한 일은 0이다. 이것은 어떤 물체가 운동에너지를 가지고 한 점에서 출발하여 그 점으로 되돌아오면 운동에너지는 출발 당시에 갖고 있던 운동에너지와 같음을 의미한다.

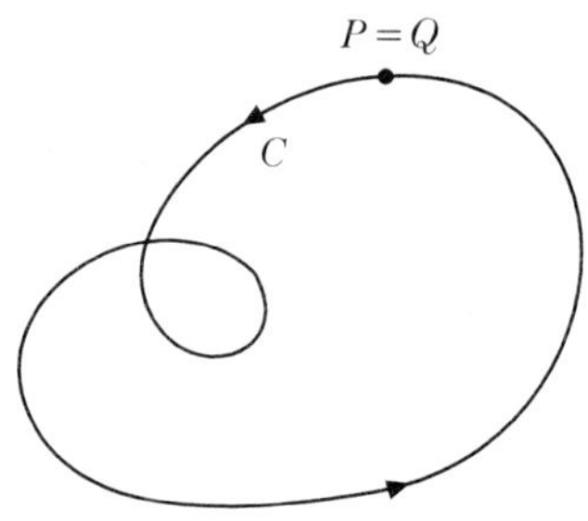

[그림 11.8]

예제 11.2.4 $r = (x^2+y^2+z^2)^{1/2}$ 이고 벡터장 $F(x, y, z) = -(1/r^3)(x, y, z)$ 이면 $|F| = 1/r^2$ 이 된다. 이때 삼차원 좌표공간 속의 두 점 P, Q 가 $|P| = |Q| \neq 0$ 이면, P 와 Q 를 연결하는 원점을 지나지 않는 임의의 매끄러운 곡선에 대한 F 의 선적분은 0 이 됨을 보여라.

【풀이】 F 의 한 퍼텐셜함수가

$$\varphi(x, y, z) = \frac{1}{r}$$

이 됨을 알 수 있다. 따라서 구하는 선적분은 식 (11.18) 로부터

$$\varphi(Q) - \varphi(P) = \frac{1}{|Q|} - \frac{1}{|P|} = 0$$

이다. □

벡터장

$$F(x, y) = \left(\frac{-y}{x^2 + y^2}, \frac{x}{x^2 + y^2}\right)$$

는 원점을 제외한 좌표평면의 모든 점에서 정의된다. 이때 F 의 성분을 (f, g) 로 두면 $D_2 f = D_1 g$ 가 성립한다. 그러나 이 벡터장은 단위원의 양의 방향을 따라 한 바퀴 도는 선적분을 하면 2π 가 되므로, F 는 퍼텐셜함수를 가지지 않는다. 따라서 11.1절의 정리 11.1.1 의 역은 성립하지 않음을 알 수 있다. 그러나 정의역 U 가 좋은 성질을 가지고 있으면(예를 들어, U 가 단순연결영역[6] 이면), 정리 11.1.1 의 역은 성립한다. 이 개념은 이 책의 정도를 넘으므로 정리 11.2.3 에서와 같이 단순한 경우로 한정하여 생각하기로 한다.

정리 11.2.3 f 와 g 가 좌표평면의 개집합 위에서 정의된 미분가능한 함수라 하자. 만일 이 개집합이 평면 전체, 원 또는 직사각형의 내부로서, f 와 g 의 편도함수들이 연속이고

$$\frac{\partial f}{\partial y} = \frac{\partial g}{\partial x} \tag{11.20}$$

이면, 벡터장 $F(x, y) = (f(x, y), g(x, y))$ 는 퍼텐셜함수를 갖는다.

6) 시점과 종점이 같은 곡선을 **폐곡선**(closed curve)이라 하고, 특히 자신을 교차하거나 접촉하지 않는 폐곡선을 **단순폐곡선**(simple closed curve)이라 하며, 어떤 영역 U 에 있는 모든 단순폐곡선이 오직 U 의 점만을 포함하고 있을 때, 이 영역 U 를 **단순연결영역**(simply connected domain)이라고 한다. 반면에 단순연결되어 있지 않은 영역을 **다중연결영역**(multiply connected domain)이라고 한다.

【증명】 f 와 g 의 정의역인 개집합이 직사각형 내부, 즉

$$a < x < b, \qquad c < y < d$$

인 경우에 대해서 증명한다. 나머지의 경우도 이 방법을 이용하면 된다. 우리는 F 의 퍼텐셜함수가

$$\varphi(x, y) = \int_a^x f(t, y)\,dt + \int_c^y g(a, u)\,du \tag{11.21}$$

임을 보이려고 한다. 먼저

$$D_1\varphi(x, y) = f(x, y) \tag{11.22}$$

가 되는 것은 식 (11.21) 에서 쉽게 알 수 있다. 또한 주어진 가정인 $D_2 f = D_1 g$ 로부터 φ 가 퍼텐셜함수이기 위한 나머지 조건도 다음과 같이 보일 수 있다.

$$\begin{aligned} D_2\varphi(x, y) &= \int_a^x D_2 f(t, y)\,dt + g(a, y) = \int_a^x D_1 g(t, y)\,dt + g(a, y) \\ &= g(x, y) - g(a, y) + g(a, y) = g(x, y) \end{aligned} \tag{11.23}$$

그런데 식 (11.23) 의 첫 번째 등식이 성립함을 보이기 위해서는

$$\lim_{h\to 0}\int_a^x \frac{f(t, y+h) - f(t, y)}{h}\,dt = \int_a^x \lim_{h\to 0}\left(\frac{f(t, y+h) - f(t, y)}{h}\right)dt$$

가 성립하는 것을 밝혀야 하는데, 이것의 엄밀한 증명을 위해서는 해석학의 $\varepsilon - \delta$ 논법을 사용해야 하기 때문에 구체적인 증명은 생략하고 여기서는 그 결과만을 인정하기로 한다. 그러면 식 (11.22) 와 (11.23) 으로부터

$$F(x, y) = (f(x, y), g(x, y)) = (D_1\varphi(x, y), D_2\varphi(x, y)) = \nabla\varphi(x, y)$$

이 성립한다. 따라서 $F(x, y) = \nabla\varphi(x, y)$ 이므로, 식 (11.21) 의 φ 는 F 에 대한 퍼텐셜함수인 것이 증명되었다. □

예제 11.2.5 벡터장

$$F(x, y) = (2xy,\ x^2 + 3y^2)$$

의 퍼텐셜함수가 존재하는지를 확인하고, 존재한다면 그것을 구하여라.

【풀이】 주어진 벡터장 F 로부터

$$f(x, y) = 2xy, \qquad g(x, y) = x^2 + 3y^2$$

이라고 놓으면, $f_y(x, y) = 2x$, $g_x(x, y) = 2x$ 이므로 $f_y(x, y) = g_x(x, y)$ 이 성립한다. 이 외에도 정리 11.2.3의 모든 조건들이 만족됨을 쉽게 확인할 수 있다. 그러므로 벡터장 F 는 퍼텐셜함수를 갖는다. 따라서 구하는 퍼텐셜함수를 $\varphi(x, y)$ 라고 놓으면, $F = \nabla\varphi$ 로부터

$$\varphi_x(x, y) = f(x, y) = 2xy, \qquad \varphi_y(x, y) = g(x, y) = x^2 + 3y^2$$

이다. 먼저 $\varphi_x(x, y) = 2xy$ 의 양변을 x 에 관하여 적분하면

$$\varphi(x, y) = x^2y + k(y)$$

을 얻는다. 다시 이것을 y 에 관하여 편미분하면 $\varphi_y(x, y) = x^2 + k'(y)$ 을 얻는다. 그런데 $\varphi_y(x, y) = x^2 + 3y^2$ 이므로 $x^2 + k'(y) = x^2 + 3y^2$ 로부터 $k(y) = y^3 + c$ 이다. 따라서 벡터장 F 의 퍼텐셜함수 $\varphi(x, y)$ 는

$$\varphi(x, y) = x^2y + y^3 + c \quad (c\text{는 상수})$$

이다. □

예제 11.2.6 원호 $C(t) = (\cos t, \sin t)$ $(0 \le t \le \pi/2)$ 를 따라서 이동한 물체에 힘 $F(x, y) = (y^2, 2xy - e^y)$ 가 한 일의 양을 계산하여라.

【풀이】 벡터장 $F(x, y) = (y^2, 2xy - e^y)$ 는 정리 11.2.3의 모든 조건을 만족하므로 퍼텐셜함수를 갖는다. 따라서 존재하는 퍼텐셜함수를 $\varphi(x, y)$ 라고 놓으면

$$\frac{\partial\varphi}{\partial x} = y^2, \qquad \frac{\partial\varphi}{\partial y} = 2xy - e^y$$

이므로, 좌측의 관계식을 x 에 관하여 적분하면 $\varphi(x, y) = xy^2 + k(y)$ 를 얻는다. 이를 다시 y 에 관하여 편미분하면

$$\frac{\partial\varphi}{\partial y}(x, y) = 2xy + k'(y)$$

임을 알 수 있다. 그러므로 $k'(y) = -e^y$ 이고, 따라서 $k(y) = -e^y + c$ $(c$는 상수) 임을 알 수

있다. 따라서

$$\varphi(x, y) = xy^2 - e^y + c \quad (c \text{ 는 상수})$$

이다. 곡선 C 는 점 (1, 0) 에서 점 (0, 1) 로 움직이기 때문에 식 (11.18) 에 의해

$$\int_C F = \int_C \nabla\varphi = \varphi(0, 1) - \varphi(1, 0) = (-e + c) - (-1 + c) = 1 - e$$

이다. □

연습문제(11.2)

1. 벡터장 $F(x, y) = (y, -x)$ 의 다음 곡선을 따른 선적분을 구하여라.

(1) $C(t) = (\cos t, \sin t), \quad 0 \le t \le 2\pi$ (2) $C(t) = (2t + 1, t^2 + 3t), \quad 0 \le t \le 1$

2. 벡터장 $F(x, y) = (-y, x)$ 의 다음 곡선을 따른 선적분을 구하여라.

(1) $C(t) = (\cos t, \sin t), \quad 0 \le t \le 2\pi$ (2) $C(t) = (\cos t, \sin t), \quad 0 \le t \le 4\pi$

3. 벡터장 $F(x, y, z) = (xy, yz, zx)$ 의 곡선 $C(t) = (t, t^2, t^3)$ $(0 \le t \le 1)$ 을 따른 선적분을 구하여라.

4. 어떤 입자가 반원 $C : \mathbf{r}(t) = \cos t\mathbf{i} + \sin t\mathbf{j}$ $(0 \le t \le \pi)$ 를 따라 움직일 때, 힘의 벡터장

$$F(x, y) = x^2\mathbf{i} - xy\mathbf{j}$$

가 행한 일의 양을 구하여라.

5. 벡터장 $F(x, y) = (y\cos x - \cos y, \sin x + x\sin y)$ 의 단위원주의 반시계 방향을 따라 한 바퀴 도는 곡선을 따른 선적분을 구하여라.

6. 벡터장 $F(x, y) = (3 + 2xy, x^2 - 3y^2)$ 에 대하여 곡선 $C(t) = (e^t \sin t, e^t \cos t)$ $(0 \le t \le \pi)$ 를 따른 선적분을 구하여라.

7. 다음 벡터장에 대한 퍼텐셜함수를 구하여라(단, $X = (x, y, z)$, $r = |X|$, $X \neq \mathbf{0}$).

(1) $F(x, y) = (2xy,\ x^2 + 1)$ (2) $F(x, y) = (4xy,\ 2x^2)$

(3) $F(X) = \dfrac{1}{r}X$ (4) $F(X) = \dfrac{1}{r^2}X$

8. 다음 벡터장 F 의 퍼텐셜함수를 구하고, 그것을 이용하여 주어진 곡선 C 를 따른 선적분 $\int_C F$ 를 구하여라.

(1) $F(x, y) = (2xy^3,\ 3x^2y^2)$, $C(t) = (\sin t,\ t^2 + 1)$, $0 \leq t \leq \pi/2$

(2) $F(x, y) = (y,\ x)$, C 는 점 $(1, 0)$ 에서 $(2, 8)$ 까지의 곡선 $y = x^4 - x^3$ 의 호

(3) $F(x, y, z) = (y,\ x + z,\ y)$, C 는 점 $(2, 1, 4)$ 에서 $(8, 3, -1)$ 까지의 선분

9. 곡선 C 가 점 $(2, 0, 0)$ 에서 점 $(3, 4, 5)$ 까지의 선분 C_1 과, 점 $(3, 4, 5)$ 에서 점 $(3, 4, 0)$ 까지의 수직선분 C_2 로 구성될 때,

$$\int_C y\,dx + z\,dy + x\,dz$$

를 구하여라.

11.3 그린 정리

이 절에서는 단순폐곡선인 평면곡선 위에서 이차원 벡터장 F의 선적분을 보다 쉽게 구할 수 있는 방법에 대하여 알아본다.

11.2절에서 언급한 바와 같이 자신을 교차하거나 접촉하지 않는 폐곡선을 **단순폐곡선**[7] 이라고 한다. 평면상의 원, 타원, 삼각형 등은 모두 단순폐곡선이다. 그림 11.9 에 있는 곡선들은 폐곡선이기는 하지만, 단순폐곡선은 아닌 형태들의 예이다.

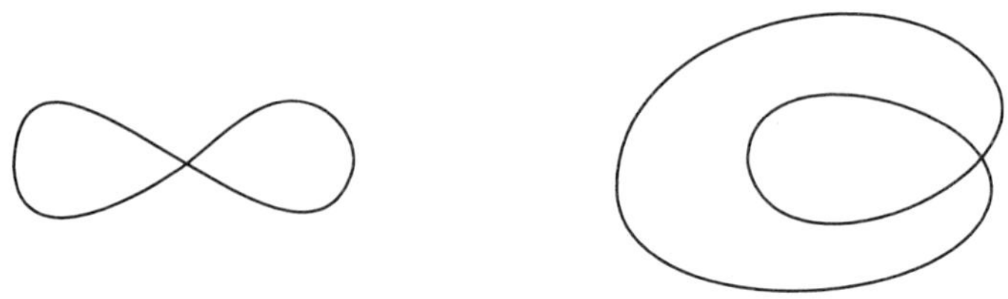

[그림 11.9] 단순폐곡선이 아닌 폐곡선

단순폐곡선 위에서의 선적분은 다음의 그린 정리 11.3.1 에 의하여 단순폐곡선으로 둘러싸인 영역에서의 이중적분으로 보다 쉽게 계산할 수 있다.

정리 11.3.1 [**그린 정리**(Green's theorem)[8]] 영역 Ω는 구분적으로 미분가능한 단순폐곡선 C를 경계로 하는 평면의 닫힌영역이라 하자. 이때 이차원 벡터장 $F(x, y) = (P(x, y), Q(x, y))$가 Ω를 포함하는 개집합에서 미분가능하고 그 도함수가 연속이면

$$\int_C P(x, y)\,dx + Q(x, y)\,dy = \iint_\Omega \left(\frac{\partial}{\partial x}Q(x, y) - \frac{\partial}{\partial y}P(x, y)\right) dx\,dy \tag{11.24}$$

가 성립한다. (단, 여기서 선적분의 적분경로 C는 영역 Ω의 모든 경계로서, 선적분의 방향은 C를 따라 진행할 때 영역 Ω가 항상 좌측에 있도록 한다.)

【증명】 그림 11.10(a) 의 모양을 갖는 영역 Ω에 대해서만 증명하자. Ω가 그림 11.10(a) 의

7) 단순폐곡선을 가리켜 **조르단곡선**(Jordan curve)이라 부르기도 한다.

8) 그린(G. Green, 1793 ~ 1841) : 영국의 수학자 · 물리학자

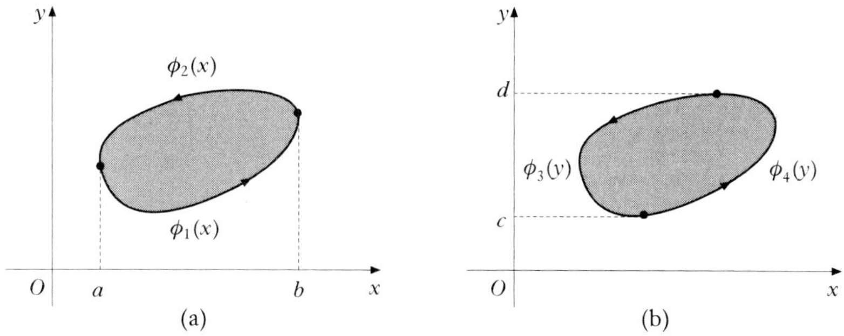

[그림 11.10] 그린 정리

모양을 가지면 다음을 보일 수 있다.

$$\int_C P(x, y)\, dx = \iint_\Omega -\frac{\partial}{\partial y} P(x, y)\, dx\, dy \tag{11.25}$$

영역 Ω 에서 이중적분을 먼저 계산하면,

$$\begin{aligned}\iint_\Omega -\frac{\partial}{\partial y} P(x, y)\, dx\, dy &= -\int_a^b \int_{\phi_1(x)}^{\phi_2(x)} \frac{\partial}{\partial y} P(x, y)\, dy\, dx = -\int_a^b \Big(P(x, \phi_2(x)) - P(x, \phi_1(x))\Big)\, dx \\ &= \int_a^b P(x, \phi_1(x))\, dx - \int_a^b P(x, \phi_2(x))\, dx \end{aligned} \tag{11.26}$$

이다. 이제 ϕ_1 의 그래프는 곡선 $C_1(t) = (t, \phi_1(t))$ $(t \in [a, b])$ 로 표시하고, ϕ_2 의 그래프는 곡선 $C_2(t) = (t, \phi_2(t))$ $(t \in [a, b])$ 로 표시하자. 곡선 C 는 C_1 과 $-C_2$ 에 의해 반시계 방향으로 움직이기 때문에

$$\begin{aligned}\int_C P(x, y)\, dx &= \int_{C_1} P(x, y)\, dx - \int_{C_2} P(x, y)\, dx \\ &= \int_a^b P(t, \phi_1(t))\, dt - \int_a^b P(t, \phi_2(t))\, dt \end{aligned} \tag{11.27}$$

이 성립한다. 따라서 식 (11.26) 과 (11.27) 을 비교하면 식 (11.25) 가 성립함을 알 수 있다. 또 위와 같은 방법으로

$$\int_C Q(x, y)\, dy = \iint_\Omega \frac{\partial}{\partial x} Q(x, y)\, dx\, dy \tag{11.28}$$

이 성립함을 보일 수 있다. 따라서 식 (11.25) 와 (11.28)을 변변 더한 후에 간단히 하면

$$\int_C P(x, y)\,dx + Q(x, y)\,dy = \iint_\Omega \left(\frac{\partial}{\partial x} Q(x, y) - \frac{\partial}{\partial y} P(x, y) \right) dx\,dy \tag{11.29}$$

이다. 영역 Ω가 그림 11.10(b) 와 같은 경우에도 위와 같은 방법으로 증명할 수 있다. □

그린 정리 11.3.1 은 그림 11.11 과 같은 영역에서도 마찬가지 방법으로 증명할 수 있다. 또한 영역이 그림 11.12(a) 에서와 같이 보다 일반적인 경우에도 그림 11.12(b) 와 같이 몇 개의 부분영역으로 나누어 증명할 수 있다. 이때 주의할 점은 나눌 때 생겨나는 새로운 경계에서의 곡선의 방향은 인접한 부분영역들의 공통 경계로서 서로 방향이 반대가 되어, 이들 공통 경계에서의 선적분의 합은 0 이 된다.

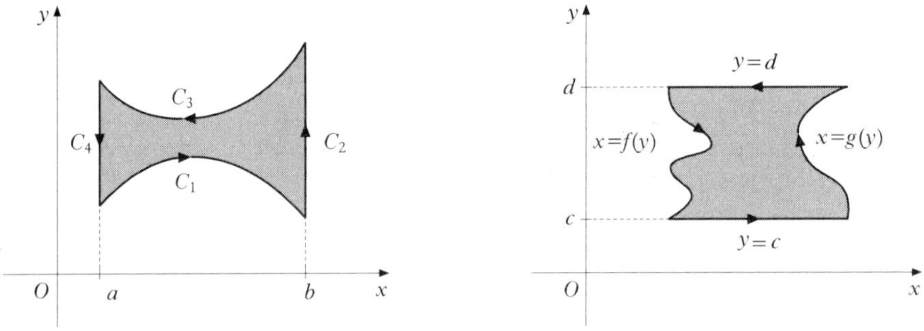

[그림 11.11]

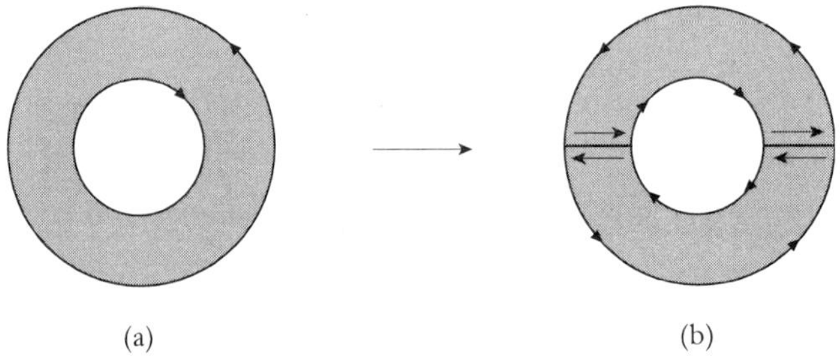

[그림 11.12]

예제 11.3.1 그린 정리 11.3.1 을 사용하여 선적분

$$\int_C xy^2\,dx + x^2y\,dy$$

를 계산하여라. (단, 적분경로 C 는 $x^2 + y^2 = a^2$ 인 원으로 반시계 방향의 순서를 갖는다.)

【풀이】 Ω 를 원판 $x^2 + y^2 \le a^2$ 이라 하자. 그러면 그린 정리 11.3.1 에 의하여

$$\int_C xy^2\,dx + x^2y\,dy = \iint_\Omega (2xy - 2xy)\,dx\,dy = 0$$

이다. □

예제 11.3.2 반시계 방향의 순서를 갖는 곡선 C : $x^2 + y^2 = 4$ 를 따른 선적분

$$\int_C (2y + \sqrt{9 + x^3}\,)\,dx + (5x + e^{\tan^{-1} y})\,dy$$

를 구하여라.

【풀이】 그린 정리 11.3.1 에 의해 구하는 선적분의 값은 다음과 같다.

$$\int_{x^2+y^2\le 4} (5 - 2)\,dx\,dy = 3 \cdot 2^2\pi = 12\pi$$ □

예제 11.3.3 곡선 C 가 반시계 방향의 순서를 갖는 원 $x^2 + y^2 = 9$ 일 때, 선적분

$$\int_C (3y - e^{\sin x})\,dx + (7x + \sqrt{y^4 + 1}\,)\,dy$$

를 구하여라.

【풀이】 곡선 C 에 의해 유계된 영역 Ω 는 원판 $x^2+y^2 \le 9$ 이다. 따라서 그린 정리 11.3.1 을 적용하여 선적분을 이중적분의 형태로 나타낸 후에 극좌표를 이용하여 계산하면

$$\begin{aligned}\int_C (3y - e^{\sin x})\,dx + (7x + \sqrt{y^4 + 1}\,)\,dy &= \iint_\Omega \frac{\partial}{\partial x}(7x + \sqrt{y^4 + 1}\,) - \frac{\partial}{\partial y}(3y - e^{\sin x})\,dx\,dy \\ &= \int_0^{2\pi}\int_0^3 (7 - 3)r\,dr\,d\theta = 4\int_0^{2\pi}\int_0^3 r\,dr\,d\theta = 36\pi\end{aligned}$$

를 얻는다. □

그린 정리 11.3.1의 응용으로 다음을 증명할 수 있다.

정리 11.3.2 만약 C가 구분적으로 매끄러운 단순폐곡선이면, C로 둘러싸인 평면 영역의 넓이 A는

$$A = \frac{1}{2}\int_C -y\,dx + x\,dy \tag{11.30}$$

이다.

【증명】 C로 둘러싸인 영역을 Ω라 하고, $P(x, y) = -y$, $Q(x, y) = x$라고 하면

$$\frac{\partial}{\partial y}P(x, y) = \frac{\partial}{\partial y}(-y) = -1, \qquad \frac{\partial}{\partial x}Q(x, y) = \frac{\partial}{\partial x}(x) = 1$$

이다. 따라서 그린 정리 11.3.1에 의해서

$$\int_C -y\,dx + x\,dy = \iint_\Omega (1 - (-1))\,dx\,dy = 2\iint_\Omega dx\,dy = 2 \cdot (\Omega\text{의 넓이}) = 2A$$

이므로 식 (11.30)이 성립한다. □

예제 11.3.4 정리 11.3.2를 사용하여 타원

$$\frac{x^2}{a^2} + \frac{y^2}{b^2} = 1$$

의 넓이를 구하여라(단, $a, b > 0$).

【풀이】 주어진 타원을 매개화하면

$$x = a\cos t, \qquad y = b\sin t, \quad (0 \le t \le 2\pi)$$

이다.[9] 따라서 정리 11.3.2에 의하여 구하는 타원의 넓이를 A라고 놓으면

$$A = \frac{1}{2}\int_C -y\,dx + x\,dy = \frac{1}{2}\int_0^{2\pi} (ab\sin^2 t + ab\cos^2 t)\,dt = \frac{ab}{2}\int_0^{2\pi} dt = \pi ab$$

이다. □

---

9) 7.5절 연습문제 참조

연습문제(11.3)

1. 그린 정리를 이용하여 다음 선적분의 값을 구하여라. (단, 모든 곡선 C는 반시계 방향의 순서를 갖는다.)

(1) $\displaystyle\int_C (2y + \sqrt{1 + x^5})\,dx + (5x - e^{y^2})\,dy, \qquad C : x^2 + y^2 = 4$

(2) $\displaystyle\int_C 5x\,dx + 3y\,dy, \qquad C : (x-1)^2 + (y+1)^2 = 1$

(3) $\displaystyle\int_C x\,dy,$ $\quad C$는 $(0, 0)$, $(a, 0)$, (a, b), $(0, b)$를 꼭짓점으로 갖는 직사각형

(4) $\displaystyle\int_C (e^{x^3} + y^2)\,dx + (x + \sqrt{1 + y^7})\,dy,$ $\quad C$는 $y = 0$, $x = 1$, $y = x$로 둘러싸인 닫힌곡선

2. 선적분

$$\int_C (x^2 + y^2)\,dx + 2xy\,dy$$

의 값을 선적분의 정의에 의해서, 그리고 그린 정리를 이용하여 각각 구하여라. 이때 곡선 C는 $(0, 0)$에서 $(2, 4)$까지 포물선 $y = x^2$의 호와 $(2, 4)$에서 $(0, 4)$까지의 선분, $(0, 4)$에서 $(0, 0)$까지의 선분으로 구성된 반시계 방향의 순서를 갖는 곡선이다.

3. 그린 정리를 이용하여 x축과 사이클로이드

$$x = a(t - \sin t), \qquad y = a(1 - \cos t) \qquad (0 \le t \le 2\pi)$$

로 둘러싸인 부분의 넓이를 구하여라.

4. (1) 극방정식의 그래프 $r = f(\theta)$에 의해 둘러싸인 영역의 넓이 A가

$$A = \frac{1}{2}\int_C r^2\,d\theta$$

임을 정리 11.3.2를 이용하여 증명하여라.

(2) (1)의 결과를 이용하여 심장형 극방정식 $r = a(1 + \cos\theta)$ $(0 \le \theta \le 2\pi)$로 둘러싸인 영역의 넓이 A를 구하여라.

5. 그린 정리를 이용하여 반시계 방향의 주어진 곡선 C를 따른 선적분을 각각 구하여라.

(1) $\displaystyle\int_C xy\,dx + y^5\,dy,$

C는 (0, 0), (2, 0), (2, 1)을 꼭짓점으로 갖는 삼각형의 경계

(2) $\displaystyle\int_C (y + e^{\sqrt{x}})\,dx + y^5\,dy,$

C는 포물선 $y = x^2$, $x = y^2$에 의해 유계된 영역의 경계

(3) $\displaystyle\int_C (y^2 - \tan^{-1} x)\,dx + (3x + \sin y)\,dy,$

C는 포물선 $y = x^2$과 직선 $y = 4$에 의해 유계된 영역의 경계

6. (1) C가 점 (x_1, y_1)에서 점 (x_2, y_2)까지 연결한 선분일 때,

$$\int_C x\,dy - y\,dx = x_1y_2 - x_2y_1$$

임을 보여라.

(2) 다각형의 꼭짓점이 반시계 방향의 순서로 (x_1, y_1), (x_2, y_2), (x_3, y_3), …, (x_n, y_n)과 같이 나열되었을 때, 다각형의 넓이 A는

$$A = \frac{1}{2}\Big((x_1y_2 - x_2y_1) + (x_2y_3 - x_3y_2) + \cdots + (x_ny_1 - x_1y_n)\Big)$$

임을 보여라.

(3) (0, 0), (2, 1), (1, 3), (0, 2), (−1, 1)을 꼭짓점으로 하는 오각형의 넓이를 구하여라.

11.4 면적분

이 절에서는 삼차원 공간 $\mathbb{R}^3$ 위의 곡면에서 정의된 함수와 벡터장의 적분에 관하여 알아보기로 한다.

정의 11.4.1 삼차원 공간 $\mathbb{R}^3$의 한 부분집합 S가 조건

『uv-평면 위의 한 영역 D를 정의역으로 하는 C^1 함수 $X : D \to \mathbb{R}^3$가 존재해서 $X(D) = S$이고, X가 단사이며, $X_u(= \partial X/\partial u)$와 $X_v(= \partial X/\partial v)$가 일차독립이다.』

를 만족하면, S를 **곡면**(surface)이라고 하고, X를 곡면 S의 **매개화**(parametrization)라고 한다. 또한 매개화가 주어진 곡면 S를 **매개곡면**(parameterized surface)이라고 한다(그림 11.13 참조).

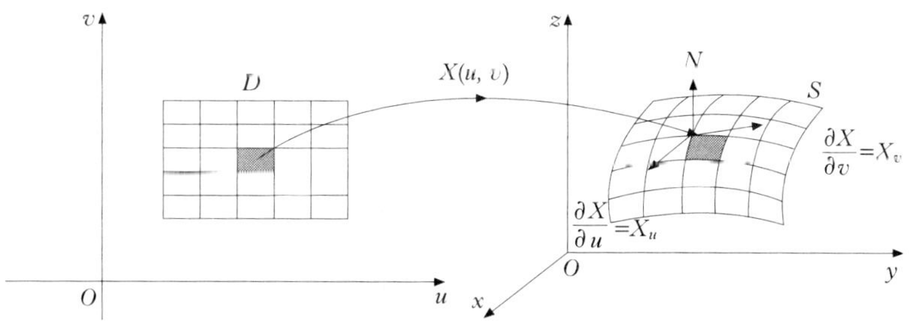

[그림 11.13] 곡면과 매개곡면

예제 11.4.1 (1) $X(u, v) = u^2 + v^2$이고, (u, v)가 조건 $u^2 + v^2 \leq 4$을 만족하면, 곡면 S는 그림 11.14(a)와 같은 포물면이 된다.

(2) $X(u, v) = u^2 - v^2$이고, (u, v)가 조건

$$|u| \leq 1, \quad |v| \leq 1$$

을 만족하면 곡면 S는 그림 11.14(b)와 같은 쌍곡면이 된다.

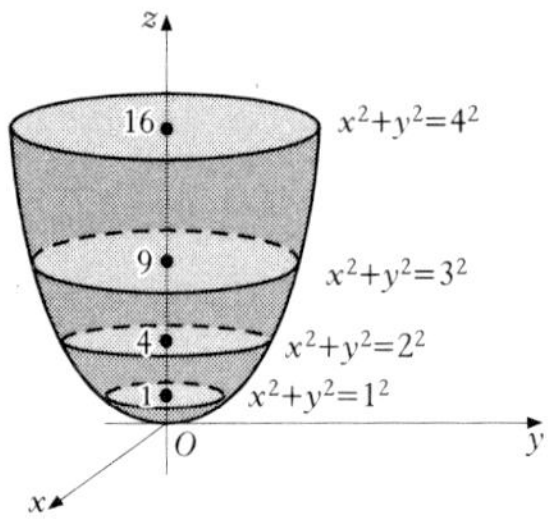

(a)

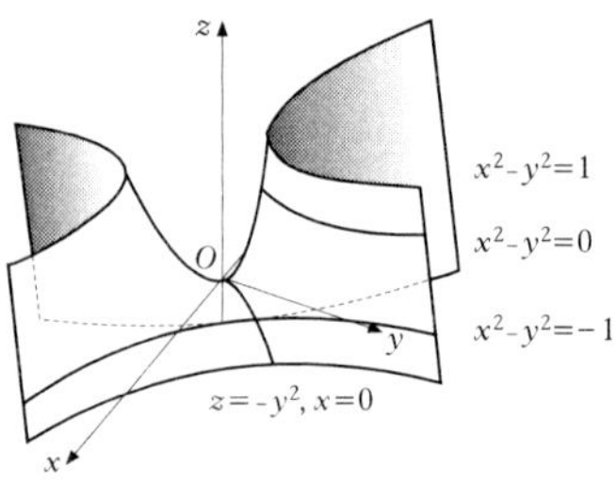

(b)

[그림 11.14] 포물면과 쌍곡면

이제 매개곡면

$$S : X(u, v) = (x(u, v), y(u, v), z(u, v)), \qquad (u, v) \in D \tag{11.31}$$

에 대하여 벡터

$$N(u, v) = X_u \times X_v \neq \mathbf{0} \tag{11.32}$$

는 곡면 S에 수직인 법선벡터임을 알 수 있다. 이제 이 곡면 S의 넓이를 구하기 위하여 영역 D를 잘게 나누면, 그림 11.13과 같이 곡면 위의 조그만 조각

$$S_{ij} : X(u_i + a\Delta u, v_j + b\Delta v) \approx X(u_i, v_j) + aX_u(u_i, v_j)\Delta u + bX_v(u_i, v_j)\Delta v \qquad (0 \leq a, b \leq 1)$$

는 거의 평행사변형에 근사한다. 따라서 S_{ij}의 넓이를 $A(S_{ij})$라고 놓으면

$$A(S_{ij}) \approx |X_u(u_i, v_j) \times X_v(u_i, v_j)|\Delta u\Delta v = |N(u_i, v_j)|\Delta u\Delta v$$

이므로, 곡면 S의 넓이를 $A(S)$라고 하면

$$A(S) \approx \sum_{i,j} |N(u_i, v_j)|\Delta u\Delta v \tag{11.33}$$

가 된다. 따라서 uv-평면의 영역 D의 분할을 더욱 잘게 하여 극한을 취하면, 식 (11.33)으로부터

$$A(S) = \iint_D |N(u, v)|\, du\, dv \tag{11.34}$$

를 얻는다.

다음 정의 11.4.2 에서는 삼차원 공간 $\mathbb{R}^3$ 위의 한 곡면에서 정의된 스칼라함수의 면적분을 정의한다.

정의 11.4.2 [스칼라장의 면적분] $\mathbb{R}^3$ 위의 곡면 $S(=X(u, v))$ 에서 정의된 실수값을 갖는 함수 $f(x, y, z)$ 에 대하여,

$$\iint_S f(x, y, z)\, d\sigma = \iint_D f(X(u, v))\, |X_u \times X_v|\, du\, dv \tag{11.35}$$

를 곡면 S 위에서 정의된 함수 f 의 **면적분**(surface integral)이라고 한다. 이때

$$d\sigma = |N(u, v)|\, du\, dv = |X_u \times X_v|\, du\, dv \tag{11.36}$$

를 곡면 S 의 **면적소**(area element)라고 한다.

정의 11.4.2 에서 곡면 S 가 이변수함수 $z = g(x, y)$ $((x, y) \in D)$ 로 주어진 경우에는 매개곡면 S 가

$$S : X(u, v) = (u, v, g(u, v)), \qquad u = x, \ \ v = y, \ \ (u, v) \in D$$

에 대응하므로, 법선벡터 $N(u, v)$ 는

$$N(u, v) = X_u \times X_v = \left(1, 0, \frac{\partial g}{\partial u}\right) \times \left(0, 1, \frac{\partial g}{\partial v}\right) = \left(-\frac{\partial g}{\partial u}, -\frac{\partial g}{\partial v}, 1\right) \tag{11.37}$$

이고, 면적소 $d\sigma$ 는

$$d\sigma = |N(u, v)|\, du\, dv = |X_u \times X_v|\, du\, dv = \sqrt{\left(\frac{\partial g}{\partial u}\right)^2 + \left(\frac{\partial g}{\partial v}\right)^2 + 1}\, du\, dv \tag{11.38}$$

이다. 따라서 식 (11.35) 는

$$\iint_S f(x, y, z)\, d\sigma = \iint_D f(u, v, g(u, v))\sqrt{\left(\frac{\partial g}{\partial u}\right)^2 + \left(\frac{\partial g}{\partial v}\right)^2 + 1}\, du\, dv \tag{11.39}$$

또는

$$\iint_S f(x, y, z)\, d\sigma = \iint_D f(x, y, g(x, y))\sqrt{\left(\frac{\partial g}{\partial x}\right)^2 + \left(\frac{\partial g}{\partial y}\right)^2 + 1}\, dx\, dy \tag{11.40}$$

와 같은 형태로 쓰여진다.

10.1절에서 이미 다루었던 곡면의 넓이는 식 (11.40) 에 있는 면적분을 이용한 형태로 다시 구할 수 있다. 즉, 곡면 S 가 $z = g(x, y)$ $(x, y) \in D$ 로 주어진 경우에, 곡면 S의 넓이를 $A(S)$ 라고 하면, $A(S)$ 는 곡면 S 위에서 $f(x, y, z) = 1$ 일 때의 면적분에 대응한다. 따라서 식 (11.40) 으로부터 $A(S)$ 는

$$A(S) = \iint_S d\sigma = \iint_D \sqrt{\left(\frac{\partial g}{\partial x}\right)^2 + \left(\frac{\partial g}{\partial y}\right)^2 + 1}\, dx\, dy \tag{11.41}$$

임을 알 수 있다.

정의 11.4.3 $G : D_1 \to D$ 가 평면 위의 두 영역 사이의 C^1 가역인 함수이면,

$$X \circ G : D_1 \to \mathbb{R}^3 \tag{11.42}$$

를 곡면 $S = X(D)$ 의 **재매개화**(reparametrization)라고 한다.

정리 11.4.1 매개곡면 S 위의 면적분은 곡면의 매개화와 관계없이 일정하다.

【증명】 치환적분 공식을 쓰면

$$\iint_S f(x, y, z)\, dS = \iint_D f(X(u, v))\, |N(u, v)|\, du\, dv = \iint_{D_1} f(X \circ G(s, t))\, |N(u, v)| \left|\frac{\partial(u, v)}{\partial(s, t)}\right| ds\, dt$$

이다. 여기서

$$|N(u, v)| \left|\frac{\partial(u, v)}{\partial(s, t)}\right| = |(X \circ G)_s \times (X \circ G)_t| \tag{11.43}$$

임을 보이면 증명이 끝난다. 그런데

$$(X \circ G)_s = X_u \frac{\partial u}{\partial s} + X_v \frac{\partial v}{\partial s}, \qquad (X \circ G)_t = X_u \frac{\partial u}{\partial t} + X_v \frac{\partial v}{\partial t}$$

로부터

$$(X \circ G)_s \times (X \circ G)_t = (X_u \times X_v)\left(\frac{\partial u}{\partial s}\frac{\partial v}{\partial t} - \frac{\partial u}{\partial t}\frac{\partial v}{\partial s}\right) = N(u, v) \left|\frac{\partial(u, v)}{\partial(s, t)}\right|$$

이므로 식 (11.43)을 얻을 수 있다. □

$\mathbb{R}^3$ 위의 곡면 S가 n개의 부분곡면 $S_1, S_2, \ldots, S_n$에 의해 연속적으로 연결되어

$$S = S_1 \cup S_2 \cup \cdots \cup S_n \tag{11.44}$$

인 경우에 곡면 S에서 정의된 연속함수 $f(x, y, z)$의 면적분은 선적분에서의 경우와 마찬가지로 각각의 곡면 S_i $(i = 1, 2, \ldots, n)$에서의 면적분의 합으로

$$\iint_S f\,d\sigma = \iint_{S_1} f\,d\sigma + \iint_{S_2} f\,d\sigma + \cdots + \iint_{S_n} f\,d\sigma \tag{11.45}$$

와 같이 정의한다.

이번에는 **유향곡면**(oriented surface)[10] 위에서 정의되는 벡터장의 적분에 관하여 알아본다. 이때에는 선적분에서의 경우처럼 곡면의 향이 중요한 역할을 한다. 여기서 곡면의 향이란 주어진 곡면상의 모든 점(경계점은 제외)에서 연속적인 방법으로 곡면에 수직인 방향을 정해 주는 것이다. 따라서 $S = X(u, v)$가 매개곡면인 경우에 단위법선벡터

$$\mathbf{n} = \frac{X_u \times X_v}{|X_u \times X_v|} \tag{11.46}$$

는 곡면 S의 향을 정해준다(그림 11.15 참조).

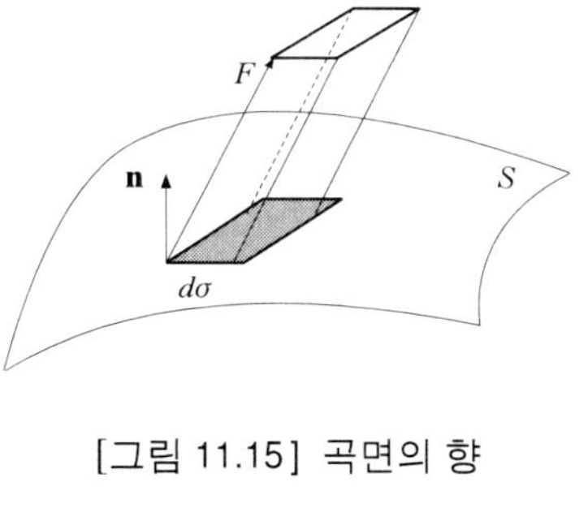

[그림 11.15] 곡면의 향

10) 곡면의 경계점을 제외한 모든 점에서 접평면에 수직인 서로 정반대 방향을 갖는 두 개의 가능한 단위법선벡터 중의 하나를 연속적으로 택할 수 있는 곡면을 유향곡면이라고 한다. 이때 택해진 단위법선벡터는 곡면에 방향을 제공해 준다.

그러나 매개곡면 S를 재매개화하여 $Y(u, v) = X(v, u)$로 두면

$$Y_u \times Y_v = -(X_u \times X_v) \tag{11.47}$$

이므로, 곡면 S의 향은 반대가 된다. 구면과 같이 닫힌곡면의 경우에는 곡면의 외부 쪽으로 향하는 법선벡터의 방향을 양의 방향, 곡면의 내부 쪽으로 향하는 법선벡터의 방향을 음의 방향으로 약속한다.

다음 정의 11.4.4 에서는 삼차원 공간 $\mathbb{R}^3$ 위의 한 유향곡면에서 정의된 벡터장의 면적분을 정의한다.

정 의 11.4.4 [벡터장의 면적분] 단위법선벡터 $\mathbf{n}$을 갖는 $\mathbb{R}^3$ 위의 유향곡면 S 위에서 정의된 연속인 벡터장 $F(x, y, z)$에 대하여, S 위에서의 F의 **면적분**은

$$\iint_S F = \iint_S F \cdot \mathbf{n}\, d\sigma \tag{11.48}$$

로 정의한다.

정의 11.4.4 에서 벡터장 F가 유체의 속도를 나타내는 경우라면, 이 때의 면적분의 값은 단위시간에 곡면 S를 통과하는 유체의 양을 나타낸다. 이와 같은 의미에서 정의 11.4.4 의 면적분을 **유량적분**(flux integral)이라 부르기도 한다. 또한 이 면적분의 값을 **유량**(flux)이라고도 한다.

정의 11.4.4 에서 $\mathbb{R}^3$ 위의 유향곡면 S가 식 (11.31) 에서와 같은 매개곡면

$$S : X(u, v) = (x(u, v), y(u, v), z(u, v)), \qquad (u, v) \in D \tag{11.49}$$

으로 주어진 경우에 식 (11.48) 은

$$\begin{aligned}\iint_S F &= \iint_S F \cdot \mathbf{n}\, d\sigma = \iint_S F \cdot \frac{N(u, v)}{|N(u, v)|}\, d\sigma \\ &= \iint_D \left(F(X(u, v)) \cdot \frac{X_u \times X_v}{|X_u \times X_v|} \right) |X_u \times X_v|\, du\, dv \\ &= \iint_D F(X(u, v)) \cdot (X_u \times X_v)\, du\, dv \end{aligned} \tag{11.50}$$

와 같은 형태로 쓰여진다.

예제 11.4.2 벡터장 $F(x, y, z) = x\mathbf{i} + y\mathbf{j} + z\mathbf{k}$ 에 대하여 포물면 $z = x^2 + y^2$ 과 평면 $z = 3$ 으로 둘러싸인 영역으로부터 빠져나가는 유량을 구하여라.

【풀이】 포물면 $z = x^2 + y^2$ 과 평면 $z = 3$ 으로 둘러싸인 곡면을 S 라 하고, S 의 외향 단위법선벡터를 $\mathbf{n}$ 이라 하자. 이때 곡면 S 의 위쪽 원판에 대응하는 곡면을 S_1 이라 하고, S_1 의 외향 법선벡터를 N_1, 외향 단위법선벡터를 $\mathbf{n}_1$ 이라 하자. 또한 포물면에 대응하는 곡면을 S_2 라 하고, S_2 의 외향 법선벡터를 N_2, 외향 단위법선벡터를 $\mathbf{n}_2$ 라 하자(그림 11.16 참조). 그러면 $S = S_1 \cup S_2$ 이므로 곡면 S 로부터 빠져나가는 유량은

$$\iint_S F = \iint_S F \cdot \mathbf{n}\, d\sigma = \iint_{S_1} F \cdot \mathbf{n}_1\, d\sigma + \iint_{S_2} F \cdot \mathbf{n}_2\, d\sigma$$

이다. 이제 부분곡면 S_1, S_2 에서의 면적분을 각각 계산하도록 하자.

(i) 매개곡면 S_1 은 uv-평면의 부분영역

$$D_1 = \{(u, v) \in \mathbb{R}^2 \mid -\sqrt{3} \le u \le \sqrt{3},\ \ -\sqrt{3 - u^2} \le v \le \sqrt{3 - u^2}\,\}$$

에서

$$S_1 : X_1(u, v) = (u, v, 3),\ \ (u, v) \in D_1$$

와 같이 나타낼 수 있다. 따라서

$$(X_1)_u = (1, 0, 0), \qquad (X_1)_v = (0, 1, 0), \qquad (X_1)_u \times (X_1)_v = (0, 0, 1)$$

을 얻는다. 그런데 S_1 의 외향 법선벡터 N_1 은 위쪽을 향하고 있기 때문에 z-축의 성분이 양수여야 한다. 따라서 $N_1(u, v)$ 는 $N_1(u, v) = (X_1)_u \times (X_1)_v = (0, 0, 1)$ 을 취하면 된다. 따라서 식 (11.50) 으로부터

$$\begin{aligned}\iint_{S_1} F \cdot \mathbf{n}_1\, d\sigma &= \iint_{D_1} F(X_1(u, v)) \cdot N_1(u, v)\, du\, dv = \iint_{D_1} (u, v, 3) \cdot (0, 0, 1)\, du\, dv \\ &= \iint_{D_1} 3\, du\, dv = 3 \iint_{D_1} du\, dv = 3 \cdot 3\pi = 9\pi\end{aligned}$$

이다.

(ii) 매개곡면 S_2 는 uv-평면의 부분영역 $D_2 = D_1$ 에서

$$S_2 : X_2(u, v) = (u, v, u^2 + v^2), \quad (u, v) \in D_2$$

와 같이 나타낼 수 있다. 따라서

$$(X_2)_u = (1, 0, 2u), \qquad (X_2)_v = (0, 1, 2v), \qquad (X_2)_u \times (X_2)_v = (-2u, -2v, 1)$$

을 얻는다. 그런데 S_2 의 외향 법선벡터 N_2 는 아래쪽을 향하고 있기 때문에 z-축의 성분이 음수여야 한다. 따라서 $N_2(u, v)$ 는 $N_2(u, v) = -((X_2)_u \times (X_2)_v) = (2u, 2v, -1)$ 을 취하면 된다. 따라서 식 (11.50) 으로부터

$$\iint_{S_2} F \cdot \mathbf{n}_2 \, d\sigma = \iint_{D_2} F(X_2(u, v)) \cdot N_2(u, v) \, du \, dv = \iint_{D_2} (u, v, u^2 + v^2) \cdot (2u, 2v, -1) \, du \, dv$$

$$= \iint_{D_2} (u^2 + v^2) \, du \, dv = \int_0^{2\pi} \int_0^{\sqrt{3}} r^3 \, dr \, d\theta = \frac{9}{2}\pi$$

이다.

따라서 (i) 과 (ii) 로부터 구하는 면적분의 값, 즉 주어진 영역으로부터 빠져나가는 유량은

$$\iint_S F = \iint_S F \cdot \mathbf{n} \, d\sigma = \iint_{S_1} F \cdot \mathbf{n}_1 \, d\sigma + \iint_{S_2} F \cdot \mathbf{n}_2 \, d\sigma = 9\pi + \frac{9}{2}\pi = \frac{27}{2}\pi$$

이다. □

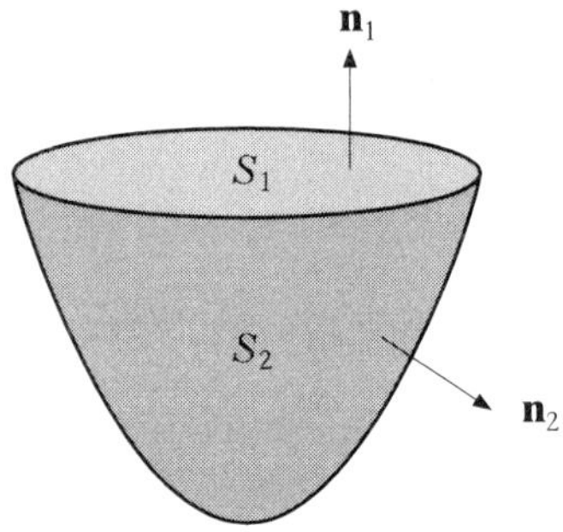

[그림 11.16]

연습문제(11.4)

1. 영역 $\{(x, y) \mid x^2 + y^2 \leq 1\}$에서 정의된 곡면 $z = x^2 + y^2$의 넓이를 구하여라.

2. 곡면 S와 함수 f가 다음과 같을 때, 면적분 $\iint_S f\, d\sigma$를 구하여라.

(1) $f(x, y, z) = xyz$, S는 평면 $x + y + z = 1$의 x, y, z가 모두 양인 부분

(2) $f(x, y, z) = x + y$, S는 평면 $z = 0$, $z = x + y$와 원기둥 $x^2 + y^2 = 9$에 의한 유계영역

3. S를 $x = 0$, $y = 0$, $z = 0$과 평면 $2x + 3y + z = 6$으로 둘러싸인 부분의 경계라고 할 때, 벡터장 $F = x\mathbf{i} - y\mathbf{j}$의 곡면 S로부터 빠져 나오는 유량을 구하여라.

4. 곡면 S가 $z = x + y^2$, $0 \leq x \leq 1$, $0 \leq y \leq 2$일 때, 면적분 $\iint_S xy\, d\sigma$를 구하여라.

5. S를 포물면 $z = 4 - x^2 - y^2$과 xy-평면으로 둘러싸인 부분의 경계라고 할 때, 벡터장 $F = 2x\mathbf{i} + 2y\mathbf{j} + 3\mathbf{k}$의 곡면 S로부터 빠져 나오는 유량을 구하여라.

6. 구면 $x^2 + y^2 + z^2 = 9$을 통과하는 벡터장 $F(x, y, z) = (x, y, z)$의 유량을 구하여라.

7. 면적분을 이용하여 반지름이 a인 구의 겉넓이를 구하여라.

8. 원점을 중심으로 반지름이 a인 구면의 매개변수방정식

$$x = a\sin\phi\cos\theta, \quad y = a\sin\phi\sin\theta, \quad z = a\cos\phi \quad (0 \leq \phi \leq \pi,\ 0 \leq \theta \leq 2\pi)$$

로부터 구면의 넓이를 구하여라.

9. 평면 $z = 9$ 아래에 놓여 있는 포물면 $z = x^2 + y^2$의 넓이를 구하여라.

11.5 스토크스 정리

이 절에서는 유향곡면인 매개곡면 $S = X(u, v)$에 대하여 향은 항상 단위법선벡터

$$\mathbf{n} = \frac{X_u \times X_v}{|X_u \times X_v|}$$

에 의해 결정된 것으로 생각한다. 또한 X의 정의역인 D의 경계가 구분적으로 매끄러운 곡선들의 합으로 이루어져 있는 경우에, 곡면 S의 경계는 D의 경계의 X에 위한 상으로 정의되며, 이때 곡면 S의 경계인 곡선 C의 방향은 D의 경계의 방향으로부터 얻는다고 생각하자(그림 11.17 참조).

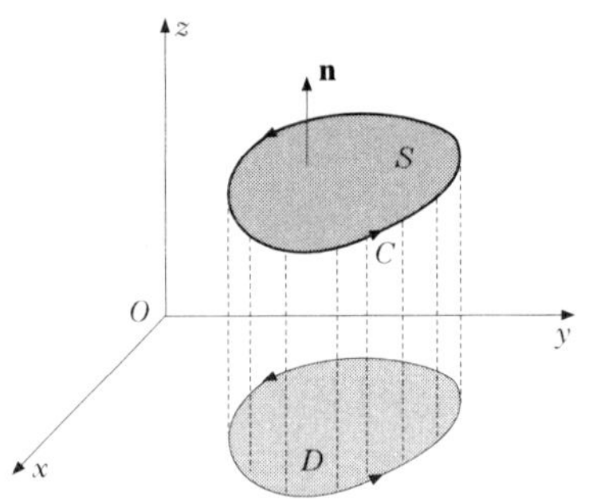

[그림 11.17]

다음의 스토크스[11] 정리는 R^3 공간에 놓여 있는 단순폐곡선을 따른 선적분은 보다 쉽게 계산할 수 있는 면적분의 형태로 바꾸어 계산할 수 있는 방법을 제안한다.

정리 11.5.1 [스토크스 정리(Stokes' theorem)] S는 $z = f(x, y)$ $((x, y) \in D)$로 정의된 유향곡면이고, S의 경계 C가 구분적으로 매끄러운 곡선이라고 할 때, S 위에서 정의된 C^1 벡터장 F에 대하여 다음이 성립한다.

$$\iint_S \nabla \times F = \int_C F \tag{11.51}$$

11) 스토크스(G. G. Stokes, 1819 ~ 1903) : 영국의 수학자

【증명】 벡터장 F를 $F = f_1\mathbf{i} + f_2\mathbf{j} + f_3\mathbf{k}$ 라고 놓으면, F의 회전 $\nabla \times F$는

$$\nabla \times F = \left(\frac{\partial f_3}{\partial y} - \frac{\partial f_2}{\partial z}\right)\mathbf{i} + \left(\frac{\partial f_1}{\partial z} - \frac{\partial f_3}{\partial x}\right)\mathbf{j} + \left(\frac{\partial f_2}{\partial x} - \frac{\partial f_1}{\partial y}\right)\mathbf{k} \tag{11.52}$$

이다. 또한 유향곡면 $S = X(u, v)\ \ (u, v) \in D$의 법선벡터를 $N(u, v)$라고 놓으면,

$$N(u, v) = X_u \times X_v = \left(\frac{\partial y}{\partial u}\frac{\partial z}{\partial v} - \frac{\partial z}{\partial u}\frac{\partial y}{\partial v}\right)\mathbf{i} + \left(\frac{\partial z}{\partial u}\frac{\partial x}{\partial v} - \frac{\partial x}{\partial u}\frac{\partial z}{\partial v}\right)\mathbf{j} + \left(\frac{\partial x}{\partial u}\frac{\partial y}{\partial v} - \frac{\partial y}{\partial u}\frac{\partial x}{\partial v}\right)\mathbf{k} \tag{11.53}$$

이다. 따라서 식 (11.52)와 (11.53)으로부터

$$(\nabla \times F) \cdot N(u, v) = F_u \cdot X_v - F_v \cdot X_u = \frac{\partial}{\partial u}(F \cdot X_v) - \frac{\partial}{\partial v}(F \cdot X_u) \tag{11.54}$$

을 얻는다. 따라서 11.4절의 식 (11.50)을 이용하여 식 (11.51)에 있는 면적분을 계산하면,

$$\begin{aligned} \iint_S \nabla \times F &= \iint_D (\nabla \times F) \cdot N(u, v)\, du\, dv \\ &= \iint_D \left(\frac{\partial}{\partial u}(F \cdot X_v) - \frac{\partial}{\partial v}(F \cdot X_u)\right) du\, dv \end{aligned} \tag{11.55}$$

을 얻는다. 그런데 식 (11.55)에 있는 우변의 이중적분은 그린 정리로부터

$$\int_C (F \cdot X_u)\, du + (F \cdot X_v)\, dv$$

이고, 이것은 선적분 $\int_C F$와 같다. 따라서 이러한 결과를 식 (11.55)의 우변에 대입하면

$$\iint_S \nabla \times F = \int_C F$$

이 성립한다. □

예제 11.5.1 (1) 매개곡면 S의 경계가 단순폐곡선 C라고 하자. 이때 벡터장

$$F = y\mathbf{i} + (z\cos yz + x)\mathbf{j} + (y\cos yz)\mathbf{k}$$

에 대하여 $\nabla \times F = \mathbf{0}$이므로 스토크스 정리에 의하여 C 위에서 F의 선적분은

$$\int_C F = \iint_S \nabla \times F = 0$$

이다.

(2) 매개곡면 S의 경계가 단순폐곡선 C라고 하자. 이때 벡터장 $F = ye^z\mathbf{i} + xe^z\mathbf{j} + xye^z\mathbf{k}$에 대하여 $\nabla \times F = \mathbf{0}$이므로 C 위에서 F의 선적분은

$$\int_C F = \iint_S \nabla \times F = 0$$

이다.

예제 11.5.2 $\mathbb{R}^3$ 공간에서 중심이 원점이고 반지름이 a인 위쪽 반구면

$$S : x^2 + y^2 + z^2 = a^2, \quad z \geq 0$$

과, 곡면 S의 경계를 이루는 곡선

$$C : x^2 + y^2 = a^2, \quad z = 0$$

및 벡터장

$$F(x, y, z) = y\mathbf{i} - x\mathbf{j}$$

에 대하여 스토크스 정리에 나오는 선적분과 면적분을 각각 구하여라(그림 11.18 참조).

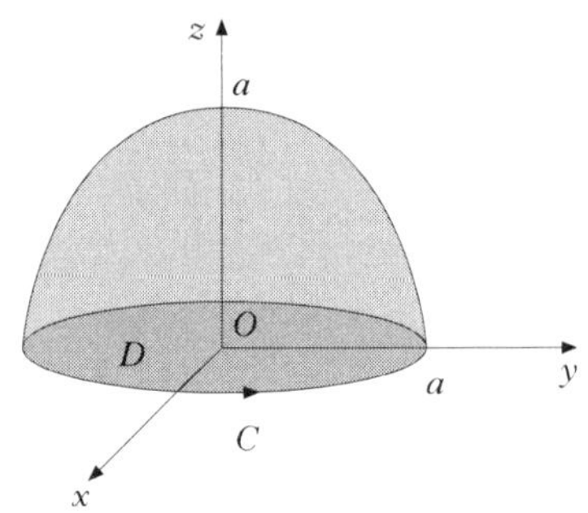

[그림 11.18]

【풀이】 (i) 선적분 연산 결과:

곡면 S의 경계를 이루는 곡선 C에 따른 F의 선적분은 식 (11.13)으로부터 평면에

서의 그린 정리를 적용하여 구하면

$$\begin{aligned}\int_C F &= \int_C F\cdot dC = \int_C (y,\ -x,\ 0)\cdot(dx,\ dy,\ dz) = \int_C (y\,dx - x\,dy)\\ &= \iint_D \left(\frac{\partial(-x)}{\partial x} - \frac{\partial(y)}{\partial y}\right) dx\,dy = \iint_{x^2+y^2\le a^2} -2\,dx\,dy\\ &= -2\pi a^2\end{aligned}$$

이다.

(ii) 면적분 연산 결과:

주어진 벡터장 F의 회전 $\nabla\times F$는

$$\nabla\times F = \begin{vmatrix}\mathbf{i} & \mathbf{j} & \mathbf{k}\\ \frac{\partial}{\partial x} & \frac{\partial}{\partial y} & \frac{\partial}{\partial z}\\ y & -x & 0\end{vmatrix} = (0,\ 0,\ -2)$$

이다. 또한 반구면 S의 매개곡면은 $D = \{(\phi,\ \theta) \mid 0\le\phi\le\pi/2,\ \ 0\le\theta\le 2\pi\}$에 대하여

$$S\ :\ X(\phi,\ \theta) = (a\sin\phi\cos\theta,\ a\sin\phi\sin\theta,\ a\cos\phi),\quad (\phi,\ \theta)\in D$$

이다. 따라서

$$X_\phi = (a\cos\phi\cos\theta,\ a\cos\phi\sin\theta,\ -a\sin\phi),\qquad X_\theta = (-a\sin\phi\sin\theta,\ a\cos\phi\cos\theta,\ 0)$$

이므로 S의 법선벡터 $N(\phi,\ \theta)$는

$$\begin{aligned}N(\phi,\ \theta) = X_\phi\times X_\theta &= \begin{vmatrix}\mathbf{i} & \mathbf{j} & \mathbf{k}\\ a\cos\phi\cos\theta & a\cos\phi\sin\theta & -a\sin\phi\\ -a\sin\phi\sin\theta & a\sin\phi\cos\theta & 0\end{vmatrix}\\ &= (a^2\sin^2\phi\cos\theta,\ a^2\sin^2\phi\sin\theta,\ a^2\sin\phi\cos\phi)\end{aligned}$$

이다. 따라서 S위에서 벡터장 $\nabla\times F$의 면적분은

$$\iint_S \nabla\times F = \iint_S (\nabla\times F)\cdot\mathbf{n}\,d\sigma = \iint_D (\nabla\times F)(X(\phi,\ \theta))\cdot N(\phi,\ \theta)\,d\phi\,d\theta$$

$$= \iint_D (\nabla \times F)(0,\ 0,\ -2) \cdot (a^2 \sin^2 \phi \cos\theta,\ a^2 \sin^2 \phi \sin\theta,\ a^2 \sin\phi \cos\phi)\, d\phi\, d\theta$$

$$= \iint_D (0,\ 0,\ -2) \cdot (a^2 \sin^2 \phi \cos\theta,\ a^2 \sin^2 \phi \sin\theta,\ a^2 \sin\phi \cos\phi)\, d\phi\, d\theta$$

$$= \iint_D -2a^2 \sin\phi \cos\phi\, d\phi\, d\theta = -2a^2 \iint_D \sin\phi \cos\phi\, d\phi\, d\theta$$

$$= -2a^2 \int_0^{2\pi} \int_0^{\pi/2} \sin\phi \cos\phi\, d\phi\, d\theta$$

$$= -2\pi a^2$$

이다.

따라서 (i)과 (ii)에 의해 스토크스 정리에 나오는 선적분과 면적분의 두 값이 일치함을 알 수 있다. □

우리는 스토크스 정리로부터 전자기학에서의 암페어의 법칙을 얻을 수 있다. 즉,

$$\iint_C \mathbf{B} \cdot d\mathbf{R} = \iint_S \nabla \times \mathbf{B} \cdot \mathbf{n}\, d\sigma = \frac{4\pi}{c} \iint_S \mathbf{J} \cdot \mathbf{n}\, d\sigma = \frac{4\pi}{c} I$$

여기서 $\mathbf{B}$는 공간에서의 자기장, C는 전류 I를 에워싸는 공간의 곡선, S는 C를 경계로 하는 곡면, $\mathbf{J}$는 전류밀도(단위면적당 전류)이고 c는 빛의 속도이다. 또 C의 방향과 전류의 방향은, 곡면의 단위법선벡터 $\mathbf{n}$과 C의 방향이 만족시키는 오른손 법칙을 역시 만족시킨다고 가정하고 있다. 이 법칙은 폐곡선을 따른 $\mathbf{B}$의 적분은, 이 폐곡선을 경계로 갖는 임의의 곡면을 지나는 전류에 비례함을 말해주고 있다(그림 11.19 참조).

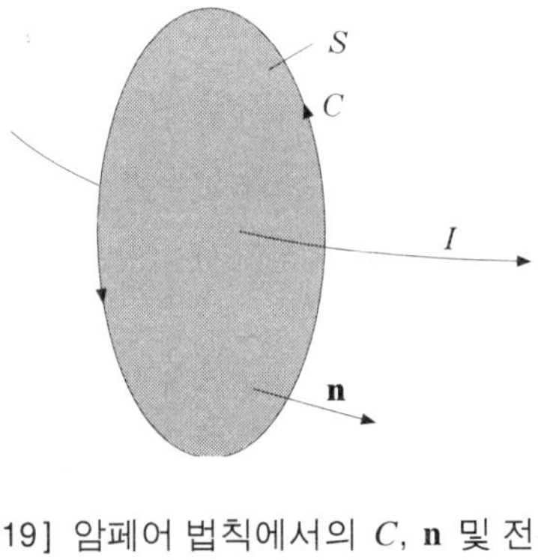

[그림 11.19] 암페어 법칙에서의 C, $\mathbf{n}$ 및 전류의 방향

연습문제(11.5)

1. 곡선 C가 원기둥면 $x^2 + y^2 = 1$과 평면 $x + y + z = 1$의 교차하는 아래 그림과 같은 폐곡선이라고 하자. 이때 선적분

$$\int_C -y^3\,dx + x^3\,dy - z^3\,dz$$

를 스토크스 정리를 사용하여 구하여라. 이때 C의 방향은 xy-평면으로의 정사영이 반시계 방향이 되도록 정한다.

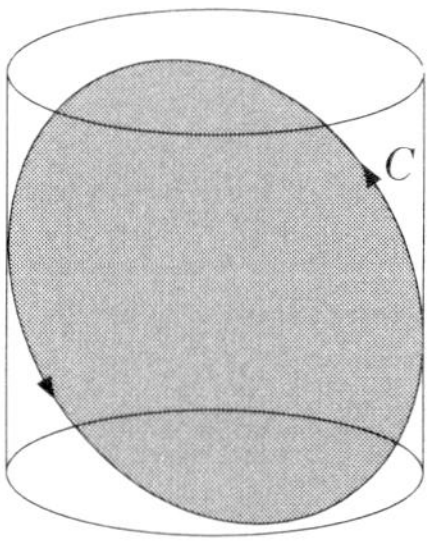

2. 주어진 벡터장 F의 회전 $\nabla \times F$를 구하여라.

(1) $F(x, y, z) = (x^2y,\ yz^2,\ zx^2)$

(2) $F(x, y, z) = (y^2z,\ 0,\ -x^2yz)$

(3) $F(x, y, z) = (\sin x,\ \cos x,\ z^2)$

(4) $F(x, y, z) = (xe^y,\ -ze^{-y},\ y\ln z)$

3. 곡면 S : $2z = x^2 + y^2$, $z \le 2$와 벡터장 $F(x, y, z) = (3y, -xy, yz^2)$에 대하여 면적분 $\iint_S \nabla \times F$를 구하여라.

4. 벡터장 $F(x, y, z) = (xz, yz, xy)$에 대해 S는 원주면 $x^2 + y^2 = 1$의 내부에 있고 xy-평면 위에 놓여 있는 반구면 $z = \sqrt{4 - x^2 - y^2}$의 부분일 때, 스토크스 정리를 이용하여 적분

$$\iint_S \nabla \times F$$

를 구하여라.

5. (1) S 가 구면이고 벡터장 F 가 스토크스 정리의 가정을 만족할 때,

$$\iint_S \nabla \times F = 0$$

임을 보여라.

(2) 벡터장 F 가 곡면 S 의 경계에 수직이면,

$$\iint_S \nabla \times F = 0$$

임을 보여라.

6. 벡터장 $F(x, y, z) = (-y^2, x, z^2)$ 에 대하여 곡선 C 는 평면 $y + z = 2$ 와 원주면 $x^2 + y^2 = 1$ 이 만나서 생기는 교차 곡선일 때 선적분 $\int_C F$ 를 구하여라.

11.6 발산정리

이 절에서는 삼차원 공간 R^3 에서 부피를 갖는 영역 D를 둘러싸고 있는 곡면 S 위에서 정의된 벡터장 F에 대한 면적분은 영역 D에서의 삼중적분으로 바꾸어 계산할 수 있음을 보인다.

정리 11.6.1 [발산정리[12)]] R^3 에서의 부분영역 D를 둘러싸고 있는 곡면 S가 구분적으로 매끄럽다고 가정하고, S 위에서 정의된 C^1 벡터장을 F라고 하면,

$$\iint_S F = \iiint_D \nabla \cdot F \, dV \qquad (11.56)$$

이 성립한다.

【증명】 우리는 영역 D가 공이나 육면체 또는 타원면 등의 내부와 같이 속이 빈 곳이 없는 볼록한 모양의 영역으로서 곡면 S가 구분적으로 매끄러운 곡면으로 이루어진 경우에 대해서만 제한적으로 위의 정리를 증명하기로 한다(그림 11.20 참조).

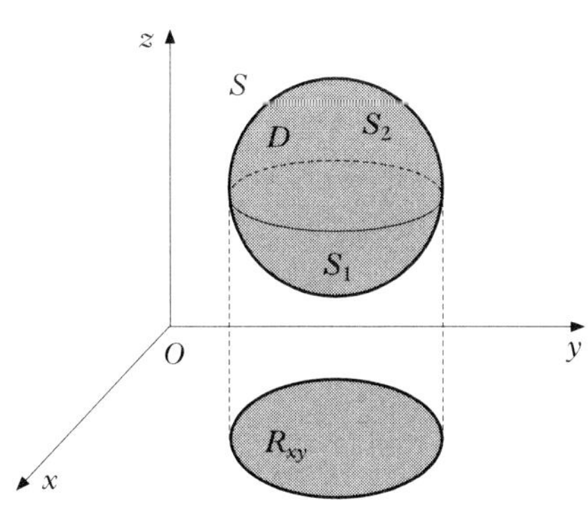

[그림 11.20]

그림 11.20에서와 같이 곡면 S는 D를 xy-평면에 정사영시켜 얻어지는 영역 R_{xy} 가 단순연결영역이고, R_{xy} 의 내부에 있는 임의의 점에서 xy-평면에 수직인 직선이 곡면 S와 반

12) 발산정리는 독일의 수학자 C. F. Gauss(1777 ~ 1855)와 러시아의 수학자 M. Ostrogradski(1801 ~ 1862)에 의해 1830년대에 발견되었다.

드시 2개의 점에서만 만난다고 하자. 이때 이들이 아래쪽과 위쪽에서 만나는 두 곡면

$$S_1 : z = g_1(x, y), \qquad S_2 : z = g_2(x, y), \qquad (x, y) \in R_{xy} \tag{11.57}$$

을 얻을 수 있다고 가정하고, 또한 곡면 S의 단위법선벡터 $\mathbf{n} = n_1\mathbf{i} + n_2\mathbf{j} + n_3\mathbf{k}$의 각각의 성분은 벡터 $\mathbf{n}$이 각 축방향의 단위벡터인 $\mathbf{i}$, $\mathbf{j}$, $\mathbf{k}$와 이루는 각 α, β, γ의 코사인, 즉

$$\begin{aligned} n_1 &= \mathbf{n}\cdot\mathbf{i} & n_2 &= \mathbf{n}\cdot\mathbf{j} & n_3 &= \mathbf{n}\cdot\mathbf{k} \\ &= |\mathbf{n}|\,|\mathbf{i}|\cos\alpha & &= |\mathbf{n}|\,|\mathbf{j}|\cos\beta & &= |\mathbf{n}|\,|\mathbf{k}|\cos\gamma \\ &= \cos\alpha, & &= \cos\beta, & &= \cos\gamma \end{aligned}$$

이라고 하자. 그러면

$$\mathbf{n} = (\cos\alpha)\mathbf{i} + (\cos\beta)\mathbf{j} + (\cos\gamma)\mathbf{k} \tag{11.58}$$

이다(그림 11.21 참조).

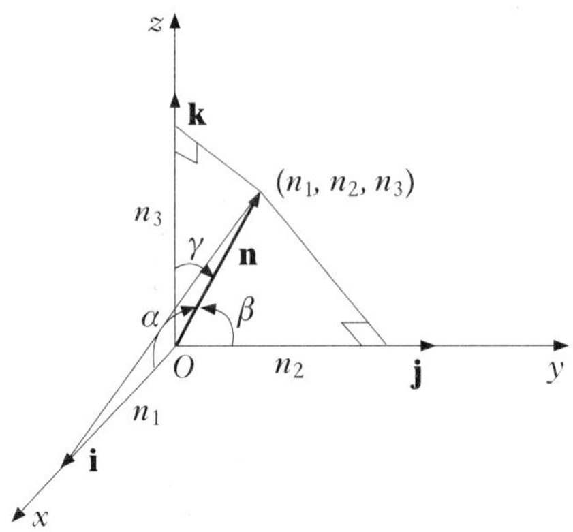

[그림 11.21]

따라서 곡면 S 위에서 정의된 벡터장을 $F = f_1\mathbf{i} + f_2\mathbf{j} + f_3\mathbf{k}$라고 놓으면, 발산정리의 좌변에 있는 면적분은

$$\iint_S F = \iint_S F\cdot\mathbf{n}\,d\sigma = \iint_S (f_1, f_2, f_3)\cdot(\cos\alpha, \cos\beta, \cos\gamma)\,d\sigma$$

$$= \iint_S (f_1 \cos\alpha + f_2 \cos\beta + f_3 \cos\gamma)\, d\sigma$$

$$= \iint_S f_1 \cos\alpha\, d\sigma + \iint_S f_2 \cos\beta\, d\sigma + \iint_S f_3 \cos\gamma\, d\sigma \tag{11.59}$$

와 같이 나타낼 수 있고, 우변에 있는 삼중적분은

$$\iiint_D \nabla \cdot F\, dV = \iiint_D \left(\frac{\partial}{\partial x}, \frac{\partial}{\partial y}, \frac{\partial}{\partial z}\right) \cdot (f_1, f_2, f_3)\, dx\, dy\, dz$$

$$= \iiint_D \left(\frac{\partial f_1}{\partial x} + \frac{\partial f_2}{\partial y} + \frac{\partial f_3}{\partial z}\right) dx\, dy\, dz$$

$$= \iiint_D \frac{\partial f_1}{\partial x}\, dx\, dy\, dz + \iiint_D \frac{\partial f_2}{\partial y}\, dx\, dy\, dz + \iiint_D \frac{\partial f_3}{\partial z}\, dx\, dy\, dz \tag{11.60}$$

와 같이 나타낼 수 있다. 따라서 식 (11.59) 와 (11.60) 으로부터 발산정리가 성립함을 보이기 위해서는 다음 세 개의 등식이 모두 성립함을 보이면 된다.

$$\iint_S f_1 \cos\alpha\, d\sigma = \iiint_D \frac{\partial f_1}{\partial x}\, dx\, dy\, dz \tag{11.61a}$$

$$\iint_S f_2 \cos\beta\, d\sigma = \iiint_D \frac{\partial f_2}{\partial x}\, dx\, dy\, dz \tag{11.61b}$$

$$\iint_S f_3 \cos\gamma\, d\sigma = \iiint_D \frac{\partial f_3}{\partial x}\, dx\, dy\, dz \tag{11.61c}$$

그런데 이들 각각이 성립함을 보이는 증명 방법은 비슷하다. 따라서 여기서는 간단히 마지막 등식 (11.61c) 만을 증명하도록 한다. 곡면 S_2 에서 바깥쪽을 향하고 있는 단위법선벡터 **n** 의 **k** 성분은 양수이고, 면적소 $d\sigma$ 는

$$d\sigma = \frac{dA}{|\cos\gamma|} = \frac{dx\, dy}{\cos\gamma}$$

이므로

$$\cos\gamma\, d\sigma = dx\, dy \tag{11.62}$$

이다(그림 11.22 참조). 그런데 곡면 S_1 에서 바깥쪽을 향하고 있는 단위법선벡터 **n** 의 **k** 성분은 음수이므로

$$\cos\gamma\, d\sigma = -dx\, dy \tag{11.63}$$

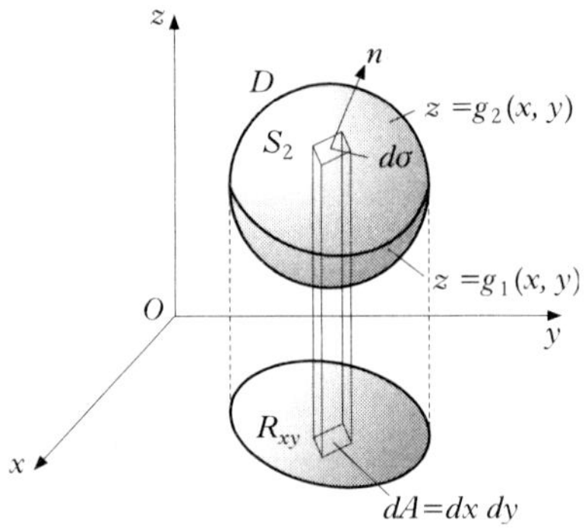

[그림 11.22]

이다. 따라서 식 (11.62) 와 (11.63) 으로부터

$$\begin{aligned}\iint_S f_3 \cos\gamma\, d\sigma &= \iint_{S_2} f_3 \cos\gamma\, d\sigma + \iint_{S_1} f_3 \cos\gamma\, d\sigma \\ &= \iint_{R_{xy}} f_3(x, y, z_2)\, dx\, dy - \iint_{R_{xy}} f_3(x, y, z_1)\, dx\, dy \\ &= \iint_{R_{xy}} (f_3(x, y, z_2) - f_3(x, y, z_1))\, dx\, dy \\ &= \iint_{R_{xy}} \left(\int_{z_1}^{z_2} \frac{\partial f_3}{\partial z}\, dz\right) dx\, dy \\ &= \iiint_D \frac{\partial f_3}{\partial z}\, dz\, dx\, dy\end{aligned}$$

이므로

$$\iint_S f_3 \cos\gamma\, d\sigma = \iiint_D \frac{\partial f_3}{\partial z}\, dx\, dy\, dz$$

을 얻는다. 따라서 등식 (11.61c) 가 증명되었다.

위에서와 같은 방법으로 나머지 두 등식 (11.61a) 와 (11.61b) 도 증명할 수 있으므로 발산 정리가 증명된다. □

이차원 벡터장에 대한 그린 정리, 즉

$$\int_C F = \iint_D \nabla \cdot F\, dA$$

를 나타낸 식(여기에서 C는 평면영역 D의 양의 방향을 갖는 경계곡선)과, 삼차원 벡터

장에 대한 발산정리, 즉

$$\iint_S F = \iiint_V \nabla \cdot F\, dV$$

를 나타낸 식(여기에서 S는 입체영역 V의 경계곡면)은 같은 원리에 의한 같은 모양을 갖고 있음을 알 수 있다.

예제 11.6.1 구면 $x^2 + y^2 + z^2 = a^2$과 벡터장 $F(x, y, z) = x\mathbf{i} + y\mathbf{j} + z\mathbf{k}$에 대하여 발산정리에 나오는 면적분과 삼중적분을 각각 구하여라.

【풀이】 (i) 면적분 연산 결과:

구면 S의 바깥쪽을 향하는 단위법선벡터 $\mathbf{n}$은 $f(x, y, z) = x^2 + y^2 + z^2 - a^2$의 기울기 벡터인 ∇f로부터

$$\mathbf{n} = \frac{1}{|\nabla f|}\nabla f = \frac{1}{\sqrt{4x^2 + 4y^2 + 4z^2}}(2x,\ 2y,\ 2z) = \frac{1}{a}(x,\ y,\ z)$$

와 같이 쉽게 구할 수 있다. 따라서

$$F \cdot \mathbf{n} = (x,\ y,\ z) \cdot \frac{1}{a}(x,\ y,\ z) = \frac{1}{a}(x^2 + y^2 + z^2) = \frac{1}{a} \cdot a^2 = a$$

이므로, 곡면 S위에서의 벡터장 F의 면적분은

$$\iint_S F = \iint_S F \cdot \mathbf{n}\, d\sigma = \iint_S a\, d\sigma = a \iint_S d\sigma = a \cdot 4\pi a^2 = 4\pi a^3$$

이다.

(ii) 삼중적분 연산 결과:

벡터장 F의 발산 $\nabla \cdot F$는

$$\nabla \cdot F = \left(\frac{\partial}{\partial x},\ \frac{\partial}{\partial y},\ \frac{\partial}{\partial z}\right) \cdot (x,\ y,\ z) = \frac{\partial}{\partial x}(x) + \frac{\partial}{\partial y}(y) + \frac{\partial}{\partial z}(z) = 1 + 1 + 1 = 3$$

이므로

$$\iiint_D \nabla \cdot F\, dV = \iiint_D 3\, dV = 3 \cdot \frac{4}{3}\pi a^3 = 4\pi a^3$$

이다.

따라서 (i)과 (ii)에 의해 발산정리에 나오는 면적분과 삼중적분의 두 값이 일치함을 알 수 있다. □

연습문제(11.6)

1. 곡면 S는 세 개의 평면 $z = 0$, $y = 0$, $y = 2$와 포물기둥면 $z = 1 - x^2$으로 둘러싸인 영역 D의 경계라고 하자. 이때 벡터장

$$F = (x + \cos y)\mathbf{i} + (y + \sin z)\mathbf{j} + (z + e^x)\mathbf{k}$$

에 대하여 면적분 $\iint_S F$를 구하여라.

2. 주어진 벡터장 F의 발산 $\nabla \cdot F$를 구하여라.

(1) $F(x, y, z) = (x^2y, yz^2, zx^2)$

(2) $F(x, y, z) = (y^2z, 0, -x^2yz)$

(3) $F(x, y, z) = (\sin x, \cos x, z^2)$

(4) $F(x, y, z) = (xe^y, -ze^{-y}, y\ln z)$

3. 곡면 S를 포물면 $z = 4 - x^2 - y^2$과 xy-평면으로 둘러싸인 입체의 겉면이라고 할 때, 벡터장 $F(x, y, z) = (2x, 2y, 3)$의 곡면 S로 빠져나오는 유량을 구하여라.

4. 발산정리로부터 단위구면 $x^2 + y^2 + z^2 = 1$ 상의 벡터장

$$F(x, y, z) = z\mathbf{i} + y\mathbf{j} + x\mathbf{k}$$

의 유량을 구하여라.

5. 함수 f와 g가 연속인 이계 편도함수를 가질 때 $\operatorname{div}(\nabla f \times \nabla g)$를 계산하여라.

6. 곡면 S가 포물주면 $z = 1 - x^2$과 평면 $z = 0$, $y = 0$, $y + z = 2$에 의해 유계된 영역 D일 때, 벡터장

$$F(x, y, z) = xy\mathbf{i} + (y^2 + e^{xz^2})\mathbf{j} + \sin(xy)\mathbf{k}$$

에 대하여 면적분 $\iint_S F$를 구하여라.

부 록

A1. 그리스 알파벳 대문자와 소문자

A, α	alpha	B, β	beta	Γ, γ	gamma	Δ, δ	delta
$\mathrm{E}, \epsilon(\varepsilon)$	epsilon	Z, ζ	zeta	H, η	eta	$\Theta, \theta(\vartheta)$	theta
I, ι	iota	K, κ	kappa	Λ, λ	lambda	M, μ	mu
N, ν	nu	Ξ, ξ	xi	O, o	omicron	$\Pi, \pi(\varpi)$	pi
$\mathrm{P}, \rho(\varrho)$	rho	$\Sigma, \sigma(\varsigma)$	sigma	T, τ	tau	Υ, υ	upsilon
$\Phi, \phi(\varphi)$	phi	X, χ	chi	Ψ, ψ	psi	Ω, ω	omega

A2. 삼각함수표

°	Radian	sin	cos	tan	cot		
0	0.	0.	1.	0.	∞	1.5708	90
1	0.0174533	0.0174524	0.999848	0.0174551	57.29	1.55334	89
2	0.0349066	0.0348995	0.999391	0.0349208	28.6363	1.53589	88
3	0.0523599	0.052336	0.99863	0.0524078	19.0811	1.51844	87
4	0.0698132	0.0697565	0.997564	0.0699268	14.3007	1.50098	86
5	0.0872665	0.0871557	0.996195	0.0874887	11.4301	1.48353	85
6	0.10472	0.104528	0.994522	0.105104	9.51436	1.46608	84
7	0.122173	0.121869	0.992546	0.122785	8.14435	1.44862	83
8	0.139626	0.139173	0.990268	0.140541	7.11537	1.43117	82
9	0.15708	0.156434	0.987688	0.158384	6.31375	1.41372	81
10	0.174533	0.173648	0.984808	0.176327	5.67128	1.39626	80
11	0.191986	0.190809	0.981627	0.19438	5.14455	1.37881	79
12	0.20944	0.207912	0.978148	0.212557	4.70463	1.36136	78
13	0.226893	0.224951	0.97437	0.230868	4.33148	1.3439	77
14	0.244346	0.241922	0.970296	0.249328	4.01078	1.32645	76
15	0.261799	0.258819	0.965926	0.267949	3.73205	1.309	75
16	0.279253	0.275637	0.961262	0.286745	3.48741	1.29154	74
17	0.296706	0.292372	0.956305	0.305731	3.27085	1.27409	73
18	0.314159	0.309017	0.951057	0.32492	3.07768	1.25664	72
19	0.331613	0.325568	0.945519	0.344328	2.90421	1.23918	71
20	0.349066	0.34202	0.939693	0.36397	2.74748	1.22173	70
21	0.366519	0.358368	0.93358	0.383864	2.60509	1.20428	69
22	0.383972	0.374607	0.927184	0.404026	2.47509	1.18682	68
23	0.401426	0.390731	0.920505	0.424475	2.35585	1.16937	67
24	0.418879	0.406737	0.913545	0.445229	2.24604	1.15192	66
25	0.436332	0.422618	0.906308	0.466308	2.14451	1.13446	65
26	0.453786	0.438371	0.898794	0.487733	2.0503	1.11701	64
27	0.471239	0.45399	0.891007	0.509525	1.96261	1.09956	63
28	0.488692	0.469472	0.882948	0.531709	1.88073	1.0821	62
29	0.506145	0.48481	0.87462	0.554309	1.80405	1.06465	61
30	0.523599	0.5	0.866025	0.57735	1.73205	1.0472	60
31	0.541052	0.515038	0.857167	0.600861	1.66428	1.02974	59
32	0.558505	0.529919	0.848048	0.624869	1.60033	1.01229	58
		cos	sin	cot	tan	Radian	°

삼각함수표 (다음 쪽에 계속)

삼각함수표 (앞 쪽에서 계속)

°	Radian	sin	cos	tan	cot		
33	0.575959	0.544639	0.838671	0.649408	1.53986	0.994838	57
34	0.593412	0.559193	0.829038	0.674509	1.48256	0.977384	56
35	0.610865	0.573576	0.819152	0.700208	1.42815	0.959931	55
36	0.628319	0.587785	0.809017	0.726543	1.37638	0.942478	54
37	0.645772	0.601815	0.798636	0.753554	1.32704	0.925025	53
38	0.663225	0.615661	0.788011	0.781286	1.27994	0.907571	52
39	0.680678	0.62932	0.777146	0.809784	1.2349	0.890118	51
40	0.698132	0.642788	0.766044	0.8391	1.19175	0.872665	50
41	0.715585	0.656059	0.75471	0.869287	1.15037	0.855211	49
42	0.733038	0.669131	0.743145	0.900404	1.11061	0.837758	48
43	0.750492	0.681998	0.731354	0.932515	1.07237	0.820305	47
44	0.767945	0.694658	0.71934	0.965689	1.03553	0.802851	46
45	0.785398	0.707107	0.707107	1.	1.	0.785398	45
		cos	sin	cot	tan	Radian	°

삼각함수표 (끝)

A3. 멱, 근, 역수표

n	n^2	$\sqrt{n}$	$\sqrt{10n}$	n^3	$\sqrt[3]{n}$	$\sqrt[3]{10n}$	$\sqrt[3]{100n}$	$1/n$
1.	1.	1.	3.16228	1.	1.	2.15443	4.64159	1.
1.1	1.21	1.04881	3.31662	1.331	1.03228	2.22398	4.79142	0.909091
1.2	1.44	1.09545	3.4641	1.728	1.06266	2.28943	4.93242	0.833333
1.3	1.69	1.14018	3.60555	2.197	1.09139	2.35133	5.0658	0.769231
1.4	1.96	1.18322	3.74166	2.744	1.11869	2.41014	5.19249	0.714286
1.5	2.25	1.22474	3.87298	3.375	1.14471	2.46621	5.31329	0.666667
1.6	2.56	1.26491	4.	4.096	1.16961	2.51984	5.42884	0.625
1.7	2.89	1.30384	4.12311	4.913	1.19348	2.57128	5.53966	0.588235
1.8	3.24	1.34164	4.24264	5.832	1.21644	2.62074	5.64622	0.555556
1.9	3.61	1.3784	4.3589	6.859	1.23856	2.6684	5.7489	0.526316
2.	4.	1.41421	4.47214	8.	1.25992	2.71442	5.84804	0.5
2.1	4.41	1.44914	4.58258	9.261	1.28058	2.75892	5.94392	0.47619
2.2	4.84	1.48324	4.69042	10.648	1.30059	2.80204	6.03681	0.454545
2.3	5.29	1.51658	4.79583	12.167	1.32001	2.84387	6.12693	0.434783
2.4	5.76	1.54919	4.89898	13.824	1.33887	2.8845	6.21447	0.416667
2.5	6.25	1.58114	5.	15.625	1.35721	2.92402	6.29961	0.4
2.6	6.76	1.61245	5.09902	17.576	1.37507	2.9625	6.3825	0.384615
2.7	7.29	1.64317	5.19615	19.683	1.39248	3.	6.4633	0.37037
2.8	7.84	1.67332	5.2915	21.952	1.40946	3.03659	6.54213	0.357143
2.9	8.41	1.70294	5.38516	24.389	1.42604	3.07232	6.61911	0.344828
3.	9.	1.73205	5.47723	27.	1.44225	3.10723	6.69433	0.333333
3.1	9.61	1.76068	5.56776	29.791	1.4581	3.14138	6.7679	0.322581
3.2	10.24	1.78885	5.65685	32.768	1.47361	3.1748	6.8399	0.3125
3.3	10.89	1.81659	5.74456	35.937	1.48881	3.20753	6.91042	0.30303
3.4	11.56	1.84391	5.83095	39.304	1.50369	3.23961	6.97953	0.294118
3.5	12.25	1.87083	5.91608	42.875	1.51829	3.27107	7.0473	0.285714
3.6	12.96	1.89737	6.	46.656	1.53262	3.30193	7.11379	0.277778
3.7	13.69	1.92354	6.08276	50.653	1.54668	3.33222	7.17905	0.27027
3.8	14.44	1.94936	6.16441	54.872	1.56049	3.36198	7.24316	0.263158
3.9	15.21	1.97484	6.245	59.319	1.57406	3.39121	7.30614	0.25641
4.	16.	2.	6.32456	64.	1.5874	3.41995	7.36806	0.25
4.1	16.81	2.02485	6.40312	68.921	1.60052	3.44822	7.42896	0.243902
4.2	17.64	2.04939	6.48074	74.088	1.61343	3.47603	7.48887	0.238095
4.3	18.49	2.07364	6.55744	79.507	1.62613	3.5034	7.54784	0.232558

멱, 근, 역수표 (다음 쪽에 계속)

멱, 근, 역수표 (앞 쪽에서 계속)

n	n^2	$\sqrt{n}$	$\sqrt{10n}$	n^3	$\sqrt[3]{n}$	$\sqrt[3]{10n}$	$\sqrt[3]{100n}$	$1/n$
4.4	19.36	2.09762	6.63325	85.184	1.63864	3.53035	7.6059	0.227273
4.5	20.25	2.12132	6.7082	91.125	1.65096	3.55689	7.66309	0.222222
4.6	21.16	2.14476	6.78233	97.336	1.6631	3.58305	7.71944	0.217391
4.7	22.09	2.16795	6.85565	103.823	1.67507	3.60883	7.77498	0.212766
4.8	23.04	2.19089	6.9282	110.592	1.68687	3.63424	7.82974	0.208333
4.9	24.01	2.21359	7.	117.649	1.6985	3.65931	7.88374	0.204082
5.	25.	2.23607	7.07107	125.	1.70998	3.68403	7.93701	0.2
5.1	26.01	2.25832	7.14143	132.651	1.7213	3.70843	7.98957	0.196078
5.2	27.04	2.28035	7.2111	140.608	1.73248	3.73251	8.04145	0.192308
5.3	28.09	2.30217	7.28011	148.877	1.74351	3.75629	8.09267	0.188679
5.4	29.16	2.32379	7.34847	157.464	1.75441	3.77976	8.14325	0.185185
5.5	30.25	2.34521	7.4162	166.375	1.76517	3.80295	8.19321	0.181818
5.6	31.36	2.36643	7.48331	175.616	1.77581	3.82586	8.24257	0.178571
5.7	32.49	2.38747	7.54983	185.193	1.78632	3.8485	8.29134	0.175439
5.8	33.64	2.40832	7.61577	195.112	1.7967	3.87088	8.33955	0.172414
5.9	34.81	2.42899	7.68115	205.379	1.80697	3.893	8.38721	0.169492
6.	36.	2.44949	7.74597	216.	1.81712	3.91487	8.43433	0.166667
6.1	37.21	2.46982	7.81025	226.981	1.82716	3.9365	8.48093	0.163934
6.2	38.44	2.48998	7.87401	238.328	1.83709	3.95789	8.52702	0.16129
6.3	39.69	2.50998	7.93725	250.047	1.84691	3.97906	8.57262	0.15873
6.4	40.96	2.52982	8.	262.144	1.85664	4.	8.61774	0.15625
6.5	42.25	2.54951	8.06226	274.625	1.86626	4.02073	8.66239	0.153846
6.6	43.56	2.56905	8.12404	287.496	1.87578	4.04124	8.70659	0.151515
6.7	44.89	2.58844	8.18535	300.763	1.8852	4.06155	8.75034	0.149254
6.8	46.24	2.60768	8.24621	314.432	1.89454	4.08166	8.79366	0.147059
6.9	47.61	2.62679	8.30662	328.509	1.90378	4.10157	8.83656	0.144928
7.	49.	2.64575	8.3666	343.	1.91293	4.12129	8.87904	0.142857
7.1	50.41	2.66458	8.42615	357.911	1.922	4.14082	8.92112	0.140845
7.2	51.84	2.68328	8.48528	373.248	1.93098	4.16017	8.96281	0.138889
7.3	53.29	2.70185	8.544	389.017	1.93988	4.17934	9.00411	0.136986
7.4	54.76	2.72029	8.60233	405.224	1.9487	4.19834	9.04504	0.135135
7.5	56.25	2.73861	8.66025	421.875	1.95743	4.21716	9.0856	0.133333
7.6	57.76	2.75681	8.7178	438.976	1.9661	4.23582	9.12581	0.131579
7.7	59.29	2.77489	8.77496	456.533	1.97468	4.25432	9.16566	0.12987
7.8	60.84	2.79285	8.83176	474.552	1.98319	4.27266	9.20516	0.128205
7.9	62.41	2.81069	8.88819	493.039	1.99163	4.29084	9.24434	0.126582
8.	64.	2.82843	8.94427	512.	2.	4.30887	9.28318	0.125

멱, 근, 역수표 (다음 쪽에 계속)

멱, 근, 역수표 (앞 쪽에서 계속)

n	n^2	$\sqrt{n}$	$\sqrt{10n}$	n^3	$\sqrt[3]{n}$	$\sqrt[3]{10n}$	$\sqrt[3]{100n}$	$1/n$
8.1	65.61	2.84605	9.	531.441	2.0083	4.32675	9.3217	0.123457
8.2	67.24	2.86356	9.05539	551.368	2.01653	4.34448	9.3599	0.121951
8.3	68.89	2.88097	9.11043	571.787	2.02469	4.36207	9.3978	0.120482
8.4	70.56	2.89828	9.16515	592.704	2.03279	4.37952	9.43539	0.119048
8.5	72.25	2.91548	9.21954	614.125	2.04083	4.39683	9.47268	0.117647
8.6	73.96	2.93258	9.27362	636.056	2.0488	4.414	9.50969	0.116279
8.7	75.69	2.94958	9.32738	658.503	2.05671	4.43105	9.5464	0.114943
8.8	77.44	2.96648	9.38083	681.472	2.06456	4.44796	9.58284	0.113636
8.9	79.21	2.98329	9.43398	704.969	2.07235	4.46475	9.619	0.11236
9.	81.	3.	9.48683	729.	2.08008	4.4814	9.65489	0.111111
9.1	82.81	3.01662	9.53939	753.571	2.08776	4.49794	9.69052	0.10989
9.2	84.64	3.03315	9.59166	778.688	2.09538	4.51436	9.72589	0.108696
9.3	86.49	3.04959	9.64365	804.357	2.10294	4.53065	9.761	0.107527
9.4	88.36	3.06594	9.69536	830.584	2.11045	4.54684	9.79586	0.106383
9.5	90.25	3.08221	9.74679	857.375	2.11791	4.5629	9.83048	0.105263
9.6	92.16	3.09839	9.79796	884.736	2.12532	4.57886	9.86485	0.104167
9.7	94.09	3.11448	9.84886	912.673	2.13267	4.5947	9.89898	0.103093
9.8	96.04	3.1305	9.89949	941.192	2.13997	4.61044	9.93288	0.102041
9.9	98.01	3.14643	9.94987	970.299	2.14723	4.62607	9.96655	0.10101

멱, 근, 역수표 (끝)

A4. 상용로그표

	0	1	2	3	4	5	6	7	8	9
1.	0.	0.004321	0.008600	0.0128372	0.017033	0.021189	0.025306	0.029384	0.033424	0.037427
1.1	0.041393	0.045323	0.049218	0.053078	0.056905	0.060698	0.064458	0.068186	0.071882	0.075547
1.2	0.079181	0.082785	0.086360	0.089905	0.093422	0.09691	0.100371	0.103804	0.10721	0.11059
1.3	0.113943	0.117271	0.120574	0.123852	0.127105	0.130334	0.133539	0.136721	0.139879	0.143015
1.4	0.146128	0.149219	0.152288	0.155336	0.158362	0.161368	0.164353	0.167317	0.170262	0.173186
1.5	0.176091	0.178977	0.181844	0.184691	0.187521	0.190332	0.193125	0.1959	0.198657	0.201397
1.6	0.20412	0.206826	0.209515	0.212188	0.214844	0.217484	0.220108	0.222716	0.225309	0.227887
1.7	0.230449	0.232996	0.235528	0.238046	0.240549	0.243038	0.245513	0.247973	0.25042	0.252853
1.8	0.255273	0.257679	0.260071	0.262451	0.264818	0.267172	0.269513	0.271842	0.274158	0.276462
1.9	0.278754	0.281033	0.283301	0.285557	0.287802	0.290035	0.292256	0.294466	0.296665	0.298853
2.	0.30103	0.303196	0.305351	0.307496	0.30963	0.311754	0.313867	0.31597	0.318063	0.320146
2.1	0.322219	0.324282	0.326336	0.32838	0.330414	0.332438	0.334454	0.33646	0.338456	0.340444
2.2	0.342423	0.344392	0.346353	0.348305	0.350248	0.352183	0.354108	0.356026	0.357935	0.359835
2.3	0.361728	0.363612	0.365488	0.367356	0.369216	0.371068	0.372912	0.374748	0.376577	0.378398
2.4	0.380211	0.382017	0.383815	0.385606	0.38739	0.389166	0.390935	0.392697	0.394452	0.396199
2.5	0.39794	0.399674	0.401401	0.403121	0.404834	0.40654	0.40824	0.409933	0.41162	0.4133
2.6	0.414973	0.416641	0.418301	0.419956	0.421604	0.423246	0.424882	0.426511	0.428135	0.429752
2.7	0.431364	0.432969	0.434569	0.436163	0.437751	0.439333	0.440909	0.44248	0.444045	0.445604
2.8	0.447158	0.448706	0.450249	0.451786	0.453318	0.454845	0.456366	0.457882	0.459392	0.460898
2.9	0.462398	0.463893	0.465383	0.466868	0.468347	0.469822	0.471292	0.472756	0.474216	0.475671
3.	0.477121	0.478566	0.480007	0.481443	0.482874	0.4843	0.485721	0.487138	0.488551	0.489958
3.1	0.491362	0.49276	0.494155	0.495544	0.49693	0.498311	0.499687	0.501059	0.502427	0.503791
3.2	0.50515	0.506505	0.507856	0.509203	0.510545	0.511883	0.513218	0.514548	0.515874	0.517196
3.3	0.518514	0.519828	0.521138	0.522444	0.523746	0.525045	0.526339	0.52763	0.528917	0.5302
3.4	0.531479	0.532754	0.534026	0.535294	0.536558	0.537819	0.539076	0.540329	0.541579	0.542825
3.5	0.544068	0.545307	0.546543	0.547775	0.549003	0.550228	0.55145	0.552668	0.553883	0.555094
3.6	0.556303	0.557507	0.558709	0.559907	0.561101	0.562293	0.563481	0.564666	0.565848	0.567026
3.7	0.568202	0.569374	0.570543	0.571709	0.572872	0.574031	0.575188	0.576341	0.577492	0.578639
3.8	0.579784	0.580925	0.582063	0.583199	0.584331	0.585461	0.586587	0.587711	0.588832	0.58995
3.9	0.591065	0.592177	0.593286	0.594393	0.595496	0.596597	0.597695	0.598791	0.599883	0.600973
4.	0.60206	0.603144	0.604226	0.605305	0.606381	0.607455	0.608526	0.609594	0.61066	0.611723
4.1	0.612784	0.613842	0.614897	0.61595	0.617	0.618048	0.619093	0.620136	0.621176	0.622214
4.2	0.623249	0.624282	0.625312	0.62634	0.627366	0.628389	0.62941	0.630428	0.631444	0.632457
4.3	0.633468	0.634477	0.635484	0.636488	0.63749	0.638489	0.639486	0.640481	0.641474	0.642465

상용로그표 (다음 쪽에 계속)

상용로그표 (앞 쪽에서 계속)

	0	1	2	3	4	5	6	7	8	9
4.4	0.643453	0.644439	0.645422	0.646404	0.647383	0.64836	0.649335	0.650308	0.651278	0.652246
4.5	0.653213	0.654177	0.655138	0.656098	0.657056	0.658011	0.658965	0.659916	0.660865	0.661813
4.6	0.662758	0.663701	0.664642	0.665581	0.666518	0.667453	0.668386	0.669317	0.670246	0.671173
4.7	0.672098	0.673021	0.673942	0.674861	0.675778	0.676694	0.677607	0.678518	0.679428	0.680336
4.8	0.681241	0.682145	0.683047	0.683947	0.684845	0.685742	0.686636	0.687529	0.68842	0.689309
4.9	0.690196	0.691081	0.691965	0.692847	0.693727	0.694605	0.695482	0.696356	0.697229	0.698101
5.	0.69897	0.699838	0.700704	0.701568	0.702431	0.703291	0.704151	0.705008	0.705864	0.706718
5.1	0.70757	0.708421	0.70927	0.710117	0.710963	0.711807	0.71265	0.713491	0.71433	0.715167
5.2	0.716003	0.716838	0.717671	0.718502	0.719331	0.720159	0.720986	0.721811	0.722634	0.723456
5.3	0.724276	0.725095	0.725912	0.726727	0.727541	0.728354	0.729165	0.729974	0.730782	0.731589
5.4	0.732394	0.733197	0.733999	0.7348	0.735599	0.736397	0.737193	0.737987	0.738781	0.739572
5.5	0.740363	0.741152	0.741939	0.742725	0.74351	0.744293	0.745075	0.745855	0.746634	0.747412
5.6	0.748188	0.748963	0.749736	0.750508	0.751279	0.752048	0.752816	0.753583	0.754348	0.755112
5.7	0.755875	0.756636	0.757396	0.758155	0.758912	0.759668	0.760422	0.761176	0.761928	0.762679
5.8	0.763428	0.764176	0.764923	0.765669	0.766413	0.767156	0.767898	0.768638	0.769377	0.770115
5.9	0.770852	0.771587	0.772322	0.773055	0.773786	0.774517	0.775246	0.775974	0.776701	0.777427
6.	0.778151	0.778874	0.779596	0.780317	0.781037	0.781755	0.782473	0.783189	0.783904	0.784617
6.1	0.78533	0.786041	0.786751	0.78746	0.788168	0.788875	0.789581	0.790285	0.790988	0.791691
6.2	0.792392	0.793092	0.79379	0.794488	0.795185	0.79588	0.796574	0.797268	0.79796	0.798651
6.3	0.799341	0.800029	0.800717	0.801404	0.802089	0.802774	0.803457	0.804139	0.804821	0.805501
6.4	0.80618	0.806858	0.807535	0.808211	0.808886	0.80956	0.810233	0.810904	0.811575	0.812245
6.5	0.812913	0.813581	0.814248	0.814913	0.815578	0.816241	0.816904	0.817565	0.818226	0.818885
6.6	0.819544	0.820201	0.820858	0.821514	0.822168	0.822822	0.823474	0.824126	0.824776	0.825426
6.7	0.826075	0.826723	0.827369	0.828015	0.82866	0.829304	0.829947	0.830589	0.83123	0.83187
6.8	0.832509	0.833147	0.833784	0.834421	0.835056	0.835691	0.836324	0.836957	0.837588	0.838219
6.9	0.838849	0.839478	0.840106	0.840733	0.841359	0.841985	0.842609	0.843233	0.843855	0.844477
7.	0.845098	0.845718	0.846337	0.846955	0.847573	0.848189	0.848805	0.849419	0.850033	0.850646
7.1	0.851258	0.85187	0.85248	0.85309	0.853698	0.854306	0.854913	0.855519	0.856124	0.856729
7.2	0.857332	0.857935	0.858537	0.859138	0.859739	0.860338	0.860937	0.861534	0.862131	0.862728
7.3	0.863323	0.863917	0.864511	0.865104	0.865696	0.866287	0.866878	0.867467	0.868056	0.868644
7.4	0.869232	0.869818	0.870404	0.870989	0.871573	0.872156	0.872739	0.873321	0.873902	0.874482
7.5	0.875061	0.87564	0.876218	0.876795	0.877371	0.877947	0.878522	0.879096	0.879669	0.880242
7.6	0.880814	0.881385	0.881955	0.882525	0.883093	0.883661	0.884229	0.884795	0.885361	0.885926
7.7	0.886491	0.887054	0.887617	0.888179	0.888741	0.889302	0.889862	0.890421	0.89098	0.891537
7.8	0.892095	0.892651	0.893207	0.893762	0.894316	0.89487	0.895423	0.895975	0.896526	0.897077
7.9	0.897627	0.898176	0.898725	0.899273	0.899821	0.900367	0.900913	0.901458	0.902003	0.902547
8.	0.90309	0.903633	0.904174	0.904716	0.905256	0.905796	0.906335	0.906874	0.907411	0.907949

상용로그표 (다음 쪽에 계속)

상용로그표 (앞 쪽에서 계속)

	0	1	2	3	4	5	6	7	8	9
8.1	0.908485	0.909021	0.909556	0.910091	0.910624	0.911158	0.91169	0.912222	0.912753	0.913284
8.2	0.913814	0.914343	0.914872	0.9154	0.915927	0.916454	0.91698	0.917506	0.91803	0.918555
8.3	0.919078	0.919601	0.920123	0.920645	0.921166	0.921686	0.922206	0.922725	0.923244	0.923762
8.4	0.924279	0.924796	0.925312	0.925828	0.926342	0.926857	0.92737	0.927883	0.928396	0.928908
8.5	0.929419	0.92993	0.93044	0.930949	0.931458	0.931966	0.932474	0.932981	0.933487	0.933993
8.6	0.934498	0.935003	0.935507	0.936011	0.936514	0.937016	0.937518	0.938019	0.93852	0.93902
8.7	0.939519	0.940018	0.940516	0.941014	0.941511	0.942008	0.942504	0.943	0.943495	0.943989
8.8	0.944483	0.944976	0.945469	0.945961	0.946452	0.946943	0.947434	0.947924	0.948413	0.948902
8.9	0.94939	0.949878	0.950365	0.950851	0.951338	0.951823	0.952308	0.952792	0.953276	0.95376
9.	0.954243	0.954725	0.955207	0.955688	0.956168	0.956649	0.957128	0.957607	0.958086	0.958564
9.1	0.959041	0.959518	0.959995	0.960471	0.960946	0.961421	0.961895	0.962369	0.962843	0.963316
9.2	0.963788	0.96426	0.964731	0.965202	0.965672	0.966142	0.966611	0.96708	0.967548	0.968016
9.3	0.968483	0.96895	0.969416	0.969882	0.970347	0.970812	0.971276	0.97174	0.972203	0.972666
9.4	0.973128	0.97359	0.974051	0.974512	0.974972	0.975432	0.975891	0.97635	0.976808	0.977266
9.5	0.977724	0.978181	0.978637	0.979093	0.979548	0.980003	0.980458	0.980912	0.981366	0.981819
9.6	0.982271	0.982723	0.983175	0.983626	0.984077	0.984527	0.984977	0.985426	0.985875	0.986324
9.7	0.986772	0.987219	0.987666	0.988113	0.988559	0.989005	0.98945	0.989895	0.990339	0.990783
9.8	0.991226	0.991669	0.992111	0.992554	0.992995	0.993436	0.993877	0.994317	0.994757	0.995196
9.9	0.995635	0.996074	0.996512	0.996949	0.997386	0.997823	0.998259	0.998695	0.999131	0.999565

상용로그표 (끝)

A5. 자연로그표

10보다 크거나 1보다 작은 수일 경우 ln 10 = 2.30259를 이용하여 아래와 같이 계산한다.

$\ln 123 = \ln(1.23 \times 10^2) = \ln 1.23 + 2 \ln 10$

	0	1	2	3	4	5	6	7	8	9
1.	0.	0.009951	0.019803	0.029559	0.039221	0.048790	0.058269	0.067659	0.076961	0.086178
1.1	0.0953102	0.10436	0.113329	0.122218	0.131028	0.139762	0.14842	0.157004	0.165514	0.173953
1.2	0.182322	0.19062	0.198851	0.207014	0.215111	0.223144	0.231112	0.239017	0.24686	0.254642
1.3	0.262364	0.270027	0.277632	0.285179	0.29267	0.300105	0.307485	0.314811	0.322083	0.329304
1.4	0.336472	0.34359	0.350657	0.357674	0.364643	0.371564	0.378436	0.385262	0.392042	0.398776
1.5	0.405465	0.41211	0.41871	0.425268	0.431782	0.438255	0.444686	0.451076	0.457425	0.463734
1.6	0.470004	0.476234	0.482426	0.48858	0.494696	0.500775	0.506818	0.512824	0.518794	0.524729
1.7	0.530628	0.536493	0.542324	0.548121	0.553885	0.559616	0.565314	0.57098	0.576613	0.582216
1.8	0.587787	0.593327	0.598837	0.604316	0.609766	0.615186	0.620576	0.625938	0.631272	0.636577
1.9	0.641854	0.647103	0.652325	0.65752	0.662688	0.667829	0.672944	0.678034	0.683097	0.688135
2.	0.693147	0.698135	0.703098	0.708036	0.71295	0.71784	0.722706	0.727549	0.732368	0.737164
2.1	0.741937	0.746688	0.751416	0.756122	0.760806	0.765468	0.770108	0.774727	0.779325	0.783902
2.2	0.788457	0.792993	0.797507	0.802002	0.806476	0.81093	0.815365	0.81978	0.824175	0.828552
2.3	0.832909	0.837248	0.841567	0.845868	0.850151	0.854415	0.858662	0.86289	0.8671	0.871293
2.4	0.875469	0.879627	0.883768	0.887891	0.891998	0.896088	0.900161	0.904218	0.908259	0.912283
2.5	0.916291	0.920283	0.924259	0.928219	0.932164	0.936093	0.940007	0.943906	0.947789	0.951658
2.6	0.955511	0.95935	0.963174	0.966984	0.970779	0.97456	0.978326	0.982078	0.985817	0.989541
2.7	0.993252	0.996949	1.00063	1.0043	1.00796	1.0116	1.01523	1.01885	1.02245	1.02604
2.8	1.02962	1.03318	1.03674	1.04028	1.0438	1.04732	1.05082	1.05431	1.05779	1.06126
2.9	1.06471	1.06815	1.07158	1.075	1.07841	1.08181	1.08519	1.08856	1.09192	1.09527
3.	1.09861	1.10194	1.10526	1.10856	1.11186	1.11514	1.11841	1.12168	1.12493	1.12817
3.1	1.1314	1.13462	1.13783	1.14103	1.14422	1.1474	1.15057	1.15373	1.15688	1.16002
3.2	1.16315	1.16627	1.16938	1.17248	1.17557	1.17865	1.18173	1.18479	1.18784	1.19089
3.3	1.19392	1.19695	1.19996	1.20297	1.20597	1.20896	1.21194	1.21491	1.21788	1.22083
3.4	1.22378	1.22671	1.22964	1.23256	1.23547	1.23837	1.24127	1.24415	1.24703	1.2499
3.5	1.25276	1.25562	1.25846	1.2613	1.26413	1.26695	1.26976	1.27257	1.27536	1.27815
3.6	1.28093	1.28371	1.28647	1.28923	1.29198	1.29473	1.29746	1.30019	1.30291	1.30563
3.7	1.30833	1.31103	1.31372	1.31641	1.31909	1.32176	1.32442	1.32708	1.32972	1.33237
3.8	1.335	1.33763	1.34025	1.34286	1.34547	1.34807	1.35067	1.35325	1.35584	1.35841
3.9	1.36098	1.36354	1.36609	1.36864	1.37118	1.37372	1.37624	1.37877	1.38128	1.38379
4.	1.38629	1.38879	1.39128	1.39377	1.39624	1.39872	1.40118	1.40364	1.4061	1.40854
4.1	1.41099	1.41342	1.41585	1.41828	1.4207	1.42311	1.42552	1.42792	1.43031	1.4327
4.2	1.43508	1.43746	1.43984	1.4422	1.44456	1.44692	1.44927	1.45161	1.45395	1.45629
4.3	1.45862	1.46094	1.46326	1.46557	1.46787	1.47018	1.47247	1.47476	1.47705	1.47933

자연로그표 (다음 쪽에 계속)

자연로그표 (앞 쪽에서 계속)

	0	1	2	3	4	5	6	7	8	9
4.4	1.4816	1.48387	1.48614	1.4884	1.49065	1.4929	1.49515	1.49739	1.49962	1.50185
4.5	1.50408	1.5063	1.50851	1.51072	1.51293	1.51513	1.51732	1.51951	1.5217	1.52388
4.6	1.52606	1.52823	1.53039	1.53256	1.53471	1.53687	1.53902	1.54116	1.5433	1.54543
4.7	1.54756	1.54969	1.55181	1.55393	1.55604	1.55814	1.56025	1.56235	1.56444	1.56653
4.8	1.56862	1.5707	1.57277	1.57485	1.57691	1.57898	1.58104	1.58309	1.58515	1.58719
4.9	1.58924	1.59127	1.59331	1.59534	1.59737	1.59939	1.60141	1.60342	1.60543	1.60744
5.	1.60944	1.61144	1.61343	1.61542	1.61741	1.61939	1.62137	1.62334	1.62531	1.62728
5.1	1.62924	1.6312	1.63315	1.63511	1.63705	1.639	1.64094	1.64287	1.64481	1.64673
5.2	1.64866	1.65058	1.6525	1.65441	1.65632	1.65823	1.66013	1.66203	1.66393	1.66582
5.3	1.66771	1.66959	1.67147	1.67335	1.67523	1.6771	1.67896	1.68083	1.68269	1.68455
5.4	1.6864	1.68825	1.6901	1.69194	1.69378	1.69562	1.69745	1.69928	1.70111	1.70293
5.5	1.70475	1.70656	1.70838	1.71019	1.71199	1.7138	1.7156	1.7174	1.71919	1.72098
5.6	1.72277	1.72455	1.72633	1.72811	1.72988	1.73166	1.73342	1.73519	1.73695	1.73871
5.7	1.74047	1.74222	1.74397	1.74572	1.74746	1.7492	1.75094	1.75267	1.7544	1.75613
5.8	1.75786	1.75958	1.7613	1.76302	1.76473	1.76644	1.76815	1.76985	1.77156	1.77326
5.9	1.77495	1.77665	1.77834	1.78002	1.78171	1.78339	1.78507	1.78675	1.78842	1.79009
6.	1.79176	1.79342	1.79509	1.79675	1.7984	1.80006	1.80171	1.80336	1.805	1.80665
6.1	1.80829	1.80993	1.81156	1.81319	1.81482	1.81645	1.81808	1.8197	1.82132	1.82294
6.2	1.82455	1.82616	1.82777	1.82938	1.83098	1.83258	1.83418	1.83578	1.83737	1.83896
6.3	1.84055	1.84214	1.84372	1.8453	1.84688	1.84845	1.85003	1.8516	1.85317	1.85473
6.4	1.8563	1.85786	1.85942	1.86097	1.86253	1.86408	1.86563	1.86718	1.86872	1.87026
6.5	1.8718	1.87334	1.87487	1.87641	1.87794	1.87947	1.88099	1.88251	1.88403	1.88555
6.6	1.88707	1.88858	1.8901	1.8916	1.89311	1.89462	1.89612	1.89762	1.89912	1.90061
6.7	1.90211	1.9036	1.90509	1.90658	1.90806	1.90954	1.91102	1.9125	1.91398	1.91545
6.8	1.91692	1.91839	1.91986	1.92132	1.92279	1.92425	1.92571	1.92716	1.92862	1.93007
6.9	1.93152	1.93297	1.93442	1.93586	1.9373	1.93874	1.94018	1.94162	1.94305	1.94448
7.	1.94591	1.94734	1.94876	1.95019	1.95161	1.95303	1.95445	1.95586	1.95727	1.95869
7.1	1.96009	1.9615	1.96291	1.96431	1.96571	1.96711	1.96851	1.96991	1.9713	1.97269
7.2	1.97408	1.97547	1.97685	1.97824	1.97962	1.981	1.98238	1.98376	1.98513	1.9865
7.3	1.98787	1.98924	1.99061	1.99198	1.99334	1.9947	1.99606	1.99742	1.99877	2.00013
7.4	2.00148	2.00283	2.00418	2.00553	2.00687	2.00821	2.00956	2.01089	2.01223	2.01357
7.5	2.0149	2.01624	2.01757	2.0189	2.02022	2.02155	2.02287	2.02419	2.02551	2.02683
7.6	2.02815	2.02946	2.03078	2.03209	2.0334	2.03471	2.03601	2.03732	2.03862	2.03992
7.7	2.04122	2.04252	2.04381	2.04511	2.0464	2.04769	2.04898	2.05027	2.05156	2.05284
7.8	2.05412	2.0554	2.05668	2.05796	2.05924	2.06051	2.06179	2.06306	2.06433	2.0656
7.9	2.06686	2.06813	2.06939	2.07065	2.07191	2.07317	2.07443	2.07568	2.07694	2.07819
8.	2.07944	2.08069	2.08194	2.08318	2.08443	2.08567	2.08691	2.08815	2.08939	2.09063

자연로그표 (다음 쪽에 계속)

자연로그표 (앞 쪽에서 계속)

	0	1	2	3	4	5	6	7	8	9
8.1	2.09186	2.0931	2.09433	2.09556	2.09679	2.09802	2.09924	2.10047	2.10169	2.10291
8.2	2.10413	2.10535	2.10657	2.10779	2.109	2.11021	2.11142	2.11263	2.11384	2.11505
8.3	2.11626	2.11746	2.11866	2.11986	2.12106	2.12226	2.12346	2.12465	2.12585	2.12704
8.4	2.12823	2.12942	2.13061	2.1318	2.13298	2.13417	2.13535	2.13653	2.13771	2.13889
8.5	2.14007	2.14124	2.14242	2.14359	2.14476	2.14593	2.1471	2.14827	2.14943	2.1506
8.6	2.15176	2.15292	2.15409	2.15524	2.1564	2.15756	2.15871	2.15987	2.16102	2.16217
8.7	2.16332	2.16447	2.16562	2.16677	2.16791	2.16905	2.1702	2.17134	2.17248	2.17361
8.8	2.17475	2.17589	2.17702	2.17816	2.17929	2.18042	2.18155	2.18267	2.1838	2.18493
8.9	2.18605	2.18717	2.1883	2.18942	2.19054	2.19165	2.19277	2.19389	2.195	2.19611
9.	2.19722	2.19834	2.19944	2.20055	2.20166	2.20276	2.20387	2.20497	2.20607	2.20717
9.1	2.20827	2.20937	2.21047	2.21157	2.21266	2.21375	2.21485	2.21594	2.21703	2.21812
9.2	2.2192	2.22029	2.22138	2.22246	2.22354	2.22462	2.2257	2.22678	2.22786	2.22894
9.3	2.23001	2.23109	2.23216	2.23324	2.23431	2.23538	2.23645	2.23751	2.23858	2.23965
9.4	2.24071	2.24177	2.24284	2.2439	2.24496	2.24601	2.24707	2.24813	2.24918	2.25024
9.5	2.25129	2.25234	2.25339	2.25444	2.25549	2.25654	2.25759	2.25863	2.25968	2.26072
9.6	2.26176	2.2628	2.26384	2.26488	2.26592	2.26696	2.26799	2.26903	2.27006	2.27109
9.7	2.27213	2.27316	2.27419	2.27521	2.27624	2.27727	2.27829	2.27932	2.28034	2.28136
9.8	2.28238	2.2834	2.28442	2.28544	2.28646	2.28747	2.28849	2.2895	2.29051	2.29152
9.9	2.29253	2.29354	2.29455	2.29556	2.29657	2.29757	2.29858	2.29958	2.30058	2.30158

자연로그표 (끝)

A6. 지수함수와 쌍곡선함수표

x	e^x	e^{-x}	$\sinh x$	$\cosh x$	$\tanh x$
0	1	1	0	1	0
0.1	1.10517	0.904837	0.100167	1.005	0.099668
0.2	1.2214	0.818731	0.201336	1.02007	0.197375
0.3	1.34986	0.740818	0.30452	1.04534	0.291313
0.4	1.49182	0.67032	0.410752	1.08107	0.379949
0.5	1.64872	0.606531	0.521095	1.12763	0.462117
0.6	1.82212	0.548812	0.636654	1.18547	0.53705
0.7	2.01375	0.496585	0.758584	1.25517	0.604368
0.8	2.22554	0.449329	0.888106	1.33743	0.664037
0.9	2.4596	0.40657	1.02652	1.43309	0.716298
1.	2.71828	0.367879	1.1752	1.54308	0.761594
1.1	3.00417	0.332871	1.33565	1.66852	0.800499
1.2	3.32012	0.301194	1.50946	1.81066	0.833655
1.3	3.6693	0.272532	1.69838	1.97091	0.861723
1.4	4.0552	0.246597	1.9043	2.1509	0.885352
1.5	4.48169	0.22313	2.12928	2.35241	0.905148
1.6	4.95303	0.201897	2.37557	2.57746	0.921669
1.7	5.47395	0.182684	2.64563	2.82832	0.935409
1.8	6.04965	0.165299	2.94217	3.10747	0.946806
1.9	6.68589	0.149569	3.26816	3.41773	0.956237
2.	7.38906	0.135335	3.62686	3.7622	0.964028
2.1	8.16617	0.122456	4.02186	4.14431	0.970452
2.2	9.02501	0.110803	4.45711	4.56791	0.975743
2.3	9.97418	0.100259	4.93696	5.03722	0.980096
2.4	11.0232	0.090718	5.46623	5.55695	0.983675
2.5	12.1825	0.082085	6.0502	6.13229	0.986614
2.6	13.4637	0.0742736	6.69473	6.76901	0.989027
2.7	14.8797	0.0672055	7.40626	7.47347	0.991007
2.8	16.4446	0.0608101	8.19192	8.25273	0.992632
2.9	18.1741	0.0550232	9.05956	9.11458	0.993963
3.	20.0855	0.0497871	10.0179	10.0677	0.995055
3.1	22.198	0.0450492	11.0765	11.1215	0.995949
3.2	24.5325	0.0407622	12.2459	12.2866	0.996682
3.3	27.1126	0.0368832	13.5379	13.5748	0.997283

지수함수와 쌍곡선함수표 (다음 쪽에 계속)

지수함수와 쌍곡선함수표 (앞 쪽에서 계속)

x	e^x	e^{-x}	sinh x	cosh x	tanh x
3.4	29.9641	0.0333733	14.9654	14.9987	0.997775
3.5	33.1155	0.0301974	16.5426	16.5728	0.998178
3.6	36.5982	0.0273237	18.2855	18.3128	0.998508
3.7	40.4473	0.0247235	20.2113	20.236	0.998778
3.8	44.7012	0.0223708	22.3394	22.3618	0.999
3.9	49.4024	0.0202419	24.6911	24.7113	0.999181
4.	54.5982	0.0183156	27.2899	27.3082	0.999329
4.1	60.3403	0.0165727	30.1619	30.1784	0.999451
4.2	66.6863	0.0149956	33.3357	33.3507	0.99955
4.3	73.6998	0.0135686	36.8431	36.8567	0.999632
4.4	81.4509	0.0122773	40.7193	40.7316	0.999699
4.5	90.0171	0.011109	45.003	45.0141	0.999753
4.6	99.4843	0.0100518	49.7371	49.7472	0.999798
4.7	109.947	0.00909528	54.969	54.9781	0.999835
4.8	121.51	0.00822975	60.7511	60.7593	0.999865
4.9	134.29	0.00744658	67.1412	67.1486	0.999889
5.	148.413	0.00673795	74.2032	74.2099	0.999909

지수함수와 쌍곡선함수표 (끝)

A7. 수학공식

• 기하관련 공식

다음 공식에서 $r\,(r_i)$은 반경, h는 높이, l은 빗 높이, $b\,(b_i)$는 밑변, $B\,(B_i)$는 밑면의 넓이, θ는 호도(라디안)법으로 잰 중심각을 의미한다.

1. 삼각형의 면적 $= \frac{1}{2}bh$

2. 직사각형의 면적 $= bh$, 대각선 $= \sqrt{b^2 + h^2}$

3. 사다리꼴의 면적 $= \frac{1}{2}(b_1 + b_2)h$

4. 원호의 길이 $= r\theta$, 원주의 길이 $= 2\pi r$, 원의 넓이 $=\pi r^2$

5. 부채꼴의 넓이 $= \frac{1}{2}r^2\theta$

6. 활꼴의 넓이 $= \frac{1}{2}r^2(\theta - \sin\theta)$

7. 직육면체의 세 모시리의 길이가 각각 a, b, c인 경우에

직육면체의 부피 $= abc$, 대각선의 길이 $= \sqrt{a^2 + b^2 + c^2}$

8. 각기둥의의 부피 $= Bh$

9. 각뿔의 부피 $= \frac{1}{3}Bh$

10. 직원기둥의 측면적 $= 2\pi rh$, 직원기둥의 부피 $= \pi r^2 h$

11. 직원뿔의 측면적 $= \pi rl$, 직원뿔의 부피 $= \frac{1}{3}\pi r^2 h$

12. 구의 표면적 $= 4\pi r^2$, 구의 부피 $= \frac{4}{3}\pi r^3$

13. 구대의 부피 $= \frac{1}{3}\pi h^2(3r - h)$

14. 각뿔대의 부피 $= \frac{1}{3}h(B_1 + B_2 + \sqrt{B_1 B_2})$

15. 직원뿔대의 측면적 $= \pi l(r_1 + r_2)$, 부피 $= \frac{1}{3}({r_1}^2 + {r_2}^2 + r_1 r_2)$

16. 다면대의 부피 $= \frac{1}{6}h(B_1 + 4B_m + B_2)$

• 대수관련 공식

1. 이차방정식의 근의 공식: $ax^2 + bx + c = 0\ (a \neq 0)$ 이면

$$x = \frac{-b \pm \sqrt{b^2 - 4ac}}{2a}$$

2. log 함수의 성질

(a) $\log_a(MN) = \log_a M + \log_a N$

(b) $\log_a(M/N) = \log_a M - \log_a N$

(c) $\log_a M^n = n \log_a M$

(d) $\log_a \sqrt[n]{M} = (1/n) \log_a M$

(e) $\log_a a = 1$

(f) $\log_a 1 = 0$

3. 계승: $n! = 1 \cdot 2 \cdot 3 \cdots (n-1) \cdot n, \qquad 0! = 1$

4. 이항전개

$$(a+b)^n = a^n + {}_nC_1 a^{n-1} b + \cdots + {}_nC_r a^{n-r} b^r + \cdots + b^n$$

여기서

$${}_nC_1 = n, \qquad {}_nC_2 = \frac{n(n-1)}{1 \cdot 2}, \qquad {}_nC_r = \frac{n!}{r!(n-r)!}$$

5. 등차수열: a를 초항, l을 말항, d를 공차, n을 항수, S를 수열의 합이라고 하면,

$$l = a + (n-1)d, \qquad S = \frac{1}{2}n(a+l), \qquad S = \frac{1}{2}n[2a + (n-1)d]$$

6. 등비수열: a를 초항, l를 말항, r을 공비, n을 항수, S을 수열의 합이라고 하면,

$$l = ar^{n-1}, \qquad S = a\left(\frac{1-r^n}{1-r}\right), \qquad S = \frac{a - rl}{1-r}$$

7. 등비급수: 주어진 급수에 대응하는 등비수열에서 a를 초항, $r\,(|r| < 1)$을 공비, S을 급수의 합이라고 하면,

$$S = \frac{a}{1-r}$$

• 삼각함수관련 공식

1. 60분법과 호도법

360° = 2π 라디안 = 반시계 방향으로의 원의 1회전

$$1 \text{ 라디안} = \frac{180^\circ}{\pi} \approx 57.2957^\circ$$

$$1^\circ = \frac{\pi}{180} \text{ 라디안} \approx 0.0174532 \text{ 라디안}$$

2. 특수각의 삼각함숫값

도수	sin	cos	tan	cot	sec	csc	라디안
0°	0	1	0	∞	1	∞	0
30°	$\frac{1}{2}$	$\frac{1}{2}\sqrt{3}$	$\frac{1}{3}\sqrt{3}$	$\sqrt{3}$	$\frac{2}{3}\sqrt{3}$	2	$\frac{\pi}{6}$
45°	$\frac{1}{2}\sqrt{2}$	$\frac{1}{2}\sqrt{2}$	1	1	$\sqrt{2}$	$\sqrt{2}$	$\frac{\pi}{4}$
60°	$\frac{1}{2}\sqrt{3}$	$\frac{1}{2}$	$\sqrt{3}$	$\frac{1}{3}\sqrt{3}$	2	$\frac{2}{3}\sqrt{3}$	$\frac{\pi}{3}$
90°	1	0	∞	0	∞	1	$\frac{\pi}{2}$
180°	0	-1	0	∞	-1	∞	π
270°	-1	0	∞	0	∞	-1	$\frac{3\pi}{2}$
360°	0	1	0	∞	1	∞	2π

3. 기본항등식

$$\csc x = \frac{1}{\sin x}, \qquad \sec x = \frac{1}{\cos x}, \qquad \cot x = \frac{1}{\tan x},$$

$$\tan x = \frac{\sin x}{\cos x}, \qquad \cot x = \frac{\cos x}{\sin x},$$

$$\sin^2 x + \cos^2 x = 1, \qquad 1 + \tan^2 x = \sec^2 x, \qquad 1 + \cot^2 x = \csc^2 x.$$

4. 삼각함수의 변환관계

각	sin	cos	tan	cot	sec	csc
$-x$	$-\sin x$	$\cos x$	$-\tan x$	$-\cot x$	$\sec x$	$-\csc x$
$90° - x$	$\cos x$	$\sin x$	$\cot x$	$\tan x$	$\csc x$	$\sec x$
$90° + x$	$\cos x$	$-\sin x$	$-\cot x$	$-\tan x$	$-\csc x$	$\sec x$
$180° - x$	$\sin x$	$-\cos x$	$-\tan x$	$-\cot x$	$-\sec x$	$\csc x$
$180° + x$	$-\sin x$	$-\cos x$	$\tan x$	$\cot x$	$-\sec x$	$-\csc x$
$270° - x$	$-\cos x$	$-\sin x$	$\cot x$	$\tan x$	$-\csc x$	$-\sec x$
$270° + x$	$-\cos x$	$\sin x$	$-\cot x$	$-\tan x$	$\csc x$	$-\sec x$
$360° - x$	$-\sin x$	$\cos x$	$-\tan x$	$-\cot x$	$\sec x$	$-\csc x$

5. 두 각의 합과 차에 관한 공식

$$\sin(x \pm y) = \sin x \cos y \pm \cos x \sin y$$

$$\cos(x \pm y) = \cos x \cos y \mp \sin x \sin y$$

$$\tan(x \pm y) = \frac{\tan x \pm \tan y}{1 \mp \tan x \tan y}$$

6. 배각의 공식

$$\sin 2x = 2 \sin x \cos x$$

$$\cos 2x = \cos^2 x - \sin^2 x$$

$$\tan 2x = \frac{2 \tan x}{1 - \tan^2 x}$$

7. 반각의 공식

$$\sin \frac{x}{2} = \pm\sqrt{\frac{1 - \cos x}{2}}$$

$$\cos \frac{x}{2} = \pm\sqrt{\frac{1 + \cos x}{2}}$$

$$\tan \frac{x}{2} = \pm\sqrt{\frac{1 - \cos x}{1 + \cos x}} = \frac{1 - \cos x}{\sin x} = \frac{\sin x}{1 + \cos x}$$

8. 합의 공식

$$\sin x + \sin y = 2 \sin \frac{x + y}{2} \cos \frac{x - y}{2}$$

$$\sin x - \sin y = 2\cos\frac{x+y}{2}\sin\frac{x-y}{2}$$
$$\cos x + \cos y = 2\cos\frac{x+y}{2}\cos\frac{x-y}{2}$$
$$\cos x - \cos y = -2\sin\frac{x+y}{2}\sin\frac{x-y}{2}$$

9. 곱의 공식

$$\sin x\cos y = \frac{1}{2}[\sin(x+y) + \sin(x-y)]$$
$$\cos x\cos y = \frac{1}{2}[\cos(x+y) + \cos(x-y)]$$
$$\sin x\sin y = -\frac{1}{2}[\cos(x+y) - \cos(x-y)]$$

10. 역삼각함수의 공식

(a) $a > 0$일 때,

$$\sin^{-1}(-a) = -\sin^{-1}a \qquad \cos^{-1}(-a) = \pi - \cos^{-1}a$$
$$\tan^{-1}(-a) = -\tan^{-1}a \qquad \cot^{-1}(-a) = \pi - \tan^{-1}\tfrac{1}{a}$$
$$\sec^{-1}(-a) = \cos^{-1}\tfrac{1}{a} - \pi \qquad \csc^{-1}(-a) = \sin^{-1}\tfrac{1}{a} - \pi$$
$$\sin^{-1}a = \cos^{-1}\sqrt{1-a^2} \qquad \cos^{-1}a = \sin^{-1}\sqrt{1-a^2}$$

(b) $a > 0, b > 0$일 때,

$$\sin^{-1}a - \sin^{-1}b = \sin^{-1}(a\sqrt{1-b^2} - b\sqrt{1-a^2})$$
$$\tan^{-1}a - \tan^{-1}b = \tan^{-1}\left(\frac{a-b}{1+ab}\right)$$

(c) $$\cos^{-1}a + \cos^{-1}b = \begin{cases} \cos^{-1}[ab - \sqrt{(1-a^2)(a-b^2)}], & (a^2+b^2 > 0 \text{ 일 때}) \\ \dfrac{\pi}{2}, & (a^2+b^2 = 0 \text{ 일 때}) \\ \pi - \cos^{-1}[\sqrt{(1-a^2)(a-b^2)} - ab], & (a^2+b^2 < 0 \text{ 일 때}) \end{cases}$$

$$\tan^{-1}a + \tan^{-1}b = \begin{cases} \tan^{-1}\left(\dfrac{a+b}{1-ab}\right), & (ab < 1 \text{ 일 때}) \\ \dfrac{\pi}{2}, & (ab = 1 \text{ 일 때}) \\ \pi - \tan^{-1}\left(\dfrac{a+b}{ab-1}\right), & (ab > 1 \text{ 일 때}) \end{cases}$$

11. 임의의 삼각형에 관한 공식

각 변의 길이가 a, b, c, 그 대각이 A, B, C, $s = (a + b + c)/2$, 외접원의 반경이 R, 내접원의 반경이 r, 삼각형의 면적이 S인 경우에

(a) 사인법칙: $\dfrac{a}{\sin A} = \dfrac{b}{\sin B} = \dfrac{c}{\sin C} = 2R$

(b) 코사인법칙: $a^2 = b^2 + c^2 - 2bc\cos A$

(c) $r = \sqrt{\dfrac{(s-a)(s-b)(s-c)}{s}}$

(d) $S = \dfrac{1}{2}ab\sin C = \dfrac{a^2 \sin B \sin C}{2\sin(B+C)} = \sqrt{s(s-a)(s-b)(s-c)}$

• 평면해석기하관련 공식

1. 평면 위의 직선의 방정식 구하기

(a) 한 점 (x_1, y_1)과 기울기 m을 알고 있을 때(점–기울기형):

$y - y_1 = m(x - x_1)$

(b) 기울기 m과 y축 절편 k를 알고 있을 때(기울기–절편형):

$y = mx + k$

(c) 두 점 (x_1, y_1)와 (x_2, y_2)을 알고 있을 때(두 점형):

$y - y_1 = \dfrac{y_2 - y_1}{x_2 - x_1}(x - x_1)$

(d) x축 절편 a와 y축 절편 b를 알고 있을 때(절편형):

$\dfrac{x}{a} + \dfrac{y}{b} = 1$

(e) x축과 평행이고 y축 절편이 b을 알고 있을 때(수평선):

$y = b$

(f) y축과 평행이고 x축 절편이 a을 알고 있을 때(수직선):

$x = a$

2. 기울기가 m_1, m_2인 두 직선에 대하여

(a) 두 직선의 끼인각 θ에 대하여: $\tan\theta = \dfrac{m_1 - m_2}{1 + m_1 m_2}$

(b) 두 직선이 평행인 경우에 대하여: $m_1 = m_2$

(c) 두 직선이 수직인 경우에 대하여: $m_1 m_2 = -1$

3. 두 점 $P_1(x_1, y_1)$과 $P_2(x_2, y_2)$에 관하여

(a) 두 점 P_1, P_2 사이의 거리 d: $d = \sqrt{(x_1 - x_2)^2 + (y_1 - y_2)^2}$

(b) 두 점 P_1, P_2을 지나는 직선의 기울기 m: $m = \dfrac{y_1 - y_2}{x_1 - x_2}$

(c) 두 점 P_1, P_2의 중점의 좌표 (x, y): $x = \dfrac{1}{2}(x_1 + x_2)$, $y = \dfrac{1}{2}(y_1 + y_2)$

4. 점 (x_1, y_1)에서 직선 $ax + by + c = 0$에 이르는 거리 d:

$$d = \frac{|ax_1 + by_1 + c|}{\sqrt{a^2 + b^2}}$$

5. 중심이 (a, b)이고 반경이 r인 원의 방정식:

$$(x - a)^2 + (y - b)^2 = r^2$$

6. 포물선의 방정식:

(a) 점 $(p, 0)$를 초점, $x = -p$를 준선으로 하는 포물선의 방정식:

$y^2 = 4px$ (단, $p \neq 0$)

초짐: $(p, 0)$ 군신의 방징식: $x = -p$, 꼭짓점: $(0, 0)$

(b) 점 $(0, p)$를 초점, $y = -p$를 준선으로 하는 포물선의 방정식:

$x^2 = 4py$ (단, $p \neq 0$)

초점: $(0, p)$ 준선의 방정식: $y = -p$, 꼭짓점: $(0, 0)$

7. 타원의 방정식:

(a) 두 정점 $F(k, 0)$, $F'(-k, 0)$에서의 거리의 합이 $2a$ $(a > k > 0)$인 타원의 방정식:

$\dfrac{x^2}{a^2} + \dfrac{y^2}{b^2} = 1$ (단, $a > b > 0, k^2 = a^2 - b^2$)

초점: $F(k, 0)$, $F'(-k, 0)$ 장축의 길이: $2a$ 단축의 길이: $2b$

(b) 두 정점 $F(0, k)$, $F'(0, -k)$에서의 거리의 합이 $2b$ $(b > k > 0)$인 타원의 방정식:

$\dfrac{x^2}{a^2} + \dfrac{y^2}{b^2} = 1$ (단, $b > a > 0, k^2 = b^2 - a^2$)

초점: $F(0, k)$, $F'(0, -k)$ 장축의 길이: $2b$ 단축의 길이: $2a$

8. 쌍곡선의 방정식:

(a) 두 정점 $F(k, 0)$, $F'(-k, 0)$에서의 거리의 차가 $2a$ $(k > a > 0)$인 쌍곡선의 방정식:

$$\frac{x^2}{a^2} - \frac{y^2}{b^2} = 1 \text{ (단, } k^2 = a^2 + b^2)$$

초점: $F(k, 0)$, $F'(-k, 0)$ 주축의 길이: $2a$

(b) 두 정점 $F(0, k)$, $F'(0, -k)$에서의 거리의 차가 $2b$ $(k > b > 0)$인 쌍곡선의 방정식:

$$\frac{x^2}{a^2} - \frac{y^2}{b^2} = -1 \text{ (단, } k^2 = a^2 + b^2)$$

초점: $F(0, k)$, $F'(0, -k)$ 주축의 길이: $2b$

9. 직교좌표 (x, y)와 극좌표 (r, θ) 사이의 관계:

$$x = r\cos\theta, \quad y = r\sin\theta, \quad x^2 + y^2 = r^2, \quad \tan\theta = \frac{y}{x}$$

• 입체해석기하관련 공식

1. 점 (x_1, y_1, z_1)을 지나고, 방향벡터가 (l, m, n)인 공간에서의 직선의 방정식:

$$\frac{x - x_1}{l} = \frac{y - y_1}{m} = \frac{z - z_1}{n} \quad \text{(단, 분모가 0이면 분자도 0)}$$

2. 두 점 (x_1, y_1, z_1), (x_2, y_2, z_2)을 지나는 공간에서의 직선의 방정식:

$$\frac{x - x_1}{x_2 - x_1} = \frac{y - y_1}{y_2 - y_1} = \frac{z - z_1}{z_2 - z_1} \quad \text{(단, 분모가 0이면 분자도 0)}$$

3. 두 점 $P_1(x_1, y_1, z_1)$, $P_2(x_2, y_2, z_2)$에 대하여

(a) 두 점 P_1, P_2의 중점의 좌표 (x, y, z):

$$x = \tfrac{1}{2}(x_1 + x_2), \quad y = \tfrac{1}{2}(y_1 + y_2), \quad z = \tfrac{1}{2}(z_1 + z_2)$$

(b) 두 점 P_1, P_2 사이의 거리 d:

$$d = \sqrt{(x_2 - x_1)^2 + (y_1 - y_1)^2 + (z_1 - z_1)^2}$$

(c) 두 점 P_1, P_2를 지나는 직선의 방향벡터 (l, m, n):

$$l = x_2 - x_1, \quad m = y_2 - y_1, \quad n = z_2 - z_1$$

4. 공간의 직선 g_1, g_2의 방향벡터가 각각 (l_1, m_1, n_1), (l_2, m_2, n_2)일 때:

(a) 두 직선사이의 각 θ에 대하여:

$$\cos\theta = \frac{l_1 l_2 + m_1 m_2 + n_1 n_2}{\sqrt{l_1^2 + m_1^2 + n_1^2}\sqrt{l_2^2 + m_2^2 + n_2^2}}$$

(b) 두 직선이 평행일 조건: $\frac{l_1}{l_2} = \frac{m_1}{m_2} = \frac{n_1}{n_2}$

(c) 두 직선이 수직일 조건: $l_1 l_2 + m_1 m_2 + n_1 n_2 = 0$

5. 점 (x_1, y_1, z_1)을 지나고, 벡터 (a, b, c)에 수직인 평면의 방정식:

$$a(x - x_1) + b(y - y_1) + c(z - z_1) = 0$$

6. 두 평면 $\pi_1 : a_1 x + b_1 y + c_1 z + d_1 = 0, \pi_2 : a_2 x + b_2 y + c_2 z + d_2 = 0$에 대하여:

(a) 두 평면이 평행할 조건: $\frac{a_1}{a_2} = \frac{b_1}{b_2} = \frac{c_1}{c_2}$

(b) 두 평면이 일치할 조건: $\frac{a_1}{a_2} = \frac{b_1}{b_2} = \frac{c_1}{c_2} = \frac{d_1}{d_2}$

(c) 두 평면이 수직일 조건: $a_1 a_2 + b_1 b_2 + c_1 c_2 = 0$

7. 점 (x_1, y_1, z_1)과 평면 $ax + by + cz + d = 0$과의 거리 h:

$$h = \frac{|ax_1 + by_1 + cz_1 + d|}{\sqrt{a^2 + b^2 + c^2}}$$

8. 직교좌표 (x, y, z)와 원주좌표 (r, θ, z)와의 관계:

$$x = r\cos\theta, \qquad y = r\sin\theta, \qquad z = z;$$

$$r^2 = x^2 + y^2, \qquad \tan\theta = y/x, \qquad z = z.$$

9. 직교좌표 (x, y, z)와 구면좌표 (ρ, ϕ, θ)와의 관계:

$$x = \rho\sin\phi\cos\theta, \qquad y = \rho\sin\phi\sin\theta, \qquad z = \rho\cos\phi;$$

$$\rho^2 = x^2 + y^2 + z^2, \qquad \tan\theta = y/x, \qquad \tan\phi = \sqrt{x^2 + y^2}/z.$$

A8. 미분공식

• 일반 미분공식

1. $\frac{d}{dx}c = 0$ (c 는 상수)

2. $\frac{d}{dx}(cf(x)) = cf'(x)$ (c 는 상수)

3. $\frac{d}{dx}(f(x) + g(x)) = f'(x) + g'(x)$

4. $\frac{d}{dx}(f(x) - g(x)) = f'(x) - g'(x)$

5. $\frac{d}{dx}(f(x)g(x)) = f'(x)g(x) + f(x)g'(x)$ (Product Rule)

6. $\frac{d}{dx}\left(\frac{f(x)}{g(x)}\right) = \frac{f'(x)g(x) - f(x)g'(x)}{(g(x))^2}$ (Quotient Rule)

7. $\frac{d}{dx}f(g(x)) = f'(g(x))g'(x)$ (Chain Rule)

8. $\frac{d}{dx}x^n = nx^{n-1}$ (Power Rule)

• 지수함수 · 로그함수의 미분공식

9. $\frac{d}{dx}a^x = a^x \ln a$

10. $\frac{d}{dx}e^x = e^x$

11. $\log_a x = \frac{1}{x \ln a}$

12. $\ln x = \frac{1}{x}$

• 삼각함수의 미분공식

13. $\dfrac{d}{dx}\sin x = \cos x$

14. $\dfrac{d}{dx}\cos x = -\sin x$

15. $\dfrac{d}{dx}\tan x = \sec^2 x$

16. $\dfrac{d}{dx}\cot x = -\csc^2 x$

17. $\dfrac{d}{dx}\csc x = -\csc x \cot x$

18. $\dfrac{d}{dx}\sec x = \sec x \tan x$

• 역삼각함수의 미분공식

19. $\dfrac{d}{dx}\sin^{-1} x = \dfrac{1}{\sqrt{1-x^2}}$

20. $\dfrac{d}{dx}\cos^{-1} x = -\dfrac{1}{\sqrt{1-x^2}}$

21. $\dfrac{d}{dx}\tan^{-1} x = \dfrac{1}{1+x^2}$

22. $\dfrac{d}{dx}\cot^{-1} x = -\dfrac{1}{1+x^2}$

23. $\dfrac{d}{dx}\csc^{-1} x = -\dfrac{1}{x\sqrt{x^2-1}}$

24. $\dfrac{d}{dx}\sec^{-1} x = \dfrac{1}{x\sqrt{x^2-1}}$

• 쌍곡선함수의 미분공식

25. $\dfrac{d}{dx}\sinh x = \cosh x$

26. $\dfrac{d}{dx}\cosh x = \sinh x$

27. $\dfrac{d}{dx}\tanh x = \operatorname{sech}^2 x$

28. $\dfrac{d}{dx}\coth x = -\operatorname{csch}^2 x$

29. $\dfrac{d}{dx}\operatorname{csch} x = -\operatorname{csch} x \coth x$

30. $\dfrac{d}{dx}\operatorname{sech} x = -\operatorname{sech} x \tanh x$

• 역쌍곡선함수의 미분공식

31. $\dfrac{d}{dx}\sinh^{-1} x = \dfrac{1}{\sqrt{1+x^2}}$

32. $\dfrac{d}{dx}\cosh^{-1} x = \dfrac{1}{\sqrt{x^2-1}}$

33. $\dfrac{d}{dx}\tanh^{-1} x = \dfrac{1}{1-x^2}$

34. $\dfrac{d}{dx}\coth^{-1} x = \dfrac{1}{1-x^2}$

35. $\dfrac{d}{dx}\operatorname{csch}^{-1} x = -\dfrac{1}{|x|\sqrt{x^2+1}}$

36. $\dfrac{d}{dx}\operatorname{sech}^{-1} x = -\dfrac{1}{x\sqrt{1-x^2}}$

A9. 적분공식

• 일반 적분공식

1. $\int u\,dv = uv - \int v\,du$

2. $\int u^n\,du = \frac{1}{n+1}u^{n+1} + c \qquad (n \neq -1)$

3. $\int \frac{1}{u}\,du = \ln|u| + c$

4. $\int e^u\,du = e^u + c$

5. $\int a^u\,du = \frac{a^u}{\ln a} + c$

6. $\int \sin u\,du = -\cos u + c$

7. $\int \cos u\,du = \sin u + c$

8. $\int \sec^2 u\,du = \tan u + c$

9. $\int \csc^2 u\,du = -\cot u + c$

10. $\int \sec u \tan u\,du = \sec u + c$

11. $\int \csc u \cot u\,du = -\csc u + c$

12. $\int \tan u\,du = \ln|\sec u| + c$

13. $\int \cot u\,du = \ln|\sin u| + c$

14. $\int \sec u\, du = \ln|\sec u + \tan u| + c$

15. $\int \csc u\, du = \ln|\csc u - \cot u| + c$

16. $\int \frac{1}{\sqrt{a^2 - u^2}}\, du = \sin^{-1}\frac{u}{a} + c$

17. $\int \frac{1}{a^2 + u^2}\, du = \frac{1}{a}\tan^{-1}\frac{u}{a} + c$

18. $\int \frac{1}{u\sqrt{u^2 - a^2}}\, du = \frac{1}{a}\sec^{-1}\frac{u}{a} + c$

19. $\int \frac{1}{a^2 - u^2}\, du = \frac{1}{2a}\ln\left|\frac{u+a}{u-a}\right| + c$

20. $\int \frac{1}{u^2 - a^2}\, du = \frac{1}{2a}\ln\left|\frac{u-a}{u+a}\right| + c$

21. $\int (u^2 \pm a^2)^{\frac{3}{2}}\, du = \frac{1}{4}u(u^2 \pm a^2)^{\frac{3}{2}} \pm \frac{3}{8}a^2u\sqrt{u^2 \pm a^2} + \frac{3}{8}a^4\ln\left|u + \sqrt{u^2 + a^2}\right| + c$

- $\sqrt{a^2 + u^2}$, $(a > 0)$ 을 포함한 형태의 적분공식

22. $\int \sqrt{a^2 + u^2}\, du = \frac{u}{2}\sqrt{a^2 + u^2} + \frac{a^2}{2}\ln\left|u + \sqrt{a^2 + u^2}\right| + c$

23. $\int u^2\sqrt{a^2 + u^2}\, du = \frac{u}{8}(a^2 + 2u^2)\sqrt{a^2 + u^2} - \frac{a^4}{8}\ln\left|u + \sqrt{a^2 + u^2}\right| + c$

24. $\int \frac{\sqrt{a^2 + u^2}}{u}\, du = \sqrt{a^2 + u^2} - a\ln\left|\frac{a + \sqrt{a^2 + u^2}}{u}\right| + c$

25. $\int \frac{\sqrt{a^2 + u^2}}{u^2}\, du = -\frac{\sqrt{a^2 + u^2}}{u} + \ln\left|u + \sqrt{a^2 + u^2}\right| + c$

26. $\int \frac{1}{\sqrt{a^2 + u^2}}\, du = \ln\left|u + \sqrt{a^2 + u^2}\right| + c$

27. $\displaystyle\int \frac{u^2}{\sqrt{a^2+u^2}}\,du = \frac{u}{2}\sqrt{a^2+u^2} - \frac{a^2}{2}\ln\left|u+\sqrt{a^2+u^2}\right| + c$

28. $\displaystyle\int \frac{1}{u\sqrt{a^2+u^2}}\,du = -\frac{1}{a}\ln\left|\frac{\sqrt{a^2+u^2}+a}{u}\right| + c$

29. $\displaystyle\int \frac{1}{u^2\sqrt{a^2+u^2}}\,du = -\frac{\sqrt{a^2+u^2}}{a^2u} + c$

30. $\displaystyle\int \frac{1}{(a^2+u^2)^{\frac{3}{2}}}\,du = \frac{u}{a^2\sqrt{a^2+u^2}} + c$

• $\sqrt{a^2-u^2}$, $(a>0)$을 포함한 형태의 적분공식

31. $\displaystyle\int \sqrt{a^2-u^2}\,du = \frac{u}{2}\sqrt{a^2-u^2} + \frac{a^2}{2}\sin^{-1}\frac{u}{a} + c$

32. $\displaystyle\int u^2\sqrt{a^2-u^2}\,du = \frac{u}{8}\left(2u^2-a^2\right)\sqrt{a^2-u^2} + \frac{a^4}{8}\sin^{-1}\frac{u}{a} + c$

33. $\displaystyle\int \frac{\sqrt{a^2-u^2}}{u}\,du - \sqrt{u^2-u^2} - a\ln\left|\frac{a+\sqrt{a^2-u^2}}{u}\right| + c$

34. $\displaystyle\int \frac{\sqrt{a^2-u^2}}{u^2}\,du = -\frac{1}{u}\sqrt{a^2-u^2} - \sin^{-1}\frac{u}{a} + c$

35. $\displaystyle\int \frac{u^2}{\sqrt{a^2-u^2}}\,du = -\frac{u}{2}\sqrt{a^2-u^2} + \frac{a^2}{2}\sin^{-1}\frac{u}{a} + c$

36. $\displaystyle\int \frac{1}{u\sqrt{a^2-u^2}}\,du = -\frac{1}{a}\ln\left|\frac{a+\sqrt{a^2-u^2}}{u}\right| + c$

37. $\displaystyle\int \frac{1}{u^2\sqrt{a^2-u^2}}\,du = -\frac{1}{a^2u}\sqrt{a^2-u^2} + c$

38. $\displaystyle\int (a^2-u^2)^{\frac{3}{2}}\,du = -\frac{u}{8}(2u^2-5a^2)\sqrt{a^2-u^2} + \frac{3a^4}{8}\sin^{-1}\frac{u}{a} + c$

39. $\displaystyle\int \frac{1}{(a^2-u^2)^{\frac{3}{2}}}\,du = \frac{u}{a^2\sqrt{a^2-u^2}} + c$

- $\sqrt{u^2 - a^2}$, $(a > 0)$ 을 포함한 형태의 적분공식

40. $\displaystyle\int \sqrt{u^2 - a^2}\, du = \frac{u}{2}\sqrt{u^2 - a^2} - \frac{a^2}{2}\ln\left|u + \sqrt{u^2 - a^2}\right| + c$

41. $\displaystyle\int u^2\sqrt{u^2 - a^2}\, du = \frac{u}{8}(2u^2 - a^2)\sqrt{u^2 - a^2} - \frac{a^4}{8}\ln\left|u + \sqrt{u^2 - a^2}\right| + c$

42. $\displaystyle\int \frac{\sqrt{u^2 - a^2}}{u}\, du = \sqrt{u^2 - a^2} - a\cos^{-1}\frac{a}{\ln|u|} + c$

43. $\displaystyle\int \frac{\sqrt{u^2 - a^2}}{u^2}\, du = -\frac{\sqrt{u^2 - a^2}}{u} + \ln\left|u + \sqrt{u^2 - a^2}\right| + c$

44. $\displaystyle\int \frac{1}{\sqrt{u^2 - a^2}}\, du = \ln\left|u + \sqrt{u^2 - a^2}\right| + c$

45. $\displaystyle\int \frac{u^2}{\sqrt{u^2 - a^2}}\, du = \frac{u}{2}\sqrt{u^2 - a^2} + \frac{a^2}{2}\ln\left|u + \sqrt{u^2 - a^2}\right| + c$

46. $\displaystyle\int \frac{1}{u^2\sqrt{u^2 - a^2}}\, du = \frac{\sqrt{u^2 - a^2}}{a^2 u} + c$

47. $\displaystyle\int \frac{1}{(u^2 - a^2)^{\frac{3}{2}}}\, du = -\frac{u}{a^2\sqrt{u^2 - a^2}} + c$

- $a + bu$ 를 포함한 형태의 적분공식

48. $\displaystyle\int \frac{u}{a + bu}\, du = \frac{1}{b^2}\left(a + bu - a\ln|a + bu|\right) + c$

49. $\displaystyle\int \frac{u^2}{a + bu}\, du = \frac{1}{2b^3}\left((a + bu)^2 - 4a(a + bu) + 2a^2\ln|a + bu|\right) + c$

50. $\displaystyle\int \frac{1}{u(a + bu)}\, du = \frac{1}{a}\ln\left|\frac{u}{a + bu}\right| + c$

51. $\displaystyle\int \frac{1}{u^2(a + bu)}\, du = -\frac{1}{au} + \frac{b}{a^2}\ln\left|\frac{a + bu}{u}\right| + c$

52. $$\int \frac{u}{(a+bu)^2}\,du = \frac{a}{b^2(a+bu)} + \frac{1}{b^2}\ln|a+bu| + c$$

53. $$\int \frac{1}{u(a+bu)^2}\,du = \frac{1}{a(a+bu)} - \frac{1}{a^2}\ln\left|\frac{a+bu}{u}\right| + c$$

54. $$\int \frac{u^2}{(a+bu)^2}\,du = \frac{1}{b^3}\left(a+bu - \frac{a^2}{a+bu} - 2a\ln|a+bu|\right) + c$$

55. $$\int u\sqrt{a+bu}\,du = \frac{2}{15b^2}(3bu-2a)(a+bu)^{\frac{3}{2}} + c$$

56. $$\int \frac{u}{\sqrt{a+bu}}\,du = \frac{2}{3b^2}(bu-2a)\sqrt{a+bu} + c$$

57. $$\int \frac{u^2}{\sqrt{a+bu}}\,du = \frac{2}{15b^3}\left(8a^2 + 3b^2u^2 - 4abu\right)\sqrt{a+bu} + c$$

58. $$\int \frac{1}{u\sqrt{a+bu}}\,du = \begin{cases} \dfrac{1}{\sqrt{a}}\ln\left|\dfrac{\sqrt{a+bu}-\sqrt{a}}{\sqrt{a+bu}+\sqrt{a}}\right| + c & (\text{if } a > 0) \\ \dfrac{2}{\sqrt{-a}}\tan^{-1}\sqrt{\dfrac{a+bu}{-a}} + c & (\text{if } a > 0) \end{cases}$$

59. $$\int \frac{\sqrt{a+bu}}{u}\,du = 2\sqrt{a+bu} + a\int \frac{1}{u\sqrt{a+bu}}\,du$$

60. $$\int \frac{\sqrt{a+bu}}{u^2}\,du = -\frac{\sqrt{a+bu}}{u} + \frac{b}{2}\int \frac{1}{u\sqrt{a+bu}}\,du$$

61. $$\int u^n\sqrt{a+bu}\,du = \frac{2}{b(2n+3)}\left(u^n(a+bu)^{\frac{3}{2}} - na\int u^{n-1}\sqrt{a+bu}\,du\right)$$

62. $$\int \frac{u^n}{\sqrt{a+bu}}\,du = \frac{2u^n\sqrt{a+bu}}{b(2n+1)} - \frac{2na}{b(2n+1)}\int \frac{u^{n-1}}{\sqrt{a+bu}}\,du$$

63. $$\int \frac{1}{u^n\sqrt{a+bu}}\,du = -\frac{\sqrt{a+bu}}{a(n-1)u^{n-1}} - \frac{b(2n-3)}{2a(n-1)}\int \frac{1}{u^{n-1}\sqrt{a+bu}}\,du$$

• 삼각함수를 포함한 형태의 적분공식

64. $\displaystyle\int \sin^2 u\,du = \frac{1}{2}u - \frac{1}{4}\sin 2u + c$

65. $\displaystyle\int \cos^2 u\,du = \frac{1}{2}u + \frac{1}{4}\sin 2u + c$

66. $\displaystyle\int \tan^2 u\,du = \tan u - u + c$

67. $\displaystyle\int \cot^2 u\,du = -\cot u - u + c$

68. $\displaystyle\int \sin^3 u\,du = -\frac{1}{3}\left(2 + \sin^2 u\right)\cos u + c$

69. $\displaystyle\int \cos^3 u\,du = \frac{1}{3}\left(2 + \cos^2 u\right)\sin u + c$

70. $\displaystyle\int \tan^3 u\,du = \frac{1}{2}\tan^2 u + \ln|\cos u| + c$

71. $\displaystyle\int \cot^3 u\,du = -\frac{1}{2}\cot^2 u - \ln|\sin u| + c$

72. $\displaystyle\int \sec^3 u\,du = \frac{1}{2}\sec u\tan u + \frac{1}{2}\ln|\sec u + \tan u| + c$

73. $\displaystyle\int \csc^3 u\,du = -\frac{1}{2}\csc u\cot u + \frac{1}{2}\ln|\csc u - \cot u| + c$

74. $\displaystyle\int \sin^n u\,du = -\frac{1}{n}\sin^{n-1} u\cos u + \frac{n-1}{n}\int \sin^{n-2} u\,du$

75. $\displaystyle\int \cos^n u\,du = \frac{1}{n}\cos^{n-1} u\sin u + \frac{n-1}{n}\int \cos^{n-2} u\,du$

76. $\displaystyle\int \tan^n u\,du = \frac{1}{n-1}\tan^{n-1} u - \int \tan^{n-2} u\,du$

77. $\displaystyle\int \cot^n u\,du = -\frac{1}{n-1}\cot^{n-1} u - \int \cot^{n-2} u\,du$

78. $\displaystyle\int \sec^n u\,du = \frac{1}{n-1}\tan u\sec^{n-2} u + \frac{n-2}{n-1}\int \sec^{n-2} u\,du$

79. $\displaystyle\int \csc^n u\,du = -\frac{1}{n-1}\cot u \csc^{n-2} u + \frac{n-2}{n-1}\int \csc^{n-2} u\,du$

80. $\displaystyle\int \sin au\,\sin bu\,du = \frac{1}{2(a-b)}\sin(a-b)u - \frac{1}{2(a+b)}\sin(a+b)u + c$

81. $\displaystyle\int \cos au\,\cos bu\,du = \frac{1}{2(a-b)}\sin(a-b)u + \frac{1}{2(a+b)}\sin(a+b)u + c$

82. $\displaystyle\int \sin au\,\cos bu\,du = -\frac{1}{2(a-b)}\cos(a-b)u - \frac{1}{2(a+b)}\cos(a+b)u + c$

83. $\displaystyle\int u\sin u\,du = \sin u - u\cos u + c$

84. $\displaystyle\int u\cos u\,du = \cos u + u\sin u + c$

85. $\displaystyle\int u^n \sin u\,du = -u^n\cos u + n\int u^{n-1}\cos u\,du$

86. $\displaystyle\int u^n \cos u\,du = u^n\sin u - n\int u^{n-1}\sin u\,du$

87. $\displaystyle\int \sin^n u\cos^m u\,du = \begin{cases} -\dfrac{\sin^{n-1}u\cos^{m+1}u}{n+m} + \dfrac{n-1}{n+m}\displaystyle\int \sin^{n-2}u\cos^m u\,du \\ \dfrac{\sin^{n+1}u\cos^{m-1}u}{n+m} + \dfrac{m-1}{n+m}\displaystyle\int \sin^n u\cos^{m-2}u\,du \end{cases}$

• 역삼각함수를 포함한 형태의 적분공식

88. $\displaystyle\int \sin^{-1} u\,du = u\sin^{-1} u + \sqrt{1-u^2} + c$

89. $\displaystyle\int \cos^{-1} u\,du = u\cos^{-1} u - \sqrt{1-u^2} + c$

90. $\displaystyle\int \tan^{-1} u\,du = u\tan^{-1} u - \frac{1}{2}\ln\left(1+u^2\right) + c$

91. $\displaystyle\int u\sin^{-1} u\,du = \frac{2u^2-1}{4}\sin^{-1} u + \frac{u\sqrt{1-u^2}}{4} + c$

92. $\int u\cos^{-1}u\,du = \frac{2u^2-1}{4}\cos^{-1}u - \frac{u\sqrt{1-u^2}}{4} + c$

93. $\int u\tan^{-1}u\,du = \frac{u^2+1}{2}\tan^{-1}u - \frac{u}{2} + c$

94. $\int u^n\sin^{-1}u\,du = \frac{1}{n+1}\left(u^{n+1}\sin^{-1}u - \int\frac{u^{n+1}}{\sqrt{1-u^2}}du\right) \quad (n \neq -1)$

95. $\int u^n\cos^{-1}u\,du = \frac{1}{n+1}\left(u^{n+1}\cos^{-1}u + \int\frac{u^{n+1}}{\sqrt{1-u^2}}du\right) \quad (n \neq -1)$

96. $\int u^n\tan^{-1}u\,du = \frac{1}{n+1}\left(u^{n+1}\tan^{-1}u - \int\frac{u^{n+1}}{1+u^2}du\right) \quad (n \neq -1)$

• 지수함수 · 로그함수를 포함한 형태의 적분공식

97. $\int ue^{au}\,du = \frac{1}{a^2}(au-1)e^{au} + c$

98. $\int u^n e^{au}\,du = \frac{1}{a}u^n e^{au} - \frac{n}{a}\int u^{n-1}e^{au}\,du$

99. $\int e^{au}\sin bu\,du = \frac{e^{au}}{a^2+b^2}(a\sin bu - b\cos bu) + c$

100. $\int e^{au}\cos bu\,du = \frac{e^{au}}{a^2+b^2}(a\cos bu - b\sin bu) + c$

101. $\int \ln u\,du = u\ln u - u + c$

102. $\int u^n\ln u\,du = \frac{u^{n+1}}{(n+1)^2}((n+1)\ln u - 1) + c$

103. $\int \frac{1}{u\ln u}du = \ln|\ln u| + c$

• 쌍곡선함수를 포함한 형태의 적분공식

104. $\int \sinh u \, du = \cosh u + c$

105. $\int \cosh u \, du = \sinh u + c$

106. $\int \tanh u \, du = \ln \cosh u + c$

107. $\int \coth u \, du = \ln |\sinh u| + c$

108. $\int \operatorname{sech} u \, du = \tan^{-1} |\sinh u| + c$

109. $\int \operatorname{csch} u \, du = \ln |\tanh(u/2)| + c$

110. $\int \operatorname{sech}^2 u \, du = \tanh u + c$

111. $\int \operatorname{csch}^2 u \, du = -\coth u + c$

112. $\int \operatorname{sech} u \tanh u \, du = -\operatorname{sech} u + c$

113. $\int \operatorname{csch} u \coth u \, du = -\operatorname{csch} u + c$

• $\sqrt{2au - u^2}$, $(a > 0)$을 포함한 형태의 적분공식

114. $\int \sqrt{2au - u^2} \, du = \frac{u - a}{2}\sqrt{2au - u^2} + \frac{a^2}{2}\cos^{-1}\left(\frac{a - u}{a}\right) + c$

115. $\int u\sqrt{2au - u^2} \, du = \frac{2u^2 - au - 3a^2}{6}\sqrt{2au - u^2} + \frac{a^3}{2}\cos^{-1}\left(\frac{a - u}{a}\right) + c$

116. $\int \frac{\sqrt{2au - u^2}}{u} \, du = \sqrt{2au - u^2} + a\cos^{-1}\left(\frac{a - u}{a}\right) + c$

117. $\displaystyle\int \frac{\sqrt{2au-u^2}}{u^2}\,du = -\frac{2\sqrt{2au-u^2}}{u} - \cos^{-1}\left(\frac{a-u}{a}\right) + c$

118. $\displaystyle\int \frac{1}{\sqrt{2au-u^2}}\,du = \cos^{-1}\left(\frac{a-u}{a}\right) + c$

119. $\displaystyle\int \frac{u}{\sqrt{2au-u^2}}\,du = -\sqrt{2au-u^2} + a\cos^{-1}\left(\frac{a-u}{a}\right) + c$

120. $\displaystyle\int \frac{u^2}{\sqrt{2au-u^2}}\,du = -\frac{u+3a}{2}\sqrt{2au-u^2} + \frac{3a^2}{2}\cos^{-1}\left(\frac{a-u}{a}\right) + c$

121. $\displaystyle\int \frac{1}{u\sqrt{2au-u^2}}\,du = -\frac{\sqrt{2au-u^2}}{au} + c$

연습문제 풀이

이곳에서는 지면 관계상 본문에 있는 연습문제 중에서 홀수번 문항과 홀수번 문항의 홀수번에 대한 정답만을 간단히 기술하였다. 연습문제의 짝수번 문항에 대한 정답을 비롯한 모든 문항의 상세한 풀이과정에 대해서는 『**미분적분학 연습문제 탐구(김상욱 외 4인 공저, 2009년 교우사 발행)**』를 참고하기 바란다.

연습문제(1.1)

1. (1)　　**3.** (1) 정의역 : $\{x \in \mathbb{R} \mid -3 \le x \le 3\}$　치역 : $\{y \in \mathbb{R} \mid 0 \le y \le 3\}$　　**5.** (1) $y = |x|$

7. (i) $(g \circ f)(x) = 1/\sqrt{x-1}$,　정의역 : $\{x \in \mathbb{R} \mid x > 1\}$

(ii) $(f \circ g)(x) = \sqrt{(1/x) - 1}$,　정의역 : $\{x \in \mathbb{R} \mid 0 < x \le 1\}$

9. (1) 단사함수가 아니므로 전단사함수가 아님

11. 두 집합 $A = \{1\}$, $B = \{2\}$ 에 대하여 $A \times B \ne B \times A$

연습문제(1.2)

1. (1) $\cosh^2 x - \sinh^2 x = \dfrac{1}{4}\left(e^{2x} + 2 + e^{-2x} - e^{2x} + 2 - e^{-2x}\right) = 1$

(3) $\cosh(-x) = \dfrac{e^{-x} + e^{-(-x)}}{2} = \dfrac{e^{x} + e^{-x}}{2} = \cosh x$

(5) $\cosh x \cosh y \pm \sinh x \sinh y = \dfrac{e^{x \pm y} + e^{-(x \pm y)}}{2} = \cosh(x \pm y)$ (복호동순)

(7) $\dfrac{\tanh x \pm \tanh y}{1 \pm \tanh x \tanh y} = \dfrac{\frac{\sinh x}{\cosh x} \pm \frac{\sinh y}{\cosh y}}{1 \pm \frac{\sinh x}{\cosh x} \cdot \frac{\sinh y}{\cosh y}} = \dfrac{\sinh(x \pm y)}{\cosh(x \pm y)} = \tanh(x \pm y)$ (복호동순)

(9) $2\sinh x \cosh x = 2\left(\dfrac{e^{x} - e^{-x}}{2}\right)\left(\dfrac{e^{2} + e^{-x}}{2}\right) = \dfrac{e^{2x} - e^{-2x}}{2} = \sinh 2x$

(11) $\dfrac{1}{2}(\cosh x - 1) = \dfrac{1}{2}\left(\dfrac{e^{x} + e^{-x}}{2} - 1\right) = \dfrac{e^{x} - 2 + e^{-x}}{4} = \left(\dfrac{e^{\frac{x}{2}} - e^{-\frac{x}{2}}}{2}\right)^2 = \sinh^2 \dfrac{x}{2}$

(13) $\cosh x - \sinh x = \dfrac{e^{x} + e^{-x}}{2} - \dfrac{e^{x} - e^{-x}}{2} = \dfrac{1}{2}(e^{x} + e^{-x} - e^{x} + e^{-x}) = e^{-x}$

(15) $1 + \tanh^2 x = 1 + \dfrac{\sinh^2 x}{\cosh^2 x} = \dfrac{\cosh^2 x - \sinh^2 x}{\cosh^2 x} = \dfrac{1}{\cosh^2 x} = \operatorname{sech}^2 x$

연습문제(1.3)

1. (1) a^n (3) 2 **3.** (1) 5 (3) 5

연습문제(1.4)

1. (1) $x = 0$ 에서 불연속

연습문제(2.1)

1. $f'_-(0) = 1,\ \ f'_+(0) = 0$

3. 미분계수의 정의로부터

$$\lim_{x\to 0}\frac{f(x)-f(0)}{x-0} = \lim_{x\to 0}\frac{x^2\sin(1/x)}{x} = \lim_{x\to 0} x\sin\frac{1}{x} = 0$$

이다. 따라서 $f'(0) = 0$ 으로 정의되므로 함수 $f(x)$ 는 $x = 0$ 에서 미분가능하다.

5. 0 이 아닌 모든 x 에 대해서 미분가능

연습문제(2.2)

1. (1) $y' = -6x^2 + 8$ **3.** 4

5. $y = f(x)$ 가 역함수를 갖는 경우에 $a = f^{-1}(b)$ 인 관계에 있는 $a,\ b$ 에 대하여 $(f^{-1})'(b) = 1/f'(a)$ 이다. 그러나 $f'(a) = 0$ 이라면 $(f^{-1})'(b) = (f^{-1})'(f(a))$ 은 정의되지 않는다.

7. (1) $y'(2,\ 3) = -1/2$ (3) $y'(x_0,\ y_0) = -b^2x_0/a^2y_0$ **9.** $y = -\dfrac{my_0}{nx_0}(x - x_0) + y_0$

11. (1) 접선의 방정식 : $y = -(4x + 14)/5$, 법선의 방정식 : $y = (5x + 3)/4$

(3) 접선의 방정식 : $y = 3x + 6$, 법선의 방정식 : $y = -(x - 8)/3$

13. $y = x$

연습문제(2.3)

1. (1) $y' = -x^2\sin x$ (3) $y' = 3\sec x(2\tan^2 x + 1)$ (5) $y' = 2\cos x/(1-\sin x)^2$

3. (1) $D_x w = 4(2x+3)\left(\sin^3(x^2+3x)\right)\left(\cos(x^2+3x)\right)$

(3) $D_x w = -8x\left(\cos^3(\sin x^2)\right)\left(\sin(\sin x^2)\right)\left(\cos x^2\right)$

5. (1) $y' = -\dfrac{\cos(x+y)+\cos(x-y)}{\cos(x+y)-\cos(x-y)}$ **7.** 1/2

9. (1) $y = \cos^{-1} x$ 라고 놓으면 $x = \cos y\ (0 \le y \le \pi)$ 이다. 따라서 $\sin^2 y + \cos^2 y = 1$ 로부터

$$\sin y = \sqrt{1-\cos^2 y} = \sqrt{1-x^2}$$

이므로 $\sin(\cos^{-1} x) = \sin y = \sqrt{1-x^2}$ 이다.

(3) $y = \sin^{-1}\left(x/\sqrt{1+x^2}\right)$ 라고 놓으면 $\sin y = x/\sqrt{1+x^2}\ (-\pi/2 \le y \le \pi/2)$ 이다. 따라서 밑면이 1 이고, 높이가 x 인 직각삼각형을 고려하면 $\tan y = x$ 이다. 따라서

$$\tan^{-1} x = y = \sin^{-1}\frac{x}{\sqrt{1+x^2}}$$

이 성립한다.

연습문제(2.4)

1. (1) $y' = 5^x \ln 5$ (3) $y' = a^x \sin bx \ln a + ba^x \cos bx$

3. (1) $y' = x^x(1+\ln x)$ (3) $y' = 2^{\sqrt{2}+\frac{1}{2}} x^{\sqrt{2}-1}$

5. $y' = (2x)^{\sin x}\left((\cos x)\ln(2x) + \dfrac{\sin x}{x}\right)$

연습문제(2.5)

1. (1) $f'(x) = \dfrac{2x}{\sqrt{1+x^4}}$ (3) $f'(x) = 2x\left(\cosh^{-1}(x^2) + \dfrac{x^2}{\sqrt{x^4-1}}\right)$

3. (1) $f'(x) = 2x\sinh^{-1}(2x) + \dfrac{2x^2}{\sqrt{1+(2x)^2}}$ (3) $f'(x) = \dfrac{2e^{2x}}{\sqrt{e^{4x}-1}}$

5. $\cosh(\ln x) = \dfrac{e^{\ln x} + e^{-\ln x}}{2} = \dfrac{e^{\ln x} + e^{\ln x^{-1}}}{2} = \dfrac{x + x^{-1}}{2} = \dfrac{(x+x^{-1})x}{2x} = \dfrac{x^2+1}{2x}$

7. $\sinh^{-1}\sqrt{x^2-1} = \ln\left(\sqrt{x^2-1} + \sqrt{\left(\sqrt{x^2-1}\right)^2 + 1}\right) = \ln\left(x + \sqrt{x^2-1}\right) = \cosh^{-1} x$

연습문제(2.6)

1. (1) $f'(x) = \dfrac{1}{2\sqrt{1+x}}$, $f''(x) = -\dfrac{1}{4(1+x)^{\frac{3}{2}}}$, $f'''(x) = \dfrac{3}{8(1+x)^{\frac{5}{2}}}$

(3) $f'(x) = a\cot ax$, $f''(x) = -a^2\csc^2 ax$, $f'''(x) = 2a^3(\cot ax)(\csc^2 ax)$

3. $f^{(3)}(0) = 0$ **5.** $f(0) = \dfrac{1}{\sqrt{2}}$, $f'(0) = \dfrac{3}{4\sqrt{2}}$, $f''(0) = \dfrac{27}{16\sqrt{2}}$ **7.** $f'''(\pi/6) = -80$

9. $f^{(n)}(x) = (-1)^{n-1}(n-1)!\,x^{-n}$ (n : 자연수)

연습문제(3.1)

1. (1) $dy = (4x-3)\,dx$ (3) $dy = 2x^2(5x^2+2x)(4x^5+2x^4-5)^{-1/2}\,dx$

3. (1) 4.02083

5. $dy = \left(\dfrac{4}{3}x\left(x^2-3\right)^{-\frac{1}{3}}\right)dx$

연습문제(3.2)

1. (1) $c = 3/2$ (3) $c = \sqrt{2}$ **3.** (1) $c = 5/2$

5. 주어진 함수 $f(x)$에 대하여 $(f(3)-f(0))/(3-0) = 1/3$ 이다. 그런데 함수 $f(x)$는 $x = 1$ 에서 미분 불가능하므로 $f'(x) = 1/3$을 만족시키는 x는 구간 $(0, 3)$에 존재하지 않는다.

7. 함수 $f(x)$는 구간 $(2, 4)$에 있는 x중 $x = 3$ 에서는 미분 불가능이며, $x \in (2, 3)$ 에서 $f'(x) = -1$ 이고 $x \in (3, 4)$ 에서 $f'(x) = 1$ 이다. 따라서 $f'(c) = 0$ 이 되는 c는 $(2, 4)$ 안에 존재하지 않는다.

9. 1 **11.** (1) 1/2 (3) ∞ (5) 1

연습문제(3.3)

1. (1) 증가 : $(-\infty, -1)$, 감소 : $(-1, \infty)$, 극댓값 : 3

(3) 증가 : $(-1, 0) \cup (4, \infty)$, 감소 : $(-\infty, -1) \cup (0, 4)$, 극댓값 : 5, 극솟값 : 3, 73

3. $r = (2/3)b$ **5.** $a = 6,\ b = 9$

연습문제(3.4)

1. (1) $f(1/3) = 2/3$: 극솟값 (3) $f(0) = 3$: 극댓값, $f(2) = 5/3$: 극솟값

(5) $f(-3/4) = -99/256$: 극솟값, $f(0) = 0$: 극댓값, $f(1) = -5/6$: 극솟값

3. (1) $(-2, 0)$ (3) $(0, 0),\ (-2/3, -16/27)$ (5) $(-2/9, (4/15)\sqrt[3]{4/3})$

연습문제(3.5)

1. (1) 0 (3) 2 **3.** (1) $x = 0,\ x = -2$ **5.** (1) $y = (1/2)x + 1$

연습문제(3.6)

1. (1) 극댓값 : $f(-2) = -4$, 극솟값 : $f(2) = 4$

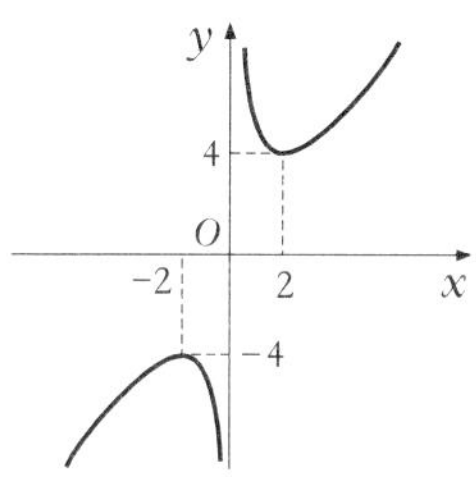

(3) 극댓값 : $f(1/2) = 1$, 극솟값 : $f(-1/2) = -1$,

변곡점 : $(-\sqrt{3}/2,\ -(1/2)\sqrt{3})$, $(0,\ 0)$, $(-\sqrt{3}/2,\ \sqrt{3}/2)$

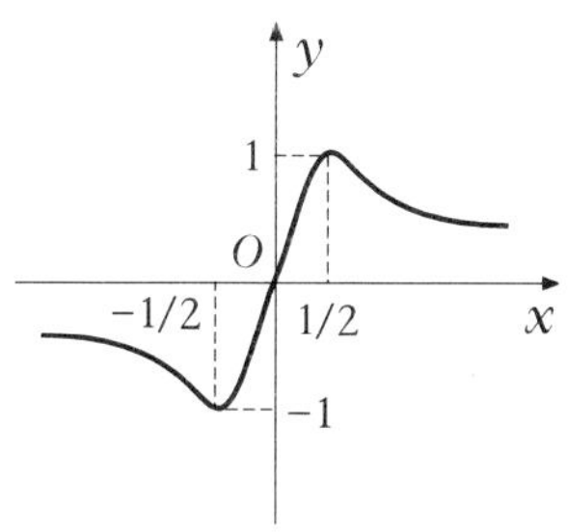

3. 그래프의 개형

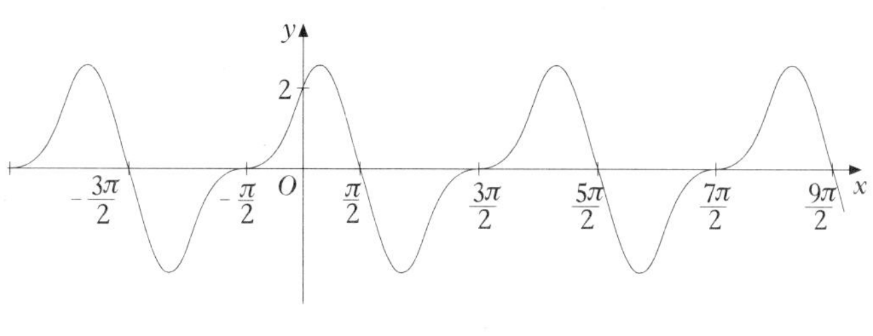

$y = 2\cos x + \sin 2x$의 그래프의 개형

5. 그래프의 개형

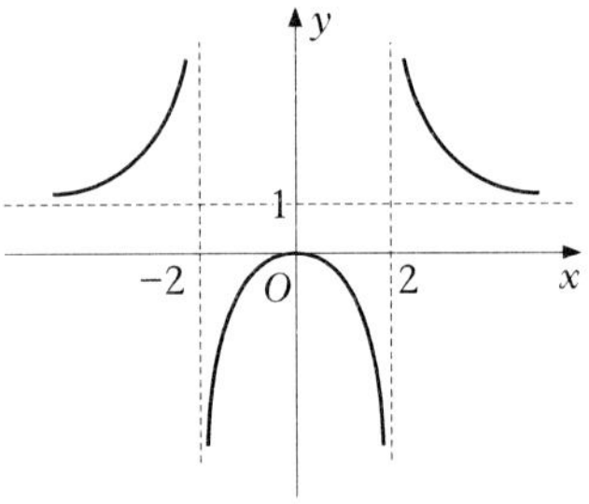

연습문제(4.1)

1. (1) $\frac{1}{9}x^9 + c$ (3) $8\sqrt{x} + c$ (5) $\frac{1}{5}x^5 + \frac{1}{2}x^2 + c$

연습문제(4.2)

1. (1) $\ln|\tan x| + c$ (3) $-2\cos\frac{x}{2} + c$ (5) $2\sqrt{1+e^x} + \ln\left(\frac{\sqrt{1+e^x}-1}{\sqrt{1+e^x}+1}\right) + c$

3. (1) $-x\cos x + \sin x + c$ (3) $\frac{1}{4}\left(x\sqrt{1-x^2} + \left(2x^2-1\right)\sin^{-1}x\right) + c$ (5) $\ln x(\ln(\ln x) - 1) + c$

연습문제(4.3)

1. (1) $\frac{2}{\sqrt{3}}\tan^{-1}\left(\frac{2x+1}{\sqrt{3}}\right) + c$ (3) $\frac{1}{6}\ln\frac{(x-1)^2}{x^2+x+1} - \frac{1}{\sqrt{3}}\tan^{-1}\left(\frac{2x+1}{\sqrt{3}}\right) + c$

(5) $\frac{1}{2}\ln|x-1| - \frac{1}{4}\ln(x^2+1) - \frac{1}{2}\tan^{-1}x + \frac{1}{2(x^2+1)} + c$

연습문제(4.4)

1. (1) $2\sqrt{x} - 3\sqrt[3]{x} + 6\sqrt[6]{x} - 6\ln(\sqrt[6]{x} + 1) + c$

(3) $\frac{1}{4}x\sqrt[4]{(1+x^4)^3} + \frac{1}{16}\ln\left(\frac{\sqrt[4]{1+x^4} - x}{\sqrt[4]{1+x^4} + x}\right) + \frac{1}{8}\tan^{-1}\left(\frac{\sqrt[4]{1+x^4}}{x}\right) + c$

(5) $\frac{1}{8}\left(a + x^3\right)^{\frac{8}{3}} + c$

연습문제(4.5)

1. (1) $\frac{1}{2}(\sec x \tan x + \ln|\sec x + \tan x|) + c$ (3) $\frac{1}{5}\tan^5 x + \frac{1}{3}\tan^3 x + c$

(5) $\frac{1}{2}\sec x \tan x - \frac{1}{2}\ln|\sec x + \tan x| + c$

연습문제(4.6)

1. (1) $-\frac{1}{16}\left(2x\sqrt{5 - 4x^2} - 5\sin^{-1}\left(\frac{2x}{\sqrt{5}}\right)\right) + c$

(3) $\frac{1}{3}(x^2 + 2x + 4)^{\frac{3}{2}} - \frac{1}{2}(x+1)\sqrt{x^2 + 2x + 4} - \frac{3}{2}\ln\left|x + 1 + \sqrt{x^2 + 2x + 4}\right| + c$

연습문제(5.1)

1. (1) $361/16$ (3) $(1 + \sqrt{3})\pi/4$

연습문제(5.2)

1. (1) 0 (3) $\frac{1}{2}(e + e^{-1} - 2)$ **3.** (1) $4x^3 \sin^3(x^4)$ (3) $-\frac{1}{2}x^{-\frac{1}{4}} \sin\sqrt{x} + 3x^{\frac{7}{2}} \sin x^3$

연습문제(5.3)

1. (1) 52/9 (3) $2(2 - \sqrt{2})/3$ **3.** (1) $-1/\sqrt{2}$ (3) $-1/2$

연습문제(5.4)

1. (1) ∞ (3) ∞ (5) $(\ln 2)/2$

연습문제(5.5)

1. (1) 2.97653

3. (1) 사다리꼴 공식 적용 : 1.91397 심프슨 공식 적용 : 1.93477

5. 19.6917

연습문제(6.1)

1. (1) $A = 36$ (3) $A = 36$ (5) $A = 256/5$ **3.** $A = 9/2$

연습문제(6.2)

1. (1) $\frac{2}{3}\pi r^3$ (3) $\frac{\pi}{3}(2r^3 - 3r^2h + h^3)$ **3.** $8\pi/3$

연습문제(6.3)

1. $\frac{1}{243}\left(85\sqrt{85} - 8\right)$ **3.** $\frac{1}{27}\left(-8 + 13\sqrt{13}\right)$

연습문제(6.4)

1. $c = \sqrt{7}$

연습문제(6.5)

1. 19600 J **3.** 3.96 J

연습문제(7.1)

1. 삼차원 공간 $\mathbb{R}^3$ 의 점

3. $((a_1, a_2), (a_3, a_4, a_5)) \longmapsto (a_1, a_2, a_3, a_4, a_5)$ 은 $\mathbb{R}^2 \times \mathbb{R}^3$ 에서 $\mathbb{R}^5$ 로의 일대일 대응이다.

5. $\begin{pmatrix} a_{11} & a_{12} \\ a_{21} & a_{22} \end{pmatrix} \longmapsto (a_{11}, a_{12}, a_{21}, a_{22})$ 은 2×2 행렬들의 집합에서 $\mathbb{R}^4$ 로의 일대일 대응이다.

연습문제(7.2)

1. (1) (1, 1) (3) $(\sqrt{3}, 3)$

3. 주어진 각각의 좌표를 극좌표계에 나타내 보면 (1) 번과 (6) 번이 동일한 위치를 나타내고, 또한 (2) 번과 (5) 번이 동일한 위치를 나타내고 있음을 알 수 있다.

5. 두 점 (r_1, θ_1) 와 (r_2, θ_2) 사이의 거리 $= \sqrt{r_1^2 + r_2^2 - 2r_1 r_2 \cos(\theta_1 - \theta_2)}$

두 점 (r_1, θ_1) 와 $(r_2, \pi - \theta_1)$ 사이의 거리 $= \sqrt{r_1^2 + r_2^2 + 2r_1 r_2 \cos 2\theta_1}$

7. $L = \sqrt{\left(\frac{\sqrt{3}}{2} + \frac{3}{\sqrt{2}}\right)^2 + \left(\frac{1}{2} - \frac{3}{\sqrt{2}}\right)^2}$

연습문제(7.3)

1. 각 문항의 곡선의 개형

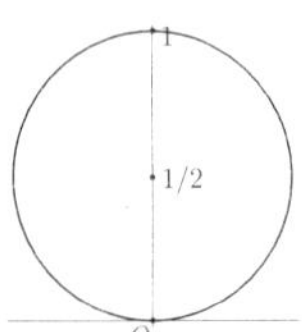

(1) $r = \sin\theta$

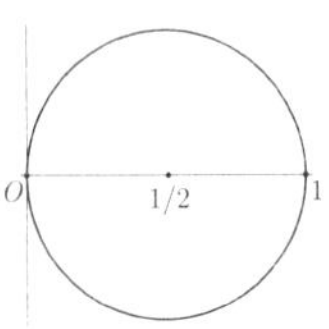

(2) $r = \cos\theta$

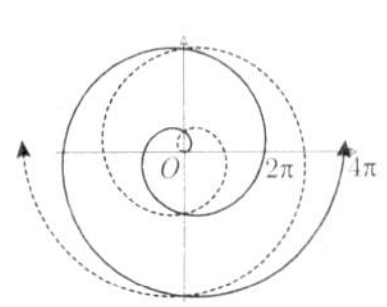

(3) $r = \theta/2$

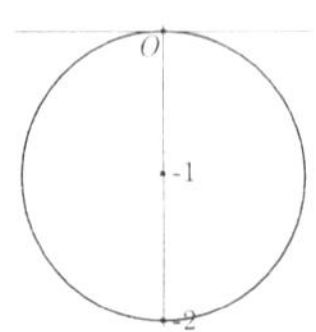

(4) $r = -2\sin\theta$

3. 곡선의 개형

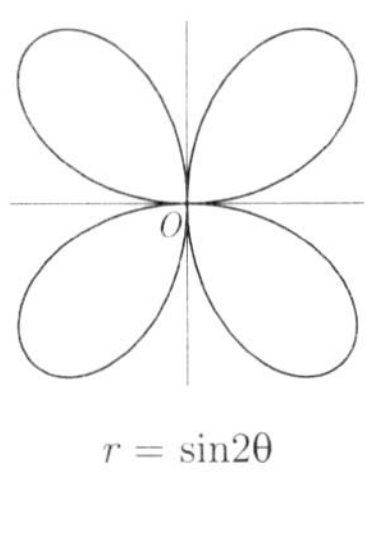

$r = \sin 2\theta$

5. 각 문항의 곡선의 개형

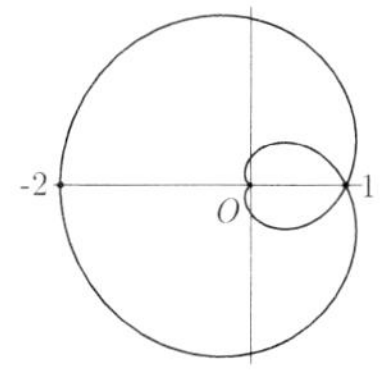

(1) $r = 1 + \sin(\theta/2)$

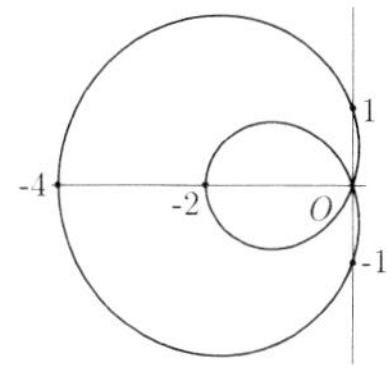

(2) $r = 1 - 3\cos\theta$

7. 각 문항의 곡선의 개형

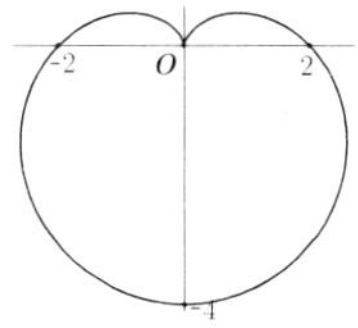

(1) $r = 2(1-\sin\theta)$

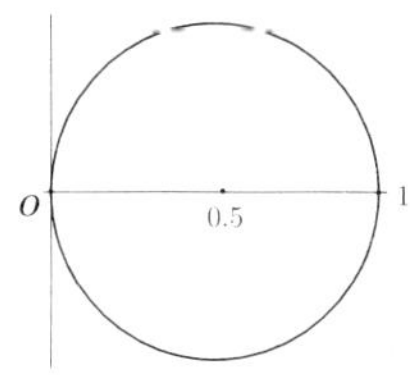

(2) $r = \cos\theta$

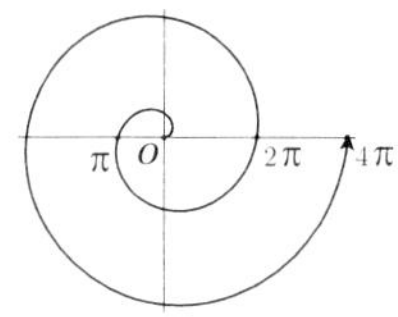

(3) $r = \theta$

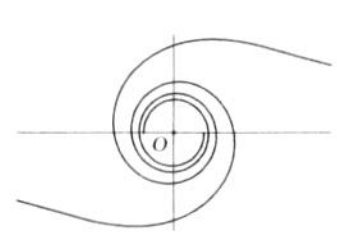

(4) $r^2 = \frac{1}{\theta}$

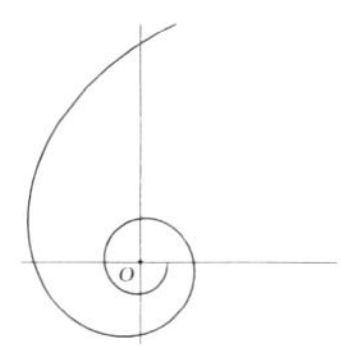

(5) $r = \frac{1}{\theta}$ $(r > 0)$

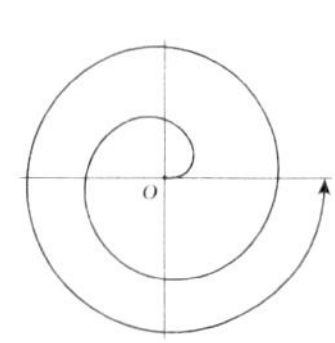

(6) $r = \sqrt{\theta}$

9. (1) $(0, 0)$, $(-1/2, 1/2)$ (3) $(0, 0)$, $(1, \sqrt{3})$, $(1, -\sqrt{3})$

연습문제(7.4)

1. (1) 원기둥좌표 : $(2, \pi/3, 0)$; 구면좌표 : $(2, \pi/2, \pi/3)$

3. (1) $(0, 0, 2)$

5. (1) $0 \le r \le z$, $0 \le \theta \le 2\pi$, $0 \le z \le 1/2$, 그리고

$0 \le r \le \sqrt{z - z^2}$, $0 \le \theta \le 2\pi$, $1/2 \le z \le 1$

7. (1) 원기둥좌표 방정식 $r^2 + z^2 = 16$; 구면좌표 방정식 $\rho = 4$

(3) 원기둥좌표 방정식 $r^2 = 2z$; 구면좌표 방정식 $\rho^2 \sin^2 \phi = 2\cos\phi$

9. 7966.25 (km)

연습문제(7.5)

1. 주어진 매개변수 방정식의 개형

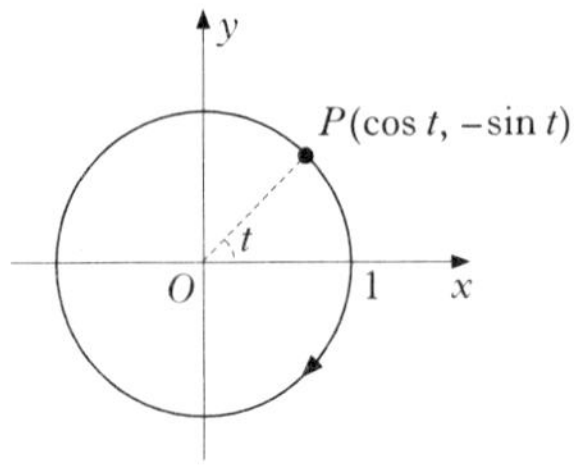

3. (1) $y = x^2$ (3) $y = 1/x^2 \quad (x > 0)$

5. $y = 8(s-1)^2 + 1$

7. (1) $y = (3-x)/2$ (3) $4x^2 + 9y^2 = 36$ (5) $x^2 - y^2 = 1$

연습문제(7.6)

1. (1) $\pi/4$ (3) $3\pi/2$ **3.** π **5.** (1) a^2 (3) πa (5) $8a^2/3$ **7.** (1) $\pi - 3\sqrt{3}/2$

연습문제(7.7)

1. (1) $8a$ **3.** 8 **5.** (1) $(8(\pi^2+1)^{3/2} - 1)/3$ (3) $\sqrt{1 + \ln^2 2}\,(2^{2\pi} - 1)/\ln 2$

7. 2.4221 **9.** $2\pi(2 - \sqrt{2})$

연습문제(8.1)

1. (1) $a_1 = 1/2$, $a_2 = 2/5$, $a_3 = 3/8$, $a_4 = 4/11$, $a_5 = 5/14$

수열 $\langle a_n \rangle$ 은 수렴하고, 그 극한은 1/3.

(3) $a_1 = 7/8$, $a_2 = 26/27$, $a_3 = 63/64$, $a_4 = 124/125$, $a_5 = 125/216$

수열 $\langle a_n \rangle$ 은 수렴하고, 그 극한은 1.

3. $(\ 1)^n \dfrac{n}{2n-1}$ **5.** (1) 유계수열 (3) 유계수열

연습문제(8.2)

1. (1) 수렴하고, 급수의 합은 4 (3) 수렴하고, 급수의 합은 37/99 (5) 발산

3. 급수의 합 : 1/2

연습문제(8.3)

1. (1) 수렴 (3) 수렴 **3.** (1) 수렴 (3) 수렴 (5) 발산

연습문제(8.4)

1. (1) 수렴 (3) 수렴 (5) 수렴 **3.** (1) 10000 번째 항

연습문제(8.5)

1. (1) 절대수렴 (3) 조건수렴 (5) 절대수렴 (7) 절대수렴 (9) 발산

연습문제(8.6)

1. (1) $[-1, 1]$ (3) $(-1, 1)$ (5) $[-1, 1]$ (7) $[0, 2)$ (9) $[-6, -4]$

연습문제(8.7)

1. (1) $r = 1$ (3) $r = 1$ (5) $r = 1$

연습문제(8.8)

1. (1) $r = 1$ (3) $r = 1$ (5) $r = \infty$ (7) $r = \infty$ (9) $r = \infty$ **3.** 0.90452

연습문제(8.9)

1. (1) $\sqrt{1 - x^2} = 1 - \frac{x^2}{2} - \frac{x^4}{8} - \frac{x^6}{16} - \frac{5x^8}{128} - \frac{7x^{10}}{256} - \cdots$

(3) $(1 + x)^{-3} = 1 - 3x + 6x^2 - 10x^3 + 15x^4 - 21x^5 + 28x^6 - 36x^7 + \cdots$

3. 0.841

연습문제(9.1)

1. (1) $f(0, 0) = -1$ (3) $f(1, 4) = 15$

3. $z = -1$ 일 때 $\{(x, y) \mid xy = 5\}$, $z = 0$ 일 때 $\{(x, y) \mid xy = 4\}$, $z = 3$ 일 때 $\{(x, y) \mid xy = 1\}$

5. (1) $D = \mathbb{R}^2$ (3) $D = \{(x, y) \mid 2x - y + 2 \geq 0\}$

연습문제(9.2)

1. (1) -927 (3) $-5/2$ **3.** $\lim_{(x, y)\to(0, 0)} f(x, y) = 1 = f(0, 0)$ 이므로 f 는 $(0, 0)$ 에서 연속

연습문제(9.3)

1. (1) $f_x(x, y) = 6$, $f_y(x, y) = 3$ (3) $f_x(x, y) = 2xy - 3y^2 + 2y$, $f_y(x, y) = x^2 - 6xy + 2x$

3. $T_x(4, 3, 2) = 8$, $T_y(4, 3, 2) = 18$, $T_z(4, 3, 2) = -6$ **5.** 성립함 **7.** 성립함

연습문제(9.4)

1. (1) 0.5411 **3.** (1) 0.20232

5. 직사각형의 가로와 세로를 각각 x, y 라고 하면, 구하는 최대오차는 $\dfrac{x^2 + 4y^2}{\sqrt{x^2 + y^2}}$ %

연습문제(9.5)

1. (1) $12t^{11}$ **3.** (1) $-\dfrac{2xy^3}{3x^2y^2 - \sin y}$ (3) $-\dfrac{ye^{xy}}{xe^{xy} + e^y + ye^y}$

5. (1) $x_r = \cos\theta,\ y_r = \sin\theta$ 이므로 연쇄법칙에 의해 $\dfrac{\partial z}{\partial r} = f_x x_r + f_y y_r = f_x \cos\theta + f_y \sin\theta$

연습문제(9.6)

1. (1) $-5\sqrt{2}$ (3) $67/8\sqrt{26}$ (5) $11e^{\frac{3}{4}\pi}/\sqrt{26}$

3. 가장 빨리 증가하는 방향은 (2, 0, 1) 이고, 최대 증가율은 $\sqrt{5}$

5. (1) $\nabla r = \left(\dfrac{\partial r}{\partial x}, \dfrac{\partial r}{\partial y}\right) = \left(\dfrac{x}{\sqrt{x^2+y^2}}, \dfrac{y}{\sqrt{x^2+y^2}}\right) = \dfrac{1}{\sqrt{x^2+y^2}}(x, y) = \dfrac{1}{r}(x, y) = \dfrac{1}{r}\mathbf{r} = \dfrac{\mathbf{r}}{r}$

연습문제(9.7)

1. (1) $x + y - z + 5 = 0$ (3) $6x - 6y - z + 3 = 0$

3. $(1, 2/3, 2/3)$, $(-1, -2/3, -2/3)$ **5.** $(3, -1, -14)$

7. 두 곡면의 교점 $P(x, y, z)$ 에서 두 곡면이 서로 직교한다면, 교점 $P(x, y, z)$ 에서 각 곡면에 접하는 접평면에 수직인 법선벡터는 서로 수직이어야 한다. 따라서

$$\nabla F \cdot \nabla G = (F_x, F_y, F_z) \cdot (G_x, G_y, G_z) = F_xG_x + F_yG_y + F_zG_z = 0$$

이다. 역 또한 성립함을 알 수 있다.

연습문제(9.8)

1. (1) 점 (4, 1)은 임계점으로서 f의 말안장점

(3) 점 (0, 0), (−1, −1), (1, 1)은 임계점으로서, 점 (0, 0)은 말안장점이고 점 (−1, −1), (1, 1)에서 극솟값을 갖는다.

연습문제(10.1)

1. $k(b-a)(d-c)$

연습문제(10.2)

1. $-5/6$ **3.** $-68/3$ **5.** (1) $\int_1^{e^2}\int_{\ln x}^2 f(x, y)\,dy\,dx$ (3) $\int_0^{\frac{\pi}{2}}\int_0^{\sin x} f(x, y)\,dy\,dx$ **7.** 170

연습문제(10.3)

1. $1/3$ **3.** 8π **5.** (1) $\pi/8$ (3) $\frac{\pi}{2}\left(1-\frac{1}{\sqrt{1+a^2}}\right)$ **7.** $1-(\sin 2)/2$

9. (1) $\pi a^4/2$ (3) 27π

연습문제(10.4)

1. (1) $\left(4(b^3-a^3)/3\pi(b^2-a^2),\ 4(b^3-a^3)/3\pi(b^2-a^2)\right)$

3. (1) 질량 : $a^4/2$, 무게중심 : $(a/3,\ a/2,\ a/2)$

(3) 질량 : $1/6$, 무게중심 : $(0,\ 16/35,\ 1/2)$

연습문제(11.1)

1. 원 $x^2+y^2=a^2$ 위의 점 P의 위치벡터는 $(x,\ y)$ 이고 $F(x,\ y)=(-y,\ x)$ 이므로, 이들의 내적은 $P\cdot F=(x,\ y)\cdot(-y,\ x)=0$ 이다. 따라서 F 는 P 에서 수직이므로 벡터장 F 는 원에 접한다.

3. 벡터장 $F(x,\ y)=(2x,\ 2y)$ 는 $\varphi(x,\ y)=x^2+y^2$ 을 퍼텐셜함수로 갖는다.

5. $F(x,\ y)=(3x+2xy,\ x^2-3y^2)$ 는 퍼텐셜함수 $\varphi(x,\ y)=3x+x^2y-y^3+c$ (c 는 적분상수) 을 갖는다.

7. (1) $\nabla\times F=(0,\ 0,\ 0)$, $\nabla\cdot F=3$ (3) $\nabla\times G=(0,\ xy,\ y-xz)$, $\nabla\cdot F=yz+x+1$

9. (1) $\varphi(x,\ y)=x+x^4y^3+c$ (c 는 적분상수) (3) 존재하지 않음

연습문제(11.2)

1. (1) -2π **3.** $27/28$ **5.** 0

7. (1) x^2y+y+c (c 는 적분상수) (3) $|X|+c$ (c 는 적분상수) **9.** $19/2$

연습문제(11.3)

1. (1) 12π (3) ab **3.** $3\pi a^2$ **5.** (1) -2 (3) $-96/5$

연습문제(11.4)

1. $(5\sqrt{5}-1)\pi/6$ **3.** 0 **5.** 32π **7.** $4\pi a^2$ **9.** $(37\sqrt{37}-1)\pi/6$

연습문제(11.5)

1. $3\pi/2$ **3.** -12π

5. (1) S 의 경계는 공집합이므로, 스토크스 정리에 의하여

$$\iint_S \nabla \times F = \int_\phi F = 0$$

이다.

연습문제(11.6)

1. 8 **3.** 32π **5.** 0

찾아보기

【ㅇ】

【ㅈ】

〈 미분적분학 정오표 〉

(충북대 수학교재편찬위원회 지음)

		수정 전	수정 후
p. 49	정리 2.2.2	증명과정 네 번째 줄 $\lim_{x->f(a)}$	$\lim_{y->f(a)}$ (즉, x를 y로 교체)
p. 69	따름정리 2.4.3 (1)	(1) $\cdots = \ln a$	(1) $\cdots = \ln a \quad (a \neq 1,\ a > 0)$
p. 71	예제 2.4.4	(n: 임의의 실수)	(n: 임의의 실수, x>0)
p. 72	예제 2.4.6	풀이과정 4~5번째 줄 오류(3군데) $\sqrt{x} \cdot \dfrac{1}{\ln x}$	$\sqrt{x} \cdot \dfrac{1}{x}$
p. 75	예제 2.5.1	풀이과정 2번째줄 $\dfrac{sinhx}{coshx}$	$\dfrac{sinhx}{coshx}$ 를 $\dfrac{coshx}{sinhx}$ 로 교체
p. 82	예제 2.6.4 [풀이]	$\dfrac{d\nu}{dt} = a^2 A \sin(at+b)$	$\dfrac{d\nu}{dt} = -a^2 A \sin(at+b)$
p. 87	예제 3.1.2	함수 $y = x^2 + 2$	함수 $y = x^2 + 2x$
p. 101	(2) 0/0 형태	0/0 형태의 부정형	∞/∞ 형태의 부정형
p. 131	부정적분 공식	15번, 16번 반복	16. $\int \dfrac{1}{1+x^2}dx = tan^{-1}x + c$ 삭제
p. 147	예제 4.3.3	풀이과정 두 번째 줄 $\dfrac{Cx+D}{x^2+x+1}$	$\dfrac{Cx+D}{x^2+1}$ 로 교체
p. 184	정리 5.3.1	함수 $u = g'(x)$가 구간	도함수 $g'(x)$가 구간
p. 195	예제 5.5.1	$(\dfrac{16}{17} + \dfrac{4}{5} + \dfrac{16}{25} + \dfrac{1}{2})$	$(\dfrac{16}{17} + \dfrac{4}{5} + \dfrac{16}{25})$ 로 교체
p. 203	예제 6.1.1	풀이과정 네 번째 줄 $e^{\frac{\pi}{2}}$	$e^{\frac{\pi}{2}}$를 $e^{\frac{\pi}{2}} - 2$로 교체
p. 210	예제 6.2.4	① 풀이과정 두 번째 줄 $\pi((1-\sqrt{4-y^2})^2 - 1$ ② 풀이과정 6번째 줄 $2\pi(4\sin^{-1}1 + \dfrac{16}{3})$	① $\pi((1+\sqrt{4-y^2})^2 - 1$ 로 교체 ② $2\pi(4\dfrac{\pi}{2} + \dfrac{16}{3}) = 4\pi^2 + \dfrac{32\pi}{3}$ 로 교체
p. 211	정리 6.2.4	증명과정 여섯째줄 $\sum_{i=1}^{n} 2\pi(\dfrac{x_i + x_{i-1}}{})$	$\sum_{i=1}^{n} 2\pi(\dfrac{x_i + x_{i-1}}{2})$ 로 교체
p. 217	[풀이]의 다섯째줄 첫 번째 식	$\int_0^1 \dfrac{\sqrt{2x+1-2x}}{\sqrt{x}}dx$	$\int_0^1 \dfrac{\sqrt{2x+1-2\sqrt{x}}}{\sqrt{x}}dx$
p. 217	[풀이]의 다섯째줄 두 번째 식	$\sqrt{2}\int_0^1 \dfrac{(\sqrt{x}-\frac{1}{2})^4 + \frac{1}{4}}{\sqrt{x}}dx$	$\sqrt{2}\int_0^1 \dfrac{\sqrt{(\sqrt{x}-\frac{1}{2})^2 + \frac{1}{4}}}{\sqrt{x}}dx$
p. 224	예제 6.5.1의 풀이	$F(1/3) = 10$이므로	$F(1/3) = kx = \dfrac{1}{3}k = 10$이므로
p. 301	(8.25) 식	$\int_1^{\pi} f(x)dx$	$\int_1^{n} f(x)dx$ 로 교체
p. 348	예제 9.2.4 [풀이] 첫째줄	임의의 직선 $y = x$	직선 $y = x$
p. 394	예제 9.8.3	$f(x,y) = x^2 - 2xy - \dfrac{1}{3}y^3 - 3y$	$f(x,y) = x^2 - 2xy + \dfrac{1}{3}y^3 - 3y$

저자명(가나다순)

금상호 · 김영희 · 김원규 · 김정심
오원태 · 윤재헌 · 윤주한 · 은광식
이석종 · 이승온 · 정환엽 · 조완영
지운식 · 최대호

미분적분학

2009년 2월 25일 1판 1쇄 발행
2011년 3월 2일 1판 3쇄 반행

저 자 / 충북대학교 수학교재편찬위원회
발행자 / 오판근
발행처 / 교우사

주 소 / 서울 동대문구 제기2동 148-19
전 화 / 925-2861(代), 편집부 / 925-2825
팩 스 / 925-2860

E-mail / kyowoo@kyowoo.co.kr
http://www.kyowoo.co.kr

등록 / 1994. 3. 24 제6-0256호

ISBN 978-89-8172-779-6 (93410)

값 28,000 원